全国高校土木工程专业应用型本科规划推荐教材

土木工程施工

童华炜　主编

李建峰　高俊岳　主审

中国建筑工业出版社

图书在版编目（CIP）数据

土木工程施工/童华炜主编. —北京：中国建筑工业
出版社，2013.1（2024.2重印）
（全国高校土木工程专业应用型本科规划推荐教材）
ISBN 978-7-112-15100-4

Ⅰ. ①土… Ⅱ. ①童… Ⅲ. ①土木工程-工程施工
Ⅳ. ①TU7

中国版本图书馆 CIP 数据核字（2013）第 023181 号

本书主要阐述土木工程施工的基本知识，力求反映当前先进成熟的施工技术和
施工组织方法，参照现行施工及验收规范编写而成。全书共 17 章，其内容包括土方
工程、基础工程、混凝土结构工程、预应力混凝土工程、砌体结构工程、脚手架工
程、结构安装工程、防水工程、建筑装饰装修工程、路基路面工程、地下工程、桥
梁工程、施工组织概论、流水施工原理、网络计划技术、施工组织总设计、单位工
程施工组织设计。书中每章附有习题或思考题。

本书可作为高等院校土木工程专业及其他相关专业的教材和教学参考书，也可
供土木工程技术人员学习参考。

* * *

责任编辑：王 跃 吉万旺
责任设计：董建平
责任校对：姜小莲 王雪竹

全国高校土木工程专业应用型本科规划推荐教材
土木工程施工
童华炜 主编
李建峰 高俊岳 主审
*
中国建筑工业出版社出版、发行（北京西郊百万庄）
各地新华书店、建筑书店经销
霸州市顺浩图文科技发展有限公司制版
建工社（河北）印刷有限公司印刷
*
开本：787×1092 毫米 1/16 印张：28¼ 字数：686 千字
2013 年 4 月第一版 2024 年 2 月第十次印刷
定价：55.00 元
ISBN 978-7-112-15100-4
（23191）

序

自 1952 年院系调整之后，我国的高等工科教育基本因袭了前苏联的体制，即按行业设置院校和专业。工科高校调整成土建、水利、化工、矿冶、航空、地质、交通等专科院校，直接培养各行业需要的工程技术人才；同样的，教材也大都使用从苏联翻译过来的实用性教材，即训练学生按照行业规范进行工程设计，行业分工几乎直接"映射"到高等工程教育之中。应该说，这种过于僵化的模式，割裂了学科之间的渗透与交叉，并不利于高等工程教育的发展，也制约了创新性人才的培养。

作为传统工科专业之一的土木工程，在我国分散在房建、公路、铁路、港工、水工等行业，这些行业规范差异较大、强制性较强。受此影响，在教学过程中，普遍存在对行业规范依赖性过强、专业方向划分过细、交融不够等问题。1998 年教育部颁布新专业目录，按照"大土木"组织教学后，这种情况有所改观，但行业影响力依旧存在。相对而言，土木工程专业的专业基础课如建材、力学，专业课程如建筑结构设计、桥梁工程、道路工程、地下工程的问题要少一些，而介于二者之间的一些课程如结构设计原理、结构分析计算、施工技术等课程的问题要突出一些。为此，根据高等学校土木工程学科专业指导委员会的有关精神，配合我校打通建筑工程、道桥工程、地下工程三个专业方向的教学改革，我校部分教师以突出工程性与应用性、扩大专业面、弱化行业规范为切入点，将重点放在基本概念、基本原理、基本方法的应用上，将理论知识与工程实例有机结合起来，汲取较为先进成熟的技术成果和典型工程实例，编写了《工程结构设计原理》、《基础工程》、《土木工程结构电算》、《工程结构抗震设计》、《土木工程试验与检测技术》、《土木工程施工》六本教材，以使学生更好地适应"大土木"专业课程的学习。

希望这一尝试能够为跨越土建行业鸿沟、促进土木工程专业课程教学提供有益的帮助与探索。

是为序。

周福霖

中国工程院院士

2012 年 7 月于广州大学

前　言

　　《土木工程施工》是土木工程专业的一门主要专业课，它主要研究土木工程施工中的施工技术和施工组织的基本规律，其目的是培养学生具有独立分析和解决土木工程施工中有关施工技术和施工组织问题的能力。

　　《土木工程施工》在内容上涉及面广，实践性强，发展迅速，需要综合运用土木工程专业的基本理论。本教材在编写上，力求按照"体现时代特征，突出实用性、创新性"的教材编写指导思想，综合土木工程施工的特点，参照最新施工规范，反映基本理论与工程实践的紧密结合，基本原理与新技术、新方法的紧密结合。按照适应"大土木"专业的教学要求，内容上以建筑工程施工为基础，兼顾道路工程、桥梁工程、地下工程的施工知识，主要反映土木工程各主要专业方向都必须掌握的施工基础知识，同时吸收现已成熟的新技术和新方法，密切结合现行规范，突出反映土木工程施工的基本理论和基本原理。在保证基本知识的基础上，教材内容上有一定的弹性，以便教学上的取舍和学生扩大知识面。本教材力求做到图文并茂、深入浅出、通俗易懂，每章后附有思考题或习题，便于教学和自学。

　　全书共分 17 章，第 1 章、第 5 章、第 6 章由郑州大学杨建中编写，第 2 章、第 3 章、第 4 章广州大学刘丰编写，第 7 章由广州大学陈小宝编写，第 8 章、第 13 章、第 16 章、第 17 章由广州大学童华炜编写，第 9 章、第 14 章、第 15 章由广东工业大学吴学武编写，第 10 章、第 12 章由长安大学武贤慧编写，第 11 章由广州大学宋金良编写。全书由童华炜任主编，杨建中任副主编。长安大学李建峰教授和广州市建筑集团有限公司高俊岳教授级高工担任本书主审，他们提出了宝贵的修改意见和建议，在此表示深切的谢意。

　　限于编者水平有限，不足之处难免，诚挚地希望读者提出宝贵意见。

编　者
2012 年 12 月

目　　录

第1章 土方工程

在土木工程施工中，将一切土的开挖、填筑、运输等统称为土方工程。常见的土方工程有：场地平整及土方调配，基坑（槽）、管沟、路槽、地下建筑开挖等土方的开挖及回填工程。土方工程包括土方开挖、降排水和边坡支护三方面的内容。

土方工程施工的特点是：工程量大、工期紧、施工条件复杂。在施工时易受气候条件、工程地质和水文地质条件影响。因此，研究土的种类和工程性质，对拟订合理的土方施工方案，以防止流砂、塌方等安全事故的发生，保证土方工程顺利施工具有重要意义。同时，为了减轻劳动强度，提高劳动生产率，加快施工进度，降低工程成本，在组织土方施工时，应尽可能采用新技术和机械化施工。

1.1 土的工程分类及性质

1.1.1 土的工程分类

在土木工程领域土方工程中，土的种类繁多，其工程性质也不相同。土的工程性质直接影响到土方工程的施工方案、工期和造价等。因此，正确识别土的种类并掌握有关的工程性质对土方工程施工具有重要的作用。

土的分类方法很多，在土方工程中为了施工和计算费用的需要，根据土开挖的难易程度将土分为松软土、普通土、坚土、砂砾坚土、软石、次坚石、坚石、特坚石共八类土，前四类属于土，后四类属于岩石。详见表1-1。

土的工程分类 表1-1

土的分类	土的级别	土 的 名 称	密度（t/m³）	开挖工具及方法
一类土（松软土）	I	砂土、粉土、冲积砂土层、疏松的种植土、淤泥（泥炭）	0.6～1.5	用锹、锄头挖掘，少许用脚蹬
二类土（普通土）	II	粉质黏土；潮湿的黄土、夹有碎石、卵石的砂；粉土混卵（碎）石；种植土、填土	1.1～1.6	用锹、锄头挖掘，少许用镐翻松
三类土（坚土）	III	软及中等密实黏土；重粉质黏土、砾石土；干黄土、含有碎石卵石的黄土、粉质黏土；压实的填土	1.75～1.9	主要用镐，少许用锹、锄头挖掘，部分用撬棍
四类土（砂砾坚土）	IV	坚硬密实的黏性土或黄土；含碎石卵石的中等密实的黏性土或黄土；粗卵石；天然级配砂石；软泥灰岩	1.9	整个先用镐、撬棍，后用锹挖掘，部分用楔子及大锤
五类土（软石）	V～VI	硬质黏土；中密的页岩、泥灰岩、白垩土；胶结不紧的砾岩；软石灰及贝壳石灰石	1.1～2.7	用镐或撬棍、大锤挖掘，部分使用爆破方法

土的分类	土的级别	土 的 名 称	密度(t/m³)	开挖工具及方法
六类土 (次坚石)	Ⅶ～Ⅸ	泥岩、砂岩、砾岩;坚实的砾岩、泥灰岩、密实的石灰岩;强风化花岗岩、片麻岩及正长岩	2.2～2.9	用爆破方法开挖,部分用风镐
七类土 (坚石)	Ⅹ～Ⅷ	大理石;辉绿岩;玢岩;粗、中粒花岗岩;坚实的白云岩、砂岩、砾岩、片麻岩、石灰岩;微风化安山岩;玄武岩	2.5～3.1	用爆破方法开挖
八类土 (特坚石)	ⅩⅣ～ⅩⅥ	安山岩;玄武岩;花岗片麻岩;坚实的细粒花岗岩、闪长岩、石英岩、辉长岩、辉绿岩、玢岩、角闪岩	2.7～3.3	用爆破方法开挖

1.1.2 土的工程性质

土的工程性质主要有土的可松性、渗透性、压缩性、土的休止角等。土的工程性质对土方工程施工有直接的影响,如确定场地设计标高、计算土方工程量、确定土方施工机械数量等,均应考虑土的可松性;编制基坑(槽)开挖方案、确定降水方案时应考虑土的渗透性;编制边坡支护方案、确定回填土压实指标时应考虑土的含水量、密实度等。

1. 土的可松性

土的可松性是指天然状态下的土,经过开挖后,其体积因松散而增加,虽然经过回填压实,仍不能完全复原的性质。土的可松性可用可松性系数表示,即:

最初可松性系数

$$K_s = \frac{V_2}{V_1} \qquad (1-1)$$

最终可松性系数

$$K_s' = \frac{V_3}{V_1} \qquad (1-2)$$

式中　V_1——土在天然状态下的体积(m³);

　　　V_2——土挖出后的松散状态下的体积(m³);

　　　V_3——土经回填压实后的体积(m³)。

土的可松性系数可由试验测定。根据土的工程分类,其相应的可松性系数可参考表1-2。

土的可松性系数参考值　　　　　　　　　　　　　表 1-2

土 的 类 别	体积增加百分比(%)		可松性系数	
	最初	最终	K_s	K_s'
一类土(种植土除外)	8～17	1～2.5	1.08～1.17	1.01～1.03
一类土(种植类土、泥炭)	20～30	3～4	1.20～1.30	1.03～1.04
二类土	14～28	1.5～5	1.14～1.28	1.02～1.05
三类土	24～30	4～7	1.24～1.30	1.04～1.07
四类土(泥灰岩、蛋白石除外)	26～32	6～9	1.26～1.32	1.06～1.09
四类土(泥灰岩、蛋白石)	33～37	11～15	1.33～1.37	1.11～1.15
五～七类土	30～45	10～20	1.30～1.45	1.10～1.20
八类土	45～50	20～30	1.45～1.50	1.20～1.30

2. 土的渗透性

土的渗透性是指土体能被水透过的性质。土中的水受水位差和应力的影响而流动，渗流的速度与土的渗透性有关。砂土渗流基本服从达西定律。法国学者达西根据砂土的渗透实验（见图1-1），发现水在土中的渗流速度 V 与水力坡度 I 成正比（达西定律），可用公式（达西公式）表示如下：

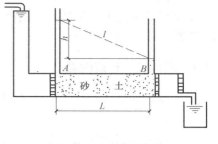

图1-1　砂土渗透实验

$$V = KI \qquad (1-3)$$

水力坡度 I 是 A、B 两点的水位差 h 与渗流路程长度 L 之比，即：$I = h/L$。所以，渗流速度 V 与 A、B 两点水位差 h 成正比，与渗流路程长度 L 成反比。K 称为土的渗透系数（m/d）。

土的渗透系数是选择人工降水方法的依据。砂土的渗透性同土的颗粒大小、级配、密度等有关。土的颗粒越细，渗透性越低。级配良好的土，因为细颗粒会填充大颗粒的孔隙，减小孔隙尺寸，从而会降低渗透性。土的密度增加，孔隙减小，渗透性也会降低。黏土的渗透性除上述因素外，还和土颗粒的矿物成分、形状和结构以及土-水-电解质体系相互作用有关。土的渗透系数可由试验确定，其参考数值见表1-3。

土的渗透系数参考值　　　　　表 1-3

土 的 名 称	渗透系数 K(m/d)	土 的 名 称	渗透系数 K(m/d)
黏土	<0.005	中砂	5.00~20.00
粉质黏土	0.005~0.10	均质中砂	35~50
黏质粉土	0.10~0.50	粗砂	20~50
黄土	0.25~0.50	圆砾石	50~100
粉砂	0.50~1.00	卵石	100~500
细砂	1.00~5.00		

3. 土的压实系数

填土经压实后的密实程度常用压实系数表示。压实系数 K_c，按下式计算：

$$K_c = \frac{\rho_d}{\rho_{dmax}} \qquad (1-4)$$

式中　　ρ_d——填土压实后土的干密度；

ρ_{dmax}——土的最大干密度，可由击实实验测定。

1.2　场 地 平 整

场地平整就是将天然地面改造成工程上所要求的设计平面，设计平面应满足施工作业条件、整个场地的地面排水等要求，并要力求场地内土方挖填平衡且总的土方量最小。因此，必须针对具体情况进行科学合理的设计。由于场地平整时全场地兼有挖土、填土的作业内容，而挖填形状不规则，为便于计算，一般采用方格网方法分块计算。

平整场地前的准备工作有：清除场地内所有地上、地下障碍物；排除地面积水；修筑临时道路；设定水准点等。

1.2.1 场地设计标高的确定

场地设计标高是进行场地平整和土方量计算的依据，在确定场地设计标高时，需考虑以下因素：

（1）应满足建筑功能、生产工艺和运输的要求，同时需要考虑最高洪水水位的要求，严寒地区场地地下水位应位于土壤冻结深度以下；

（2）满足总平面设计要求，考虑与场外设施的标高相协调，应充分利用原有地形，尽量使土方挖填方平衡，尽量减少总的土方工程量；

（3）应有一定的泄水坡度（≥2‰），使其能满足场地排水要求。

场地标高的计算步骤：划分方格网—计算各角点的地面标高—计算各角点的设计标高—计算各角点的施工高度—确定零点和零线—计算各方格内的挖填体积—统计挖填方体积—调整设计标高。

1. 划分方格网

在具有等高线的地形图上将施工区域划分为若干个方格，方格边长 a 根据地形选取长度，一般为 10～40m，场地平缓时取大值，反之，取小值，通常取 20m（见图 1-2）。

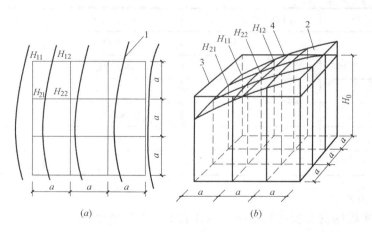

图 1-2　场地设计标高计算示意图

（a）地形图上划方格网；（b）设计标高示意图

1—等高线；2—自然地面；3—设计标高平面；4—零线

2. 确定各方格的角点高程

有在地形图上进行计算和用测量仪器直接测量两种方法。可以根据地形图上相邻两等高线的高程，用线性插入法求出；在无地形图的情况下，可以在地面用木桩或钢钎打好方格网，然后用仪器直接测出各方格角点的标高。

3. 确定场地设计标高 H_0

确定场地设计标高应根据土方挖填方平衡原则，即

$$H_0 N a^2 = \sum \left(a^2 \frac{H_{11} + H_{12} + H_{21} + H_{22}}{4} \right) \tag{1-5}$$

$$H_0 = \frac{\sum (H_{11} + H_{12} + H_{21} + H_{22})}{4N} \tag{1-6}$$

从图 1-2（a）可知，H_{11} 系一个方格仅有的角点标高，H_{12} 和 H_{21} 均系两个方格公共的角点标高，H_{22} 则是四个方格公共的角点标高，它们分别在上式中要加一次、二次、四次。因此，上式可改写成下列形式：

$$H_0 = \frac{\sum H_1 + 2\sum H_2 + 3\sum H_3 + 4\sum H_4}{4N} \tag{1-7}$$

式中　H_1——一个方格仅有的角点标高（m）；

　　　H_2——两个方格共有的角点标高（m）；

　　　H_3——三个方格共有的角点标高（m）；

　　　H_4——四个方格共有的角点标高（m）。

4. 计算各角点施工高度

用 h_n 表示各角点的施工高度，并以"＋"表示填方，以"－"表示挖方；用 H_n 表示各角点的设计标高；用 H 表示各角点的自然标高，那么有：

$$h_n = H_n - H \tag{1-8}$$

求出 h_n 后，其结果为正值则表示该角点为填方，结果如为负值则表示该角点为挖方。

5. 确定零点和零线

在方格网边线上，既不挖方也不填方的点为"零点"。将方格网上两个相邻的挖、填角点之间的"零点"连接，形成一条折线，即为"零线"。可根据图 1-3 求出"零点"的位置。

6. 计算各方格内的挖填体积

"零线"求出以后，场地内的挖、填区域即

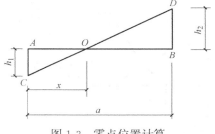

图 1-3　零点位置计算

h_1—挖方高度；h_2—填方高度

被确定，然后可以用四角棱柱体法或三角棱柱体法计算挖、填土方量，以下所有公式中的 h_1、h_2、h_3、h_4 均为施工高度，并且均以绝对值代入。

四角棱柱体法。有三种情况：

① 在方格网中，某些方格的四个角全部为填方或者全部为挖方（见图 1-4）。其土方量的计算公式为：

$$V = \frac{1}{4} a^2 (h_1 + h_2 + h_3 + h_4) \tag{1-9}$$

② 方格有相邻的两个角点为挖方，另外两个相邻的角点为填方（见图 1-5）。其挖方部分土方量的计算公式为：

$$V_{1,2} = \frac{1}{4} a^2 \left(\frac{h_1^2}{h_1 + h_4} + \frac{h_2^2}{h_2 + h_3} \right) \tag{1-10}$$

填方部分土方量计算公式为：

$$V_{3,4} = \frac{1}{4}a^2\left(\frac{h_4^2}{h_1+h_4} + \frac{h_3^2}{h_2+h_3}\right) \tag{1-11}$$

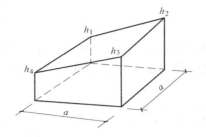

图 1-4　全填或全挖的方格

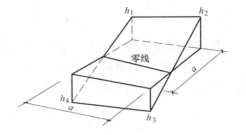

图 1-5　两挖两填的方格

③ 方格有一个角点为填方，另外的三个角点为挖方（或方格有一个角点为挖方，另外的三个角点为填方）（见图 1-6）。其填方（或挖方）部分土方量计算公式为：

$$V_4 = \frac{1}{6}a^2\frac{h_4^3}{(h_1+h_4)(h_3+h_4)} \tag{1-12}$$

挖方（或填方）部分土方量计算公式为：

$$V_{1,2,3} = \frac{1}{6}a^2(2h_1+h_2+2h_3-h_4)+V_4 \tag{1-13}$$

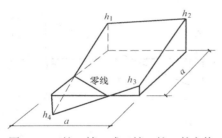

图 1-6　三挖一填（或三填一挖）的方格

7. 统计挖填方体积

将各填、挖方方格内的体积进行累加，可计算出总的挖填方体积。

8. 调整设计标高

调整设计标高的主要因素有考虑泄水坡度的影响、考虑土方可松性的影响、考虑场地内挖局部挖填及就近借弃土的影响等。

（1）考虑泄水坡度的影响

当按设计标高 H_0 进行场地平整时，整个场地表面均处于同一水平面，但实际上由于排水的要求，场地表面需要有一定的泄水坡度。因此，必须根据场地泄水坡度的要求（单向泄水或双向泄水），计算出场地内各方格网各角点实际施工所用的设计标高。

1）单向泄水

设计标高的确定方法是把设计标高 H_0 作为场地中心线的标高（见图 1-7），则场地内任意一点的设计标高为：

$$H_n = H_0 \pm li \tag{1-14}$$

式中　l——场地任意一点至场地中心线（设计标高为 H_0）的距离；

i——场地泄水坡度（$\geqslant 2‰$）。

2）双向泄水

把设计标高 H_0 作为场地中心点的标高（见图 1-8），则场地内任意一点的设计标高为：

$$H_n = H_0 \pm l_x i_x \pm l_y i_y \tag{1-15}$$

式中 l_x、l_y——分别为任意一点沿 $x-x$、$y-y$ 方向距场地中心线的距离;

i_x、i_y——分别为任意一点沿 $x-x$、$y-y$ 方向的泄水坡度。

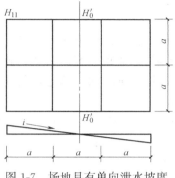

图 1-7 场地具有单向泄水坡度

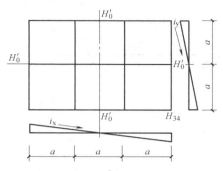

图 1-8 场地具有双向泄水坡度

（2）考虑土的可松性的影响

根据场地挖填平衡原则求出的场地设计标高，只是一个理论值，实际上还应该考虑土的可松性，对设计标高进行调整。土具有可松性，挖填平衡时，填土会出现多余的土。因此，应该考虑由于土的可松性而引起的设计标高的增加值。

用 V_W、V_T 分别表示按理论设计计算的挖、填方的体积，用 F_W、F_T 分别表示按理论设计计算的挖、填方区的面积，用 V'_W、V'_T 分别表示调整以

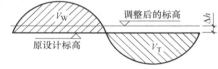

图 1-9 设计标高调整计算示

后挖、填方的体积，如图 1-9 所示，设 Δh 为由于土的可松性引起的设计标高增加值，则设计标高调整以后的总挖方体积 V'_W 应为：

$$V'_W = V_W - F_W \Delta h$$

最终可松性系数为 K'_s，则总填方体积 V'_T 应为：

$$V'_T = V'_W K'_s = (V_W - F_W \Delta h) K'_s$$

同时，填方区的标高也应该和挖方区一样，要提高 Δh，即有：

$$V'_T - V_T = (V_W - F_W \Delta h) K'_s - V_T = F_T \Delta h$$

因此，Δh 为：

$$\Delta h = \frac{V_W (K'_s - 1)}{F_T + F_W K'_s} \tag{1-16}$$

（3）考虑场地内挖局部挖填及就近借弃土的影响

当场地内存在局部区域的挖、填方区及在场外就近借、弃土的情况时，原有的设计标高就需要进行调整。由于场地内大型基坑挖出的土方，从经济角度考虑部分土方在场外就近弃土或就近借土，都会引起挖、填土方量的变化和标高的调整。

为了简化计算，场地设计标高调整值 Δh 可以按下面近似公式来确定：

$$\Delta h = \pm \frac{Q}{Na^2} \tag{1-17}$$

式中 Q——假定按原场地设计标高平整以后多余或不足的土方量（m^3）；

7

N——方格个数；

a——方格边长（m）。

（4）考虑场地边坡土方量的影响

场地平整时，还要计算边坡所需要的土方量对标高的影响（见图1-10）。其计算方法

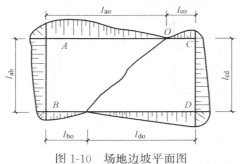

和步骤如下：

1）标出场地四个角点 A、B、C、D 的挖填高度和场地边线上的"零点"的位置；

2）根据土质确定挖、填边坡的边坡形式与坡度系数；

3）计算出四个角点的放坡宽度。如 A 点为 m_1h_a，D 点为 m_2h_d；

4）绘出边坡图；

5）计算边坡土方量。A、B、C、D 四个

图 1-10　场地边坡平面图

角点的土方量，近似地按正方锥体计算，例如，A 点土方量为：

$$V_A = \frac{1}{6} m_1^2 h_a^3 \tag{1-18}$$

AB、CD 两边上土方量按平均断面面积法计算，例如，AB 边土方量为：

$$V_{AB} = \frac{l_{ab}}{2}(F_a + F_b) = \frac{l_{ab}m_1}{4}(h_a^2 + h_b^2) \tag{1-19}$$

AC、BD 两边分段按三角锥体计算，例如，AC 边 AO 段的土方量为：

$$V_{AO} = \frac{1}{6} m_1 h_a^2 l_{ao} \tag{1-20}$$

1.2.2　土方调配

土方调配是指在场地内对土方的挖、运、填的综合调度运用，确定挖填方区之间的调配区域和数量，优化运输方案，使得土方工程的工程运输量最少，达到工期最短、费用最低的目的。

土方调配步骤包括：划分调配区；计算土方调配区之间的平均运距（或单位土方运价或单位土方施工费用）；确定土方的最优调配方案；绘制土方调配图表。

1. 土方调配区的划分

在划分调配区时应注意：

（1）调配区的划分应与房屋或构筑物的位置相协调，满足工程施工顺序和分期施工的要求，使近期施工和后期利用相结合；

（2）调配区的大小应考虑土方施工主导机械的技术性能，使土方施工机械的效率得到充分发挥；

（3）调配区的范围应与计算土方量的方格网相协调，通常情况下可由若干个方格组成一个调配区；

（4）从经济效益出发，考虑就近借土或就近弃土，一个借土区或一个弃土区均可作为

一个独立的调配区。

2. 调配区之间的平均运距

平均运距即是指挖方调配区土方重心至填方调配区土方重心之间的距离。当挖、填方调配区之间的距离较远，采用汽车、自行式铲运机或其他运土工具沿工地道路或规定路线运土时，其运距应按实际情况计算。

要求平均运距，需先求出每个调配区的重心。为便于计算，一般假定调配区平面的几何中心即为其体积的重心。取场地或方格网中的纵横两边为坐标轴，按下式计算：

$$X_g = \frac{\sum Vx}{\sum V}; \quad Y_g = \frac{\sum Vy}{\sum V} \tag{1-21}$$

式中　X_g、Y_g——挖或填方调配区的重心坐标；

　　　　V——每个方格的土方量；

　　　　x、y——每个方格的重心坐标。

重心求出以后，则标于相应的调配区图上，然后用比例尺量出（或计算）每对调配区之间的平均运距。

3. 最优调配方案的确定

最优调配方案的确定，是以线性规划为理论基础，常用"表上作业法"来求解，现结合实例说明"表上作业法"。

已知某一场地有四个挖方调配区和三个填方调配区，相应的挖、填土方量和各对调配区的平均运距如表 1-4 中所示。

挖、填方调配区的挖、填土方量和调配区间的平均运距　　　　表 1-4

挖　方　区	填方区			挖方量（m³）
	B_1	B_2	B_3	
A_1	50	70	100	500
A_2	70	40	90	500
A_3	60	110	70	500
A_4	80	100	40	400
填方量（m³）	800	600	500	1900

（1）"最小元素法"编制初始调配方案

平均运距（用 C 来表示）是已知的，已填入表 1-4 中各相应方格，各方格内需要调配的土方调配量是未知的（用 x 表示），"最小元素法"的原则是给最小运距方格以尽可能多的土方量。

首先找出一个最小运距值，确定其所对应的土方量，应使其土方量尽可能地大。表 1-4 中 $C_{22} = C_{43} = 40$ 最小，在这两个最小运距中任取一个，现取 C_{43} 所对应的需调配的土方量为 x_{43}，从表 1.4 可知可调配的土方量最大就是 400，即把 A_4 的挖方量全部运到 B_3 去，而且 A_4 的土方全部运往 B_3，就不能满足 B_1 和 B_2 的需要了，即 x_{41}、$x_{42} = 0$。把 400 填入 x_{43} 中，同时在 x_{41} 和 x_{42} 的方格内画一个×（见表 1-5）。

挖 方 区	填 方 区			挖方量(m³)
	B_1	B_2	B_3	
A_1	500	×	×	500
A_2	×	500	×	500
A_3	300	100	100	500
A_4	×	×	400	400
填方量(m³)	800	600	500	1900

初始调配方案   表 1-5

然后在没有填入土方量和×的方格内，找出一个最小运距值，即 $C_{22}=40$，使 x_{22} 尽可能最大，可以把 A_2 挖方区的土方全部调配给 B_2，即 $x_{22}=500$，同时 x_{21}、$x_{23}=0$。把 500 填入 x_{22} 中，同时在 x_{21}、x_{23} 填入×。

重复以上步骤，确定出初始调配方案见表 1-5。

运距最小的格内取尽可能大的土方值，即优先考虑"就近调配"，所以求得的运输量比较小。但是，并不能保证运输量最小，所以还要进行判别，看是否是最优方案。

（2）最优方案的判别

最优方案的判别法有"闭回路法"和"位势法"，二者实质都一样，都是通过求检验数 λ_{ij} 来判别（λ_{ij} 是对应于运距表中第 i 行第 j 列的一个检验数），只要所有的检验数 $\lambda_{ij} \geqslant 0$，则该方案即为最优方案，否则，不是最优方案，还需要进行调整。以下介绍"位势法"。

首先将初始方案中有调配数方格的平均运距 C_{ij} 列出（见表 1-6），然后按下式求出两组位势数 u_i（$i=1$、2、3…m）和 v_j（$j=1$、2、3…n）：

$$C_{ij}=u_i+v_j \tag{1-22}$$

式中 C_{ij} ——平均运距；

     u_i、v_j ——位势数。

对于本例根据式（1-22）有以下不定解方程组：

$$C_{11}=u_1+v_1$$
$$C_{31}=u_3+v_1$$
$$C_{32}=u_3+v_2$$
$$C_{22}=u_2+v_2$$
$$C_{33}=u_3+v_3$$
$$C_{43}=u_4+v_3$$

令 $u_1=0$，可求出位势数 u_i 和 v_j 如表 1-6。

有调配数方格的运距及位势数   表 1-6

挖方区		B_1	B_2	B_3
	位势	$v_1=50$	$v_2=100$	$v_3=60$
A_1	$u_1=0$	50		
A_2	$u_2=-60$		40	
A_3	$u_3=10$	60	110	70
A_4	$u_4=-20$			40

求出位势数后，便可由下式计算空格的检验数：

$$\lambda_{ij}=C_{ij}-u_i-v_j \tag{1-23}$$

对于本例可如下求出各空格的检验数，并填入表 1-7（在表中也可只写正负号，不写数字）。

$$\lambda_{12}=C_{12}-u_1-v_2=70-0-100=-30$$
$$\lambda_{13}=C_{13}-u_1-v_3=100-0-60=40$$
$$\lambda_{21}=C_{21}-u_2-v_1=70-(-60)-50=80$$
$$\lambda_{23}=C_{23}-u_2-v_3=90-(-60)-60=90$$
$$\lambda_{41}=C_{41}-u_4-v_1=80-(-20)-50=50$$
$$\lambda_{42}=C_{42}-u_4-v_2=100-(-20)-100=20$$

空格的检验数　　　　　　　　　　表 1-7

挖方区		B_1	B_2	B_3
	位势	$v_1=50$	$v_2=100$	$v_3=60$
A_1	$u_1=0$	500	-30	$+40$
A_2	$u_2=-60$	$+80$	500	$+90$
A_3	$u_3=10$	300	100	100
A_4	$u_4=-20$	$+50$	$+20$	400

从表 1-7 中可以看出，检验数出现了负数，说明初始方案不是最优方案，需要进一步进行调整。

（3）方案的调整

用"闭回路法"。在所有负检验数中选一个（一般可选最小的一个，本例中为 λ_{12}），从 x_{12} 格出发，沿水平或竖直方向前进，遇到适当的有数字的方格作 90°转弯，然后依次继续前进直到再回到出发点，形成一条闭回路（见表 1-8）。

闭回路　　　　　　　　　　表 1-8

挖方区		B_1	B_2	B_3
	位势	$v_1=50$	$v_2=100$	$v_3=60$
A_1	$u_1=0$	500 ←	─	$+$
A_2	$u_2=-60$	$+$ ↓	↑ 500	$+$
A_3	$u_3=10$	300 →	→100	100
A_4	$u_4=-20$	$+$	$+$	400

在各奇数次转角点的数字中，挑出一个最小的（本例即为 500、100 中选出 100）；各奇数次转角点方格均减此数，各偶数次转角点方格均加此数。这样调整后，便可得到新的调配方案如表 1-9。

新调配方案　　　　　　　　　　表 1-9

挖方区	填 方 区			挖方量(m³)
	B_1	B_2	B_3	
A_1	400	100	$\times$	500
A_2	$\times$	500	$\times$	500

挖 方 区	填 方 区			挖方量(m³)
	B_1	B_2	B_3	
A_3	400	×	100	500
A_4	×	×	400	400
填方量(m³)	800	600	500	1900

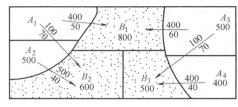

图 1-11　土方调配图

对新调配方案，仍用"位势法"进行检验，看其是否是最优方案。若检验数中仍有负数出现那就仍按上述步骤继续调整，直到找出最优方案为止。

对于本例，经检验，表 1-9 中所有检验数均为正，故该方案即为最优方案。其土方的总运输量为：

$$Z = 400 \times 50 + 100 \times 70 + 500 \times 40 + 400 \times 60 + 100 \times 70 + 400 \times 40$$
$$= 94000 (m^3 \cdot m)$$

（4）土方调配图

最后将最优调配方案绘成土方调配图（见图 1-11）。在土方调配图上应注明挖填调配区、调配方向、调配土方数量以及每对挖、填之间的平均运距。

1.3　土方开挖

在土方开挖施工过程中，当垂直开挖超过一定深度后就会出现边坡塌方或滑坡现象，为保证施工安全，需要对边坡采取放坡或支护的方法进行加固。为保证作业面的干燥，方便施工，当开挖深度超过地下水位时，在挖方之前，应做好地面排水和降低地下水位的工作。因此，土方开挖需要和边坡、降水工程共同考虑，采用三位一体的方案。

1.3.1　土方边坡与土壁支护

1. 土方边坡及其稳定性

（1）边坡形式

为了保证土体的稳定性和施工安全，基坑及各类挖方和填方的边沿，都应作成一定形状的边坡（见图 1-12）。

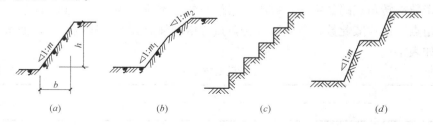

图 1-12　土方边坡

（a）直线型；（b）折线型；（c）阶梯型；（d）分级型

(2) 边坡坡度

边坡的坡度用边坡的高度 h 与其水平投影宽度 b 之比值来表示。坡度 $=h/b=1:(b/h)=1:m$。其中，$m=b/h$，称为边坡坡度系数。

边坡坡度与边坡高度、土质、施工条件等因素有关。一般施工时，边坡坡度可参见表 1-10。

深度在 **5m** 内的基坑（槽）、管沟边坡的最陡坡度（不加支撑）   表 1-10

土 的 类 别	边坡坡度（高：宽）		
	坡顶无荷载	坡顶有静载	坡顶有动载
中密的砂土	1：1.00	1：1.25	1：1.50
中密的碎石类土(充填物为砂土)	1：0.75	1：1.00	1：1.25
硬塑的素土	1：0.67	1：0.75	1：1.00
中密的碎石类土(充填物为黏性土)	1：0.50	1：0.67	1：0.75
硬塑的粉质黏土、黏土	1：0.33	1：0.50	1：0.67
老黄土	1：0.10	1：0.25	1：0.33
软土	1：1.00	—	—

如果挖方要经过不同类别的土层或深度超过某一限值时，其边坡可以做成折线形或台阶形。

(3) 影响边坡稳定的因素

土方边坡局部或一定范围内沿某一滑动面向下和水平移动而丧失其稳定性，这就是常常遇到的边坡失稳现象。

影响边坡稳定的因素很多，一般情况下，边坡失去稳定发生滑动可以归结为土体内抗剪强度降低或剪应力增加两个方面。

1) 引起土体内抗剪强度降低的原因有：

① 气候。由于气候的影响，使土质松软。

② 水的润滑。黏土中的夹层因浸水面产生润滑作用。

③ 液化。饱和水的细砂、粉砂因振动而液化等。

2) 引起土体内剪应力增加的原因有：

① 高度。高度或深度增加，剪应力增加。

② 坡顶荷载。边坡上面荷载（静、动）增加，尤其是有动荷载时。

③ 水压力。浸水一方面使土体自重增加，另一方面水在土体中渗流产生一定的动水压力。土体竖向裂缝中的水（地下水）产生静水压力。

2. 边坡支护

当基坑开挖采用垂直自然开挖无法保证施工安全、场地周围无放坡条件或因挖填方工程量大而不经济时，一般采用边坡支护的方法，以保证基坑的边坡稳定和安全。基坑支护结构既要确保土壁稳定、邻近建筑物与构筑物和管线的安全，又要考虑支护结构施工方便、经济合理、有利于土方开挖和地下工程的建造。

支护体系主要由围护结构（挡土结构）和撑锚结构两部分组成。围护结构为垂直受力部分，主要承担土压力、水压力、边坡上的荷载，并将这些荷载传递到撑锚结构。撑锚结构为水平部分，除自重的影响和承受围护结构传递来的荷载外，还要承受施工荷载（如施工机具、堆放的材料等）。

3. 支护体系按围护结构分类

支护体系按围护结构的类型归纳有：挡墙（木、钢板、钢筋混凝土板、型钢等）、排桩（混凝土灌注桩）、重力式挡墙（旋喷桩、深层搅拌桩）、地下连续墙等（见图1-13）。

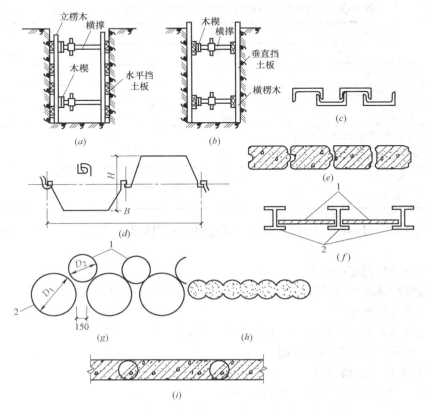

图 1-13 支护体系按围护结构分类

(a) 木水平挡板；(b) 木垂直挡板；(c) 槽钢挡墙；(d) 锁口钢板桩挡墙；(e) 钢筋混凝板桩挡墙；

(f) H 型钢支柱木挡板支护墙；(g) 混凝土灌注桩挡墙（1—素桩 2—钢筋混凝土桩）；

(h) 旋喷桩帷幕墙；(i) 地下连续墙

支护结构一般作为保证施工安全的临时结构，待建筑物、构筑物的基础及地下工程施工完毕后即失去作用，这时就可拆除回收或废弃。所以围护结构常采用可回收再利用的材料，如木桩、钢板桩等；也可使用永久埋在地下的材料，如钢筋混凝土板桩、混凝土灌注桩、旋喷桩、深层搅拌水泥土墙等。

4. 支护体系按撑锚结构分类

支护体系按撑锚结构的类型归纳有：悬臂式支护结构、拉锚式支护体系、内撑式支护体系、简易支撑支护结构（见图1-14）。

1.3.2　基坑降水

开挖基坑时，渗入坑内的地下水和流入的地面水如不及时排走，不但会使施工条件恶

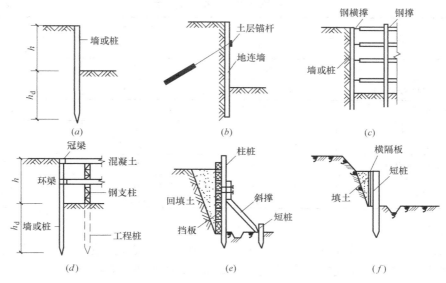

图 1-14 支护体系按撑锚结构分类

(a) 悬臂式支护结构；(b) 拉锚式支护体系；(c)、(d) 内撑式支护体系；(e)、(f) 简易支撑支护结构

化，造成土壁塌方，影响到施工安全，还会导致地基的承载力降低。当基坑下遇有承压含水层时，若不及时进行降水减压，则基底可能被冲溃破坏。所以，为了保证工程质量和施工安全，在基坑开挖前或开挖过程中，必须适时采取相应措施控制地下水位（进行排水或降水），使地基土在开挖及基础施工时保持干燥。基坑降（排）水方法主要有集水井降水法（明排水法）和井点降水法。

降水工程分为准备阶段、勘察阶段、降水工程设计、降水工程施工、降水工程监测与维护、技术成果等六个基本程序。

降水工程准备应包括下列内容：降水范围、深度、起止时间及工程环境要求；了解掌握建筑物基础、地下管线、涵洞工程的平面图和剖面图；地面高程与基础底面高程；基坑（槽）、涵洞支护与开挖设计；相邻建筑物与地下管线的平面位置、基础结构和埋设方式条件等。

搜集降水工程场地与相邻地区的水文地质、工程地质、工程勘察等资料以及工程降水实例；进行降水工程场地踏勘，搜集降水工程勘察、降水工程施工的供水、供电、道路、排水及有无障碍物等现场施工条件。

工程勘察应满足降水工程设计要求；当不能满足降水工程设计要求时，应进行补充降水工程勘察。降水工程设计与施工应自始至终进行信息施工活动，以提高降水工程设计水平与降水工程施工质量。

降水工程设计和降水工程施工应备有工程抢救辅助措施，保证降水工程顺利进行。降水施工完成后，必须经过降水工程检验，满足降水设计深度后方可进入降水工程监测与维护阶段。降水工程资料应及时分析整理，包括降水工程勘察、降水工程设计、降水工程施工和降水工程监测与维护及工程环境为主要内容的技术成果。

降水工程的分类应根据基础类型、基坑降水深度、含水层特征、工程环境及场地类型的复杂程度分类，按表 1-11 确定。

条　件		复杂程度分类		
		简　单	中　等	复　杂
基础类型	条状 b(m)	$b<3.0$	$3.0\leq b\leq 8.0$	$b>8.0$
	面状 F(m²)	$F<5000$	$5000\leq F\leq 20000$	$F>20000$
降水深度 $S_\triangle$(m)		$S_\triangle<6.0$	$6.0\leq S_\triangle\leq 16.0$	$S_\triangle>16.0$
含水层特征 K(m/d)		单层 $0.1\leq K\leq 20.0$	双层 $0.1\leq K\leq 50$	多层 $K<0.1$ 或 >50
工程环境影响		无严格要求	有一定要求	有严格要求
场地类型		Ⅲ类场地,辅助工程措施简单	Ⅱ类场地,辅助工程措施较复杂	Ⅰ类场地,辅助工程措施复杂

1. 集水井降水

集水井降水法是在开挖基坑及基础施工过程中,沿坑底周围或中央开挖排水沟,在沟底设集水井,使基坑内的水,经排水沟流向集水井,然后用水泵抽走(见图 1-15)。

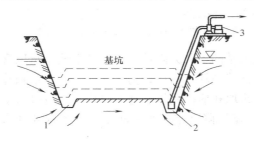

图 1-15　集水井降水法
1—排水沟;2—集水井;3—水泵

集水井应设置于基础范围之外、地下水的上游。集水井间距,根据土质的不同,一般每隔 20～40m 设置一个,集水井的直径一般为 0.6～0.8m。集水井井底应低于挖土工作面的 0.7～1.0m;当基坑挖至设计标高后,井底应低于坑底 1～2m,并铺设碎石滤水层,防止由于抽水时间较长而将泥砂抽出及井底土被搅动。集水井井壁可用竹、木等材料进行简易加固。排水沟一般沿基础四周布置,如基坑面积较大时,可在基础下设置盲沟,盲沟连通至集水井,可将基础下涌出的水排出。排水沟纵坡宜控制在 1‰～2‰。基坑排水常用的水泵主要有潜水泵、离心泵等。

2. 井点降水

井点降水就是在基坑(槽)开挖前,先在基坑周围埋设一定数量的滤水管(井),利用抽水设备从中抽水,使地下水位降至坑底以下,直至地下工程施工完毕为止。

井点降水有轻型井点、喷射井点、电渗井点和管井井点等。一般根据土的渗透系数、降水深度、设备条件及经济比较等因素确定,可参照表 1-12 选择。其中轻型井点应用最为广泛。

各井点的适用范围　　　　　　表 1-12

降水技术方法	适合地层	渗透系数(m/d)	降水深度(m)
明排井(坑)	黏性土、砂土	<0.5	<2
真空点井	黏性土、粉质黏土、砂土	$0.1\sim20.0$	单级<6 多级<20
喷射点井		$0.1\sim20.0$	<20
电渗点井	黏性土	<0.1	按井类型确定
引渗井	黏性土、砂土	$0.1\sim20.0$	由下伏含水层的埋藏和水头条件确定

降水技术方法	适合地层	渗透系数(m/d)	降水深度(m)
管井	砂土、碎石土	1.0～200.0	>5
大口井	砂土、碎石土	1.0～200.0	<20
辐射井	黏性土、砂土、砾砂	0.1～20.0	<20
潜埋井	黏性土、砂土、砾砂	0.1～20.0	<2

（1）轻型井点

轻型井点就是沿基坑四周将井点管按照设计的间距埋入含水层内，井点管的上部与集水总管连接，利用抽水设备通过总管将地下水从井点管内不断抽出，将原有的地下水位降至坑底以下（见图 1-16）。

1）轻型井点系统组成。轻型井点设备由管路系统和抽水设备两部分组成。主要包括：井点管、滤管、集水总管、弯联管和抽水设备等。

滤管采用直径 38～50mm 的钢管，长度一般为 1～1.5m，管壁上钻有直径为 13～19mm 的小圆孔，圆孔面积占管道外表面积的 25%～30%，外包滤网，防止土体颗粒进入管道（图 1-17）。

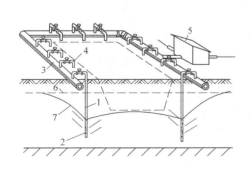

图 1-16　轻型井点降低地下水位全貌图
1—井点管；2—滤管；3—总管；
4—弯联管；5—水泵房；
6—原地下水位线；7—降低后地下水位线

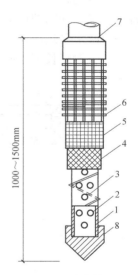

图 1-17　滤管构造
1—钢管；2—管壁上小孔；3—缠绕的铁丝；
4—细滤网；5—粗滤网；6—粗铁丝保护网；
7—井点管；8—铸铁头

滤管的上端与井点管连接，井点管为直径 38～50mm 的钢管，其长度为 3～7m，可整根或分节组成。井点管的上端用弯联管与总管相连。弯联管采用透明塑料管或黑橡胶管。

集水总管为内径 100～127mm 的钢管，每节长 4m。总管上还装有与井点管连接的短接头，间距 0.8 或 1.2m。

轻型井点的设备主要由真空泵、离心水泵和水气分离器组成，称真空泵轻型井点。如果轻型井点设备由射流泵、离心泵、循环水箱等组成，则称为射流泵轻型井点。

2）轻型井点的布置。

① 平面布置。当基槽宽度小于 6m，且降水深度不超过 5m 时，可采用单排井点，布置在地下水上游一侧（见图 1-18a）；反之，则宜采用双排井点（见图 1-18b）；当基坑面积较大时则应采用环形井点（见图 1-19），当土方施工机械需进出基坑时可采用开口的环形布置方法或 U 形布置，U 形布置井点管不封闭的部分应在地下水下游一侧。

② 高程布置。单级轻型井点的降水深度一般不宜超过 6m，所以常用的井点管的长度为 6m。

井点管的埋置深度 H_W，可按下式计算（见图 1-18b、图 1-19b）：

$$H = H_1 + H_2 + H_3 + H_4 + H_5 + H_6 \tag{1-24}$$

式中 H——降水井深度（m）；

H_1——基坑深度（m）；

H_2——降水水位距离基坑底要求的深度（m），一般取 0.5～1m；

H_3——$i\gamma_0$；i 为水力坡度，在降水井分布范围内宜为 1/15～1/10，单排井点可取为 1/4，双排和环形井点取为 1/10；γ_0 为降水井分布范围的等效半径或降水井排间距的 1/2（m）；

H_4——降水期间的地下水位变幅（m）；

H_5——降水井过滤器工作长度；

H_6——沉砂管长度（m）。

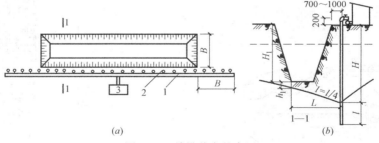

图 1-18   单排井点的布置

（a）平面布置；（b）高程布置

1—总管；2—井点管；3—泵站

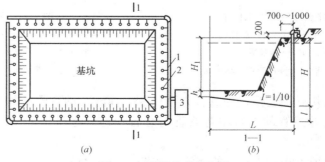

图 1-19   环形井点的布置

（a）平面布置；（b）高程布置

1—总管；2—井点管；3—泵站

如 H 小于或等于 6m 时，则可用一级井点；稍大于 6m 时，如降低井点管的埋置面，可满足要求时，仍可采用一级井点；当一级井点深度达不到要求时，则可采用二级井点（见图 1-20）。

在确定井点埋置深度时，要求滤管必须埋在透水层内。

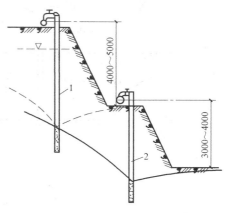

图 1-20　二级轻型井点
1—第一级井点管；2—第二级井点管

3）轻型井点的计算。

① 井点系统涌水量计算。井点系统所需井点的数量，是根据其涌水量的大小来确定的；而井点系统的涌水量，则是按水井理论进行计算。水井的类型不同，其涌水量计算的方法亦不相同。根据地下水有无压力，水井分为无压井和承压井；当水井布置在具有潜水自由面的含水层中时，称为无压井（见图 1-21a、b）；布置在承压含水层中时，称为承压井（见图 1-21c、d）。当水井底部达到不透水层时称完整井（见图 1-21a、c）；否则，称为非完整井（见图 1-21b、d）。

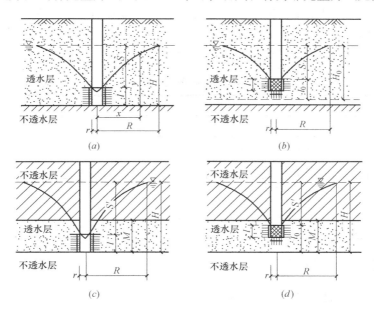

图 1-21　水井类型
（a）无压完整井；（b）无压非完整井；（c）承压完整井；（d）承压非完整井

对于无压完整井的环形井点系统（见图 1-22a），涌水量计算公式为：

$$Q=1.366K\frac{(2H-S)S}{\lg R-\lg X_0} \tag{1-25}$$

式中　Q——井点系统的涌水量（m^3/d）；

K——土壤的渗透系数（m/d），通过现场扬水试验确定，也可查参考表；

H——含水层厚度（m）；

S——基坑中心水位降落值（m）；

R——抽水影响半径（m）；$R=1.95S(KH)^{1/2}$

X_0——环形井点系统的假想圆半径（m），$X_0=(F/\pi)^{1/2}$；

F——环形井点系统所包围的面积。

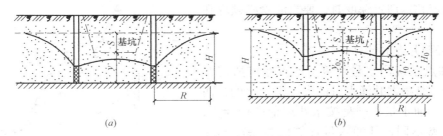

图 1-22　环形井点系统涌水量计算简图

（a）无压完整井环形井点系统；（b）无压非完整井环形井点系统

利用公式（1-25）计算涌水量，需满足井点管所围成的矩形的长宽比小于 5 且抽水影响半径 R 大于该矩形宽度的二分之一；若不满足上述条件，应分块计算。

对于无压非完整井的环形井点系统（见图 1-22b），地下水不仅从井的侧面流入井点管，还从井底流入，因此涌水量要比完整井大。为了简化计算，仍可采用公式（1-25），但需将式中含水层厚度 H 换成抽水有效影响深度 H_0；H_0 计算公式可查表 1-13，当算得的 H_0 大于实际含水层厚度 H 时，则仍取 H 值。

抽水有效影响深度计算公式　　　　　　　　　　　　　表 1-13

$S'/(S'+l)$	0.2	0.3	0.5	0.8
H_0	$1.3(S'+l)$	$1.5(S'+l)$	$1.7(S'+l)$	$1.85(S'+l)$

注：S' 为井点管中水位降落值，l 为滤管长度。

② 确定井管数量及井距。确定井点管数量先要确定单根井管的最大出水量，其计算公式为：

$$q=65Hdl K^{1/3} \tag{1-26}$$

式中　d——滤管直径（m）；

l——滤管长度（m）；

K——渗透系数（m/d）。

然后即可按下式计算井点管最少数量：

$$n=1.1Q/q \tag{1-27}$$

式（1-27）中系数 1.1 为考虑井点管堵塞等因素的井点管备用系数。

按下式计算井点管最大间距：

$$D=L_1/n \tag{1-28}$$

式中　L_1——总管长度（m）；

求出的井点管距应大于 $1.5d$，并小于 2m，并应与总管接头的间距（0.8m 或 1.2m）相匹配，根据井点管选用的间距，求出井点管的数量。

③ 抽水设备的选择。真空泵有干式真空泵和湿式真空泵两种。干式真空泵由于其排气量大，所以在轻型井点中采用较多，但要采取措施，防止水分渗入真空泵。湿式真空泵

20

具有重量轻、振动小、容许水分渗入等优点，但排气量小，宜在粉砂和粘质黏性土中使用。干式真空泵常用的型号有 W5、W6 型。采用 W5 型泵时，总管长度应不大于 100m；采用 W6 型泵时应不大于 120m。真空泵在抽水过程中所需的最低真空度 h_K 可按下式由吸水深度 h 及各项水头损失 Δh 计算：

$$h_K = 10(h + \Delta h) \quad (kPa) \tag{1-29}$$

式中　　h——吸水深度（m），近似取集水总管至滤管的深度；

　　　　Δh——水头损失值（m），包括进入滤管的水头损失、管路阻力及漏气损失等，近似取 $1 \sim 1.5m$。

水泵一般配套固定型号，但使用时应验算水泵的流量是否大于井点系统的涌水量（应增大 $10\% \sim 20\%$），即 $Q_1 \geqslant 1.1Q$；水泵的扬程是否能克服集水箱中的真空吸力，以免抽不了水，即水泵的最小吸水扬程应为 $h_S = h + \Delta h$（m）。

4）井点管的埋设与使用。轻型井点的安装程序是按照设计的布置方案，先排放总管，在总管旁靠近基坑一侧开挖排水沟，再埋设井点管，然后用弯联管把井点管与总管连接，最后安装抽水设备。

井水管可以利用冲水管冲孔或钻孔后再将井点管安放的埋设方法。井孔直径一般为 300mm，以保证井管四周有一定厚度的砂滤层，成孔的深度宜比滤管底部深 $0.5 \sim 1.5m$，以防冲管拔出时，部分土颗粒沉于底部而影响井点管的埋设。

成孔后立即插入井点管，并在井点管与孔壁之间迅速填灌砂滤层，以防孔壁坍塌和淤积。砂滤层的填灌质量是保证轻型井点顺利抽水的关键。一般宜选用干净粗砂，填灌均匀，并填至滤管顶上 $1 \sim 1.5m$，以保证水流畅通。井点填砂后，须用黏土封口，以防井点漏气。

轻型井点安装完毕后，需进行试抽，以便检查抽水设备运转是否正常，管路有无漏气现象。轻型井点使用时应连续抽水，直到地下室或地下结构物竣工并将基坑进行回填土后进行。若时抽时停，滤网易于堵塞，出水混浊并引起附近建筑物由于土颗粒流失而引起周围地面沉降、开裂。同时由于中途停抽，地下水回升，也可能引起边坡塌方等事故。抽水过程中，应调节离心泵的出水量，使抽吸排水保持均匀，达到细水长流。正常的出水规律是"先大后小，先混后清"。真空度是判断井点系统工作情况是否良好的尺度，必须经常观察检查。造成真空度不足的原因很多，但多是井点系统有漏气现象，应及时采取措施。

在基坑中心、最远边侧、井间分水岭处和基坑底任意部位，实际降水深度应等于或深于设计预测的降水深度，并应稳定 24h。当局部地段不能满足设计降水深度时，应按工程辅助措施、补救措施的可行性进行评估。井点系统抽水后地下水位降落曲线稳定的时间视土壤的性质而定，一般为 $1 \sim 5d$。全部降水运行时，抽排水的含砂量应符合下列规定：粗砂含量应小于 1/50000；中砂含量应小于 1/20000；细砂含量应小于 1/10000。

在抽水过程中，还应检查井点管有无堵塞，即有无"死井"现象。如死井太多，严重影响降水效果时，不出水的井点管应逐个用高压水冲洗或拔出重埋。为监测地下水位的变化，减少对周围环境的影响，可在影响半径内设观察井。

井点系统的拆除。降水结束后，可将井点管拔出，重复使用。井点系统的拆除应在基础及已施工部分的自重大于浮力的情况下进行，且底板混凝土必须要有一定的强度，防止因水浮力引起地下结构浮动或破坏底板。井点管拔出后所留的孔洞应用砂或土及时封堵；

对有防渗要求的地基，地面以下2m范围可用黏土填塞密实。

（2）喷射井点

喷射井点是指通过井点管内外间隙把高压水输送到井底后，由射流喷嘴高速上喷，造成负压，抽吸地下水与空气，并与工作水混合形成具有上涌势能的气水溶液排至地表，达到降低地下水位的目的。

当基坑开挖较深，降水深度超过8m时，宜采用喷射井点。喷射井点可分为喷气井点和喷水井点两种。喷水井点的喷射井管由内外管所组成，在内管下端装有升水装置（喷射扬水器）与滤管相连（见图1-23）。当高压水经内外管之间的环形空间由喷嘴喷出时，地下水即被吸入而压出地面。喷射井点的间距一般为1.5～3.0m。

（3）电渗井点

电渗井点是应用电场的作用，以井点管作负极、以打入的钢筋或钢管作正极，在地下形成电场，当通以直流电后，使弱含水层中带正电荷的水分子（自由水及结合水）向作阴极的井点管运动，再由水泵排出地面。土颗粒的移动称电泳现象，水的移动称为电渗现象，故名电渗井点。

电渗井点排水的原理见图1-24，电渗井点管（阴极）应布置在钢筋或钢管制成的电极棒（阳极）外侧0.8～1.5m，露出地面0.2～0.3m。

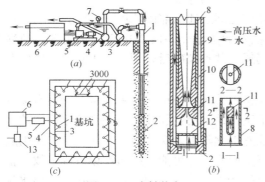

图 1-23　喷射井点

1—喷射井管；2—滤管；3—进水总管；4—排水总管；
5—高压力泵；6—水池；7—压力计；8—内管；9—外管；
10—扩散器；11—喷嘴；12—混合室；13—水泵

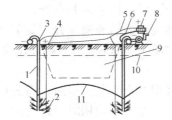

图 1-24　电渗井点

1—阴极；2—阳极；3—用扁钢、螺栓或电线
将阴极连通；4—用钢筋或电线将阳极连通；
5—阳极与发电机连接电线；6—阴极与发电
机连接电线；7—直流发电机；8—水泵；
9—基坑；10—原有地下水位线；
11—降水后的地下水位线

（4）管井井点

管井井点就是沿基坑边每隔一定距离设置一个管井，每个管井单独用一台水泵不断抽水来降低地下水位。

（5）大口井

施工宜采用沉井法、反循环法施工；条件允许亦可人工成井；大口井施工应符合现行国家标准《供水水文地质勘察规范》（GBJ 27）的规定。

多采用井底井壁同时进水，井体宜采用混凝土、钢筋混凝土材料，有条件地层也可采用石砌或砖砌井体；井径宜为0.8～4.0m，特殊情况不受限制。

（6）辐射井

集水井施工宜采用沉井法或反循环钻机钻进，要求预留辐射管位置并对应相应含水

22

层；辐射管施工宜采用顶管机、水平钻机，个别情况也可采用千斤顶法。

辐射井直径 D 应大于 2.0m，应能满足井内辐射管施工为准；集水井结构同大口井，但需在不同高程设置辐射管部位，增设施工辐射管用的钢筋混凝土圈梁；辐射管规格应根据地层、进水量、施工长度选择；辐射井宜封底防止进水，且可随钻进抽排水。

（7）潜埋井

潜埋井结构宜采用集水坑、砖石砌井，无砂滤水管或铸铁滤水管；在井中宜用离心泵、潜水泵抽降残存水；基坑（槽）封底时应预留出水管口；潜埋井深度在基底底面 1.0m 以下；停抽后迅速堵塞封闭出水管口，保证不溢水、渗水。

3. 降水工程监测与维护

（1）降水监测

降水监测与维护期应对各降水井和观测孔的水位、水量进行同步监测。

降水井和观测孔的水位、水量和水质的检测应符合下列要求：降水勘察期和降水检验前应统测一次自然水位；抽水开始后，在水位未达到设计降水深度以前，每天观测三次水位、水量；当水位已达到设计降水深度，且趋于稳定时，可每天观测一次；在受地表水体补给影响的地区或在雨季时，观测次数宜每日 2～3 次，水位、水量观测精度要求应与降水工程勘察的抽水试验相同；对水位、水量监测记录应及时整理，绘制水量 Q 与时间 t 和水位降深值 S 与时间 t 过程曲线图，分析水位水量下降趋势，预测设计降水深度要求所需时间；根据水位、水量观测记录，查明降水过程中的不正常状况及其产生的原因，及时提出调整补充措施，确保达到降水深度；中等复杂以上工程，可选择代表性井、孔在降水监测与维护期的前后各采取一次水样作水质分析。

在基坑开挖过程中，应随时观测基坑侧壁、基坑底的渗水现象，并应查明原因，及时采取工程措施。

（2）降水维护

降水期间应对抽水设备和运行状况进行维护检查，每天检查不应少于 3 次，并应观测记录水泵的工作压力、真空泵、电动机、水泵温度、电流、电压、出水等情况，发现问题及时处理，使抽水设备始终处在正常运行状态。

抽水设备应进行定期保养，降水期间不得随意停抽，当发生停电时，应及时启用备用电源，保持正常降水。注意保护井口，防止杂物掉入井内，经常检查排水管、沟，防止渗漏，冬季降水，应采取防冻措施。在更换水泵时，应测量井深，掌握水泵安装的合理深度，防止埋泵。

应掌握引渗井的水位变化，当引渗井水位上升且接近基坑底部时，应及时洗井或做其他处理，使水位恢复到原有深度。发现基坑（槽）出水、涌砂，应立即查明原因，组织处理。

降水监测与维护期，宜待基坑中的基础结构高出降水前静水位高度即告结束；当地下水位很浅，且对工程环境有影响时，可适当延长。

4. 工程环境影响预测与防治

（1）工程环境影响预测

当降水工程区及邻近已有建筑物、构造物和地下管线时，应预测其工程环境影响。预测项目应包括下列内容：地面沉降、塌陷、淘空、地裂等；建筑物、构筑物、地下管线开裂、位移、沉降变形等；基坑（槽）边坡失稳，产生流砂、流土、管渗、潜蚀等；水质变化。

当预测的工程环境影响情况超出有关标准或允许范围时，应采取工程措施，预测方法包括：根据调查或实测资料进行判断；根据建筑物结构形式、荷载大小、地基条件进行预测计算。

（2）工程环境影响监测

为查明工程降水对邻近建筑物、构筑物、地下管线的影响，按《建筑变形测量规程》（JGJ/T8）的有关规定建立时空监测系统。在建筑物、构筑物、地下管线受降水影响范围的不同部位应设置固定变形观测点，观测点不宜少于 4 个，另在降水影响范围以外设置固定基准点。降水以前，应对设置的变形观测进行二等水准测量，测量不少于 2 次，测量误差允许为±1mm。

降水开始后，在水位未达到设计降水深度以前，对观测点应每天观测一次，达到降水深度以后可每 2～5d 观测 1 次，直至变形影响稳定或降水结束为止；对重要建筑物和构筑物，在降水结束后 15d 内，应继续观测 3 次，查明回弹量。

变形观测点的设置，应符合现行国家标准《工程测量规范》GB 50026 的有关规定。对变形测量记录应及时检查整理，结合降水观测孔资料，查明降水对建筑物、构筑物、地下管线变形影响的发展趋势和变形量，分析变形影响危害程度。

降水过程中，特别在基坑开挖时，应随时观察基坑边坡的稳定性，防止边坡产生流砂、流土、潜蚀、塌方等现象。

（3）工程环境影响防治

降水工程施工前或施工中，应根据预测和监测资料，判断工程环境影响程度，及时采取防治措施。根据工程环境影响的性质和大小，可选择下列防治措施：改进降水技术方法；基坑（槽）外建立或结合阻水护坡桩、防渗墙、桩墙、连续墙；边坡网护、喷护；人工回灌地下水。

1.3.3 基坑土方开挖

基坑开挖常用的方法是直接分层开挖、有内支撑的分层开挖、盆式开挖、岛式开挖及逆作法开挖等，工程中可根据具体条件选用。在无内支撑的基坑中，土方开挖应遵循"土方分层开挖、垫层随挖随浇"的原则；在有内支撑的基坑中，应遵循"开槽支撑、先撑后挖、分层开挖、严禁超挖"的原则，垫层也应随挖随浇；土方开挖的顺序、方法必须与设计工况一致。此外，基坑（槽）开挖时应对支护结构、周围环境进行观察和监测，如出现异常情况应及时处理，待恢复正常后方可继续施工。

1. 开挖方法

（1）直接分层开挖

直接分层开挖包括放坡基坑开挖和无内支撑支护基坑开挖。

放坡开挖适合于基坑四周空旷、有足够的放坡场地，周围没有建筑设施或地下管线的情况。在软弱地基条件下，不宜挖深过大，一般控制在 6～7m 左右；在坚硬土中，则不受此限制。

放坡开挖施工方便，挖土机作业时没有障碍，工效高，可根据设计要求分层开挖或一次挖至坑底；基坑开挖后基础结构施工作业空间大，施工工期短。

无内支撑支护有悬臂式、拉锚式、重力式、土钉墙等。无内支撑支护的土壁可垂直向下开挖，因此，不需要在基坑边四周有很大的场地，可用于场地较狭小、土质又较差的情况。同时，在地下结构完成后，其基坑土方回填工作量也小。

（2）有内支撑支护的基坑开挖

在基坑较深、土质较差的情况下，一般的支护结构需要在基坑内设置支撑。有内支撑支护基坑土方开挖比较困难，其土方分层开挖主要考虑与支撑结构施工的相协调。图1-25是一个2道支撑的基坑土方开挖及支撑设置的施工过程示意图，从中可见在有内支撑支护的基坑中进行土方开挖，其施工较复杂。

（3）盆式开挖

盆式开挖适合于基坑面积大、支撑或拉锚作业困难且无法放坡的基坑。它的开挖过程是先开挖基坑中央部分，形成盆式（图1-26a），此时可利用留位的土坡来保证支护结构的稳定，此时的土坡相当于"土支撑"。随后再施工中央区域内的基础底板及地下室结构（图1-26b），形成中心岛。在地下室结构达到一定强度后开挖留坡部位的土方，并按"随挖随撑、先撑后挖"的原则，在支护结构和"中心岛"之间设置支撑（图1-26c）。最后再施工边缘部位的地下室结构（图1-26d）。

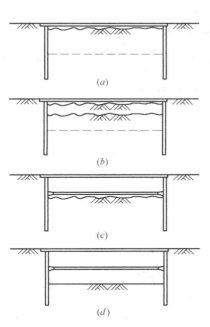

图 1-25　有内支撑支护基坑土方开挖
（a）设置第一层支撑；（b）第二层挖土；
（c）设置第二层支撑；（d）开挖第三层土

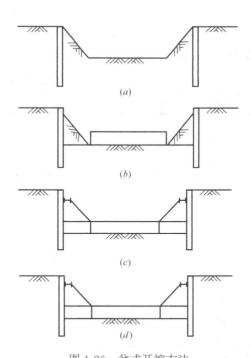

图 1-26　盆式开挖方法
（a）中心挖土；（b）中心地下结构施工；
（c）边缘土方开挖及支撑设置；（d）边缘地下结构施工

盆式开挖方法支撑用量小、费用低、盆式部位土方开挖方便，这在基坑面积很大的情况下尤显出优越性，因此，在大面积基坑施工中非常适用。但这种施工方法对地下室结构需设置后浇带或在施工中留设施工缝；将地下结构分两阶段施工，对结构整体性及防水性亦有一定的影响。

（4）岛式开挖

当基坑面积较大，而且地下室底板设计有后浇带或可以留施工缝时，还可采用岛式开挖方法（图1-27）。

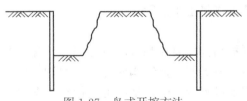

图1-27　岛式开挖方法

这种方法与盆式开挖类似，但先开挖边缘部分的土方，将基坑中央的土方暂时留置，该土方具有反压作用，可有效地防止坑底土的隆起，有利于支护结构的稳定。必要时还可以在留土区与挡土墙之间架设支撑。在边缘土方开挖到基底以后，先浇筑该区域的底版，以形成底部支撑，然后再开挖中央部分的土方。

2. 土方开挖应注意的问题

土方开挖根据批准的方案进行，尽可能避免在坡顶堆放土方等重荷载，严禁超堆荷载。在施工过程中应经常测量和校核边坡平面位置、水平标高和边坡坡度，平面控制点和水准控制点应采取可靠保护措施，并定期进行复测和检查。监测人工降水系统工作情况，并随时观测周围环境的变化，必须确保支护结构的安全和周围环境的安全。基坑变形监控控制指标，当有设计指标时，以设计要求为依据，如无设计指标时应按照表1-14的规定执行。

开挖至基坑底标高后，基坑底应及时封闭并进行基础施工，避免基坑长时间暴露。当土方挖方较深时，应采取措施，防止基坑底部土的隆起并危害周围环境。

基坑变形的监控值（cm）　　　　　　　　　　　　　　　　表1-14

基坑类别	围护结构墙顶位移监控值	围护结构墙体最大位移监控值	地面最大沉降监控值
一级基坑	3	5	3
二级基坑	6	8	6
三级基坑	8	10	10

1.4　土方填筑与压实

为使填土满足强度和稳定性要求，土方填筑工程必须正确选择填方土料和土方填筑与压实方法。

在土方工程中，最好采用同类土进行填筑，并应分层填土压实。禁止将不同种类的土混杂一起填筑。如果采用不同类土填筑，应把透水性较大的土层置于透水性较小的土层下面。在透水性较小的土层上填筑透水性较大的土壤时，必须将两层结合面作成中央高、四周低的弧面排水坡度或设置盲沟，以免填土内形成水囊。

当填方位于坡度大于0.2的倾斜地面时，应先将斜坡改成阶梯状，阶高0.2～0.3m，阶宽大于1m，然后分层填土以防填土层滑动。

填土施工前，应清除填方区的积水和杂物。如遇软土、淤泥，必须进行换土回填。填土时，若分段进行，每层分段接缝处应作成斜坡形，上下层分段接缝应错开不小于1.0m。应防止地面水流入基坑。回填基坑（槽）和管沟时，应从四周或两侧均匀地分层进行，以防止基础和管道在土压力作用下产生偏移或变形。

填方土料应符合设计要求，如设计无要求时，应符合下列规定：

（1）碎石类土、砂土和爆破石渣（粒径不大于每层铺厚的 2/3）可用于表层下的填料；

（2）含水量符合压实要求的粘性土，可用作各层填料；

（3）碎块草皮和有机质含量大于 5% 的土，仅用于无压实要求的填方；

（4）淤泥和淤泥质土一般不能用作填料，但在软土或沼泽地区，经过处理使含水量符合压实要求后，可用于填方中的次要部位；

（5）有水溶性硫酸盐大于 2% 的土，不能用作填土，因在地下水作用下，硫酸盐会逐渐溶解流失，形成孔洞，影响土的密实性；

（6）冻土、膨胀性土等不应作为填方土料。

1.4.1 填土压实方法与压实机械

填土的压实方法一般有碾压、夯实、振动压实等几种（见图 1-28）。碾压适用于大面积填土工程。碾压机械有平碾、羊足碾和气胎碾等。平碾有静力作用平碾和振动作用平碾之分。平碾对砂土、黏性土均可压实，静力作用平碾适用于较薄填土或表面压实、平整场地、修筑堤坝及道路工程；振动平碾使土受振动和碾压两种作用，效率高，适用于填料为爆破石渣、碎石类土、杂填土或黏质粉土的大型填方。羊足碾需要较大的牵引力，与土接触面积小，但单位面积的压力比较大，土壤的压实效果好，适用于碾压黏性土；不适合于碾压砂土，在砂土中碾压时，土的颗粒受到"羊足"较大的单位压力后会向四面移动，而使土的结构破坏。气胎碾在工作时是弹性体，给土的压力较均匀，填土质量较好。利用运土工具碾压土壤也可取得较大的密实度，但必须很好地组织土方施工，利用运土过程进行碾压。

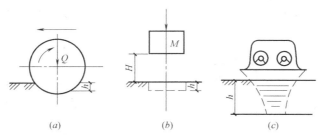

图 1-28 填土压实方法
(a) 碾压；(b) 夯实；(c) 振动压实

夯实方法是利用夯锤自由下落时的冲击力来夯实土壤，主要用于基坑（槽）、管沟及各种零星分散、边角部位的小型填方工程。它的优点是可以夯实较厚的土层，且可以夯实黏性土及非黏性土。夯实机械有夯锤、内燃夯土机和蛙式打夯机等。夯锤是借助起重机提起并落下，锤底面积约为 0.15～0.25m²，其重力不宜小于 15kN，落距一般为 2.5～4.5m，夯土影响深度可达 0.6～1.0m，常用于夯实砂性土、湿陷性黄土、杂填土以及含有石块的填土。内燃夯土机作用深度为 0.4～0.7m，它和蛙式打夯机都是应用较广的夯实机械。人工夯土用的工具有木夯、石夯等，人工夯土方法现已很少采用，主要用于打夯机械无法到达的边角部位施工。

振动压实法是将振动压实机放在土层表面，借助振动机构使压实机械振动，土颗粒发生相对位移而达到紧密状态。这种方法主要用于非黏性土的压实，施工机械主要是振动压路机、平板振动器等。

1.4.2 影响填土压实效果的主要因素

填土压实效果的主要影响因素有：压实功、土的含水量、每层铺土厚度。

1. 压实功

填土压实后的密度与压实机械在其上所作的压实功（指压实工具的重量、碾压遍数或锤落高度、作用时间等）有一定的关系，如图 1-29 所示。在土的含水量一定时，开始压实时，土的密度急剧增加，待到接近土的最大密度时，压实功虽然增加很多，而土的密度则没有多大变化。所以，在实际施工中，对不同的土应根据选择的压实机械和密实度要求选择合理的压实遍数（见表 1-15）。此外，松土不宜用重型碾压机械直接滚压，否则土层有强烈起伏现象，效率不高。先用轻碾，再用重碾压实就会取得较好效果。

2. 含水量

在同一压实功条件下，填土的含水量对压实效果有显著的影响。当含水量较小时，由于颗粒间摩擦力使土保持着比较疏松的状态或凝聚结构，土中孔隙大都互相连通，水少而气多，在一定的外部压实功作用下，虽然土孔隙中气体易被排出，但由于水膜润滑作用不明显，外部压实功不易克服粒间摩擦力，因此压实效果较差；含水量逐渐增大时，水膜又起着润滑作用，外部压实功比较容易使土颗粒移动，压实效果渐佳；土中含水量过大时，孔隙中出现了自由水，压实功部分被自由水抵消，减小了有效作用，压实效果反而又降低，易夯成橡皮土。实际上每种土壤都有其最佳含水量，土在这种含水量条件下，使用同样的压实功进行压实，所得到的干密度最大，称为最大干密度（见图 1-30）。用干密度作为表征填方密实程度的技术指标；取干密度最大时的含水量为最佳含水量。

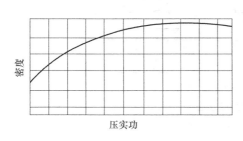

图 1-29　土的密度与压实功的关系

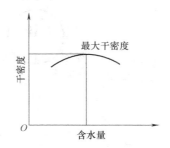

图 1-30　土的干密度与含水量的关系

土的最佳含水量和最大干密度，应由击实试验取得。一般砂土的最佳含水量为 8%～12%，粉土为 16%～22%，粉质黏土为 18%～21%，黏土为 19%～23%。

施工中，土料的含水量与其最佳含水量之差可控制在 -4%～+2% 范围内，使用振动碾压时，可控制在 -6%～+2% 范围内。当含水量过大时，应采取翻松、晾干、风干、换土回填、掺入干土或其他吸水材料等措施；如土料过干，则应预先洒水润湿，每 $1m^3$ 铺好的土层需要补充水量可按下式计算：

$$V = \frac{\rho}{100+w}(w_{op}-w) \qquad (1-30)$$

式中 V——单位体积内需要补充的水量（L）；

w ——土的天然含水量（%）；

w_{op}——土的最佳含水量（%）；

ρ ——填土碾压前的密度（kg/m³）。

当含水量小时，亦可采取增加压实遍数或使用大功率压实机械等措施。在气候干燥时，须采取加速挖土、运土、平土和碾压过程，以减少土中水分散失。当填料为碎石类土（充填物为砂土）时，碾压前应充分洒水湿润，以提高压实效果。

3. 每层铺土厚度

土在压实功的作用下，压应力随深度增加而减小，其影响深度与压实机械、土的性质和含水量有关。所以，每层铺土厚度应小于压实机械压土时的有效作用深度，而且还应考虑最优铺土厚度。铺土过厚，要压很多遍才能达到规定的密实度，甚至由于下部土体所受压实作用力小于土体本身的粘结力和摩擦力，土颗粒不能相互移动，无论压多少遍，填方也不能被压实；铺土过薄，则要增加总压实遍数增加机械的功耗费，且下层土体压实次数过多，而受剪切破坏。最优的铺土厚度应能使填方被压实而机械的功耗费最小，所以规定一定的铺土厚度（见表 1-15）。

分层填土虚铺厚度与压实遍数   表 1-15

压实机具	铺土厚度(mm)	每层压实遍数	压实机具	铺土厚度(mm)	每层压实遍数
平碾	250～300	6～8	柴油打夯机	200～250	3～4
振动压实机	250～300	3～4	人工打夯	不大于 200	3～4

1.5 土方施工机械

场地平整常用的土方施工机械主要为推土机、铲运机，有时也使用挖掘机及装载机。

1. 推土机及其施工

推土机是一种在拖拉机前端悬装推土刀的铲土运输机械。作业时，机械向前开行，放下推土刀切削土壤，碎土堆积在刀前，待逐渐积满以后，略提起推土刀，使刀刃贴着地面推移碎土，推到指定地点以后，提刀卸土，然后调头或倒车返回铲掘地点。由于推土机牵引力大，生产率高，工作装置简单，操纵灵便，能进行多种作业，应用甚为广泛。

推土机按照推土刀安装形式分固定推土刀式和回转推土刀式两种（见图 1-31）。固定推土刀装成垂直于推土机纵轴线，只能上下升降和向前推土，故又称直铲推土机。回转推土刀在

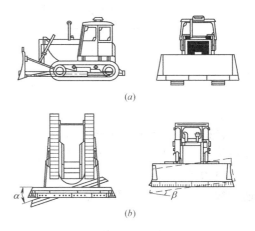

图 1-31 履带式推土机
（a）固定推土刀；（b）回转推土刀

水平面内可以倾斜与推土机横轴线呈0°～25°角，还可在垂直面内倾斜与水平面呈0°～9°角。回转推土刀在水平面内倾斜作业时，刀前碎土沿着推土刀表面斜向移动而卸于一侧，故又称斜铲推土机，其铲、运、卸三个过程同时进行。推土刀在垂直面内倾斜作业时，可对坚实地面进行铲掘。

推土机按照行走装置分履带式和轮胎式两种。履带式推土机的履带板有多种形式，以适应在不同的地面上行走。轮胎式推土机大多采用宽基轮胎，全轮驱动，以提高牵引性能并改善通过性能，其接地比压为200～350kPa。由于履带式推土机后端可以装松齿耙、绞盘和反铲装置，还可以作其他机械的牵引车或铲运机的助铲机，故应用更广泛。

推土机按照工作操纵系统分液压操纵式和机械操纵式。液压操纵式利用液压缸来操纵推土刀的升降，可以借助整机的部分重力，强制推土刀切土，切土力大，操纵轻便，广泛用于中、小型推土机上；机械操纵式依靠钢丝滑轮组操纵，只能利用推土刀的自重切土，效率较低，一般用于大型和特大型推土机上。

推土机按照发动机功率分特大、大、中、小型四种，国产推土机大多是中型和大型的。常用推土机的功率有45kW、75kW、90kW、120kW等。目前世界上最大型的推土机功率可达735kW。

推土机适用于推挖一～三类土。用于平整场地、移挖作填、回填土方、堆筑堤坝、配合挖土机集中土方和修路开道等。推土机作业以切土和推运土方为主，切土时应根据土质情况，尽量采用最大切土深度在最短距离（6～10m）内完成，以便缩短低速行进的时间，然后直接推运到预定地点。上下坡坡度不得超过35°，横坡不得超过10°。几台推土机同时作业时，前后距离应大于8m。

推土机的作业效率与运距有很大关系。推土机的经济运距一般在100m以内，效率最高的运距一般为60m。为提高生产率，可采用下坡推土、槽形推土、并列推土及多铲集运等方法（图1-32）。

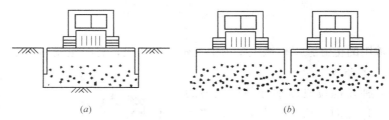

图1-32　推土机提高生产率方法
(a) 槽形推土法；(b) 并列推土法

2. 铲运机施工

铲运机是一种利用铲斗铲削土壤，并将碎土装入铲斗进行运送的铲土运输机械，能够完成铲土、装土、运土、卸土和分层填土、局部碾实的综合作业。适用于铁路、道路、水利、电力等工程平整场地工作。铲运机具有操纵简单，不受地形限制，能独立工作，行使速度快，生产效率高等优点。其适用于一～三类土，如铲削三类以上土壤，需要事先松土。

铲运机由铲斗（工作装置）、行走装置、操纵机构和牵引机等组成。铲运机工作过程包括：放下铲斗，打开斗门，向前开行，斗前刀片切削土壤，碎土进入铲斗并装满（图

30

1-33a），提起铲斗，关上斗门，进行运土（图 1-33b）；到卸土地点后打开斗门、卸土，并调节斗的位置、利用刀片刮平土层（图 1-33c）；卸土完毕，返回。

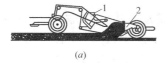 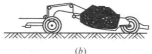 

图 1-33　铲运机的作业过程

(a) 铲土；(b) 运土；(c) 卸土

1—斗门；2—斗体

铲运机分自行式和拖式两种。自行式铲运机（图 1-34a）由牵引机和铲斗车两部分合成整体，中间用绞销连接，牵引车和铲斗车均为单轴，其经济运距可达 1500m 以上，具有结构紧凑、机动性大、行使速度快等优点，得到广泛的应用。拖式铲运机（图 1-34b）需要有拖拉机牵引作业，装有宽基低压轮胎，适用于土质松软的丘陵地带，其经济运距一般为 50～500m，由于机动性差，工程中较少应用。

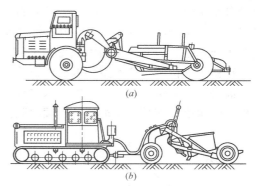

图 1-34　铲运机外形图

(a) 自行式；(b) 拖式

铲运机按照铲斗卸土方式分强制卸土式、半强制卸土式和自由卸土式三种。

铲运机按照铲斗容量分特大、大、中、小型四种。中型的铲斗容量一般为 6～15m³，大型的铲斗容量一般为 15～30m³，特大型的铲斗容量可达 30m³ 以上。

铲运机运行路线和施工方法根据工程大小、运距长短、土的性质和地形条件等确定。其运行路线可采用环形路线或 8 字形路线（图 1-35）。采用下坡铲土法、跨铲法、推土机助铲法等可缩短装土时间、提高土斗装土量，以充分发挥其效率。

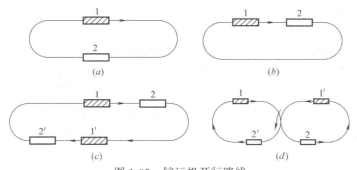

图 1-35　铲运机开行路线

(a)、(b) 环形路线；(c) 大环形路线；(d) 8 字形路线

3. 单斗挖土机施工

如平整的场地上有土堆或土丘，或需要向下挖掘或填筑土方时可采用挖掘机进行挖掘。

基坑土方开挖一般采用挖土机进行施工，对大型的、较浅的基坑有时也可采用推土机。挖土机在施工中一般需有运土汽车与之配合作业。

（1）挖土机及其施工

挖土机按照行走方式分为履带式和轮胎式两种。按照传动方式分为机械传动式和液压传动式两种。挖土机利用土斗直接挖土（因此也称为单斗挖土机），斗容量有 $0.2m^3$、$0.4m^3$、$1.0m^3$、$1.5m^3$、$2.5m^3$ 等多种。单斗挖土机按照土斗作业装置分为正铲、反铲、拉铲和抓铲，使用较多的是前三种。

1）正铲挖土机及其施工

正铲挖土机外形如图 1-36 所示，其作业特点是：前进向上，强制切土。它适用于开挖停机面以上的土方，且需与汽车配合完成整个挖运工作。正铲挖土机挖掘力大，适用于开挖含水量较小的一类土和经爆破的岩石及冻土。一般用于大型基坑开挖，也可用于场地平整施工。正铲的开挖方式根据开挖路线与汽车相对位置的不同分为正向开挖、侧向卸土以及正向开挖、后方卸土两种（见图 1-37），前者生产率较高。

正铲挖土机的生产率主要取决于每斗作业的循环延续时间。为了提高其生产率，除了工作面高度必须满足装满土斗的要求之外，还要考虑开挖方式和与运土机械的配合，尽量减少回转角度，缩短每个循环的延续时间。

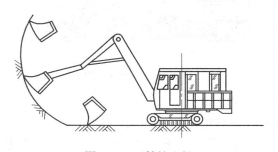

图 1-36　正铲挖土机

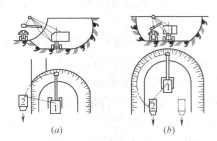

图 1-37　正铲挖土机作业方式
（a）正向挖土、侧向卸土；（b）正向挖土、后方卸土

2）反铲挖土机及其施工

反铲挖土机的外形如图 1-38 所示，其作业特点是：后退向下，强制切土。它适用于开挖一～三类的砂土或黏土。主要用于开挖停机面以下的土方，一般最大挖土深度为 4～6m，经济合理的挖土深度为 3～5m。反铲也需要配备运土汽车进行运输。

反铲的开挖方式可以采用沟端开挖法，即反铲停于沟端，后退挖土，向沟的一侧弃土或装汽车运走（图 1-39a）；也可采用沟侧开挖法，即反铲停于沟侧，沿沟边开挖，它可将土弃于距沟较远的地方，如装车则回转角度较小，但边坡不易控制（见图 1-39b）。

3）拉铲挖土机及其施工

拉铲挖土机的外形如图 1-40 所示，拉铲挖土时，依靠土斗自重及拉索拉力切土，卸土时斗齿朝下，利用惯性较湿的黏土也能卸尽。但其开挖的边坡及坑底平整度较差，需更多的人工修坡（底）。它适用于开挖停机面以下的一～三类土，其特点是开挖的深度和宽度均较大，可用于开挖较大的基坑（槽）和沟渠以及挖取水下泥土，也可用于大型场地平整、填筑路基和堤坝等。拉铲的开挖方式和反铲一样，也有沟端开挖和沟侧开挖两种。

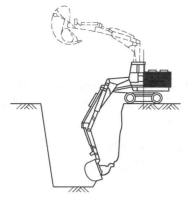

图 1-38 反铲挖土机

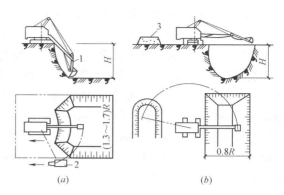

图 1-39 反铲挖土机作业方式
(a) 沟端开挖；(b) 沟侧开挖
1—反铲挖土机；2—自卸汽车；3—弃土堆

4）抓铲挖土机及其施工

机械传动抓铲挖土机的外形如图 1-41 所示，它适用于开挖较松软的土。对施工面狭窄而深的基坑、深槽、深井采用抓铲可取得理想效果，也可用于场地平整中土堆与土丘的挖掘。抓铲还可用于挖取水中淤泥，装卸碎石、矿渣等松散材料。抓铲也有采用液压传动操纵抓斗作业的。

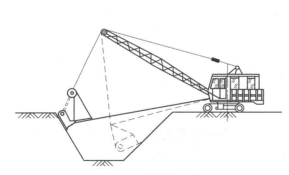

图 1-40 拉铲挖土机

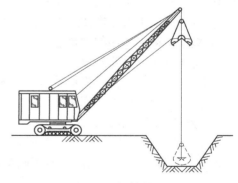

图 1-41 抓铲挖土机

抓铲挖土时，通常立于基坑一侧进行，对较宽的基坑则在两侧或四侧抓土。抓挖淤泥时，抓斗容易被淤泥"吸住"，应避免起吊用力过猛，以防翻车。

（2）挖土机与运土车辆的配合

当挖土机挖出的土方需要运土车辆运走时，挖土机的生产率不仅取决于本身的技术性能，而且还取决于所选的运输工具是否与之协调。

根据挖土机的技术性能，其生产率可按下式计算：

$$P = \frac{8 \times 3600}{t} q \frac{K_c}{K_s} K_B \tag{1-31}$$

式中　P——挖土机生产率（m³/台班）；

　　　t——挖土机每次作业循环延续时间（s）；

q——挖土机斗容量（m³）；

K_s——土的最初可松性系数，见表 1-2；

K_c——挖土机土斗充盈系数，可取 0.8～1.1；

K_B——挖土机工作时间利用系数，一般为 0.6～0.8。

为了使挖土机充分发挥生产能力，应使运土车辆的载重量与挖土机的每斗土重保持一定的倍数关系，并有足够数量车辆以保证挖土机连续工作。从挖土机方面考虑，汽车的载重量越大越好，可以减少等待车辆调头的时间。从车辆方面考虑，载重量小台班费便宜但使用数量多；载重量大，则台班费高但数量可减少。最适合的车辆载重量应当是使土方施工单价为最低，可以通过核算确定。一般情况下，汽车的载重量以每斗土重的 3～5 倍为宜。运土车辆的数量 N，可按下式计算：

$$N = \frac{T}{t_1 + t_2}$$ (1-32)

式中　T——运输车辆每一工作循环延续时间（s），由装车、重车运输、卸车、空车开回及等待时间组成；

t_1——运输车辆调头而使挖土机等待的时间（s）；

t_2——运输车辆装满一车土的时间（s）。

$$t_2 = nt ; n = \frac{10Q}{q \frac{K_c}{K_s} \gamma}$$ (1-33)

式中　n——运土车辆每车装土次数；

t——挖土机每次作业循环延续时间（s）；

Q——运土车辆的载重量（t）；

q——挖土机斗容量（m³）；

K_s——土的最初可松性系数，见表 1-1；

K_c——挖土机土斗充盈系数，可取 0.8～1.1；

γ——土的重度（kN/m³）。

为了减少车辆的调头、等待和装土时间，装土场地必须考虑调头方法及停车位置。如在坑边设置两个通道，使汽车不用调头，可以缩短调头、等待时间。

1.6　土方工程质量验收与安全技术

土方工程施工前应进行挖、填方的平衡计算，综合考虑土方运距最短、运程合理和各个工程项目的合理施工程序等，做好土方平衡调配，减少重复挖运。土方平衡调配应尽可能与城市规划和农田水利相结合将余土一次性运到指定弃土场，做到文明施工。

1.6.1　土方工程验收

平整场地的表面坡度应符合设计要求，如设计无要求时，排水沟方向的坡度不应小于 2‰。平整后的场地表面应逐点检查。检查点为每 100～400m² 取 1 点，但不应少于 10点；长度、宽度和边坡均为每 20m 取 1 点，每边不应少于 1 点。

临时性挖方的边坡值应符合表 1-16 的规定。

临时性挖方边坡值   表 1-16

土 的 类 别		边坡值（高：宽）
砂土（不包括细砂、粉砂）		1：1.25～1：1.50
一般黏性土	硬	1：0.75～1：1.00
	硬、塑	1：1.00～1：1.25
	软	1：1.50 或更缓
碎石类土	充填坚硬、硬塑黏性土	1：0.50～1：1.00
	充填砂土	1：0.50～1：1.50

注：1. 设计有要求时，应符合设计标准；

　　2. 如采用降水或其他加固措施，可以不受本表限制，但应计算复核；

　　3. 开挖深度，对软土不应超过 4m，对硬土不应超过 8m。

土方开挖工程质量检验标准如表 1-17。

土方开挖工程质量检验标准（单位：mm）   表 1-17

项目	序	项　　目	允许偏差或允许值					检 验 方 法
			桩基基坑基槽	挖方场地平整		管沟	地（路）面基层	
				人工	机械			
主控项目	1	标高	−50	±30	±50	−50	−50	水准仪
	2	长度、宽度（由设计中心线向两边量）	+200 −50	+300 −100	+500 −150	+100	—	经纬仪、用钢直尺量
	3	边坡	设计要求					观察或用坡度尺检查
一般项目	1	表面平整度	20	20	50	20	20	用 2m 靠尺和楔形塞尺检查
	2	基底土性	设计要求					观察或土样分析

注：地（路）面基层的偏差只适用于直接在挖、填方上做地（路）面的基层。

土方回填前应清除基底垃圾、树根等杂物，抽除坑穴积水、淤泥，验收基底标高。如在耕植土或松土上填方，应在基底压实后再进行。对填方土料应按设计要求验收后方可填入。

填方施工过程中检查排水措施、每层填筑厚度、含水量控制、压实程度。填土厚度及压实遍数应根据土质、压实系数及所用机具确定。如无试验依据，应符合表 1-15 的规定。

填方施工结束后，应检查标高、边坡坡度、压实程度，检验标准见表 1-18 的规定。

填土工程质量检验标准（单位：mm）   表 1-18

项目	序	项　　目	允许偏差或允许值					检 验 方 法
			桩基基坑基槽	场地平整		管沟	地（路）面基层	
				人工	机械			
主控项目	1	标高	−50	±30	±50	−50	−50	水准仪
	2	分层压实系数	设计要求					按规定方法
一般项目	1	回填土料	设计要求					取样检查或直观鉴别
	2	分层厚度及含水量	设计要求					水准仪及抽样检查
	3	表面平整度	20	20	30	20	20	用靠尺或水准仪

土方施工过程中，要采取可靠措施和合理的支护方案，防止土方边坡塌方。边坡支护结构要经常检查，如有松动、变形、裂缝等现象，要及时加固或更换。多层支撑拆除要自下而上进行，随拆随填。

钢筋混凝土桩支护要在桩身达到规定强度后开挖土方。开挖土方不要伤及支护桩及支撑结构。锚杆应验证其锚固力后方可受力，必要时应实验验证后再施工。相邻土方开挖要按照先深后浅的顺序施工，并及时施工垫层和基础。土方开挖严禁超挖，机械挖土并至少留 0.3m 深不挖，而由人工挖至设计标高。

1.6.2 土方安全施工技术

为保证土方工程的施工安全，土石方工程施工应由具有相应资质及安全生产许可证的企业承担。在施工前应编制专项施工安全方案，并应严格按照方案实施，并进行安全教育及安全技术交底，特种作业人员必须持证上岗，机械操作人员应经过专业技术培训。施工现场发现危及人身安全和公共安全的隐患时，必须立即停止作业，排除隐患后方可恢复施工。在土石方施工过程中，当发现古墓、古物等地下文物或其他不能辨认的液体、气体及异物时，应立即停止作业，作好现场保护，并报有关部门处理后方可继续施工。

1. 土方工程机械设备安全

土石方施工的机械设备按照规定的技术性能、承载能力和使用条件等要求，正确操作，合理使用，严禁超载作业或任意扩大使用范围。新购、经过大修或技术改造的机械设备，应按有关规定要求进行测试和试运转。机械设备应按规定进行定期维修保养，严禁带故障作业。机械设备照明装置应完好无损机械设备运行时，严禁接触转动部位和进行检修。

机械设备进场前，应对现场和行进道路进行踏勘。不满足通行要求的地段应采取必要的加固措施。

作业前应检查施工现场，查明危险源。机械作业不宜在有地下电缆或燃气管道等 2m 半径范围内进行。冬、雨期施工时，应及时清除场地和道路上的冰雪、积水，并应采取有效的防滑措施。

机械设备连续作业时，应遵守交接班制度，禁止无关人员进入作业区和操作室。作业时操作人员不得擅自离开岗位或将机械设备交给无证人员操作，严禁疲劳和酒后作业。配合机械设备作业的人员，应在机械设备的回转半径以外工作，当在回转半径内作业时，必须有专人协调指挥。夜间工作时，现场必须有足够照明。

作业结束后，应将机械设备停到安全地带。

遇到下列情况之一时应立即停止作业：

(1) 填挖区土体不稳定、有坍塌可能；

(2) 地面涌水冒浆，出现陷车或因下雨发生坡道打滑；

(3) 发生大雨、雷电、浓雾、水位暴涨及山洪暴发等情况；

(4) 施工标志及防护设施被损坏；

(5) 工作面净空不足以保证安全作业；

(6) 出现其他不能保证作业和运行安全的情况。

2. 土石方开挖设备

（1）挖掘机

挖掘前，驾驶员应发出信号，确认安全后方可启动设备。设备操作过程中应平稳，不宜紧急制动。铲斗升降不得过猛，下降时不得碰撞车架或履带。装车作业应在运输车停稳后进行，铲斗不得撞击运输车任何部位；回转时严禁铲斗从运输车驾驶室顶上越过。

拉铲或反铲作业时，挖掘机履带到工作面边缘的安全距离不应小于1.0m。在崖边进行挖掘作业时，应采取安全防护措施。作业面不得留有导坡及松动的大块石。挖掘机行驶或作业中，不得用铲斗吊运物料，驾驶室外严禁站人。挖掘机作业结束后应停放在坚实、平坦、安全的地带，并将铲斗收回平放在地面上。

（2）推土机

推土机工作时严禁有人站在履带或刀片的支架上。推土机上下坡应用低速挡行驶，上坡过程中不得换挡，下坡过程中不得脱挡滑行。下陡坡时，应将推铲放下接触地面。

推土机在积水地带行驶或作业前，必须查明水深。推土机向沟槽回填土时应设专人指挥，严禁推铲越出回填土边缘。两台以上推土机在同一区域作业时，两机前后距离不得小于8m，平行时左右距离不得小于1.5m。

（3）铲运机

铲运机作业前应将行车道整修好，路面宽度宜大于机身宽度2m。自行式铲运机沿沟边或填方边坡作业时，轮胎距路肩的水平距离不得小于0.7m，并应放低铲斗，低速缓行。两台以上铲运机在同一区域作业时，自行式铲运机前后距离不得小于20m（铲土时不得小于10m），拖式铲运机前后距离不得小于10m（铲土时不得小于5m）；平行时左右距离均不得小于2m。

（4）装载机

装载机作业时应使用低速挡。严禁铲斗载人。装载机不得在倾斜度超过规定的场地上工作。向汽车装料时，铲斗不得在汽车驾驶室上方越过。不得偏载、超载。在边坡、壕沟、凹坑卸料时，应有专人指挥，轮胎距沟、坑边缘的距离应大于1.5m，并应放置挡木防止滑移。

3. 土方运输及夯实设备

（1）载重汽车

载重汽车向坑洼区域卸料时，应和边坡保持安全距离，防止塌方翻车。严禁在斜坡侧向倾卸。载重汽车卸料后，应使车厢落下复位后方可起步，不得在未落车厢的情况下行驶。车厢内严禁载人。

（2）小翻斗车

运输构件宽度不得超过车宽，高度不得超过1.5m（从地面算起）。下坡时严禁空挡滑行；严禁在大于25°的陡坡上向下行驶。在坑槽边缘倒料时，必须在距离坑槽0.8m～1.0m处设置安全挡块。严禁骑沟倒料。翻斗车行驶的坡道应平整且宽度不得小于2.3m。翻斗车行驶中，车架上和料斗内严禁站人。

（3）蛙式夯实机

夯实机的扶手和操作手柄必须加装绝缘材料，操作开关必须使用定向开关，进线口必须加胶圈。夯实机的电缆线不宜长于50m，不得扭结、缠绕或张拉过紧，应保持有至少

3～4m的余量。操作人员必须戴绝缘手套、穿绝缘鞋。必须采取一人操作、一人拉线作业。多台夯机同时作业时，其并列间距不宜小于5m，纵列间距不宜小于10m。

4. 基坑工程安全施工

基坑工程应按现行行业标准《建筑基坑支护技术规程》JCJ 120进行设计；必须遵循先设计后施工的原则；应按设计和施工方案要求，分层、分段、均衡开挖。

土方开挖前，应查明基坑周边影响范围内建（构）筑物、上下水、电缆、燃气、排水及热力等地下管线情况，并采取措施保护其使用安全。基坑开挖深度范围内有地下水时，应采取有效的地下水控制措施。

（1）开挖防护

开挖深度超过2m的基坑周边必须安装防护栏杆。防护栏杆应符合下列规定：

1）防护栏杆高度不应低于1.2m；

2）防护栏杆应由横杆及立杆组成；横杆应设2～3道，下杆离地高度宜为0.3～0.6m，上杆离地高度宜为1.2～1.5m；立杆间距不宜大于2.0m，立杆离坡边距离宜大于0.5m；

3）防护栏杆宜加挂密目安全网和挡脚板；安全网应自上而下封闭设置；挡脚板高度不应小于180mm，挡脚板下沿离地高度不应大于10mm；

4）防护栏杆应安装牢固，材料应有足够的强度。

基坑内宜设置供施工人员上下的专用梯道。梯道应设扶手栏杆，梯道的宽度不应小于1m。梯道的搭设应符合相关安全规范的要求。

基坑支护结构及边坡顶面等有坠落可能的物件时，应先行拆除或加以固定。同一垂直作业面的上下层不宜同时作业。需同时作业时，上下层之间应采取隔离防护措施。

（2）作业要求

在电力管线、通信管线、燃气管线2m范围内及上下水管线1m范围内挖土时，应有专人监护。基坑支护结构必须在达到设计要求的强度后，方可开挖下层土方，严禁提前开挖和超挖。施工过程中，严禁设备或重物碰撞支撑、腰梁、锚杆等基坑支护结构，亦不得在支护结构上放置或悬挂重物。

基坑边坡的顶部应设排水措施。基坑底四周宜设排水沟和集水井，并及时排除积水。基坑挖至坑底时应及时清理基底并浇筑垫层。对人工开挖的狭窄基槽或坑井，开挖深度较大并存在边坡塌方危险时，应采取支护措施。

在软土场地上挖土，当机械不能正常行走和作业时，应对挖土机械行走路线用铺设渣土或砂石等方法进行硬化。场地内有孔洞时，土方开挖前应将其填实。遇异常软弱土层、流砂（土）、管涌，应立即停止施工并及时采取措施。除基坑支护设计允许外，基坑边不得堆土、堆料、放置机具。

采用井点降水时，井口应设置防护盖板或围栏，设置明显的警示标志。降水完成后，应及时将井填实。施工现场应采用防水型灯具，夜间施工的作业面及进出道路应有足够的照明措施和安全警示标志。

（3）险情预防

为保证施工安全，基坑工程应编制应急预案，明确管理机构及责任。土方开挖过程中，应定期对基坑及周边环境进行巡视，随时检查基坑位移（土体裂缝）、倾斜、土体及周边道路沉陷或隆起、地下水涌出、管线开裂、不明气体冒出和基坑防护栏杆的安全性等。

在冰雹、大雨、大雪、风力 6 级及以上强风等恶劣天气之后，应及时对基坑和安全设施进行检查。

深基坑开挖过程中必须进行基坑变形监测，当基坑开挖过程中出现位移超过预警值、地表裂缝或沉陷等情况时，应及时报告有关方面，并及时采取措施。出现塌方险情等征兆时，应立即停止作业，组织撤离危险区域，并立即通知有关方面进行研究处理，并采取以下措施：

1) 暂停施工，转移危险区内人员和设备；
2) 对危险区域采取临时隔离措施，并设置警示标志；
3) 坡脚被动区压重或坡顶主动区卸载；
4) 作好临时排水、封面处理；
5) 采取应急支护措施。

5. 边坡工程安全施工

边坡工程应按现行国家标准《建筑边坡工程技术规范》GB 50330 进行设计；应遵循先设计后施工，边施工边治理，边施工边监测的原则。边坡开挖施工区域应有临时排水及防雨措施。边坡开挖前，应清除边坡上方已松动的石块及可能崩塌的土体。

（1）作业要求

临时性挖方边坡坡率可按《建筑边坡工程技术规范》GB 50330 第 6.3.5 条的要求执行。对土石方开挖后不稳定或欠稳定的边坡应根据边坡的地质特征和可能发生的破坏形态，采取有效处置措施。土石方开挖应按设计要求自上而下分层实施，严禁随意开挖坡脚。开挖至设计坡面及坡脚后，应及时进行支护施工，尽量减少暴露时间。

在山区挖填方时，应遵守下列规定：

1) 土石方开挖宜自上而下分层分段依次进行，并应确保施工作业面不积水。
2) 在挖方的上侧和回填土尚未压实或临时边坡不稳定的地段不得停放、检修施工机械和搭建临时建筑。
3) 在挖方的边坡上如发现岩（土）内有倾向挖方的软弱夹层或裂隙面时，应立即停止施工，并应采取防止岩（土）下滑措施。
4) 山区挖填方工程不宜在雨期施工。当需在雨期施工时，应编制雨期施工方案，并应遵守下列规定：随时掌握天气变化情况，暴雨前应采取防止边坡坍塌的措施；雨期施工前，应对施工现场原有排水系统进行检查、疏浚或加固，并采取必要的防洪措施；雨期施工中，应随时检查施工场地和道路的边坡被雨水冲刷情况，做好防止滑坡、坍塌工作，保证施工安全；道路路面应根据需要加铺炉渣、砂砾或其他防滑材料，确保施工机械作业安全。
5) 冬期施工应及时清除冰雪，采取有效的防冻、防滑措施。

（2）人工开挖时应遵守下列规定：

1) 作业人员相互之间应保持安全作业距离；
2) 打锤与扶钎者不得对面工作，打锤者应戴防滑手套；
3) 作业人员严禁站在石块滑落的方向撬挖或上下层同时开挖；

4）作业人员在陡坡上作业应系安全绳。

（3）滑坡路段施工

在有滑坡地段进行挖方时，应遵守下列规定：

1）遵循先整治后开挖的施工程序；

2）不得破坏开挖上方坡体的自然植被和排水系统；

3）应先做好地面和地下排水设施；

4）严禁在滑坡体上部堆土、堆放材料、停放施工机械或搭设临时设施；

5）应遵循由上至下的开挖顺序，严禁在滑坡的抗滑段通长大断面开挖；

6）爆破施工时，应采取减振和监测措施防止爆破振动对边坡和滑坡体的影响。

思 考 题

1.1 土方施工的特点是什么？

1.2 土的工程性质有哪些？它们对土方工程施工有何影响？

1.3 试述场地平整设计标高的确定方法和步骤。

1.4 对场地平整设计标高 H_0 进行调整，应考虑哪些因素？

1.5 试述场地平整土方量计算的方法和步骤。

1.6 土方调配应遵循哪些原则？

1.7 试述单斗挖土机的工作特点、适用范围。

1.8 试述单斗挖土机的作业方式。

1.9 土方开挖工程量如何计算？

1.10 试述土方边坡的形式、表示方法及影响边坡稳定的因素。

1.11 土壁支护体系有哪些种类？

1.12 试述流砂形成的原因及防治流砂的途径和方法。

1.13 试述井点降水法的种类及适用范围。

1.14 轻型井点系统设计布置的方法和步骤是哪些？

1.15 试述水井的类型及井点系统涌水量的计算方法。

1.16 基坑降水对周围环境有何影响？如何防治？

1.17 影响填土压实的主要因素有哪些？怎样检查填土压实的质量？

1.18 填土压实有几种方法？使用什么机械？各有什么特点？

1.19 试述如何进行挖土机与运土车辆的配套计算。

1.20 基坑土方开挖的常用施工方法是哪些？

1.21 试述如何进行填方土料的选择，以及土方填筑应注意哪些问题？

1.22 土方开挖的原则是什么？

习 题

1.1 某场地大小为 90m×60m，方格网及等高线如图 1-42 所示，方格边长为 30m，试计算：

① 按挖、填平衡原则确定场地平整设计标高 H_0。

② 当 $i_x = 2‰$、$i_y = 3‰$ 时，确定各方格角点的设计标高，计算各方格角点的施工高度，计算零点、绘出零线，计算挖、填土方工程量。

③ 若 $K_s = 1.1$，$K_s' = 1.02$，考虑土的可松性对场地设计标高进行调整，并调整挖、填土方工程量。

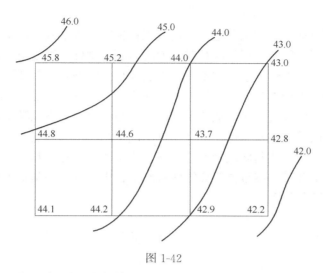

图 1-42

1.2 某场地土方挖、填土调配区及其之间的平均运距如表 1-19 所示，试用"表上作业法"确定其最优调配方案，计算最小运输工程量。

挖、填方区土方量及平均运距表　　　　表 1-19

挖方区	填方区				挖方量(m³)
	T_1	T_2	T_3	T_4	
W_1	150	200	180	240	10000
W_2	70	140	110	170	4000
W_3	150	220	120	200	4000
W_4	100	130	80	160	1000
填方量(m³)	1000	7000	2000	9000	19000

注：运距单位为 m。

1.3 某基坑深 5m，基坑底长 52m、宽 42m，四边放坡，边坡坡度 1：0.8，土的最初可松性系数 $K_s = 1.14$，最终可松性系数 $K_s = 1.05$。若地坪以下混凝土基础的体积为 2800m³，则预留回填土方量是多少？如用容量 6m³ 的汽车将余土外运，问需运多少次？

1.4 某基坑底面积为 35m×30m，深 4.0m，地下水位在地面下 1.5m，不透水层在地面下 11m，地下水为无压水，渗透系数 $K = 15m/d$，基坑边坡为 1：0.5。现拟用轻型井点系统降低地下水位，试计算：

(1) 进行井点系统的平面和高程布置。

(2) 计算井点系统涌水量、井点管根数和间距。

(3) 选择抽水设备。

第 2 章 基础工程

基础工程施工包括浅基础工程施工、地基工程施工、深基础工程施工和基坑工程施工等。砖石结构和混凝土结构常用的浅基础，如砖石刚性基础、混凝土框架结构常用的独立基础、条形基础等。当天然地基土质不良，无法满足建筑物对地基变形和承载力方面的要求时，需要对地基土进行人工处理，处理的方法有预压、高压喷射注浆、水泥土搅拌桩、强夯等方法进行地基处理等，属于地基工程范围。当浅层土质不能满足承载力和变形要求时，需要采用深基础，例如桩基础、沉井。桩基础是利用下部坚实的土层或岩层作为持力层。高层建筑可能采用箱式基础或带有地下室，施工时需要考虑基坑支护，常见的有排桩墙、地下连续墙、沉井等。本章主要介绍深基础工程中常见的桩基础工程施工、地下连续墙工程施工和沉井工程施工。

2.1 桩基础施工

桩按受力情况分为端承型桩、摩擦型桩。在承载能力极限状态下，桩顶竖向荷载由桩侧阻力承受，桩端阻力小到可忽略不计为摩擦桩；桩顶竖向荷载由桩端阻力承受，桩侧阻力小到可忽略不计称端承桩；在承载能力极限状态下，桩顶竖向荷载主要由桩侧阻力承受是端承摩擦桩；桩顶竖向荷载主要由桩端阻力承受为摩擦端承桩。

按桩身的材料分为砂石桩、混凝土桩、钢筋混凝土桩、预应力钢筋混凝土桩和钢桩等。

按施工方法的不同又可分为预制桩和灌注桩。

桩沉入土层的过程中，桩位处的土被挤向四周的现象，称挤土桩，例如打入土中预制桩。如果先成孔再成桩或沉桩的过程没有挤土，则为非挤土桩，例如泥浆护壁法钻孔灌注桩。介于两者之间的为部分挤土桩。

2.1.1 预制钢筋混凝土桩施工

预制桩是先在工厂或施工现场预制成桩，然后利用沉桩设备将桩沉入土中，例如：钢筋混凝土预制桩、钢桩、木桩等。预制桩的沉桩方法有锤击沉桩、静力压桩、振动沉桩和水冲沉桩等。锤击沉桩是利用桩锤的冲击使预制桩沉入土中，适用于各种不同的土层，机械化程度高、施工速度快，是常用的沉桩方法。静力压桩是利用桩架的自重与压重，通过液压机构，将桩逐节压入土中的一种沉桩法。具有无噪声，无振动，对周围的干扰和影响小的特点，适用于土质较为均匀的软土地基。振动沉桩是利用振动箱所产生的振动力，通过桩身强迫土体振动，使桩与土之间的摩擦力减小，桩在自重作用下或自重与桩上的施加力作用下沉入土中。振动沉桩可用于沉桩也可以用于拔桩，在砂土中效率较高。水冲沉桩与其他沉桩方法联合运用，利用高压水流冲去桩尖前的土，减小桩下沉的阻力，提高沉桩效率。水冲沉桩适用于在砂土和碎石土中打桩。

钢筋混凝土预制桩承载力较大，施工速度快、沉桩不受地下水位高低影响等特点，常见的有现场预制桩和先张法预应力混凝土空心管桩。钢筋混凝土现场预制桩为便于制作，大多制成方形截面实心桩，根据桩架有效高度、制作场地和搬运等条件，将长桩分成几节预制。先张法预应力混凝土空心管桩是预制工厂用离心法生产，再运到工地使用。

1. 预制钢筋混凝土桩的制作、起吊、运输和堆放

（1）预制桩的制作

施工现场预制钢筋混凝土桩，为防止制作过程中桩身变形，应选择坚实、平整的场地，并做好排水。制桩模板宜采用钢模板，模板应具有足够刚度，表面平整，尺寸准确。桩的长度满足桩架的有效高度，同时考虑制作场地条件、运输与装卸能力，还要避免在桩尖接近或处于硬持力层中时接桩。

一般桩采用间隔、叠浇法施工，桩的重叠层数应根据地面的允许荷载和施工条件确定，一般不宜超过四层。桩与桩之间应做好隔离层，上层桩或邻桩的混凝土灌筑，应在下层桩或邻桩混凝土达到设计强度的 30% 以后方可进行。

钢筋混凝土预制桩所采用的混凝土强度等级不低于 C30，钢筋安装偏差、主筋接头的连接、主筋接头在同一截面内的数量、应符合要求。采用工厂生产的成品桩时，桩进场后应进行外观及尺寸检查。

图 2-1　预制桩制作

预制桩的混凝土浇筑工作应由桩顶向桩尖连续浇筑，不得中断，应防止另一端的砂浆积聚过多，并用振捣棒仔细捣实，混凝土浇筑完毕后应进行养护。有关桩的制作和成品应符合的技术要求详见《建筑桩基技术规范》和《建筑地基基础工程施工质量验收规范》中有关规定。图 2-1 为预制桩制作。

（2）桩的起吊和运输

当桩的混凝土达到设计强度的 70% 后，可起吊移位，起吊时应平稳提升，采取措施保护桩身质量，防止撞击和振动。水平运输时，应做到桩身平稳放置，严禁在场地上直接拖拉桩体。混凝土强度达到设计强度的 100% 后才能将桩从制作处运至施工现场，运桩前应检查桩的外观质量，桩的表面应平整、密实，掉角的深度和混凝土收缩产生的裂缝深度、横向裂缝长度均应符合规定，桩顶和桩尖处不得有蜂窝、麻面、裂缝和掉角。运桩后还应进行复查，桩身质量不符合要求的桩不得用于工程中。

桩的运输方式，长桩的运输可采用平板拖车，短桩可采用载重汽车，当运距较小时，可采用轻便轨道平台车运输。但是严禁以拖拉方式运输。装运时桩的支撑应按设计吊钩位置或接近吊钩位置叠放平稳并垫实，支撑或绑扎牢固，以防运输中晃动或滑动。

（3）桩的堆放

预制桩在桩堆放时，应按规格、桩号分类，分层叠置在平整、坚实的地面上，支承点应设在吊点处，各层垫木应上下对齐，支撑平稳，最下层的垫木应适当加宽，以防因剪力或附加弯矩产生裂缝。堆放层数不宜超过四层。

预应力混凝土管桩运至施工现场时应进行检查验收，严禁使用质量不合格的桩，避免在吊运过程中产生裂缝。按规格分类堆放，场地等要求与现场预制桩相同，宜采用单层堆放，应保证稳固不能滚动，也可以叠层堆放。

2. 沉桩设备

打桩用的机械设备，主要包括桩锤、桩架及动力设备三部分。在选择打桩设备时，应根据地基土质、桩的种类、尺寸和承载能力、工期要求、设备及动力供应条件等因素综合考虑。

(1) 桩锤

桩锤是对桩施加冲击力，把桩打入土中的机具，锤击沉桩常用的桩锤有落锤、柴油锤、液压锤、汽锤和振动锤等类型。

1) 落锤。用人力或卷扬机将锤体提升到一定的高度，然后自由落下夯击桩顶。落锤适用于在黏土和含有砾石的土中打桩。其缺点是锤击速度慢（每分钟约 6~20 次），贯入能力低，对桩的损伤较大。

2) 柴油锤。柴油锤按构造分为筒式、活塞式和导杆式三种，它是利用柴油燃烧产生动力，推动活塞往复运动进行锤击打桩。柴油锤冲击部分的重量有 1.8~4.7t 等数种。每分钟锤击次数约 40~80 次。柴油锤具有结构简单，打桩迅速的优点，常用于打设木桩、钢板桩和钢筋混凝土桩，但不适用于在硬土和松软土中打桩。由于存在噪声、振动和浓烟等，在城市中施工受到限制。

3) 液压锤。液压锤通过液压提升与降落冲击缸体，使用时无废气、无噪声，冲击频率高，是性能较好的沉桩设备，缺点是设备价格高。

4) 汽锤。汽锤是利用蒸汽或压缩空气为动力，使桩体上下运动冲击桩头进行沉桩的。根据其工作情况又可分为单动式汽锤与双动式汽锤。

单动式汽锤的冲击体只在上升时耗用动力，下降靠自重，每分钟锤击 20~30 次。单动式汽锤的落距小，冲击力较大，可以打各种桩。

双动汽锤的冲击体升降均有动力推动，冲击次数多，冲击力大，效率高，每分钟锤击100~200 次，适用于打各种桩。还可用于打斜桩和水下打桩和拔桩。

5) 振动锤。振动锤有刚性振动锤、柔性振动锤和振动冲击锤三种形式。振动锤具有沉桩和拔桩两种作用，在桩基施工中应用较多，多与桩架配套使用，亦可不用桩架打桩。沉桩时不伤桩头，无有害气体。

6) 桩锤重量的选择。

采用锤击沉桩时，根据施工条件确定桩锤类型后，还应决定桩锤重量。为了防止桩受过大的冲击力而损坏，力求选用重锤轻击的方法。如选用轻锤重打，锤击动能的很大一部分被桩身吸收，桩不易打入，且桩头易打碎。

锤重可根据工程地质条件、桩的类型、桩的边长或管桩直径与结构、桩的密集程度及施工条件等确定。

(2) 桩架

桩架是打桩的专用起重和导向设备，在打桩施工过程中，桩架的作用是起吊桩和支撑桩锤，控制和调整沉桩位置并引导落锤的方向，以保证桩锤能沿着所要的方向冲击，使桩在沉桩过程中不发生偏移。桩架的形式多种多样，常用的通用桩架有多能桩架、履带式桩架和步履式桩架。

1）多功能桩架（图 2-2），由立柱、斜撑、回转工作台、底盘及传动机构组成。它的机动性和适应性很强，在水平方向可做 360°回转，立柱可前后倾斜。在轨道上行驶移动桩位称轨道式多功能桩架，借助液压步履机构移动的称步履式多功能桩架。适应各种预制桩及灌注桩施工。

2）履带式桩架（图 2-3），以履带式起重机为底盘，增加立柱和斜撑用以打桩。性能较多能桩架灵活，移动方便，适用范围广，可适应各种预制桩及灌注桩施工。

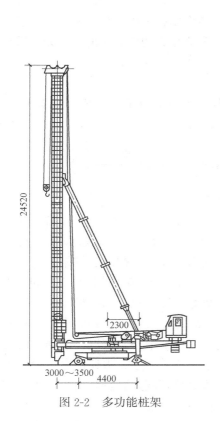

图 2-2　多功能桩架

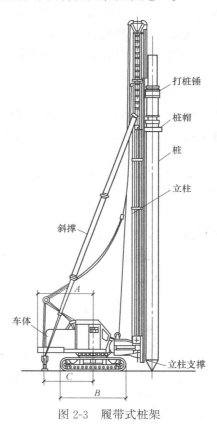

图 2-3　履带式桩架

（3）动力设备

桩设备的动力装置及辅助设备主要根据选定的桩锤种类而定，落锤使用电动卷扬机时以电力为动力。液压锤需要电力驱动高压油泵。汽锤以高压饱和蒸汽为驱动力时配置蒸汽锅炉，以压缩空气为动力源的则配备空气压缩机。柴油锤的工作原理与单缸四冲程柴油机相似，以柴油为燃料，不需外部动力设备。

3. 打桩施工

（1）施工准备

沉桩前要制定施工方案，做好技术交底。打桩前要清理高空、地上和地下的障碍物。在打桩机移动的路线上，应作适当平整、压实，保证桩基能顺利移动，在雨期施工时，场地应有良好的排水设施。由于预制桩属挤土桩，应对现场周围的建筑物、构筑物等作全面检查，如有危房或危险构筑物，必须进行加固处理。打桩施工时应采取措施，减少打桩造成对周围环境的影响，柴油锤还要考虑烟雾、噪声、振动等对周围的影响。

桩基轴线的定位点应设置在不受打桩影响的地点，水准点数量不宜少于两个，用以抄平场地和检查桩的入土深度。桩的轴线位置用木桩标记，并应注意作出标志。正式打桩之前，应对桩的轴线和桩位复查一次，并办理预检手续。

（2）打桩机移动线路和打桩顺序

根据地基土质情况，桩基础平面布置以及桩的尺寸、密集程度、深度，桩机移动方便和施工现场实际情况等因素，确定打桩机进出线路和相应的打桩程序。为防止浅层土层挤密不均匀引起桩移位或偏斜，密集桩群的打桩顺序要求自中间向两个方向或四周对称施打。当一侧毗邻建筑物时，由毗邻建筑物处向另一方向施打可以减少打桩对已有建筑物的影响。根据基础的设计标高和桩的规格，施工时宜先规格大的桩后小的桩，先长后短，先深后浅。

（3）锤击沉桩工艺

施工前合理编制施工方案，确定打桩顺序，保证桩机的行走路线和打桩顺序的合理，避免施工过程中挤桩和压桩，施打桩工艺过程见图2-4。

图2-4　工艺流程

桩机就位后，桩架的导杆中心线应与打桩方向一致，并检查桩位是否正确，然后将桩提升就位并缓缓放下插入土中，随即扣好桩帽、桩箍、校正好桩的垂直度，桩帽或送桩帽与桩周围的间隙应为5～10mm。锤与桩帽、桩帽与桩之间应加设硬木、麻袋、草垫等弹性衬垫，如果桩顶不平，则使用麻袋或厚纸垫平后再扣桩帽。吊钩脱离后用锤轻压并轻击数锤，使桩沉入土中一定深度，桩插入时的垂直度偏差不得超过0.5%。待桩达到稳定位置，观察桩身、桩架、桩锤等垂直度是否符合要求，再次校正桩位及垂直度，然后开始正常施打，打桩时，应先用短落距轻打，待桩入土1～2m后，再以全落距施打。打桩入土的速度应均匀，锤击间隔时间不要过长，要连续打入，防止停歇时间过长导致桩难以被打入。打桩时，还应防止锤击偏心，以免桩产生偏位、倾斜或打坏桩头、折断桩身。柴油锤沉桩施工现场如图2-5所示。

图2-5　柴油锤沉桩施工现场

沉桩过程中应加强邻近建筑物、地下管线等的观测、监护，施打大面积密集桩群时，预制混凝土桩入土后挤压周围土层造成挤土现象，土壤中含的水分在桩体挤压下产生超静水压力。柴油桩桩锤打桩过程中，冲击产生噪声，桩体会产生一定振动，会对周围的建筑物或设施造成危害。为避免和减轻打桩对周围环境产生的危害，应选择合理的打桩顺序，技术上可采取措施有：控制打桩速度、在浅层土中钻孔植桩打设（桩长的1/3～2/3），可大大减轻浅层挤土影响；在打桩区与被保护对象之间挖防振沟，在沟底再钻孔排土，则可减轻挤土影响和超静水压力的影响；埋设塑料排水板或袋装砂井，形成竖向排水通道，易于排除高压力的地下水，使土中水压力降低。

预制混凝土长桩施工采用分节沉桩，现场接桩，接桩时避免桩尖位于较硬的土层上。桩的连接可采用焊接、法兰连接或机械快速连接（螺纹式、啮合式）。焊接接桩常用电弧焊，预埋铁件表面应清洁，上、下节桩之间缝隙应用铁片填实焊牢，焊接时应先将四角点焊固定，然后对称焊接，焊缝应连续饱满，确保焊缝的质量和尺寸要求。图 2-6 所示为电子弧焊接桩施工现场图。

(a)   (b)

图 2-6   电弧焊接桩

(a) 方桩；(b) 管桩

当需要将桩顶打入土中一定深度时，需用送桩器将桩送至地面下的设计深度。送桩器是工具式钢制短桩，安放在桩顶，其长度和尺寸根据实际需要确定。在送桩施工时，应保证桩与送桩尽量在同一轴线上。拔出送桩器后，桩孔应及时用干砂填平，避免发生安全事故。

打桩过程中应注意观察桩锤运动状态、贯入度变化情况，若遇到障碍物、桩尖或桩身出现严重裂缝等情况，应暂停打桩，并及时与有关单位处理。打桩时，还应注意打桩机的工作情况和稳定性，要经常检查机件是否正常，绳索有无损坏，桩锤悬挂是否牢固，桩架移动和固定的安全等。若桩顶标高高出地面时，可考虑将高出部分截去，以便桩机移位。截桩可用锯截、电弧或乙炔焰截割等方法，依桩的材料而定。对钢筋混凝土桩，应先将混凝土打掉后再截断钢筋。

4. 静力压桩施工

静压法沉桩是通过静力压桩机的压桩机构，将预制桩分节压入土层中，以自重和配重平衡压桩产生的反力。静力压桩机如图 2-7 所示，施工时不产生噪声、振动和污染，但存在压桩设备较笨重，要求边桩中心到已有建筑物间的距离较大，压桩能力受一定限制。适用于软土、填土及一般黏性土层中应用。不适用于地下有较多的孤石、硬夹层的土层。桩的施工，一般都采取分段压入，逐段接长的方法。

采用静压沉桩时，场地地基承载力不应小于压桩机接地压强的 1.2 倍，且场地应平整。

施工工艺程序如图 2-8 所示。静压预制桩施工前的准备工作、桩的制作、起吊、运输、堆放、测量放线、定位等均同锤击法打入预制桩。

静压预制桩每节长度一般在 12m 以内，插桩时先用起重机吊运或用汽车运至桩机附近，再利用桩机上自身设置的工作吊机将预制混凝土桩吊入夹持器中，夹持油缸将桩从侧面夹紧，即可开动压桩油缸将桩压入土中 1m 左右后停止。调整桩在两个方向的垂直度后，开始压桩，连续把桩压入土层至预定深度。在压桩过程中要认真记录桩入土深度和压力表读数的关系，以判断桩的质量及承载力。当压力表读数突然上升或下降时，要停机对照地质资料进行分析，判断是否遇到障碍物或产生断桩现象等。

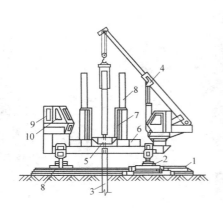

图 2-7　全液压式静力压桩机压桩

1—长船行走机构；2—短船行走及回转机构；3—支腿式底盘结构；4—液压起重机；
5—夹持与压拔装置；6—配重铁块；7—导向架；8—液压系统；9—电控系统；10—操纵室

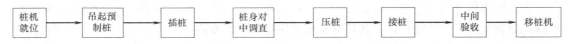

图 2-8　静压预制桩施工工艺

静压桩的接桩可用硫磺砂浆锚接或焊接，接桩时避免桩尖停在硬土层上，以免再压桩时阻力增大压入困难。焊接接桩要求同锤击沉桩。硫磺胶泥锚接的方法是将熔化的硫磺胶泥注满锚筋孔并溢出桩面，然后迅速将上端桩对准落下，胶泥冷却后即可。硫磺胶泥的配比由实验确定。接桩时锚筋孔内应灌满硫磺胶泥，灌注时间不超过 2min，灌注后停歇时间不超过规定值。

当压力表读数达到预先规定值，便可停止压桩。静力压桩的送桩，只需采用一节长度超过要求送桩深度的桩，放在被送的桩顶上便可以送桩，不必采用专用的钢送桩。

2.1.2　混凝土灌注桩施工

灌注桩是在施工现场的桩位上先成孔，然后在孔内灌注混凝土（或钢筋混凝土）而成。根据成孔方法的不同，可分为泥浆护壁成孔灌注桩、干作业成孔灌注桩、套管成孔灌注桩和爆扩成孔灌注桩等等。

灌注桩施工前应做好准备工作，包括技术资料的准备、钻孔机具及工艺的选择、施工组织设计、桩基施工用的供水、供电、道路、排水、临时房屋等临时设施等。施工场地应进行平整处理，保证施工机械正常作业，成孔设备就位后，必须平整、稳固，确保在成孔过程中不发生倾斜和偏移。成孔钻具上设置控制深度的标尺，并应在施工中进行观测记录。基桩轴线的控制点和水准点应设在不受施工影响的地方，开工前经过复核后妥善保护，施工中利用控制点和水准点进行复测。

1. 泥浆护壁成孔灌注桩

泥浆护壁成孔灌注桩是先用钻孔机械进行钻孔，在钻孔的过程中为了防止孔壁坍塌，在孔中注入泥浆保护孔壁，钻孔达到要求深度后，进行清孔，然后安放钢筋骨架，进行水下灌注混凝土形成桩。泥浆护壁成孔灌注桩所用的机械有：潜水钻机、回转钻机、冲击钻机、冲抓钻机等。泥浆护壁成孔灌注桩施工工艺过程见图2-9。

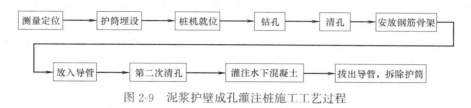

图 2-9　泥浆护壁成孔灌注桩施工工艺过程

（1）泥浆的作用

泥浆的作用是护壁、携渣、冷却钻头。泥浆在桩孔内将孔壁土层中的空隙填实，侧向压力维持孔壁稳定防止塌孔。在钻进过程中产生的泥渣靠泥浆不断循环的方法排除桩孔，泥浆循环的方法有正循环和反循环两种。用泥浆泵加压使泥浆经钻杆内从钻头底端射出，与碎土块混合后向上运动，从护筒口溢出形成正循环，将泥渣带出。若用砂石泵或空气吸泥机，通过钻杆空芯吸出泥浆方式排除泥渣，为反循环。正、反循环应根据不同的土质条件和施工要求选用。在成孔过程中应向桩孔内注入制备好的泥浆，若在黏土中钻孔，可在桩孔内注入清水原地造成泥浆，泥浆的密度应符合要求。除能自行造浆的黏性土层外，均应制备泥浆。泥浆制备应选用高塑性黏土或膨润土。泥浆应根据施工机械、工艺及穿越土层情况进行配合比设计。

钻孔达到设计要求深度后要进行清孔。当孔壁土质较好，不易塌孔时，可采用泥浆循环换浆法清孔，即让钻头在原位旋转，同时注入清水，降低桩孔中泥浆黏度；如孔壁土质较差时，则应采用泥浆正循环的方法进行清孔，将桩孔中的泥渣排出。在清孔过程中，应不断置换泥浆，直至浇注水下混凝土，在容易产生泥浆渗漏的土层中应采取维持孔壁稳定的措施。浇注混凝土前，孔底500mm以内的泥浆比重应小于1.25、含砂率不得大于8%、黏度不得大于28秒。灌注混凝土之前，孔底沉渣厚度，对端承型桩，不应大于50mm；对摩擦型桩，不应大于100mm；对抗拔、抗水平力桩，不应大于200mm。废弃的浆、渣应按施工组织设计进行处理，不得污染环境。

图 2-10　护筒及其埋设

（2）护筒的作用

护筒的作用是固定桩孔位置，保护孔口，防止塌孔，增高桩孔内水压。护筒可用混凝土预制或钢板卷制制成（图2-10）。护筒的内径比钻头直径大100mm，埋在桩位处，护筒中心与桩位中心线偏差不得大于50mm。护筒顶面应高出地面0.4～0.6m，其埋设深度在黏性土中不宜小于1.0m，在砂土中不宜小于1.5m。施工期间护筒内的泥浆面应高出地下水位1.0m以上，在受水位涨落影响时，泥浆面应高出最高水位1.5m以上。

（3）潜水钻机成孔方法

潜水钻机是一种将动力、变速机构与钻头连在一起加以密封，直接带动钻头在泥浆中旋转削土，体积小，钻进速度快，无振动。潜水钻机适用于多种土层，不能用于含漂石的土中。

（4）回转钻成孔灌筑桩

回转钻成孔灌筑桩，采用回转钻机，多用转盘式，动力由转盘带动钻杆推动钻头切土。钻进时应根据土层情况加压，开始应轻压力、慢转速，逐步转入正常。钻进时通过钢绳加压，压力大小根据土层的不同确定，根据不同的钻头确定钻机转速。应根据泥浆补给情况控制钻进速度，在硬土层或岩层中的钻进速度，以钻机不发生跳动为准。护筒、泥浆及清孔要求同潜水钻机。

（5）冲击钻成孔灌筑桩

冲击成孔灌注桩系用冲击式钻机或卷扬机悬吊冲击钻头（又称冲锤）（图2-11）上下往复冲击，将硬质土或岩层破碎成孔，部分碎渣和泥浆挤入孔壁中，大部分成为泥渣，用掏渣筒掏出成孔，然后再灌筑混凝土成桩。适用于黄土、黏性土或粉质黏土和人工杂填土层中应用，特别适于有孤石的砂砾石层、漂石层、坚硬土层、岩层中使用，对流砂层亦可克服，但对淤泥及淤泥质土，则要十分慎重，对地下水大的土层，会使桩端承载力和摩阻力大幅度降低，不宜使用。

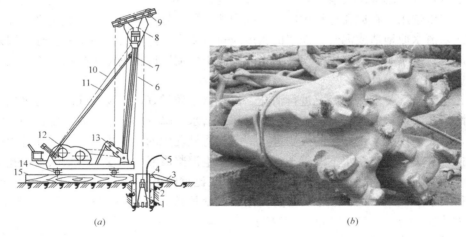

图 2-11　简易冲击钻机

（a）冲击桩机；（b）钻头

1—钻头；2—护筒回填土；3—泥浆渡槽；4—溢流口；5—供浆管；6—前拉索；7—主杆；8—主滑轮；

9—副滑轮；10—后拉索；11—斜撑；12—双筒卷扬机；13—导向轮；14—钢管；15—垫木

成孔时应先在孔口设护筒，护筒内径应大于钻头直径200mm，在冲击钻进阶段应注意始终保持孔内水位高过护筒底口0.5m以上，同时孔内水位高度应大于地下水位1m以上。

冲孔机就位后，冲击钻头应对准护筒中心，要求偏差不大于±20mm，开始低锤（小冲程）密击，锤高0.4～0.6m，并及时加块石与黏土泥浆护壁，直至孔深达护筒下3～4m后，才加快速度，加大冲程，将锤提高至1.5～2.0m以上，转入正常连续冲击，在造孔时要及时将孔内残渣排出孔外，以免孔内残渣太多，出现埋钻现象。

桩孔较深时，循环泥浆的压力和流量要求高，较难实施，可改用抽渣筒法排渣。抽渣筒是用一个下部带活门的钢筒，将其放到孔底，当抽筒向下活动时，活门打开，残渣进入筒内，向上运动时，活门关闭，可将孔内残渣抽出孔外。排渣时，必须及时向孔内补充泥浆，以防亏浆造成孔内坍塌。在钻进过程中每1～2m要检查一次成孔的垂直度情况。如发现偏斜应立即停止钻进，采取措施进行纠偏。对于变层处和易于发生偏斜的部位，应采用低锤轻击、间断冲击的办法穿过，以保持孔形良好。成孔后应核对标高，清孔时可使用底部带活门的钢抽渣筒，反复掏渣，将孔底淤泥、沉渣清除干净。

（6）孔壁坍塌的处理

泥浆护壁成孔灌注桩施工时常会遇到孔壁坍塌的问题。在钻进的过程中，如发现排出的泥浆中不断出现气泡，或泥浆突然漏失，这表示孔壁坍塌迹象。孔壁坍塌的主要原因是土质松散，泥浆护壁不好，护筒周围未用黏土紧密填封以及护筒内水位不高。钻进过程中如出现缩颈、孔壁坍塌时，首先应保持孔内水位并加大泥浆比重以稳孔护壁。如孔壁坍陷严重，应立即回填，待孔壁稳定后再钻。

（7）灌注混凝土

桩孔清孔后，应尽快吊放钢筋骨架并灌注混凝土。钢筋骨架可分段制作，分段吊放，接头处采用焊接连接。钢筋骨架制作偏差应在规定的允许偏差范围之内。钢筋笼吊装完毕后，应安置导管或气泵管二次清孔，并应进行孔位、孔径、垂直度、孔深、沉渣厚度等检验，合格后应立即灌注混凝土。

采用的混凝土必须具备良好的和易性，而同一配合比的试块，每根桩不得少于1组。

水下灌注混凝土通常采用导管法，直径一般为200～250mm，导管的分节、长度按工艺要求确定，底管长度不宜小于4m，接头宜采用双螺纹方扣快速接头，导管使用前应试拼装、试压。施工时先将灌注混凝土的导管吊入桩孔内，导管底部离桩孔底0.3～0.5m左右，顶部高出水面3～4m，上部连接漏斗。在导管下部设隔水栓，隔水栓可采用球胆或与桩身混凝土强度等级相同的细石混凝土制作，用铁丝悬吊在导管下部管口内。灌注时，先在漏斗及导管内灌满混凝土，混凝土量应保证下落后能将导管下端埋入混凝土内0.8m。然后剪断铁丝，隔水栓下落，混凝土冲出导管下口，保持连续灌注混凝土，当导管埋入混凝土达2～2.5m时，即可提升导管，提升速度不宜过快，灌注水下混凝土必须连续施工，保持导管下端埋入混凝土深度不小于2～6m。应控制最后一次灌注量，超灌高度宜为0.8～1.0m，凿除泛浆高度后必须保证暴露的桩顶混凝土强度达到设计等级。

混凝土的实际灌注量不得小于计算体积，施工过程中应有专人测量导管埋深及管内外混凝土灌注面的高差，填写水下混凝土灌注记录，每根桩的灌注时间应按初盘混凝土的初凝时间控制，对灌注过程中的故障应记录备案。

2. 螺旋钻孔机干作业成孔灌注桩

干作业成孔灌注桩是先用钻机在桩位处进行钻孔，然后在桩孔内放入钢筋骨架，浇筑混凝土而成桩。适用于地下水位以上的一般黏性土、砂土及人工填土地基，不适用于地下水位以下的上述各类土及淤泥质土地基。常用的钻孔机械有：螺旋钻机、钻扩机、机械洛阳铲等。其中螺旋钻机使用较为广泛。

螺旋钻孔机是钻孔灌注桩施工机械的主要机种，有长螺旋钻孔机、短螺旋钻孔机、振动螺旋钻孔机、加压螺旋钻孔机等。长螺旋钻孔机的钻头下部有切削刃，切下来的土沿螺旋叶片上升，排至地面上。钻杆的全长上都有螺旋叶片，底盘桩架有汽车式、履带式和步履式。长螺旋钻孔机钻孔时，钻具的中空轴允许加注水、膨润土或其他液体进入孔中，并可防止提升螺旋时由于真空作用而塌孔和防止泥浆附在螺旋上。为提高干作业成孔灌注桩单桩承载力，常用钻扩机对桩进行扩孔，形成扩孔桩，提高桩的承载力。

桩孔钻成并清孔后清孔时可采用钻机本身进行清孔或其他取土器进行清孔，孔底虚土厚度应符合规范规定。

浇筑混凝土时为防止离析，应使用长串筒，混凝土应浇筑到扩大头的1/2高度处安装钢筋笼，然后浇筑到扩底部位顶面，振捣密实后再分层浇筑桩身部分混凝土，一般每层0.5～0.6m，最大不得超过1.5m。混凝土坍落度在一般黏性土中宜用5～7cm，砂类土中用7～9cm，黄土中6～9cm。灌注混凝土至桩顶时，应适当超过桩顶设计标高，以保证在凿除浮浆层后，桩顶标高和质量能符合设计要求。

干作业成孔灌注桩施工时常会遇到钻孔偏斜的问题。钻杆不垂直，土层软硬不均或碰到孤石时，都会引起钻孔偏斜。钻孔偏斜时，可提起钻头，上下反复扫钻几次，以便削去硬土。如纠正无效，应于孔中局部回填黏土至偏孔处0.5m以上，然后重新钻进。

3. 套管成孔灌注桩

套管成孔灌注桩又称为打拔式灌注桩，是用锤击或振动的方法将桩管（钢管）沉入土中成孔的。为防止泥土进入桩管，在桩管下端设预制钢筋混凝土桩尖（桩靴）或活瓣桩尖。当桩管打到规定的深度后，放入钢筋骨架，边浇灌混凝土，边拔出桩管而成桩。按沉管方法的不同，套管成孔灌注桩分锤击沉管灌注桩和振动沉管灌注桩两种。图2-12为沉管灌注桩施工过程示意图。

（1）锤击沉管灌注桩

锤击沉管灌注桩是用桩锤将钢桩管打入土中成孔，然后放入钢筋骨架，浇筑混凝土，拔出钢管而成桩，适用于一般黏性土、淤泥、淤泥质土、稍密的砂土和杂填土层中使用。但不能用于密实的中粗砂、砂砾石、漂石层使用。

锤击沉管灌注桩施工时，先将桩机就位，吊起桩管，对准预先埋设在桩位处的预制钢筋混凝土桩尖（图2-13），放置麻、草绳垫于桩管与桩尖连接处，以作缓冲层和防止地下水进入。然后缓慢放下桩管，套入桩尖压入土中。桩管上端扣上桩帽，检查桩管与桩锤是否在一垂直线上，桩管偏斜≤0.5%时，即可起锤沉桩管。先用低锤轻击，观察无偏斜后，再正常施打，直至符合设计要求深度或要求的贯入度。检查管无泥浆或水进入，即可灌注混凝土。

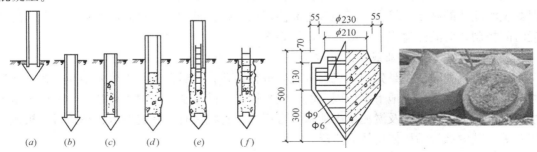

图2-12　锤击沉管灌注桩成孔工艺
（a）桩就位；（b）沉桩；（c）开始浇筑
混凝土（d）便锤击边拔管时浇混凝土；
（e）下钢筋笼；（f）成型

图2-13　钢筋混凝土预制桩尖构造

当混凝土灌满桩管后就可开始拔管。拔管注意均匀，第一次拔管高度控制在能容纳第二次所需的混凝土浇灌量为限，不宜拔管过高。拔管时应保持连续密锤低击不停，并控制拔管速度，对一般土层，以不大于 1.0m/min 为宜；在软弱土层及软硬土层交界处，应控制在 0.3～0.8m/min 以内。整个拔管过程中必须保持连续低锤密击，锤击次数尽量控制在 40 次/min 以上。拔管时还经常用吊砣（浮标）探测混凝土落下的扩散情况，注意使管内混凝土量保持略高于地面，直到全管拔完为止。

桩的中心距在 5 倍桩管外径以内或小于 2m 时，均应跳打，中间空出的桩需待邻桩混凝土达到设计强度 50% 以后，方可施打。

以上一次完成的施工方法又称单打法。为了提高桩的质量和承载能力，常采用复打扩大灌注桩，其施工顺序如下：在第一次灌注桩施工完毕，拔出桩管后，清除管外壁上的污泥和桩孔周围地面的浮土，立即在原桩位上再埋预制桩尖，作第二次沉管，使第一次灌注的未凝固混凝土向四周挤压扩大桩径，然后再第二次灌筑混凝土。拔管方法与单打时相同。施工时要注意：前后两次沉管的轴线应重合，复打施工必须在第一次灌注的混凝土初凝之前进行；钢筋骨架在第二次沉管后放入桩管内。

（2）振动沉管灌注桩

振动沉管灌注桩是利用振动打桩机的振动使钢桩管沉入土中成孔，灌注混凝土后，拔出钢管而成桩。其适用范围除与锤击沉管灌注桩相同外，还适用于湿陷性黄土地基，但在坚硬砂土、碎石土即有尖硬夹层的土层中，因易损坏桩尖不宜采用。

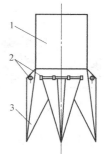

图 2-14　活瓣桩尖示意图
1—桩管；2—锁轴；3—活瓣

施工前，应根据土质情况选择适用的振动打桩机，桩尖采用活瓣式（图 2-14）。施工时先安装好打桩机，将桩管对准桩位中心，桩尖活瓣合拢，放松卷扬机钢丝绳，利用振动机及桩管自重，把桩尖压入土中，勿使偏斜，即可启动振动箱沉管。桩管沉到设计位置后停振，灌注混凝土，然后启动振动箱，边振动边拔管。拔管开始时应用吊砣探测活瓣是否已张开，混凝土是否已从桩管开始流出，然后才可继续拔管，边拔边振，直到桩管全部拔出。在拔管过程中，桩管内应至少保持 2m 以上高度的混凝土或不低于地面，可用吊铊探测，不足时要及时补灌，以防混凝土不能及时填充形成缩颈或断桩。

为了提高桩的混凝土浇筑质量，振动沉管灌注桩还可采用反插法。反插法施工时，在桩管灌满混凝土后，先振动再开始拔管，桩管每拔升 0.5m，再下沉 0.3m 或每提升 1.0m 下沉 0.5m，如此反复进行，直至桩管全部拔出地面。此方法宜在较差的软土地基上应用，在坚硬土层中易损坏桩尖，不宜采用。

套管成孔灌注桩施工时常发生断桩、缩颈、桩尖进水或进泥及吊脚桩等问题，施工中应加强检查并及时处理。

4. 人工挖孔灌注桩

人工挖孔成桩是指在桩位用人工挖掘的方法成孔，然后安装钢筋笼、浇筑混凝土而成的桩。人工挖孔桩的优点是：施工设备简单，施工时无噪声、无振动，对周围建筑物无影响，占用施工场地小，开挖时可直接观察孔壁土层变化情况，清除沉渣彻底，各桩孔可同时开挖，工期短，施工成本低。在狭窄场地上修建高层建筑时，可充分发挥其优越性。缺点是劳动力消耗大，开挖效率低，容易出现安全事故，在一些地区限制使用。

人工挖孔桩适用于土质较好，地下水位较低的黏土、粉质黏土、含少量卵石的黏土等土层，特别适用于在黄土层中使用。对软土、流沙等地下水位较高，涌水量大的土层中不宜采用。

人工挖孔灌注桩挖孔时，一般由人在孔内直接挖土，故桩的直径除满足设计承载力要求外，还应满足人员在桩孔内操作的要求。桩径最小为0.8m最大直径不宜大于2.5m，桩底可采取不扩底或扩底两种方式。当桩净距小于2.5m时，应采用间隔开挖，相邻排桩跳挖的最小施工净距不得小于4.5m。人工挖孔桩混凝土护壁的厚度不应小于100mm，混凝土强度等级不应低于桩身混凝土强度等级，并应振捣密实；护壁应配置直径不小于8mm的构造钢筋，竖向筋应上下搭接或拉接。修筑井圈护壁应符合有关规定。人工挖孔桩施工时应注意周围地下水位变化，事先编制水下施工方案，遇有局部或厚度不大于1.5m的流动性淤泥和可能出现涌土涌砂时，护壁施工可将每节护壁的高度减小到300～500mm，并随挖、随验、随灌注混凝土或采用钢护筒或有效的降水措施。做好通风、照明及有害气体检测等安全措施。

图2-15　人工挖孔桩井口

孔内必须设置应急软爬梯，使用的电葫芦、吊笼等应安全可靠，并配有自动卡紧保险装置，使用前必须检验其安全起吊能力。每日开工前必须检测井下的有毒、有害气体，做好安全防范措施。当桩孔开挖深度超过10m时，应有专门向井下送风的设备，风量不宜少于25L/s；井口应做坡口防止雨水倒灌，为防止物体坠落井内，井口应有钢筋制井盖如图2-15所示。孔口四周必须设置护栏，护栏高度宜为0.8m；挖出的土石方应及时运离孔口，不得堆放在孔口周边1m范围内，机动车辆的通行不得对井壁的安全造成影响；桩孔内施工用电要符合《施工现场临时用电安全技术规范》JGJ 46的规定。

挖至设计标高，终孔后应清除护壁上的泥土和孔底残渣、积水，并应进行隐蔽工程验收。验收合格后，应立即封底和灌注桩身混凝土。

5. 旋挖成孔灌注桩施工

旋挖成孔施工具有低噪声、低振动、成孔速度快等特点，施工时需要泥浆支撑孔壁稳定但无循环工艺。适用于除基岩、漂石等以外的地层。主要机具包括：旋挖钻机及与之相配套的各类钻头、泥浆泵、泥浆管、导管、电焊机、测绳等，施工工艺流程见图2-16。

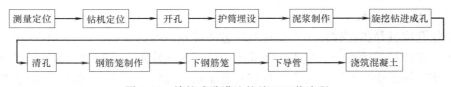

图2-16　旋挖成孔灌注桩施工工艺流程

桩的位置确定后，用两根互相垂直的直线标出桩位，做好标识加以保护。钻机就位时要求地面平整且地耐力不小于100kPa，防止产生功率损失、倾斜位移和安全事故。调整钻杆至铅垂状态，让钻斗或螺旋钻对准桩位，开钻取土，达到要求高度埋设护筒。

旋挖钻成孔灌注桩应根据不同的地层情况及地下水位埋深，采用干作业成孔或泥浆护壁成孔工艺。泥浆的性能指标应符合要求。

钻机以钻具自重和液压施加的压力旋转钻进，当钻斗内装满土后，将其提升上来卸土，同时注意水位变化情况，并灌注泥浆。卸土后关闭钻斗活门，将钻机转回桩孔口，降落钻斗继续钻孔，直到达到设计标高。为保证孔壁稳定，应根据松散土层的厚度，确定护筒高度和泥浆液面高度，及时补充泥浆，维持孔内压力平衡。钻孔过程中应视土层软硬选择钻斗。遇到硬土层，可采用先钻小孔，然后再用直径适宜钻斗扩孔的方法。提升钻头速度应适当，过快易产生负压，造成孔壁坍塌。在桩端持力层钻进时，可能会由于钻斗的提升影响土层的承载力，因此在接近孔底标高时应注意减小钻斗的提升速度。

清孔一般用双层底捞砂钻斗，在钻机不进尺的情况下，旋转钻斗使沉渣尽可能地进入斗内，反转封闭斗门，提出孔外即可达到清孔的目的。清孔后泥浆、孔底沉渣及钢筋笼的加工、吊放、混凝土浇筑及成孔后的保护与泥浆护壁成孔灌注桩要求相同。

图 2-17　旋挖机卸土

旋挖钻机成孔应采用跳挖方式，钻斗倒出的土距桩孔口的最小距离应大于 6m，并应及时清除，如图 2-17 所示。应根据钻进速度同步补充泥浆，保持所需的泥浆面高度不变。

施工中应注意防止主机倾覆、主绳断裂、塌孔、埋钻等问题。旋挖钻机一般采用履带行走，整机重心高，移动时看清地形。要经常检查主绳磨损情况，操作平稳防止出现断绳事故和埋钻事故，埋钻事故一般发生在塌孔、卡钻、主绳断裂等。产生孔斜的原因是钻进松散地层中遇有较大的孤石或探头石，钻具由软地层进入硬的砂砾层时，钻头所受阻力不均，造成孔斜。或者钻机位置发生移动、底座产生局部下沉导致孔斜。预防措施是用好泥浆稳定液，保持孔壁稳定，降低钻进速度，加固钻机底座，提高地耐力，采用导向性好，桅杆刚性强的旋挖钻机进行施工。

2.1.3　桩基工程质量检查和验收

1. 桩基工程质量评定

（1）打入桩的质量评定

打桩工程质量评定主要有两个方面，一是打入后桩的平面位置偏差是否在允许范围内，二是能否满足贯入度或标高的设计要求。

打入桩的桩位偏差、斜桩倾斜度的允许偏差参见有关规范。

当摩擦桩的桩端位于一般土层时，以控制桩端设计标高为主，贯入度为辅；端承桩的桩端一般位于坚硬土层或岩层中，例如硬塑的黏性土、中密以上粉土、砂土、碎石类土及风化岩，入土深度控制应以贯入度为主而以标高为参考。必要时施工控制贯入度可以通过试验确定。当桩的贯入度已达到，桩尖已进入持力层而桩端标高未达要求时，应连续锤击3阵，每阵10击的贯入度不大于设计规定的数值。

（2）灌注桩成孔的质量评定

摩擦桩应以设计桩长控制成孔深度，端承摩擦桩必须保证设计桩长及桩端进入持力层深度；端承型桩采用钻孔或冲孔时，必须保证桩端进入持力层的设计深度。当采用锤击沉管法成孔时，端承型桩沉管深度控制以贯入度为主，以设计持力层标高对照为辅；摩擦型桩的桩管入土深度控制应以标高为主，以贯入度控制为辅。

灌注桩成孔施工的允许偏差及钢筋笼制作偏差应满足有关规范要求。

2. 桩基工程的检验

桩基工程的检验按时间顺序可分为三个阶段：施工前检验、施工检验和施工后检验。

（1）施工前检验

施工前应保证桩位正确。混凝土预制桩制作时应按设计图制作，现场应对其外观质量及桩身混凝土强度进行检验，以及接桩用焊条、压桩用压力表等材料和设备进行检验。灌注桩施工前应检验原材料质量与计量，混凝土主要指标进行检查；钢筋笼制作应对钢筋规格、焊条规格、品种、主筋和箍筋的制作偏差等进行检查。

（2）施工检验

混凝土预制桩施工过程中应检验打入（或静压）深度、停锤标准或静压终止压力值、桩身垂直度检查、接桩质量、接桩间歇时间及桩顶完整状况。检查每米进尺锤击数、最后1.0m锤击数、总锤击数、最后三阵贯入度及桩尖标高等。

灌注桩应对已成孔的中心位置、孔深、孔径、垂直度、孔底沉渣厚度进行检验。应对钢筋笼安放的实际位置等进行检查，并填写相应质量检测、检查记录。干作业条件下成孔后应对大直径桩桩端持力层进行检验。

对于挤土预制桩和挤土灌注桩，施工过程均应对桩顶和地面土体的竖向和水平位移进行系统观测；若发现异常，应采取复打、复压、引孔、设置排水措施及调整沉桩速率等措施。

（3）施工后检验

根据不同桩型应检查成桩桩位偏差，工程桩应进行承载力和桩身质量检验。检测方法有静载试验法、钻芯法、低应变法、高应变法和声波透谢法等，应根据检测目的按现行标准要求选择基桩检测方法。

2.2　地下连续墙施工

地下连续墙是在工程开挖土方之前，用特制的挖槽设备和相应的工艺，在地面以下形成一道连续的地下混凝土墙体。地下连续墙的结构刚度大，可作为基坑支护结构，具有挡土、防渗、截水、承重、阻滑、防爆等多种功能，适用于建造地下室、地下商场、地下停车场、挡土墙、高层建筑的深基础、逆作法施工围护结构等。

地下连续墙施工流程如图 2-18 所示。

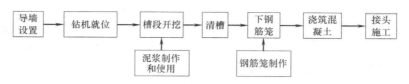

图 2-18 地下连续墙施工流程

1. 槽段的划分

在地下连续墙修筑之前，应根据工程条件和开挖机械的特点，预先沿墙体长度方向把地下墙划分为一定长度的施工单元，称"单元槽段"，施工时是按一个单元槽段长度进行挖掘。将划分后各个单元槽段的形状、位置和长度标明在平面图上，它是地下连续墙施工中的一个重要内容。在确定其长度时要综合考虑地质条件、地面荷载起重机的起重能力、混凝土的供应能力、地下室墙及内部结构的平面布置等因素。单元槽段的长度会影响土拱作用的发挥和土压力的大小，影响槽壁的稳定性。划分槽段时避免槽段接缝位于墙体拐角部位。

2. 修筑导墙

导墙是挖槽之前沿墙轴线修筑的临时结构物，防止槽段挖掘施工时接近地面的槽段坍塌，导墙确定了沟槽的位置，表明单元槽段的划分，同时亦作为测量挖槽标高、垂直度和精度的基准。导墙承受施工设备的荷载，又是钢筋笼、接头管等安装时的支撑点。导墙形式有预制及现浇两种，在工程中导墙形式多种多样，

图 2-19　倒"L"导墙

根据土层、设备条件和施工方案等选用，常用"L"形或倒"L"形，如图 2-19 所示。

导墙深度一般为 1～2m，内墙面垂直，内壁净距应为连续墙设计厚度加施工余量（一般为 40～60mm），导墙顶面应保持水平。导墙宜筑于密实的黏性土地基上，墙背侧需回填土时，应用黏性土分层夯实，以免漏浆。每个槽段内的导墙应设一个溢浆孔。导墙顶面应高出地下水位 1m 以上，槽内泥浆液面高于地下水位 0.5m 以上，且不低于导墙顶面0.3m。钢筋混凝土导墙拆模以后，应沿其纵向每隔 1m 左右加设支撑，将两片导墙支撑起来。养护期间，禁止任何重型机械设备在导墙附近作业，防止导墙变形。

3. 泥浆的制备

泥浆的作用是护壁、携渣、冷却机具和切土滑润。泥浆由膨润土、水和掺合物组成，若采取黏土制浆时，应进行物理、化学分析和矿物鉴定。外加剂的选择和配方需经试验确定，制备泥浆用水应不含杂质，pH 值 7～9。泥浆制备包括泥浆搅拌和泥浆贮存。泥浆最好在充分溶胀之后再使用，所以搅拌后宜贮存 3h 以上。原土造浆是用钻头式挖槽机挖槽时，向沟槽内输入清水，与切削下来的泥土拌合，边挖槽边形成泥浆。当原土造浆的某些性能指标不符合规定要求时，在造浆的过程中对泥浆进行处理，直到符合要求为止，避免造成土壁的坍塌。

4. 成槽施工与清底

地下墙施工前宜先试成槽，以检验泥浆的配比、成槽机的选型并可复核地质资料，如图 2-20 所示为抓斗挖槽机。施工前应检验进场的钢材、电焊条。已完工的导墙应检查其净空尺寸，墙面平整度与垂直度。检查泥浆用的仪器、泥浆循环系统是否完好。

地下连续墙施工时应保持槽壁的稳定性以防止槽壁塌方；影响槽壁稳定的因素有泥浆、地质及施工等方面。

地下水位的相对高度对槽壁稳定的影响很大，需要时可部分或全部降低地下水位，或提高槽段内泥浆液位。

地基土的好坏也直接影响到槽壁稳定。土的内摩擦角愈小，所需泥浆的相对密度愈大。在施工地下墙时要根据不同的土质选用不同的泥浆配合比。

为避免槽段在施工时发生坍塌，施工开始以前应采取预防措施。对松散易塌土层预先加固，缩小单元槽段长度，根据土质选择泥浆配合比，注意泥浆和地下水的

图 2-20　抓斗挖槽机

液位变化，减少地面荷载，防止附近有动荷载等。

清底的方法有沉淀法和置换法两种。沉淀法是在土渣沉淀至槽底之后再进行清底。一般挖槽后静止 2h，悬浮在泥浆中的泥渣 80% 可以沉淀，4 小时后几乎全部沉淀完毕。置换法是在挖槽结束后，在土渣未沉淀之前按选定比重的泥浆把槽内的泥浆置换出来，使槽内泥浆控制在 1.15 以下。在工程中常用置换法。

5. 钢筋笼加工和吊放

钢筋骨架根据地下连续墙墙体配筋图和单元槽段的形状和尺寸来制作，最好按单元槽段做成一个整体。如果地下连续墙很深或很重，需要分段制作在吊放时再进行连接，可采用帮条焊连接，纵向受力钢筋的搭接长度，如无明确规定时可采用 60 倍钢筋直径。

为防止钢筋笼在其起吊时易变形，钢筋笼需要加固。钢筋笼的起吊应用横吊梁或吊架，起吊时不能使钢筋笼下端在地面上拖引。钢筋笼进入槽内时，吊点中心必须对准槽后徐徐下降，避免槽壁坍塌。钢筋笼放入槽内后，检查钢筋笼的顶端标高，准确无误后安放在导墙上。如果钢筋笼是分段制作，吊放时需接长，下段悬挂在导墙上，然后将上段钢筋笼垂直吊起，上下两段找正后立即进行连接。

为保证浇筑混凝土的导管能顺利安装和灌注混凝土，要预先确定浇筑混凝土用导管的位置，钢筋密集的部位要进行处理，保证该部分空间上下贯通。钢筋笼端部与接头管或混凝土接头面间应留有空隙。主筋净保护层厚度按设计要求确定。为保证沉渣厚度满足要求，在钢筋笼吊放后、浇筑混凝土前进行二次清底。

地下墙的钢筋笼质量检验标准应符合规范规定。

6. 地下连续墙的接头

两相邻单元墙段的接头常用接头管（又称锁口管）。单元槽段挖好后于槽段的端头放入接头管，然后吊放钢筋笼并浇筑混凝土，待混凝土浇筑后强度达到 0.05～0.20MPa（一般在混凝土浇筑开始后 3～5h，视气温而定）开始提拔接头管，提拔接头管可用液压顶升架或吊车。开始时约每隔 20～30min 提拔一次，每次上拔 30～100cm，上拔速度应与

混凝土浇筑速度、混凝土强度增长速度相适应，一般为 2～4m/h，应在混凝土浇筑后 5～8h 以内将接头管全部拔出。在浇筑下段混凝土前，清除接头处的残留泥浆，以利新旧混凝土的结合。地下墙槽段间的连接接头形式，应根据地下墙的使用要求选用，且应考虑施工单位的经验，无论选用何种接头，在浇筑混凝土前，接头处必须刷洗干净，不留任何泥砂或污物。作为永久性结构的地下连续墙，土方开挖后应进行逐段检查。

7. 混凝土浇筑

地下连续墙混凝土用导管法进行浇筑。所用的混凝土应具有良好的黏聚性和流动性，强度等级比设计要求提高一级，水泥用量应在 370kg/m³ 以上，水灰比不应大于 0.6，混凝土的坍落度值宜为 18～20cm。混凝土的初凝时间，应能满足混凝土浇灌和接头施工工艺要求，一般不宜低于 3～4h。

接头管和钢筋就位后，应检查沉渣厚度并在 4h 以内浇灌混凝土。在单元槽段较长时，应使用多根导管浇灌，导管间距按导管内径确定，在一个槽段内使用两根导管灌注混凝土时，其间距不应大于 3.0m，导管距槽段端头不宜大于 1.5m。

导管下口与槽底的间距，一般比隔水栓长度大 100～200mm。为防止粗骨料卡住隔水栓，在浇筑混凝土前宜先灌入适量的水泥砂浆。隔水栓用铁丝吊住，待导管上口料斗内混凝土的存量满足首次浇筑，导管底端埋入混凝土中 0.8～1.2m 时，才能剪断铁丝。

为防止泥浆卷入导管内，导管在混凝土内必须保持适宜的埋置深度，一般应控制在 2～4m 为宜，在任何条件情况下，不得小于 1.5m 或大于 6m。随着混凝土的上升，要适时提升和拆卸导管，严禁把导管底端提出混凝土上面。

混凝土浇灌应连续进行，槽内混凝土上升速度一般不宜小于 2m/h，中途不得间歇。当混凝土不能畅通时，应将导管上下提动，慢提快放，但不宜超过 300mm。混凝土应均匀上升，在浇灌过程中应随时掌握混凝土浇灌量，每 30min 测量一次导管埋深和管外混凝土标高。测定应取三个以上测点，用平均值确定混凝土上升状况，以决定导管的提拔长度。导管不能作横向移动。提升导管应避免碰挂钢筋笼。混凝土浇筑完毕时的高程应高于设计要求 0.3～0.5m，硬化后凿去多余部分。

8. 施工检验

施工中应检查成槽的垂直度、槽底的淤积物厚度、泥浆相对密度、钢筋笼尺寸、浇筑导管位置、混凝土上升速度、浇筑面标高、地下墙连接面的清洗程度、商品混凝土的坍落度、锁口管或接头箱的拔出时间及速度等。成槽结束后应对成槽的宽度、深度及倾斜度进行检验，重要结构每段槽段都应检查，一般结构可抽查总槽段数的 20%，每槽段应抽查 1 个段面。

地下墙与地下室结构顶板、楼板、底板及梁之间连接可预埋钢筋或接驳器（锥螺纹或直螺纹），对接驳器也应按原材料检验要求，抽样复验。数量每 500 套为一个检验批，每批应抽查 3 件，复验内容为外观、尺寸、抗拉试验等。每 50m³ 地下墙应做 1 组试件，每幅槽段不得少于 1 组，在强度满足设计要求后方可开挖土方。

2.3 沉 井 施 工

沉井是在地面制作开口钢筋混凝土筒身，在井筒内分层挖土，沉井筒身因自重不断下沉到达设计土层的施工工艺。沉井能在场地狭窄情况下施工，且对周围环境影响较小，适用于水文和地质条件复杂地区施工，缺点是施工工序较多，技术要求高，质量控制困难。沉井类型有混凝土、钢筋混凝土、砖石等。

1. 沉井施工工艺

沉井施工流程见图2-21。在软弱地基上制作沉井，应采用砂、砂砾或碎石垫层并夯实，厚度根据计算确定。当地基土质较好，宜分节一次制作完成，对于较高的沉井可以分节制作，分节下沉，以减少沉井自由高度，增加稳定，防止倾斜。

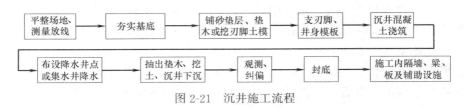

图 2-21　沉井施工流程

2. 刃脚设置

沉井制作宜采取在刃脚下设置木垫架或砖垫座的方法，沉井制作时，承垫木或砂垫层的采用，与沉井的结构情况、地质条件、制作高度等有关。其大小和间距应根据荷重计算确定。安设钢刃脚时，要确保外侧与地面垂直利于切土。无论采用何种形式，均应有沉井制作时的稳定计算及措施。

沉井刃脚及筒身混凝土的浇筑应分段、对称均匀、连续进行，防止发生倾斜、裂缝。前节混凝土强度等级达到70%后浇筑第二节。浇筑的筒身混凝土应密实，外表面平整、光滑。有防水要求时，支设模板穿墙螺栓应在其中间加焊止水环；筒身在水平施工缝处应设凸缝或设钢板止水带，突出筒壁面部分应在拆模后铲平。

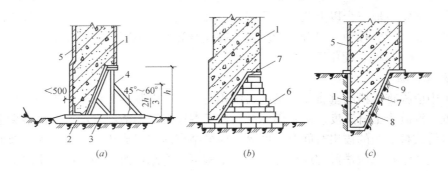

图 2-22　沉井刃脚支设

(a) 垫架法；(b) 砖垫座法；(c) 土胎模法

1—刃脚；2—砂垫层；3—枕木；4—垫架；5—模板；6—砖垫座；
7—水泥砂浆抹面；8—刷隔离层；9—土胎模

3. 沉井下沉

沉井下沉有排水下沉和不排水下沉两种方案，不排水下沉挖土方法采用抓斗、水力吸泥机或水力冲射空气吸泥等在水下挖。一般采用排水挖土下沉方法，常用排水方法有设集水井排水；当地质条件较差时，可设置井点，或采用井点与明沟排水相结合的方法进行降水。

沉井下沉前应进行混凝土强度检查、外观检查，并根据规范要求，对沉井在施工阶段应进行结构强度计算、下沉验算和抗浮验算。沉井下沉时，要求第一节混凝土强度达到设计强度，其余各节应达到设计强度的70%。下沉前应分区、分组、依次、对称、同步的抽除（拆除）刃脚下的垫架（砖垫座），每抽出一根垫木后，在脚下立即用砂、卵石或砾石填实。多次制作和下沉的沉井（箱），在每次制作接高时，应对下卧层作稳定复核计算，并确定确保沉井接高的稳定措施。

沉井的下沉系数不能满足要求时，可以采取在沉井顶部堆放重物、在井壁与土壁间注入泥浆润滑等措施。挖土应分层、对称、均匀地进行，一般在沉井中间开始逐渐挖向四周，每层高0.4~0.5m，沿刃脚周围保留0.5~1.5m宽的土堤，然后沿沉井壁，每2~3m一段向刃脚方向逐层全面、对称、均匀的削薄土层，每次削土5~10cm，当土层经不住刃脚的挤压而破裂，沉井在自重作用下均匀垂直切土下沉。在挖土下沉过程中，要加强观测，出现倾斜，采用调整挖土纠正。筒壁下沉时，外测土与筒壁间形成空隙，雨季应防止雨水进入空隙。避免沉井突然下沉或倾斜的现象。沉井挖出之土方用吊斗吊出，运往弃土场，不得堆在沉井附近。

沉井下沉接近设计标高时，应加强观测，防止超沉。可在四角或筒壁与底梁交接处砌砖墩或垫枕木垛，使沉井压在砖墩或枕木垛上，使沉井稳定。

4. 沉井封底

沉井下沉至设计标高，再经2~3d下沉稳定，或经观测在8h内累计下沉量不大于10mm，可进行封底。封底前应先将刃脚处新旧混凝土接触地面冲洗干净或打毛，对井底进行修整使之面锅底形，由刃脚向中心挖放射形排水沟，填以卵石做成滤水盲沟，在中部设2~3个集水井与盲沟连通，使进入井底的地下水汇集于集水井中用潜水泵排出，保持水位低于基底面0.5m以下。

封底一般铺一层150~500mm厚卵石或碎石层，再在其上浇一层混凝土垫层，在刃脚下切实填严（图2-23）。振捣密实，以保证沉井的最后稳定，待混凝土达到50%强度后，在垫层上铺卷材防水层，绑钢筋，两端伸入刃脚或凹槽内，浇筑底板混凝土。混凝土浇筑应在整个沉井面积上分层、不间断地进行，由四周向中央推开，并用振动器捣实，当井内有隔墙时，应前后左右对称地逐孔浇筑。混凝土养护期间应继续抽水，待底板混凝土

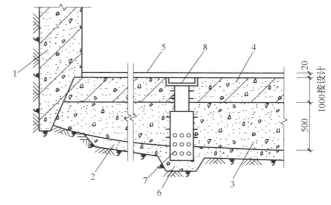

图2-23 沉井封底
1—沉井；2—卵石盲沟；3—封底混凝土；4—底板；
5—砂浆面层；6—集水井；7—600~800mm带孔
钢或混凝土管，外包尼龙网；8—法兰盘盖

强度达到70%后，对集水井逐个停止抽水，逐个封堵。封堵方法是将集水井中的水抽干，迅整用干硬性混凝土或快硬水泥配制的混凝土填塞并捣实，然后上法兰盘用螺栓拧紧或四周焊接封闭，上部用混凝土垫实捣平。

5. 施工检验

沉井（箱）完工后的验收应包括沉井（箱）的平面位置、终端标高、结构完整性、渗水等进行综合检查。沉井（箱）的质量检验标准包括主控项目和一般项目，详见有关规范。

思 考 题

2.1 预制桩的沉桩方法有哪些？试比较几种沉桩方法的特点与适用范围。

2.1 试说明柴油桩锤的优点与缺点，选择"重锤轻击"原因是什么？

2.3 简述钢筋混凝土桩的制作、运输、起吊、打桩等过程的主要工艺要点。

2.4 试述锤击沉桩的施工工艺过程。

2.5 试述静力压桩的施工工艺过程。

2.6 简述预制钢筋混凝土桩沉桩时对周围环境的影响及防治措施。

2.6 评定摩擦桩与端承桩的沉桩质量控制的内容有哪些？为什么侧重点有所不同？

2.7 沉管灌注桩施工时常见的问题及处理措施有哪些？

2.8 泥浆护壁成孔灌注桩中，泥浆的作用有哪些？

2.9 在地下连续墙施工时，导墙的作用有哪些？

2.10 沉井施工工艺的特点有哪些？挖土施工的要求有哪些？

第3章 混凝土结构工程

混凝土是将砂、石、水泥及水按配合比要求混合搅拌后得到的均匀混合物，经浇筑、密实、养护硬化后得到混凝土构件。若根据设计要求在混凝土构件中布置钢筋，形成两种材料共同承受作用力的复合材料，称钢筋混凝土构件。

在施工现场支模并浇筑混凝土制成的结构，称现浇混凝土整体结构，具有结构整体性好，可建造形式复杂的结构等优点，是目前主要的施工方式。采用在现场或工厂预制主要构件，经装配、连接而成的混凝土结构称装配式混凝土结构，这种施工方式具有施工速度快、机械化程度高等优点，但是结构的整体性稍差。

钢筋混凝土结构工程的施工是由钢筋工程、模板工程和混凝土工程所组成，在施工中三者之间要密切配合，合理组织施工，才能保证工程质量。

3.1 钢筋混凝土的组成材料

3.1.1 钢筋混凝土组成材料

（1）水泥

水泥分为通用水泥、专用水泥和特性水泥，一般情况下土木工程中使用通用水泥。通用水泥包括：硅酸盐水泥、普通硅酸盐水泥、矿渣硅酸盐水泥、火山灰质硅酸盐水泥、粉煤灰硅酸盐水泥和复合硅酸盐水泥六大类。不同的水泥有不同的特点，应根据需要选用。对于普通混凝土，水泥的品种根据设计、施工要求和工程所处环境条件选择。

（2）骨料

骨料组成混凝土的骨架。直径小于 4.75mm 时称为细骨料，一般采用级配良好、粒径为中或中粗的河砂。当使用人工砂、海砂、山砂等时，由于性能与河砂不同，应满足相应的技术标准的要求。直径大于 4.75mm 的骨料称为粗骨料，通常为级配良好的碎石或河卵石，碎石由无风化的岩石破碎得到，例如花岗岩、石灰岩等，也可以由大的卵石破碎得到。钢筋混凝土结构工程所用粗骨料通常采用连续粒级的碎石，最大粒径不应超过构件截面最小尺寸的 1/4，且不应超过钢筋最小净间距的 3/4；对实心混凝土板，粗骨料的最大粒径不宜超过板厚的 1/3 且不应超过 40mm。细骨料常采用河砂，级配良好的中砂比较多。骨料及拌合水中的有害杂质指标，如氯离子含量、含泥量等要符合《普通混凝土用砂、石质量及检验方法标准》JGJ 52 等有关标准的要求。

（3）水、外加剂和掺合材料

混凝土的拌合用水和养护用水应符合《混凝土用水标准》JGJ 63 的规定，一般使用自来水。

为了改善性能，常在混凝土中添加外加剂，使用外加剂要符合相应标准要求。有时还需要在混凝土中加入掺合料，例如粉煤灰，此时掺合材料的品种、用量和方法均应符合规定。

（4）混凝土的配合比

配制混凝土的水泥、骨料、水和外加剂的比例应符合设计要求，具体到普通混凝土，应按《普通混凝土配合比设计规程》JGJ 55、J64 要求，经计算、试配、调整获得（实验室）配合比。轻骨料混凝土、重混凝土、聚合物混凝土等其他品种的混凝土，其配合比应按相应的技术规程确定。

3.1.2 钢筋

钢筋混凝土专用钢材习惯上称为钢筋。土木工程所使用的钢筋大部分为热轧钢筋，也有通过对热轧钢筋进行加工得到的冷拔钢丝、冷轧扭钢筋等。

（1）钢筋的分类

热轧钢筋按表面平整还是表面带肋分为两类，如图 3-1 所示，表面光滑平整的热轧钢筋称热轧光圆钢筋，习惯称光圆钢筋。直径不大于 12mm 的光圆钢筋可以采用圆盘的形式交货，称为盘圆钢筋，也称线材。直径大于 12mm 以直条状供应，钢筋长度按购买合同约定，考虑到运输方便，直条钢筋通常长度 9m。

热轧带肋钢筋是表面带肋的热轧钢筋，也称变形钢筋，由于早期变形钢筋表面横肋为螺旋形，因此有时将变形钢筋称为螺纹钢，实际上钢筋肋的外形有月牙形、螺旋形、人字形钢筋等，目前钢筋混凝土工程中普遍使用月牙形横肋钢筋。

图 3-1　盘圆与直条钢筋

直径 3～5mm 称钢丝、大于 5mm 的称钢筋，在工程设计中选用钢筋时常常使直径相差 2mm 以上，便于施工人员肉眼区分。

按钢材中合金的成分和含量，钢筋还可以分为碳素钢与合金钢钢筋。碳素钢钢材在一定范围内，钢材的强度和硬度随含碳量增高都增加。低碳钢单轴受拉的应力－应变曲线具有明显屈服台阶，塑性好强度较低。高碳钢单轴受拉应力－应变曲线没有明显屈服台阶，塑性和韧性降低。由于高碳钢破坏时呈脆性断裂特征，可能导致结构变形不大时钢筋突然断裂，造成人员和财物不能及时转移而蒙受损失，故钢筋混凝土结构中采用热轧低碳钢筋和热轧低合金钢钢筋。低合金钢筋是添加了有益于钢筋性能的合金元素，例如：锰、钒、钛等，制成的钢筋。

（2）热轧钢筋的牌号

热轧钢筋的牌号见表 3-1。热轧光圆钢筋的牌号以 HPB 加数字表示，其中 HPB 表示热轧光圆钢筋，数字表示屈服强度的特征值，即 HPB300 表示屈服强度 300MPa 的热轧光圆钢筋。带肋钢筋有普通热轧钢筋和细晶粒热轧钢筋二类，分别以 HRB 或 HRBF 加数字表示。级别越高，其强度及硬度越高，而塑性逐级降低。

抗震设计要求结构变形耗能，但不能倒塌，需要钢筋在强度上具有较高的安全储备和较大的变形能力。抗震结构使用的纵向受力钢筋为尾部带"E"的专用钢筋，要求钢筋的抗拉强度与屈服强度的比值大于 1.25，屈服强度实测值与标准值之比小于 1.3，同时总伸长率大于 9%。

热轧钢筋品种和牌号   表 3-1

品　种		牌　号	英文字母含义
热轧光圆钢筋		HPB300	HPB—热轧光圆钢筋(hot rolled plain bars)
带肋钢筋	普通热轧钢筋	HRB335	HRB—热轧带肋钢筋(hot rolled ribbed bars)
		HRB400	
		HRB500	
	细晶热轧钢筋	HRBF335	HRBF—细晶粒热轧带肋钢筋(增加"F"表示 hot rolled ribbed bars of fine graines)
		HRBF400	
		HRBF500	
	抗震结构使用的钢筋	HRB335E、HRBF335E HRB400E、HRBF400E HRB500E、HRBF500E	牌号后加"E"表示抗震专用钢筋

注：摘自《钢筋混凝土用钢　第 1 部分　热轧光圆钢筋》GB 1499.1—2008 和《钢筋混凝土用钢　第 2 部分　热轧带肋钢筋》GB 1499.2—2007。

3.2　钢　筋　工　程

3.2.1　钢筋的进场验收、配料、加工

1. 钢筋的进场验收

进场时钢筋应按炉罐（批）号及直径分别存放、分批检验。钢筋应有出厂合格证明和出厂检验报告单，钢筋的标牌齐全，检查内容包括外观检查和力学与工艺性能检查，合格后方可使用。

钢筋外观应平直、无损伤，表面没有裂缝、油污和颗粒状或片状老锈。采用抽样检验方法检查钢筋的力学性能和重量偏差。取样时，可以从任一钢筋端头，截取 500～1000mm 的钢筋并舍去，再进行取样。按照同一牌号、同一炉号、同一规格尺寸的钢筋，重量不大于 60t 为一检验批，现场见证取样 5 根。其中抗拉试件两根，冷弯试件两根。当发现钢筋、焊接性能不良或力学性能显然不正常等现象时，这批钢筋应停止使用，并利用剩余的一根试样进行钢筋化学成分检验或其他专项检验。同批钢筋大于 60t 时，每增加不多于 40t 时增加抗拉试件一根，冷弯试件一根。

钢筋的力学性能指标有：钢筋的屈服强度、抗拉强度、断后伸长率、最大力总伸长率等。弯曲性能是反映工艺性能的指标，如果工程需要，可以选择进行钢筋的疲劳性能实验和反弯性能实验。

2. 钢筋的加工

（1）工艺流程

钢筋加工宜在常温状态下进行，加工时不应对钢筋进行加热。钢筋的工艺流程图见图 3-2。

$$\boxed{钢筋除锈} \rightarrow \boxed{钢筋调直} \rightarrow \boxed{钢筋切断} \rightarrow \boxed{弯曲成型} \rightarrow \boxed{预检} \rightarrow \boxed{分类堆放}$$

图 3-2　钢筋加工流程图

（2）钢筋除锈与调直

钢筋的表面锈蚀程度较大时，应进行除锈。人工除锈可用钢丝刷，数量较大时可用电动钢丝刷、喷砂除锈、酸洗除锈等。

盘圆钢筋利用无延性钢筋调直机或冷拉方法调直，冷拉调直时冷拉率应符合标准规定要求。调直后的钢筋要进行力学性能和重量偏差的检验，断后伸长率和重量负偏差要符合规范的规定。

（3）下料长度

钢筋加工的第一步就是在钢筋直条上截取钢筋，再将钢筋加工成符合设计要求成品。根据混凝土施工图中绘出构件配筋，加工前要绘出每个牌号、直径尺寸的钢筋简图，根据简图考虑钢筋弯曲半径、保护层、弯钩、搭接和延长段等因素，计算出钢筋的下料长度，制作配料单，根据配料单下料加工。

图 3-3　钢筋弯曲时量度方法

钢筋弯曲时中轴线长度不变，外侧伸长，内侧缩短，形成圆弧，量取钢筋时折线尺寸和圆弧轴线长度之间存在一个差值，称弯曲调整值（也称量度差值），图 3-3 绘出钢筋 90°弯曲时量度差值的产生原因。常用弯曲角度的弯曲调整值见表 3-2。

钢筋弯曲调整值[1]　　　　表 3-2

钢筋弯曲角度(°)	30	45	60	90	135
钢筋弯曲调整值	$0.35d$ [2]	$0.5d$	$0.85d$	$2d$	$2.5d$

注：1）摘自《建筑施工手册》，中国建筑工业出版社；2）d 为钢筋直径。

参考图 3-4 和表 3-3 中的②号钢筋：

$$钢筋的下料长度＝构件长度－保护层厚度 \tag{3-1}$$

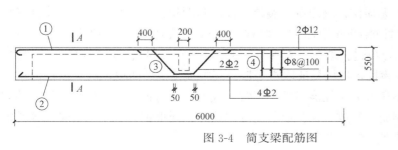

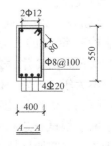

图 3-4　简支梁配筋图

钢筋配料单　　　　　　　　　　　　　　　　　　　　　　　　　表 3-3

钢筋编号	简　　图	钢筋牌号	直径 (mm)	下料长度 (mm)	单位根数	合计根数	重量 (kg)
①		HPB300	12	6100	2	10	54.17
②		HRB335	20	5950	4	20	293.93
③		HRB335	20	1770	2	10	44.71
④		HPB300	8	1760	61	305	42.73

更一般地，钢筋两端带有弯钩，中部弯起，则下料长度：

下料长度＝构件长度－保护层厚度＋弯钩增加长度＋斜段长度－弯曲调整值　（3-2）

式中，弯钩增加长度是尾部的增加弯钩，设计时用来保证钢筋的锚固能力，对于 HPB300 光圆钢筋，直径不大时弯钩增加长度可取 $6.25d$。常用的 335MPa 和 400MPa 变形钢筋尾部弯钩的弯弧为 4 倍的钢筋直径计算出弯钩增加长度。斜段长度是指弯起钢筋的弯起段。

钢筋外包尺寸是指钢筋一端的最外边至另一端的最外边的尺寸，式（3-2）也可写成：

下料长度＝钢筋外包尺寸＋弯钩增加长度＋

斜段长度－弯曲调整值　　　（3-3）

箍筋的计算式为：

箍筋下料长度＝箍筋周长＋箍筋调整值　　（3-4）

表 3-4 为 HPB300 钢筋制作 135°弯钩的箍筋调整值，包括了弯钩增加长度与弯曲量度差值，选择按箍筋外包尺寸或内包尺寸计算的调整值不同，见图 3-5。

图 3-5　箍筋调整值
外包尺寸 ＝ $2(h+b)$；
内包尺寸 ＝ $2(h+b-2d)$

箍筋调整值　　　　　　　　　　　　　　　　　　　　　　　　表 3-4

箍筋量度方法	箍筋直径(mm)			
	4～5	6	8	10～12
量外包尺寸	40	50	60	70
量内包尺寸	80	100	120	150～170

【例 3-1】 某工程有图示某简支梁共 5 根，计算钢筋的下料长度，见图 3-4。

【解】

① 钢筋位于梁上部，牌号 HPB300 的架立筋，两端带有弯钩，2 根，计算式为

下料尺寸＝梁长－两端保护层＋2×6.25d＝6000－2×25＋ 2×6.25×12＝5950＋150＝6100mm。

② 号钢筋是梁下部 HRB335 钢筋，4 根，计算式为

下料尺寸＝梁长－两端保护层＝6000－2×25＝5950mm。

③ 号钢筋是抗剪吊筋，有 4 个 45°转弯

下料尺寸＝两端长＋水平段＋斜段长 ＝ 2×400 ＋ 300 ＋ 1.414×(550－2×25)－4×0.5×20＝1767，取 1770mm。

④ 号钢筋是箍筋，按内包尺寸或外包尺寸计算

按外包尺寸＝箍筋外包尺寸＝(550－2×25)×2+(400－2×25)×2+60＝1760mm。

按内包尺寸＝箍筋内包尺寸＋弯钩弯曲调整值＋弯钩平直段＋箍筋调整值＝(550－2×25－2×8)×2+(400－2×25－2×8)×2+120＝1756，取 1760mm。

根据计算的下料结果编制配料单，见表 3-3。

（4）钢筋切断

钢筋切断主要采用钢筋切断机或数控钢筋切断机，也可以使用切割机或手动切断器切断钢筋。切断前应核对配料单并进行钢筋试切断与试弯，确认下料尺寸和成型后钢筋的尺寸是否符合要求。

（5）钢筋弯曲

钢筋应一次加工到位。钢筋弯曲前，根据钢筋料牌上标明的尺寸，用石笔将各弯曲点位置在钢筋上划出如图 3-6。不同牌号的钢筋弯曲半径不同，按要求的弯曲最小半径选择弯曲芯轴。对于小直径的光圆钢筋也可以手工弯曲。箍筋末端应做弯钩，有抗震要求的箍筋，箍筋尾端应做 135°弯折，尾部平直段长度为 10 倍箍筋直径。对一般结构的箍筋可以做成 135°弯折，平直段长度为 5d 或两端可以做成 90°弯折，如图 3-7 所示。成型后钢筋平面上没有翘曲、不平现象，各弯曲部位不得有裂纹，偏差应符合要求。

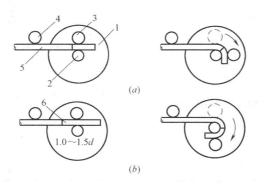

图 3-6 弯曲机的弯曲点线与心轴关系

(a) 弯 90°；(b) 弯 180°

1—工作盘；2—心轴；3—成型轴；4—固定挡铁；
5—钢筋；6—弯曲点线

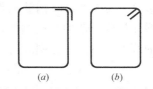

图 3-7 箍筋示意

(a) 90°/90°；(b) 135°/135°

（6）钢筋预检与分类堆放

同一部位与规格的一批钢筋，加工完成后进行预检查，对不合格的钢筋进行调整，预检后的钢筋及时穿上标识牌打成捆，分类堆放整齐。钢筋加工过程中，若发现锈蚀严重应剔除不用或降级使用，当发现力学性能显著不正常时，应对该批钢筋进行化学性能成分检验或其他专项检验。

3. 钢筋的代换

施工中若有某些原因，工地现场的钢筋品种与设计要求不符，在办理设计变更文件手

续后可进行钢筋品种代换。代换后构件应满足规范规定的最小钢筋直径、根数、钢筋间距、锚固长度等要求，如果结构构件按裂缝宽度或挠度控制时，代换后应进行裂缝宽度或挠度验算。

钢筋代换的方法有等强代换和等面积代换。

结构构件配筋受强度控制时，可按强度等同原则代换，称"等强度代换"，即代换后钢筋的合力相等或略大于原来配置的钢筋合力，且作用点相同。等强度代换一般有钢筋牌号相同直径不同的代换和直径相同钢筋牌号不同代换二种情况。当构件按最小配筋率配筋等情况下，按换代前后钢筋面积相等的原则进行代换，称"等面积代换"。

钢筋代换是对原结构设计的改变，涉及较多的结构验算内容及技术规定，钢筋代换时应严格遵守现行混凝土结构设计规范等规范、规程的规定。

3.2.2 钢筋的连接

常用钢筋连接方法有焊接连接、绑扎连接、机械连接等。

1. 焊接连接

钢筋常用的焊接方法有闪光对焊、电阻点焊、电弧焊、电渣压力焊、埋弧压力焊气压焊、气体保护焊等，这里介绍闪光对焊、电阻点焊、电弧焊、电渣压力焊。焊接连接的工艺流程见图3-8。

图3-8 钢筋焊接流程图

焊接的施工准备工作主要有：材料准备、焊接机具准备、作业条件准备。焊前检查钢筋钢筋的牌号、直径应符合要求，并且检验合格。钢筋焊接部位表面平整、清洁，无油污、无杂质、无扭曲等。对于HRB400、HRB500等可焊性较差的钢筋，焊接时需采取技术措施保证焊接质量。焊接机具应确保完好，对焊机容量、电压等符合要求并符合安全规定。焊工必须持有有效焊工考核合格的上岗证，施工人员应经过安全生产和劳动保护培训。

焊接时应随时观察电源电压的波动情况，及时调整焊机变压器级次，电压波动过大时暂停焊接工作。低温、大风天气要采取相应的技术措施，当环境温度低于−20℃时，不宜进行施焊。电渣压力焊等露天作业的焊接方法，不宜在雨天、雪天施焊。

（1）闪光对焊

闪光对焊广泛用于钢筋的接长。焊接原理如图3-9

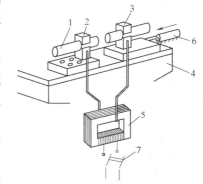

图3-9 钢筋对焊原理
1—钢筋；2—固定电极；3—可动电极；
4—机座；5—变压器；
6—动压力机构；7—闸刀开关

所示，利用对焊机使两段钢筋接触，钢筋接触面通过低电压强电流，将接头加热至熔化，产生强烈金属蒸气飞溅形成闪光，接头完全熔化后施以轴向压力顶锻，使两根钢筋焊接在一起形成接头。焊接过程见图3-10所示。不同直径钢筋对焊连接时，截面比不宜超过1.5。

(a)　　　　　　　　　　(b)　　　　　　　　　　(c)

图 3-10　闪光对焊焊接过程
(a) 焊接前；(b) 焊接中；(c) 焊接头

钢筋对焊完毕，应对全部接头进行外观检查，并按规定分批切取规定数量接头进行机械性能试验，外观检查、取样方法和数量以及试验结果都应符合有关规范的规定。

根据钢筋品种、直径和所用对焊机功率大小，可选用连续闪光焊、预热闪光焊、闪光—预热—闪光等对焊工艺。

1）连续闪光焊

连续闪光焊包括连续闪光和顶锻两个过程，即先将钢筋夹在焊机电极钳口上，通入循环冷却水，然后闭合电源，使接头进入闪光过程；保持两钢筋端面轻微接触形成连续闪光过程，当钢筋烧平端面、闪掉杂质，烧尽留量时，加力迅速顶锻，经过带电顶锻和断电后的无电顶锻过程形成接头，稍冷却后取出钢筋完成焊接。

连续闪光焊的焊接能力与焊机的容量有关，当使用容量为 150kV·A 焊机时，可以焊接直径 20mm 及以下的 HPB235、HPB300、HRB335、HPB400 钢筋。

2）预热闪光焊

焊接时，先一次闪光，将钢筋端面闪平，然后使两钢筋端面交替地轻微接触和分开，使其间隙发生断续闪光来实现预热，以扩大焊接热影响区，二次闪光顶锻过程同连续闪光焊。预热闪光焊适于对焊直径 20mm 以上的 HPB235、HPB300 和 HRB335、HPB400 级钢筋。

3）闪光-预热-闪光焊

闪光-预热-闪光焊是在预热闪光焊前加一次闪光过程，目的是使不平整的钢筋端面烧化平整，使预热均匀。过程包括：一次闪光、预热；二次闪光及顶锻。第一次闪光，使钢筋端部闪平，接着预热，二次闪光与顶锻过程同连续闪光焊。本工艺适于对焊直径 20mm 以上 HPB235、HPB300 和 HRB335、HPB400 钢筋。

(2) 电弧焊

电弧焊是利用焊条与焊件之间产生的高温电弧，使得焊条芯和焊接母材熔化，充填焊缝，焊药燃烧后形成气体排除空气，冷却后形成焊接接头。电弧焊是应用广泛的手工焊接方式，常用于钢筋与钢板的焊接、装配式钢筋混凝土结构接头的焊接及钢结构构件的焊接等，如图 3-11 所示。

弧焊机有交流弧焊机和直流弧焊机两类，常用的是交流弧焊机，型号较多，根据焊接要求选用。施工前检查焊机选用正确，机具设备完好，焊接地线与钢筋接触良好，防止起弧烧伤钢筋。选择焊接参数包括电压、电流、容量符合施焊要求。正式施工前应试焊，并将接头送检，根据试验结果确定焊接参数。焊条牌号应符合设计要求，保持干燥并烘焙后使用（焊接前一般在 150～350℃烘箱内烘干）。钢筋电弧焊焊条型号见表 3-5。

图 3-11　电弧焊示意图

焊接施工时，先把焊条和焊件分别连接在弧焊机的两极上，然后在引弧铁板上轻接触引燃电弧，开始焊接。钢筋电弧焊的接头形式主要有搭接焊、帮条焊、坡口焊和预埋铁件 T 形接头的焊接、穿孔塞焊、熔槽焊等形式。这里仅介绍搭接焊和帮条焊。

钢筋电弧焊焊条型号　　　　　　　　　　　表 3-5

钢筋级别	电弧焊接头形式		
	帮条焊 搭接焊	坡口焊 熔槽帮条焊 预埋件穿孔塞焊	钢筋与钢板搭接焊 预埋件 T 形角焊
HPB300	E4303	E4303	E4303
HRB335	E4303	E5003	E4303
HRB400	E5003	E5503	—

搭接焊接头见图 3-12 所示，焊接时，最好采用双面焊。图示为双面焊缝，焊接前钢筋最好预弯，以保证两根钢筋的轴线在一直线上，括弧内数字适用于 HRB335、HRB400 级钢筋，如采用单面焊缝则图中所标尺寸均需加倍。

帮条焊接头见图 3-13 所示，帮条宜选用与焊接同直径、同级别的钢筋制作。质量检验方法、数量、试验结果都应符合规定。

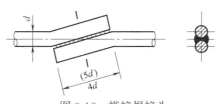

图 3-12　搭接焊接头

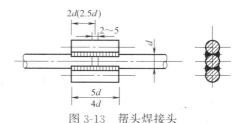

图 3-13　帮头焊接头

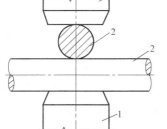

图 3-14　电阻点焊原理
1—电极；2—钢筋

（3）点焊

点焊的工作原理如图 3-14 所示，焊接时将已准备好的钢筋交叉放在点焊机的两电极间，通电后在接触处有较大的接触电阻，钢筋受热熔化后加压使钢筋焊接。

点焊一般用于钢筋网焊接，也能焊接骨架。不同直径钢筋点焊时，大小钢筋直径之比，在小钢筋直径小于 10mm 时，不宜大于 3，在小钢筋直径为 12～14mm 时，不宜大于 2，同时应根据小直径钢筋选择焊接参数。质量检验方法、数量、试验结果都应符合规定。

（4）电渣压力焊

电渣压力焊用于现浇钢筋混凝土结构中直径 14～40mm 的竖向或倾斜度 4：1 范围内斜向钢筋的连接（图 3-15）。电渣压力焊机有手工、半自动和自动三类。

施焊操作时先通电，在钢筋端面之间引燃电弧，经电弧过程的延时，使焊剂不断熔化形成渣池，再逐渐下送钢筋，使上钢筋端头都插入渣池，电弧熄灭，进入电渣过程的延时，使钢筋加速熔化，达到延时要求后，迅速挤压排除熔渣和熔化金属。同时切断焊接电源，等待 20～30s 后卸下焊接夹具回收焊剂重复使用。

焊剂应有出厂合格证的性能应符合《碳素钢埋弧焊用焊剂》GB 5293 规定，存放在干燥的库房内，防止受潮，使用前须经 250～300℃烘焙 2h。

接头冷却后除去表面附着的焊剂检查接头，若发现偏心过大（不超过 0.1 倍钢筋的直径或 2mm）、弯折过大（不大于 4°）、裂纹、烧伤、焊包不饱满等焊接缺陷，应切除接头重焊。切除接头时，应切除热影响区的钢筋（取离焊缝中心约为 1.1 倍钢筋直径的长度范围）。强度检验方法、数量、试验结果都应符合规定。

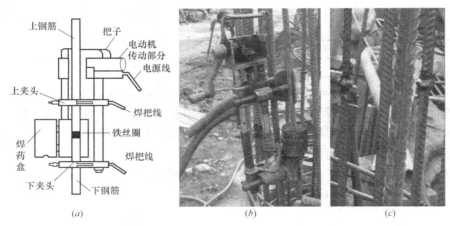

图 3-15　电渣压力焊示意图
（a）焊接原理；（b）焊机安装；（c）焊接头

焊接连接也有缺点：HRB400 及以上等级的钢筋可焊性差，焊接后需要通电处理；焊接时高温融化母材可能引起材质蜕化；在油库或有易燃易爆材料的场所，不能进行焊接施工；当钢筋直径较大时，例如 150kV·A 焊机时钢筋直径大于 22mm 的 HRB335、HRB400 钢筋，焊接的成品率下降。在这些情况下，可以选择采用机械连接方法。

2. 机械连接

机械连接方法应用于现浇钢筋混凝土结构施工现场的粗钢筋连接。机械连接有直螺纹连接、锥形螺纹连接、带肋钢筋冷压连接和套筒灌浆连接等。这里介绍钢筋的直螺纹连接，其工艺流程见图 3-16。钢筋的直螺纹连接适用于承受动荷载作用及各抗震等级的钢

图 3-16　直螺纹连接流程图

筋混凝土结构中直径为 20～50mm 的 HRB335、HRB400 钢筋。

　　直螺纹连接流程图见图 3-16。施工时，先在待连接的两根钢筋端头用液压方法制作螺纹，装入专用连接套筒，用定扭力扳手将两根钢筋与套筒拧紧至规定程度。主要机具除滚丝机、水性润滑剂、扳手等外，还有多种量规（止环规、通环规、止塞规、通塞规）。参加钢筋直螺纹连接施工的人员必须培训、考核、持上岗证。

　　为了保证端面平整，一般使用砂轮切割机下料，要求钢筋端面与轴线垂直，端头不得有弯曲。螺纹采用滚压，不是切削套丝，钢筋滚压成型是通过液压一次挤出螺纹，而且强力滚丝后钢筋表面材质硬化，使得螺纹接头的抗拉能力与母材相近。方法有：直接滚压螺纹、挤肋滚压螺纹和剥肋滚压螺纹。

　　直接滚压螺纹加工采用钢筋滚丝机直接滚压螺纹，由于钢筋肋的影响制成的螺纹直径有差异，螺纹精度差。挤肋滚压螺纹加工采用专用挤压设备滚轮先将钢筋的横肋和纵肋进行预压平处理，然后再滚压螺纹，此法不能消除钢筋肋的影响，螺纹加工需要两套设备。剥肋滚压螺纹加工采用钢筋剥肋滚丝机，先将钢筋的横肋和纵肋进行剥切处理后，使钢筋滚丝前的直径达到同一尺寸，然后再进行螺纹滚压成型。此法螺纹精度高，接头质量稳定，施工速度快，价格适中。

　　滚压螺纹加工时，每加工 10 个丝头用通、止环规检查一次。经自检合格的丝头，应由质检员随机抽样进行检验，以一个工作班内生产的丝头为一个验收批，随机抽样 10%，且不得少于 10 个。当合格率小于 95% 时，应加倍抽检，复检中合格率仍小于 95% 时，应对全部钢筋丝头逐个进行检验，切去不合格丝头，查明原因，并重新加工螺纹。

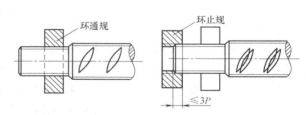

图 3-17　剥肋滚压丝头质量检查

检验合格的接头装好塑料保护帽，分类堆放整齐。剥肋滚压丝头质量检查如图 3-17 所示。

　　滚压直螺纹接头的连接套筒，对 HRB335 级钢筋，采用 45 号优质碳素钢；对 HRB400 级钢筋，采用经调质处理 45 号钢，或用性能不低于 HRB400 钢筋性能的其他钢种。连接套筒有标准型连接套筒、正反丝扣型套筒、变径型套筒等。标准型连接套筒用于正常连接的、正反丝扣型套筒用于两端钢筋均不能转动时，变径型套筒用于不同直径的连接等。连接套筒表面进场时应检查规格符合要求，套筒表面无裂纹，螺牙饱满，无其他缺陷。直螺纹塞规检查其尺寸精度、牙形规检查合格。连接套筒两端头必须用塑料盖封上，以保持内部洁净，干燥防锈。各种型号和规格的连接套外表面，必须有明显的钢筋级别及规格标记，若连接套为异径的则应在两端分标作出相应的钢筋级别和直径。

　　钢筋连接作业开始前及施工过程中，应对每批进场钢筋进行接头连接工艺检验。工艺检验应符合下列要求：

　　① 每种规格钢筋的接头试件不应少于 3 根；

　　② 接头试件的钢筋母材应进行抗拉强度试验；

　　③ 3 根接头试件的抗拉强度均不应小于该级别钢筋抗拉强度的标准值，同时尚应不小于 0.9 倍钢筋母材的实际抗拉强度。

　　连接钢筋时，钢筋规格和连接套的规格应一致，钢筋螺纹的形式、螺距、螺纹外径应

73

与连接套匹配，并确保钢筋和连接套的丝扣干净，完好无损。连接钢筋时应对准轴线将钢筋拧入连接套筒。接头拼接完成后，应使两个丝头在套筒中央位置互相顶紧，套筒每端不得有一扣以上的完整丝扣外露，但加长型接头的外露丝扣数不受限制，但应有明显标记，以检查进入套筒的丝头长度是否满足要求。如图 3-18 所示为钢筋螺纹、拧紧、连接头图片。

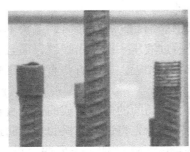

图 3-18　螺纹、拧紧、连接头

现场检验应进行拧紧力矩检验和单向拉伸强度试验。用扭力扳手规定的接头拧紧力矩值抽检接头的施工质量。抽检数量为：梁、柱构件按接头数的 15%，且每个构件的接头抽检数不得少于一个接头。基础、墙、板构件每 100 个接头作为一个验收批，不足 100 个也作为一个验收批，每批抽检 3 个接头。抽检的接头应全部合格，如有一个接头不合格，则该验收批接头应逐个检查并拧紧。

滚压直螺纹接头的单向拉伸强度试验按验收批进行。同一施工条件下采用同一批材料的同等级、同形式、同规格接头，以 500 个为一个验收批进行检验。在现场连续检验 10 个验收批，其全部单向拉伸试验一次抽样合格时，验收批接头数量可扩大为 1000 个。

对每一验收批，应在工程结构中随机抽取 3 个试件做单向拉伸试验。当 3 个试件抗拉强度均不小于 A 级接头的强度要求时，该验收批判为合格。如有一个试件的抗拉强度不符合要求，则应加倍取样复验。滚压直螺纹接头的单向拉伸试验破坏形式有三种：钢筋母材拉断、套筒拉断、钢筋从套筒中滑脱，只要满足强度要求，任何破坏形式均可判断为合理。

有关接头、套筒的材质、几何尺寸、检验方法及要求和连接后的各项性能指标，应符合《钢筋机械连接通用技术规程》JGJ 107 要求。

3. 钢筋安装

（1）钢筋的接头

钢筋的接头宜设置在构件的受力较小的位置，同一纵向受力钢筋不能有两个以上的接头，接头与钢筋弯起点的距离要大于钢筋直径的 10 倍。在抗震设防区，构件的梁端、柱端箍筋加密区范围内设置钢筋接头，或进行钢筋搭接。

同一构件内的接头宜分批错开。

当纵向受力钢筋采用机械连接接头或焊接接头时，接头连接区段的长度为 35d，且不应小于 500mm。同一连接区段内，受拉接头钢筋接头面积百分率不宜大于 50%，这里的接头面积百分率是该区段内有接头的纵向受力钢筋截面面积与全部纵向受力钢筋截面面积的比值。受压接头则不受限制。直接承受动力荷载的结构构件中，钢筋不宜采用焊接连接，可采用机械连接时，接头面积百分率亦不应超过 50%。

当纵向受力钢筋采用绑扎搭接接头时，各接头的横向净间距应符合要求。接头连接区段的长度为 $1.3l_l$（l_l 为搭接长度）。梁类、板类及墙类构件，在连接区段长度内不宜超过25％；基础筏板、柱类构件不宜超过50％。钢筋搭接长度范围内应按设计和规范规定要求配置箍筋。

（2）钢筋的安装与绑扎

核对成品钢筋与料单、料牌相符后开始布放钢筋。排放钢筋时应在模板上画线，按线布置、用细铁丝（20~22 号铁丝）绑扎牢固。钢筋的安装要满足构造设计或规定要求，安装与绑扎时要按要求主筋保证层厚度，可用水泥砂浆垫块或塑料卡保证保护层正确（见图 3-19）。钢筋有接头时要保证接头的保护层厚度和钢筋间的净距要求。

图 3-19　保护层保证措施

钢筋绑扎接头宜设置在受力较小处，接头的数量与位置符合前述要求，并注意绑扎接头的保护层与净间距，用铁丝绑扎两端与中点。绑扎形式复杂的结构部位时，应先研究逐根钢筋穿插就位的顺序，减少绑扎困难。

钢筋安装应采用定位件固定钢筋的位置，例如图 3-19 中的保护层定位件。定位件应能保证钢筋的位置偏差符合现行有关标准的规定，但是混凝土框架梁、柱保护层内不宜采用金属定位件。复合箍筋的外围钢筋应构成封闭。钢筋安装时还要防止钢筋表面受模板脱模剂的污染，保证钢筋与混凝土的粘结。

基础底板钢筋网的绑扎流程见图 3-20。底板四周钢筋交叉点应每点扎牢，中间部分交叉点可相隔交错扎牢，但必须保证受力钢筋不位移，板上部的钢筋网的交叉点应全数绑扎。基础底板采用双层钢筋网时，在上层钢筋网下面应设置撑脚或铁凳等保证钢筋位置正确（图 3-21），上层钢筋弯钩应朝下。独立柱基础为双向弯曲，其底面短边的钢筋应放在长边钢筋的上面。对厚底板的上部钢筋网片，可采用临时支撑体系。歪斜变形，钢筋的弯钩应朝上，不要倒向一边。

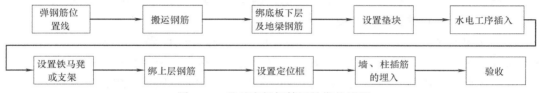

图 3-20　基础底板钢筋网的绑扎流程

梁、柱类构件的纵向受力钢筋搭接长度范围内应按设计要求配置箍筋，并且箍筋直径、受拉和受压搭接区段的箍筋间距均应符合规定。

图 3-21 钢筋铁凳

柱钢筋的绑扎（图 3-22），应在模板安装前进行。柱中的竖向钢筋搭接时，角部钢筋的弯钩应与模板呈 45°，中间钢筋的弯钩应与模板呈 90°。箍筋的接头应交错布置在四角纵向钢筋上，箍筋转角与纵向钢筋交叉点均应扎牢，绑扎箍筋时绑扣相互间应成八字形。当柱截面有变化时，其下层柱钢筋的露出部分，必须在绑扎梁的钢筋之前，先行收缩准确。

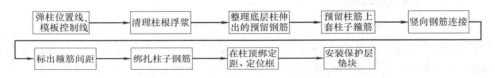

图 3-22　柱钢筋的绑扎工艺流程

梁板钢筋绑扎工艺流程见图 3-23。梁板钢筋绑扎时纵向受力钢筋采用双层排列时，两排钢筋之间应垫以直径≥25mm 的短钢筋，以保持其设计距离。箍筋的接头（弯钩叠合处）应交错布置在两根架立钢筋上，箍筋的其他绑扎要求同柱。

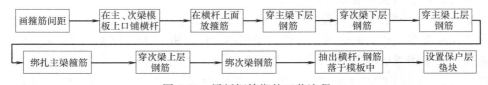

图 3-23　梁板钢筋绑扎工艺流程

板的绑扎与基础板绑扎要求相同，要注意板和雨篷、挑檐、阳台等悬臂板上部的负筋，严格控制位置，防止被踩下。双向主筋的钢筋网，则须将全部钢筋相交点扎牢。绑扎时应注意相邻绑扎点的铁丝扣要成八字形，以免网片。

板、次梁与主梁交叉等构件交接处，钢筋位置应符合设计要求，当设计无具体要求时，应保证主要受力构件和构件中主要受力方向的钢筋位置。框架节点处梁纵向受力钢筋宜放在柱纵向钢筋内侧，当主次梁底部标高相同时，次梁下部钢筋应放在主梁下部钢筋之上。剪力墙中水平分布钢筋宜放在外侧，并宜在墙端弯折锚固。

框架节点处钢筋穿插十分稠密时，应特别注意梁顶面主筋间的净距要有 30mm，以利浇筑混凝土。梁的高度较小时，梁的钢筋架空在梁顶上绑扎，然后放入模板中。梁的高度较大时，钢筋宜直接在梁底模上绑扎梁，两侧模板或一侧模板后装。

墙钢筋的绑扎，也应在模板安装前进行。墙的垂直钢筋每段长度不宜超过 4m（钢筋直径≤12mm）或 6m（直径＞12mm），水平钢筋每段长度不宜超过 8m，以利绑扎。采用双层钢筋网时，在两层钢筋间应设置撑铁，以固定钢筋间距，间距约为 1m 相互错开排列。无暗柱剪力墙绑扎流程见图 3-24。

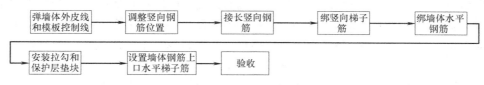

图 3-24 墙钢筋的绑扎工艺流程

（3）植筋施工

植筋在钢筋混凝土结构上钻出孔洞，注入胶粘剂，植入钢筋，待胶粘剂固化后钢筋牢固固定，如同原有结构中的预埋筋。植筋施工过程见图 3-25。

图 3-25 植筋施工过程

孔洞间距与孔洞深度应满足设计要求。清孔时，先用吹气泵清除孔洞内粉尘等，再用清孔刷清孔，要经多次吹刷完成。不能用水冲洗，以免削弱胶粘剂的作用。使用植筋注射器从孔底向外均匀地把适量胶粘剂填注孔内，注意勿将空气封入孔内。按顺时针方向把钢筋平行于孔洞走向轻轻植入孔中，直至插入孔底，胶粘剂溢出。将钢筋外露端固定在模架上，使其不受外力作用，直至凝结，并派专人现场保护。

（4）钢筋安装质量检验

钢筋隐蔽工程验收前，应检查钢筋出厂合格证与检验报告及进场复验报告、钢筋焊接接头和机械连接接头力学性能试验报告、钢筋调直后的检验结果和成型钢筋的抽样检验结果等。钢筋安装完成之后，在浇筑混凝土之前，应进行钢筋隐蔽工程验收，其内容包括：

① 纵向受力钢筋的品种、规格、数量、位置等；

② 钢筋连接方式、接头位置、接头数量、接头面积百分率等；

③ 箍筋、横向钢筋的品种、规格、数量、间距等。

④ 预埋件的规格、数量、位置等。

4. 钢筋的冷拉与冷拔简介

为了调直钢筋或者预应力钢筋的处理的需要，对钢筋进行冷拉加工。由《材料力学》和《土木工程材料》可知，当拉应力超过屈服点钢筋产生塑性变形，钢筋屈服点提高，塑性降低。冷拉后钢筋可提高强度，增加钢筋长度，钢筋拉直，表面锈渣脱落。利用冷拉特点，工程中常用来实现盘圆钢筋的调直、除锈工作。

冷拉钢筋的强度与冷拉率有关，在一定限度内，冷拉率越大，则强度提高越大，塑性损失越大，使用冷拉方法调直钢筋应控制冷拉率。

钢筋的冷拔就是将强制通过钨合金拔丝模，纵向受拉伸，径向受拔丝模的挤压，钢筋发生明显的塑性变形，内部晶格产生滑移，反复几次冷拔后，钢筋直径减小，强度提高，塑性降低。冷拔后的钢筋称为冷拔低碳钢丝。

3.3 模板工程

　　模板是使钢筋混凝土构件成型的模型，现浇钢筋混凝土结构施工时要求模板：（1）保证工程结构和构件各部分形状尺寸和相互位置的正确。（2）具有足够的承载能力、刚度和稳定性，能可靠地承受新浇筑混凝土的自重和侧压力，以及在施工过程中所生的荷载。（3）构造简单、装拆方便，并便于钢筋的绑扎、安装和混凝土的浇筑、养护等要求。（4）模板的接缝不漏浆。（5）所有材料受潮后不易变形。

　　常用模板有木模板、钢模板、钢木模板、胶合板模板、塑料模板等。按施工方法分为：固定式模板、现场装拆式模板和移动式模板。定型模板是以几种定型尺寸的模板，组拼成柱、梁、板、墙的大型模板，可以整体吊装就位，也可以采用散装散拆方法施工的模板。固定式模板是指在预制构件厂制成或现场按构件的形状和尺寸制作的固定模板。现场装拆式模板是指一般现浇钢筋混凝土工程中常用的模板，所浇筑的混凝土经养护后，该模板就可拆除，搬运至别处再重新安装。移动模板是在较大的结构（如圆柱面薄壳、隧道等）或较高的结构（如烟囱、筒体），用以沿水平或垂直方向移动的模板。

　　模板及支架宜选用轻质、高强、耐用的材料。接触混凝土的模板表面应平整，并应具有良好的耐磨性和硬度。连接件宜选用标准定型产品。

3.3.1　常见模板的组成

　　1. 定型组合钢模板
　　（1）组成
　　组合钢模板的主要有部件钢模板（面板）、连接件和支持组成。主要包括平面模板、阴角模板、阳角模板、连接角模等，还有专用的加腋模板、倒棱模板。连接件由 U 形卡、L 形插销、钩头螺栓、紧固螺栓、扣件、对拉螺栓等组成。支承件包括钢楞（又称龙骨）、柱箍（又称柱卡箍、定位夹箍）、梁卡具（又称梁托架）、钢支柱、早拆柱头、斜撑、桁架、钢管脚手支架。

图 3-26　定型钢模板与连接件

　　（2）面板
　　钢模板的面板与边框是冷轧连接。
　　（3）连接件
　　定型钢模板与连接件见图 3-26。
　　（4）支承件
　　主要用于层高较大的梁、板等水平构件模板的垂直支撑。

　　2. 钢框胶合板模板
　　钢框胶合板模板是以热轧异型型钢为边框，以胶合板（竹胶合板或木胶合板）为面板，并用沉头螺丝与钢框相连，面板表面做防水处理，边框相接处缝隙涂密封胶，采用槽钢做水平背楞，以确保板面的平整度。施工时以螺栓与横竖肋连接。

3. 胶合板模板

模板用胶合板由奇数层薄木片制成，相邻片间呈直角，用防水胶相互粘牢，形成多层胶合板。胶合板模板具有强度高、自重小、导热性能低、不翘曲、不开裂以及板幅大、接缝少等优点。胶合板做为定型模板的面板，不仅克服了木材的不等方向性和变异性的缺点，使之成为受力性能好的均质材料，而且克服了阔叶材的干燥困难和易翘曲、干裂等缺陷，将阔叶材应用于建筑工程中。胶板梁板与柱模板见图 3-27。

图 3-27　胶板梁板与柱模板

4. 塑料模板

塑料模板品种较多，如：玻璃纤维增强塑料模板，改性增强聚丙烯复合材料模板，竹材增强木塑模板等以塑料制作的模板等。塑料模板可以代替钢模板和木模板或用作钢框组合的模板中代替竹胶板模板。图 3-28 为应用于密肋梁楼盖的塑料模壳。

3.3.2　现浇结构常用模板

1. 基础模板

图 3-29 为基础模板的常用形式。如土质良好，阶梯形基础的最下一级可不用模板而进行原槽浇筑或砖砌胎模。安装阶梯形基础模板时，要保证上、下模板不发生相对位移，如有杯口还要在其中放入杯口模板。

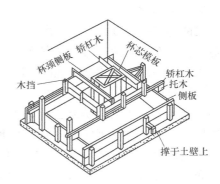

图 3-28　塑料模壳　　　　　　　　图 3-29　基础模板（木模板）

在安装基础模板前，应将地基垫层的标高及基础中心线先行核对，弹出基础边线。如是独立柱基，则将模板中心线对准基础中心线；如是条形基础，则将模板对准基础边线。然后再校正模板上口的标高，使之符合设计要求。经检查无误后将模板钉（卡、栓）牢撑稳。

2. 柱模板

柱的特点是高度大而横截面积小。图 3-30 为矩形柱模板，由两块相对的内拼板，两块相对的外拼板和柱箍组成。

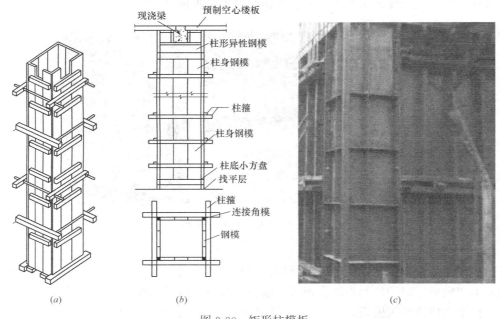

图 3-30　矩形柱模板
(a) 木模板；(b) 钢模；(c) 钢模板图片

柱箍的作用是保持柱的形状，承受由模板传来的新浇混凝土的侧压力。柱模板顶部开有与梁模板连接的缺口，底部开有清理孔，必要时沿高度每隔 2m 开设混凝土灌筑口，模板底部设有木框，以便于安装时固定模板的位置。柱模板安装要保证其垂直度，独立柱要在模板四周设斜撑。

3. 梁板模板

梁的特点是跨度较大而宽度一般不大。梁的下面一般是架空的，需要竖向支持。混凝土对梁模板有横向侧压力，又有垂直压力，这要求梁模板及其支撑系统稳定性要好，有足够的强度和刚度，不致超过规范允许的变形，梁板模板图 3-31 所示。

砖混结构的圈梁，由于其断面小且很长，一般除窗洞口及其他个别地方是架空外，其他均搁在墙上。故圈梁模板主要是由侧模和固定侧模用的卡具所组成。过梁底部架空用支柱撑住底模。图 3-32 所示即为圈梁模板。

梁模板应在复核梁底标高，校正轴线位置无误后进行安装。当梁的跨度≥4m 时，应使梁底模中部略为起拱，以防止由于灌注混凝土后跨中梁底下垂；如设计无规定时，起拱高度宜为全跨长度的 1/1000～3/1000。支柱（琵琶撑）安装时应先将其下土面拍平夯实，

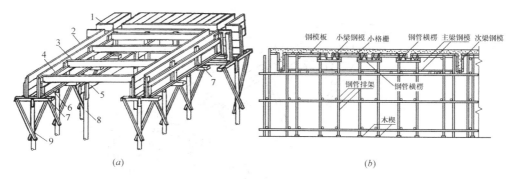

图 3- 31 梁板模板

(a) 梁板木模板；(b) 梁板钢模板

放好垫板（保证底部有足够的支撑面积）和楔子（校正高度）；支柱间距应按设计要求，当设计无要求时，一般不宜大于 2m；支柱之间应设水平拉杆、剪力撑，使之互相拉撑成一整体。水平拉杆离地面 50cm 设一道，以上每隔 2m 设一道；当梁底地面高度大于 6m

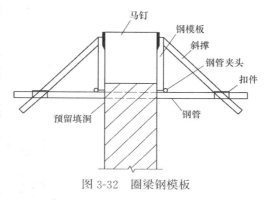

图 3-32 圈梁钢模板

时，宜搭排架支模，成满梁脚手架支撑；上下层模板的支柱，一般应安装在同一竖向中心线上，或采取措施保证上层支柱的荷载，能传递在下层的支撑结构上，防止压裂下层构件。梁较高或跨度较大时，可留一面侧模，待钢筋绑扎完后再安装。

4. 楼梯模板

楼梯模板（图 3-33）一般比较复杂，常见的有板式楼梯和梁式楼梯，其支模工艺基本相同，但又有其支设倾斜、有踏步的特点。施工前应根据实际层高放样，先安装基础模板和休息平台梁模板，再安装楼梯模板斜楞，然后铺设楼梯底模、安装外帮侧模和踏步模板，外帮侧板应在其内侧弹出楼梯底板厚度线，用套板画出踏步侧板位置线，钉好固定踏步侧板的档木，在现场安装侧板。梯步高度要均匀一致，特别要注意每层楼梯最下一步及最上一步的高度，必须考虑到楼地面层粉刷厚度，防止由于粉面层厚度不同而形成梯步高度不协调。

3.3.3 模板设计

混凝土结构工程施工规范规定，模板工程应编制专项施工方案。滑模、爬模等工具式模板工程及高大模板支架工程的专项施工方案应进行技术论证。模板系统设计是模板专项施工方案的重要内容之一。模板系统的设计，包括模板和支架的选型及构造设计，具体为：模板及支架的选型及构造设计、模板及支架上的荷载及其效应计算、模板及支架的承载力和刚度验算、模板及支架的抗倾覆验算和绘制模板及支架施工图，使得模板及支架能保证工程结构和构件各部分形状、尺寸和位置准确，并且便于钢筋安装和混凝土浇筑、养护。

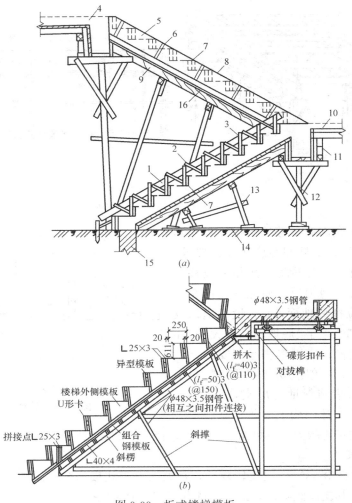

图 3-33 板式楼梯模板

(a) 板式楼梯木模板；(b) 板式楼梯钢模板

1—反扶梯基；2—斜撑；3—木吊；4—楼面；5—外帮侧板；6—木档；
7—踏步侧板；8—档木；9—隔栅；10—休息平台；11—托木；12—琵琶撑；
13—牵杠撑；14—垫板；15—基础；16—楼梯地板

模板及其支架应根据工程结构形式、荷载大小、地基土类别、施工设备和材料供应等条件进行设计。

设计模板系统时，确定的计算假定和分析模型，应有理论或试验依据，或经工程验证可行，根据计算模型和施工过程中各种受力工况进行荷载分析，并确定其最不利的作用效应组合，按分项系数表达的极限状态设计方法，进行模板与支撑的设计。承载力计算应采用荷载基本组合；变形验算可仅采用永久荷载标准值。根据常用模板材料的不同，木模板的计算应符合《木结构设计规范》要求，钢模板应符合《钢结构设计规范》和《冷弯薄壁型钢结构技术规范》要求。

1. 荷载标准值确定。

(1) 永久荷载标准值

① 模板及其支架自重标准值（G_1）

模板及支架的自重标准值应根据模板设计图纸确定。对肋形楼板及无梁楼板模板的自重标准值，可按表 3-6 采用。

楼板模板自重参考表　　　　　　　　　　　　　　　　　表 3-6

项　次	模板构件名称	木模板（kN/m²）	定型组合钢模板（kN/m²）
1	无梁楼板的模板及小楞的自重	0.3	0.5
2	有梁楼板模板的自重（其中包括梁的模板）	0.5	0.75
3	楼板模板及其支架的自重（楼层高度为 4m 以下）	0.75	1.1

② 新浇筑混凝土自重（G_2）

普通混凝土可采用 24kN/m³，对其他混凝土可根据实际重力密度确定。

③ 钢筋自重（G_3）

根据设计图纸确定。对一般梁板结构，每立方米钢筋混凝土的钢筋自重标准值可按楼板 1.1kN/m³；框架梁 1.5kN/m³ 确定。

④ 新浇筑混凝土对模板侧面的压力标准值（G_4）

新浇筑混凝土对模板侧面的压力标准值，采用内部振捣器但浇筑速度不大于 10m/h 时，可按以下两式计算，并取其较小值：

$$F = 0.28\gamma_c t_0 \beta V^{1/2} \tag{3-5}$$

$$F = \gamma_c H \tag{3-6}$$

当浇筑速度大于 10m/h，或混凝土坍落度大于 180mm 时，侧压力的标准值可按式（3-5）计算。

式中　F ——新浇筑混凝土对模板的最大侧压力（kN/m²）；

γ_c ——混凝土的重力密度（kN/m³）；

t_0 ——新浇筑混凝土的初凝时间（h），可按实测确定，当缺乏试验资料时可采用 $t_0 = 200/(T+15)$ 计算（T 为混凝土的温度）；

V ——混凝土的浇筑速度（m/h）；

H ——混凝土侧压力计算位置处至新浇筑混凝土顶面的总高度（m）；

β ——混凝土坍落度影响修正系数，坍落度 50～90mm 时，β 取 0.85，坍落度大于 90mm～130mm 时，β 取 0.9；坍落度大于 130mm～180mm 时，β 取 1.0。

混凝土侧压力的计算分布图见图 3-34，图中 $h = F/a_c$。

（2）可变荷载标准值

① 施工人员及设备荷载标准值（Q_1）

可按实际情况计算，且不应小于 2.5kN/m²。

② 混凝土下料产生的水平荷载（Q_2）的标准值可按表 3-7 采用，其作用范围可取为新浇筑混凝土侧压力的有效压头高度 h 之内。

混凝土下料产生的水平荷载标准值（kN/m²）　　表 3-7

下　料　方　式	水　平　荷　载
用溜槽、串筒、导管或泵管下料	2
吊车配备斗容器下载或小车直接倾到	4

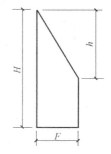

图 3-34　混凝土侧压力的计算分布图形

③ 泵送混凝土或不均匀堆载等因素产生的附加水平荷载（Q_3）标准值，可取计算工况下竖向永久荷载标准值的 2%，并应作用在模板支架上端水平方向。

④ 风荷载（Q_4）的标准值，可按现行《建筑结构荷载规范》GB 50009 的有关规定，此时基本风压可按 10 年一遇的风压取值，但基本风压不应小于 $0.2kN/m^2$。

2. 模板及支架承载力计算的各项荷载按表 3-8 确定，并应采用最不利的荷载基本组合进行设计。表中的"+"号仅表示各项荷载参与组合，而不表示代数相加。

参与模板及其支架荷载效应组合的各项荷载   表 3-8

计算内容		参与计算项
模板	底面模板的承载力	$G_1+G_2+G_3+Q_1$
	侧面模板的承载力	G_4+Q_2
支架	支架水平杆及节点的承载力	$G_1+G_2+G_3+Q_1$
	立杆的承载力	$G_1+G_2+G_3+Q_1+Q_3$
	支架结构的整体稳定	$G_1+G_2+G_3+Q_1+Q_4$

3. 模板及支架的荷载基本组合的效应设计值的确定。

模板及支架的荷载基本组合的效应设计值按下式确定：

$$S = 1.35\alpha \sum_{i \geqslant 1} S_{Gik} + 1.4\psi_{ci} \sum_{j \geqslant 1} S_{Qjk} \tag{3-7}$$

式中 S_{Gik}—— 第 i 个永久荷载标准值产生的效应值；

S_{Qjk}—— 第 j 个可变荷载标准值产生的效应值；

α —— 模板及支架的类型系数：对侧面模板，取 0.9；对底面模板及支架，取 1.0；

ψ_{ci}—— 第 j 个可变荷载的组合值系数，宜取 $\psi_{ci} \geqslant 0.9$。

4. 模板及支架结构构件应按短暂设计状况进行承载力计算，承载力计算应符合式（3-8）要求：

$$\gamma_0 S \leqslant \frac{R}{\gamma_R} \tag{3-8}$$

式中 γ_0—— 结构重要性系数，对重要的模板及支架宜取 $r_0 \geqslant 1.0$；对一般的模板及支架应取 $r_0 \geqslant 0.9$；

S —— 模板及支架按荷载者基本组合计算的效应设计值，可按式（3-7）进行计算；

R —— 模板及支架结构构件的承载力设计值，应按国家现行有关标准计算；

γ_R—— 承载力设计值调整系数，应根据模板及支架重复使情况取用，不应小于 1.0。

5. 模板及支架的变形，按永久荷载标准验算，构件的变形值应满足下式：

$$a_{fG} \leqslant a_{f,lim} \tag{3-9}$$

式中 a_{fG}—— 按永久荷载标准值计算的构件变形值；

$a_{f,lim}$—— 构件变形限值，模板及支架的变形限值应根据结构工程要求确定，并符合下列规定：

（1）结构表面外露的模板，其挠度限值宜取为模板构件计算跨度的 1/400；

（2）对结构表面隐蔽的模板，其挠度限值宜取为模板构件计算跨度的 1/250；

（3）支架的轴向压缩变形限值或侧向挠度限值，宜取为计算高度或计算跨度的 1/1000。

6. 支架的高宽比不宜大于 3；当高宽比大于 3 时，应加强整体稳固性措施。

7. 支架应按混凝土浇筑前和混凝土浇筑时两种工况进行抗倾覆验算。验算表达式：

$$M_0 \leqslant M_r \tag{3-10}$$

式中 M_0——支架的倾覆力矩设计值，按荷载基本组合计算，其中永久荷载的分项系数取 1.35，可变荷载的分项系数取 1.4；

M_r——支架的抗倾覆力矩设计值，按荷载基本组合计算，其中永久荷载的分项系数取 0.9，可变荷载的分项系数取 0。

8. 支架结构中钢构件的长细比不应超过规定的容许值，见表 3-9。

支架结构钢构件容许长细比   表 3-9

构 件 类 别	容许长细比
受压构件的支架立柱及桁架	180
受压构件的斜撑、剪刀撑	200
受拉构件的钢杆件	350

多层楼板连接支模时，应分析多层楼板间荷载传递对支架和楼板结构的影响。支架立柱或竖向模板支承在土层上时，应按现行国家标准《建筑地基基础设计规范》GB 50007 的有关规定对土层进行验算；支架立柱或竖向模板支承在混凝土结构构件上时，应按现行国家标准《混凝土结构设计规范》GB 50010 的有关规定对混凝土结构构件进行验算。

9. 采用钢管和扣件搭设的支架设计时，应符合下列规定：

（1）钢管和扣件搭设的支架宜采用中心传力方式确定荷载路径；

（2）单根立杆的轴力标准值不宜大于 12kN，高大模板支架单根立杆的轴力标准值不宜大于 10kN；

（3）立杆顶部承受水平杆扣件传递的竖向荷载时，立杆应按不小于 50mm 的偏心距进行承载力检算，高大模板支架的立杆应按不小于 100mm 的偏心距进行承载力验算；

（4）支承模板的顶部水平杆可按受弯构件进行承载力验算；

（5）扣件抗滑移承载力验算可按现行行业标准《建筑施工扣件式钢管脚手架安全技术规范》JGJ 130 的有关规定执行。

采用门式、碗扣式、盘扣式或盘销式等钢管架搭设的支架，应采用支架立柱杆端插入可调托座的中心传力方式，其承载力及刚度可按现行有关标准的规定进行验算。

3.3.4 模板的安装与拆除

1. 模板与支架的安装

应按设计图加工、制作，采用定型组合钢模板时应按设计要求选用，模板制作与安装时面板拼缝应严密。支架立柱和竖向模板安装在土层上时，土层应坚实，且应设置具有足够强度和支承面积的垫板，同时做好排水措施。对软土地基，必要时可采用堆载预压的方法调整模板面板的安装高度。支架立柱和竖向模板安装在湿陷性黄土、膨胀土层、冻胀性土，应有相应的防水、防冻胀措施。

安装模板时，应进行测量放线，保证模板位置准确。对于竖向构件的模板及支架，应根据混凝土一次浇筑高度和浇筑速度来确定，采取抗侧移、抗浮和抗倾覆措施。对水平构件的模板及支架，在支架间、模板间及模板与支架间设置有效拉结。对可能承受较大的风荷载的模板，应采取防风措施。

对跨度不小于 4m 的梁、板，其模板施工起拱高度宜为其跨度的 1/1000～3/1000，但是起拱不得减少构件的截面高度。

模板支架搭设所采用的钢管、扣件规格，应符合设计要求。立杆纵距、立杆横距、支架步距以及构造要求应符合专项施工方案的要求。扣件式、碗扣式、盘扣式或盘销式钢管用作高大模板支架的技术要求详见《混凝土结构工程施工规范》GB 50666。

2. 拆模要求

及时拆模，可提高模板的周转率。但过早拆模，容易出现混凝土强度不足而造成混凝土结构构件沉降变形或缺棱掉角、开裂等。

模板以从上而下的顺序拆除，按先支的后拆、后支的先拆，先拆非承重模板、后拆承重的模板为原则选择拆除范围。当混凝土强度能保证其表面及棱角不受损伤时，方可拆除侧模；底模及支架的拆除，应在混凝土强度达到设计要求后，设计无具体要求时，底模的拆除应在同条件养护的混凝土立方体试件抗压强度达到规定值，见表 3-10。

底模拆除时的混凝土强度要求   表 3-10

构 件 类 型	构件跨度(m)	达到设计的混凝土立方体抗压强度 标准值的百分率(%)
板	≤2	≥50
	>2,≤8	≥75
	>8	≥100
梁、拱、壳	≤8	≥75
	>8	≥100
悬臂构件	—	≥100

后张法预应力混凝土结构构件的拆模，应满足如下要求：侧模宜在预应力张拉前拆除；底模支架的拆除应按施工技术方案执行，当无具体要求时，不应在结构构件建立预应力前拆除。

拆模注意事项：

(1) 拆模时，操作人员应站在安全处，以免发生安全事故。

(2) 模板拆除时，不能硬砸猛撬，模板坠落应采取缓冲措施，不应对楼层形成冲击荷载。

(3) 拆除下来的模板和支架不宜过于集中存放，宜分散堆放，并应及时清运走，以免在楼层上积压形成过大荷载。

在拆模过程中，如发现混凝土有影响结构安全的质量问题时，应暂停拆除，经过处理后，方可继续拆除。对已拆除模板支撑的结构，应在混凝土强度达到设计混凝土强度等级的要求后，才允许承受全部使用荷载。

3.3.5 滑升模板

滑升模板施工特别适用于筒壁结构，亦用于多层与高层墙板结构或框架结构的房屋。它的主要优点是：大量节约模板和脚手架；加快施工进度，缩短工期；改善劳动条件，提高工程质量。

1. 滑升模板的组成和滑模构造

（1）滑升模板的组成

滑升模板由模板系统、操作平台系统和液压滑升系统三部分组成，见图 3-35。模板系统包括模板、围圈和提升架等。操作平台系统包括操作平台、上辅助平台和内外吊脚手，是施工人员操作和临时堆放材料工具等的场所。液压滑升系统包括千斤顶、液压操纵箱、油管和支撑杆等，是液压滑升的动力。这三部分通过提升架连成整体，构成整套液压滑升模板装置。

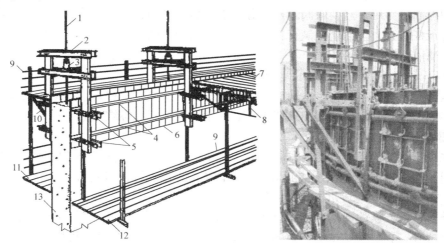

图 3-35　滑升模板

1—支撑杆；2—提升架；3—液压千斤顶；4—围圈；5—围圈支托；6—模板；7—内操作平台；
8—平台桁架；9—栏杆；10—外挑三脚架；11—外吊脚手；12—内吊脚手；13—混凝土墙体

（2）模板系统的构造

1）模板

模板分内模板与外模板，构成结构截面的厚度。模板的高度根据滑升速度和混凝土的硬化时间确定，一般 1～1.2m。模板支撑在围圈上，它与围圈有两种连接方法：挂在围圈上和搁在围圈上。

2）围圈

用以固定模板位置，承受模板传来的荷载和操作平台的荷载。

3）提升架

主要是固定围圈的位置，防止模板的侧向变形，承受整个模板和操作平台系统上的全部荷载并传递给千斤顶，把模板系统、操作平台系统连成一体。

提升架要求使用方便、耐久、不易变形。它由横梁和立柱组成，可用槽钢或角钢制作。

（3）操作平台系统的构造

1）操作平台。一般用钢桁架、木梁及铺板组成。桁架用托梁支撑在上下围圈上或直接支撑在提升架立柱上。建筑物外侧使用的操作平台是用挑三角架与铺板组成。

2）内、外吊脚手。吊脚手用于混凝土表面的装修、质量检查、模板的拆除等工作。

（4）液压滑升系统的构造

1）支撑杆

又称爬杆，它埋设在混凝土里，是千斤顶向上爬升的轨道，又是滑升模板的承重支柱，承受施工过程中的全部荷载。因此要考虑支撑杆的压弯稳定性。支撑杆的连接方法有三种：丝扣连接、榫接和割口焊接。

2）液压操纵装置

液压操纵装置是液压传动系统的控制中心，主要由电动机、齿轮油泵、溢流阀、换向阀、分油器和油箱等组成。其工作过程为：电动机带动齿轮油泵运转，将油箱中的油液通过溢流阀控制压力后，经换向阀输送到分油器，然后经油管将油液输入到各千斤顶，使千斤顶沿支承杆爬升，当活塞走满行程之后，换向阀变换油液的流向，在千斤顶排油弹簧回弹作用下油液回流到油箱。

3）千斤顶

液压千斤顶按其卡头构造不同，可分为钢珠式和楔块式两种，均为穿心式单作用千斤顶，只能向上爬升。楔块式千斤顶能用于光圆钢筋支撑杆和螺纹钢筋支撑杆。

2. 滑升模板的施工

首先进行钢筋的绑扎，然后进行混凝土浇筑，浇筑时应根据滑升速度适当控制混凝土凝固时间，使出模混凝土强度达到 0.2～0.4N/mm。最后进行模板滑升，模板的滑升分为试升、初升、正常滑升和末升四个阶段。

试升：首批入模的混凝土连续浇筑至 600～700mm 高后，即混凝土达到初凝至终凝之间就可试升，其目的是试验混凝土能否开始脱模滑升，试升只是将模板升起 50mm 左右即可。

初升：将模板升高 200～300mm 即可，目的是检验整个滑模系统能否进入正常工作，并完成系统安装。

正常滑升：根据工程面积的大小、劳动力配备、垂直运输的能力、混凝土的凝固时间及温度变化，确定合理的滑升速度和混凝土的浇筑顺序。模板的提升速度应与混凝土的浇筑速度一致，一般两者可控制在 200mm/小时。

末升：配合混凝土的末浇进行，其滑升速度稍慢，混凝土末浇后，尚应继续滑升，直至模板与混凝土脱离不致被粘住为止。

图 3-36　大模板

3.3.6　大模板

大模板（图 3-36）是进行现浇剪力墙结构施工的一种工具式模板，配以相应的起重吊装机械，以机械化施工方式在现场浇筑混凝土竖向（主要是墙、壁）结构构件。其特点是：以建筑物的开间、进深、层高为标准化的基础，以大模板为主要手段，以现浇混凝土墙体为主导工序，组织进行有节奏的均衡施工。

大模板由板面结构、支撑系统和操作平台以及附件组成。板面是直接与混凝土接触的部分，要求表面平整，加工精密，有一定刚度，能多次重复使用。常用钢板、木（竹）胶合板。大模板构造类型有内墙模板和外墙模板。

内墙模板的尺寸一般相当于每面墙的大小，浇筑的墙面平整。内墙模板有以下几种：①整体式大模板：又称平模，是将大模板的面板、骨架、支撑系统和操作平台组拼焊成一体。②组合式大模板通过固定于大模板板面的角模，可以把纵横墙的模板组装在一起，用以同时浇筑纵横墙的混凝土，并可适应不同开间、进深尺寸的需要，利用模数条模板加以调整。③拆装式大模板：其板面与骨架以及骨架中各钢杆件之间的连接全部采用螺栓组装，便于拆改。

外墙模板结构与组合式大模板基本相同，但有所区别。除其宽度要按外墙开间设计外，还要解决门窗洞口的设置，可在内侧大模板上将门窗洞口部位的骨架取掉，按门窗洞口尺寸，在模板骨架作一边框，并与模板焊接为一体。或在外墙上作一个型钢边框，设门、窗洞口模板。外墙外侧大模板的支设：一般采用外支安装平台方法。安装平台由三角挂架、平台板、安全护身栏和安全网所组成。是安放外墙大模板、进行施工操作和安全防护的重要设施。在有阳台的地方，外墙大模板安装在阳台上。

支撑系统由支撑架和地脚螺栓组成，其作用是承受风荷载和水平力，以防止模板倾覆，保持模板堆放和安装时的稳定。

操作平台由脚手板和三角架构成，附有铁爬梯及护身栏。三角架插入竖向龙骨的套管内，组装及拆除都比较方便。护身栏用钢管做成，上下可以活动，外挂安全网。每块大模板设置铁爬梯一个，供操作人员上下使用。

3.4 混凝土工程

混凝土工程施工包括配料、搅拌、运输、浇筑、养护等施工过程。原材料包括水泥、骨料、水、外加剂和矿物掺合料。材料进场时，根据材料供应方提供的材料质量证明文件和使用说明书，对材料进行品种、规格等指标核实和抽样检验，每个检验批检验不得少于1次。检验批的确定与检验内容按照相关的国家标准确定。生产所使用的设备工作正常，计量设备经过校验，精度与偏差符合标准要求。

原材料进场后，应按种类、批次分开储存与堆放，应标识明晰。工地贮存的水泥受不利环境影响或水泥出厂超过3个月时，快硬硅酸盐水泥出厂超过1个月时，应进行复验，并按复验结果使用。

3.4.1 混凝土的配料

混凝土应按国家现行标准《普通混凝土配合比设计规程》JGJ 55 的有关规定，根据混凝土强度等级、耐久性和工作性等要求进行配合比设计。

首先，混凝土的配制强度按式（3-11）计算

$$f_{cu,0} \geqslant f_{cu,k} + 1.645\sigma \tag{3-11}$$

式中 $f_{cu,0}$——混凝土配制强度（MPa）；

$f_{cu,k}$——混凝土立方体抗压强度标准值（MPa）；

σ——混凝土强度标准差（MPa），根据同类混凝土统计资料计算确定。

其次，确定混凝土配合比设计中的用水量、砂率基本参数，计算水灰比和配合比，经过试配与调整，确定混凝土的配合比。此时的配合比是在实验室条件下确定的，称为实验

室配合比。

确定实验室配合比所用的骨料都是干燥的。施工现场使用的砂、石一般采用露天堆放，骨料的含水率随季节、气候不断变化，因此需要按实际含水率调整砂石用量和用水量，保证配合比的准确，调整以后的配合比称为施工配合比。调整的方法是根据含水率，称量骨料时将所含水分考虑进来，增加骨料的称量重量，减少混凝土用水量，使实际的骨料和用水量与实验室配合比近似相同。

假设原实验室配合比为：水泥：砂：石子：水＝1：X：Y：W。

现场测得砂含水率W_x、石子含水率W_y。

则施工配合比为：水泥：砂：石子＝1：$X(1+W_x)$：$Y(1+W_y)$。 　　　　(3-12a)

调整后用水量W'：$W'=W-XW_x-YW_y$。 　　　　(3-12b)

调整后水灰比W/C不变。

【例3-2】　在实验配制的混凝土配合比为：水泥：砂：碎石：水 = 1：2.08：3.55：0.57，每立方米混凝土中水泥用量为333kg，现场实测砂含水率W_x为3%，石子含水率W_y为1%，求现场施工配合比。

【解】　水泥：$C=333$kg

砂：$X'=X(1+W_x)=333×2.08×(1+0.03)=715$kg

石子：$Y'=Y(1+W_y)=333×3.55×(1+0.01)=1195$kg

水：$W'=W-XW_x-YW_y=333×0.57-333×2.08×0.03-333×3.55×0.01=157$kg

施工配合比为：水泥：砂：碎石：水＝333：715：1195：157 = 1：2.15：3.59：0.47

影响施工配料的因素主要有两个方面：一是称量不准；二是未按砂、石骨料实际含水率的变化进行施工配合比的调整。骨料含水率的检验每工作班不应少于1次，当外界影响骨料含水率变化时，应及时检验、及时调整。对于首次使用的配合比还应进行开盘鉴定。

3.4.2　混凝土的搅拌

1. 混凝土搅拌机及选择

混凝土拌制方法分人工和机械搅拌两种。人工搅拌只有在工程次要部位、混凝土用量较少或没有搅拌机时使用。

混凝土搅拌机按其工作原理，可分为自落式和强制式两大类。

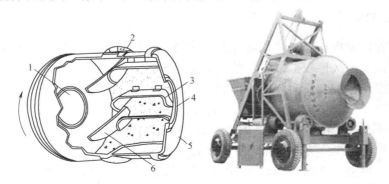

图 3-37　自落式搅拌机原理

1—进料口；2—大齿轮；3—弧形叶片；4—出料口；5—外壳；6—叶片

自落式搅拌机（图3-37），利用拌筒内叶片将材料举至一定的高度，在自重作用下材料在筒内散布、混合，达到搅拌的目的。由于材料粘着力和摩擦力的影响，自落式搅拌机主要用在工地现场搅拌塑性混凝土。搅拌过程对混凝土骨料有较大的磨损，从而对混凝土质量产生不良影响。

强制式搅拌机（图3-38），是利用拌筒内运动着的叶片强迫物料朝着各个方向运动，由于各物料颗粒的运动方向、速度各不相同，相互之间产生剪切滑移而相互穿插、扩散，从而在很短的时间内，使物料拌合均匀，其搅拌机理被称为剪切搅拌机理。强制式搅拌机具有搅拌质量好、速度快、生产效率高、操作简便及安全等优点，但机件磨损严重。强制搅拌机适用于搅拌干硬性或低流动性混凝土和轻骨料混凝土。

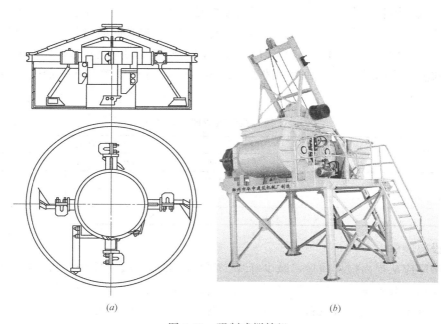

(a)   (b)

图 3-38　强制式搅拌机
(a) 立轴强制式搅拌机；(b) 卧轴强制式搅拌机

选择混凝土搅拌机时，要根据工程量大小、混凝土浇筑强度、坍落度、骨料粒径等条件而定，优先选择强制式搅拌机。搅拌机不宜超载，如超过额定容积的10%时，就会影响混凝土的均匀性。

混凝土搅拌机的规格以公称容量来表示，公称容量是一罐混凝土出料后经捣实的体积，例如JF350表示自落式锥形倾翻出料搅拌机，公称容量350L。为了保证混凝土得到充分拌合，装料容积通常只为搅拌机几何容积的1/3～1/2。一次搅拌好的混凝土体积称为"出料容量"，约为装料容积的0.55～0.75，一般可取出料系数为0.625，为出料容量与进料容量的比值。公称容量与出料容量相同。

【例3-3】　选用JZ－400自落式搅拌机，其他参数参见［例3-2］。试求：用散装水泥时，每搅拌一次（即一盘）投料是多少？

【解】

出料容积为400L，根据调整后配合比，每立方米混凝土材料重量比为：333：715：

1195：157，故每搅拌一次混凝土的投料数量为：

水泥：333×0.4＝133.2kg　　　　砂：715×0.4＝286kg

石子：1195×0.4＝478kg　　　　水：157×0.4＝62.8kg

2. 混凝土搅拌

为了获得均匀优质的混凝土拌合物，除合理选择搅拌机的型号外，还必须正确地确定搅拌时间和投料顺序等。

(1) 搅拌时间

混凝土的搅拌时间是指从原材料全部投入搅拌机到混凝土拌合物开始卸出所经历的全部时间。搅拌时间过短，则混凝土不均匀，强度及和易性均降低。如适当延长搅拌时间，混凝土强度也会增长，自落式搅拌机如延长搅拌时间 2~3min，混凝土强度有较显著的增长，若继续延长时间则强度增长较少，而塑性有所改善。搅拌时间过长，会使不坚硬的骨料发生破碎或掉角，反而降低了混凝土的强度。因而搅拌时间不宜超过规定时间的 3 倍。

强制式搅拌机的最短搅拌时间可按表 3-11 采用。轻骨料及掺有外加剂的混凝土均应适当延长搅拌时间。

混凝土搅拌机最短搅拌时间 (s)　　　　　　　　表 3-11

混凝土的坍落度 (mm)	搅拌机机型	搅拌机的出料量(L)		
		<250	250~500	>500
≤40	强制式	60	90	120
>40,<100	强制式	60	60	90
>100	强制式	60		

(2) 投料顺序

投料顺序应从提高搅拌质量，减少叶片、衬板的磨损，减少拌合物与搅拌筒的粘结，减少水泥飞扬，改善工作环境，提高混凝土强度，节约水泥等方面综合考虑确定。目前工地现场搅拌混凝土采用一次投料，即将砂最先投入搅拌机，将水泥夹在砂、石之间一次投入搅拌机，然后加水搅拌。砂和水泥先进入拌筒形成砂浆可缩短包裹石子的时间，也避免了水向石子表面聚集产生的不良影响，减少水泥的飞扬和水泥的粘筒现象。

近年来，由于对混凝土搅拌工艺的研究，出现了水泥裹砂法、预拌水泥砂浆法和预拌水泥净浆法等新工艺，统称为分次投料法。

① 水泥裹砂法。先加一定量的水，将砂表面的含水量调节到某一定值，再将石子加入与湿砂一起搅拌均匀，然后投入全部水泥，与润湿后的砂、石拌合，使水泥在砂、石表面形成一低水灰比的水泥浆壳，最后将剩余的水和外加剂加入，搅拌成混凝土。此工艺与一次投料法比可提高强度 20%~30%，混凝土不易产生离析现象，泌水性大为降低，施工性能也好。

② 预拌水泥砂浆法。是先将水泥、砂和水加入强制式搅拌机中搅拌均匀，再加石子搅拌成混凝土。此法与一次投料法比可减水 4%~5%，提高混凝土强度 3%~8%。

③ 预拌水泥净浆法。是先将水泥和水充分搅拌成均匀的水泥净浆，再加入砂和石搅拌成混凝土，此法可改善混凝土内部结构，减少浇筑入模时混凝土的离析现象，可节约水泥达 20%或提高混凝土强度 15%。

（3）搅拌要求与质量检查

严格控制混凝土施工配合比，砂、石必须严格过秤，不得随意加减用水量。在搅拌混凝土前，搅拌机应加适量的与混凝土配合比相同的砂浆预搅拌，使拌筒表面润湿，然后弃去不要，然后开始正式搅拌。

使用搅拌机时，必须在鼓筒正常转动之后，才能装料入筒。因故（如停电）停机时，要立即设法将筒内的混凝土取出，以免凝结。搅拌工作结束后，应立即清洗鼓筒内外。叶片磨损面积如超过 10% 左右，应按原样修补或更换。

生产过程中应检查原材料实际称量误差是否满足要求，每一工作班应至少检查 2 次，混凝土拌合物的工作性检查每 100m³ 不少于 1 次，每一工作班不应少于 2 次。混凝土的强度等级是否符合设计要求，通过浇筑地留置标准试件，经抗压强度试验获得的结果评定，试件的取样方法和数量见《混凝土结构工程施工质量验收规范》GB 50204 规定。试件的制作、养护和试验方法已在《土木工程材料》课程中介绍。

3. 预拌混凝土

预拌混凝土是在搅拌站经计量、拌制后出售的并采用运输车，在规定时间内运至使用地点的混凝土拌合物。

采用预拌混凝土时，订货方与供应方签订合同，需方提出混凝土的技术要求、浇筑地点和浇筑方式等，供方应提供混凝土配合比通知单、混凝土抗压强度报告、混凝土质量合格证和混凝土运输单。预拌混凝土质量的检验分为出厂检验和交货检验，出厂检验的取样试验工作应由供方承担，取样点在生产厂；交货检验的取样试验工作应由购买方承担，取样点在混凝土浇筑地。交货检验的内容包括坍落度检查和强度检验试样的制作，试样应随机从同一运输车中抽取，混凝土试样应在卸料过程中卸料量的 1/4～3/4 之间采取交货检验，混凝土试样的取样及坍落度试验应在混凝土运到交货地点时开始算起 20min 内完成，试件的制作应在 40min 内完成。

交货时，供方应随每一运输车向需方提供所运送预拌混凝土的发货单，需方应指定专人及时对供方所供预拌混凝土的质量、数量进行确认。混凝土坍落度实测值与合同规定的现落度值之差应符合规定。

3.4.3　混凝土的运输

混凝土运输设备应根据结构特点（例如是框架还是设备基础）、混凝土工程量大小、每天或每小时混凝土浇筑量、水平及垂直运输距离、道路条件、气候条件等各种因素综合考虑后确定。

混凝土自搅拌机中卸出后，应及时运至浇筑地点，为了保证混凝土工程质量，混凝土的运输工作应满足下列要求：

1. 不产生严重的离析现象

应保持混凝土的均匀性，不产生严重的离析现象，否则浇筑后容易形成蜂窝或麻面。离析现象的产生，主要是由于运输中的振动和溜槽运输时惯性力的作用；垂直运输时自由落差过大；运输时间和距离过长；转运次数过多。运至浇筑地点若发现有离析现象，必须在浇筑前进行二次搅拌并且均匀后，方可入模。运输工具漏浆、吸水、风吹日晒等所造成的离析现象或已凝结的混凝土应作为废品，不得用于工程中。在运输过程中应注意道路尽可能平坦且运距尽可能短，尽量减少混凝土的转运次数，或采用混凝土输送车（即混凝土罐车），运输过程中缓缓转动，防止离析。

2. 运输时间符合要求

混凝土从搅拌机卸出后应在初凝前浇入模板内捣实完毕，运输时间不得超过表 3-12 中所列的数值。需要延长运输时间时，可以考虑添加缓凝剂。当使用快硬水泥或掺有促凝剂的混凝土，其运输时间应由试验确定；轻骨料混凝土的运输，浇筑延续时间应适当缩短。

混凝土从搅拌机中卸出到浇筑完毕的延续时间（min）　　　　　表 3-12

混凝土强度等级	气　温	
	不高于 25℃	高于 25℃
不高于 C30	120	90
高于 C30	90	60

3. 混凝土运输工具

运输混凝土的工具（容器）应不吸水、不漏浆。天气炎热时，容器应遮盖，以防阳光直射使水分蒸发。容器在使用前应先用水湿润。

混凝土的运输分为地面水平运输、垂直运输和楼面水平运输。

（1）地面水平运输工具

常用的地面水平运输工具有：手推车、机动翻斗车（图 3-39）、混凝土搅拌运输车、自卸汽车等。混凝土运距较远时宜采用搅拌运输车，也可用自卸汽车；运距较近的场内运输宜用机动翻斗车，也可用双轮手推车。

将预拌混凝土搅拌站生产的混凝土成品装入混凝土搅拌运输车拌筒内，然后运至施工现场。

图 3-39　机动翻斗车

在整个运输过程中，混凝土搅拌筒始终在不停地作慢速转动，从而使混凝土在长途运输后，仍不会出现离析现象，以保证混凝土的质量。混凝土的运送频率，应能保证混凝土施工的连续性。

（2）垂直运输

常用的垂直运输机械有塔式起重机、快速井式升降机、井架。混凝土泵既可垂直运输又能水平运输。

1）塔式起重机运输。塔式起重机是高层建筑施工中垂直和水平运输的主要设备，在其工作幅度范围内，能直接将混凝土从装料点吊升到浇筑地点送入模板内，中间不需要转运，因此是一种较有效的混凝土运输方式。

2）混凝土泵运输。泵送混凝土既可作混凝土的地面运输又能作楼面运输，既能作混凝土的水平运输又能作垂直运输，故它是一种很有效的混凝土运输和浇筑机具。它以混凝土泵为动力，由管道输送混凝土，故可将混凝土直接送到浇筑地点施工速度快、生产效率高，适用于一般多高层建筑、水下及隧道等工程的施工。混凝土泵及与运输车配合如图 3-40 所示。

图 3-40 　混凝土泵及与输送车配合

当粗骨料最大粒径不大于 25mm 时，混凝土输送泵管可采用内径不小于 125mm；当粗骨料最大粒径不大于 40mm 时，可采用内径不小于 150mm 的输送泵管。

输送泵输送混凝土前先进行泵水检查，湿润输送泵的料斗、活塞等直接与混凝土接触的部位。泵水检查后，应清除输送泵内积水，输送混凝土前先输送水泥砂浆，对输送泵和输送管进行润滑，然后开始输送混凝土。输送混凝土应先慢后快、逐步加速，应在系统运转顺利后再按正常速度输送；输送混凝土过程中，应保证集料斗有足够的混凝土余量，当混凝土不能及时供应时，及时采取间歇泵送方式。混凝土布料设备的选择应与输送泵相匹配，布料设备的数量及位置应根据布料设备工作半径、施工作业面大小以及施工要求确定。混凝土输送车与混凝土布料车（带有混凝土泵）的配合见图 3-41。

图 3-41 　混凝土布料车与输送车配合

采用泵送混凝土的工艺要点：①必须保证混凝土连续工作，混凝土搅拌站供应能力至少比混凝土泵的工作能力高出 20％；②混凝土泵的输送能力应满足浇筑速度的要求；③输运管线尽可能直，转弯要少、选用曲率半径大的弯管，管段接头要严，少用锥形管，以减少阻力和压力损失；④预计泵送间歇时间超过 45min 或当混凝土出现离析现象时，应立即用压力水或其他方法冲洗管内残留的混凝土；⑤泵送结束后应及时把残留在混凝土缸体内或输送管道内的混凝土清洗干净；⑥用泵送混凝土浇筑的结构，要加强养护，防止因水泥用量较大而引起裂缝。

3.4.4 　混凝土的浇筑

混凝土的浇筑工作包括布料摊平、捣实和抹面修正等工序。混凝土浇筑应保证混凝土的均匀性和密实性，保证结构构件几何尺寸准确、钢筋和预埋件位置准确、拆模后混凝土表面平整光洁。混凝土宜一次连续浇筑。

1. 浇筑前的准备工作

（1）模板和支架、钢筋及预埋件应进行检查，并作好隐蔽工程记录。

（2）准备和检查材料、机具、运输道路；注意天气预报，不宜在雨雪天气浇筑混凝土。

（3）浇筑混凝土前清除模板内的垃圾、泥土及钢筋上的油污；表面干燥的模板应浇水湿润，但不应有积水；模板的缝隙和孔洞应堵严。

（4）做好施工组织工作和安全、技术交底。

2. 混凝土浇筑时应注意的问题

（1）混凝土应在初凝前浇筑，浇筑前不应发生离析现象，如已发生，可进行重新搅拌，使混凝土恢复流动性和黏聚性后再进行浇筑。混凝土运至现场后，其坍落度应满足表3-13的要求。

混凝土浇筑时的坍落度 表 3-13

结 构 种 类	坍落度（mm）
基础或地面等的垫层、无配筋的大体积结构(挡土墙、基础等)或配筋稀疏的结构	10～30
板、梁和大型及中型截面的柱子等	30～50
配筋密列的结构(薄壁、斗仓、筒仓、细柱等)	50～70
配筋特密的结构	70～90

注：1. 本表系指采用机械振捣的坍落度；采用人工捣实时可适当增大；

2. 需要配制大坍落度混凝土时，应掺用外加剂；

3. 曲面或斜面结构混凝土，其坍落度值，应根据实际需要另行选定；

4. 轻骨料混凝土的坍落度，宜比表中数值减少 10～20mm。

（2）为了保证混凝土浇筑时不产生离析现象，混凝土浇筑的布料点宜接近浇筑位置，并采取措施减少混凝土下料冲击，施工时先浇筑竖向结构构件，后浇筑水平结构构件，当结构平面有高差时，先浇筑低区部分，再浇筑高区部分。柱、墙模板内的混凝土浇筑倾落高度符合表 3-14 规定，当不能满足要求时，应设串筒、溜管、溜槽等装置。

柱、墙模板内的混凝土浇筑倾落高度限值（m） 表 3-14

条 件	浇筑倾落高度限值
骨料粒径＞25mm	≤3
骨料粒径≤25mm	≤6

（3）为了使混凝土振捣密实，必须分层浇筑，每层浇筑厚度与捣实方法、结构的配筋情况有关，应符合表 3-15 的规定。上层混凝土应在下层混凝土初凝之前浇筑完毕。

混凝土浇筑层厚度 表 3-15

捣实混凝土的方法	浇筑层的厚度（mm）
插入式振捣	振捣器作用部分长度的 1.25 倍
平板振动	200
附着式振动器	根据设置方式,通过试验确定

（4）施工缝的留设与处理。为保证混凝土的整体性，浇筑工作应连续进行。当由于技

术或施工组织原因必须间歇时，其间歇时间应尽可能缩短。间歇的最长时间应按所用水泥品种及混凝土条件确定，且不超过表 3-16 的规定，当超过时应留置施工缝。

混凝土浇筑允许间歇时间（min） 表 3-16

混凝土强度等级	气 温	
	≤25℃	>25℃
C30 及 C30 以下	210	180
C30 以上	180	150

混凝土的浇筑如不能连续，且停顿时间可能超过混凝土初凝时间时，则事先应确定适当的位置留置施工缝。施工缝宜留置在结构受剪力较小的部位，同时还要照顾到施工方便。柱施工缝一般留置在基础的顶面、梁的下面、无梁楼板柱帽的下面（图 3-43）或吊车梁牛腿下面、吊车梁上面。与板连成整体的大截面梁施工缝留置在板底面以下 20～30mm 处。当板下有梁托时，留在梁托下部。单向楼板则留置在平行于板短边的任何位置。有主、次的肋形楼板宜顺着次梁方向浇筑，施工缝应留置在次梁跨度的中间 1/3 范围内（图 3-42）。墙体的施工缝留置在门洞口过梁跨中 1/3 范围内，也可留置在纵横墙的交接处。

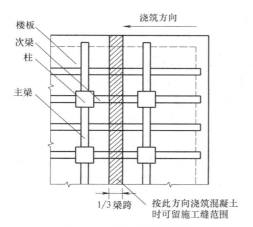

图 3-42 浇筑有主次梁楼

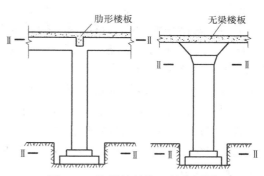

图 3-43 浇筑柱的施工缝位置图

施工缝所形成的截面应与结构所产生的轴向力相垂直，柱与梁的施工缝表面应垂直于构件的轴线，板与墙的施工缝应与其表面垂直，支模板时可以使用挡板，也可以采用钢丝网挡牢。

在施工缝处继续浇筑混凝土时，应清除掉混凝土表面析出的疏松物质及松动的石子，浇水冲洗，先铺抹水泥浆或与混凝土砂浆成分相同的砂浆一层，厚度不大于 30mm，然后再浇新混凝土。施工缝处已浇混凝土强度应达到 $1.2N/mm^2$ 以上才能继续浇筑新混凝土。

（5）在混凝土浇筑过程中，应随时注意模板及其支架、钢筋、预埋件及预留孔洞的情况，当出现不正常的变形、位移时，应及时采取措施进行处理，以保证混凝土的施工质量。

（6）混凝土浇筑后，在初凝前和终凝前，宜分别对混凝土表面进行抹平处理。

3. 框架结构的浇筑

框架结构的主要构件有基础、柱、梁、楼板等。一般情况下各层梁、板、柱等构件断面尺寸、形状基本相同，故可以按结构层次划分施工层，按层施工。如果平面尺寸较大，还应分段进行，以便模板、钢筋、混凝土等工作能相互配合，易于施工。在每层每段中，浇筑的顺序为先浇柱，后浇梁板。

柱基础浇筑时应先边角后中间，按台阶分层浇筑，确保混凝土充满模板各个角落，防止一侧倾倒混凝土而挤压钢筋，造成柱连接钢筋的位移。

柱宜在梁板模板安装后、钢筋未绑扎前浇筑，以便利用梁板模板作横向支撑和柱浇筑操作平台用；在每一施工段中的柱或墙应该连续浇到顶，每排柱子由外向内对称地顺序进行，防止由一端向另一端推进，致使柱子模板逐渐受侧推而倾斜。当柱子断面小于400mm×400mm，并有交叉箍筋时，可在柱模侧面每段不超过2m的高度开口，插入斜溜槽分段浇筑；开始浇筑柱时，底部应先填50～100mm厚与混凝土成分相同的水泥砂浆，以免底部发生蜂窝现象；随着柱子浇筑高度的上升，混凝土表面将积聚大量浆水，因此混凝土的水灰比和坍落度亦应随浇筑高度的上升予以递减。

在浇筑与柱连成整体的梁或板时，应在柱浇筑完毕后停歇1～1.5h，使其获得初步沉实，排除泌水，而后再继续浇筑梁或板。肋形楼板的梁板应同时浇筑，其顺序是先根据梁高分层浇筑成阶梯形，当达到板底位置时，即与板的混凝土一起浇筑，而且倾倒混凝土的方向应与浇筑方向相反；当梁的高度大于1m时，可先单独浇梁，并在板底以下20～30mm处留设水平施工缝。浇筑无梁楼盖时，在柱帽下50mm处暂停，然后分层浇筑柱帽，下料应对准柱帽中心，待混凝土接近楼板底面时，再连同楼板一起浇筑。

此外，与墙体同时整浇的柱子，两侧浇筑高差不能太大，以防柱子中心移动，楼梯宜自下而上一次浇筑完成，当必须留置施工缝时，其位置应在楼梯长度中间1/3范围内。对于钢筋较密集处，可改用细石混凝土，并加强振捣以保证混凝土密实。应采取有效措施保证钢筋保护层厚度及钢筋位置和结构尺寸的准确，注意施工中不要踩踏负弯矩部分的钢筋。剪力墙浇筑除按一般规定进行外，还应注意门窗洞口应以两侧同时下料，浇筑高差不能太大，以免门窗洞口发生位移或变形，同时应先浇筑窗台下部，后浇窗间墙，以防窗台下部出现蜂窝孔洞。

4. 剪力墙的浇筑

墙体混凝土分层浇筑厚度控制在600mm左右，分段浇筑均匀上升。浇筑墙体混凝土应连续进行，如必须间歇，应在前层混凝土初凝前将次层混凝土浇筑完毕。墙体混凝土的施工缝一般宜设在门窗洞口上，接槎处混凝土应加强振捣，保证接槎严密。

洞口浇筑混凝土时，应使洞口两侧混凝土高度大体一致。振捣时，振捣棒应距洞边300mm以上，从两侧同时振捣，以防止洞口变形。大洞口下部模板应开口并补充振捣。内外墙交接处的构造柱和墙同时浇筑，振捣要密实。混凝土墙体浇筑振捣完毕后，将上口的钢筋加以整理，用木抹子按标高线将墙上表面混凝土找平。

混凝土浇捣过程中，不可随意挪动钢筋，要经常加强检查钢筋保护层厚度及所有预埋件的牢固程度和位置的准确性。

5. 大体积钢筋混凝土结构的浇筑

工业设备基础、高层建筑中的厚大基础底板等结构由于承受巨大的荷载，整体性要求高，往往不允许留施工缝，要求一次连续浇筑完毕。同时，大体积混凝土浇筑后水化热聚积在内部不易散发，混凝土内部温度显著升高，而表面散热较快，形成较大内外温差，混凝土表面会产生裂缝。当混凝土内部逐渐散热冷却而收缩时，由于受到基底或已浇筑的混凝土的约束，接触处将产生很大的拉应力，当拉应力超过混凝土极限抗拉强度时，便产生裂缝，严重者会贯穿整个混凝土块体，带来严重的危害。

浇筑大体积混凝土时，必须采取适当措施防止上述两种裂缝：①宜选用水化热较低的水泥，如矿渣水泥、火山灰或粉煤灰水泥。②采用大粒径骨料，当采用大粒径或毛石配制混凝土时应遵守相应规范。③尽量减少水泥用量，掺入适量粉煤灰等外掺料。④降低混凝土入模温度，在气温较高时，可在砂、石堆场和运输设备上搭设简易遮阳装置或覆盖草包等隔热材料，采用低温水或冰水拌制混凝土。⑤扩大浇筑面和散热面，减少浇筑层厚度和掺缓凝剂或缓凝型减水剂降低浇筑速度，必要时在混凝土内部埋设冷却水管，用循环水来降低混凝土温度。⑥浇筑完毕后，应及时排除泌水，必要时进行振捣。⑦加强混凝土保温、保湿养护，严格控制大体积混凝土的内外温差，当设计无具体要求时，温差不宜超过25℃，故可采用草包、炉渣、砂、锯末、油布等不易透风的保温材料或蓄水保护，以减少混凝土表面的热扩散和延缓混凝土内部水化热的降温速率。

浇筑方案有全面分层浇筑方案、分块分层浇筑方案和斜面分层浇筑方案，优先采用斜面分层方案。

（1）全面分层浇筑方案

全面分层浇筑方案是将结构全面分成厚度相等的浇筑层，每层皆从一边向另一边推进浇筑，要求每层混凝土必须在下面一层混凝土初凝前浇筑完毕。采用该方案时，结构的平面尺寸不宜过大，否则混凝土浇筑强度（指单位时间浇筑混凝土的数量）过大，造成施工困难。

（2）分块分层浇筑方案

当用全面分层混凝土浇筑强度过大时，可用分块分层浇筑方案，将结构适当地分成若干块，每块再分若干层，逐层逐段浇筑混凝土。该方案适用于厚度不大而面积或长度较大的结构。分块分层浇筑方案要求浇筑混凝土层在下面一层混凝土和相邻分块的混凝土初凝前浇筑完毕，因此应事先确定分块分层方案。

（3）斜面分层浇筑方案

当结构的长度大大超过厚度而混凝土的流动性又较大时，采用分块分层法不能形成稳定的分层踏步时，可采用斜面分层浇筑方案。浇筑时混凝土一次浇到顶，让混凝土自然流淌，形成一定的斜面。这时混凝土的振捣应从下端开始，逐步向上。这种方案较适合泵送混凝土工艺，因为由此可免除混凝土输送管的反复拆装。

6. 混凝土的成型方法

混凝土浇筑时，为了使混凝土充满模板内的每一空间，并且具有足够的密实度，必须采用适当的方法在其初凝前捣实成型。成型方法有振捣法、挤压法和离心法等。

（1）振捣法

混凝土振捣应能使模板内各个部位混凝土密实、持匀，不应漏振、欠振、过振。振捣法分人工捣实和机械捣实两种方式。

人工捣实是用人工的冲击（夯或插）来使混凝土密实、成型。人工只能将坍落度较大的塑性混凝土捣实，密实度不如机械振捣，故只有在特殊情况下才用人工捣实。

1）振动捣实的原理。振动捣实混凝土是某种振动机械产生的振动能量通过一定的方式传递给已浇入模板的混凝土，使之密实的方法。

混凝土受到振动器的振动力作用后，混凝土中的颗粒不断受到冲击力的作用而引起振动。这种振动使混凝土拌合物的物理力学性质发生变化，使混凝土由原来塑性状态转变成"重质液体状态"，骨料犹如悬浮于液体之中，在自重的作用下向新的稳定位置沉落，并排除存在于混凝土的气体，消除空隙，使骨料和水泥浆在模板中得到致密的排列和有效的填充。

2）振动机械及其选择。混凝土的振动机械按其工作方式不同，可分为内部振动器、表面振动器、外部振动器和振动台四种。这些振动机械的构造原理基本相同（图3-44），主要是利用偏心锤的高速旋转，使振动设备因离心力而产生振动。

① 内部振动器。又称插入式振动器，由电动机、软轴和振动棒三部分组成（图3-45），工作时依靠振动棒插入混凝土产生振动力而捣实混凝土。插入式振动器是工地用得最多的一种。

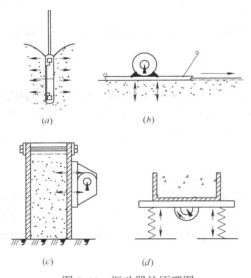

图 3-44　振动器的原理图

（a）内部振动器；（b）表面振动器；

（c）外部振动器；（d）振动台

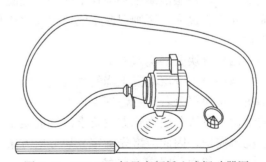

图 3-45　HZ-50A 行星高频插入式振动器图

内部振动器按振动频率分有低频（1500～3000 次/min）、中频（5000～8000 次/min）、高频（10000 次/min）三种。在选用插入式振动器时，应根据混凝土性能而定。混凝土坍落度小时宜选用高频，坍落度大时选用低频；对同一种混凝土，骨粒粒径大的宜用低频，粒径小的宜用高频。当振动频率接近于混凝土颗粒的自振频率时，其效果最好。但因骨料颗粒大小不一，所以最理想的振动应为多频振动。

内部振动器的振捣方法一般以采用垂直振捣。使用内部振动器垂直振捣的操作要点是：快插与慢拔均匀振动，快插可防止先将混凝土表面振实，与下面混凝土产生分层离析现象，慢拔使混凝土填满振动棒抽出时形成的插孔。振动器插点要均匀排列，防止漏振；振动棒与模板的距离不应大于振动棒作用半径的 50%，振捣插点间距不应大于振动棒的作用半径的 1.4 倍。为了保证每一层混凝土上下振捣均匀，应将振动棒插入下一层未初凝的混凝土中，深度不应小于 50mm。当表面气泡停止排出，拌合物不再下沉并在表面出现水泥浆时，则表示已被充分振实。混凝土振动时间过长可能产生分层离析；过短不能使混凝土充分捣实。

② 表面振动器。又称为平板振动器，是由带偏心块的电动机和平板，在混凝土表面进行振动，适用于楼板、地面等薄形构件。使用时相互应搭接 30～50mm，最好振捣两遍，两遍方向互相垂直，第一遍主要使混凝土密实；第二遍主要使其表面平整，每一位置延续时间一般为 25～40s，以混凝土表面均匀出现浮浆为准。

③ 外部振动器。又称附着式振动器，它是直接安装在模板外侧的横挡或竖挡上，使用时固定在模板外侧，振动器所产生的振动力通过模板传给混凝土。它适合于振捣断面小而钢筋密集的构件。其有效作用范围可通过试验确定，一般取 1～1.5m，作用深度约 250mm。

④ 振动台。振动台是一个支撑在弹性支座上的工作平台，在平台下面装有振动机构，当振动机构运转时，即带动工作台作强迫振动，从而使在工作台上制作构件的混凝土得到振实。

（2）混凝土真空吸水技术

在混凝土浇筑施工中，为了取得较好的和易性，一般都采用有较大流动性的塑性混凝土进行浇筑。混凝土经振捣后，其中仍残留有水化作用以外的多余游离水分和气泡。混凝土的真空吸水处理就是利用真空泵和真空吸盘将混凝土中的游离水和气泡吸出，同时利用模板外的大气压力对模板内混凝土进行压实。此法适用预制平板、楼板、道路、机场跑道；薄壳、隧道顶板等混凝土成型。

3.4.5　混凝土的养护

混凝土浇后应及时进行保湿养护，保湿养护可采用洒水、覆盖、喷涂养护剂等方式。混凝土浇筑后养护的目的是保证混凝土硬化时所需的湿度、温度，确保混凝土质量。混凝土浇筑完毕后，应在 12 h 内加以养护；干硬性混凝土和真空脱水混凝土应于浇筑完毕后立即进行养护。

混凝土养护常用方法主要有自然养护、加热养护和蓄热养护。其中蓄热养护多用于冬期施工；加热养护除用于冬期施工外，常用于预制构件养护。

1. 自然养护

自然养护是指浇筑混凝土在自然条件下采取保湿、保温等措施的养护方法。养护要点如下：

（1）应在浇筑完毕后的 12h 以内对混凝土加以覆盖保湿养护。一般情况下，混凝土覆盖以吸水能力强的材料，如麻袋、草席、锯末、砂、炉渣等。

（2）初期用喷壶洒水，2d 后可用胶管浇水。浇洒次数以保证覆盖物经常保持润湿为度。当外界平均气温低于 5℃时，不得洒水。

（3）混凝土浇水养护的时间：对采用硅酸盐水泥、普通硅酸盐水泥或矿渣硅酸盐水泥拌制的混凝土，不得少于 7d；对掺用缓凝型外加剂或有抗渗要求的混凝土，不得少于 14d。

（4）混凝土养护用水应与拌制用水相同，通常使用自来水。

（5）可以采用塑料布覆盖养护或喷洒养生液养护。塑料布覆盖养护应将全部表面覆盖严密，并应保持塑料布内有凝结水。

（6）混凝土强度达到 1.2N/mm² 前，不得在其上踩踏或安装模板及支架。

（7）地下室底层墙、柱和上部结构首层墙、柱，宜适当增加养护时间，大体积混凝土养护时间根据施工方案确定。

2. 加热养护

蒸汽养护是加热养护的常用方法之一，是将混凝土构件放置在有饱和蒸汽或蒸汽空气混合物的养护室内，在较高的温度和湿度的环境中进行养护，以加速混凝土的硬化，使混凝土在较短的时间内达到规定的强度标准值。

蒸汽养护过程分为静停、升温、恒温、降温四个阶段。静停阶段是指将浇筑成型的混凝土放在室温条件下静停 2~6h（干硬性混凝土为 1h），以增强混凝土对升温阶段结构破坏作用的抵抗力，避免蒸汽养护时在构件表面出现裂缝和疏松现象。升温阶段是构件的吸热阶段，通入蒸汽使混凝土原始温度上升到恒温温度。升温速度不宜太快，以免混凝土内外温差过大产生裂缝，升温速度一般为 10~25℃/h（干硬性混凝土为 35~40℃/h）。恒温阶段是升温后温度保持不变的时间。此时强度增长最快，这个阶段应保持 95%~100% 的相对湿度，最高温度不得大于 95℃，时间为 3h~8h。降温阶段是指混凝土构件由恒温温度降到常温的时间，是构件散热过程。降温速度不宜过快，每小时不得超过 10℃，出池后，构件表面与外界温差不得大于 20℃。

3.4.6 高性能混凝土制备与施工

1. 高性能混凝土的配料

高性能混凝土原材料的质量要求较高，水泥应抽样做强度快测和凝结时间的试验，砂、石的级配、含泥量等要求更严格。

高性能混凝土用水量少，水灰比低，水泥用量大，拌合时较黏稠，不易拌合均匀，要求配合比准确。搅拌时应使用强制式搅拌机，禁止使用自落式搅拌机，所以高性能混凝土通常采用有自动称量系统的搅拌站集中搅拌或采用商品混凝土。高性能混凝土搅拌加入高效减水剂和缓凝剂，提高拌合物和易性，解决坍落度经时损失较大的问题。高性能混凝土采用二次投料，搅拌时间应该按照搅拌设备的要求，一般现场搅拌时间不少于 160s，预拌混凝土搅拌时间不少于 90s。

2. 高性能混凝土拌合物的运输和浇筑

长距离运输拌合物应使用混凝土搅拌车，短距离运输可用翻斗车或吊斗。第一盘混凝土拌合物出料后应先进行开盘鉴定，留置各种试件。预拌混凝土进场后，除按规定验收质量外，还应记录出场时间、进场时间、入模时间和浇筑完毕的时间。

浇筑和振动密实过程与普通混凝土相似，采用振捣器捣实。不同强度等级混凝土现浇相连接时，接缝应设置在低强度等级构件中，并离开高强度等级构件一定距离，先浇筑高强度等级混凝土，后浇筑低强度等级混凝土。

高性能混凝土的工作性还包括易抹性。高性能混凝土胶凝材料含量大，细粉增加，低水胶比，使高性能混凝土拌合物十分黏稠，难于被抹光，表面会很快形成一层硬壳，容易产生收缩裂纹，所以要求尽早安排多道抹面程序，建议在浇筑后 30min 之内抹光。

3. 高性能混凝土的养护

对于高性能混凝土，由于水胶比小，水泥用量大，其自收缩和温度应力也在加大，构件表面易形成收缩或温度裂缝。混凝土的养护是混凝土施工的关键步骤之一。

混凝土浇筑后立即喷养护剂或用塑料薄膜覆盖。用塑料薄膜覆盖时，应使薄膜紧贴混凝土表面，初凝后掀开塑料薄膜，用木抹子搓平表面，至少搓 2 遍。搓完后继续覆盖，待终凝后立即浇水养护。养护日期不少于 7d（重要构件或掺有缓凝剂养护 14d）。对于楼板等水平构件，可采用覆盖草帘或麻袋湿养护，也可采用蓄水养护。尽量减少用喷洒养护剂来代替水养护，养护剂也绝非不透水，且有效时间短，施工中很容易损坏。

高性能混凝土拌合物比普通混凝土对温度和湿度更加敏感，混凝土的入模温度、养护湿度应根据环境状况和构件所受内、外约束程度加以调整。养护期间混凝土内部最高温度不应高于 75℃，并应采取措施使混凝土内部与表面的温度差小于 25℃。

3.4.7　混凝土质量检查

混凝土质量检查包括施工中检查和施工后检查。混凝土在施工中即在拌制和浇筑过程中应按下列规定进行检查：①检查混凝土组成材料的质量每一工作班至少两次。②检查混凝土在拌制及浇筑地点的坍落度，每一工作班至少两次。③在每一工作班内，如混凝土配合比由于外界影响而有变动时，应及时检查。④混凝土搅拌时应随时检查。

混凝土施工后的检查主要是对已完成混凝土的外观质量检查及其强度检查。对有抗冻、抗渗要求的混凝土，尚应进行抗冻、抗渗性能检查。

1. 混凝土外观检查

混凝土结构构件拆模后，应从外观上检查其表面有无麻面、蜂窝、孔洞、露筋、缺棱掉角、缝隙夹层等缺陷，现浇结构的外观质量不应有严重缺陷，不宜有一般缺陷，有关质量缺陷界定见表 3-17，如已出现缺陷应进行处理，并重新验收。外形尺寸是否超过允许偏差值，如有应及时加以修正；对现浇筑结构尺寸其允许偏差应符合表 3-18 的规定。对混凝土设备基础尺寸其允许偏差应符合表 3-19 的规定。对其他结构或有专门规定时，尚应符合相应规定的要求。

现浇结构外观质量缺陷

表 3-17

名　　称	现　　象	严 重 缺 陷	一 般 缺 陷
露筋	构件内钢筋未被混凝土包裹而外露	纵向受力钢筋有露筋	其他钢筋有少量露筋
蜂窝	混凝土表面缺少水泥砂浆而形成石子外露	构件主要受力部位有蜂窝	其他部位有少量蜂窝
孔洞	混凝土中孔穴深度和长度均超过保护层厚度	构件主要受力部位有孔洞	其他部位有少量孔洞
夹渣	混凝土中夹有杂物且深度超过保护层厚度	构件主要受力部位有夹渣	其他部位有少量夹渣
疏松	混凝土中局部不密实	构件主要受力部位有疏松	其他部位有少量疏松

名 称	现 象	严 重 缺 陷	一 般 缺 陷
裂缝	缝隙从混凝土表面延伸至混凝土内部	构件主要受力部位有影响结构性能或使用功能的裂缝	其他部位有少量不影响结构性能或使用功能的裂缝
连接部位缺陷	构件连接处混凝土缺陷及连接钢筋、连接件松动	连接部位有影响结构传力性能的缺陷	连接部位有基本不影响结构传力性能的缺陷
外观缺陷	缺棱掉角、棱角不直、翘曲不平、飞边凸肋等	清水混凝土构件有影响使用功能或装饰效果的外形缺陷	其他混凝土构件有不影响使用功能的外形缺陷
外表缺陷	构件表面麻面、掉皮、起砂、沾污等	具有重要装饰效果的清水混凝土构件有外表缺陷	其他混凝土构件有不影响使用功能的外表缺陷

现浇结构尺寸允许偏差和检验方法　　　　　　　　表 3-18

项　目		允许偏差(mm)	检 验 方 法
轴线位置	基础	15	钢尺检查
	独立基础	10	
	墙、柱、梁	8	
	剪力墙	5	
垂直度	层高　　≤5m	8	经纬仪或吊线、钢尺检查
	>5m	10	经纬仪或吊线、钢尺检查
	全高(H)	$H/1000$ 且≤30	经纬仪、钢尺检查
标高	层高	±10	水准仪或拉线、钢尺检查
	全高	±30	
截面尺寸		+8,−5	钢尺检查
电梯井	井筒长、宽对定位中心线	+25,0	钢尺检查
	井筒全高(H)垂直度	$H/1000$ 且≤30	经纬仪、钢尺检查
表面平整度		8	2m靠尺或塞尺检查
预埋设施中心线位置	预埋件	10	钢尺检查
	预埋螺栓	5	
	预埋管	5	
预留洞中心线位置		15	钢尺检查

混凝土设备基础尺寸允许偏差和检验方法　　　　　　表 3-19

项　目		允许偏差(mm)	检 验 方 法
坐标位置		20	钢尺检查
不同平面的标高		0,−20	水准仪或拉线、钢尺检查
平面外形尺寸		±20	钢尺检查
凸台上平面外形尺寸		0,−20	钢尺检查
凹穴尺寸		+20,0	钢尺检查
平面水平度	每米	5	水平尺、塞尺检查
	全长	10	水准仪或拉线、钢尺检查
垂直度	每米	5	经纬仪或吊线、钢尺检查
	全高	10	
预埋地脚螺栓	标高(顶部)	+20,0	钢尺检查
	中心距	±2	钢尺检查

项　　目		允许偏差(mm)	检 验 方 法
预埋地脚螺栓孔	中心线位置	10	钢尺检查
	深度	＋20,0	吊线、钢尺检查
	孔垂直度	10	水准仪或拉线、钢尺检查
预埋活动地脚螺栓锚板	标高	＋20,0	钢尺检查
	带槽锚板平整度	5	钢尺、塞尺检查
	带螺纹孔锚板平整度	5	钢尺、塞尺检查
		2	

注：检查坐标、中心线位置时，应沿纵、横两个方向量测，并取其中的较大值。

2. 混凝土强度检查

混凝土强度的检查，主要指抗压强度的检查。

（1）试件的留置

结构混凝土的强度等级必须符合设计要求。用于检查结构构件混凝土强度的试件，应在混凝土的浇筑地点随机抽取。取样与试件留置应符合下列规定：

① 每拌制 100 盘且不超过 100m³ 的同配比的混凝土，取样不得少于一次。

② 每工作班拌制的同一配合比的混凝土不足 100 盘时，取样不得少于一次。

③ 每一次连续浇筑超过 1000m³ 时，同一配合比的混凝土每 200m³ 取样不得少于一次。

④ 每一楼层，同一配合比的混凝土，取样不得少于一次。

⑤ 每次取样应至少留置一组标准养护试件，同条件养护试件留置组数应根据实际需要确定。

（2）每组试件的强度

每组三个试件应在同盘混凝土中取样制作，并按下列规定确定该组试件的混凝土强度代表值。

① 取三个试件强度的算术平均值。

② 当三个试件强度中的最大值和最小值之一与中间值之差超过中间值的 15％时，取中间值。

③ 当三个试件强度中的最大值和最小值与中间值的差均超过中间值的 15％时，该组试件不应作为强度评定的依据。

（3）强度评定

混凝土强度的检验评定，应符合下列要求：

① 混凝土强度应分批进行验收，同一验收批的混凝土应由强度等级相同、龄期相同以及生产工艺和配合比基本相同的混凝土组成。同一验收批的混凝土强度，应以同批内全部标准试件的强度代表值来评定。

② 当混凝土的生产条件在较长时间内能保持一致，且同一品种混凝土的强度变异性能保持稳定时，由连续的三组试件代表一个验收批，其强度应同时满足下列要求：

$$m_{f_{cu}} \geqslant f_{cu,k} + 0.7\sigma_0 \qquad (3-13)$$

$$f_{cu,min} \geqslant f_{cu,k} - 0.7\sigma_0 \qquad (3-14)$$

当混凝土强度等级不超过 C20 时，强度的最小值尚应满足下列要求：

$$f_{cu,min} \geqslant 0.85 f_{cu,k} \tag{3-15}$$

当混凝土强度等级高于 C20 时，强度的最小值应满足下式要求：

$$f_{cu,min} \geqslant 0.90 f_{cu,k} \tag{3-16}$$

式中 $m_{f_{cu}}$——同一验收批混凝土立方体抗压强度的平均值（MPa）；

$f_{cu,k}$——混凝土立方体抗压强度标准值（MPa）；

$f_{cu,min}$——同一验收批混凝土立方体抗压强度的最小值（MPa）；

σ_0——验收批混凝土立方体抗压强度的标准差（MPa）；

σ_0 应根据前一检验期内同一品种混凝土试件的强度数据，按下式确定：

$$\sigma_0 = \frac{0.59}{m} \sum_{i=1}^{m} \Delta f_{cu,i} \tag{3-17}$$

$\Delta f_{cu,i}$——前一检验期内第 i 验收批混凝土试件中的强度的最大值与最小值的差；

m——前一检验期内验收批总批数。

上述检验期超过三个月，且在该期间内强度数据的点批数不得少于 15。

③ 当混凝土的生产条件在较长时间内不能保持一致，且混凝土强度变异性不能保持稳定时，或在前一检验期内的同一品种混凝土无足够的强度数据用以确定验收批混凝土立方体抗压强度的标准差时，应由于少于 10 组的试件组成一个验收批，其强度应同时满足下列要求：

$$m_{f_{cu}} - b_1 s_{f_{cu}} \geqslant 0.90 f_{cu,k} \tag{3-18}$$

$$f_{cu,min} \geqslant b_2 f_{cu,k} \tag{3-19}$$

式中 $s_{f_{cu}}$——同一验收批混凝土立方体抗压强度的标准差（N/mm²），按下式计算：

$$s_{f_{cu}} = \sqrt{\frac{\sum_{i=1}^{n} f_{cu,i}^2 - n m_{f_{cu}}^2}{n-1}} \tag{3-20}$$

$f_{cu,i}$——第 i 组混凝土立方体抗压强度值（N/mm²）；

n——验收批内混凝土试件的组数，当 $s_{f_{cu}}$ 的计算值小于 $0.06 f_{cu,k}$ 时，取 $s_{f_{cu}} = 0.06 f_{cu,k}$；

b_1, b_2——合格判定系数，按表 3-20 取用。

合格判定系数　　　　　　　　　　　表 3-20

试件组数 n	10～14	15～24	≥25
b_1	1.70	1.65	1.60
b_2	0.90	0.85	

（4）对零星生产的预制构件的混凝土或现场拌制的批量不大的混凝土，可采用非统计法评定。此时，验收批混凝土的强度必须满足下列两式的要求：

$$m_{f_{cu}} \geqslant 1.15 f_{cu,k} \tag{3-21}$$

$$f_{cu,min} \geqslant 0.95 f_{cu,k} \tag{3-22}$$

由于抽样检验存在一定的局限性，混凝土的质量评定可能出现误判。因此，如混凝土试块强度不符合上述要求时，允许从结构上钻取或截取混凝土试块进行试压，亦可用回弹仪或超声波仪直接在结构上进行非破损检验。

3. 混凝土质量缺陷的修补

（1）表面抹浆修补

对于蜂窝、麻面、露筋、露石等缺陷不严重的混凝土表面，可用钢丝刷或加压水洗刷基层，再用 1∶2～1∶2.5 的水泥砂浆填满抹平，抹浆初凝后要加强养护。

对于结构构件承载能力无影响的细小裂缝，可将裂缝处加以冲洗，用水泥浆抹补。如果裂缝开裂较大较深时，应将裂缝附近的混凝土表面凿毛，或沿裂缝方向凿成深为 15～20mm，宽为 10～20mm 的 V 形凹槽，扫净并洒水湿润，先刷水泥砂浆一度，然后 1∶2～1∶2.5 水泥砂浆分 2～3 层涂抹，总厚度控制在 10～20mm 左右，并压实抹光。

（2）细石混凝土填补

当蜂窝比较严重或露筋较深时，应按其全部深度凿去薄弱的混凝土和个别突出的骨料颗粒，然后用钢丝刷或加压水洗刷表面，再用比原混凝土等级提高一级的细骨料混凝土填补并仔细捣实。

对孔洞事故的补强，可在旧混凝土表面采用处理施工缝的方法处理，将孔洞处疏松的混凝土和突出的石子剔凿掉，孔洞顶部要凿成斜面，避免形成死角，然后用水刷洗干净，保持湿润 72h 以后，用比原混凝土强度等级高一级的细石混凝土捣实。混凝土的水灰比宜控制在 0.5 以内，并掺水泥用量万分之一的铝粉，分层捣实，以免新旧混凝土接触面上出现裂缝。

（3）水泥灌浆与化学灌浆

对于影响结构承载力，或者防水、防渗性能的裂缝，为恢复结构的整体性和抗渗性，应根据裂缝的宽度、性质和施工条件等采用水泥灌浆或化学灌浆的方法予以修补。一般对宽度大于 0.5mm 的裂缝，可采用水泥灌浆；宽度小于 0.5mm 的裂缝，宜采用化学灌浆。化学灌浆所用的灌浆材料，应包括裂缝性质、缝宽和干燥情况选用。作为补强的灌浆材料，常用的有环氧树脂浆液（能修补缝宽 0.2mm 以上的干燥裂缝）和甲凝（能修补 0.05mm 以上的干燥细微裂缝）等。作为防渗堵漏用的灌浆材料，常用的有丙凝（能灌入 0.01mm 以上的裂缝）和聚氨酯（能灌入 0.015mm 以上裂缝）等。

3.4.8 混凝土冬期施工

我国规范规定：根据当地多年气温资料，室外日平均气温连续 5d 低于 5℃时，进入冬期施工阶段，混凝土结构工程应采取冬期施工措施，并应及时采取气温突然下降的防冻措施。

1. 冻结对混凝土质量的影响

研究表明，当混凝土温度在 +5℃时，强度增长速度仅为 +15℃时的一半，温度为 0℃时，游离水开始结冰，当温度降到 -4℃时，水化水开始结冰，水化作用停止，混凝土的强度也停止增长。

水结冰后体积膨胀 8%～9%，使混凝土内部产生很大的冰胀应力，可能使强度仍很低的新浇筑混凝土开裂。同时由于混凝土与钢筋的导热性能不同，在钢筋周围将形成冰膜，减弱了两者之间的粘结力。

受冻后的混凝土在开冻以后，其强度虽能继续增长，但已不可能达到原设计强度了。

塑性混凝土终凝前（浇后 3～6h）遭受冻结，开冻后后期抗压强度要损失 50％以上，凝结后 2～3d 遭冻，强度损失 15％～20％，而干硬性混凝土在同样条件下强度损失要少得多。为了使混凝土不致因冻结而引起强度损失，就要在遭受冻结前具有足够的抵抗上述冰胀应力的能力。一般把遭受冻结混凝土后期抗压强度损失在 5％以内的预养强度值定义为"混凝土受冻临界强度"。

临界强度与水泥的品种、混凝土强度等级有关。硅酸盐水泥或普通硅酸盐水泥配制的混凝土为设计的混凝土强度标准值的 30％；矿渣硅酸盐水泥配制的混凝土为 40％，但对 C10 或 C10 以下的混凝土，不得小于 5.0MPa。

2. 混凝土冬期施工的工艺要求

（1）冬期施工的措施

混凝土冬期施工可采取下列措施：

① 改用高活性的水泥，如高强度等级水泥、快硬水泥等。

② 降低水灰化，使用低流动性或干硬性混凝土。

③ 浇筑前将混凝土或其组成材料加温，使混凝土既早强又不易冻结。

④ 对已浇筑混凝土保温或加温，人为地形成一个温湿条件，对混凝土进行养护。

⑤ 搅拌时，加入一定的外加剂，加速混凝土硬化，以提早达到临界强度；或降低水的冰点，使混凝土在负温下不致冻结。

实际施工中根据气温情况、结构特点、工期要求等综合考虑，然后采取相应的措施，以达到最佳经济效果为准。

（2）混凝土材料选择及要求

配制冬期施工的混凝土，应优先选用水化热较大的硅酸盐水泥或普通硅酸盐水泥。水泥强度等级不应低于 42.5 级，水泥用量不宜少于 300kg/m³，水灰比不应大于 0.6；使用矿渣硅酸盐水泥宜采用蒸汽养护；使用其他品种水泥，应注意其中掺合材料对混凝土抗冻、抗渗等性能的影响。掺用防冻剂的混凝土，严禁使用高铝水泥。

3. 混凝土冬期养护方法

混凝土冬期养护方法有蓄热法、蒸汽加热法、电热法、暖棚法以及掺外加剂法等。但无论采用什么方法，均应保证混凝土在冻结以前，至少应达到临界强度。

（1）蓄热法

蓄热法是利用加热原材料（水泥除外）或混凝土（热拌混凝土）所预加的热量及水泥水化热，再用适当的保温材料覆盖，防止热量过快散失，延缓混凝土的冷却速度，使混凝土在正温条件下增长强度以达到预定值，使其不小于混凝土受冻临界强度的一种冬期施工方法。一般适用于不太寒冷的地区（室外平均气温－15℃以上）、厚大结构（表面系数不大于 5，表面系数即养护结构的散热表面面积与结构体积的比值）和地下结构等。蓄热法养护具有施工简单、不需外加热源、节能、冬期施工费用低等特点。因此，在混凝土冬期施工时应优先考虑采用。只有当确定蓄热法不能满足要求，才考虑选择其他方法。

蓄热法养护的三个基本要素是混凝土的入模温度、围护层的总传热系数和水泥水化热值；应通过热工计算调整以上三个要素，使混凝土冷却到 0℃时，强度能达到临界强度的要求。

采用蓄热法时，宜采用强度高、水化热大的硅酸盐水泥或普通硅酸盐水泥、掺用早强型外加剂、适当提高入模温度、外部早期短时加热等措施，同时应选用传热系数较小、价廉耐用的保温材料，如草帘、草袋、锯末、谷棕、炉渣、苯板和岩棉等。此外，还可采取其他一些有利蓄热的措施，如地下工程可用未冻结的土壤覆盖或生石灰与湿锯末均匀拌合覆盖，利用保温材料本身发热保温以及充分利用太阳热能等措施。

（2）蒸汽加热法

蒸汽加热养护分为湿热养护和干热养护两类。湿热养护是让蒸汽与混凝土直接接触，用蒸汽的湿热作用来养护混凝土，常用的有棚罩法、蒸汽套法和内部通气法。干热养护则是将蒸汽作为热载体，通过某种形式的散热器将热量传导给混凝土使其升温，毛管法和热模法就属这类。

（3）电热法

是利用电能作为热源来加热养护混凝土的方法。这种方法设备简单、操作方便、热损失少、能适应各种施工条件。但耗电量较大，冬期施工附加费用较高。按电能转换为热能的方式不同电热法可分为：电极加热法、电热器加热法、电磁感应加热法和远红外线养护法。

（4）暖棚法

是在被养护的构件和结构外围搭设围护物，形成棚罩，内部安设散热器、热风机或火炉等作为热源，加热空气，从而使混凝土获得正温的养护条件。由于空气的热辐射低于蒸汽，因此，为提高加热效果，应使热空气循环流通，并应注意保持暖棚内有一定的湿度，以免混凝土内水分蒸发过快，使混凝土干燥脱水。

当在暖棚内用直接燃烧燃料加热时，为防止混凝土早期碳化，要注意通风，以排除二氧化碳气体。采用暖棚法养护混凝土时，棚内温度不得低于5℃，并必须严格遵守防火规定，注意安全。暖棚搭设需大量材料和人工，能耗高，费用较高，一般只用于建筑物面积不大而混凝土又很集中的工程。

（5）掺外加剂法

是在混凝土搅拌过程中掺入适量的外加剂，使混凝土在负温条件下能继续硬化，不受冻结，直至达到所要求的临界强度。它不仅可简化施工工艺、节约能源，如掺用合理还可改善混凝土的其他性能，是混凝土冬期施工的一种有效方法。

抗冻剂可降低混凝土中水的冰点，使之在一定负温下不冻结。加入早强剂可使混凝土在液相存在的条件下，加速水泥水化的过程，使混凝土早期强度迅速增长。加入加气剂后，由于存在大量微小封闭的气泡，可缓解冻结应力并提高混凝土的抗冻耐久性。

氯化钠具有抗冻、早强作用，且价廉易得，但其掺量有限制，一般不得超过水泥重量的1%，否则会引起钢筋锈蚀，使用时可以在混凝土中加入阻锈剂。

思 考 题

3.1 简述钢筋混凝土施工工艺过程。

3.2 钢筋的焊接方法有哪些？特点和适用范围是什么？

3.3 简述直螺纹连接的方法。

3.4 钢筋的加工包括哪些内容？如何除锈？

3.5　现浇钢筋混凝土结构对模板有何要求？有哪些常用的模板类型？

3.6　滑模施工的特点和施工过程？滑升模板系统的构成？

3.7　设计模板应考虑哪些原则？模板设计应考虑哪些荷载？如何组合？

3.8　模板拆除有哪些注意事项？

3.9　混凝土配料时为什么要进行含水量的调整？如何调整？

3.10　混凝土搅拌时正确的投料顺序是什么？

3.11　搅拌时间对混凝土质量有何影响？

3.12　对混凝土运输有哪些要求？混凝土常用运输工具有哪些？

3.13　简述泵送混凝土的特点和对混凝土的要求。

3.14　混凝土浇筑时应注意哪些事项？如何留置施工缝？

3.15　大体积混凝土浇筑有何特点？浇筑时应注意哪些主要问题？

3.16　大体积混凝土浇筑方案有哪些？适用范围是什么？

3.17　自然养护应注意哪些问题？

3.18　如何对已发生缺陷的混凝土进行修补？

3.19　试述冻结对混凝土质量的影响有哪些？什么叫混凝土受冻临界强度？

3.20　混凝土冬期施工的养护方法有哪些？

习　题

3.1　绘出图 3-46 所示梁的钢筋翻样图并计算各钢筋下料长度，绘出钢筋配料单。

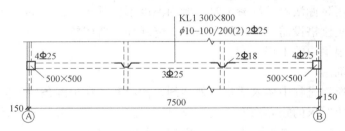

图 3-46　习题 3.1 图

3.2　设混凝土的实验室配合比为水泥∶砂子∶石子＝1∶2.28∶4.42，水灰比为 0.6，每立方米混凝土水泥用量 280kg，现场实测砂含水率为 2.8%，石子含水率为 1.2%，出料容积为 400L，求施工配合比及每拌用量。

第4章 预应力混凝土工程

预应力混凝土是在结构受力之前，利用预应力筋的弹性回缩，对指定区域混凝土施加预压应力，以提高结构构件刚度的技术。预应力混凝土按施工方式不同可分为：预制预应力混凝土、现浇预应力混凝土和叠合预应力混凝土等。

按预加应力的方法不同可分为：先张法预应力混凝土和后张法预应力混凝土。按预应力筋粘结状态又可分为：有粘结预应力混凝土和无粘结预应力混凝土。先张法多用在预制构件厂，后张法常用于施工现场的预应力施工，也可以用于构件的预制。

4.1 先 张 法

先张法是在浇筑混凝土构件之前，张拉预应力筋，并将其临时锚固在台座上或钢模上，然后浇筑混凝土，待混凝土达到一定强度（一般不低于混凝土强度标准值的75%），保证预应力筋与混凝土之间有足够的粘结力时，放松预应力筋。当预应力筋弹性回缩时，借助于混凝土与预应力筋之间的粘结力，使混凝土产生预压应力。图4-1为先张法混凝土构件生产示意图。

图 4-1　先张法生产示意图
(*a*) 张拉预应力筋；(*b*) 浇筑混凝土；(*c*) 放松预应力筋
1—台座承力墩；2—横梁；3—台面；4—预应力筋；5—夹具；6—构件

先张法工艺根据生产设备的不同又可分为台座法和机组流水法两种工艺。用台座法生产时，预应力筋的张拉、锚固，混凝土构件的浇筑、养护以及预应力放松等工序均在台座上进行。采用台座法生产，设备成本较低，但大多为露天作业，劳动条件较差。机组流水法是用钢模代替台座，预应力筋的张拉力主要是由钢模承受。机组流水法大多用在预制厂生产定型的中小型构件。机械化程度高，劳动条件好，且厂房占用场地面积小，但一次投资费用大，耗用钢材多。先张法目前大多用于生产中小型预应力构件，如屋面板、楼板、小梁、檩条等。

4.1.1 先张法生产用的台座、夹具及张拉机具

1. 台座
台座按其构造形式不同分为墩式台座和槽式台座两大类。

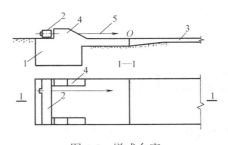

图 4-2　墩式台座
1—钢筋混凝土墩式台座；2—横梁；
3—混凝土台面；4—牛腿；5—预应力筋

（1）墩式台座

台座的形式：墩式台座又称重力式台座。由固定在地面的承力台墩、台面、横梁等组成（图 4-2），适用于预制厂制作中小型预应力构件。

（2）槽式台座

槽式台座又称柱式或压杆式台座，主要由传力柱、上横梁、下横梁、台面等组成（图 4-3），它既可以承受钢筋张拉时的反力，又可以作为构件采用蒸汽养护时的养护槽。槽式台座适用于在预制厂制作粗钢筋配筋的大型构件，如吊车梁、屋架等。

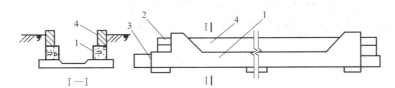

图 4-3　槽式台座
1—传力柱；2—上横梁；3—下横梁；4—砖墙

2. 夹具

先张法的夹具是重复使用、临时锚固装置，作用是将预应力筋固定在张拉台座（或钢模）上，待混凝土强度达到要求后拆除。先张法中使用的夹具，按其用途不同，可分为张拉夹具和锚固夹具两种。在张拉时用于把预应力筋夹住并与测力器相连的工具称为张拉夹具；张拉完毕后，用于把预应力筋临时固定在台座横梁（或钢模）上的工具，称为锚固夹具。

先张法所常用的预应力筋有冷拔低碳钢丝和螺纹钢。比较冷拔低碳钢和螺纹钢，钢丝直径较小、硬度高，钢筋的直径大硬度低，所用的夹具相应地分为两类：钢丝用的夹具和钢筋用的夹具。钢丝常用的锚固夹具有圆锥齿板夹具和圆锥三槽式夹具，它们可用于 $\phi3 \sim \phi5$ 钢丝；在短线机组流水法生产构件时，钢丝常用镦头锚具直接嵌固在钢模的端部，然后多根钢丝成组张拉，放张后切断钢丝。钢丝镦头可采用液压冷镦器直接冷镦而成。合格的镦头应具有一定的外形尺寸要求，如直径 5mm 钢丝的镦头，其直径约为 7.5mm，镦头高约为 5.2mm，镦头不应有裂纹，先张法钢丝的镦头强度不应低于钢丝标准抗拉强度的 90%。

钢筋常用的镦头锚固和夹片锚具，钢筋与张拉机具间可使用连接器连接。

3. 张拉机具

在台座上生产先张法预应力构件时，常用的张拉机具有以下几种：电动螺杆张拉机、液压张拉千斤顶、卷扬机张拉。

电动螺杆张拉机是根据螺旋推动原理制成的，一般用来张拉螺纹钢筋。开动电动机带动螺杆向后运动，钢筋被张拉。当达到张拉力数值时，触动行程开头电动机自动停止转动。锚固好钢筋后使电动机反向旋转。此时，螺杆向前运动，拆除连接器，完成张拉操作。

液压张拉千斤顶种类较多，常用液压穿心式千斤顶和台座式千斤顶，穿心式千斤顶的中部有穿心孔，钢筋穿过千斤顶，利用锚具固定。千斤顶可做伸长和缩短两个动作称双作用千斤顶。使用液压千斤顶可以和其他设施配套，一次张拉多根钢丝，也可以一次张拉一根钢筋。

利用卷扬机与横梁相连可以一次张拉多根钢丝，测力计采用行程开头自动控制，当张拉力达到设计的要求的拉力时，卷扬机可自动断电停车。如无卷扬机，亦可采用倒链和滑轮组进行张拉。

在选择张拉机具时，为了保证设备、人员的安全和张拉力准确，张拉机具的张拉力不应小于预应力筋所需张拉力的 1.5 倍，张拉机具的张拉行程不小于预应力筋伸长值的1.1～1.3倍。

4.1.2 先张法预应力混凝土构件的制作

《混凝土结构设计规范》GB 50010 要求的预应力筋张拉应力 σ_{con} 列于表 4-1。考虑提高构件在施工阶段的抗裂性能，在使用阶段受压区内设置的预应力筋或要求部分抵消由于应力松弛、摩擦、钢筋分批张拉以及预应力筋与张拉台座之间的温差等因素产生的预应力损失时，张拉控制应力限值可提高 5%，称超张拉。消除应力钢丝、钢绞线、中强度预应力钢丝的张拉控制应力值不应小子 $0.4 f_{ptk}$，预应力螺纹钢筋的张拉应力控制值不宜小于 $0.5 f_{pyk}$。张拉应力取值过高使得钢筋的应力使接近钢材的屈服应力，当偶然因素的影响使构件处在超载状态，就会导致钢筋屈服构件失效。

张拉控制应力允许值 表 4-1

项 次	预应力筋种类	张 拉 方 法	
		先张法	后张法
1	消除应力钢丝、钢绞线	$0.75 f_{ptk}$	$0.75 f_{ptk}$
2	中强度预应力钢丝	$0.70 f_{ptk}$	
3	预应力螺纹钢筋		$0.85 f_{pyk}$

注：f_{ptk}——预应力筋极限强度标准值；f_{pyk}——预应力螺纹钢筋屈服强度标准值。

1. 预应力筋的张拉

先张法施工时，应选用非油性模板隔离剂，并应避免预应力筋接触隔离剂。为了确保质量，预应力筋的张拉应严格按照设计要求进行。如设计无具体要求，可按以下的张拉程序进行：

$$0 \rightarrow 1.05\sigma_{con} \xrightarrow{持荷2min} \sigma_{con} \tag{4-1}$$

$$0 \rightarrow 1.03\sigma_{con} \tag{4-2}$$

松弛损失还随着时间的延续而增加，超张拉 5%，再持荷 2min，则可减少 50% 以上的松弛损失。采用第二种张拉程序比较方便，即一次张拉至 $1.03\sigma_{con}$，超张拉 3%，不再调整应力，主要是为了补偿设计中预料不到的某些因素造成的预应力损失。

由于先张法张拉钢筋时，尚未浇筑混凝土，可以在张拉过程中或张拉完毕后，使用专用的测力计直接测定预应力筋的张拉力。测量原理是在钢丝上施加横向力测量钢丝变形，读取钢丝应力。

多根预应力筋同时张拉时，应预先调整初应力，使其相互之间的应力一致。当采用应力控制方法张拉时，应校核预应力筋的伸长值。实际伸长值与计算的理论伸长值之间相对允许偏差为±6%。预应力筋张拉锚固后，实际预应力值与工程设计规定检验值的相对允许偏差应在±5%以内。在张拉过程中预应力筋断裂或滑脱的数量，严禁超过结构同一截面预应力筋总根数的3%，且每束钢丝不得超过一根。先张法构件在浇筑混凝土前发生断裂或滑脱预应力筋必须予以更换。预应力筋张拉锚固后，预应力筋位置与设计位置的偏差不得大于5mm，且不碍大于构件截面最短边长的4%。张拉过程中，应按混凝土结构工程施工及验收规范要求填写施加预应力记录表。

施工中应注意安全。张拉时，正对钢筋两端禁止站人。敲击锚具的锥塞或楔块时，不应用力过猛，以免损伤预应力筋而断裂伤人，但又要锚固可靠。冬期张拉预应力筋时，考虑预应力筋容易脆断的危险其温度不宜低于-15℃。

2. 混凝土的浇筑与养护

（1）混凝土的浇筑

预应力筋张拉完毕后即可浇筑混凝土。在台座上浇灌混凝土时，可以从台座的一端向另一端顺序进行。一次同时浇灌的生产线，取决于浇筑速度和模板的构造形式，但每条生产线上的构件必须一次连续浇灌完成。

浇灌混凝土时必须严格控制水灰比，振捣必须密实，因此振捣时间可适当延长。在预应力构件的端部和节点部位，因钢筋布置一般较密，放松预应力筋时，端部又有应力集中现象，故对该部分混凝土的振捣应特别注意。刚浇捣的混凝土构件，应注意防止踩踏外露的预应力筋；以免破坏混凝土与预应力筋之间的粘结力。

构件采用叠层生产时，应待下层构件混凝土强度达到 5.0N/mm² 以上时；方可浇捣上层构件混凝土（一般当平均气温高于20℃时，每两天可叠浇一层），每次叠浇时，必须先在下层构件的表面涂剧隔离剂，以防止各层互相粘结。

（2）混凝土养护。用台座法制作的预应力混凝土构件，一般采用自然养护，为了缩短混凝土养护时间，加速台座的周转率，提高生产量，也可以采用蒸汽养护或加早强剂。

当构件用槽式台座生产，采用蒸汽养护时受拉钢筋与台座之间存在温差，钢筋受热后引起膨胀引起预应力损失。为了减少这种损失，通常采用二次升温的办法，即初次升温的温差控制在20℃内，待构件混凝土强度达到10N/mm² 以上时，再按一般规定继续升温养护。此时增加温度已不会引起钢筋内的应力降低，因钢筋与混凝土已结成整体，两者之间已有足够的粘结力，在温度的影响下不能伸缩，因而应力不变。

当采用钢模制作预应力混凝土构件，将钢筋直接锚固在钢模上，温度升高时，由于模板与钢筋有同样变形，因而不会引起应力损失，可采用一般的加热养护制度。

3. 预应力筋的放张

预应力筋的放松是预应力建立的过程，放松方法和顺序是否正确，直接影响构件的质量，因此，在放张之前应确定可靠的放张顺序和放张方法，采取相应的技术措施确保工程质量。

预应力筋的放松必须待混凝土达到设计规定的强度以后才可以进行。当设计无要求时应不低于设计的混凝土立方体抗压强度标准值的75%。

对于配筋不多的中小型钢筋混凝土构件，钢丝放松可采用剪切（用断丝钳）、锯割

（用无齿锯）和熔断（用氧乙炔焰）等方法进行。在长线台座上，剪切宜从生产线中间的构件剪起，这样可以减小回弹，同时由于第一构件剪筋后，预应力筋的收缩力往往大于构件与底模之间的摩擦阻力，因而构件与底模会自动分离，便于构件脱模。对于每一块预应力构件，应从外向内对称放张，以避免过度扭转引起构件的端部开裂。

对于配筋较多的钢筋混凝构件，所有钢丝应同时放松，不允许采用逐根放松方法，否则，最后几根钢丝将因承受过大的应力而突然断裂。同时放松的方法可用放松横梁来实现，横梁千斤顶或预先设置在横梁点处的放松装置砂箱放松（图4-4）或楔块放松（图4-5）。

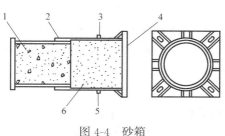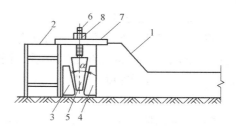

图 4-4　砂箱　　　　　　　　　　图 4-5　楔块放张

1—活塞；2—缸套箱；3—进砂口；　　1—台座；2—横梁；3、4—钢板；5—钢楔块；
4—钢套箱底板；5—出砂口；6—砂　　6—螺杆；7—承力板；8—螺母

4.2　后　张　法

后张法是先制作构件，并在预应力筋的部位预先留出孔道，待混凝土达到设计规定的强度等级以后，在预留孔道内穿入预应力筋，并按设计要求的张拉控制应力进行张拉，利用锚具把预应力筋锚固在构件端部，最后进行孔道灌浆。张拉后的钢筋通过锚具传递张拉力，使构件获得预压。

后张法的特点是直接在构件上张拉预应力筋，构件在张拉过程中受到预压力而完成混凝土的弹性压缩，混凝土的弹性压缩，不直接影响预应力筋有效预应力值的建立。锚具是后张法结构或构件的永久性锚固装置。

后张法除作为一种预加应力的工艺方法外，还可以作为一种预制构件的拼装手段。先预制成小型块体，运至施工现场后，通过预加应力的手段拼装成整体；或各种构件安装就位后，通过预加应力手段，拼装成整体预应力结构。

锚具进场应全数检查产品合格证、质量证明书以及标牌，锚具性能应符合《预应力筋用锚具、夹具和连接器》GB/T 14370 规定，全数检查锚具外观无裂缝、锈蚀、油污、机械损伤等，检查锚具的硬度，并从同一批中抽取 6 套锚具组装 3 套预应力筋—锚具组件进行静载锚固试验，测定锚具效率系数和极限应力时组装件受力长度总应变应符合规范要求。

作为预应力筋的钢丝、钢绞线和精轧螺纹钢筋进场时，检查产品质量证明书和标牌，按进场批次和抽样检验方案规定进行进场验收，检验内容包括外观要求和力学性能检验。预应力筋应外观符合平顺无弯折，表面无裂缝、小刺、机械损伤、氧化铁皮和油污等。抽样力学性能检验结果应符合《预应力混凝土用钢丝》GB/T 5223、《预应力混凝土用钢绞线》GB/T 5224 要求和《精轧螺纹钢筋国家标准》GB/T 20065 要求。

4.2.1 后张有粘结预应力混凝土施工工艺

后张法施工流程如图 4-6 所示。

图 4-6 后张法施工流程

1. 锚具和预应力筋

后张法构件中所使用的预应力筋有：钢筋、高强钢丝和钢绞线等，相对应的锚固体系有粗钢筋锚固体系、钢绞线锚固体系、钢丝束锚固体系和拉索锚固体系等，从锚固的方式分为夹片式、支承式和握裹式。

（1）钢筋锚固体系

钢筋的锚固体系主要是精轧螺纹锚固体系。精轧螺纹钢筋（图 4-7）用热轧方法在表面制出通长、不连续的梯形螺纹，无需其他装置，用配套螺栓即可进行锚固、连接，施工方便，属于支承式锚具。精轧螺纹钢筋锚具包括螺母与垫板，如图 4-8 所示。螺母分为平面螺母和锥面螺母两种。锥面螺母可通过锥体与孔的配合，保证预应力筋的正确。

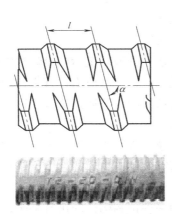

图 4-7 精轧螺纹钢筋

l—螺距；α—导角

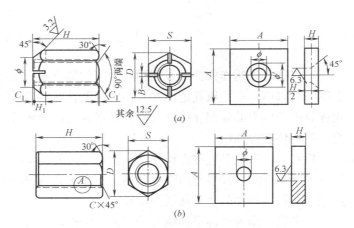

图 4-8 精轧螺纹钢筋的连接锚固

（a）锥面螺母与垫板；（b）平面螺母与垫板

（2）钢绞线锚固体系

1）多孔夹片锚固体系

多孔夹片锚固体系，也称群锚，是由多孔夹片锚具、锚垫板（也称铸铁喇叭管、锚座）、螺旋筋等组成，见图 4-9。

这种锚具是在一块多孔的锚板上，利用每个锥形孔装一副夹片，夹持一根钢绞线。其优点是任何一根钢绞线锚固失效，都不会引起整体锚固失效。每组钢绞线的根数不受限制。

多孔夹片锚固体系在后张法有粘结预应力混凝土结构中用途最广。主要品牌有：QM、OVM、XM、扁锚等。

① QM 型锚固体系

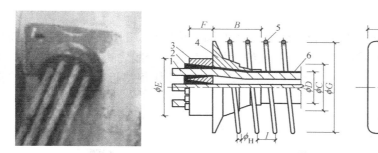

图 4-9   多孔夹片锚固体系

1—钢绞线；2—夹片；3—锚板；4—锚垫板（铸铁喇叭管）；

5—螺旋筋；6—金属波纹管；7—灌浆孔

QM 型多孔夹片锚固体系适用于锚固 ϕ^s12.7～15.7mm 等强度为 1570～1860MPa 的各类钢绞线。

② OVM 型锚固体系

OVM 型锚固体系适用于强度 1860MPa、直径 12.7～15.7mm、3～55 根钢绞线的群锚体系，如图 4-10 所示，采用带弹性槽的二片式夹片。在 QVM 型锚固体系上经优化、改进设计生产的 OVM（A）型锚固体系，该体系可锚固强度为 1960MPa 的钢绞线，并具有优异的抗疲劳性能。

2）扁锚锚固体系

扁形夹片锚固（BM 型，见图 4-11）扁锚体系是由扁形夹片锚具、扁形锚垫板等组成。扁锚的优点：张拉槽口扁小，可减少混凝土板厚，钢绞线单根张拉，施工方便。主要适用于楼板、城市低高度箱梁，以及桥面横向预应力等。

图 4-10   OVM 锚具

图 4-11   BM 锚具

3）固定端锚固体系

固定端锚具有以下几种类型：挤压锚具、压花锚具、环形锚具等。其中，挤压锚具既可埋在混凝土结构内，也可安装在结构之外，对有粘结预应力钢绞线、无粘结预应力钢绞线都适用。压花锚具仅用于固定端空间较大且有足够的粘结长度的情况，但成本较低。环形锚具仅用于薄板结构、大型建筑物墙、墩等。固定端锚具，也可选用张拉端夹片锚具，但必须安装在构件外，以免浇筑混凝土时夹片松动。

① 挤压锚具

P 型挤压锚具是在钢绞线端部安装异形钢丝衬圈和挤压套，利用专用挤压机将挤压套挤过模孔后，使其产生塑性变形而握紧钢绞线，挤压套与钢绞线之间没有任何空隙，形成可靠的锚固。见图 4-12。当一束钢绞线根量较多，设置整块钢垫板有困难时，可将钢垫板分为若干块。

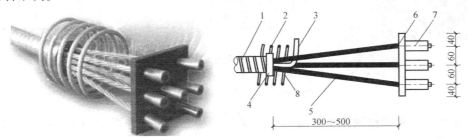

图 4-12 挤压锚具

1—金属波纹管；2—螺旋筋；3—排气管；4—约束圈；
5—钢绞线；6—锚垫板；7—挤压锚具；8—异形钢丝衬圈

② 压花锚具

H 型压花锚具是利用专用压花机将钢绞线端头压成梨形散花头的一种握裹式锚具，见图 4-13。

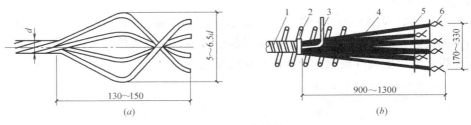

图 4-13 压花锚具

1—波纹管；2—螺旋筋；3—排气管；4—钢绞线；5—构造筋；6—压花锚具

多根钢绞线的梨形头应分排埋置在混凝土内。为提高压花锚四周混凝土及散花头根部混凝土抗裂强度，在散花头头部配置构造筋，在散花头根部配置螺旋筋。混凝土强度不低于 C30，压花锚距构件截面边缘不小于 900mm。

③ 钢绞线连接器

单根钢绞线锚头连接器是由带外螺纹的夹片锚具、挤压锚具与带内螺纹的套筒组成。前段预应力筋采用带外螺纹的夹片锚具锚固，后段筋的挤压锚具穿在带内螺纹的套筒内，利用该套筒的内螺纹拧在夹片锚具的外螺纹上，达到连接作用。

单根钢绞线接长连接器是由二个带内螺纹的夹片锚具和一个带外螺纹的连接头组成。为了防止夹片松脱，在连接头与夹片之间装有弹簧。

（3）钢丝束锚固体系

钢丝束一般由几根到几十根直径 3～5mm 的平行的碳素钢丝组成。目前常用的锚具有钢质锥形锚具（图 4-14）、钢丝束镦头锚具和锥形螺杆锚具等。这里介绍钢丝束镦头锚具体系。

分 DM5A 型和 DM5B 型两种（图 4-15）。DM5A 型由锚环和螺母组成，用于张拉端；

DM5B 型用于固定端。钢丝束镦头锚具适用于锚固 12～54 根 φ5 碳素钢丝组成的钢丝束，需用拉杆式千斤顶进行张拉。钢丝下料时应使用应力下料的方式，尽可能地使各根钢丝有相同的长度。

图 4-14　钢质锥形锚具及钢丝束

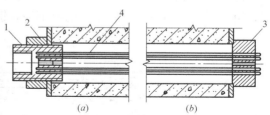

图 4-15　钢丝束镦头锚具图
(a) DM5A 型锚具；(b) DM5B 型锚具
1—锚环；2—螺母；3—锚板；4—钢丝束

2. 张拉机具设备

后张法常用的张拉设备由千斤顶和高压油泵组成。为保证张拉控制力的准确、可靠，预应力筋张拉机具设备及仪表，应定期维护和校验。张拉设备应配套标定，并配套使用。张拉设备的标定期限不应超过半年。当在使用过程中出现反常现象时或在千斤顶检修后，应重新标定，未经标定的设备不能直接用于工程施工。

图 4-16　各型穿心式液压千斤顶

（1）拉杆式千斤顶

拉杆式千斤顶可用来张拉带螺丝端杆的粗钢筋以及其他一些带螺丝杆锚具的钢丝束，因该种千斤顶张拉的吨位不高，目前已被多功能的穿心式千斤顶代替。

（2）锥锚式千斤顶

锥锚式千斤顶由于它能完成张拉与顶锚和退楔功能三个动作，故又称三作用千斤顶，仅用于张拉用钢质锥形锚具锚固的钢丝束。

（3）穿心式千斤顶

穿心式千斤顶具有穿心孔，适应性强，三作用千

图 4-17　穿心式千斤顶

斤顶，适用于张拉需要顶压的锚具；双作用千斤顶与顶压器配合使用也能实现顶压。

YC-60型千斤顶是一种穿心式双作用千斤顶，主要是由张拉油缸、顶压油缸、顶压活塞和弹簧等组成（图4-18）。其特点是沿千斤顶的轴线上有一个直通的穿心孔道作为穿预应力筋之用。YC-60型千斤顶可用于张拉钢绞线束。经改装后，即加撑脚、张拉杆和连接器，可用于张拉带螺丝端杆锚具的粗钢筋和钢丝束。

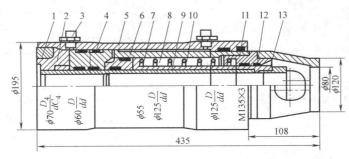

图4-18　YC-60型千斤顶构造

1—端盖螺母；2—堵头；3—聚氨酯O形密封圈；4—聚氨酯Y形密封圈；

5—张拉油缸；6—顶压油缸；7—顶压活塞；8—穿心套；9—保护套；

10—回程弹簧；11—连接套；12—JA型防尘圈；13—撑套

3. 后张法施工工艺

（1）孔道留设

预应力筋孔道的形状有直线、曲线和折线三种。在预应力混凝土构件中，常见的布筋形式有以下几种，单抛物线形、正反抛物线形、直线与抛物线形和双折线形。在有粘结预应力混凝土构件中，需要按照预应力筋设计的位置和形状预留孔道。留设孔道时，要求孔壁光滑、位置准确，形状和尺寸符合要求。常用的孔道留设方法有以下几种。

1）钢管抽芯法

用于制作直线孔道。在预应力筋位置预先埋设钢管，然后浇捣混凝土，每隔一定时间慢慢转动钢管，避免钢管与混凝土粘结在一起；待混凝土初凝后、终凝前抽出钢管，即形成孔道。为避免钢管产生挠曲和浇捣混凝土时位置发生偏移，每隔1.0m用钢筋井字架将钢管固定牢靠。

用于预留孔道的钢管应光滑平直，否则转动时易导致混凝土孔壁开裂。钢管长度一般不超过15m，以便于转管和抽管。对于长度较大的构件（15m以上），可用两根钢管相接，接头地方可用铁皮套管、硬木塞相连。用两根管相接的管子，转管时两头旋转方向应相反。

抽管顺序宜先上后下，若先下后上，则在抽拔上层孔道时，下层孔道有塌陷的可能。抽管可用人工或卷扬机，抽管要边抽边转，速度均匀，与孔道成一直线。

在留设预应力筋孔道的同时，还要设置灌浆孔。一般在构件两端和中间每隔12m留一个直径20mm的灌浆孔，并在构件两端各设一个排气孔。

2）胶管抽芯法。

胶管由于具有弹性好和便于弯曲的特点，故预留曲线孔道时大多采用胶管抽芯法。目前常用的胶管有5～7层夹布胶皮管和专供预应力混凝土留孔用的钢丝网橡胶管（或厚橡胶管）两种。夹布胶管使用时需在管中充入 0.6～0.8N/mm² 的压力水或空气,此时胶管外径约增大 3～4mm,然后浇筑混凝土,待混凝土初凝后,将胶管中的压力水(或空气)放出,胶管直径缩小自行与混凝土脱离。抽出胶管,孔道即形成。采用夹布胶管留孔,固定位置用的钢筋井字架间距不宜大于 0.5m。

3)预埋金属波纹管法

预埋金属波纹管法就是利用与孔道直径相同的金属波纹管或塑料波纹管等埋在构件中,无需抽出。金属波纹管的性能应符合《预应力混凝土用金属波纹管》JG/T 3013 要求。波纹管的安装(图 4-19),应事先按设计图中预应力筋的曲线坐标在模板或箍筋上定出曲线位置,采用钢筋支托,其间距为 0.8～1.2m。钢筋支托应焊在箍筋上,箍筋底部应垫实。确定坐标无误后,用铁丝扎牢,以防浇筑混凝土时波纹管上浮而引起严重的质量事故。波纹管安装就位过程中,应尽量避免反复弯曲,以防管壁开裂。同时,还应防止电焊火花烧伤管壁。

预应力筋孔道和两端,应设置灌浆孔和排气孔,其间距对抽芯成型孔道不宜大于 12m。孔径应能保证浆液畅通,一般不宜小于 20mm。曲线预应力筋孔道的每个波峰处,应设置泌水管。泌水管伸出梁面的高度不宜小于 0.5m,泌水管也可兼作灌浆孔用。灌浆孔的做法,是在波纹管上开口,用带嘴的塑料弧形压板与海绵片覆盖并用铁丝扎牢,再接增强塑料管。为保证留孔质量,金属波纹管上可先不开孔,在外接塑料管内插一根钢筋;待孔道灌浆前,再用钢筋打穿波纹管。金属波纹管与泌水管如图 4-20 所示。

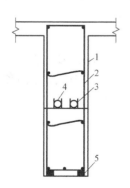

图 4-19　金属波纹管的固定
1—梁侧模;2—箍筋;3—钢筋支托;
4—波纹管;5—垫块

图 4-20　金属波纹管与泌水管

(2)混凝土浇筑

预应力筋的下料宜采用砂轮切割机或机械切断。浇筑混凝土之前,应进行预应力隐蔽工程验收,其内容包括:预应力筋的品种、规格、数量、位置等;预应力筋锚具和连接器的品种、规格、数量、位置等是否符合设计规定,预留孔道的规格、数量、位置、形状及灌浆孔、排气兼泌水管等以及锚固区局部加强构造等是否符合要求。隐蔽工程验收合格或即可进行混凝土浇筑。

（3）预应力筋准备和穿束

1）预应力筋准备

如多根钢绞线同时穿一个孔道时，应对钢绞线进行编束，钢绞线编束宜用20号铁丝绑扎，间距2～3m。编束时应先将钢绞线理顺，并尽量使各根钢绞线松紧一致。

每束钢丝都必须先进行编束，保证钢丝束两端钢丝的排列顺序一致，穿束与张拉时不至于产生紊乱。

2）预应力筋穿束

张拉前进行穿束，不占工期，穿束后即行张拉，易于防锈，也可以采用先穿束法即在浇筑混凝土之前穿束，此法穿束省力，但穿束占用工期，可能会增大预应力摩擦损失，还要注意防止预应力筋生锈。

钢丝束与钢绞线宜采用整束穿。穿束工作可由人工、卷扬机和穿束机进行。在预应力筋穿束时应注意以下几个方面的问题：在穿束时应注意预应力筋的保护，避免预应力筋扭曲；在穿束前应对孔道进行通孔，穿束困难时，不得强行穿过，应查明原因进行处理后方可继续施工。穿束时应注意与锚具的连接顺序和方法。

（4）混凝土强度检验

预应力筋张拉前，应提供构件混凝土的强度试压报告。混凝土的立方体强度满足设计要求后，方可施加预应力。如设计无要求时，不应低于设计立方体抗压强度标准值的75%。

（5）预应力筋的张拉

为保证预应力筋张拉后能够建立起有效地预应力，应根据预应力混凝土构件的特点制定相应的张拉方案。主要包括预应力筋的张拉设备选择与校验、张拉方式、张拉顺序、张拉程序、预应力损失及校核等。图4-21为预应力筋张拉示意图。

1）预应力筋张拉的控制应力

在预应力筋张拉时应控制好预应力筋的张拉应力，具体张拉值应满足表4-1的要求。张拉过程中记录伸长值，扣除混凝土压缩的影响后的实际伸长值与理论计算伸长值比较，相对允许偏差为±6%。预应力筋张拉锚固后实际建立的预应力值与工程设计规定检验值的相对允许偏差为±5%。

2）张拉的方法

图 4-21　预应力筋张拉

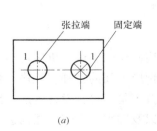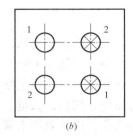

图 4-22　预应力张拉

根据预应力混凝土结构特点、预应力筋形状与长度方法的不同，预应力筋张拉方法有以下几种：

① 一端张拉方式与两端张拉方式

对于预应力筋张拉应符合设计要求，当设计无具体要求时，应符合下列规定：当孔道为抽芯成型时，对曲线预应力筋和长度大于 24m 的直线预应力筋，应在两端张拉，对于长度不大于 24m 的直线预应力筋，可在一端张拉；当孔道为预埋波纹管时，对曲线预应力筋和长度大于 30m 的直线预应力筋，宜在两端张拉，对于长度不大于 30m 的直线预应力筋可在一端张拉。当同一截面中有多根一端张拉的预应力筋时，张拉端宜分别设置在结构构件的两端。当两端同时张拉一根预应力筋时，宜先在一端锚固后，再在另一端补足张拉力后进行锚固。补张拉是在早期预应力损失基本完成后，再次进行张拉以达到预期的预应力效果。

② 分批张拉方式

当构件配有多束预应力筋时，为了避免构件在张拉过程中承受过大的偏心压力，应分批、对称地进行张拉，如图 4-22 所示。后批预应力筋张拉所产生的混凝土弹性压缩对先批张拉的预应力筋造成预应力损失，所以先批张拉的预应力筋张拉力应加上该弹性压缩引起的预应力损失值或将弹性压缩损失平均值统一增加到每根预应力筋的张拉力内。

③ 分阶段张拉方式

为了平衡各阶段的荷载，采取分阶段逐步施加预应力的方式。例如装配整体式厂房的屋面梁，为平衡吊装时荷载，控制挠度与反拱，分阶段张拉。

3）张拉程序

后张法预应力筋的张拉程序根据构件类型、锚固体系、预应力筋的松弛等因素来确定。

若构件长度较大时，例如跨度较大的梁，虽然采用低松弛钢丝和钢绞线，由于摩擦阻力等因素的影响，跨中截面建立的有效预应力较低，可采用前面提及的张拉程序减少预应力损失，即：

$$0 \rightarrow 1.05\sigma_{con} \xrightarrow{\text{持荷}2\sim5\text{min}} \sigma_{con} \qquad (4-3)$$

在张拉过程中应避免预应力筋断裂或滑脱，当发生断裂或滑脱时，对后张法预应力结构构件，断裂或滑脱的数量严禁超过同一截面预应力筋总根数的 3%，且每束钢丝不得超过一根，对多跨双向连续板，其同一截面应按每跨计算。锚固阶段张拉端预应力筋的内缩量应符合设计要求。

后张法预应力筋锚固后的外露部分宜采用机械方法切割，其外露长度不宜小于预应力筋直径的 1.5 倍，且不宜小于 30mm。

4）孔道灌浆与锚具封闭防护

预应力筋张拉后应尽快进行灌浆，灌浆的目的是防止钢筋锈蚀，增加结构的耐久性，并使预应力筋与构件之间有良好的粘结力，有利于增加构件整体性。

灌浆用的灰浆应能与钢筋及孔壁很好地粘结，因此灰浆应有较高的强度、足够的流动度、较好的保水性（3h 后的泌水率宜控制在 2%，最大不得超过 3%）和较小的干缩性。要求灰浆应采用强度等级不低于 32.5 的普通硅酸盐水泥调制，由于水灰比对灰浆的干缩性、泌水性及流动性有直接影响，故必须严格控制水灰比不应大于 0.45。灌浆用水泥浆的抗压强度不应小于 $30N/mm^2$，泌水应能在 24h 内全部重新被水泥吸收。由于纯水泥浆沉缩性大，凝结后往往留有月牙形空隙，因此可在灰浆中掺入膨胀剂，以增加孔道的密实性，但严禁掺入对预应力具有腐蚀作用的外加剂。对单根钢筋预应力筋及较大的孔道，水泥浆中可掺入适量的细砂。

灌浆前，对抽管成孔的预留孔道要用压力水冲洗干净，对预埋成孔的可采用压缩空气清孔。灌浆可用灰浆泵进行，水泥浆倒入灰浆泵时应过筛，以免管道发生堵塞。泵内应保持一定量的灰浆，以免漏入空气。

灌浆顺序应先下后上，以免上层孔道泥浆把下层孔道堵住。直线孔道灌浆可从构件的一端到另一端，依次进行。在曲线孔道上由侧向灌浆时，应从孔道最低处开始向两端进行，直至最高点排气孔溢出浓浆为止。在灌满孔道并封闭排气孔后，宜再继续加压至 0.5～0.7MPa，稳压 2min 后再封闭灌浆孔。灌浆人员应穿戴保护用具，防止水泥浆射出伤人。

孔道灌浆完毕后，锚具的封闭保护应符合设计要求。当设计无具体要求时，应符合下列规定：应采取防止锚具腐蚀和遭受机械损伤的有效措施，凸出式锚固端锚具的保护层厚度不应小于 50mm。外露预应力筋的保护层厚度：处于正常环境时，不应小于 20mm；处于易受腐蚀的环境时，不应小于 50mm。

4. 多层预应力混凝土框架结构施工方法

多层预应力混凝土框架结构施工时，应先确定混凝土施工与预应力张拉的先后顺序，施工顺序一般有以下三种方式：

（1）逐层浇筑、逐层张拉

这种施工顺序为浇筑一层框架梁的混凝土，张拉一层框架梁的预应力筋，也就是上层框架梁混凝土浇筑应在下层框架梁预应力筋张拉后进行。因混凝土养护和预应力张拉都需要占用工期，该种施工顺序工期较长。但是采用该方案时，梁下支承只承受一层的施工荷载，预应力筋张拉后即可拆除，因此需要模板、支承的数量较少。

（2）数层浇筑、顺向张拉

这种方案的施工顺序为浇筑两至三层框架梁的混凝土后，自下而上逐层张拉框架梁的预应力筋。混凝土施工可逐层连续施工，预应力筋张拉，落后 1～2 层穿插进行，不占工期。但这种施工顺序，底层框架梁支撑需承受上面两层施工荷载，占用支撑和模板较多。在这种方案施工中，由于下层框架梁预应力筋张拉后所产生的反拱，会通过支撑对上层框架梁产生影响，因此，要求此时上层框架梁混凝土的强度应达到 C15 以上时，再张拉下层的预应力筋。

（3）数层浇筑、逆向张拉

方案的施工顺序为浇筑 2～3 层框架梁的混凝土后，自上而下（逆向）逐层张拉框架梁的预应力筋，张拉完后再浇筑 2～3 层混凝土梁柱，然后再张拉钢筋，直至工程结束。该方案占用的模板、支承较多，但因张拉造成的反拱不会影响其他楼层。

4.2.2 后张无粘结预应力混凝土工艺

后张无粘结预应力混凝土使用专用预应力钢筋，无粘结预应力筋表面包裹塑料管，管内钢绞线与塑料套管间涂有防腐油脂，因此钢筋与混凝土没有接触，摩擦系数也较低。在钢筋安装施工阶段，按照设计的位置和形状将无粘结筋安装好，然后浇筑混凝土，待混凝土强度达到设计要求后，进行预应力筋的张拉、锚固。无粘结预应力混凝土技术无需留孔与灌浆，施工方便，摩擦损失小，常用于大跨度楼板、次梁等。无粘结预应力混凝土施工流程如图4-23所示。

图 4-23　无粘结预应力混凝土施工流程

（1）无粘结预应力筋

制作单根无粘结筋时，宜优先选用防腐油脂作涂料层。使用防腐沥青时，用密缠塑料带作外包层，缠绕层数不少于两层。用防腐油脂作涂料层的无粘结筋的张拉摩擦系数不大于 0.12，用防腐沥青作涂料层的无粘结筋的张拉摩擦系数不大于 0.25。由于无粘结预应力筋长度大，有时又呈曲线形，正确确定其摩阻损失十分重要。事实证明，塑料外包层和预应力筋截面形式是影响摩阻损失的主要因素。

（2）锚具

钢丝束无粘结筋的张拉端和锚固端均可采用墩头锚具或夹片式锚具，当锚固端采用进入式时，可用压花式埋固锚具、挤压锚、镦头锚等。无粘结筋的锚具性能应符合I类锚具的规定。

（3）布筋工艺

预应力筋的敷设。无粘结预应力使用前，应逐根检查外包层，对轻微破坏者，可包塑料带补好，对破坏严重者应弃用。铺设无粘结筋时，可用铁马凳控制其曲率，铁马凳点焊于箍筋，间距不宜大于 2.0m，并用铁丝与无粘结筋扎牢。对双向配筋的无粘结筋，应先编制施工计划，先铺设标高较低的无粘结筋，再铺设标高较高者，避免两个方向的无粘结筋相互穿插编结。

无粘结预应力筋的铺设，通常是在底部钢筋铺设后进行。水电管线一般宜在无粘结筋铺设后进行，且不得将无粘结筋的竖向位置抬高或压低，支座处负弯矩钢筋通常是在最后铺设。端部的预埋锚垫板应垂直于预应力筋，锚具与垫板应贴紧；无粘结预应力筋成束布置时应能保证混凝土密实并能裹住预应力筋；浇筑混凝土时保证预应力筋位置准确。外露承压板应采用螺丝钉固定在木模板的端模板上。无粘结预应力曲线筋或折线筋末端的切线应与承压板相垂直，曲线段的起始点至张拉锚固点应有不小于 300mm 的直线段。当张拉端采用凹入式作法时，可采用塑料穴模或泡沫塑料、木块等形成凹口，见图4-24。

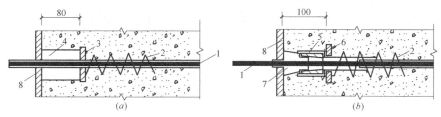

图 4-24　无粘结筋张拉端凹口作法

（a）泡沫穴模；（b）塑料穴摸

1—无粘结筋；2—螺旋筋；3—承压钢板；4—泡沫穴模；5—锚环；

6—带杯口的塑料套管；7—塑料穴模；8—模板

（4）无粘结预应力筋的张拉

无粘结预应力筋张拉前，应清理锚垫板表面，并检查锚垫板后面的混凝土质量。如有空鼓现象等质量缺陷，应在无粘结预应力筋张拉前修补完毕。

无粘结预应力混凝土楼盖结构的张拉顺序，宜先张拉楼板，后张拉楼面梁。板中的无粘结筋，可依次张拉。一般采用前卡式千斤顶单根张拉，可用 QM、OVM、XM 等单孔夹片锚具锚固。梁中的无粘结筋宜对称张拉。无粘结曲线预应力筋的长度超过 35m 时，宜采取两端张拉。当筋长超过 70m 时，宜采取分段张拉。分段张拉方式指通长的预应力筋分段逐段进行张拉的方式。

对成束无粘结筋，在正式张拉前宜先用千斤顶往复张拉抽动 1～2 次，以降低张拉的摩阻损失。可以采用群锚，也可以扩大至构件端部后使用单孔锚锚固。无粘结筋张拉过程中，当有个别钢丝发生滑脱或断裂时，可相应降低张拉力，但滑脱或断裂的钢丝根数，不应超过结构同一截面钢丝总数的 2%。在梁板顶面或墙壁侧面的斜槽内张拉无粘结预应力筋时，宜采用变角张拉装置。

无粘结预应力筋张拉伸长值校核与有粘结预应力筋相同；对超长无粘结筋由于张拉初期的阻力大，初拉力以下的伸长值比常规推算伸长值小，应通过试验修正。

（5）封锚

无粘结预应力体系的锚具非常重要，张拉完毕后应立即用防腐油脂或水泥浆通过锚具垫板上的灌注孔，将锚固部位张拉形成的空腔全部灌注密实，以防无粘结筋发生局部锈蚀。使用手提砂轮锯切割多余无粘结预应力筋，保留外露长度不小于 30mm。不得采用电弧切割，以防止预应力筋退火。在锚具与锚垫板表面涂以防水涂料。为了使无粘结筋端头全封闭，在锚具端头涂防腐润滑油脂后，罩上封端塑料盖帽。最后放置构造钢筋，浇筑混凝土封闭，为保证新浇混凝土与原构件粘结牢固，可按施工缝要求施工并刷界面结合剂。

思 考 题

4.1　先张法进行预应力筋张拉时，为什么要进行超张拉？

4.2　简述先张法预应力筋放张的方法和适用范围。

4.3　简述后张法预应力孔道留设的方法及使用范围。

4.4　先张法预应力筋通常采用低松弛钢绞线，张拉时采用超张拉的原因是什么？

4.5　对称分批张拉的目的是什么？

4.6　后张法施工中孔道灌浆的目的是什么？对灌浆材料有何要求？如何进行灌浆？

4.7　在无粘结预应力混凝土结构中，预应力筋张拉完毕后，封锚的要求有哪些？

第5章 砌体结构工程

砌体结构是由块体和砂浆砌筑而成的墙、柱作为建筑物主要受力构件的结构，是砖砌体、砌块砌体和石砌体的统称。

砌体结构工程在我国有着悠久的历史。砖石砌体取材方便，技术成熟，造价低廉，在工业与民用建筑和构筑物工程中广泛采用。但砖石砌体工程生产效率低，工期长，劳动强度高，普通黏土砖的烧制又要占用大量农田。因此，我国已经禁止实心黏土砖的生产和使用，取而代之的是新型墙体材料。

砌体工程是混合结构房屋的主导工程。它包括砂浆制备、材料运输、搭设脚手架及砌体砌筑等施工过程。

5.1 砌筑材料与机具设备

5.1.1 块材

块材分为砖、石、砌块三大类。每一生产厂家，烧结普通砖、混凝土实心砖每15万块，烧结多孔砖、混凝土多孔砖、蒸压灰砂砖及蒸压粉煤灰砖每10万块各为一验收批，不足上述数量时按一批计，抽检数量为1组。

1. 砖

砌筑用砖的种类，根据使用材料、制作方法和规格的不同，有烧结普通砖、烧结多孔砖、烧结空心砖、蒸压灰砂砖、粉煤灰砖。烧结普通砖规格为240mm×115mm×53mm，按力学性能分为MU10、MU15、MU20、MU25、MU30五个强度等级。蒸压灰砂砖、粉煤灰砖的规格与烧结普通砖相同，强度等级为MU10、MU15、MU20、MU25四个强度等级。烧结多孔砖的规格为190mm×190mm×90mm和240mm×115mm×90mm两种，强度等级同烧结普通砖，均可作为承重用砖。烧结空心砖的长度有240mm、290mm，宽度有140mm、180mm、190mm，高度有90mm、115mm，强度等级为MU2、MU3、MU5，因强度低，只能用于非承重砌体。

2. 石

砌筑用石为毛石、料石两类。毛石又分为乱毛石和平毛石两种。乱毛石是指形状不规则的石块；平毛石是指形状不规则，但有两个平面大致平行的石块。毛石中部厚度不宜小于150mm。料石按其加工面的平整程度分为细料石、半细料石、粗料石和毛料石四种。料石的宽度、厚度均不宜小于200mm。长度不宜大于厚度的四倍。石材的强度等级为MU20、MU30、MU40、MU50、MU60、MU80、MU100七个强度等级。

3. 砌块

砌筑用砌块有混凝土空心砌块、加气混凝土砌块、粉煤灰砌块和各种轻骨料混凝土砌块。承重砌块以混凝土空心砌块为主，它有竖向方孔，主规格尺寸为 390mm×190mm× 90mm，还有一些辅助规格的砌块以配合使用，按力学性能分为 MU5、MU7.5、MU10、MU15、MU20 五个强度等级。加气混凝土砌块 A 系列尺寸为 600mm×75（100、125、150…）mm×200（250、300）mm；B 系列尺寸为 600mm×60（120、180、240…）mm×240（300）mm；强度等级为 MU1、MU2.5、MU5、MU7.5、MU10。粉煤灰砌块主规格尺寸为 880mm×240mm×380mm 和 880mm×240mm×430mm 两种，强度等级为 MU10、MU15。轻骨料混凝土砌块主规格尺寸为 390mm×190mm×190mm。强度等级最高为 MU10，最低为 MU2.5。

5.1.2 砌筑砂浆

1. 砌筑砂浆的分类

砌筑砂浆有水泥砂浆、水泥混合砂浆之分，分别适用于不同的环境和对象。

（1）水泥砂浆

通常由水泥、砂加水拌制而成。一般用做砌筑基础、地下室、多层建筑的地面以下等潮湿环境中的砌体，以及水塔、烟囱、拱壳、钢筋砖过梁等要求高强度、低变形的砌体。水泥砂浆的保水性较差，砌筑时会因水分损失而影响与砖石块体的粘结能力。

（2）水泥混合砂浆

通常由水泥、掺合料、砂加水拌制而成。混合砂浆具有较好的和易性，尤其是保水性，常用做砌筑地面以上的砖石砌体。掺合料是为了改善砂浆的和易性，主要用石灰膏，也可用电石膏、粉煤灰、黏土及微沫剂等。微沫剂掺量通常为水泥用量的（0.5～1)/10000。当微沫剂代替石灰膏的分量超过 50% 时，应考虑砌体强度的降低。磨细生石粉亦可代替石灰膏拌制混合砂浆，且有升高砂浆使用温度、提高砂浆强度的作用，适用于冬期施工。

2. 材料要求

砌体结构工程所用的材料应有产品合格证书、产品型式检验报告，质量应符合国家现行有关标准的要求。块体、水泥、钢筋、外加剂应有材料主要性能的进场复验报告，并应符合设计要求。严禁使用国家明令淘汰的材料。

砌筑砂浆使用的水泥应根据砌体部位和所处环境来选择。水泥进场使用前应分批对其强度、安定性进行复验。按照同厂家、同品种、同批号连续进场的水泥，袋装水泥不超过 200t 为一批，散装水泥 500t 为一批。水泥应按品种、强度等级、出厂日期分别堆放并保持干燥，当在使用中对水泥质量有怀疑或水泥出厂超过三个月（快硬硅酸盐水泥超过一个月）时，应复查试验，并按复检结果使用。不同品种的水泥不得混合使用。

砂宜用中砂，并应过筛，不得含有草根等杂质。砂浆用砂的含泥量应满足下列要求：对水泥砂浆和强度等级不小于 M5 的水泥混合砂浆，不应超过 5%；对强度等级小于 M5 的水泥混合砂浆，不应超过 10%；人工砂、山砂及特细砂，应经试配能满足砌筑砂浆技术条件要求。

石灰膏可用建筑生石灰、建筑生石灰粉熟化而成，熟化时间不得少于 7d 和 2d，并用滤网过滤，灰池中贮存的石灰膏应防止干燥、冻结和污染，严禁使用脱水硬化的石灰膏。建筑石灰粉、消石灰粉不得代替石灰膏配制水泥石灰砂浆。拌合用水宜采用饮用水。

3. 砂浆的强度

砂浆强度等级是用边长为 70.7mm 的立方体试块，以标准养护、龄期为 28d 的抗压强度为准。其强度等级分为 M2.5、M5、M7.5、M10、M15 五个等级。

4. 砂浆的制备与使用

砌筑砂浆应通过试配确定配合比，当砌筑砂浆的组成材料有变更时，其配合比应重新确定。砂浆现场拌制时，各组分材料应采用重量计算。

砌筑砂浆应采用机械搅拌，自投料完算起，水泥砂浆和水泥混合砂浆搅拌时间均不得少于 120s；水泥粉煤灰砂浆和掺用外加剂砂浆均不得少于 180s；掺有增塑剂的砂浆应为 180~300s。在砂浆中掺入的砌筑砂浆增塑剂、早强剂、缓凝剂、防冻剂、防水剂等砂浆外加剂，其品种和用量应经由有资质的检测单位检验和试配确定。干混砂浆及加气混凝土砌块专用砂浆宜按照掺用外加剂的砂浆确定搅拌时间或按产品说明书确定。

配制砌筑砂浆时，各组分材料应采用重量计量，水泥及各种外加剂配料的允许偏差为 ±2%；砂、粉煤灰、石灰膏等配料的允许偏差为 ±5%。

拌成后的砂浆不仅应符合设计要求和强度等级，而且应有良好的和易性。砂浆的和易性包括流动性和保水性两个方面。流动性是衡量砂浆摊铺难易的指标，以砂浆稠度表示（见表 5-1）。流动性好的砂浆便于操作，使灰缝平整、密实，从而提高砌筑工作效率，保证砌筑质量。保水性是指砂浆保持水分的性能，以分层度表示。砂浆的分层度不宜大于 20mm。保水性差的砂浆很容易产生泌水、离析而使流动性变差，造成砂浆铺砌困难，降低灰缝质量；同时水分也易很快被块材吸收，从而影响砂浆的正常硬化，降低砂浆的强度与块材的粘结力，最终导致砌体强度的降低。

砌筑砂浆的稠度

表 5-1

项　次	砌体种类	砂浆稠度(mm)
1	烧结普通砖砌体、蒸压粉煤灰砖砌体	70~90
2	混凝土实心砖、混凝土多孔砖砌体 普通混凝土小型空心砌块砌体 蒸压灰砂砖砌体	50~70
3	烧结多孔砖、空心砖砌体 轻骨料混凝土小型空心砌块砌体 蒸压加气混凝土砌块砌体	60~80
4	石砌体	30~50

砂浆拌成后和使用时，均应盛入贮存器中，如砂浆出现泌水现象，应在砌筑前再次拌合。砂浆应随拌随用，水泥砂浆和水泥混合砂浆必须在拌成后 3h 和 4h 内使用完毕，如当施工期间最高气温超过 30℃时，必须在拌成后 2h 和 3h 内使用完毕。

施工中不应采用强度等级小于 M5 水泥砂浆替代同强度等级水泥混合砂浆，如需替代，应将水泥砂浆提高一个强度等级。

砌筑砂浆试块强度验收时，每一检验批且不超过 250m³ 砌体的各种类型及强度等级的砌筑砂浆，每台搅拌机应至少抽检一次，不少于 3 组，每组 6 个试块。检验方法：在砂浆搅拌机出料口随机取样制作砂浆试块（同盘砂浆只应制作一组试块），最后检查试块强度试验报告单。同一验收批的砂浆试块强度平均值应大于或等于设计强度等级值的 1.10 倍，抗压强度最小一组平均值应大于或等于设计强度等级值的 85%。

5.1.3 机械设备

砌体工程中各种材料和工具均需运送到各层楼的施工面上去，再加上其他材料的运输和预制构件的安装，垂直运输工作量很大，需要垂直和水平运输工具将工程施工所需要的材料和构件运到作业面。不同种类的设备对工程施工的效率和成本有直接的影响，因此，合理选择垂直运输机械是砌体工程中需要解决的主要问题之一。

多层砌体结构建筑中常用的垂直运输机械有轻型塔式起重机、井式提升架、龙门式提升架和桅杆式起重机等。井架及龙门架系安装在固定位置，其安装位置应考虑楼面水平运输的方便。若施工段面积较大，可将其设置在每施工段中部，若施工段面积较小，可设置在施工段的分界处。轻型塔式起重机和桅杆式起重机将在结构安装工程中介绍。

1. 井架

井架是砌筑工程常用的垂直运输设施。井架制作简单，可用钢管或型钢加工制作成定型产品，也可用脚手架材料在现场直接搭设而成。井架多为单孔，也可制成双孔或多孔。每个孔内设有可沿导轨升降的吊盘。井架的起重能力一般为 1000～2000kg（10～20kN），搭设高度可达 40m，适用于中小工程。井架上还可安装小型悬臂吊杆，以扩大起重运输服务范围，吊杆长 5～10m，起重量 0.5～1.5t，工作幅度可达 2.5～5m。为保证井架的稳定，当井架高度在 12～15m 以下时设缆风绳一道，缆风绳设置在四角，每角一根，用直径 9mm 的钢丝绳，与地面夹角为 45°；当井架高度在 15m 以上时，每增高 5～10m 增设一道。

井架的优点是价格低廉，稳定性好、运输量大。缺点是缆风绳多，影响施工和交通，附着于建筑物的井架可不设缆风绳，仅设附墙拉接。如图 5-1 所示为一角钢井架。

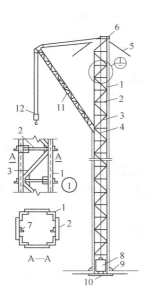

图 5-1 角钢井架

1—立柱；2—平撑；3—斜撑；4—钢丝绳；
5—缆风绳；6—天轮；7—导轨；8—吊盘；
9—滑轮；10—垫梁；11—辅助吊臂；12—吊钩

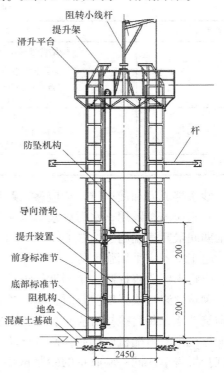

图 5-2 龙门架基本构造

2. 龙门架

龙门架由二立柱及天轮梁（横梁）构成，在龙门架上装设滑轮、导轨、吊盘（上料平台）、安全装置以及起重索、缆风绳等，即构成一个完整的垂直运输体系（图 5-2）。龙门架构造简单，制作容易，用料少，装拆方便，起重高度一般为 15～30m，起重量为 2t 以内，适用于中小工程。因不能作水平运输，在地面和高空必须配合手推车等人力运输。

龙门架一般单独设置。有外脚手架时，可设在脚手架的外侧或转角部位，其稳定靠拉设缆风绳解决；缆风绳设置要求同井架，但每道缆风绳不少于 6 根；亦可在外脚手架的中间，用拉杆将龙门架的立柱与脚手架拉结起来。

井架和龙门架必须安装在可靠的地基和基座上，基座周围要求排水通畅。

3. 砂浆搅拌机

砂浆搅拌机用于拌制砌筑砂浆，按照型号规格不同分为卧轴、立轴和筒转式，如表 5-2 所示。主要规格为 50、100、150、200、250、300、350、400、450、500、750、1000L。

砂浆搅拌机的形式　　　　表 5-2

组	UJ		
型	W（卧轴）	L（立轴）	T（筒转）
示意图	正视图 (a)	俯视图 (b)	正视图 (c)

为保证砂浆搅拌均匀，砂浆搅拌机的搅拌时间应符合表 5-3 的要求。

搅拌时间（s）　　　　表 5-3

公称容量（L）	50～350		500～1000	
搅拌物	水泥砂浆	石灰砂浆、混合砂浆等	水泥砂浆	石灰砂浆、混合砂浆等
筒转式	70	90	80	100
立轴式、卧轴式	60	80	70	90

5.2 砖砌体施工

5.2.1 施工准备

砖砌体施工前要做好砖、砌筑砂浆、施工器具和机械设备等各项准备工作。砌体结构工程施工前，应编制砌体结构工程施工方案。

砌筑用砖的品种、强度等级必须符合设计要求，用于清水墙、柱表面的砖，尚应边角整齐、色泽均匀。砌筑烧结普通砖、烧结多孔砖、蒸压灰砂砖、蒸压粉煤灰砖砌体时，砖应提前 1～2d 适度湿润，严禁采用干砖或处于吸水饱和状态的砖砌筑，块体湿润程度宜符合下列规定：烧结类块体的相对含水率 60%～70%；混凝土多孔砖及混凝土实心砖不需

131

浇水湿润，但在气候干燥炎热的情况下，宜在砌筑前对其喷水湿润。其他非烧结类块体的相对含水率40%～50%。以其断面四周吸水深度达到15～20mm为宜，并应除去砖表面的粉尘。

砌筑用砂浆的种类、强度等级应符合设计要求。砌筑工程开始前，必须按照施工组织设计的要求，组织砂浆搅拌机械、垂直和水平运输机械的进场、安装和调试。同时还要准备脚手架、砌筑工具（如皮数杆、托线板等）。

5.2.2 砖砌体施工

有冻胀环境和条件的地区、地面以下或防潮层以下的砌体，不应采用多孔砖。不同品种的砖不得在同一楼层混砌。

1. 组砌形式

砖基础由墙基和大放脚两部分组成，墙基与墙身同厚。基础大放脚一般采用一顺一丁砌筑形式。竖缝要错开，要注意十字及丁字接头处砖块的搭接，在这些交接处，纵横基础要隔皮砌通。大放脚最下一皮砖应以丁砌为主，墙基的最上一皮砖也应为丁砌。常见砖墙组砌方式见图5-3。

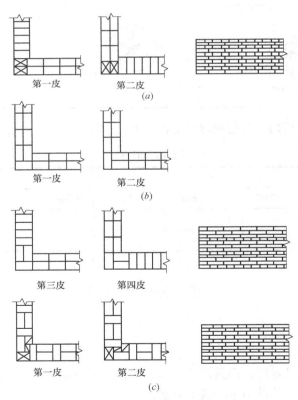

第一皮　第二皮
(a)

第一皮　第二皮
(b)

第三皮　第四皮

第一皮　第二皮
(c)

图 5-3　砖墙的组砌方式

2. 砖砌体施工工艺

（1）砖基础砌筑

基槽（基坑）开挖前，在建筑物的主要轴线部位设置龙门板，标明基础、墙身和轴线的位置。在挖土过程中严禁碰撞或移动龙门板。

砌筑前应将砌筑部位清理干净并放线。砖基础施工前，应在建筑物的主要轴线部位设置标志板（龙门板），标志板上应标明基础、墙身和轴线的位置及标高，外形或构造简单的建筑物，也可用控制轴线的引桩代替标志板。然后在垫层表面上放出基础轴线及底宽线。

基础放线在基础垫层施工完毕后进行。在基槽四角各相对龙门板的轴线标钉处拉线；挂线锤找出垫层上的投影点；用墨斗弹出投影点的连线，即墙基的轴线；用钢尺量出基础大放脚边沿线。

大放脚有等高式和间隔式两种砌法。等高式即两皮一收，两边各收进 1/4 砖长。间隔式即两皮一收与一皮一收相间隔，两边各收 1/4 砖长。大放脚的底宽应根据设计计算而定，各层大放脚的宽度应为半砖长的整数倍。

砖基础的高度是用小皮数杆来控制的。首先根据施工图标高，在小皮数杆上画出每皮砖及灰缝的尺寸，并根据施工图标高固定小皮数杆，然后即可按照皮数杆逐层砌筑大放脚。

基底标高不同时，应从低处砌起，并应由高处向低处搭砌。当设计无要求时，搭接长度 L 不应小于基础底的高差 H，搭接长度范围内下层基础应扩大砌筑，如图 5-4 所示。

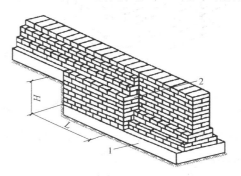

图 5-4　基底标高不同时的搭砌示意图（条形基础）
1—混凝土垫层；2—基础扩大部分

（2）砖墙砌筑

砖墙砌筑的一般工艺包括抄平、放线、摆砖、立皮数杆、盘角和挂线、砌筑、清理等。

1）抄平

砌筑完基础或每一层楼后，应校核砌体的标高。在基础防潮层或楼面上先用水泥砂浆找平，高差超过 30mm 的应采用不低于 C10 的细石混凝土找平，使各层砖墙底部标高符合设计要求。楼层竖向标高偏差宜通过调整上部砌体灰缝厚度校正。

2）放线

砖砌体砌筑前应将砌筑部位清理干净并放线，并应校核砌体的轴线。砖基础施工前，应在建筑物的主要轴线部位设置标志板（龙门板），标志板上应标明基础、墙身和轴线的位置及标高，外形或构造简单的建筑物，也可用控制轴线的引桩代替标志板。然后在垫层表面上放出基础轴线及底宽线。二楼以上砖墙的轴线可以用经纬仪或垂球将轴线引上，并弹出墙的宽度线及门窗洞口位置线。在允许偏差范围内，轴线偏差可在基础顶面或楼面上校正。

3）摆砖样

摆砖样是在放线的基面上按选定的组砌形式用干砖试摆，一般在房屋外墙方向摆砖，砖与砖留 10mm 缝隙，摆砖的目的是为了校对在门窗洞口、墙垛等处是否符合砖的模数，以尽可能减少砍砖，并使砌体灰缝均匀、组砌得当。

4）立皮数杆

皮数杆是划有每皮砖和灰缝厚度以及门窗洞口、过梁、圈梁、楼板等的标高，用来控制砌体的竖向尺寸以及各部件标高的方木或角钢标志杆。同时还可以保证砌体的垂直度。

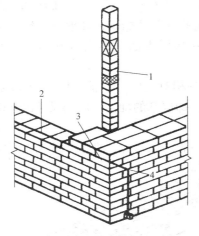

图 5-5　皮数杆
1—皮数杆；2—准线；3—竹片；4—圆钉

砌基础时，应在垫层转角处、交接处及高低处立好基础皮数杆。砌墙体时，应在转角处及交接处立好皮数杆（图 5-5）。皮数杆间距不超过 15m。

5）盘角和挂线

为保证砌体工程灰缝均匀和平直，需要在大面积砌筑墙体之前，砌筑时根据皮数杆先在转角及交接处先砌几皮砖，并保证其垂直平整，称为盘角。砌体角部是确定砌体垂直度、平整度、竖向灰缝厚度的主要标识，然后再在其间拉准线，依准线逐皮砌筑中间部分。一砖厚的墙体单面挂线，一砖半厚及其以上的砌体要双面挂线。

6）砌筑

砌筑操作方法可采用"三一"砌筑法或铺浆法。"三一"砌筑法即一铲灰、一块砖、一挤揉并随手将挤出的砂浆刮去的操作方法。这种砌法灰缝容易饱满、粘结力好、墙面整洁，故宜采用此方法砌砖，尤其是抗震设防的工程。采用铺浆法砌筑时，铺浆长度不得超过 750mm；气温超过 30℃时，铺浆长度不得超过 500mm。

240mm 厚承重墙的每层墙的最上一皮砖，砖砌体的阶台水平面上及挑出层的外皮砖，应整砖丁砌。弧拱式及平拱式过梁的灰缝应砌成楔形缝，拱底灰缝宽度不宜小于 5mm，拱顶灰缝宽度不应大于 15mm，拱体的纵向及横向灰缝应填实砂浆；平拱式过梁拱脚下面应伸入墙内不小于 20mm；砖砌平拱过梁底应有 1% 的起拱。

砖过梁底部的模板及其支架拆除时，灰缝砂浆强度不应低于设计强度的 75%。多孔砖的孔洞应垂直于受压面砌筑。半盲孔多孔砖的封底面应朝上砌筑。竖向灰缝不得出现瞎缝、透明缝和假缝。砖砌体施工临时间断处补砌时，必须将接槎处表面清理干净，洒水湿润，并填实砂浆，保持灰缝平直。

（3）钢筋混凝土构造柱施工

设置钢筋混凝土构造柱是提高多层砌体房屋抗震能力的一种重要措施，施工中应注意按照规范施工，以保证房屋的抗震性能。

砖墙与构造柱应沿墙高每隔 500mm 设置 2φ6 的水平拉结钢筋，两边伸入墙内长度不宜小于 1000mm；若外墙为一砖半墙，则水平拉结钢筋应用 3 根（图 5-6）。

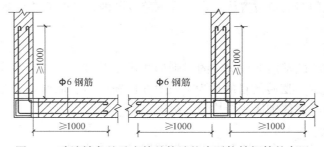

图 5-6　砖墙转角处及交接处构造柱水平拉结钢筋的布置

134

有钢筋混凝土构造柱的砌体，应注意其施工顺序是先砌墙后浇构造柱。砖墙与构造柱相接处，砖墙应砌成马牙槎，从每层柱脚开始，先退后进；每个马牙槎沿高度方向的尺寸不宜超过 300mm 或 5 皮砖高；每个马牙槎退进应不小于 60mm（图 5-7）。

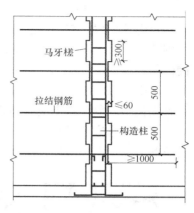

图 5-7　砖墙的马牙槎布置

构造柱的施工顺序为：绑扎钢筋→砌砖墙→支模板→浇筑混凝土。

在该层构造柱混凝土浇筑完毕后，才能进行上一层的施工。构造柱的模板，必须与所在砖墙面严密贴紧，以防漏浆。在浇筑混凝土前，应将砖墙和模板浇水湿润，并将模板内的砂浆残块、砖渣等杂物清理干净。浇筑构造柱的混凝土坍落度一般以 50～70mm 为宜。浇筑时宜采用插入式振动器，分层捣实，但振捣棒应避免直接触碰钢筋和砖墙，严禁通过砖墙传振，以免砖墙变形和灰缝开裂。

构造柱位置及垂直度的允许偏差应符合表 5-4 的规定。

构造柱尺寸允许偏差　　　　　　　　　　　　　　表 5-4

项 次	项 目			允许偏差（mm）	抽 检 方 法
1	柱中心线位置			10	用经纬仪和尺检查或用其他测量仪器检查
2	柱层间错位			8	用经纬仪和尺检查或用其他测量仪器检查
3	柱垂直度	每层		10	用 2m 托线板检查
		全高	≤10m	15	用经纬仪、吊线和尺检查或用其他测量仪器检查
			>10m	20	

5.2.3　石砌体施工

1. 材料要求

石砌体采用的石材应质地坚实，无风化剥落和裂纹。用于清水墙、柱表面的石材，尚应色泽均匀。石材表面的泥土等杂质，砌筑前应清除干净。石材的放射性应经检验，其安全性应符合现行国家标准《建筑材料放射性核素限量》GB 6566 的有关规定。

砌筑砂浆的品种和强度等级应符合设计要求。砌筑砂浆可用水泥砂浆或混合砂浆，砂浆稠度宜为 30～50mm，根据季节的不同，稠度可适当调整。

2. 施工工艺

（1）毛石基础施工

用天然石材作为基础，其强度比砖高得多，能够保证基础的质量。毛石基础砌筑前，要检查基槽（坑）的尺寸及标高，清除杂物，按弹好的边线砌第一层石块，在适当的位置立皮数杆，皮数杆上要画出分层砌石高度及退台情况，皮数杆之间拉上准线，各层石块要按准线砌筑。

根据所放基础准线，先砌墙角石块，以此固定准线作为砌石的标准。砌筑毛石基础的第一皮石块应坐浆，并将大面向下；砌筑料石基础的第一皮石块应用丁砌层坐浆砌筑。毛石砌体一般用铺浆法砌筑。毛料石和粗料石砌体灰缝厚度不宜大于 20mm；细料石砌体不

135

宜大于 5mm。砂浆应饱满。毛石砌体应分皮卧砌。块石之间的上下皮竖缝应错缝、内外搭接，每砌筑一层，其表面必须大致平整。不可有尖角、驼背、放置不稳等现象，以便下一层砌筑时容易放稳，并有足够的接触面。上下层之间一般要求搭接不小于 80mm，以增加砌体的强度（图 5-8a）。填心的石块应根据空隙的大小，选用整块石，不要用小石块来填充一个空隙的填心砌法（图 5-8b），以免影响砌体强度。每砌完一层，必须校对中心线，检查有无偏斜现象，否则应立即纠正。墙基如需留槎，不能留在外墙转角或 T 字墙的结合处，基础留槎应留成踏步槎。当基础砌至最上一层时，外皮石块要求伸入墙内长度不小于墙厚的一半，以免因连接不好而影响砌体的质量（图 5-9）。

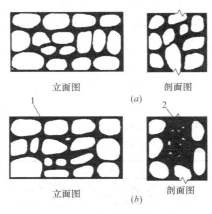

图 5-8　毛石基础砌法
(a) 正确；(b) 不正确
1—通缝；2—牛槽砌法

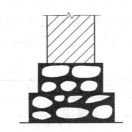

图 5-9　毛石基础最上一层砌法

（2）毛石墙施工

毛石墙砌筑前要选石、做面、放线、立皮数杆、拉准线等。选石是从石料中选取在应砌的位置上适宜大小的石块，并有一个面作为墙面。放线、立皮数杆和拉准线在方法上与砌体基本相同。

毛石砌体的第一皮及转角处、交接处和洞口处，应用较大的平毛石砌筑。每个楼层（包括基础）砌体的最上一皮，宜选用较大的毛石砌筑。毛石砌筑时，对石块间存在较大的缝隙，应先向缝内填灌砂浆并捣实，然后再用小石块嵌填，不得先填小石块后填灌砂浆，石块间不得出现无砂浆相互接触现象。

在毛石墙的转角处，应采用有直角边的石料砌在墙角一面，按长短形状纵横搭接砌入墙内。丁字接头处，要选取较为平整的长方形石块，按长短纵横砌入墙内，使其在纵横墙中上下皮能相互搭砌。

毛石墙的第一皮石块及最上一皮石块应选用较大较平整的毛石砌筑。第一皮石块应坐浆，大面向下，以后各皮上下错缝、内外搭接，墙中不应放斜面石和全部对合石（图5-10）。不得采用外面侧立石块、中间填心的砌筑方法。整个墙体应分层砌筑，每层厚度为 300~400mm，每层中间隔 1m 左右应砌与墙同宽的拉结石，上下层拉结石位置应错开（图 5-11）在转角处及交接处应同时砌筑，如不能同时砌筑时，应留斜槎。每日砌筑高度不宜超过 1.2m。

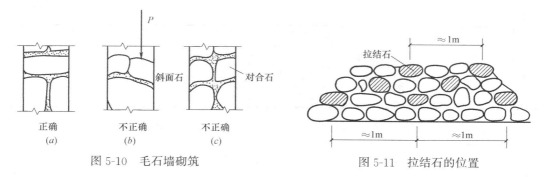

| 图 5-10　毛石墙砌筑 | 图 5-11　拉结石的位置 |

毛石、毛料石、粗料石、细料石砌体灰缝厚度应均匀，灰缝厚度应符合下列规定：毛石砌体外露面的灰缝厚度不宜大于 40mm；毛料石、粗料石的灰缝厚度不宜大于 20mm；细料石的灰缝厚度不宜大于 5mm。

在毛石和实心砖的组合墙中，毛石砌体与砖砌体应同时砌筑，并每隔 4～6 皮砖用 2～3 皮丁砖与毛石砌体拉结砌合；两种砌体间的空隙应填实砂浆。

毛石墙和砖墙相接的转角处和交接处应同时砌筑。转角处、交接处应自纵墙或横墙每隔 4～6 皮砖高度引出不小于 120mm 与横墙相接。

石墙的勾缝形式，一般多采用平缝或凸缝。勾缝前应先剔缝，将灰缝刮深 20～30mm，墙面用水湿润，不整齐的要加以修整。勾缝用 1：1 的水泥砂浆，有时还掺入麻刀，勾缝线条必须均匀一致，深浅相同。

（3）毛石挡土墙施工

砌筑毛石挡土墙应按分层高度砌筑，并应符合下列规定：每砌 3～4 皮为一个分层高度，每个分层高度应将顶层石块砌平；两个分层高度间分层处的错缝不得小于 80mm。料石挡土墙，当中间部分用毛石砌筑时，丁砌料石伸入毛石部分的长度不应小于 200mm。挡土墙内侧回填土必须分层夯填，分层松土厚度宜为 300mm。墙顶土面应有适当坡度使流水流向挡土墙外侧面。

挡土墙的泄水孔当设计无规定时，施工应符合下列规定：泄水孔应均匀设置，在每米高度上间隔 2m 左右设置一个泄水孔；泄水孔与土体间铺设长宽各为 300mm、厚 200mm 的卵石或碎石作疏水层。

挡土墙内侧回填土必须分层夯填，分层松土厚度应为 300mm。墙顶土面应有适当坡度使流水流向挡土墙外侧面。

3. 石砌体尺寸、位置的允许偏差及检验方法

石砌体尺寸、位置的允许偏差及检验方法，见表 5-5。

石砌体尺寸、位置的允许偏差及检验方法　　　　　表 5-5

项次	项　目	允许偏差(mm)							检验方法
		毛石砌体		料石砌体					
				毛料石		粗料石		细料石	
		基础	墙	基础	墙	基础	墙	墙、柱	
1	轴线位置	20	15	20	15	15	10	10	用经纬仪和尺检查，或用其他测量仪器检查

项次	项目		允许偏差(mm)						检验方法
			毛石砌体		料石砌体				
					毛料石		粗料石	细料石	
			基础	墙	基础	墙	基础	墙	墙、柱	
2	基础和墙砌体顶面标高		±25	±15	±25	±15	±15	±15	±10	用水准仪和尺检查
3	砌体厚度		+30	+20 -10	+30	+20 -10	+15	+10 -5	+10 -5	用尺检查
4	墙面垂直度	每层	—	20	—	20	—	10	7	用经纬仪、吊线和尺检查或用其他测量仪器检查
		全高	—	30	—	30	—	25	20	
5	表面平整度	清水墙、柱	—	—	—	20	—	10	5	细料石用2m靠尺和楔形塞尺检查，其他用两直尺垂直于灰缝拉2m线和尺检查
		混水墙、柱	—	—	—	20	—	15	—	
6	清水墙水平灰缝平直度		—	—	—	—	—	10	5	拉10m线和尺检查

5.2.4 中小型砌块砌体施工

由于砌块尺寸比普通砖尺寸大得多，从而可节省砌筑砂浆和提高砌筑效率，而且不少种类的砌块都主要利用工业废渣制成，不但可大量节约粘土，也是处理工业废渣的良好途径。其中小型混凝土空心砌块不但强度高，而且因其体积和重量均不大，施工操作方便，不需要特殊的设备和工具，并能节约砂浆和提高劳动生产率。

1. 中型砌块施工

中型砌块墙体的施工是采用吊装机械和夹具将砌块安装在设计位置。一般要按建筑物的平面尺寸及预先设计的砌块排图逐块地按次序吊装、就位和固定。

(1) 砌块安装前的准备工作

1) 编制砌块排列图

中型砌块在吊装前应先绘制砌块排列图，以指导吊装施工和准备砌块。砌块排列图应

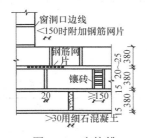

图 5-12 砌块排

按每片墙为单位分别绘制（图 5-12）。其绘制方法是：用 1:50 或 1:30 的比例绘制出各片纵横墙的立面图，然后将过梁、楼板、大梁、楼梯和混凝土垫块等在图上标出，在纵墙和横墙上按砌块高度画出水平灰缝线，再按砌块错缝搭接的构造要求和竖缝的大小进行排列。排列时应以主规格砌块为主，其他各种规格砌块为辅，以减少吊装次数，提高台班产量。需要镶砖时，应整砖镶砌，尽量对称分散布置。

砌块的排列应遵守下列技术要求：

上下皮砌块错缝搭接长度一般应为砌块长度的 1/2，不得小于砌块高度的 1/3，也不应小于 150mm，如果上下皮砌块错缝搭接长度不足时，应在水平灰缝内设置 2Φ4 的钢筋网片予以加强，网片两端离该垂直缝的距离不得小于 300mm（图 5-12）。外墙转角处及纵

横墙交接处应用砌块相互搭接（图 5-13），外墙转角处及纵横墙交接处如果不能良好搭接，则每两皮应设置一道钢筋网片（图 5-14）。砌块中水平灰缝厚度应为 10～20mm，竖缝的宽度为 15～20mm，当竖缝宽度大于 30mm 时，应用强度等级不低于 C20 的细石混凝土填实，当竖缝宽度大于或等于 150mm 或楼层高不是砌块加灰缝的整数倍时，都要用粘土砖镶砌。

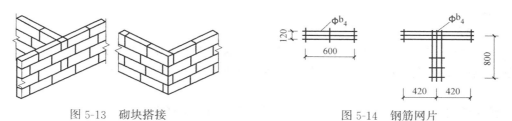

图 5-13　砌块搭接　　　　　　　　图 5-14　钢筋网片

2）砌块的运输与堆放

砌块的水平运输可用专用砌块小车、普通平板车等。砌块的装卸或垂直运输可用汽车式起重机、履带式起重机和塔式起重机等。砌块应使场内运输路线最短。堆置场地应平整夯实，有一定泄水坡度，必要时开挖排水沟。砌块的规格、数量必须配套，不同类型分别堆放。

3）机具的准备和安装方案的选择

砌块房屋的施工，除应准备好垂直、水平运输和安装的机械外，还要准备安装砌块的专用夹具和有关工具（图 5-15）。

中型砌块的安装一般用轻型塔式起重机或井架拔杆先将砌块集中吊到楼面上，然后用小车进行楼面水平运输，再用台灵架（图 5-16）安装就位。

① 用台灵架安装中型砌块的吊装路线有后退法、合拢法及循环法。

② 用塔式起重机进行砌块安装和预制构件的水平和垂直运输及楼板安装时与台灵架安装中型砌块的吊装路线相同。

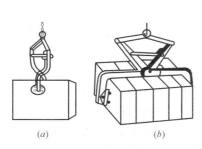

图 5-15　砌块专用摩擦式夹具
（a）单块夹具；（b）多块夹具

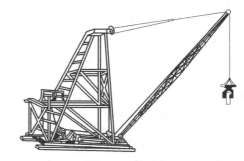

图 5-16　台灵架

（2）砌块施工工艺

砌块施工的主要工艺有：铺灰、吊装砌块就位、校正、灌缝、镶砖等。

1）铺灰

砌块墙体所采用的砂浆应具有良好的和易性，显示砂浆稠度采用 50～80mm。铺灰应均匀平整，长度一般以不超过 5m 为宜，炎热的夏季或寒冷季节应符合设计要求适当缩短。灰缝厚度应符合设计规定。

2）吊装砌块就位

砌块就位应从转角处或定位砌块处开始，严格按砌块排列图的顺序和错缝搭接的原则进行。吊砌块一般用摩擦式夹具，夹砌块时应避免偏心。砌块就位时，应使夹具中心尽可能与墙身中心线在同一垂直线上，对准位置缓慢、平稳地落于砂浆层上，待砌块安放稳当后方可松开夹具。

3）校正

用锤球或托线板检查垂直度，用拉准线的方法检查水平度。校正时可用人力轻微推动砌块或用撬杠轻轻撬动砌块，自重在1.5kN以下的砌块可用木锤敲击偏高处。

4）灌缝

灌竖缝时可用夹板在墙体内外夹住，用砂浆或细石混凝土进行灌缝，并插捣密实。当砂浆或细石混凝土稍收水后，用刮缝板将竖缝和水平缝刮齐。灌缝后一般不准撬动，以防止砂浆粘结力受损。

5）镶砖

镶砖工作在砌块校正后立即进行。如在一层墙身安装完毕还需镶砖时，镶砖的最上一皮砖和楼板梁、檩条等构件下的砖层都必须用丁砖镶砌。

2. 小型砌块施工

施工前，应按房屋设计图编绘小砌块平、立面排块图，施工中应按排块图施工。砌筑小砌块砌体，宜选用专用小砌块砌筑砂浆。底层室内地面以下或防潮层以下的砌体，应采用强度等级不低于C20（或Cb20）的混凝土灌实小砌块的孔洞。

（1）混凝土空心砌块墙砌筑前的准备

砌块使用前应检查其生产龄期，生产龄期不应小于28d，使其能在砌筑前完成大部分收缩值。应清除砌块表面的污物，芯柱部位所用砌块，其孔洞底部的毛边也应去掉，以免影响芯柱混凝土的灌筑。砌筑小砌块时，应清除表面污物，剔除外观质量不合格的小砌块。承重墙体使用的小砌块应完整、无破损、无裂缝。砌筑普通混凝土小型空心砌块砌体，不需对小砌块浇水湿润，如遇天气干燥炎热，宜在砌筑前对其喷水湿润；对轻骨料混凝土小砌块，应提前浇水湿润，块体的相对含水率宜为40%～50%。雨天及小砌块表面有浮水时，不得施工。为此砌块堆放时应做好防雨和排水处理。

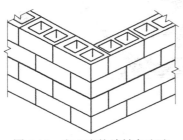
图5-17 空心砌块墙转角砌法

（2）混凝土小型空心砌块墙砌筑形式

混凝土空心砌块墙厚等于砌块的宽度。其立面砌筑形式只有全顺一种，上下皮竖缝相互错开1/2砌块长，上下皮砌块空洞相互对准。空心砌块墙的转角处、T字交接处应隔皮纵、横墙砌块相互搭砌，即隔皮纵、横墙砌块墙面露头（图5-17、图5-18）。

小砌块墙体应孔对孔、肋对肋错缝搭砌。单排孔小砌块的搭接长度应为块体长度的1/2；多排孔小砌块的搭接长度可适当调整，但不宜小于小砌块长度的1/3，且不应小于90mm。墙体的个别部位不能满足上述要求时，应在灰缝中设置拉结钢筋或钢筋网片，但竖向通缝仍不得超过两皮小砌块。拉结钢筋可用2φ6钢筋，钢筋网片可用直径4mm的钢筋焊接而成，加筋的长度不应小于 700mm（图 5-19）。但竖向通缝仍不得超过两皮砌块。

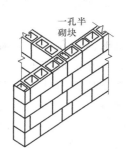

图 5-18　混凝土空心砌块墙 T 字交接处砌法

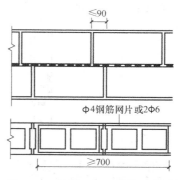

图 5-19　混凝土空心砌块墙灰缝
中设置拉结钢筋或网片

（3）混凝土空心砌块墙砌筑要点

1）砌块砌筑前，应根据砌块高度和灰缝厚度计算皮数，制作皮数杆，立于墙的转角和交接处。皮数杆间距宜小于 15m。砌筑工艺同砖砌体，包括抄平、放线、摆砖、立皮数杆、盘角和挂线、砌筑、清理等。

为保证混凝土空心砌块砌体具有足够的抗剪强度和良好的整体性、抗渗性，必须特别注意其砌筑质量。砌筑时应按照前述砌筑形式对孔错缝搭砌，且操作中必须遵守"反砌"原则，即应使每皮砌块底面朝上砌筑，以便于铺筑砂浆并使其饱满。水平灰缝和竖向灰缝的砂浆饱满度，按净面积计算的砂浆饱满度不应低于 90%，严禁用水冲浆灌缝；不得出现瞎缝、透明缝。

水平灰缝和竖向灰缝宽度一般为 10mm，不应小于 8mm，也不应大于 12mm。砌筑时的一次铺灰长度不宜超过 2 块主规格块体的长度。

常温条件下，空心砌块墙的每天砌筑高度宜控制在 1.5m 或一步架高度内，以保证墙体的稳定性。

2）空心砌块墙的转角处和交接处应同时砌起。墙体临时间断处应砌成斜槎，斜槎的水平投影长度不应小于斜槎高度（图 5-20）。在非抗震设防地区，除外墙转角处，墙体临时间断处可从墙面伸出 200mm 砌成直槎，并应沿墙高每隔 600mm 设 2φ6 拉结筋或钢筋网片；拉结筋或钢筋网片必须准确埋入灰缝或芯柱内；埋入长度从留槎处算起，每边均不应小于 600mm，钢筋外露部分不得任意弯曲（图 5-21）。洞口可预留直槎，但在洞口砌筑和

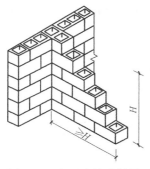

图 5-20　空心砌块墙斜槎

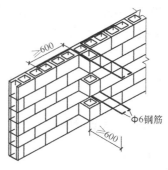

图 5-21　空心砌块墙直槎

141

补砌时，应在直槎上下搭砌的小砌块孔洞内用强度等级不低于 C20 的混凝土灌实。

3）小砌块砌体的轴线偏移、垂直度偏差和墙体的一般尺寸允许偏差与砖砌体相同。

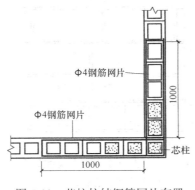

图 5-22　芯柱拉结钢筋网片布置

4）设置钢筋混凝土芯柱是提高多层砌体房屋抗震能力的一种重要措施。

钢筋混凝土芯柱是按设计要求设置在小型混凝土空心砌块墙的转角处和交接处，在这些部位的砌块孔洞中插入钢筋，并浇筑混凝土而形成。芯柱的插筋和混凝土应贯通整个墙身和各层楼板，并与圈梁连接，其底部应伸入室外地坪以下 500mm 或锚入基础圈梁内。上下楼层的插筋可在楼板面上搭接，搭接长度不小于 40 倍插筋直径。芯柱与墙体连接处，应设置拉结钢筋网片，网片可用直径 4mm 的钢筋焊成，每边伸入墙内不宜小于 1m，沿墙高每隔 600mm 一道（图 5-22）。

对于非抗震设防地区的混凝土空心砌块房屋，芯柱中的插筋直径不应小于 10mm，与墙体连接的钢筋网片，每边伸入墙内不小于 600mm。其余构造与前述相似。

砌筑砂浆的强度应大于 1MPa 后，方可浇灌芯柱混凝土。在芯柱部位，每层楼的第一皮砌块，应采用开口小砌块或 U 形小砌块，以形成清理口。浇筑混凝土前，从清理口掏出砌块孔洞内的杂物，并用水冲洗孔洞内壁，将积水排出，用混凝土预制块封闭清理口。为保证芯柱混凝土密实，混凝土内宜掺入增加流动性的外加剂，其坍落度不应小于 70mm，振捣混凝土宜用软轴插入式振动器，分层捣实。

芯柱混凝土宜选用专用小砌块灌孔混凝土。浇筑芯柱混凝土应符合下列规定：每次连续浇筑的高度宜为半个楼层，但不应大于 1.8m；浇筑芯柱混凝土时，砌筑砂浆强度应大于 1MPa；清除孔内掉落的砂浆等杂物，并用水冲淋孔壁；浇筑芯柱混凝土前，应先注入适量与芯柱混凝土成分相同的去石砂浆；每浇筑 400～500mm 高度捣实一次，或边浇筑边捣实。

5）对设计规定的洞口、管道、沟槽和预埋件，应在砌筑墙体时预留和预埋，不得随意打凿已砌好的墙体。需要在墙上留脚手眼时，可用辅助规格的单孔砌块侧砌，利用其孔洞作为脚手眼，墙体完工后用强度等级不低于 C15 的混凝土填实。在砌块墙的底层室内地面以下或防潮层以下的砌体、无圈梁的楼板支承面下的一皮砌块、未设置混凝土垫块的次梁支承处，应采用强度等级不低于 C15 的混凝土灌实砌块的孔洞后再砌筑，灌实宽度不应小于 600mm，高度不应小于一皮砌块。悬挑长度不小于 1.2m 的挑梁、支承部位的内外墙交接处，纵横各灌实三个孔洞，高度不小于三皮砌块。

5.3　砌体工程质量验收

5.3.1　砌体工程质量验收

1. 砖砌体

砖砌体的质量要求可用十六字概括为"横平竖直、砂浆饱满、组砌得当、接槎可靠"。

142

（1）横平竖直

横平，即要求每一皮砖必须在同一水平面上，每块砖必须摆平。为此，首先应将基础或楼面抄平，砌筑时严格按皮数杆层层挂水平准线并要拉紧，每块砖按准线砌平。竖直，即要求砌体表面轮廓垂直平整，且竖向灰缝垂直对齐。因而在砌筑过程中要随时用线锤和托线板进行检查，作到"三皮一吊、五皮一靠"，以保证砌筑质量。

（2）砂浆饱满

砂浆的饱满程度对砌体强度影响较大。砂浆不饱满，一方面造成砖块间粘结不紧密，使砌体整体性差，另一方面使砖块不能均匀传力。水平灰缝不饱满会引起砖块局部受弯、受剪而致断裂，所以为保证砌体的抗压强度，砌体灰缝砂浆应密实饱满，砖墙水平灰缝的砂浆饱满度不得低于80%；砖柱水平灰缝和竖向灰缝饱满度不得低于90%。施工时竖缝宜采用挤浆或加浆方法，不得出现透明缝，严禁用水冲浆灌缝。

此外，还应使灰缝的厚薄均匀。水平灰缝过厚，不仅易使砖块浮滑、墙身侧倾，而且由于砂浆的横向膨胀加大，造成对砖块的横向拉力增加，降低砌体强度。灰缝过薄，会影响砖块之间的粘结力和均匀受压。砖砌体水平灰缝厚度和竖向灰缝宽度宜为10mm，不得小于8mm，也不应大于12mm。

（3）组砌得当

砖砌体组砌方法应正确，内外搭砌，上、下错缝，错缝长度一般不应小于60mm。清水墙、窗间墙无通缝；混水墙中不得有长度大于300mm的通缝，长度200～300mm的通缝每间不超过3处，且不得位于同一面墙体上。砖柱不得采用包心砌法。

（4）接槎可靠

接槎是指先砌筑的砌体与后砌筑的砌体之间的接合。接槎方式合理与否对砌体的整体性影响很大，特别在地震区，接槎质量将直接影响到房屋的抗震能力，故应给予足够的重视。

砖砌体的转角处和交接处应同时砌筑，严禁无可靠措施的内外墙分砌施工。在抗震设防烈度为8度及8度以上地区，对不能同时砌筑而又必须留置的临时间断处应砌成斜槎，普通砖砌体斜槎水平投影长度不应小于高度的2/3（图5-23），多孔砖砌体斜槎长高比不应小于1/2。斜槎高度不得超过一步脚手架的高度。非抗震设防及抗震设防烈度为6度、7度地区的临时间断处，当不能留斜槎时，除转角处外，可留直槎，但直槎必须做成凸槎，且应加设拉结钢筋，拉结钢筋应符合下列规定：每120mm墙厚放置1ϕ6拉结钢筋（120mm厚墙应放置2ϕ6拉结钢筋）；间距沿墙高不应超过500mm，且竖向间距偏差不应超过100mm；埋入长度从留槎处算起每边均不应小于500mm，对抗震设防烈度6度、7度的地区，不应小于1000mm；末端应有90°弯钩（图5-24）。

隔墙与承重墙不能同时砌筑而又不留成斜槎时，可于承重墙中引出凸槎。对抗震设防的工程，还应在承重墙的水平灰缝中预埋拉结钢筋，其构造与上述直槎相同，且每道墙不得少于2根。砖砌体接槎时，必须将接槎处的表面清理干净保持灰缝平直。

（5）其他要求

在墙上留置临时洞口，其侧边离交接处墙面不应小于500mm，洞口净宽不应超过1m。临时施工洞口应做好补砌。抗震设防烈度为9度的地区建筑物的临时施工洞口位置，应同设计单位确定。

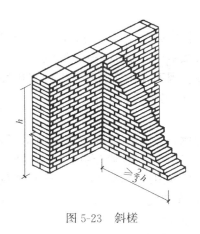

图 5-23　斜槎　　　　　　　　　　　　　　　图 5-24　槎

施工脚手眼补砌时，灰缝应填满砂浆。不得用干砖填塞。不得在下列墙体或部位设置脚手眼：

1）120mm 厚墙、料石清水墙和独立柱；

2）过梁上与过梁呈 60°角的三角形范围及过梁净跨度 1/2 高度范围内；

3）宽度小于 1m 的窗间墙；

4）砌体门窗洞口两侧 200mm（石砌体为 300mm）和转角处 450mm（石砌体为 600mm）范围内；

5）梁或梁垫下及其左右 500mm 范围内；

6）设计不允许设置脚手眼的部位；

7）轻质墙体；

8）夹心复合墙外叶墙。

240mm 厚承重墙的每层墙的最上一皮砖，砖砌体的阶台水平面上及挑出层应整砖丁砌。设计要求的洞口、管道、沟槽应于砌筑时正确留出或预埋，未经设计同意，不得打凿墙体和在墙体上开凿水平沟槽。宽度超过 300mm 的洞口，上部应设置过梁。

尚未施工楼板或屋面的墙和柱，当可能遇到大风时，其允许自由高度不得超过表 5-6 的规定。如超过表中限值时，必须采用临时支撑等有效措施，以保证墙和柱在施工中的稳定性。

墙和柱的允许自由高度（m）　　　　　　　　　　　　　　　　表 5-6

墙（柱）厚（mm）	砌体密度＞1600(kg/m³)			砌体密度 1300～1600(kg/m³)		
	风载(kN/m²)			风载(kN/m²)		
	0.3(约 7 级风)	0.4(约 8 级风)	0.5(约 9 级风)	0.3(约 7 级风)	0.4(约 8 级风)	0.5(约 9 级风)
180	—	—	—	1.4	1.1	0.7
240	2.8	2.1	1.4	2.2	1.7	1.1
370	5.2	3.9	2.6	4.2	3.2	2.1
490	8.6	6.5	4.3	7.0	5.2	3.5
620	14.0	10.5	7.0	11.4	8.6	5.7

搁置预制梁、板的砌体顶面应找平，安装时应坐浆。当设计无具体要求时，应采用 1：2.5 的水泥砂浆。

144

砖砌体的位置及垂直度允许偏差应符合表 5-7 的规定。

砖砌体的位置及垂直度允许偏差   表 5-7

项次	项 目		允许偏差（mm）	检 验 方 法
1	轴线位置偏移		10	用经纬仪和尺检查或用其他测量仪器检查
2	垂直度	每层	5	用 2m 托线板检查
		全高 ≤10m	10	用经纬仪、吊线和尺检查或用其他测量仪器检查
		全高 >10m	20	

砖砌体的一般尺寸允许偏差见表 5-8。

砖砌体的一般尺寸允许偏差   表 5-8

项次	项 目		允许偏差	检 验 方 法	抽 检 数 量
1	基础顶面和楼面标高		±15	用水平仪和尺检查	不应少于 5 处
2	表面平整度	清水墙、柱	5	用 2m 靠尺和楔形塞尺检查	有代表性自然间 10%，但不应少于 3 间，每间不应少于 2 处
		混水墙、柱	8		
3	门窗洞口高、宽（后塞口）		+5	用尺检查	检验批洞口的 10%，且不应少于 5 处
4	外墙上下窗口偏移		20	以底层窗口为准，用经纬仪和吊线检查	检验批的 10%，且不应少于 5 处
5	水平灰缝平直度	清水墙	7	拉 10m 线和尺检查	有代表性自然间 10%，但不应少于 3 间，每间不应少于 2 处
		混水墙	10		
6	清水墙游丁走缝		20	吊线和尺检查，以每层第一皮砖为准	有代表性自然间 10%，但不应少于 3 间，每间不应少于 2 处

2. 配筋砌体

配筋砌体工程除应满足前述要求外，还应符合以下规定：

（1）钢筋的品种、规格和数量应符合设计要求。

（2）设置在砌体水平灰缝中的钢筋应采取防腐措施。

（3）设置在砌体水平灰缝中钢筋的锚固长度不宜小于 50d，且其水平或垂直弯折段的长度不宜小于 20d 和 150mm；钢筋的搭接长度不应小于 55d。

（4）设置在砌体水平灰缝内的钢筋，应居中置于灰缝中。水平灰缝厚度应大于钢筋直径 4mm 以上。砌体外露面砂浆保护层的厚度不小于 15mm。每检验批抽检 3 个构件，每个构件检查 3 处。观察检查，辅以钢尺检测。

（5）网状配筋砌体中，钢筋网及放置间距应符合设计规定。钢筋规格检查钢筋网成品，钢筋网放置间距局部剔缝观察，或用探针刺入灰缝内检查，或用钢筋位置测定仪测定。钢筋网沿砌体高度位置超过设计规定一皮砖厚不得多于 1 处。

（6）组合砖砌体构件，竖向受力钢筋保护层应符合设计要求。距砖砌体表面距离不应小于 5mm；拉结钢筋两端应设弯钩，拉结筋及箍筋的位置应正确。钢筋保护层应符合设计要求；拉结筋位置及弯钩设置 80% 及以上符合要求，箍筋间距超过规定者，每件不多于 2 处，且每处不得超过一皮砖。

（7）配筋砌体剪力墙中，采用搭接接头的受力钢筋搭接长度不应少于 $35d$，且不应少于 300mm。

3. 填充墙砌筑质量要求

砌筑填充墙时，常采用空心砖、蒸压加气混凝土砌块、轻骨料混凝土小型空心砌块等块材。

蒸压加气混凝土砌块、轻骨料混凝土小型空心砌块砌筑时，其产品龄期应超过 28d。空心砖、蒸压加气混凝土砌块、轻骨料混凝土小型空心砌块等的运输、装卸过程中，严禁抛掷和倾倒。进场后应按品种规格分别堆放整齐，堆置高度不宜超过 2m。加气混凝土砌块应防止雨淋。砌筑前块材应提前 2d 浇水湿润。蒸压加气混凝土砌块砌筑时，应向砌筑面适量浇水，含水率宜小于 30%。用轻骨料混凝土小型空心砌块或蒸压加气混凝土砌块砌筑墙体时，墙底部应砌烧结普通砖或多孔砖、普通混凝土小型空心砌块、现浇混凝土上翻台等，其高度不宜小于 200mm。

填充墙砌筑尽量采用主规格砌块，减少镶砖，砌筑时应错缝搭砌，蒸压加气混凝土砌块搭砌长度不应小于砌块长度的 1/3；轻骨料混凝土小型空心砌块搭砌长度不应小于 90mm；竖向通缝不应大于 2 皮。

填充墙的水平灰缝厚度和竖向灰缝宽度应正确，烧结空心砖、轻骨料混凝土小型空心砌块砌体的灰缝应为 8～12mm；蒸压加气混凝土砌块砌体当采用水泥砂浆、水泥混合砂浆或蒸压加气混凝土砌块砌筑砂浆时，水平灰缝厚度和竖向灰缝宽度不应超过 15mm；当蒸压加气混凝土砌块砌体采用蒸压加气混凝土砌块粘结砂浆时，水平灰缝厚度和竖向灰缝宽度宜为 3～4mm。

填充墙砌至接近梁、板底时，应留一定空隙。待填充墙砌筑完并至少间隔 14d 后，再将施工空（缝）隙部位补砌挤紧。

填充墙砌体应与主体结构可靠连接，其连接构造应符合设计要求，未经设计同意，不得随意改变连接构造方法。每一填充墙与柱的拉结筋的位置超过一皮块体高度的数量不得多于一处。填充墙与承重墙、柱、梁的连接钢筋，当采用化学植筋的连接方式时，应进行实体检测。锚固钢筋拉拔试验的轴向受拉非破坏承载力检验值应为 6.0kN。抽检钢筋在检验值作用下应基材无裂缝、钢筋无滑移宏观裂损现象；持荷 2min 期间荷载值降低不大于 5%。

填充墙沿墙高每隔 600mm 应与承重墙或柱内预留的 $2\phi6$ 钢筋或钢筋网片拉结，拉结钢筋伸入墙内的长度不应小于 600mm。填充墙砌体一般尺寸的允许偏差应符合表 5-9 的规定。

填充墙砌体一般尺寸的允许偏差 表 5-9

项 次	项 目		允许偏差(mm)	检 验 方 法
1	轴线位移		10	用尺检查
	垂直度	小于或等于 3m	5	用 2m 托线板或吊线、尺检查
		大于 3m	10	
2	表面平整度		8	用 2m 靠尺和楔形塞尺检查
3	门窗洞口高、宽(后塞口)		±5	用尺检查
4	外墙上下窗口偏移		20	用经纬仪或吊线检查

填充墙砌体砂浆饱满度及检验方法应符合表 5-10 的规定。抽检数量：每步架子不少于 3 处，且每处不应少于 3 块。

填充墙砌体砂浆饱满度及检验方法   表 5-10

砌 体 分 类	灰缝	饱满度及要求	检 验 方 法
空心砖砌体	水平	≥80%	采用百格网检查块材底面砂浆的粘结痕迹面积
	垂直	填满砂浆，不得有透明缝、瞎缝、假缝	
加气混凝土砌块和轻骨料混凝土小砌块砌体	水平	≥80%	
	垂直	≥80%	

填充墙砌体留置的拉结钢筋或网片的位置应与块体皮数相符合。拉结钢筋或网片应置于灰缝中，埋置长度应符合设计要求，竖向位置偏差不应超过一皮高度。

4. 石砌体质量要求

石砌体要求上下错缝、内外搭砌，拉结石、丁砌石交错设置。毛石墙拉结石每 0.7m² 墙面不应少于 1 块。砂浆饱满度不应小于 80%。

石砌体的轴线位置及垂直度允许偏差应符合表 5-11 的规定。

石砌体的轴线位置及垂直度允许偏差   表 5-11

项 次	项 目		允许偏差(mm)							检 验 方 法
			毛石砌体		料石砌体					
					毛料石		粗料石		细料石	
			基础	墙	基础	墙	基础	墙	墙、柱	
1	轴线位置		20	15	20	15	15	10	10	用经纬仪和尺检查，或用其他测量仪器检查
2	墙面垂直度	每层		20		20		10	7	用经纬仪、吊线和尺检查，或用其他测量仪器检查
		全高		30		30		25	20	

石砌体一般尺寸允许偏差应符合表 5-12 的规定。

石砌体一般尺寸允许偏差   表 5-12

项次	项 目		允许偏差(mm)							检 验 方 法
			毛石砌体		料石砌体					
			基础	墙	基础	墙	基础	墙	墙、柱	
1	基础和墙砌体顶面标高		±25	±15	±25	±15	±15	±15	±10	用水准仪和尺检查
2	砌体厚度		+30	+20 -10	+30	+20 -10	+15	+10 -5	+10 -5	用尺检查
3	表面平整度	清水墙、柱	—	20	—	20	—	10	5	细料石用 2m 靠尺和楔形塞尺检查，其他用两直尺垂直于灰缝拉 2m 线和尺检查
		混水墙、柱	—	20	—	20	—	15		
4	清水墙水平灰缝平整度							10	5	拉 10m 线和尺检查

5.3.2 砌体工程质量等级

按照施工现场管理水平的高低和工人技术水平，砌体施工质量控制等级应分为三级，并应按表 5-13 划分。

施工质量控制等级　　　　　　　　　　　　　　　　表 5-13

项　目	施工质量控制等级		
	A	B	C
现场质量管理	监督检查制度健全，并严格执行；施工方有在岗专业技术管理人员，人员齐全，并持证上岗	监督检查制度基本健全，并能执行；施工方有在岗专业技术管理人员，人员齐全，并持证上岗	有监督检查制度；施工方有在岗专业技术管理人员
砂浆、混凝土强度	试块按规定制作，强度满足验收规定，离散性小	试块按规定制作，强度满足验收规定，离散性较小	试块按规定制作，强度满足验收规定，离散性大
砂浆拌合	机械拌合；配合比计量控制严格	机械拌合；配合比计量控制一般	机械或人工拌合；配合比计量控制较差
砌筑工人	中级工以上，其中，高级工不少于 30%	高、中级工不少于 70%	初级工以上

5.4　砌体工程冬期施工

《砌体工程施工质量验收规范》GB 50203—2011 规定：当室外日平均气温连续 5d 稳定低于 5℃时，砌体工程应采取冬期施工措施。冬期施工期限以外，当日最低气温低于 0℃时也应采取冬期施工措施。气温根据当地气象资料确定。砌体工程冬期施工应有完整的冬期施工方案。

5.4.1 砌体工程冬期施工的一般规定和要求

地基土有冻胀性时，应在未冻的地基上砌筑，并应防止在施工期间和回填土前地基受冻。冬期施工砂浆试块的留置，除应按常温规定要求外，尚应增加 1 组与砌体同条件养护的试块，用于检验转入常温 28d 的强度。如有特殊需要，可另行增加相应龄期的同条件养护的试块。

1. 砖石砌体冬期施工所用材料规定：

石灰膏、电石膏等应防止受冻，如遭冻结，应经融化后使用；拌制砂浆用砂，不得含有冰块和大于 10mm 的冻结块；砌体用块体不得遭水浸冻。拌和砂浆时，水温不得超过 80℃，砂的温度不得超过 40℃。

2. 冬期施工的一般要求

冬期施工不得使用无水泥拌制的砂浆；砂浆拌制应在暖棚内进行，拌制砂浆温度不低于 5℃，搅拌时间适当延长；冬期施工中，小砌块浇（喷）水湿润应符合下列规定：

（1）烧结普通砖、烧结多孔砖、蒸压灰砂砖、蒸压粉煤灰砖、烧结空心砖、吸水率较大的轻骨料混凝土小型空心砌块在气温高于 0℃条件下砌筑时，应浇水湿润；在气温低于等于 0℃条件下砌筑时，可不浇水，但必须增大砂浆稠度；

（2）普通混凝土小型空心砌块、混凝土多孔砖、混凝土实心砖及薄灰砌筑法的蒸压加气混凝土砌块施工时，不应对其浇（喷）水湿润；

（3）抗震设防烈度为9度的建筑物，烧结普通砖、烧结多孔砖、蒸压粉煤灰砖、烧结空心砖无法浇水湿润时，如无特殊措施，不得砌筑。

应按"三一砌砖法"操作，组砌方式优先采用一顺一丁法；砖石工程冬期施工应以采用掺盐砂浆法为主，对绝缘、装饰等方面有特殊要求的工程，应采用冻结法或其他施工方法；

在施工时和回填土前，均应防止地基遭受冻结；冬期施工中，每日砌筑后，应在砌体表面覆盖草袋等保温材料。

采用砂浆掺外加剂法、暖棚法施工时，砂浆使用温度不得低于5℃。采用暖棚法施工，块体在砌筑时的温度不应低于5℃，距离所砌的结构底面0.5m处的棚内温度也不应低于5℃。采用外加剂法配制的砌筑砂浆，当设计无要求，且最低气温等于或低于－15℃时，砂浆强度等级应较常温施工提高一级。配筋砌体不得采用掺氯盐的砂浆施工。

5.4.2 砖石工程冬期施工方法

1. 掺盐砂浆法

在砌筑砂浆内掺加一定数量的抗冻化学剂，降低水溶液冰点，使砂浆在负温下不冻结，且强度能够继续增长，或在砌筑后慢慢受冻，在冻结前应达到一定的强度（20%以上），解冻后砂浆强度与粘结力仍与常温下一样继续增长，强度损失很小。

掺盐砂浆中的抗冻化学剂有氯化钠、氯化钙、亚硝酸钠、硅酸钠等，以氯化钠应用最广。但氯盐会使砌体析盐，吸湿而降低保温性能，并对钢铁有腐蚀作用，所以常限制用量和使用范围。下列工程严禁采用掺盐砂浆法施工：对装饰材料有特殊要求的建筑物；使用时，相对湿度大于60%的建筑物；接近高压电路的建筑物（如变电站）；热工要求高的建筑物；配筋砌体（指配有受力钢筋）；处于地下水位变化范围以内，以及在水下未设防水保护层的结构。

砂浆中的掺盐量按表5-14规定选用。

砂浆掺盐量（占用水量的百分比）   表5-14

			≥－10	－11～－15	－16～－20
单盐	食盐	砌砖	3	5	7
		砌石	4	7	10
双盐	食盐	砌砖			5
	氯化钙				2

注：掺盐量以无水盐计。

对于配筋砌体，为了防止钢筋锈蚀，应采用亚硝酸钠或硅酸钠等复合外加剂；钢筋也可以涂防锈漆2～3度，以防止锈蚀。

掺盐砂浆施工中，当日最低气温等于或低于－15℃时，砌筑承重砌体的砂浆等级应比常温施工提高一级，当日最低气温低于－20℃时，砌筑工程不宜施工。拌和砂浆时，对原材料进行加热，优先加热水，当水加热不能满足温度要求时，再进行砂子加热。拌和

149

时，其投料顺序是：水和砂先拌和后，再投入水泥，以免较高温度的水与水泥直接接触而产生"假凝"现象。

2. 冻结法

冻结法是将拌和水预先加热，其他材料在拌和前应保持正温，不掺用任何抗冻化学剂。拌和的砂浆，允许在砌筑砌体后遭受冻结。受冻砂浆可获得较大的冻结强度，并随气温的降低冻结强度增加。气温升高，砌体融化，砂浆强度接近于零。气温转入正温后，水泥水化作用又重新进行，砂浆强度继续增长。

冻结法施工适用于对保温、绝缘、装饰等有特殊要求的工程。

冻结法施工注意事项：冻结法的砂浆使用温度不应低于 10℃，当日最低气温高于或等于— 25℃时，对砌筑承重砌体的砂浆强度等级应比常温施工时提高一级，当日最低气温低于— 25℃时，则应提高两级；砌体解冻时，增加了砌体的变形和沉降，对空斗墙、毛石墙、承受侧向力的砌体，以及在解冻期间可能承受振动或动力荷载的砌体结构不宜采用冻结法施工；采用冻结法施工，应会同设计单位制定在施工过程中和解冻期内必要的加固措施。

为保证砌体在解冻时正常沉降、稳定和安全，应遵守下列规定：冻结法宜采用水平分段施工，每日砌筑高度及临时间断处均不得大于 1.2m；砌体水平灰缝不宜大于 10mm；跨度大于 0.7m 的过梁，应采用预制过梁；门窗框上部应留 3～5mm 的空隙，作为化冻后预留沉降量。在解冻期间，应经常对砌体进行观测和检查，如发现裂缝、不均匀下沉等现象时应分析原因并立即采取加固措施。

3. 其他冬期施工法

(1) 暖棚法。暖棚法是利用廉价的保温材料搭设简易结构的保温棚，将砌筑的现场封闭起来，使砌体在正温条件下砌筑和养护。在棚内装热风设备或生炉火，温度不得低于＋5℃，养护时间不少于 3d。主要应用于地下室墙、挡土墙、局部性事故修复的砌体工程。

(2) 蓄热法。蓄热法用于气温在— 5～— 10℃不太寒冷的地区，或初春季节的砌体工程。利用对水、砂等材料的加热，使拌和砂浆在正温度下砌筑，并立即覆盖保温材料，使砌体在正温条件下达到砌体强度的 20%。

5.5 砌体结构施工安全

砌体操作前必须检查操作环境是否符合安全要求，道路是否畅通，机具是否完好、牢固，安全设施和防护用品是否齐全，经检查符合要求后才可施工。

砌基础时应检查和注意基坑土质的变化情况，有无崩裂现象。堆放砖石材料应离槽（坑）边 1m 以上。

墙身砌筑高度超过地坪 1.2m 以上，应搭设脚手架。架上堆放材料不得超过规定荷载标准值，堆放高度不得超过 3 皮侧砖，同一块脚手板上操作人员不得超过 2 人。按规定搭设安全网。

在楼层（特别是预制板面）施工时，堆放机具、砖块等物品不得超过使用荷载，如超过荷载时，必须经过验算采取有效加固措施后，方可进行堆放及施工。

不准站在墙顶上做划线、刮缝及清扫墙面或检查大角垂直等工作。不得用不稳固的工具或物体在脚手板上垫高操作。砍砖时应面向内砍，注意碎砖不能跳出伤人。砌墙时不准在墙顶或架上修整石材，以免振动墙体影响质量或石片掉下伤人。不准徒手移动上墙的石块，以免压破或擦伤手指。不准勉强在超过胸部的墙上进行砌筑，以免将墙体撞倒或砖石失手掉下造成安全事故。

对有部分破裂和脱落危险的砌块，严禁起吊；在吊砌块时，严禁将砌块停留在操作人员上空或在空中整修。砌块吊装时，不得在下一层楼面上进行其他任何工作。卸下砌块时应避免冲击，砌块堆放应尽量靠近楼板的端部，不得超过楼板的承载能力。砌块吊装时，应待砌块放稳后方可松开夹具。

思 考 题

5.1 砌筑用砖有哪几类？强度等级分为哪几个等级？

5.2 砌体工程对砌筑砂浆的材料有哪些基本要求和正确使用方法？

5.3 砌体工程的主要垂直运输设备有哪些？使用条件和优缺点是什么？

5.4 砖砌体在砌筑前有哪些规定？

5.5 砖砌体有哪几种组砌形式？砌筑工艺有哪些要求？

5.6 砖墙临时间断处的接槎方式有哪些？有什么要求？

5.7 什么是"三一"砌法？

5.8 怎样检查砂浆的饱满度？如何检查墙面的平整、垂直情况？

5.9 砖砌体的质量要求有哪些？如何检查？

5.10 简述石砌体的施工工艺及质量要求。

5.11 简述混凝土小砌块的砌筑工艺和质量要求。

5.12 混凝土小砌块出现墙面裂缝的原因有哪些？

5.13 配筋砌体的定义和施工工艺是什么？

5.14 什么叫掺盐砂浆法？什么是冻结法？

5.15 在什么条件下应按冬期施工要求进行砌砖？

第6章 脚手架工程

脚手架是为建筑施工而搭设的上料、堆料、与施工作业用的临时结构架。脚手架是建筑施工中不可缺少的临时设施。脚手架是施工过程中堆放材料和工人进行操作的临时设施，它是为解决在建筑物高部位施工而专门搭设的，用作操作平台、施工作业和运输通道、并能临时堆放施工用材料和机具，它直接影响到工程质量、施工安全和劳动生产率。脚手架在砌筑工程、混凝土工程、装修工程等有着广泛的应用。

按其搭设位置分为外脚手架和里脚手架两大类。外脚手架沿建筑物外围从地面搭起，既可用于外墙砌筑，又可用于外装饰施工，其主要形式有多立杆式、框式、桥式等。多立杆式应用最广，框式次之，桥式应用最少。里脚手架搭设于建筑物内部，每砌完一层墙后，即将其转移到上一层楼面，进行新的一层砌体砌筑，它可用于内外墙的砌筑和室内装饰施工。里脚手架用料少，但装拆频繁，故要求轻便灵活，装拆方便。其结构形式有折叠式、支柱式和门架式等多种。

按照支承部位和支承方式划分为落地式、悬挑式、附墙悬挂式、悬吊式、附着升降式、水平移动式等。落地式脚手架是搭设（支座）在地面、楼面、屋面或其他平台结构之上的脚手架；悬挑式脚手架是采用悬挑方式支固的脚手架，其悬挑方式又有架设于专用悬挑梁上、架设于专用悬挑三角桁架上、架设于由撑拉杆件组合的支挑结构上。其支挑结构有斜撑式、斜拉式、拉撑式和顶固式等多种；附墙悬挂脚手架是在上部或中部挂设于墙体挑挂件上的定型脚手架。悬吊式脚手架是悬吊于悬挑梁或工程结构之下的脚手架；附着升降脚手架（简称"爬架"）附着于工程结构依靠自身提升设备实现升降的悬空脚手架；水平移动式脚手架是带行走装置的脚手架或操作平台架。

按脚手架采用的材料分为：木质、竹质和金属（钢、铝）材料等脚手架；

按其结构形式分为：立杆、框式（门式）、悬吊式和挑梁式等脚手架；

按脚手架的搭拆和移动方式又分为：人工装拆脚手架、附着升降脚手架、整体提升脚手架、水平移动脚手架和升降桥架等脚手架。

对于脚手架的基本要求是：宽度应满足工人操作、材料堆置和运输的需要，脚手架的宽度一般为1.2～2.0m；并保证有足够的强度、刚度和稳定性；构造简单；装拆方便；质量可靠并能多次周转使用。

6.1 外脚手架

搭设于建筑物外部的脚手架称为外脚手架，它既可用于外墙砌筑，又可用于外装饰施工。多层砌体房屋常用的外脚手架结构形式有杆件组合式和框架组合式。杆件组合式脚手架也称多立杆式脚手架，即由杆件和连接件组合而成的脚手架。

钢管脚手架按照连接配件不同分为扣件式钢管脚手架、碗扣式钢管脚手架、盘扣式钢管脚手架等。

6.1.1 扣件式钢管脚手架

扣件式钢管脚手架是指为建筑施工而搭设的、承受荷载的由扣件和钢管等构成的脚手架与支撑架，包含适用于房屋建筑工程和市政工程等施工用落地式单、双排扣件式钢管脚手架、满堂扣件式钢管脚手架、型钢悬挑扣件式钢管脚手架、满堂扣件式钢管支撑架各类脚手架与支撑架，统称脚手架。

按照搭设的构造不同分为单排脚手架和双排脚手架。多立杆式外脚手架由立杆、大横杆、小横杆、斜撑、脚手板等组成，其特点是每步架高可根据施工需要灵活布置，取材方便，钢、木、竹等均可应用，在建筑工程施工中使用最为广泛。它除用作搭设脚手架外，还可以搭设井架、上料平台和栈桥等。扣件式钢管脚手架的特点是：杆配件数量少；装卸方便，利于施工操作；搭设灵活，能搭设高度大；坚固耐用，使用方便。

双排式沿外墙侧设两排立杆，小横杆两端支承在内外二排立杆上，多、高层房屋均可采用，当房屋高度超过50m时，需专门设计。单排式沿墙外侧仅设一排立杆，其小横杆与大横杆连接，另一端承在墙上，仅适用于荷载较小，高度较低（≤25m，墙体有一定强度的多层房屋），如图6-1所示。

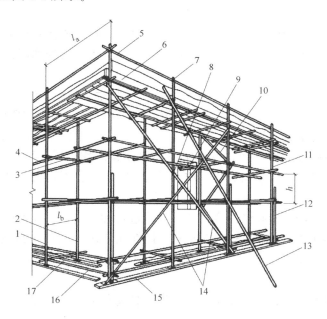

图 6-1 落地式双排脚手架

1—外立杆；2—内立杆；3—横向水平杆；4—纵向水平杆；5—栏杆；6—挡脚板；7—直角扣件；
8—旋转扣件；9—连墙杆；10—横向斜撑；11—主立杆；12—副立杆；13—抛撑；14—剪刀撑；
15—垫板；16—纵向扫地杆；17—横向扫地杆

1. 主要组成部件及作用

扣件式钢管脚手架主要由钢管、扣件、底座、脚手板和安全网等部件组成。

（1）钢管

脚手架钢管应采用现行国家标准《直缝电焊钢管》GB/T 13793 或《低压流体输送用

焊接钢管》GB/T 3091 中规定的 Q235 普通钢管；钢管的钢材质量应符合现行国家标准《碳素结构钢》GB/T 700 中 Q235 级钢的规定。脚手架钢管宜采用 φ48.3×3.6 钢管。每根钢管的最大质量不应大于 25.8kg。

新钢管的检查应符合下列规定：应有产品质量合格证；应有质量检验报告，质量应符合规范的规定；钢管表面应平直光滑，不应有裂缝、结疤、分层、错位、硬弯、毛刺、压痕和深的划道；钢管外径、壁厚、端面等的偏差，应分别符合规范的规定；钢管应涂有防锈漆。旧钢管表面锈蚀深度应符合规范的规定。锈蚀检查应每年一次。检查时，应在锈蚀严重的钢管中抽取三根，在每根锈蚀严重的部位横向截断取样检查，当锈蚀深度超过规定值时不得使用；根据钢管在脚手架中的位置和作用不同，钢管则可分为立杆、纵向水平杆、横向水平杆、连墙杆、剪刀撑、水平斜拉杆等。立杆是平行于建筑物并垂直于地面，是把脚手架荷载传递给基础的受力杆件。纵向水平杆（大横杆）是平行于建筑物并在纵向水平连接各立杆，是承受并传递荷载给立杆的受力杆件。横向水平杆（小横杆）是垂直于建筑物并在横向水平连接内、外排立杆，是承受并传递荷载给立杆的受力杆件。剪刀撑是设在脚手架外侧面并与墙面平行的十字交叉斜杆，可增强脚手架的纵向刚度。连墙杆是连接脚手架与建筑物，既要承受并传递荷载，又可防止脚手架横向失稳的受力杆件。水平斜拉杆是设在连墙杆的脚手架内、外排立杆间的步架平面内的"之"字形斜杆，可增强脚手架的横向刚度。纵向水平扫地杆是连接立杆下端，距底座下皮 200mm 处的纵向水平杆，起约束立杆底端在纵向发生位移的作用。横向水平扫地杆是连接立杆下端，位于纵向水平扫地杆上方处的横向水平杆，起约束立杆底端在横向发生位移的作用。

（2）扣件

采用螺栓紧固的扣接连接件为扣件，是钢管与钢管之间的连接件，包括直角扣件、旋转扣件、对接扣件（图 6-2）。扣件应采用可锻铸铁或铸钢制作，其质量和性能应符合现行国家标准《钢管脚手架扣件》GB 15831 的规定。采用其他材料制作的扣件，应经试验证明其质量符合该标准的规定后方可使用。扣件在螺栓拧紧扭力矩达到 65N·m 时，不得发生破坏。施工时螺栓拧紧扭力矩不应小于 40N·m，也不得大于 65N·m，可用力矩专用扳手。

扣件进入施工现场应检查产品合格证，并应进行抽样复试，技术性能应符合现行国家标准《钢管脚手架扣件》GB 15831 的规定。扣件在使用前应逐个挑选，有裂缝、变形、螺栓出现滑丝的严禁使用。

（3）底座

设于立杆底部的垫座，是用于承受并传递立杆荷载给地基的配件，包括固定底座、可调底座。底座可用钢管与钢板焊接，也可用铸铁制成（图 6-3）。

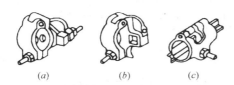

图 6-2　扣件式形式

(a) 回转扣件；(b) 直角扣件；(c) 对接扣

图 6-3　脚手架底座

（4）脚手板

脚手板是提供施工操作条件并承受和传递荷载给纵横水平杆的板件，当设于非操作层时起安全防护作用，可用竹、木、钢等材料制成，单块脚手板的质量不宜大于 30kg。冲压钢脚手板的材质应符合现行国家标准《碳素结构钢》GB/T 700 中 Q235 级钢的规定；木脚手板材质应符合现行国家标准《木结构设计规范》GB 50005 中 IIa 级材质的规定。脚手板厚度不应小于 50mm，两端宜各设置直径不小于 4mm 的镀锌钢丝箍两道；竹脚手板宜采用由毛竹或楠竹制作的竹串片板、竹笆板；竹串片脚手板应符合现行行业标准《建筑施工木脚手架安全技术规范》JGJ 164 的相关规定。

（5）可调托撑

螺杆外径不得小于 36mm，直径与螺距应符合现行国家标准《梯型螺纹》GB/T 5796.2、GB/T 5796.3 的规定。可调托撑的螺杆与支托板焊接应牢固，焊缝高度不得小于 6mm；可调托撑螺杆与螺母旋合长度不得少于 5 扣，螺母厚度不得小于 30mm。可调托撑抗压承载力设计值不应小于 40kN，支托板厚不应小于 5mm。

（6）安全网

设置安全网是保证施工安全和减少灰尘、噪声、光污染的措施，安全网包括立网和平面网两部分。

2. 搭设方案与构造要点

钢管外脚手架分双排和单排两种搭设方案。

（1）单排脚手架

单排脚手架仅在外侧有立杆，其横向水平杆的一端与纵向水平杆或立杆相连，另一端则搁在内侧的墙上。单排脚手架的整体刚度差，承载力低，不宜用于墙体厚度小于或等于 180mm、建筑物高度超过 24m、空斗砖墙、加气块墙等轻质墙体。其脚手眼的位置应按砌体工程施工质量验收规范的要求留设。常用密目式安全立网全封闭式单排脚手架的设计尺寸应按表 6-1 采用。

常用密目式安全立网全封闭式单排脚手架的设计尺寸（m）　　　　　　表 6-1

连墙件设置	立杆横距 l_b	步距 h	下列荷载时的立杆纵距 l_a(m)		脚手架允许搭设高度 $[H]$
			2＋0.35(kN/m²)	3＋0.35(kN/m²)	
二步三跨	1.20	1.5	2.0	1.8	24
		1.80	1.5	1.2	24
	1.40	1.5	1.8	1.5	24
		1.80	1.5	1.2	24
三步三跨	1.20	1.5	2.0	1.8	24
		1.80	1.2	1.2	24
	1.40	1.5	1.8	1.5	24
		1.80	1.2	1.2	24

注：1. 表中所示 2＋2＋2×0.35(kN/m²)，包括下列荷载：2＋2(kN/m²) 为二层装修作业层施工荷载标准值；2×0.35(kN/m²) 为二层作业层脚手板自重荷载标准值。

　　2. 作业层横向水平杆间距，应按不大于 $l_a/2$ 设置。

　　3. 地面粗糙度为 B 类，基本风压 w_0＝0.4kN/m²。

（2）双排脚手架

双排脚手架在里外两侧均设有立杆，稳定性好，但较单排脚手架费工费料，双排脚手架搭设高度不宜超过 50m，高度超过 50m 的双排脚手架，应采用分段搭设等措施，且需经过承载力的校核计算。常用密目式安全立网全封闭式双排脚手架的设计尺寸应按表 6-2 采用。

常用密目式安全立网全封闭式双排脚手架的设计尺寸（m）　　　表 6-2

连墙件设置	立杆横距 l_b	步距 h	下列荷载时的立杆纵距 l_a(m)				脚手架允许搭设高度 $[H]$
			2+0.35 (kN/m²)	2+2+2×0.35 (kN/m²)	3+0.35 (kN/m²)	3+2+2×0.35 (kN/m²)	
二步三跨	1.05	1.5	2.0	1.5	1.5	1.5	50
		1.80	1.8	1.5	1.5	1.5	32
	1.30	1.5	1.8	1.5	1.5	1.5	50
		1.80	1.8	1.2	1.5	1.2	30
	1.55	1.5	1.8	1.5	1.5	1.5	38
		1.80	1.8	1.2	1.5	1.2	22
三步三跨	1.05	1.5	2.0	1.5	1.5	1.5	43
		1.80	1.8	1.2	1.5	1.2	24
	1.30	1.5	1.8	1.5	1.5	1.2	30
		1.80	1.8	1.2	1.5	1.2	17

1）立杆接长。当立杆采用搭接接长时，搭接长度不应小于 1m，并应采用不少于 2 个旋转扣件固定。两相邻立杆的接头位置不应设在同一步距内，同步内隔一根立杆的两个相隔接头在高度方向应错开的距离不小于 500mm，且与相近的纵向水平杆距离不应大于 1/3 步距；立杆与纵向水平杆必须用直角扣件扣紧，不得隔步设置或遗漏；脚手架立杆顶端栏杆宜高出女儿墙上端 1m，宜高出檐口上端 1.5m；每根立杆均应设置底座或垫板。端部扣件盖板的边缘至杆端距离不应小于 100mm。

2）脚手架必须设置纵、横向扫地杆。纵向扫地杆应采用直角扣件固定在距底座上皮不大于 200mm 处的立杆上，横向扫地杆亦应采用直角扣件固定在紧靠纵向扫地杆下方的立杆上。当立杆基础不在同一高度上时，必须将高处的纵向扫地杆向低处延长两跨与立杆固定，高低差不应大于 1m。靠边坡上方的立杆轴线到边坡的距离不应小于 500mm（图 6-4）。

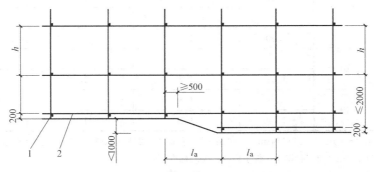

图 6-4　纵、横向扫地杆构造
1—横向扫地杆；2—纵向扫地杆

3）纵向水平杆（大横杆）设于横向水平杆之下，立杆内侧，其长度不宜少于三跨；纵向水平杆接长宜采用对接扣件连接，也可采用搭接。纵向水平杆的对接扣件应交错布置，即两根相邻纵向水平杆的接头不宜布置在同步或同跨内；不同步或不同跨两个相邻接头在水平方向错开的距离不应小于 500mm；各接头中心至最近主节点的距离不宜大于纵距的 1/3（图6-5）。搭接长度不应小于 1m，应等间距设置 3 个旋转扣件固定，端部扣件盖板边缘至搭接纵向水平杆杆端的距离不应小于 100mm，当使用冲压钢脚手板、木脚手板、竹串片脚手板时，纵向水平杆应作为横向水平杆的支座，用直角扣件与立杆扣紧，当使用竹笆脚手板时，纵向水平杆应采用直角扣件固定在横向水平杆上，并应等间距设置，间距不应大于 400mm（图6-6）。相邻步距的大横杆应错开布置在立杆的内侧和外侧，以减少立杆偏心受载情况。

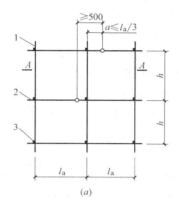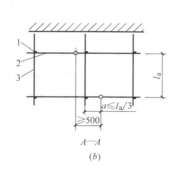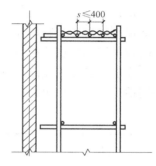

图 6-5　纵向水平杆对接接头布置
（a）接头不在同步内；（b）接头不在同跨内（平面）
1—立杆；2—纵向水平杆；3—横向水平杆

图 6-6　铺竹笆脚手板时
纵向水平杆的构造

4）横向水平杆（小横杆）贴近立杆布置，搭于大横杆之上并用直角扣件扣紧，在相邻立杆之间根据需要加设 1 根或 2 根，在任何情况下，均不得拆除贴近立杆的小横杆。主节点处必须设置一根横向水平杆，用直角扣件扣接且严禁拆除。

单排脚手架的横向水平杆不应设置在下列部位：设计上不允许留脚手眼的部位；过梁上与过梁两端呈 60°角的三角形范围内及过梁净跨度 1/2 的高度范围内；宽度小于 1m 的窗间墙；梁或梁垫下及其两侧各 500mm 的范围内；砖砌体的门窗洞口两侧 200mm 和转角处 450mm 的范围内，其他砌体的门窗洞口两侧 300mm 和转角处 600mm 的范围内；墙体厚度小于或等于 180mm；独立或附墙砖柱、空斗砖墙、加气块墙等轻质墙体；砌筑砂浆强度等级小于或等于 M2.5 的砖墙。

5）双排脚手架应设剪刀撑与横向斜撑。每道剪刀撑跨越立杆的根数宜按表6-3的规定确定；每道剪刀撑宽度不应小于 4 跨，且不应小于 6m，斜杆与地面倾角为 45°～60°；当单、双排架高小于等于 24m，在侧立面的两端均应设置剪刀撑，并由底至顶连续设置（图6-7）；当双排架高大于 24m 时，剪刀撑应在外侧立面整个长度和高度上连续设置；剪刀撑应用旋转扣件与立杆或横向水平杆的伸出端扣牢，连接点距脚手架节点不大于 150mm；剪刀撑斜杆的接长宜采用搭接，搭接长度不小于 1m，并用旋转扣件固定在与之相交的横向水平杆的伸出端或立杆上，旋转扣件中心线至主节点的距离不宜大于 150mm。

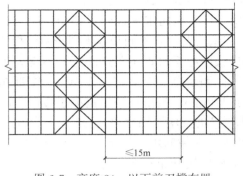

图 6-7　高度 24m 以下剪刀撑布置

横向斜撑应在同一节间，由底至顶层呈"之"字形连续布置，一字形、开口形脚手架的两端均必须设置横向斜撑；高度在 24m 以下封闭型双排脚手架可不设横向斜撑，高度在 24m 以上封闭型脚手架，除拐角应设置横向斜撑外，中间应每隔 6 跨设置一道。

剪刀撑跨越立杆的最多根数　　　　表 6-3

剪刀撑斜杆与地面倾角 α	45°	50°	60°
剪刀撑跨越立杆的最多根数	7	6	5

6）为了防止脚手架外倾，应设置连墙件，它还可以增强立杆的纵向刚度。连墙件的数量和间距除满足设计的要求外，尚应符合表 6-4 的规定，一字形、开口形脚手架的两端必须设置连墙件，连墙件的垂直间距不应大于建筑物的层高，并不应大于 4m。对高度在 24m 以下的单、双排脚手架，宜采用刚性连墙件与建筑物可靠连接，亦可采用拉筋和顶撑配合使用的附墙连接方式。严禁使用仅有拉筋的柔性连墙件。高度超过 24m 的双排脚手架连墙杆必须采用刚性连接。连墙杆必须采用可承受拉力和压力的构造，采用拉筋必须采用顶撑，顶撑应可靠的顶在混凝土圈梁、柱等结构部位。

连墙杆布置最大间距　　　　　　　　　　　　　　表 6-4

脚手架高度		竖向间距(h)	水平间距(l_a)	每根连墙杆覆盖面积（m²）
双排	≤50m	$3h$	$3l_a$	≤40
	>50m	$2h$	$3l_a$	≤27
单排	≤24m	$3h$	$3l_a$	≤40

注：h 为步距，l_a 为纵距。

7）当脚手架下部暂不能设连墙件时可搭设抛撑。抛撑应采用通长杆件与脚手架可靠连接，与地面的倾角应在 45°～60° 之间；连接点中心至主节点的距离不应大于 300mm。抛撑应在连墙件搭设后方可拆除。架高超过 40m 且有风涡流作用时，应采取抗上升翻流作用的连墙措施。

8）脚手板一般应设置在 3 根横向水平杆上。当板长小于 2m 时，允许设置在 2 根横向水平杆上，但应将板两端可靠固定，以防倾翻；自顶层操作层往下计，宜每隔 12m 满铺一层脚手板，作业层脚手板应满铺、铺稳，离墙 120～150mm。

9）操作层必须设置高 1.20m 的防护栏杆和高 0.18m 的挡脚板，搭设在外排立杆的内侧（图 6-8）。

10）洞口脚手架处理单、双排脚手架门洞宜采用上升斜杆、平行旋杆桁架结构形式（图 6-9），当步距（h）

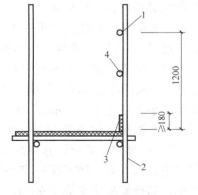

图 6-8　栏杆与挡脚板构造

1—上栏杆；2—外立杆；
3—挡脚板；4—中栏杆

小于纵距（l_a）时，应采用 A 型；斜杆与地面的倾角应在 45°～60° 之间，当步距（h）大于纵距（l_a）时，应采用 B 型，并应符合下列规定：

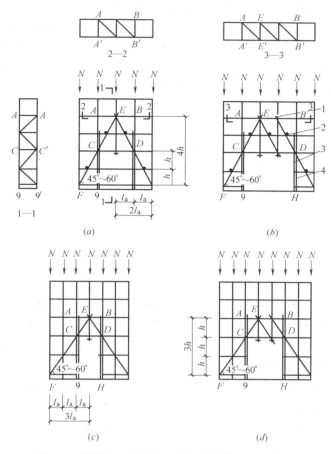

图 6-9 门洞处上升斜杆、平行旋杆桁架结构形式
(a) 挑空一根立杆（A 型）；(b) 挑空二根立杆（A 型）；
(c) 挑空一根立杆（B 型）；(d) 挑空二根立杆（B 型）；
1—防滑扣件；2—增设的横向水平杆；3—副立杆；4—主立杆

$h=1.8$m 时，纵距不应大于 1.5m；$h=2.0$m 时，纵距不应大于 1.2m。单排脚手架过窗洞构造如图 6-10 所示。

11）脚手架的自重及其上的施工荷载均由脚手架基础传至地基。为使脚手架保持稳定、牢固和安全，必须要有一个牢固可靠的脚手架基础。当将脚手架架设在深基础外侧的填土层上时，压实填土地基应符合现行国家标准《建筑地基基础设计规范》GB 50007 的相关规定；灰土地基应符合现行国家标准《建筑地基基础工程施工质量验收规范》GB 50202 的相关规定。立杆垫板或底座底面标高宜高于自然地坪 50～100mm。

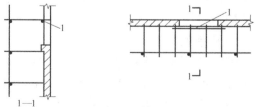

图 6-10 单排脚手架过窗洞构造
1—增设的纵向水平杆

12）脚手板的设置。作业层脚手板应铺满、铺稳、铺实；冲压钢脚手板、木脚手板、

竹串片脚手板等，应设置在三根横向水平杆上。当脚手板长度小于2m时，可采用两根横向水平杆支承，但应将脚手板两端与横向水平杆可靠固定，严防倾翻。脚手板的铺设应采用对接或搭接铺设的方法。脚手板对接平铺时，接头处应设两根横向水平杆，脚手板外伸长度为130～150mm，两个脚手板外伸长度的和不应大于300mm，竹芭脚手板应按竹筋垂直纵向水平杆方向铺设，且应对接平铺，四个角应用直径不小于1.2mm的镀锌钢丝固定在纵向水平杆上。脚手板搭接铺设时，脚手板搭接部位应支在横向水平杆上，搭接长度不小于200mm，伸出水平杆长度不小于100mm（图6-11）。

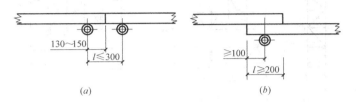

图6-11　脚手板对接、搭接构造
（a）脚手板对接；（b）脚手板搭接

3. 搭设顺序

杆件搭设顺序是：放置纵向水平扫地杆→逐根树立立杆→安装横向水平扫地杆→安装第一步纵向水平杆→安装第一步横向水平杆→安装第二步纵向水平杆→安装第二步横向水平杆→加设临时斜抛撑→安装第三、四步纵横向水平杆→安装连墙杆、接长立杆，加设剪刀撑→铺设脚手板→挂安全网。

脚手架必须配合施工进度搭设，一次搭设高度不应超过相邻连墙杆以上两步。每搭完一步脚手架后，应按规范校正步距、纵距、横距及立杆的垂直度。底座、垫板均应准确地放在定位线上；垫板宜采用长度不少于2跨、厚度不小于50mm的木垫板，也可采用槽钢。开始搭设立杆时，应每隔6跨设置一根抛撑，直至连墙件安装稳定后，方可根据情况拆除；当搭置有连墙件的构造点时，在搭设完该处的立杆、纵向水平杆、横向水平杆后，应立即设置连墙件；当脚手架施工层高出连墙件二步时，应采取临时稳定措施，直到上一层连墙件搭设完后方可根据情况拆除；在封闭型脚手架的同一步中，纵向水平杆应四周交圈，用直角扣件与内外角部立杆固定；双排脚手架横向水平杆的靠墙一端至墙装饰面的距离不宜大于100mm；剪刀撑、横向斜撑搭设应随立杆、纵向和横向水平杆等同步搭设。

4. 脚手架拆除

脚手架拆除应按专项方案施工，拆除前应全面检查脚手架的扣件连接、连墙件、支撑体系等是否符合构造要求；应根据检查结果补充完善脚手架专项方案中的拆除顺序和措施，经审批后方可实施；拆除前应对施工人员进行交底；应清除脚手架上杂物及地面障碍物。

拆架时应划出工作区标志和设置围栏，并派专人看守，严禁行人进入。单、双排脚手架拆除作业必须由上而下逐层进行，严禁上下同时作业；连墙件必须随脚手架逐层拆除，严禁先将连墙件整层或数层拆除后再拆脚手架；分段拆除高差大于两步时，应增设连墙件加固。

当脚手架拆至下部最后一根长立杆的高度约 6.5m 时，应先在适当位置搭设临时抛撑加固后，再拆除连墙件。当单、双排脚手架采取分段、分立面拆除时，对不拆除的脚手架两端，应先按规定设置连墙件和横向斜撑加固。

架体拆除作业应设专人指挥，当有多人同时操作时，应明确分工、统一行动，且应具有足够的操作面。

卸料时各构配件严禁抛掷至地面；运至地面的构配件应按本规范的规定及时检查、整修与保养，并应按品种、规格分别存放。

5. 扣件式钢管脚手架的计算

当脚手架不具有稳定不变的结构和缺少必要的连墙杆时，脚手架将会产生倾斜变形甚至倾倒，当受弯杆件超载时，将会产生过大的弯曲变形并引起立杆的侧向变形，当受压杆件丧失稳定时，将会导致脚手架整体塌倒，而脚手架的基础不牢时，将使其难以正常地承受荷载作用，并加速上述问题的产生。因此，高度超过规定高度的脚手架，必须专门设计，以确保使用安全。

（1）荷载计算

作用于脚手架的荷载可分为永久荷载与可变荷载。

1）永久荷载可分为脚手架结构自重、构配件自重。

脚手架结构自重，包括立杆、纵向水平杆、横向水平杆、剪刀撑、横向斜撑和扣件等的自重；构配件自重，包括脚手板、栏杆、挡脚板、安全网等防护设施的自重。每米立杆承受的结构自重标准值，宜按表 6-5 采用，冲压钢脚手板、木脚手板与竹串片脚手板自重标准值应按表 6-6 采用，栏杆与挡脚板自重标准值，应按表 6-7 采用，常用构配件与材料、人员的自重按表 6-8 采用，脚手架上吊挂的安全设施（安全网、苇席、竹笆及帆布等）的荷载应按实际情况采用。

$\phi 48 \times 3.5$ 钢管脚手架每米立杆承受的结构自重标准值 g_k（kN/m）　　表 6-5

步距（m）	脚手架类型	纵距（m）				
		1.2	1.5	1.8	2.0	2.1
1.20	单排	0.1581	0.1723	0.1865	0.1958	0.2004
	双排	0.1489	0.1611	0.1734	0.1815	0.1856
1.35	单排	0.1473	0.1601	0.1732	0.1818	0.1861
	双排	0.1379	0.1491	0.1601	0.1674	0.1711
1.50	单排	0.1384	0.1505	0.1626	0.1706	0.1746
	双排	0.1291	0.1394	0.1495	0.1562	0.1596
1.80	单排	0.1253	0.1360	0.1467	0.1539	0.1575
	双排	0.1161	0.1248	0.1337	0.1395	0.1424
2.00	单排	0.1195	0.1298	0.1405	0.1471	0.1504
	双排	0.1094	0.1176	0.1259	0.1312	0.1338

注：双排脚手架每米立杆承受的结构自重标准值是指内、外立杆的平均值；单排脚手架每米立杆承受的结构自重标准值是按双排脚手架外立杆等值采用；当采用 $\phi 51 \times 3$ 钢管时，每米立杆承受的结构自重标准值可按表中数值乘以 0.96 采用。

脚手板自重标准值　　表 6-6		栏杆与挡脚板自重标准值　　表 6-7	
类　别	标准值(kN/m²)	类　别	标准值(kN/m²)
冲压钢脚手板	0.3	栏杆、冲压钢脚手板挡板	0.11
竹串片脚手板	0.35	栏杆、竹串片脚手板挡板	0.14
木脚手板	0.35	栏杆、木脚手板挡板	0.14

常用构配件与材料、人员的自重　　　　　　　　表 6-8

名　　称	单　位	自　　重	备　　注
扣件：直角扣件		13.2	
旋转扣件	N/个	14.6	—
对接扣件		18.4	
人	N	800～850	—
灰浆车、砖车	kN/辆	2.04～2.05	—
普通砖 240mm×115mm×53mm	kN/m³	18～19	684 块/m³，湿
灰砂砖	kN/m³	18	砂：石灰＝92：8
瓷面砖 150mm×150mm×8mm	kN/m³	17.8	5556 块/m³
陶瓷锦砖(马赛克)δ＝5mm	kN/m³	0.12	
石灰砂浆、混合砂浆	kN/m³	17	
水泥砂浆	kN/m³	20	
素混凝土	kN/m³	22～24	
加气混凝土	kN/块	5.5～7.5	
泡沫混凝土	kN/m³	4～6	

2）可变荷载可分为施工荷载，包括作业层上的人员、器具和材料的自重；风荷载。

装修与结构脚手架作业层上的施工均布活荷载标准值应按表 6-9 采用；其他用途脚手架的施工均布活荷载标准值应根据实际情况确定。

施工均布活荷载标准值　　　　　　　　　　　　表 6-9

类　　别	标准值(kN/m²)
装修脚手架	2
结构脚手架	3

注：斜道均布荷载标准值不应低于 2kN/m²。

3）作用于脚手架上的水平风荷载标准值，应按下式计算：

$$w_k = 0.7\mu_z\mu_s w_0 \tag{6-1}$$

式中　w_k——风荷载标准值（kN/m²）；

μ_z——风压高度变化系数按现行国家标准《建筑结构荷载规范》采用；

μ_s——脚手架风荷载体型系数，按表 6-10 采用；

w_0——基本风压（kN/m²），按现行国家标准《建筑结构荷载规范》采用。

脚手架风荷载体型系数 μ_s　　　　　　　　　　表 6-10

背靠建筑物的状况		全封闭墙	敞开、框架和开洞墙
脚手架状况	全封闭、半封闭	1.0φ	1.3φ
	敞开	k_{stw}	

注：k_{stw} 值可将脚手架视为桁架，按现行国家标准《建筑结构荷载规范》的规定采用；φ 为挡风系数，$t = \dfrac{1.2A_n}{A_w}$，

其中 A_n 为挡风面积；A_w 为迎风面积；敞开式单、双排脚手架的 φ 值宜按表 6-11 采用。

敞开式单、双排扣件式钢管脚手架的挡风系数 φ 值 （Φ48×3.5mm）　　表 6-11

步距(m)	纵距(m)			
	1.2	1.5	1.8	2.0
1.2	0.115	0.105	0.099	0.097
1.35	0.110	0.100	0.093	0.091
1.5	0.105	0.095	0.089	0.087
1.8	0.099	0.089	0.083	0.080
2.0	0.096	0.086	0.080	0.077

注：当采用 Φ51×3 钢管时，表中系数乘以 1.06。

设计脚手架的承重构件时，应根据使用过程中可能出现的荷载取其最不利组合进行计算，荷载效应组合宜按表 6-12 采用。

荷载效应组合　　表 6-12

计 算 项 目	荷载效应组合
纵向、横向水平杆强度与变形	永久荷载＋施工均布活荷载
脚手架立杆稳定	永久荷载＋施工均布活荷载
	永久荷载＋0.85(施工均布活荷载＋风荷载)
连墙件承载力	单排架，风荷载＋3.0kN
	双排架，风荷载＋5.0kN

（2）基本设计规定

脚手架的承载能力应按概率极限状态设计法的要求，采用分项系数设计表达式进行设计。可只进行下列设计计算：纵向、横向水平杆等受弯构件的强度和连接扣件的抗滑承载力计算；立杆的稳定性计算；连墙件的强度、稳定性和连接强度的计算；立杆地基承载力计算。

计算构件的强度、稳定性与连接强度时，应采用荷载效应基本组合的设计值。永久荷载分项系数应取 1.2，可变荷载分项系数应取 1.4。

脚手架中的受弯构件，尚应根据正常使用极限状态的要求验算变形。验算构件变形时，应采用荷载短期效应组合的设计值。

当纵向或横向水平杆的轴线对立杆轴线的偏心距不大于 55mm 时，立杆稳定性计算中可不考虑此偏心距的影响。

扣件、底座的承载力设计值应按表 6-13 采用。

扣件、底座的承载力设计值 （kN）　　表 6-13

项 目	承载力设计值
对接扣件(抗滑)	3.20
直角扣件、旋转扣件(抗滑)	8.00
底座(抗压)	40.00

注：扣件螺栓拧紧力矩值不应小于 40kN·m，且不应大于 65kN·m。

受弯构件的挠度不应超过表 6-14 中规定的容许值。

构 件 类 别	容许挠度 $[v]$
脚手板,纵向、横向水平杆	$l/500$ 与 10mm
悬挑受弯杆件	$l/400$

受弯构件的容许挠度　　　　　表 6-14

注：l 为受弯构件的跨度。

受压、受拉构件的长细比不应超过表 6-15 中规定的容许值。

受压、受拉构件的容许长细比　　　　　表 6-15

构 件 类 型		容许长细比 $[\lambda]$
立　　杆	双排架	210
	单排架	230
横向斜撑、剪刀撑中的压杆		250
拉杆		350

注：计算 λ 时，立杆的计算长度按式（6-6）计算但 k 值取 1.00，本表中其他杆件的计算长度 l_0 按 $l_0=kl=1.27l$ 计算。

（3）纵向水平杆、横向水平杆计算

1）纵向水平杆、横向水平杆的抗弯强度应按下式计算：

$$w=\frac{M}{W}\leqslant f \qquad (6-2)$$

式中　M——弯矩设计值；

　　　　W——截面模量；

　　　　f——钢材的抗弯强度设计值。

2）纵向水平杆、横向水平杆弯矩设计值应按下式计算：

$$M=1.2M_{GK}+1.4\sum M_{QK} \qquad (6-3)$$

式中　M_{GK}——脚手板自重标准值产生的弯矩；

　　　　M_{QK}——施工荷载标准值产生的弯矩。

3）纵向水平杆、横向水平杆的挠度应符合下式规定：

$$v\leqslant[v] \qquad (6-4)$$

式中　v——挠度

　　　　$[v]$——容许挠度

计算纵向水平杆、横向水平杆的内力与挠度时，纵向水平杆宜按三跨连续梁计算，计算跨度取纵距 l_a；横向水平杆宜按简支梁计算，计算跨度可按图 6-12 采用；双排脚手架的横向水平杆的构造外伸长度 $a=500$ 时，其外伸长度 a_1 可取 300mm。

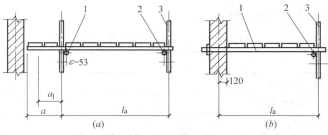

图 6-12　横向水平杆计算跨度
(a) 双排脚手架；(b) 单排脚手架
1—横向水平杆；2—纵向水平杆；3—立杆

164

4）纵向或横向水平杆与立杆连接时，其扣件的抗滑承载力应符合下式规定：

$$R \leqslant R_C \tag{6-5}$$

式中　R——纵向或横向水平杆传给立杆的竖向作用力设计值；

　　　R_C——扣件抗滑承载力设计值，按表 6-13 采用

（4）立杆计算

1）立杆计算长度应按下式计算：

$$l_0 = nkh \tag{6-6}$$

式中　k——计算长度附加系数，其值取 1.155；

　　　n——考虑脚手架整体稳定因素的单杆计算长度系数，应按表 6-16 采用；

　　　h——立杆步距。

脚手架立杆的计算长度系数　　　　　　表 6-16

类　别	立杆横距（m）	连墙件布置	
		二步三跨	三步二跨
双排架	1.05	1.50	1.70
	1.30	1.55	1.75
	1.55	1.60	1.80
单排架	≤1.50	1.80	2.00

2）立杆段的轴向力设计值 N，应按下列公式计算：

不组合风荷载时：

$$N = 1.2(N_{G1K} + N_{G2K}) + 1.4 \sum N_{QK} \tag{6-7}$$

组合风荷载时：

$$N = 1.2(N_{G1K} + N_{G2K}) + 0.85 \times 1.4 \sum N_{QK} \tag{6-8}$$

式中　N_{G1K}——脚手架结构自重标准值产生的轴向力；

　　　N_{G2K}——构配件自重标准值产生的轴向力；

　　　$\sum N_{QK}$——施工荷载标准值产生的轴向力总合，内、外立杆可按一纵距（跨）内施工荷载总和的 1/2 取值。

3）由风荷载设计值产生的立杆段弯矩 M_W，可按下式计算：

$$M_W = 0.85 \times 1.4 M_{WK} = \frac{0.85 \times 1.4 k_K l_a h^2}{10} \tag{6-9}$$

式中　M_{WK}——风荷载标准值产生的弯矩；

　　　k_K——风荷载标准值；

　　　l_a——立杆纵距。

4）立杆的稳定性应按下列公式计算：

不组合风荷载时：

$$\frac{N}{zA} \leqslant f \tag{6-10}$$

组合风荷载时：

$$\frac{N}{zA} + \frac{M_w}{W} \leqslant f \tag{6-11}$$

式中　N——计算立杆段轴向力设计值；

z——轴心受压构件的稳定系数，应根据长细比 λ 按表 6-15 取值，当 $\lambda > 250$ 时，$z = \dfrac{7320}{s^2}$；

λ——长细比，$s = \dfrac{l_0}{i}$；

l_0——计算长度；

i——截面回转半径；

A——立杆的截面面积；

M_w——计算立杆段由风荷载设计值产生的弯矩；

f——钢材的抗压强度设计值。

立杆稳定性计算部位的确定应注意，当脚手架搭设尺寸采用相同的步距、立杆纵距、立杆横距和连墙件间距时，应计算底层立杆段；当脚手架搭设尺寸中的步距、立杆纵距、立杆横距和连墙件间距有变化时，除计算底层立杆段外，还必须对出现最大步距或最大立杆纵距、立杆横距和连墙件间距等部位的立杆段进行验算。

5）当立杆采用单管时，敞开式、全封闭、半封闭脚手架的可搭设高度 H_S，应按下列公式计算并取小者。当在基本风压等于或小于 0.35kN/m^2 的地区，对于仅有栏杆和挡脚板的敞开式脚手架，当每个连墙点覆盖的面积不大于 30m^2，构造符合规范规定时，验算脚手架立杆的稳定性，可不考虑风荷载作用。

不组合风荷载时：

$$H_S = \frac{zAf - (1.2N_{G2K} + 1.4\sum N_{QK})}{1.2g_k} \tag{6-12}$$

组合风荷载时：

$$H_S = \frac{zAf - \left\{ 1.2N_{G2K} + 0.85 \times 1.4 \left(\sum N_{QK} + \frac{M_{WK}}{W} zA \right) \right\}}{1.2g_k} \tag{6-13}$$

式中　H_S——按稳定计算的搭设高度；

g_k——每米立杆承受的结构自重标准值（kN/m）；

当计算的脚手架搭设高度 H_S 等于或大于 26m 时，可按下式调整且不宜超过 50m；

$$[H] = \frac{H_S}{1 + 0.001 H_S} \tag{6-14}$$

式中　$[H]$——脚手架搭设高度限值（m）。

（5）连墙件计算

连墙件的强度、稳定性和连接强度应按现行国家标准《冷弯薄壁型钢结构技术规范》、《钢结构设计规范》、《混凝土结构设计规范》等的规定计算。

1）连墙件的轴向力设计值应按下式计算：

$$N_l = N_{lw} + N_0 \tag{6-15}$$

式中　N_l——连墙件轴向力设计值（kN）；

N_{lw}——风荷载产生的连墙件轴向力设计值；

N_0——连墙件约束脚手架平面外变形所产生的轴向力（kN），单排架取 3，双排架取 5。

2）由风荷载产生的连墙件的轴向力设计值，应按下式计算：

$$N_{lw} = 1.4 \cdot k_k \cdot A_w \tag{6-16}$$

式中 A_w——每个连墙件的覆盖面积内脚手架外侧面的迎风面积。

3）扣件连墙件的连接扣件应按式（6-4）验算抗滑承载力。

4）螺栓、焊接连墙件与预埋件的设计承载力应大于扣件抗滑承载力设计值 R_C。

（6）立杆地基承载力计算

立杆基础底面的平均压力应满足下式的要求：

$$p \leqslant f_g \tag{6-17}$$

式中 p——立杆基础底面的平均压力，$p = \dfrac{N}{A}$；

N——上部结构传至基础顶面的轴向力设计值；

A——基础底面面积；

f_g——地基承载力设计值。$f_g = t_c \cdot f_{gk}$，其中 t_c 为脚手架地基承载力调整系数，对碎石土、砂土、回填土应取 0.4；对黏土应取 0.5；对岩石、混凝土应取 1.0。f_{gk} 为地基承载力标准值，应按现行国家标准《建筑地基基础设计规范》的规定采用。对搭设在楼面上的脚手架，应对楼面承载力进行验算。

6.1.2 碗扣式钢管脚手架

采用碗扣方式连接的钢管脚手架称为碗扣式钢管脚手架。碗扣式钢管脚手架是一种新型承插式钢管脚手架，独创了带齿碗扣接头，具有拼拆迅速省力，结构稳定可靠，配备完善，通用性强，承载力大，安全可靠，易于加工，不易丢失，便于管理，易于运输，应用广泛等特点。

1. 主要组成部件及作用

碗扣式钢管脚手架的杆配件按其用途可分为主构件、辅助构件、专用构件三类。

（1）主构件

主构件主要有立杆、顶杆、横杆、单横杆、斜杆、底座等。其中脚手架立杆碗扣节点应按 0.6m 模数设置，并在其顶端焊接立杆焊接管制成，用作脚手架的垂直承力杆。顶杆即顶部立杆，在顶端设有立杆的连接管，以便在顶端插入托撑，用作支撑架（柱）、物料提升架等顶端的垂直承力杆。横杆由一定长度的钢管两端焊接横杆接头制成，用于立杆横向连接管或框架水平承力杆。单横杆仅在钢管一端焊接横杆接头，用作单排脚手架横向水平杆。斜杆在 $\phi48mm \times 3.5mm$ 钢管两端铆接斜杆接头制成，用于增强脚手架的稳

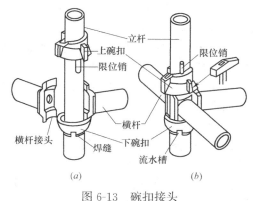

图 6-13 碗扣接头
(a) 连接前；(b) 连接后

定强度，提高脚手架的承载力，斜杆应尽量布置在框架节点上。碗扣接头参见图 6-13。

底座由 150mm×150mm×8mm 的钢板在中心焊接连接杆制成，安装在立杆的根部，用作防止立杆下沉并将上部荷载分散传递给地基的构件。可调底座及可调托撑丝杆与螺母捏合长度不得少于 4～5 扣，插入立杆内的长度不得小于 150mm。

立杆连接外套管壁厚不得小于 3.5mm，内径不大于 50mm，外套管长度不得小于

160mm，外伸长度不小于110mm。杆件的焊接应在专用工具上进行，各焊接部位应牢固可靠，焊缝高度不小于3.5mm。

（2）辅助构件

辅助构件是用于作业面及附壁拉结等的杆部件。主要由间墙杆、架梯、连墙撑组成。间墙杆是用以减少支撑间距和支撑挑头脚手板的构件，架梯是用于作业人员上下脚手架的通道，连墙撑是用以防止脚手架倒塌和增强稳定性的构件。

（3）专用构件

专用构件是用作专门用途的杆部件。主要由悬挑架、提升滑轮组成。

2. 构造要点

碗扣节点构成：由上碗扣、下碗扣、立杆、横杆接头和上碗扣限位销组成。立杆和顶杆上的下碗扣是固定的，上碗扣则对应套在立杆上可沿立杆上下滑动。安装时将上碗扣的缺口对准限位销后，即可将上碗扣抬起（沿立杆向上滑动），把横杆接头插入下碗扣圆槽内，随后将上碗扣沿限位销滑下并沿顺时针方向旋转以扣紧横杆接头，与立杆牢固地连接在一起，形成框架结构。在碗扣节点上同时安装1～4个横杆，上碗扣均应能锁紧。立杆与立杆连接的连接孔处应能插入ϕ12mm连接销。

双排脚手架应根据使用条件及荷载要求选择结构设计尺寸，横杆步距宜选用1.8m，廊道宽度（横距）宜选用1.2m，立杆纵向间距可选择不同规格的系列尺寸。曲线布置的双排外脚手架组架时，应按曲率要求使用不同长度的内外横杆组架，曲率半径应大于2.4m。双排外脚手架拐角为直角时，宜采用横杆直接组架；拐角为非直角时，可采用钢管扣件组架。

连墙杆的设置应符合下列规定：连墙杆与脚手架立面及墙体应保持垂直，每层连墙杆应在同一平面，水平间距应不大于4跨；连墙杆应设置在有廊道横杆的碗扣节点处，采用钢管扣件做连墙杆时，连墙杆应采用直角扣件与立杆连接，连接点距碗扣节点距离应≤150mm；连墙杆必须采用可承受拉、压荷载的刚性结构。当连墙件竖向间距大于4m时，连墙件内外立杆之间必须设置廊道斜杆或十字撑。

脚手板设置应符合下列规定：钢脚手板的挂钩必须完全落在廊道横杆上，并带有自锁装置，严禁浮放；平放在横杆上的脚手板，必须与脚手架连接牢靠，可适当加设间横杆，脚手板探头长度应小于150mm；作业层的脚手板框架外侧应设挡脚板及防护栏，护栏应采用二道横杆。

3. 搭设顺序

杆件搭设顺序是：立杆底座→立杆→横杆→斜杆→连墙件→接关锁紧→脚手板→上层立杆→立杆连接销→横杆。

搭设中应注意调整架体的垂直度，最大偏差不得超过10mm；脚手架应随建筑物升高而随时搭设，但不应超过建筑物2个步架。

4. 搭设要求

底座和垫板应准确地放置在定位线上；垫板宜采用长度不少于2跨，厚度不小于50mm的木垫板；底座的轴心线应与地面垂直。脚手架搭设每次上升高度不大于3m。底层水平框架的纵向直线度应≤$L/200$；横杆间水平度应≤$L/400$。脚手架的搭设应分阶段进行，第一阶段的摺底高度一般为6m，搭设后必须经检查验收后方可正式投入使用。脚手架的搭设应与建筑物的施工同步上升，每次搭设高度必须高于即将施工楼层1.5m。脚手架全高的垂直度应小于$L/500$；最大允许偏差应小于100mm。

脚手架内外侧加挑梁时，挑梁范围内只允许承受人行荷载，严禁堆放物料。连墙件必须随架子高度上升及时在规定位置处设置，严禁任意拆除。

作业层设置应符合下列要求：必须满铺脚手板，外侧应设挡脚板及护身栏杆；护身栏杆可用横杆在立杆的 0.6m 和 1.2m 的碗扣接头处搭设两道；作业层下的水平安全网应按《安全技术规范》规定设置

采用钢管扣件作加固件、连墙件、斜撑时应符合《建筑施工扣件式钢管脚手架安全技术规范》JGJ 130—2011 的有关规定。脚手架搭设到顶时，应组织技术、安全、施工人员对整个架体结构进行全面的检查和验收，及时解决存在的结构缺陷。

5. 拆除

应全面检查脚手架的连接、支撑体系等是否符合构造要求，经按技术管理程序批准后方可实施拆除作业。脚手架拆除前现场工程技术人员应对在岗操作工人进行有针对性的安全技术交底。其他要求见扣件式脚手架。

6.2 门式框架组合式脚手架

以门架、交叉支撑、连接棒、挂扣式脚手板、锁臂、底座等组成基本结构，再以水平加固杆、剪刀撑、扫地杆加固，并采用连墙件与建筑物主体结构相连的一种定型化钢管脚手架（图 6-14），又称门式脚手架。门式脚手架的其他构件，包括连接棒、锁臂、交叉支撑、挂扣式脚手板、底座、托座。（图 6-15、图 6-16）。

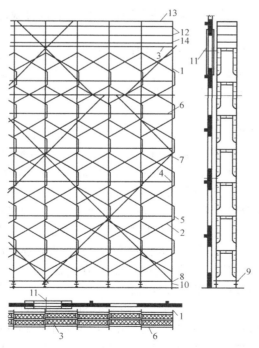

图 6-14　门式钢管脚手架组成

1—门式脚手架；2—交叉支撑；3—脚手板；4—连接棒；5—锁臂；6—水平架；7—水平加固杆；
8—剪刀撑；9—扫地杆；10—封口杆；11—底座；12—连墙件；13—栏杆；14—扶手

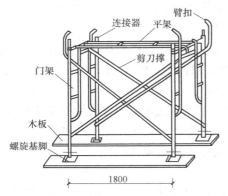

图 6-15 门式脚手架的基本组合单元

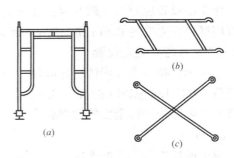

图 6-16 门式脚手架主要部件
(a) 门架; (b) 水平梁架; (c) 剪刀撑

门式框架组合脚手架的主要特点是尺寸标准，结构合理，承载力高，装拆容易，安全可靠，并可调节高度，特别适用于搭设使用周期短或频繁周转的脚手架。但由于组装件接头大部分不是螺栓紧固性的连接，而是插销或扣搭形式的连接，因此搭设较高大或荷重较大的支架时，必须附加钢管拉结紧固，否则会摇晃不稳。

门式脚手架的搭设高度 H：当施工荷载标准值为 $3\sim5kN/m^2$ 时，$H\leqslant45m$；当施工荷载小于等于 $3kN/m^2$ 时，$H\leqslant60m$。当架高为 $19\sim38m$ 时，可三层同时操作；当架高小于等于 $17m$ 时，可四层同时操作。

1. 搭设要点

剪刀撑、水平梁架、脚手板、连接棒和锁臂的位置应符合规范要求；不同型号的门架与配件严禁混合使用。

门架安装应自一端向另一端延伸，并逐层改变搭设方向，不得相对进行。搭完一步架后，应按规范要求检查并调整其水平度与垂直度。剪刀撑、水平梁架、脚手板应紧随门架的安装及时设置，连接门架与配件的锁臂、搭钩必须处于锁住状态。水平梁架或脚手板应在同一步内连续设置，脚手板应满铺。

底层钢梯的底部应加设钢管并用扣件扣紧在门架的立杆上，钢梯的两侧均应设置扶手，每段梯可跨越两步或三步架再行转折。栏板（杆）、挡脚板应设置在脚手架操作层外侧、门架立杆的内侧。加固杆、剪刀撑必须与脚手架同步搭设；水平加固杆应设于门架立杆内侧。剪刀撑应设于门架立杆外侧并连牢。

连墙杆的搭设必须随脚手架搭设同步进行，严禁滞后设置或搭设完毕后补做；连墙件应连于上、下两榀门架的接头附近，且垂直于墙面、锚固可靠。当脚手架操作层高出相邻连墙件以上两步时，应采用确保脚手架稳定的临时拉结措施，直到连墙件搭设完毕后方可拆除。

脚手架应沿建筑物周围连续、同步搭设升高，在建筑物周围形成封闭结构；如不能封闭时，在脚手架两端应按规范要求增设连墙件。

上下榀门架立杆应在同一轴线位置上，门架立杆轴线的对接偏差不应大于 2mm。门式脚手架的内侧立杆离墙面净距不宜大于 150mm；当大于 150mm 时，应采取内设挑架板或其他隔离防护的安全措施。门式脚手架顶端栏杆宜高出女儿墙上端或檐口上端 1.5m。

2. 搭设顺序

铺放垫木→拉线放底座→自一端立门架，并随即装剪刀撑→装水平梁架→装梯子→装通长的大横杆→装设连墙杆→插上连接棒→安装上一部门架→装上锁臂→按上述步骤逐层向上安装→装加强整体刚度的长剪刀撑→装设顶部栏杆。

门式框架组合脚手架是国际上应用最为普遍的脚手架之一，已形成系列产品，不仅可用来搭设外脚手架、里脚手架、满堂脚手架，还可用于搭设模板支撑架、垂直运输井字架等。

3. 门式脚手架的搭设要求

门式钢管脚手架的搭设高度一般不超过 45m，每 5 层至少应架设水平架一道，垂直和水平方向每隔 4~6m 应设一扣墙管（水平连接器）与外墙连接，整幅脚手架的转角应用钢管通过扣件扣紧在相邻两个门式框架上。施工荷载限定为：均布荷载 1.8kN/m²，或作用于脚手板跨中的集中荷载 2.0kN。

门式脚手架架设超过 10 层，应加设辅助支撑，一般在高 8~11 层门式框架之间，宽在 5 个门式框架之间，加设一组，使部分荷载由墙体承受（图 6-17）。

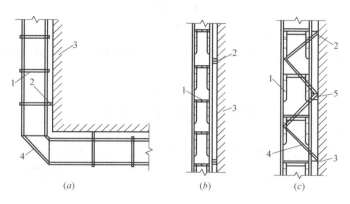

图 6-17　门式钢管脚手架的加固处理
(a) 转角用钢管扣紧；(b) 用附墙管与墙体锚固；(c) 用钢管与墙撑紧
1—门式脚手架；2—附墙管；3—墙体；4—钢管；5—混凝土板

门式脚手架剪刀撑的设置必须符合下列规定：当门式脚手架搭设高度在 24m 及以下时。在脚手架的转角处、两端及中间间隔不超过 15m 的外侧立面必须各设置一道剪刀撑。并应由底至顶连续设置；当脚手架搭设高度超过 24m 时。在脚手架全外侧立面上必须设置连续剪刀撑；对于悬挑脚手架，在脚手架全外侧立面上必须设置连续剪刀撑。

剪刀撑的构造应符合下列规定：剪刀撑斜杆与地面的倾角宜为 45°~60°；剪刀撑应采用旋转扣件与门架立杆扣紧；剪刀撑斜杆应采用搭接接长，搭接长度不宜小于 1000mm，搭接处应采用 3 个及以上旋转扣件扣紧；每道剪刀撑的宽度不应大于 6 个跨距，且不应大于 10m；也不应小于 4 个跨距，且不应小于 6m。设置连续剪刀撑的斜杆水平间距宜为 6~8m。

门式脚手架应在门架两侧的立杆上设置纵向水平加固杆，并应采用扣件与门架立杆扣紧。水平加固杆设置应符合下列要求：在顶层、连墙件设置层必须设置；当脚手架每步铺设挂扣式脚手板时，至少每 4 步应设置一道，并宜在有连墙件的水平层设置；当脚手架搭设高度小于或等于 40m 时，至少每两步门架应设置一道；当脚手架搭设高度大于 40m 时，每步门架应设置一道；在脚手架的转角处、开口型脚手架端部的两个跨距内，每步门架应设置一道；悬挑脚手架每步门架应设置一道；在纵向水平加固杆设置层面上应连续设置。

门式脚手架的底层门架下端应设置纵、横向通长的扫地杆。纵向扫地杆应固定在距门

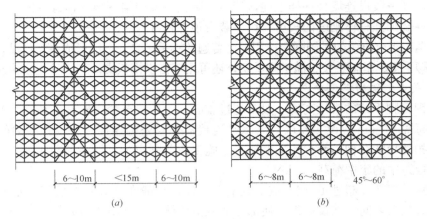

图 6-18 剪刀撑设置示意图

(a) 搭设高度≤24m；(b) 搭设高度>24m

架立杆底端不大于 200mm 处的门架立杆上，横向扫地杆宜固定在紧靠纵向扫地杆下方的门架立杆上。

6.3 升降式脚手架

升降式脚手架是沿结构外表面搭设的脚手架，是外脚手架的一种，在结构和装饰装修工程施工中应用较为方便，近年来在高层建筑及筒仓、竖井、桥墩等施工中发展了多种形式的外挂脚手架。

升降式脚手架主要特点有：①脚手架不需满搭，只搭设满足施工操作及安全各项要求的高度；②地面不需做支承脚手架的坚实地基，也不占施工场地；③脚手架及其上承担的荷载传给与之相连的结构，对这部分结构的强度有一定要求；④随施工进程，脚手架可随之沿外墙升降，结构施工时由下往上逐层提升，装修施工时由上往下逐层下降。

升降式脚手架包括附着升降脚手架、悬挑式脚手架、悬吊式脚手架和整体升降式等几种脚手架。

6.3.1 附着式升降脚手架

附着升降脚手架（亦称爬架）是指搭设一定高度并附着于工程结构上，依靠自身的升降设备和装置，可随工程结构逐层爬升或下降，具有防倾覆、防坠落装置的外脚手架。

附着式升降脚手架的组成结构，一般由竖向主框架、水平支撑桁架和架体构架等三部分组成。附着式升降脚手架架体结构主要组成部分，垂直于建筑物外立面，并与附着支承结构连接。主要承受和传递竖向和水平荷载的竖向框架。附着式升降脚手架架体结构的组成部分，主要承受架体竖向荷载，并将竖向荷载传递送至竖向主框架的水平结构。采用钢管杆件搭设的位于相邻两竖向主框架之间和水平支撑桁架之上的架体，是附着式升降脚手架架体结构的组成部分，也是操作人员作业场所。

附着升降脚手架的分类有多种方式。按附着支承形式可分为悬挑式、吊拉式、导轨式、导座式等；按升降动力类型可分为电动、手拉葫芦、液压等；按控制方式可分为人工控制、自动控制等；按爬升方式可分为套管式、悬挑式、互爬式和导轨式等。按升降方式可分为：单片式、整体式等。整体式附着升降脚手架有三个以上提升装置的连跨升降的附着式升降脚手架；单片式附着升降脚手架仅有两个提升装置并独自升降的附着升降脚手架。

附着升降脚手架适用于高层、超高层建筑物或高耸构筑物，使用时必须进行专门设计，并编制安全施工方案，经施工单位技术负责人审核和监理审批后实施。附着式升降脚手架架体结构高度不应大于 5 倍楼层高；架体宽度不应大于 1.2m；直线布置的架体支承跨度不应大于 7m，折线或曲线布置的架体，相邻两主框架支承点处架体外侧距离不得大于 5.4m；架体的水平悬挑长度不得大于 2m，且不得大于跨度的 1/2。架体全高与支承跨度的乘积不应大于 110m²。架体悬臂高度不得大于架体高度的 2/5，且不得大于 6m。

附着式升降脚手架应在附着支承结构部位设置与架体高度相等的与墙面垂直的定型的竖向主框架，竖向主框架应采用桁架或刚架结构，其杆件连接的节点应采用焊接或螺栓连接，并应与水平支承桁架和架体结构构成有足够强度和支撑刚度的空间几何不变体系的稳定结构。竖向主框架结构构造如图 6-19 所示。

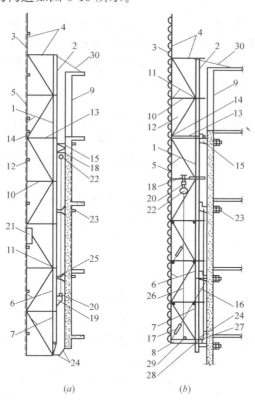

图 6-19　两种不同竖向主框架的架体断面构造图
(a) 竖向主框架为单片式；(b) 竖向主框架为空间桁架式
1—竖向主框架；2—导轨；3—密目安全网；4—架体；5—剪刀撑（45°～60°）；6—立杆；7—水平支承桁架；
8—竖向主框架底座托盘；9—正在施工层；10—架体横向水平杆；11—架体纵向水平杆；12—防护栏杆；
13—脚手板；14—作业层挡脚板；15—附墙支座（含导向、防倾装置）；16—吊拉杆（定位）；17—花篮螺栓；
18—升降上吊挂点；19—升降下吊挂点；20—荷载传感器；21—同步控制装置；22—电动葫芦；23—锚固螺栓；
24—底部脚手板及密封翻板；25—定位装置；26—升降钢丝绳；27—导向滑轮；
28—主框架底座托座与附墙支座临时固定连接点；29—升降滑轮；30—临时拉结

竖向主框架可采用整体结构或分段对接式结构。结构形式应为竖向桁架或门形刚架式等。各杆件的轴线应汇交于节点处，并应采用螺栓或焊接连接，如不交汇于一点，必须进行附加弯矩验算。当架体升降采用中心吊时，在悬臂梁行程范围内竖向主框架内侧水平杆去掉部分的断面，应采取可靠的加固措施。

主框架内侧应设有导轨；竖向主框架宜采用单片式主框架（图 6-19a）或可采用空间桁架式主框架（图 6-19b）。

在竖向主框架的底部应设置水平支承桁架，其宽度与主框架相同，平行于墙面，其高度不宜小于 1.8m。水平支承桁架各杆件的轴线应相交于节点上，并宜用节点板构造连接，节点板的厚度不得小于 6mm。

附墙支座应采用锚固螺栓与建筑物连接，受拉螺栓的螺母不得少于 2 个或应采用弹簧垫片加单螺母，螺杆露出螺母端部的长度不应少于 3 扣，且不得小于 10mm，垫板尺寸应由设计确定，且不得小于 100mm×100mm×10mm；附墙支座支承在建筑物上连接处混凝土的强度应按设计要求确定，但不得小于 C10。

水平支承桁架最底层应设置脚手板，并应铺满铺牢，与建筑物墙面之间也应设置脚手板全封闭，宜设置翻转的密封翻板。在脚手板的下面应用安全网兜底。

当水平支承桁架不能连续设置时，局部可采用脚手架杆件进行连接，但其长度不得大于 2.0m，并且必须采取加强措施，确保其强度和刚度不得低于原有的桁架。

物料平台应单独搭设，其荷载应直接传递给建筑工程结构，不得与附着式升降脚手架各部位和各结构构件相连。

架体外立面应沿全高连续设置剪刀撑，并应将竖向主框架、水平支承桁架和架体连成一体，剪刀撑的水平夹角应为 45°～60°；应与所覆盖架体构架上每个主节点的立杆或横向水平杆伸出端扣紧；悬挑端应以竖向主框架为中心成对设置对称斜拉杆，其水平夹角不应小于 45°。

附着式升降脚手架应采用安全防护措施，架体外侧必须用密目式安全立网，密目式安全立网的网目不应低于 2000 目/100cm²，且应可靠固定在架体上；作业层外侧应设置 1.2m 高的防护栏杆和 180mm 高的挡脚板。

6.3.2 悬挑式脚手架

悬挑式脚手架是利用建筑结构边沿向外伸出的悬挑结构来支承外脚手架，将脚手架的荷载全部或部分传递给建筑结构。悬挑脚手架的关键是悬挑支承结构，它必须有足够的强度、稳定性和刚度，并能将脚手架的荷载传递给建筑结构。悬挑脚手架的支撑结构形式有三种：①悬挂式挑梁（图 6-20a），型钢一端固定在结构上，另一端用拉杆或拉绳拉结到结构的可靠部位上。拉杆（绳）应有收紧措施，以便在收紧以后承担脚手架荷载。②下撑式挑梁（图 6-20b），其挑梁受拉。③桁架式挑梁（图 6-20c），通常采用型钢制作，其上弦杆受拉，与结构连接采用受拉结构；下弦杆受压，与结构连接采用支顶构造。桁架式挑梁与结构墙体之间还可以采用螺栓连接做法。螺栓穿于刚性墙体的预留孔洞或预埋套管中，可以方便地拆除和重复使用。

6.3.3 悬吊式脚手架

悬吊式脚手架是通过特设的支承点，利用吊索悬吊吊架或吊篮进行砌筑或装修工程操

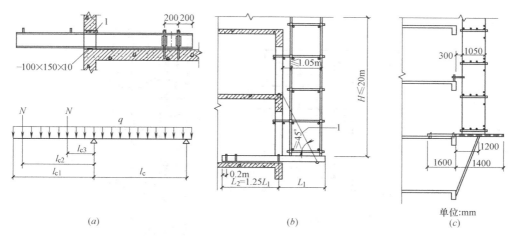

图 6-20 挑梁（架）形式

(*a*) 悬挂式挑梁；(*b*) 斜拉式挑梁；(*c*) 斜撑式挑梁

作的一种脚手架。其主要组成部分为：吊架（包括桁架式工作台）或吊篮、支承设施（包括支承挑架和挑梁）、吊索（包括钢丝绳、铁链、钢筋）及升降装置等。对于高层建筑的外装修作业和平时的维修保养，都是一种极为方便、经济的脚手架形式。

吊架或吊篮的形式有：桁架式工作台、框式钢管吊架、小型吊篮和组合吊篮。框式钢管吊架主要适用于外装修工程，在屋面上设置悬吊点，用钢丝绳吊挂框架。

悬吊脚手架的悬吊结构应根据工程结构情况和脚手架的用途而定。普遍采用的是在屋顶上设置挑梁（架）；用于高大厂房的内部施工时，则可悬吊在屋架或大梁之下；亦可搭设专门的构架来悬挂吊篮。一般要求在屋顶上设置挑梁或挑架必须保证其抵抗力矩大于倾覆力矩的 3 倍。在屋顶上设置的电动升降车采用动力驱动时，其抵抗力矩应大于倾覆力矩的四倍。

吊架的升降方法是悬吊脚手架使用中最重要的环节。选择采用任何升降方法，都必须注意以下事项：①具有足够的提升能力，能确保吊篮（架）平稳地升降；②要有可靠的保险措施，确保使用安全；③提升设备易于操作并可靠；④提升设备便于装拆和运输。

6.3.4 整体升降式脚手架

在超高层建筑的主体施工中，整体升降式脚手架有明显的优越性，它结构整体好、升降快捷方便、机械化程度高、经济效益显著，是一种很有推广使用价值的超高建（构）筑外脚手架，已被建设部列入重点推广的新技术之一。

整体升降式外脚手架以电动倒链为提升机，使整个外脚手架沿建筑物外墙或柱整体向上爬升。搭设高度依建筑物施工层的层高而定，一般取建筑物标准层 4 个层高加 1 步安全栏的高度为架体的总高度。脚手架为双排，宽以 0.8～1m 为宜，里排杆离建筑物净距 0.4～0.6m。脚手架的横杆和立杆间距都不宜超过 1.8m，可将 1 个标准层高分为 2 步架，以此步距为基数确定架体横、立杆的间距。架体设计时可将架子沿建筑物外围分成若干单元，每个单元的宽度参考建筑物的开间而定，一般在 5～9m 之间，如图 6-21 所示。

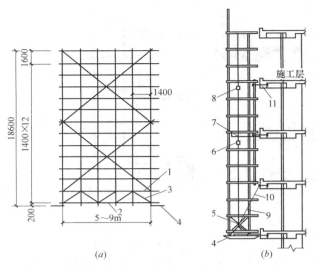

图 6-21　整体升降式脚手架

(*a*) 立面图；(*b*) 侧面图

1—上弦杆；2—下弦杆；3—承力桁架；4—承力架；5—斜撑；6—电动捯链；
7—挑梁；8—捯链；9—花篮螺栓；10—拉杆；11—螺栓

另有一种液压提升整体式的脚手架—模板组合体系（图 6-22），它通过设在建（构）筑内部的支承立柱及立柱顶部的平台桁架，利用液压设备进行脚手架的升降，同时也可升降建筑的模板。

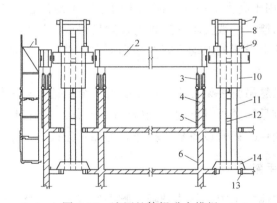

图 6-22　液压整体提升大模板

1—吊脚手；2—平台桁架；3—手拉捯链；4—墙板；5—大模板；6—楼板；7—支承挑架；8—提升支承杆；
9—千斤顶；10—提升导向架；11—支承立柱；12—连接板；13—螺栓；14—底座

6.4　里 脚 手 架

搭设于建筑物内部用于砌筑内、外墙体的脚手架称为里脚手架。里脚手架在每砌筑完一个楼层的墙体后，就将其转移到上一层楼上去重新搭设。由于里脚手架装拆频繁，故要求其结构轻便灵活、装拆方便。里脚手架也可采用杆件组合式脚手架或门式钢管脚手架，一般多采用工具式里脚手架。

常用的工具式里脚手架有折叠式、支柱式、门架式等。当采用里脚手架砌筑外墙时，必须在墙外架设安全网，以确保施工安全。

下面介绍几种常用的里脚手架。

1. 折叠式里脚手架

图 6-23 为钢管（筋）折叠式里脚手架，采用钢管或钢筋制成，横向水平杆铺脚手板，其构造与架设间距根据脚手板的长度确定。图 6-24 为角钢折叠式里脚手架，采用角钢制成，上铺脚手板。脚手架架设间距：砌筑时小于 1.8m；装修时小于 2.20m。角钢脚手架可搭设两步，第一步为 1m，第二步为 1.65m。脚手架每个重约 18kg，以方便工人搬运和移动。

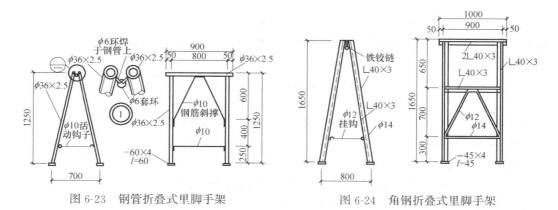

图 6-23　钢管折叠式里脚手架　　　　　图 6-24　角钢折叠式里脚手架

2. 支柱式里脚手架

支柱式里脚手架由支柱及横杆组成，上铺脚手板，其架设间距：砌筑时小于 2m；装修时小于 2.50m。

图 6-25 为套管式支柱，搭设时插管插入立杆中，以销孔间距调节高度，插管顶端的"∐"形支托搁置方木横杆用以铺设脚手板，架设高度为 1.57～2.17m。图 6-26 中的承插式钢管支柱，架设高度为 1.2m、1.6m、1.9m，搭设第三步时要加销钉以保安全。

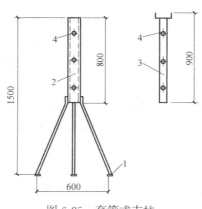

图 6-25　套管式支柱

1—支脚；2—立管；3—插管；4—销孔

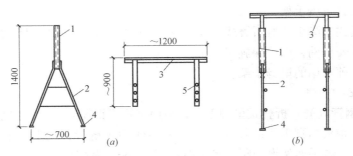

图 6-26　承插式钢管支柱

(a) A 形支架与门架；(b) 安装示意

1—立管；2—支脚；3—门架；4—垫板；5—销孔

此外还有马凳式里脚手架、伞脚折叠式里脚手架、梯式支柱里脚手架、门架式里脚手架以及平台架、移动式脚手架等里脚手架，广泛用于各种室内砌筑及装饰工程。

6.5　脚手架的安全技术与管理

脚手架所用材料和加工质量必须符合规定要求，不得使用不合格品。确保脚手架具有稳定的结构和足够的承载力。普通脚手架的构造应符合有关规定。

当脚手架搭设符合以下条件时应由施工单位编写脚手架安全专项施工方案：搭设高度24m 及以上的落地式钢管脚手架工程、附着式整体和分片提升脚手架工程、悬挑式脚手架工程、吊篮脚手架工程、新型及异型脚手架工程。

当脚手架工程满足以下条件时，应由施工单位编写专项安全施工方案，并由施工总承包单位组织召开专家论证会议，搭设高度 50m 及以上落地式钢管脚手架工程，提升高度150m 及以上附着式整体和分片提升脚手架工程，架体高度 20m 及以上悬挑式脚手架工程。

认真处理好地基，确保地基具有足够的承载力，避免脚手架发生整体或局部沉降。严格按要求搭设脚手架，搭设完毕应进行质量检查和验收，合格后才能使用。严格控制使用荷载，确保有较大的安全储备。

扣件式钢管脚手架安装与拆除人员必须是经考核合格的专业架子工。架子工应持证上岗。搭拆脚手架人员必须戴安全帽、系安全带、穿防滑鞋。

脚手架的构配件质量与搭设质量，应按规范的规定进行检查验收，并应确认合格后使用。钢管上严禁打孔。

作业层上的施工荷载应符合设计要求，不得超载。不得将模板支架、缆风绳、泵送混凝土和砂浆的输送管等固定在架体上；严禁悬挂起重设备，严禁拆除或移动架体上安全防护设施。

满堂支撑架在使用过程中，应设有专人监护施工，当出现异常情况时，应立即停止施工，并应迅速撤离作业面上人员。应在采取确保安全的措施后，查明原因、做出判断和处理。满堂支撑架顶部的实际荷载不得超过设计规定。当在脚手架使用过程中开挖脚手架基础下的设备基础或管沟时，必须对脚手架采取加固措施。

脚手板应铺设牢靠、严实，并应用安全网双层兜底。施工层以下每隔 10m 应用安全网封闭。单、双排脚手架、悬挑式脚手架沿架体外围应用密目式安全网全封闭，密目式安全网宜设置在脚手架外立杆的内侧，并应与架体绑扎牢固。临街搭设脚手架时，外侧应有防止坠物伤人的防护措施。

夜间不宜进行脚手架搭设与拆除作业，如必须作业要有可靠的安全保护措施。在脚手架使用期间，严禁拆除下列杆件：主节点处的纵、横向水平杆，纵、横向扫地杆；连墙件。满堂脚手架与满堂支撑架在安装和拆除过程中，应采取防倾覆的临时固定措施。搭拆脚手架时，地面应设围栏和警戒标志，并应派专人看守，严禁非操作人员入内。当有六级以上强风、浓雾、雨或雪天气时应停止脚手架搭设与拆除作业。雨、雪后上架作业应有防滑措施，并应扫除积雪。

在脚手架上进行电、气焊作业时，应有防火措施和专人看守。工地临时用电线路的架设及脚手架接地、避雷措施等，应按现行行业标准《施工现场临时用电安全技术规范》JGJ46 的有关规定执行。

思　考　题

6.1　对于脚手架工程有什么要求？

6.2　在工程应用中脚手架有哪几种常用形式？

6.3　扣件式钢管脚手架的基本构造是怎样的？

6.4　扣件式钢管脚手架的搭设有哪些要求？

6.5　扣件式钢管脚手架怎样计算？

6.6　碗扣式钢管脚手架的构造是怎样的？

6.7　碗扣式钢管脚手架的搭设有什么要求？

6.8　门式脚手架的形式是怎样的？

6.9　门式脚手架是如何搭设的？

6.10　附着式脚手架的升降过程是怎样的？

6.11　整体升降式脚手架的升降过程是怎样的？

6.12　里脚手架有哪些种类？

6.13　脚手架施工中在安全上有哪些要求？

第7章 结构安装工程

结构安装工程的任务是有效地完成装配式结构构件的安装，并使之达到设计的要求。结构安装工程是装配式结构施工中的主导工程，其主要特点是：

(1) 预制构件的类型和质量直接影响吊装进度和工程质量。

(2) 正确选用起重机是完成吊装任务的关键。

(3) 应对构件进行吊装强度和稳定性验算。

(4) 高空作业多，应加强安全技术措施。

7.1 起重机械

结构安装工程常用的起重机械有：履带式起重机、汽车式起重机、轮胎式起重机、桅杆式起重机和塔式起重机等。

7.1.1 履带式起重机

履带式起重机（图 7-1）主要由行走机构、回转机构、机身及起重臂等部分组成。履带式起重机的特点是操纵灵活，机身可回转 360°，在一般平整坚实的场地上可以负荷行驶和吊装作业。广泛应用于装配式单层工业厂房的结构吊装中。缺点是稳定性较差，不宜超负荷吊装。目前常用的履带式起重机型号有，国产的 W_1-50、W_1-100、W_1-200、KH-180。履带式起重机外形尺寸见表 7-1。

履带式起重机外形尺寸 (mm)   表 7-1

符号	名 称	型 号			
		W_1-50	W_1-100	W_1-200	KH-180
A	机身尾部到回转中心距离	2900	3300	4500	4000
B	机身宽度	2700	3120	3200	3080
C	机身顶部到地面高度	3220	3675	4125	3080
D	机身底部距地面高度	1000	1045	1190	1065
E	起重臂下铰点中心距地面高度	1555	1700	2100	1700
F	起重臂下铰点中心至回转中心距离	1000	1300	1600	900
G	履带长度	3420	4005	4950	5400
M	履带架宽度	2850	3200	4050	4300/3300
N	履带板宽度	550	675	800	760
J	行走底架距地面高度	300	275	390	360
K	机身上部支架距地面高度	3480	4170	6300	5470

1. 履带式起重机技术性能

履带式起重机主要技术性能包括三个主要参数：起重量 Q、起重半径 R 和起重高度 H。这三个参数互相制约，其数值的变化取决于起重臂的长度及其仰角的大小。每一种型号的起重机都有几种臂长，如起重机仰角不变，随着起重臂的增长，起重半径 R 和起重

180

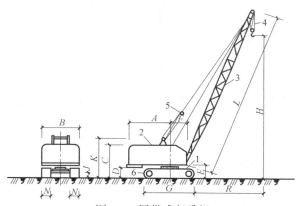

图 7-1　履带式起重机

1—地盘；2—机棚；3—起重臂；4—起重滑轮组；5—变幅滑轮组；6—履带；
A、B……外形尺寸符号；L—起重臂长度；H—起升高度；R—工作幅度

高度 H 增加，而起重量 Q 减小。如臂长不变，随起重仰角的增大，起重量 Q 和起重高度 H 增大，而起重半径 R 减小。

　　履带式起重机的主要技术性能可查有关手册中的起重机性能表或起重机性能曲线。表 7-2 列有 W_1-50、W_1-100、W_1-200 履带式起重机性能。

履带式起重机技术性能参数　　　　　　　　　　表 7-2

参　　数		单位	型　　号							
			W_1-50			W_1-100				W_1-200	
起重臂长度		m	10	18	18带鸟嘴	13	23	27	30	15	30	40
最大起重半径		m	10.0	17.0	10.0	12.5	17.0	15.0	15.0	15.5	22.5	30.0
最小起重半径		m	3.7	4.5	6	4.23	6.5	8.0	9.0	4.5	8.0	10.0
起重量	最小起重半径时	t	10.0	7.5	2.0	15.0	8.0	5.0	3.6	50.0	20.0	8.0
	最大起重半径时	t	2.6	1.0	1.0	3.5	1.7	1.4	0.9	8.2	4.3	1.5
起重高度	最小起重半径时	m	9.2	17.2	17.2	11.0	19.0	23.0	26.0	12.0	26.8	36
	最大起重半径时	m	3.7	7.6	14	5.8	16.0	21.0	23.8	3.0	19	25

　　2. 履带式起重机稳定性验算

　　起重机稳定性是指整个机身在起重作业时的稳定程度。起重机在正常条件下工作，一般可以保持机身稳定，但在超负荷吊装或由于施工需要额外接长起重臂时，需进行稳定性验算以保证在吊装作业中不发生倾覆事故。

　　履带式起重机的稳定性应以起重机处于最不利工作状态即稳定性最差时（机身与行驶方向垂直）进行验算，此时，应以履带中心 A 为倾覆中心验算起重机稳定性（图 7-2）。

　　当考虑吊装荷载及附加荷载（风荷载、刹车惯性力和回转离心力等）时应满足下式要求：

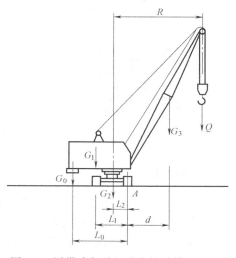

图 7-2　履带式起重机稳定性验算示意图

181

$$K_1 = \frac{稳定力矩}{倾覆力矩} \geqslant 1.15$$

当仅考虑吊装荷载时应满足下式要求：

$$K_2 = \frac{稳定力矩}{倾覆力矩} \geqslant 1.4$$

K_1、K_2 为稳定性系数。按 K_1 验算比较复杂，一般用 K_2 简化验算，由图 7-2 可得：

$$K_2 = \frac{G_1 L_1 + G_2 L_2 + G_0 L_0 - G_3 d}{Q(R - l_2)} \geqslant 1.40 \qquad (7-1)$$

式中　　G_0——起重机平衡重；

　　　　G_1——起重机可转动部分的重量；

　　　　G_2——起重机机身不转动部分的重量；

　　　　G_3——起重臂重量（起重臂接长时为接长后的重量）；

L_0、L_1、L_2、d——以上各部分的重心至倾覆中心的距离。

7.1.2　汽车式起重机

汽车式起重机是一种自行式、全回转、起重机构安装在通用或专用汽车底盘上的起重机。起重动力一般由汽车发动机供给，如装在专用汽车底盘上，则另备专用动力，与行驶动力分开，汽车式起重机具有行驶速度快，机动性能好，对路面破坏小。但吊装时必须使用支脚，因而不能负荷行驶，常用于构件运输的装卸工作和结构吊装工作。目前常用的汽车起重机有 Q 型（机械传动和操纵），QY 型（全液压传动和伸缩式起重臂），QD 型（多电机驱动各工作机械）。图 7-3 为汽车起重机外形。

汽车起重机吊装时，应先压实场地，放好支腿，将转台调平，并在支腿内侧垫好保险枕木，以防支腿失灵时发生倾覆。并应保证吊装的构件和就位点均在起重机的回转半径之内。

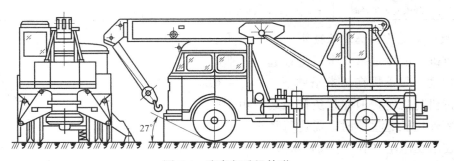

图 7-3　汽车起重机外形

7.1.3　轮胎起重机

轮胎起重机是一种自行式、全回转、起重机构安装在加重轮胎和轮轴组成的特制底盘上的起重机，其吊装机构和行走机械均由一台柴油发动机控制。一般吊装时都用 4 个腿支撑，否则起重量大大减小。轮胎起重机行驶时对路面破坏小，行驶速度比汽车起重机慢，但比履带起重机快。

182

目前国产常用的轮胎起重机有机械式（QL）、液压式（QLY）和电动式（QLD）。图 7-4 为轮胎起重机外形。

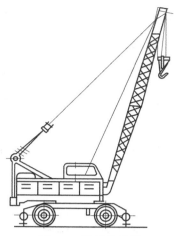

图 7-4　轮胎起重机

7.1.4　塔式起重机

塔式起重机具有竖直塔身，起重臂安装在塔身的顶部并可回转 360°，形成 Γ 形的工作空间，由于具有较高的有效高度和较大的工作空间，因此，塔式起重机在工业与民用建筑中均得到广泛的应用。目前正沿着轻型多用、快速安装、移动灵活等方向发展。

1. 塔式起重机的分类

（1）按有无行走机构分类

塔式起重机按有无行走机构可分为固定式和移动式两种。

前者固定在地面上或建筑物上，后者按其行走装置又可分为履带式、汽车式、轮胎式和轨道式 4 种。

（2）按回转形式分类

塔式起重机按其回转形式可分为上回转和下回转两种。

（3）按变幅方式分类

塔式起重机按其变幅方式可分为水平臂架小车变幅和动臂变幅两种。

（4）按安装形式分类

塔式起重机按其安装形式可分为自升式、整体快速拆装和拼装式 3 种。

塔式起重机型号分类及表示方法见表 7-3。

塔式起重机型号及表示方法 ZBJ 04008—88　　　　表 7-3

分　类	组　别	型　号	特　性	代　号	代号含义	主　参　数	
						名　称	单位表示法
建筑起重机	塔式起重机 Q、T（起、塔）	轨道式	— Z(自) A(下) K(快)	QT QTZ QTA QTK	上回转式塔式起重机 上回转自升式塔式起重机 下回转式塔式起重机 快速安装式塔式起重机	额定起重力矩	kN·m×10⁻¹
		固定式 G(固)	—	QTG	固定式塔式起重机		
		内爬升式 P(爬)	—	QTP	内爬升式塔式起重机		
		轮胎式 L(轮)	—	QTL	轮胎式塔式起重机		
		汽车式 Q(汽)	—	QTQ	汽车式塔式起重机		
		履带式 U(履)	—	QTU	履带式塔式起重机		

2. 下回转快速拆装塔式起重机

下回转快速拆装塔式起重机都是 600kN·m 以下的中小型塔机。其特点是结构简单、重心低、运转灵活，伸缩塔身可自行架设，速度快，效率高，采用整体拖运，转移方便。适用于砖混、砌块结构和大板建筑的工业厂房、民用住宅的垂直运输作业。

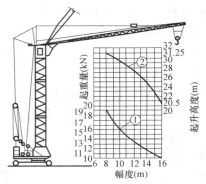

图 7-5　QT16 型塔式起重机外形结构及起重特性
①—起重量与幅度关系曲线；②—起升高度与幅度关系曲线

3. 上回转塔式起重机

这种塔机通过更换辅助装置可改成固定式、轨道行走式、附着式、内爬式等。图 7-5 所示为 QT16 型塔式起重机外形结构及起重特性。

（1）主要技术性能

常见的上回转自升塔式起重机的主要技术性能见表 7-4。

上回转自升起重机主要技术性能　　　　　　　　表 7-4

型　号		QTZ100	QTZ50	QTZ60	QTZ63	QT80A	QT80E
起重力矩(kN·m)		1000	490	600	630	1000	800
最大幅度/起重载荷(m/kN)		60/12	45/10	45/11.2	48/11.9	50/15	451
最小幅度/起重载荷(m/kN)		15/80	12/50	12.25/60	12.76/60	12.5/80	10/80
起升高度 (m)	附着式	180	90	100	101	120	100
	轨道行走式	—	36	—	—	45.5	45
	固定式	50	36	39.5	41	45.5	—
	内爬升式	—	—	160	—	140	140
工作速度 (m/min)	起升(2绳)	10~100	10~80	32.7~100	12~80	29.5~100	32~96
	(4绳)	5~50	5~40	16.3~50	6~40	14.5~50	16~48
	变幅	34~52	24~36	30~60	22~44	22.5	30.5
	行走	—	—	—	—	18	22.4
电动机功率 (kW)	起升	30	24	22	30	30	30
	变幅(小车)	5.5	4	4.4	4.5	3.5	3.7
	回转	4×2	4	4.4	5.5	3.7×2	2.2×2
	行走	—	—	—	—	7.5×2	5×2
	顶升	7.5	4	5.5	4	7.5	4
质量 (t)	平衡重	7.4~11.1	2.9~5.04	12.9	4~7	10.4	7.32
	压重	26	12	52	14	56	
	自重	48~50	23.5~24.5	33	31~32	49.5	44.9
	总重			97.9		115.9	
起重臂长		60	45	35/40/45	48	50	45
平衡臂长(m)		17.01	13.5	9.5	14	11.9	
轴距×轨距						5×5	

（2）外形结构和起重特性

1）QTZ63 型塔式起重机。QTZ63 型塔式起重机是水平臂架，小车变幅，上回转自升式塔式起重机，具有固定、附着、内爬等多种功能。独立式起升高度为 41m，附着式起升高度达 101m，可满足 32 层以下的高层建筑施工。该机最大起重臂长为 48m，额定起重

184

力矩为 617kN·m（63t·m），最大额定起重量为 6t，作业范围大，工作效率高。图 7-6 为 QTZ63 型塔式起重机的外形结构和起重特性。

2）QT80 型塔式起重机。QT80 型是一种轨行、上回转自升塔式起重机，现以 QT80A 型为例，将其外形结构和起重特性示于图 7-7 中。

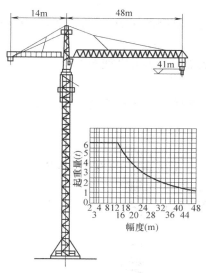

图 7-6　QTZ63 型塔式起重机
的外形结构和起重特性

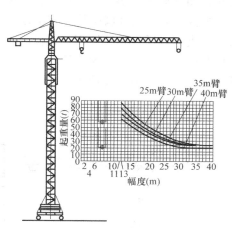

图 7-7　QT80A 型塔式起重机
的结构和起重特性

3）QTZ100 型塔式起重机。QTZ100 型塔式起重机具有固定、附着、内爬等多种使用形式，独立式起升高度为 50m，附着式起升高度达 120m，采取可靠的附着措施可使起升高度达到 180m。该塔机基本臂长为 54m，额定起重力矩为 1000kN·m（约 100t·m），最大额定起重量为 8t；加长臂为 60m，可吊 1.2t，可以满足超高层建筑施工的需要。其外形如图 7-8 所示。

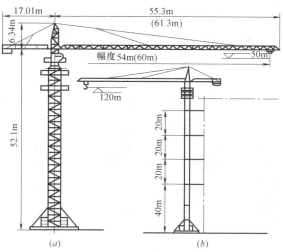

图 7-8　QTZ100 型塔式起重机的外形
（a）独立式；（b）附着式

4. 塔式起重机的爬升

塔式起重机的爬升是指安装在建筑物内部（电梯井或特设开间）结构上的塔式起重机，借助自身的爬升系统能自己进行爬升，一般每隔2层楼爬升一次，由于其体积小，不占施工用地，易于随建筑物升高，因此适于现场狭窄的高层建筑结构安装。其爬升过程如图7-9所示。

首先将起重小车收回至最小幅度，下降吊钩，使起重钢丝绳绕过回转支承上支座的导向滑轮，用吊钩将套架提环吊住（图7-9a）。

放松固定套架的地脚螺栓，将活动支腿收进套架梁内，提升套架至两层楼高度，摇出套架活动支腿，用底脚螺栓固定，松开吊钩（图7-9b）。

松开底座地脚螺栓，收回活动支腿，开动爬升机构将起重机提升两层楼高度，摇出底座活动支脚，并用地脚螺栓固定（图7-9c）。

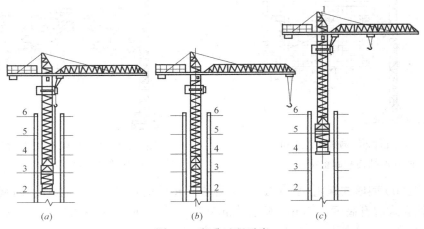

图 7-9　爬升过程示意
（a）套架提升前；（b）提升套架；（c）提升塔身

5. 塔式起重机的自升

塔式起重机的自升是指借助塔式起重机的自升系统将塔身接长。塔式起重机的自升系统由顶升套架、长行程液压千斤顶、承座、顶升横梁、定位销等组成。其自升过程如图7-10所示。

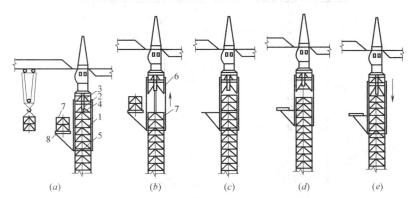

图 7-10　自升塔式起重机顶升过程
（a）准备状态；（b）顶升塔顶；（c）推入塔身标准节；（d）安装塔身标准节；（e）塔顶与塔身联成整体
1—顶升套架；2—液压千斤顶；3—承座；4—顶升横梁；5—定位销；6—过渡节；7—标准节；8—摆渡小车

首先将标准节吊到摆渡小车上，将过渡节与塔身标准节相连的螺栓松开（图 7-10a）。

开动液压千斤顶，将塔顶及顶升套架顶升到超过一个标准节的高度，随即用定位销将顶升套架固定（图 7-10b）。

液压千斤顶回缩，将装有标准节的摆渡小车推到套架中间的空间（图 7-10c）。用液压千斤顶稍微提起标准节，退出摆渡小车，将标准节落在塔身上并用螺栓加以联结（图 7-10d）。

拔出定位销，下降过渡节，使之与塔身联成整体（图 7-10e）。

6. 塔式起重机的附着

塔式起重机的附着是指为减小塔身计算长度，每隔 20m 左右将塔身与建筑物连接起来。塔式起重机的附着应按使用说明书的规定进行。

7.1.5 桅杆式起重机

桅杆式起重机具有制作简单、就地取材、服务半径小、起重量大等特点，一般多用于安装工程量集中且构件又较重的工程。

常用的桅杆式起重机有：独脚桅杆、人字桅杆、悬臂桅杆和牵缆式桅杆起重机。

1. 独脚桅杆

独脚桅杆是由起重滑轮组、卷扬机、缆风绳及锚碇等组成，起重时桅杆保持不大于 10° 的倾角。独脚桅杆按制作材料可分为木独脚桅杆、钢管独脚桅杆和格构式独脚桅杆（图 7-11）。

2. 人字桅杆

人字桅杆是用两根圆木或钢管或格构式钢构件以钢丝绳绑扎或铁件铰接而成（图 7-12）两杆夹角不宜超过 30°，起重时桅杆向前倾斜度不得超过 1/10。其优点是侧向稳定性较好，缺点是构件起吊后活动范围小。

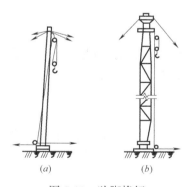

图 7-11 独脚桅杆

(a) 木桅杆；(b) 格构式钢桅杆

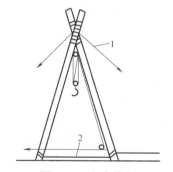

图 7-12 人字桅杆

1—缆风绳；2—拉绳

3. 悬臂桅杆

在独脚桅杆的中部或 2/3 高度外，装上一根铰接的起重臂即成悬臂桅杆（图 7-13）。起重臂可以左右回转和上下起伏，其特点是有较大的起重高度和起重半径，但起重量降低。

4. 牵缆式桅杆起重机

在独脚桅杆的下端装上一根可以全回转和起伏的起重臂即成为牵缆式桅杆起重机（图

7-14)，这种起重机具有较大的起重半径，起重量大且操作灵活。用无缝钢管制作的此种起重机，起重量可达 10t，桅杆高度可达 25m，用格构式钢构件制作的此种起重机起重量可达 60t，起重高度可达 80m 以上。

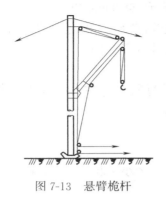

图 7-13　悬臂桅杆　　　　　　图 7-14　牵缆式桅杆起重机

7.2　钢筋混凝土单层工业厂房结构吊装

结构安装工程是单层工业厂房施工中的主导工程，除基础外，其他构件均为预制构件，而且预制构件中大型的屋架、柱子多在现场预制，因此其吊装就位就必须与预制的构件位置综合考虑，其预制的位置、吊装的顺序也直接影响到工程的进度和质量，即使是由预制厂生产的中小型构件，运至现场后的堆放位置对后续工作也有极大的影响。因此我们说单层工业厂房的结构吊装是一个系统工程，必须从施工前的准备、构件的预制、运输、排放、吊车的选择直至结构的吊装顺序综合进行考虑。

7.2.1　吊装前的准备

吊装前的准备工作直接影响到施工进度和吊装质量。它包括场地清理与道路的铺设、临时水电管线的敷设，吊具和索具的配备，构件的运输、堆放、拼装与加固，构件弹线、编号及基础抄平等准备。

1.平整场地与道路铺设

在起重机进场前，应做好"三通一平"工作，即水通、电通、道路通及场地平整。并做好现场的排水工作，确保道路坚实，以利后面起重机的吊装。运输道路应有足够的路面宽度和转弯半径。

2.构件的运输与堆放

在预制厂或现场之外集中制作的构件，吊装前要运至吊装最佳地点就位，避免二次搬运。可根据构件的尺寸、重量、结构受力特点选择合理的运输工具，通常采用载重汽车和平板拖车。运输中必须保证构件不开裂，不变形，因此，运输时要固定牢靠，支承合理，掌握好行车速度。

构件运输时的混凝土强度，如设计无要求不应低于设计强度的 75%。不论车上运输或卸车堆放，其垫点和吊点都应按设计要求进行，叠放构件之间的垫木要在同一条垂直线上。图 7-15 为柱、吊车梁、屋架等构件运输示意图。

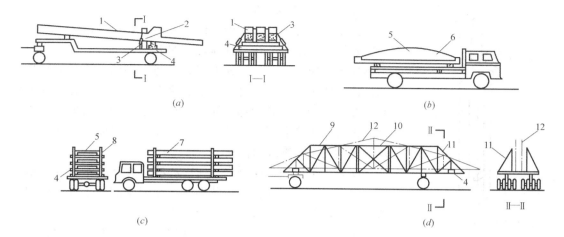

图 7-15　构件运输示意图

(a) 用拖车两点支承运输柱子；(b) 运输吊车梁；(c) 用载重汽车运送大型屋面板；(d) 用钢托架运输屋架
1—柱子；2—捯链；3—钢丝绳；4—垫木；5—铅丝；6—鱼腹式吊车梁；7—大型屋面板；8—木杆；
9—钢托架首节；10—钢托架中间节；11—钢托架尾节；12—屋架

3. 构件的拼装

大跨度屋架，多在预制厂分成几块预制，运至现场后再进行拼装时，要保证构件的外形几何尺寸准确，上下弦均在一个平面上，不断裂，无旁弯，保证连接质量。

构件拼装有平拼和立拼两种方法，平拼即将构件平卧地面或操作台上进行拼装，拼完后进行翻身，操作方便，不需支承，但在翻身中容易损坏或变形，因此仅限于天窗架等小型构件。立拼是将块体立着拼装，两侧须有夹木支撑，可直接拼装于起吊时的最佳位置，可减少翻身扶直的工序，避免了大型屋架在翻身中容易造成损坏或变形的疵病。图 7-16 为钢筋混凝土屋架的立拼图。

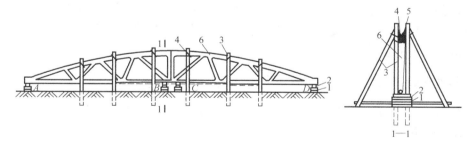

图 7-16　30～36m 预应力混凝土屋架拼装示意图

1—砖砌支垫；2—方木或钢筋混凝土垫块；3—三角架；4—铁丝；5—木楔；6—屋架块体

4. 吊装前对构件的质量检查

在吊装之前应对构件进行一次全面检查，以确保工程质量及吊装工作的顺序进行，复查构件的制作尺寸是否存在偏差，预埋件尺寸、位置是否准确；构件是否存在裂痕和变形，混凝土强度是否达到设计要求，如无设计要求，构件的混凝土应不低于设计强度的75%；预应力混凝土构件孔道灌浆的强度等级应不低于 C15；方可进行吊装。

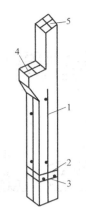

图 7-17　柱子弹线图

1—柱子中心线；2—地基标高线；3—基础顶面线；4—吊车梁对位线；5—柱顶中心线

5. 构件的弹线与编号

为了使构件吊装时便于对位、校正，必须在构件上标注几何中心线作为吊装准线。具体要求如下。

柱子：应在柱身的三面弹出其几何中心线，此线应与柱基础杯口上的中心线相吻合。对于工字形截面柱，除弹出几何中心线外，尚应在其翼缘部分弹一条与中心线相平行的线，以避免校正时产生观测视差，此外在柱顶面和牛腿面上要弹出屋架及吊车梁的吊装准线（图 7-17）。

屋架：上弦顶面应弹出几何中心线，并从跨中央向两端分别弹出天窗架、屋面板的吊装准线；在屋架的两个端头弹出屋架的吊装准线以便屋架安装对位与校正。

吊车梁：应在两端面及顶面弹出吊装中心线。在对构件弹线的同时，尚应按图纸将构件逐个编号，应标注在统一的位置，对不易区分上下左右的构件，应在构件上标明记号。

6. 杯形基础的准备

杯形基础的准备主要包括基础定位轴线和基底抄平。先复查杯口的尺寸，然后利用经纬仪根据柱网轴线在杯口顶面上标出十字交叉的柱子吊装中心线，作为吊装柱子的对位及校正准线。

基底抄平即将基底标高调整到统一的高度，可根据安装后牛腿面的标高计算出基底的统一高度，并用水泥砂浆或细石混凝土将杯底调整到这一统一高度（图 7-18）。

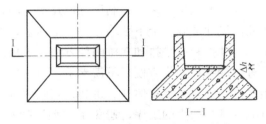

图 7-18　杯底标高调整、杯顶面弹线

7. 构件的临时加固

构件起吊时的绑扎位置往往不同于正常使用时的支承位置，所以构件的内力将产生变化。受压的杆件可能会变为受拉，因此在吊装前应根据情况进行吊装内力的验算，必要时应采取临时的加固措施。

7.2.2　构件吊装工艺

预制构件的吊装过程包括绑扎、吊升、对位、临时固定、校正及最后固定等工序。

1. 柱子的吊装

单层厂房的柱子一般在其就位的杯口附近现场预制。柱子重量不大时可采用单机吊装，对于大型柱子可采用双机抬吊。

（1）柱子的绑扎

柱子绑扎点的位置应根据柱子的形状、断面、长度、配筋等情况经验算后确定，一般中小型柱子只需一点绑扎，重型柱、配筋少的柱子，为防止起吊中断裂，需多点绑扎，一点绑扎时，绑扎多位于牛腿以下，多点绑扎时，应保证吊索的合力作用点高于柱子的重心，以保证柱子起吊处于正直立状态。柱子的绑扎方法有斜吊绑扎法和直吊绑扎法两种。

190

1）斜吊绑扎法（图 7-19）。当柱子处于平卧状态，吊索从柱的上面引出，柱子不必翻身，起吊后柱子略呈倾斜状态，吊索在柱子宽面一侧，起重钩可低于柱顶，因此起重高度及起重臂长可小些，但其与基础对位不大方便。柱子可用两端带环的开式吊索及卡环进行绑扎，也可在柱上预留孔，穿上带环的柱销进行吊装，柱子就位临时固定后，将柱销另一面插销在地面用绳拉脱，并在另一面将柱销拉出。

当柱子宽面平卧抗弯能力能满足吊装要求时，可采用斜吊绑扎法。

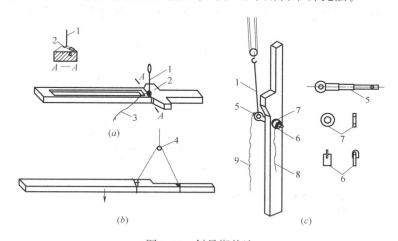

图 7-19　斜吊绑扎法

（a）一点用卡环绑扎；（b）二点用卡环绑扎；（c）一点用柱销绑扎

1—吊索；2—活络卡环；3—卡环拉绳；4—滑轮；5—柱销；

6—插销；7—垫圈；8—插销拉绳；9—柱销拉绳

2）直吊绑扎法（图 7-20）。当柱子宽面平卧起吊的抗弯能力抵抗不了起吊时自重产生的弯矩时，应将柱子翻身起吊，以提高柱子的抗弯能力。起吊后，吊索分别在柱两侧，柱身呈垂直状态，两侧吊索通过横吊梁与起重钩相连接。起吊后柱身与基础杯底相垂直，容易对位。这种方法的优点是柱截面的抗弯能力较斜吊绑扎大，缺点是增加了柱子翻身工序，并且起重机吊钩超过柱顶，需要较长的起重臂。

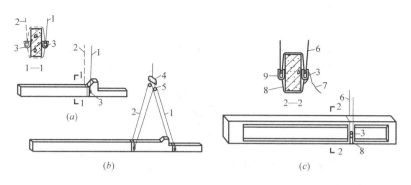

图 7-20　直吊法绑扎示例

（a）一点用卡环绑扎；（b）二点用卡环绑扎；（c）一点用柱销绑扎

1—吊索；2—活络卡环；3—卡环拉绳；4—滑轮；5—柱销；

6—插销；7—垫圈；8—插销拉绳；9—柱销拉绳

（2）柱的起吊

根据柱子在起吊过程中的运动特点可分为旋转法和滑行法。

1）单机旋转法（图7-21）。这种方法是在起吊过程中，起重机边收钩边回转，使柱子绕柱脚旋转而成为直立状态后再插入杯口。在柱身旋转过程中，柱脚不动，柱顶作向上的圆弧运动，起重机不行走、不变幅。柱身在吊装过程中振动小，但柱子在预制或堆放时，柱脚要靠近基础，柱子的绑扎点、柱脚中心、杯形基础中心三点应同在以起重机停机点为圆心，以停机点到绑扎点的距离为半径的圆弧上。这样才能提高吊装速度。

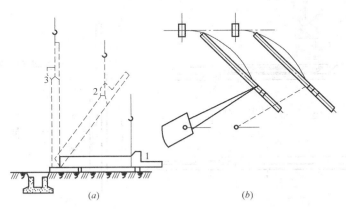

图7-21　用旋转法吊柱
（a）旋转过程；（b）平面布置
1—柱平放时；2—起吊中途；3—直立

当条件限制，达不到三点共圆时，也可采取绑扎点或柱脚与杯口中心两点共弧，但这时要改变回转半径，起重臂要起伏，工效较低。

2）单机滑行法（图7-22）。这种方法吊装时，起重机只升吊钩，起重杆不动，使柱脚沿地面滑行逐渐直立后插入杯口，柱子预制与排放时绑扎点应布置在杯口附近，并与杯口中心位于起重机的同一工作半径的圆上，以便柱子直立后，稍转动吊杆，即可将其插入杯口。

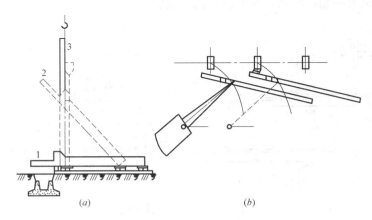

图7-22　用单机滑行法吊柱
（a）滑行过程；（b）平面布置
1—柱平放时；2—起吊中途；3—直立

滑行法的缺点是柱子在地面滑行时会因地面不平而受到振动，优点是起重臂无须转动，即可将柱子就位，比较安全。

3）双机抬吊滑行法（图7-23）。当柱子重量超过起重机的起重能力时，可采用双机抬吊滑行法。起吊前，柱子应斜向布置，绑扎点应尽量靠近基础杯口，起重机位于柱子两侧，两机对立同时起勾，直至将柱垂直吊离地面，然后同时落钩，使柱插入基础杯口，为防止柱子滑行时因地面不平而振动，柱脚下宜设置托板、滚筒及铺好滑行道。为防止两机的臂顶相碰，可在柱两侧附加垫木。并可通过垫木的厚度调整两机的负荷。

4）双机抬吊递送法（图7-24）。起吊前，主机绑扎点应位于牛脚下部，尽量靠近基础杯口，副机绑扎点靠近柱根部，随着主机起吊，副机进行跑车和回转，将柱脚递送到基础杯口内，随即卸去吊钩，由主机单独就位。此法吊装时两台起重机可位于柱子的同侧或两侧。

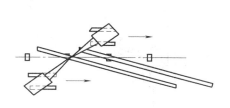

图7-23　双机抬吊滑行法

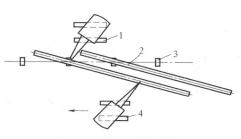

图7-24　双机抬吊递送法
1—主机；2—柱；3—基础；4—副机

（3）柱子的就位与临时固定（图7-25）

柱脚插入杯口内，距杯底30～50mm处即应悬空对位，用8只楔块从四边插入杯口，用撬棍扳动柱脚使其中心线与杯口中心线对正，然后放松吊钩，使柱子沉入杯底，再次复核柱脚与杯口中心线是否对准，然后打紧楔块，将柱临时固定后，起重机方可脱钩。如楔块不能保证柱子稳定，尚应加设缆风绳或斜撑来加强临时固定。

（4）柱子的校正（图7-26）

由于柱的标高已在基底抄平时完成校正。平面位置的校正已在临时固定时完成，因此临时固定后的校正主要是垂直度的校正，其校正的方法是用两台经纬仪从柱的相邻两边检测柱的吊装准线的垂直度。其偏差允许值为：当柱高<5m时，为5mm；柱高>5m时，为10mm；柱高>10m时，为$H/1000$，且不大于20mm。校正方法

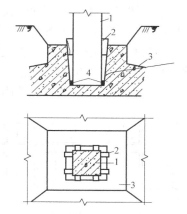

图7-25　柱的临时固定
1—柱；2—楔子；
3—杯形基础；4—石子

可用螺旋千斤顶进行斜顶或平顶，或利用钢管支撑进行斜顶等方法。如柱顶设有缆风绳，也可用缆风绳进行校正。在校正垂直度时．要注意水平位置不要发生偏移。

（5）柱子的最后固定

柱子校正后应立即进行最后固定，以防止外界影响而出现新的偏差，最后固定的方法是在柱脚与基础杯口的空隙间浇筑细石混凝土并振捣密实。浇筑工作分两阶段进行，第一

次先浇至楔块底面，待混凝土强度达到 25% 设计强度后，拔出楔块，第二次浇筑细石混凝土至杯口顶面。

2. 吊车梁的吊装

吊车梁的吊装必须在基础杯口二次灌浆的混凝土强度达到设计强度的 75% 以上时方可进行。

吊车梁绑扎时，两根吊索要等长，起吊后吊车梁能基本保持水平（图 7-26、图 7-27），在梁的两端需用溜绳控制，就位时应缓慢落钩，争取一次对好纵轴线，避免在纵轴方向擒动吊车梁而导致柱偏斜。一般吊车梁在就位时用垫铁垫平后即可脱钩，不需采用临时固定措施。但当梁的高与底宽之比大于 4 时，可用 8 号铁丝将梁捆于柱上，以防梁倾倒。

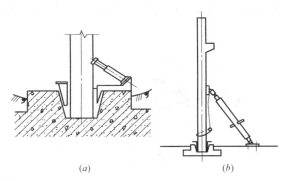 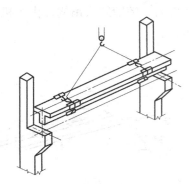

图 7-26　柱垂直度校正方法
（a）螺旋千斤顶斜顶；（b）钢管支撑斜顶

图 7-27　吊车梁吊装

吊车梁的校正应在厂房结构固定后进行，以免屋架安装时，引起柱子变形，造成吊车梁新的偏差，校正的内容主要为垂直度和平面位置，梁的标高可在铺轨时在吊车梁顶面抹一层砂浆找平，吊车梁的垂直度可用铅锤检查，可在梁与牛腿面之间垫入斜垫铁来纠正偏差，其垂直度允许偏差为 5mm。吊车梁平面位置的校正，包括直线度（使同一纵轴上的各梁中线在一条直线上）和跨距两项，校正的方法有拉钢丝法和仪器放线法。

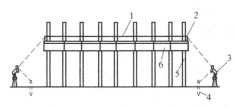

图 7-28　拉钢丝法校正吊车梁
1—通线；2—支架；3—经纬仪；
4—木桩；5—柱；6—吊车梁

拉钢丝法是根据柱的定位轴线确定出吊车梁的轴线并在端跨地面打入木桩，用钢尺量出两吊车梁的中心距是否等于轨距，如正确，用经纬仪将端跨的四根吊车梁中心校正，再在端跨的吊车梁上沿纵轴拉钢丝通线，并悬重物拉紧，检查并拨正各吊车梁，使其中心线与钢丝重合（图 7-28）。

仪器放线法适用于吊车梁数量多、纵轴长、使用钢丝法不易拉紧的情况下，此法是在柱列外设置经纬仪，并将各柱杯口处的吊装准线投射到吊车梁顶面处的柱身上，并画出标志（图 7-29），若标志线至柱轴线的距离为 a，吊车梁轴线距柱轴线的距离为 λ，则标志线到吊车梁轴线的距离为 $\lambda-a$，依此为据逐根拨正吊车梁，使其轴线与标志线的距离为 $\lambda-a$ 即可。

吊车梁校正完毕后，用电弧焊将预埋件焊牢，并在吊车梁与柱的空隙处灌筑细石混凝土。

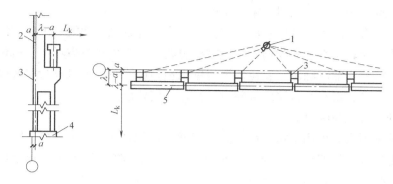

图 7-29　仪器放线法校正吊车梁

1—经纬仪；2—标志；3—柱；4—柱基础；5—吊车梁

3. 屋架的吊装

大跨度的钢筋混凝土屋架，一般在现场平卧叠浇。吊装的施工顺序是：绑扎、翻身就位、起吊、对位与临时固定、校正与最后固定。

（1）绑扎

屋架的绑扎点应在上弦节点或其附近，翻身扶直屋架时，吊索与水平线的夹角不宜小于 60°，吊装时不宜小于 45°。绑扎点应以屋架的重心为中心，对称布置，吊点的数目及位置一般由设计确定。如无规定，则应事先对吊装应力进行核算，如满足要求方可吊装。否则应采取加固措施，尤其是屋架的侧向刚度较差，在翻身扶直与吊装时，必要时应进行临时加固（图 7-30）。

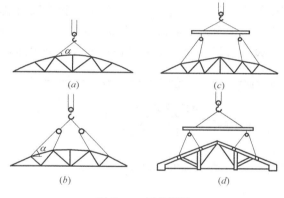

图 7-30　屋架绑扎

（a）跨度≤18m 时；（b）跨度>18m 时；
（c）跨度≥30m 时；（d）三角形组合屋架

跨度小于 15m 的屋架，可两点绑扎，跨度 15m 以上时，可采取四点绑扎，屋架跨度超过 30m 时，应配以横吊梁，以降低吊钩的高度。

（2）扶直

现场平卧预制的屋架，在吊装前要翻身扶直，然后运至便于起吊的预定地点就位，在翻身扶直时，在自重作用下，屋架承受平面外力，与屋架的设计荷载受力状态有所不同，有时会造成上弦杆挠曲开裂，因此，事先必须进行应力核算，必要时应采取加固措施。

根据起重机与屋架的相对位置不同，扶直屋架有正向扶直与反向扶直两种方法。

1）正向扶直：起重机位于屋架下弦一侧，以吊钩对准屋架上弦中点，收紧吊钩同时略加起臂使屋架脱模。然后升钩、起臂，使屋架以下弦为轴缓缓转为直立状态（图 7-31a）。

2）反向扶直：起重机位于屋架上弦一侧，吊钩对准上弦中点，边升钩边降臂，使屋架绕下弦转动而直立（图 7-31b）。

两种扶直方法：一为升臂，一为降臂，目的都是保持吊钩始终位于上弦中点的垂直上

195

方。升臂比降臂易于操作，应尽量采用正向扶直。

屋架翻身扶直后应随即就位，就位的位置取决于起重机的性能和吊装方法，同时应考虑屋架的安装顺序，预埋件的朝向。一般靠柱边斜放，应尽量少占场地，就位范围应在布置预制平面图时就应加以确定。就位位置与屋架预制位置在起重机开行路线同一侧时，称作同侧就位。两者分别在开行路线各侧时，称作异侧就位。

（3）吊升、对位与临时固定

当屋架重量不大时可用单机起吊，先将屋架吊离地面 500mm 左右，然后吊至吊装位置的下方后再升钩将屋架吊至高于柱顶的 300mm 左右，将屋架再缓缓降至柱顶，进行对位并立即进行临时固定，然后方能脱钩。

第一榀屋架的临时固定必须十分重视，一般是用 4 根缆风绳从两面拉牢，如抗风柱已立牢固，可将屋架与抗风柱连接，其他各榀屋架可用屋架校正器以前一根屋架为依托进行校正和临时固定。

（4）校正及最后固定

屋架的校正内容主要是校正垂直偏差，可用经纬仪或线锤检测。用经纬仪检查屋架垂直度的方法是：分别在屋架上弦中央和屋架两端安装一个卡尺，从上弦轴线为起点分别在三个卡尺上量出 500mm，并做出标记，然后在距屋架上弦轴线卡尺一侧 500mm 处地面上，设一台经纬仪，用来检查三个卡尺上的标志是否在同一个垂直面上（图 7-32）。

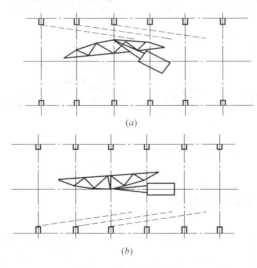

图 7-31　屋架的扶直
（a）正向扶直，同侧就位；
（b）反向扶直，异侧就位侧就位

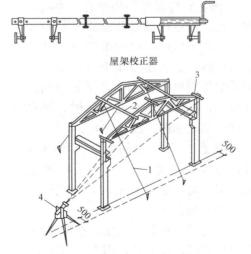

图 7-32　屋架的临时固定与校正
1—缆风绳；2—屋架校正器；
3—卡尺；4—经纬仪

用线垂检测屋架垂直度时，卡尺标志的设置与经纬仪检查方法相同，标志距屋架轴心的距离取 300mm。在两端卡尺标志之间连一道线，从中央卡尺的标志处向下挂垂球，检查三个卡尺的标志是否在同一垂直面上。

屋架校正无误后，应立即用电焊固定，应在屋架两端的不同侧同时施焊，以防因焊缝收缩而导致屋架倾斜。

4. 天窗架和屋面板的吊装

屋面板吊装时应由两边檐口对称地逐块吊向屋脊，有利于屋架稳定，受力均匀。屋面板有预埋吊环，一般可采用一钩多吊，以加快吊装速度，屋面板就位后，应立即与屋架上弦焊牢，除最后一块只能焊两点外，每块屋面板应焊三点。

7.2.3 结构吊装方案

单层工业厂房结构吊装方案的内容主要包括：结构吊装方法的选择、起重机械的选择、起重机的开行路线及构件的平面布置等。确定吊装方案时应考虑结构形式、跨度、构件的重量及安装高度及工期的要求，同时要考虑尽量充分利用现有的起重设备。

1. 结构吊装方法

单层工业厂房结构吊装方法有分件吊装法和综合吊装法。

（1）分件吊装法（图7-33a）

起重机每开行一次，仅吊装一种或几种构件，一般分三次开行吊装完全部构件。第一次开行吊装柱，并逐一进行校正和最后固定；待杯口接头处混凝土达到75%设计强度后进行第二次开行，吊装吊车梁、连系梁及柱间支撑等；第三次开行，以节间为单位吊装屋架、天窗架和屋面板等构件。

分件吊装法起重机每次开行基本上只吊一种或一类构件，索具不需经常更换，操作熟练，吊装效率高，能充分发挥起重机的工作性能，还能给构件临时固定、校正及最后固定等工序提供充裕的时间，构件的供应也比较单一，平面布置也比较容易。因此，一般单层工业厂房的结构安装多采用此法。但由于分件安装起重机开行路线长，不能迅速形成稳定的空间结构，这在吊装时要加以注意。

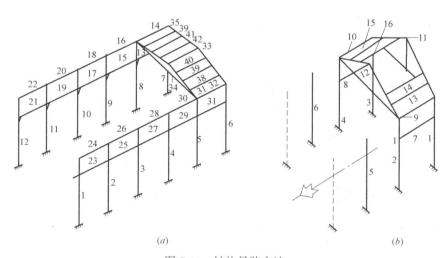

(a)   (b)

图 7-33 结构吊装方法

(a) 分件吊装时的构件吊装顺序；(b) 综合吊装时的构件吊装顺序

（2）综合吊装法（图7-33b）

起重机仅开行一次就安装完所有的结构构件，具体步骤是先吊装4根柱子，随即进行校正和最后固定，然后吊装该节间的吊车梁、连系梁、屋架、天窗架、屋面板等构件。这种方法起重机开行路线短，停机次数少，能及早为下道工序交出工作面。但由于在一个停机点要分别吊装不同种类构件，造成索具更换频繁，影响吊装效率。而且校正及固定的时间紧，误差积累后不易纠正；构件供应种类多变，平面布置杂乱，不利文明施工。所以在一般情况下，不宜采用此种方法。只有使用移动不便的起重机时才采用此种方法。

2. 起重机的选择

(1) 起重机类型的选择

选择起重机的类型主要考虑其可行性、合理性和经济性。一般中小型厂房多采用履带式起重机，也可采用桅杆式起重机。重型厂房多采用履带式起重机以及塔式起重机，在结构安装的同时进行设备的安装。

(2) 起重机型号的选择

选择起重机型号时要考虑起重机的三个工作参数：起重量 Q、起重高度 H、起重半径 R 要满足构件吊装的要求。同时考虑吊装不同类型的构件变换不同的臂长，以充分发挥起重机的性能。

1) 起重量

选择起重机的起重量，必须大于所吊装构件的重量与索具重量之和：

$$Q \geqslant Q_1 + Q_2 \qquad (7\text{-}2)$$

式中　Q——起重机的起重量（kN）；

　　　Q_1——构件的重量（kN）；

　　　Q_2——索具的重量（kN）。

2) 起重高度

起重机的起重高度，必须满足所吊装的构件的安装高度要求（图 7-34），即：

$$H = h_1 + h_2 + h_3 + h_4 \qquad (7\text{-}3)$$

式中　H——起重机的起重高度，从停机面算至吊钩（m）；

　　　h_1——安装支座顶面高度，从停机面算起（m）；

　　　h_2——安装间隙，视具体情况而定，不小于 0.3m；

　　　h_3——绑扎点至所吊构件底面的距离（m）；

　　　h_4——索具高度，自绑扎点至吊钩中心的距离（m）。

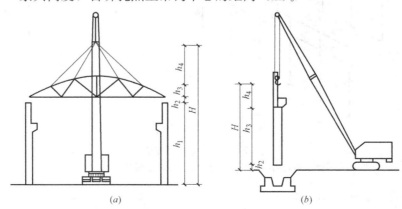

图 7-34　起重高度计算简图

(a) 安装屋架；(b) 安装柱子

（3）起重半径

当起重机可以不受限制地开到安装支座附近去安装构件时，可不验算起重半径，但当起重机受到限制不能靠近安装支座附近去安装构件时，则应验算当起重机半径为定值时其起重量与起重高度能否满足吊装要求。

当起重臂须跨过已安装好的结构去吊装构件时（如跨过屋架去安装屋面板时），为了不使起重臂与安装好的结构相碰，必须求出最短臂长。确定起重机的最短臂长，可用数解法，也可用图解法。

1）数解法（图 7-35a）。

$$L=l_1+l_2=\frac{h}{\sin\alpha}+\frac{q+g}{\cos\alpha} \tag{7-4}$$

式中　L——起重臂的长度（m）；

　　　h——起重臂底铰至构件吊装支座的高度（m），$h=h_1-E$；

　　　q——起重钩需跨过已吊装好的构件的水平距离（m）；

　　　g——起重臂轴线与已安装好的构件的水平距离，至少取 lm；

　　　α——吊装时的起重仰角。

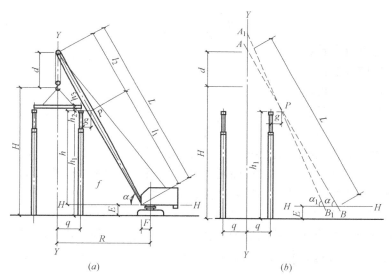

图 7-35　吊装屋面板时，起重机最小臂长计算简图

(a) 数解法；(b) 图解法

为求最小杆长，对上式进行微分，并令 $\dfrac{\mathrm{d}L}{\mathrm{d}b}=0$

$$\frac{\mathrm{d}L}{\mathrm{d}b}=\frac{-h\cos\alpha}{\sin^2\alpha}+\frac{(q+g)\sin\alpha}{\cos^2\alpha}=0 \tag{7-5}$$

将 α 值求出后代入式（7-4），即可求出所需起重杆的最小长度 L，然后根据实际选定的 L 及 α 值可计算出起重半径 R，即

$$R=F+L\cos\alpha \tag{7-6}$$

根据起重半径及和起重臂长，查起重机性能表或性能曲线，复核起重量 Q 及起重高度 H。

根据 R 值我们即可确定起重机吊装屋面板时的停机位置。

2）图解法（图 7-35b）。首先按一定比例画出施工厂房一个节间的纵剖面图，并画出吊装屋面板时起重钩位置处的垂线 Y-Y。

根据所选起重机的 E 值，画出水平线 H-H。

自屋架顶面中心线向起重机一侧水平方向量出一距离 g，令 $g=1$，可得点 P，过 P 点可画出若干条斜直线与 Y-Y 直线和 H-H 直线相截，其中最短的一根即为所求的最短臂长，量出 a 角，即为吊装时起重臂的仰角，量出起重臂的水平投影再加上起重臂下铰点至起重机回转中心的距离 F，即可求得起重半径 R。

在确定起重臂长 L 时，不但考虑一屋架中间一块板的验算，尚应考虑屋架两端边缘一块屋面板的要求。

在结构吊装过程中，根据构件尺寸、重量、就位地点，可变换不同长度的起重臂，进行吊装。

（4）起重机台数的选择

同时投入施工现场的起重机台数可根据工程量、工期及起重机的台班产量按下式计算：

$$N = \frac{1}{TCK} \sum \frac{Q_i}{P_i} \tag{7-7}$$

式中　N——起重机台数；

　　　T——工期（d）；

　　　C——每天工作班数；

　　　K——时间利用系数，一般取 $0.8 \sim 0.9$；

　　　Q_i——每种构件的安装工程量（件或 t）；

　　　P_i——起重机相应的产量定额（件/台班或 t/台班）。

几台起重机同时工作要考虑工作面是否允许，相互之间是否会造成干扰、影响工效等问题。此外还应考虑构件的装卸、拼装和排放等工作的需要。

3. 起重机开行路线与构件的平面布置

起重机的开行路线直接关系到现场预制构件的平面布置与结构的吊装方法，因此在构件预制之前就应设计好起重机的开行路线及吊装方法。布置现场预制构件时应遵循以下原则：

各跨构件尽量布置在本跨内，如跨内安排不下，也可布置在跨外便于吊装的范围内；构件的布置在满足吊装工艺要求的前提下，应尽量紧凑，同时要保证起重机及运输车辆的道路畅通，起重机回转时不致与建筑物或构件相碰；后张法预应力构件的布置应考虑抽管、穿筋等操作所需要的场地；构件布置应尽量避免吊装时在空中掉头；如在回填土上预制构件，一定要夯实，必要时垫上通长木板，防止不均匀下沉引起构件开裂。

对于非现场预制，小型构件，最好能做到随运随吊，否则亦应事先按上述原则确定其堆放位置。

（1）吊装柱子时起重机开行路线及构件平面布置

1）起重机开行路线。根据厂房的跨度、柱的尺寸和重量及起重机的性能，起重机的开行路线有跨中开行和跨边开行两种（图 7-36a）。

① 跨中开行。

当 $\sqrt{\left(\dfrac{L}{2}\right)^2+\left(\dfrac{b}{2}\right)^2}>R\geqslant\dfrac{L}{2}$ 时，则一个停机点可吊两根柱（图 7-36a）停机点的位置在以基础中心为圆心，以 R 为半径的圆弧与跨中开行路线的交点处。

当 $R\geqslant\sqrt{\left(\dfrac{L}{2}\right)^2+\left(\dfrac{b}{2}\right)^2}$ 时，则一个停机点可吊装 4 根柱子。停机点位置在该柱网对角线中心处（图 7-36b）。

② 跨边开行。

当 $R<\dfrac{L}{2}$ 且 $R\geqslant\sqrt{a^2+\left(\dfrac{b}{2}\right)^2}$ 时，起重机沿跨边开行，每个停机点只能吊一根柱子（图 7-36c）。

当 $\dfrac{L}{2}>R\geqslant\sqrt{a^2+\left(\dfrac{b}{2}\right)^2}$ 时，则一个停机点可吊装两根柱子。停机点位置在开行路线的柱距中点处（图 7-36d）。

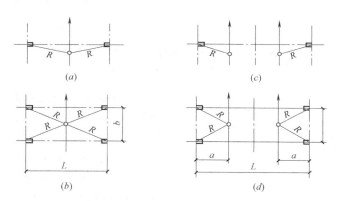

图 7-36 吊装柱时，起重机的开行路级及停机位置
(a)、(b) 跨中开行；(c)、(d) 跨边开行

2）柱的平面布置。柱子的现场预制位置尽量为吊装阶段的就位位置。采用旋转法吊装时，柱斜向布置；采用滑行法吊装时，柱可纵向也可斜向布置。

当采用旋转法起吊柱子时，尽量按三点共弧斜向布置（图 7-37a）。绘制施工图时，首先画出与柱列轴线相距为 a 的平行线（a 必须小于 R 且大于起重机的最小回转半径），此平行线即为吊车行走路线，再以柱杯口中心为圆心，以 R 为半径画弧交于开行路线上

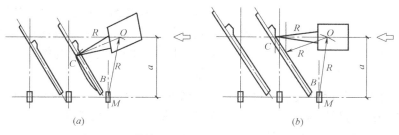

图 7-37 旋转法吊装柱子时，柱的平面布置
(a) 三点共弧；(b) 柱脚与柱基两中心共弧

一点 O，O 点即为吊装柱时起重机的停机点。然后以 O 点为圆心，以 R 为半径画弧，并在弧上确定两点 B（柱底中心）、C（绑扎点）使 BC 长度为柱底中心线至绑扎点距离，应使 B 点尽量靠近基础为宜。最后以 BC 为柱子轴线画出柱的模板图。有时，由于场地限制，很难做到三点共弧，也可两点共弧（图 7-37b）。吊装时，可先升臂，当起重半径由 R' 变为 R 时，再按旋转法起吊。

柱如按滑行法起吊，可按两点共弧斜向或纵向布置。绘制施工图时绑扎点与杯口中心共弧，为减少占地，对不太长的柱，也可采用两柱叠浇的方式纵向布置，但应使叠浇两柱的绑扎点分别与各自的杯口共弧（图 7-38）。

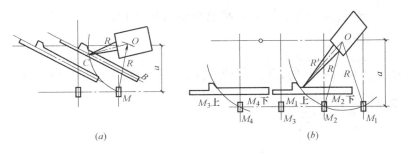

图 7-38 滑行法吊装柱时，柱的平面布置
(a) 斜向布置；(b) 纵向布置

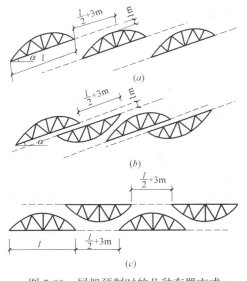

图 7-39 屋架预制时的几种布置方式
(a) 斜向布置；(b) 正、反斜
向布置；(c) 正、反纵向布置

（2）吊装屋架时起重机开行路线及构件平面布置。屋架及屋盖结构吊装时，起重机宜跨中开行。

屋架一般均在跨内平卧叠浇，每叠 3～4 榀。布置方式有斜向布置、正反斜向布置和正反纵向布置三种（图 7-39）。

应优先选用斜向布置，因为它便于屋架的翻身扶直及就位排放。

屋架的扶直是将叠浇的屋架翻身扶直后排放到吊装前的最佳位置，以利于提高起重机的吊装效率并适应吊装工艺的要求。其排放位置有靠柱边斜向排放及纵向排放两种。其排放位置应尽量靠近其安装地点。此外在考虑屋架的排放同时还要给本跨的天窗架和屋面板留有一定的位置，以便使屋盖系统一次吊装完毕。

以屋架的斜向排放为例，其具体布置方式如下（图 7-40）：

1）确定起重机开行路线及停机点。一般情况下吊装屋架时起重机均在跨正中开行，吊装前应确定吊装每根屋架的停机点。其确定方法是以屋架轴线中点 M 为圆心，以及为半径划弧与开行路线交于 O 点即停机点。

2）确定屋架排放位置。在距柱边缘不小于 200mm 处画一直线 P-P 与柱轴线平行，

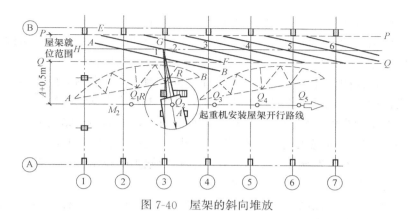

图 7-40　屋架的斜向堆放

再画一条距开行路线为 $A+0.5$m（A 为起重机机尾长）的平行线 Q-Q，并在 P-P 线与 Q-Q 线之间画出中线 H-H。以第二榀屋架的停机点 O_2 为圆心，以 R 为半径划弧交 H-H 于 C，C 即为屋架中心点，再以 C 为圆心，以 $1/2$ 屋架跨度为半径划弧分别交 P-P、Q-Q 于 E、F。连接 E、F 即为第二榀屋架的就位位置，其他榀屋架以此类推。第一榀屋架因有抗风柱，可灵活布置。

当屋架尺寸小、重量轻时，可采取纵向排放的方式，允许起重机负荷行驶。一般以 4 榀为一组靠柱边顺轴线排放，各榀屋架之间保证有不小于 200mm 的净距，相互之间要支撑牢靠，为防止在吊装过程中与已安装好的屋架相碰，每组屋架的中点应位于该组屋架倒数第二榀安装轴线之后约 2m 处（图 7-41）。

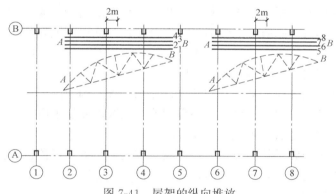

图 7-41　屋架的纵向堆放

（3）吊车梁、连系梁、屋面板的堆放。吊车梁、连系梁的就位位置，一般在其安装位置的柱列附近，跨内跨外均可。依编号、吊装顺序进行就位和集中堆放。有条件也可采用随运随吊的方案，从运输车上直接起吊。屋面板以 6～8 块为一叠，靠柱边堆放。在跨内就位时，约后退 3～4 个节间开始堆放；在跨外就位时应后退 2～3 个节间。

7.3　高层钢结构安装

7.3.1　基本要求

在高层钢结构建筑施工中，钢结构安装是一项很重要的分部工程，由于它规模大、结构复杂、工期长、专业性强，因此要做好以下几项基本工作：

（1）高层钢结构的安装除应执行国家现行《钢结构设计规范》和《钢结构工程施工及验收规范》外，还应执行现行的《高层民用建筑钢结构技术规程》。

（2）在钢结构详图设计阶段，即应与设计单位和钢结构生产制造厂相结合，根据运输设备、吊装机械设备、现场条件以及城市交通管理要求，确定钢结构构件出厂前的组拼单元规格尺寸，尽量减少钢结构构件在现场或高空的组拼，以提高钢结构的安装施工速度。

（3）高层钢结构安装施工前，应按照施工图纸和有关技术文件的要求，结合工期要求、现场条件等，认真编制施工组织设计，作为指导施工的技术文件。在贯彻实施中，应根据客观条件变化的情况，及时进行调整和补充。

在确定钢结构安装方法时，必须与土建、水电暖卫、通风、电梯等施工单位结合，做好统筹安排、综合平衡工作。

（4）高层建筑钢结构安装，应在具有高层钢结构安装资格的责任工程师指导下进行。从事手工电弧焊、半自动气体保护焊或半自动自保护焊的电焊工，必须精通焊接方法。因此，在施工前，应根据施工单位的技术条件，组织进行专业技术培训工作，使参加安装的工程技术人员和工人确实掌握有关高层钢结构的安装专业知识和技术，并经考试取得合格证。

（5）高层钢结构安装用的专用机具和检测仪器，如塔式起重机、气体保护焊机、手工电弧焊机、气割设备，碳弧气刨、栓钉焊机、电动和手动高强螺栓扳手、超声波探伤仪、激光经纬仪、测厚仪、水平仪、风速仪等，应满足施工要求，并应定期进行检验。

（6）高层钢结构安装用的连接材料，如焊条、焊丝、焊剂、高强度螺栓、普通螺栓、栓钉和涂料等，应具有产品质量证明书，并符合设计图纸和有关规范的规定。

（7）高层钢结构工程中土建施工、构件制作和结构安装三个方面使用的钢尺，必须用同一标准进行检查鉴定，应具有相同的精度。

（8）高层钢结构安装前，必须对构件进行详细检查，构件的外形尺寸、螺孔位置及直径、连接件位置及角度、焊缝、栓钉、高强螺栓节点摩擦面加工质量等，必须进行全面检查，符合图纸及规范规定后，才能进行安装施工。

（9）高层钢结构安装时的主要工艺，如测量校正、厚钢板焊接、栓钉焊、高强度螺栓节点的摩擦面加工及安装工艺等，必须在施工前进行工艺试验，在试验结论的基础上，确定各项工艺参数，编制出各项操作工艺。

（10）高层钢结构的安装施工，应遵守国家现行的劳动保护和安全技术等方面的有关规定。

7.3.2 安装前的准备工作

1. 技术准备

（1）加强与设计单位的密切结合

了解设计意图和技术要求，并结合施工单位的技术条件，以确保设计图纸实施的可能性，减少在出图后的设计变更。为此要认真审查设计图纸，并确认在构件安装、焊接以及幕墙、楼板等施工的可行性。其重点是：

1）钢柱的接头高度和分节数。

2) 各种构件的重量和规格尺寸划分是否符合现有设备条件（包括运输、吊装设备）、现场条件和城市交通管理的要求。

3) 第一节柱采用预埋地脚螺栓时，其位置、标高的要求。

4) 钢柱、梁上各种预留孔洞的位置（如贯通梁的加强套管、开口部位尺寸、预留手孔位置等），是否能保证施工安装精度和安全要求。

5) 设计焊接节点是否合理，如厚钢板焊接中十字形组合箱形柱腹板的焊接，柱面板与各种角度贯通梁翼缘、隔板、腹板间全熔透焊接的相互影响等。

6) 钢支撑、带状桁架连接部位，采用电动高强螺栓扳手的最小操作尺寸间隙问题。

7) 劲性钢筋混凝土钢筋搭接长度与柱间焊接操作位置的矛盾处理；组合箱形柱节的处理。

8) 钢构件的防腐，根据设计要求确定。施焊部位刷可焊漆。

9) 钢结构施工中对采用各种配件（如连接板、填充板、临时固定节点板、焊接衬板、引甩弧板、挡弧板以及各种螺栓、校正垫板等）的要求。

10) 其他构件，如钢筋混凝土墙体、楼板（包括各种叠合楼板）、分室板及外墙板（幕墙）等的安装节点与安装顺序的矛盾处理。柱板、梁板的预留孔位置等。

(2) 了解现场情况，掌握气候条件

钢结构的安装一般均作为分包源及项目进行，因此，对现场施工场地可堆放构件的条件、大型机械运输设备进出场条件、水源及电源供应和消防设施条件、暂设用房条件等，需要进行全面了解，统一规划；另外，对自然气候条件，如温差、风力、湿度及各个季节的气候变化等进行了解，以便于采取相应技术措施，编制好钢结构安装施工组织设计。

(3) 编制施工组织设计

编制高层建筑钢结构安装的施工组织设计，应在了解和掌握总承包施工单位编制的施工组织总设计中对地下结构与地上结构施工、主体结构与裙房施工、结构与装修、设备施工等安排的基础上，重点要择优选定钢结构安装的施工方法和施工机具。对于需要采用的新材料、新技术，应组织力量进行试制、试验工作（如厚钢板焊接等）。

2. 施工组织与管理准备

(1) 明确承包项目范围，签订分包合同；

(2) 确定合理的劳动组织，进行专业人员技术培训工作；

(3) 进行施工部署安排，对工期进度、施工方法、质量和安全要求等进行全面交底。

3. 物质准备

(1) 加强与钢构件加工单位的联系，明确由工厂预组拼的部位和范围及供应日期；

(2) 钢结构安装中所需各种附件的加工订货工作和材料、设备采购等工作；

(3) 各种机具、仪器的准备；

(4) 按施工平面布置图要求，组织钢构件及大型机械进场，并对机械进行安装及试运行。

7.3.3 高层钢结构安装和校正

1. 钢结构的安装顺序

(1) 钢结构的安装顺序为先内筒后外筒；对称结构采用全方位对称方案安装。

（2）凡有钢筋混凝土内筒体的结构，应先现浇筑筒体；在复杂的钢结构工程中，除考虑钢构件外，还需考虑钢筋混凝土构件及幕墙的节点构造，确定其安装顺序。

一般钢结构标准单元施工顺序如下：

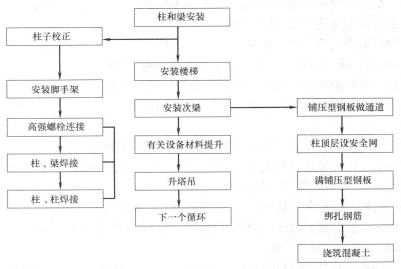

2. 安装要点

（1）安装前，应对建筑物的定位轴线、平面封闭角、底层柱的安装位置线、基础标高和基础混凝土强度进行检查，合格后才能进行安装。

（2）安装顺序应根据事先编制的安装顺序图表。

（3）凡在地面组拼的构件，需设置拼装架组拼（立拼），易变形的构件应先进行加固。组拼后的尺寸经校检无误后，方可安装。

（4）各类构件的吊点，宜按下述方法设置：

1）钢柱：平运 2 点起吊，安装 1 点立吊。

① 立吊时，需在柱子根部垫以垫木，以回转法起吊，严禁根部拖地（图 7-42）。

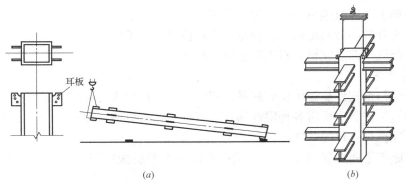

图 7-42　钢柱采用耳板起吊方法

(a) 钢柱起吊；(b) 钢柱用自动卡环吊装

② 钢柱吊装时，不论是 H 型钢柱还是箱形柱，都可利用其接头耳板作为吊环，配用相应的吊索、吊架和销钉（图 7-43）。

206

2）钢梁：距梁端 500mm 处开孔，用特制吊卡 2 点平吊或串吊（图 7-44）。

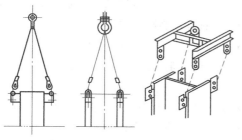

图 7-43　钢柱索具、吊架

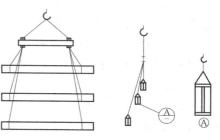

图 7-44　钢梁吊装方法

3）钢构件的组合件吊点：因组合件形状、尺寸不同，可计算重心确定吊点，采用 2 点吊、3 点吊及 4 点吊。凡不易计算者，可加设倒链协助找重心，构件平衡后起吊。

（5）钢构件的零件及附件应随构件一并起吊。尺寸较大、重量较重的节点板，应用铰链固定在构件上。钢柱上的爬梯、大梁上的轻便走道，应牢固固定在构件上一起起吊。调整柱子垂直度的缆风绳或支撑夹板，应在地面与柱子绑扎好，同时起吊。

（6）当天安装的构件，应形成空间稳定体系，确保安装质量和结构安全。

（7）一节柱的各层梁安装校正后，应立即安装本节各层楼梯，铺好各层楼面的压型钢板。

（8）预制外墙板应根据建筑物的平面形状对称安装，使建筑物各侧面均匀加载。

（9）安装时，楼面上的施工荷载不得超过梁和压型钢板的承载力。

（10）叠合楼板的施工，要随着钢结构的安装进度进行，两个工作面相距不宜超过 5 个楼层。

（11）每个流水段一节柱的全部钢构件安装完毕并验收合格后，方能进行下一流水段钢结构的安装。

（12）高层钢结构安装时，要注意日照、焊接等温度引起的热影响，致使构件产生伸长、缩短、弯曲而引起的偏差，施工中应有调整偏差的措施。

3. 安装测量校正工作

（1）安装前，首先要确定是采用设计标高安装，还是采用相对标高安装。应取其中的一种。

（2）柱子、主梁、支撑等大构件安装时，应立即进行校正。校正正确后，应立即进行永久固定，确保安装质量。

（3）柱子安装时，应先调整标高，再调整位移，最后调整垂直偏差。

（4）柱子要按规范的数值进行校正，标准柱子的垂直偏差应校正到正负零。

（5）用缆风绳或支撑校正柱子时，必须使缆风绳或支撑处于松弛状态，使柱子保持垂直，才算校正完毕。

（6）当上柱和下柱发生扭转错位时，可在连接上下柱的临时耳板处，加垫板进行调整。

（7）安装主梁时，要根据焊缝收缩量预留焊缝变形量。对柱子垂直度的监测，除监测两端柱子的垂直度变化外，还要监测相邻用梁连接的各根柱子的变化情况，保证柱子除预留焊缝收缩值外，各项偏差均符合规范的规定。

（8）安装楼层压型钢板时，应先在梁上画出压型钢板铺放的位置线。铺放时，要对正相邻两排压型钢板的端头波形槽口，使现浇叠合层的钢筋能顺利通过。

（9）栓钉施工前，应放出栓钉施工位置线，栓钉应按位置线顺序焊接。

（10）每一节柱子的全部构件安装、焊接、拴接完成并验收合格后，才能从地面引测上一柱子定位轴线。

（11）高层钢结构各部分构件（柱、主梁、支撑、楼梯、压型钢板等）的安装质量检查记录，必须是安装完成后验收前的最后一次实测记录，中间检查记录不得作为竣工验收记录。

7.4 空间网架结构吊装

空间网架结构是许多杆件沿平面或立面按一定规律组成的高次超静定空间网状结构。它改变了一般桁架的平面受力状态，由于杆件之间互相支撑，所以结构的稳定性好，空间刚度大，能承受来自各个方向的荷载。空间网架结构在大跨结构中应用较为广泛。

空间网架结构的施工特点是跨度大、构件重、安装位置高。因此，合理地选择施工方案是空间网架结构施工的重要环节。

网架的安装方法及适用范围如下：

（1）高空散装法：适用于螺栓连接节点的各种类型网架，并宜采用少支架的悬挑施工方法。

（2）分条或分块安装法：适用于分割后刚度和受力状况改变较小的网架，如两向正交放四角锥，正放抽空四角锥等网架，分条或分块的大小应根据起重能力而定。

（3）高空滑移法：适用于正放四角锥。正放抽空四角锥。两向正交正放四角锥等网架，滑移时滑移单元应保证成为几何不变体系。

（4）整体吊装法：适用于各种类型的网架，吊装时可在高空平移或旋转就位。

（5）整体提升法：适用于周边支承及多点支承网架，可用升板机、液压千斤顶等小型机具进行施工。

（6）整体顶升法：适用于支点较少的多点支承网架。

7.4.1 高空散装法

高空散装法是将网架的杆件和节点（或小拼单元）直接在高空设计位置总拼成整体的方法。

高空散装法适用于螺栓球节点或高强度螺栓连接的各种类型网架，并宜采用少支架的悬挑施工方法。因为焊接连接的网架采用高空散装法施工时，不易控制标高和轴线，另外还需采取防火措施。

高空散装法的特点是网架在设计标高一次拼装完成。其优点为可用简易的起重运输设备，甚至不用起重设备即可完成拼装，可适应起重能力薄弱或运输困难的山区等地区。其缺点为现场及高空作业量大，同时需要大量的支架材料。

7.4.2 分条（分块）吊装法

分条（分块）吊装法是将网架从平面分割成若干条状或块状单元，每个条（块）状单元在地面拼装后，再由起重机吊装到设计位置总拼成整体。

1. 工艺特点

条状单元一般沿长跨方向分割，其宽度约为1～3个网格，其长度为短跨跨距或短跨跨距的一半。块状单元一般沿网架平面纵横向分割成矩形或正方形单元。每个单元的重量以现有起重机能胜任为准。条（块）与条（块）之间可以直接拼装，也可空一网格在高空拼装。由于条（块）状单元是在地面拼装，因而高空作业量较高空散装法大为减少，拼装支架也减少很多，又能充分利用现有起重设备，故较经济。这种安装方法适用于分割后网架的刚度和受力状况改变较小的各类中小型网架，如两向正交正放四角锥，正放抽空四角锥等网架。

2. 条（块）单元划分

网架分割成条（块）状单元后，其自身应是几何不变体系，同时还应有足够的刚度，否则应采取临时加固措施。对于正放类网架，分成条（块）状单元后，一般不需要加固。但对于斜放类网架，分成条（块）状单元后，由于上（下）弦为菱形结构可变体系，必须加固后方可吊装（图7-45），由于斜放类网架加固后增加了施工费用，因此这类网架不宜分割，宜整体安装或高空散装。

条（块）状单元有如下几种分割方法：

（1）单元相互靠紧，下弦用双角钢分在两个单元（图7-46a），可用于正放四角锥网架；

（2）单元相互靠紧，上弦用剖分式安装节点连接（图7-46b），可用于斜放四角锥网架；

（3）单元间空一网格，在单元吊装后再在高空将此空格拼成整体（图7-46c），可用于两向正交正放或斜放四角锥网架。

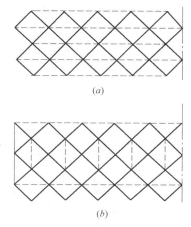

图 7-45 斜四角网架上弦加固示意图
（虚线表示临时加固杆件）

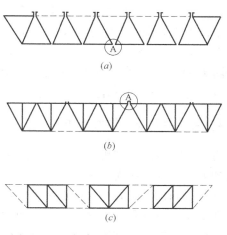

图 7-46 网架条（块）状单元划分方法
（A 表示剖分式安装节点）

7.4.3 高空滑移法

将网架条状单元在建筑物上由一端滑移到设计位置后再拼成整体的方法称高空滑移法。

1. 工艺特点

高空滑移法分为下列两种方法。（1）单条滑移法（图7-47a）是将条状单元一条一条地分别从一端滑移到另一端就位安装，各条单元之间分别在高空再连接。（2）逐条累计滑移法（图7-47b）即逐条滑移，逐条连成整体。

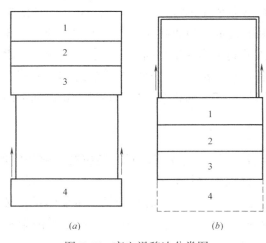

此种方法的特点是摩阻力小，如装上滚轮，当小跨度时可不必用机械牵引，用撬棍即可撬动，但单元之间的连接需要脚手架。

高空滑移法按摩擦方式的不同可分为滚动摩擦式（即在网架上安装有滚轮）和滑动摩擦式两种。

待滑移的网架条状单元可以在地面或高空制作。滑移方式除水平滑移外，还可利用屋面坡度下坡滑移，以节约动力。有

图 7-47　高空滑移法分类图
(a) 单条滑移法；(b) 逐条累计滑移法

时因条件限制也可上坡滑移。

当选用逐条累积滑移法时，条状单元拼接时容易造成轴线偏差，可采取试拼或散件拼装等措施避免之。

高空滑移法的主要优点是设备简单，不需大型起重设备，成本低。特别在场地狭小或跨越其他结构、设备等与起重机无法进入时更为合适。其次是网架的滑移可与其他土建工程平行作业，而使总工期缩短，如体育馆或剧场等土建、装修及设备安装等工程量较大的建筑，更能发挥其经济效益。因此端部拼装。支架最好利用室外的建筑物或搭设在室外，以便空出室内更多的空间给其他工程平行作业。在条件不允许时才搭设在室内的一端。

图 7-48 为高空滑移法工程实例。该工程平面尺寸为 45m×55m，斜放四角锥网架，沿长跨方向分为 7 条，为便于运输，沿短跨方向又分为两条，每条尺寸为 22.5m×7.86m，重 7～9t，单元在高空直接拼装。

7.4.4 整体提升及整体顶升法

将网架在地面就位拼成整体，用起重设备垂直地将网架整体提（顶）升至设计标高并固定的方法，称整体提（顶）升法。

提升法和顶升法的共同优点是可以将屋面板、防水层、顶棚、采暖通风与电气设备等全部在地面或最有利的高度施工，从而大大节省施工费用；同时，提（顶）升设备较小，用小设备可安装大型结构。所以这是一种很有效的施工方法。提升法适用于周边支承或点支承网架，顶升法则适用于支点较少的点支承网架的安装。

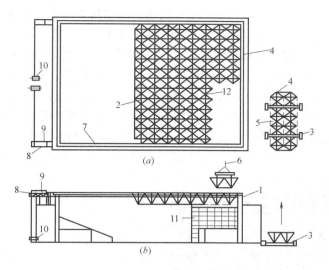

图 7-48　滑移安装网架结构工程实例

(a) 平面；(b) 剖面

1—天钩梁；2—网架（临时加固杆件未示出）；3—拖车架；4—条状单元；

5—临时加固杆件；6—起重机吊钩；7—牵引绳；8—反力架；

9—牵引滑轮组；10—卷扬机；11—脚手架；12—剖分式安装节点

1. 整体提升法

整体提升的概念是起重设备位于网架的上面，通过吊杆将网架提升至设计标高。可利用结构柱作为提升网架的临时支承结构，也可另设格构式提升架或钢管支柱。提升设备可用通用千斤顶或升板机。对于大中型网架，提升点位置宜与网架支座相同或接近，中小型网架则可略有变动，数量也可减少，但应进行施工验算。

有时也可利用网架为滑模平台，柱子用滑模方法施工，当柱子滑模施工到设计标高时，网架也随着提升到位，这种方法俗称升网滑模。

图 7-49 所示为用升板机整体提升网架的工程实例。

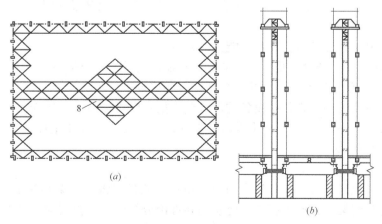

图 7-49　升板机整体提升网架工程

(a) 平面；(b) 局部侧面

211

该工程平面尺寸为 44m×60.5m，屋盖选用斜放四角锥网架，网架自重约 110t，设计时考虑了提升工艺要求，将支座搁置在柱间框架梁中间，柱距 5.5m，柱高 16.20m。提升前将网架就位总拼，并安装好部分屋面板。接着在所有柱上都安装一台升板机，吊杆下端则钩扎在框架梁上。柱每隔 1.8m 有一停歇孔，作倒换吊杆用，整个提升工作进行得较顺利，提升点间最大升差为 16mm，小于规程规定的 30mm，这种提升工艺的主要问题是网架相邻支座反力相差较大（最大相差约 15kN），提升时可能出现提升机故障或倾斜。提升前在框架梁端用两根 10 号槽钢连接，并对 1/4 网架吊杆用电阻应变仪进行跟踪测量，检测结果表明每个升板机的一对吊杆受力基本相等。吊杆内力能自行调整。

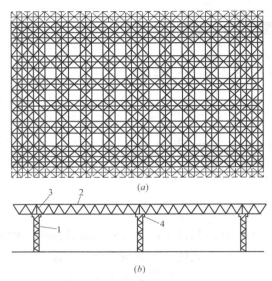

图 7-50　某网架顶升施工图
(a) 平面；(b) 立面
1—柱；2—网架；3—柱帽；4—球支座

2. 整体顶升法

顶升的概念是千斤顶位于网架之下，一般是利用结构柱作为网架顶升的临时支承结构。图 7-50 所示为某六点支承的抽空四角锥网架，平面尺寸为 59.4m×40.5m，网架重约 45t，用 6 台起重能力为 320kN 的通用液压千斤顶，采用顶升法将网架顶升至 8.7m 高。

为了便于在地面整体拼装而不搭设拼装支架，采用了与网架同高的伞形柱帽。由 4 根角钢组成的柱子从腹杆间隙中穿过，千斤顶的使用冲程为 150mm（最大冲程为 180mm）。根据千斤顶的尺寸、冲程、横梁尺寸等确定上下临时缀板的距离为 420mm，缀板作为搁置横梁、千斤顶和球支座用。即顶升一个循环的总高度为 420mm。千斤顶共分三次（150mm＋

150mm＋120mm）顶升到该高度，顶升容许不同步值为 1/1000 支点距离（即 24.3mm）。顶升时用等步法（每步 50mm）观测控制同步。图 7-50 为顶升过程图。

3. 施工要点

(1) 提（顶）升设备布置及负荷能力提升设备的布置原则是：

1）网架提（顶）升时的受力情况应尽量与设计的受力情况类似。

2）每个提（顶）升设备所承受的荷载尽可能接近。

为了安全使用设备，必须将设备的额定起重量乘以折减系数，作为使用负荷。当提升时，升板机取 0.7～0.8，液压千斤顶取 0.5～0.6。顶升时，液压千斤顶取 0.4～0.6，丝杆千斤顶取 0.6～0.8。

(2) 同步控制

网架在提（顶）升过程中各吊点的提（顶）升差异，将对网架结构的内力、提（顶）升设备的负荷及网架偏移产生影响。经实测和理论分析比较，提（顶）升差异可用空间桁架位移法给以强迫位移分析杆件内力，具有足够精度。现场测试表明，提（顶）升差为支点距离的 1/400 时，最大一根杆力增加 $61.6N/mm^2$，而该杆自重内力为 $20N/mm^2$。这时千斤顶的负荷增加1.27倍。提（顶）升差异对杆力的影响程度与网架刚度有关，以上数据为对抽空四角锥网架的实测结果，如刚度更大的网架，引起的附加内力将更大。规程规定当用升板机提升时，允许升差为相邻提升点距离的1/4加，且不大于30mm。顶升法规定的允许升差值较提升法严。这是因为顶升的升差不仅引起杆力增加，更严重的是会引起网架随机性的偏移，一旦网架偏移较大时，就很难纠偏。因此，顶升时的同步控制主要是为了减少网架的偏移，其次才是为了避免引起过大的附加内力。而提升时升差虽也会造成网架偏移，但危险程度要小。顶升时当网架的偏移值达到需要纠正的程度时，可采用将千斤顶垫斜。另加千斤顶横顶或人为造成反升差等逐步纠正，严禁操之过急，以免发生事故。由于网架偏移是一种随机过程，纠偏时柱的柔度，弹性变形等又给纠偏以干扰，因此纠偏的方向及尺寸不一定如人意。故顶升时应以预防偏移为主，顶升时必须严格控制升差并设置导轨。

导轨在顶升法施工中很重要，它不仅能保证网架垂直的上升，而且还是一种安全装置。导轨可利用结构柱（图7-51）中由4根角钢组成的柱，角钢就兼导轨的作用）或单独设置。

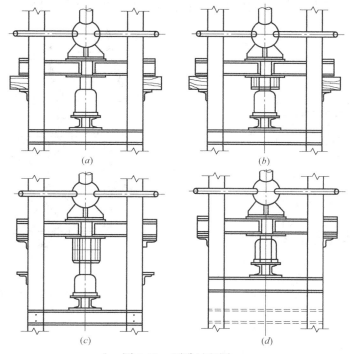

图7-51 顶升过程图

（a）顶升150mm，两侧垫方形垫块；（b）回油，垫圆垫块，重复1、2循环后；
（c）垫两块垫块，顶升一个冲程，安装两侧上缀板；（d）回油，下缀板升一级

（3）柱的稳定性

提（顶）升时一般均用结构柱作为提（顶）升时临时支承结构，因此，可利用原设计的框架体系等来增加施工期间柱的刚度。例如当网架升到一定高度后，先施工框架结构的梁或柱间支撑，再提升网架。当原设计为独立柱或提（顶）升期间结构不能形成框架时，则需对柱进行稳定性验算。如果稳定性不够，则应采取加固措施。对于升网滑模法（图7-52）尤应注意，因为混凝土的出模强度极低（0.1～10.3N/mm²）。所以要加强柱间的支撑体系，并使混凝土三天后达到10N/mm²以上，施工时即据此要求控制滑模速度。

例如某工程实测 1.5d 混凝土强度可达 14 N/mm² 左右，则滑升速度可控制在 1.3m/d。此外，还应考虑风力的影响，当风速超过 5 级时应停止施工，并用缆风绳拉紧锚固，缆风绳应按能抵抗 7 级风计算。

7.4.5 整体吊装法

将网架在地面总拼成整体后，用起重设备将其吊装至设计位置的方法称为整体吊装法。

1. 工艺特点

用整体吊装法安装网架时，可以就地与柱错位总拼或在场外总拼，此法适用于焊接连接网架，因此地面总拼应易于保证焊接质量和几何尺寸的准确性。其缺点是需要较大的起重能力。整体吊装法往往由若干台桅杆或自行式起重机（履带式、汽车式等）进行抬吊。因此，大致上可分为多机抬吊法（图 7-53）和桅杆吊装法（图 7-54）两类。当用桅杆吊装时，由于桅杆机动性差，网架只能就地与柱错位总拼，待网架抬吊至高空后，再进行旋转或平移到设计位置。由于桅杆的起重量大，故大型网架多用此法，但需大量的钢丝绳、大型卷扬机及劳动力，因而成本较高。但如用多根中小型钢管桅杆整体吊装网架，则成本较低。

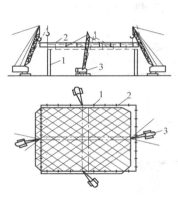

图 7-52　滑模升网法

1—支承杆；2—拉升架；3—液压

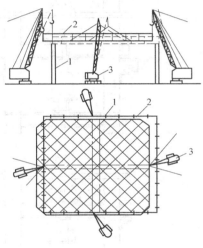

图 7-53　用 4 台起重机整体吊装

1—柱；2—网架；3—履带式起重机

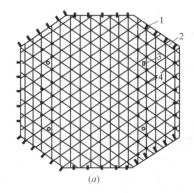

(a)

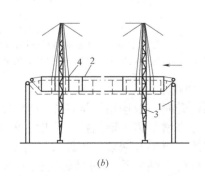

(b)

图 7-54　用 4 根桅杆整体吊装

1—柱；2—网架；3—桅杆；4—吊点

2. 空中移位

当采用多根桅杆吊装时，有网架在空中移位的问题，其原理是利用每根桅杆两侧起重滑轮组中产生水平分力不等（即水平合力不等于零），而推动网架移动。当网架垂直提升时（图7-55a），桅杆两侧滑轮组夹角相等，两侧滑轮组受力相等（$T_1 = T_2$），水平力也相等（$H_1 = H_2$）。网架在空中移位时（图7-55b），每根桅杆的同一侧滑轮组钢丝绳徐徐放松，而另一侧滑轮组不动。此时右侧钢丝绳因松弛而拉力T_2变小，左边则由于网架重力作用相应增大，水平分力也不等，即$H_1 > H_2$，这就打破了平衡状态，网架就朝H_1所指的方向移动。至放松的滑轮组停止放松后，重新处于拉紧状态，则$H_1 = H_2$，网架恢复平衡，移动也即停止（图7-55c）。此时的力平衡方程式为：

$$T_1 \sin\alpha_1 + T_2 \sin\alpha = Q \tag{7-8}$$
$$T_1 \sin\alpha_1 = T_2 \sin\alpha \tag{7-9}$$

吊装时当桅杆各滑轮组相互平行布置则网架发生平移；如各滑轮组布置在同一圆周上，则发生旋转。网架移动时由于钢丝绳的放松，网架会产生少量下降。

对于中小型网架还可用单根桅杆进行吊装。

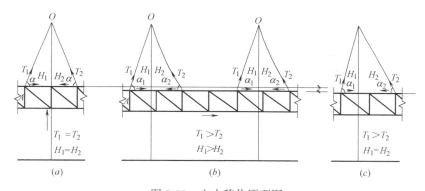

图7-55 空中移位原理图

（a）垂直提升，水平分力相等；（b）空中位移，水平分力不等；（c）移位后恢复平衡状态

3. 负荷折残系数与同步控制

当多台起重机抬吊时，有可能出现快慢、先后不同步情况，使某些起重机负荷加大，因此每台起重机应对额定负荷乘以折减系数，当4台起重机抬吊时，乘以0.75，如起重机两两吊点穿通，则乘以0.8～0.9。当缺乏经验时应做现场测试确定折减系数。

网架整体吊装，相邻吊点的允许高差为吊点距离的1/400，且不大于100mm。控制同步量简易的方法是等步法，即各起重机同时吊升一段距离后停歇检查，吊平后再吊升一段距离至设计标高。也可采用自整角机同步指示装置观测提升差值。

思 考 题

7.1　简述钢丝绳构造与种类，它的允许拉力如何计算？

7.2　水平锚碇的计算包括哪些内容？怎样计算？

7.3　起重机械分哪几类？各有何特点？其适用范围如何？

7.4　柱子吊装方法有哪几种？各有何特点？

7.5 单机（履带式起重机）吊升柱子时，可采用旋转法或滑行法，各有什么特点？

7.6 柱子在临时固定后，柱子垂直度如何校正？

7.7 屋架绑扎应注意哪些问题？

7.8 桁架的临时固定应注意哪些问题？

习 题

7.1 某车间跨度 21m，柱距 6m，吊柱时起重机沿跨内开行，起重半径为 7m，开行路线距柱轴线 5.5m。已知柱长 12m，牛腿下绑扎点距柱底 6.5m。试按旋转法吊装施工画出柱子的平面布置图（只画 1 根）。

7.2 某单层工业厂房跨度为 18m，所有的柱（包括抗风柱）已全部吊装完毕，屋架预制平面布置图如图 7-56 所示。已知：起重机吊装的回转半径为 16m，屋架堆放范围在 P-P，Q-Q 线内。请画出起重机的开行路线和停机点以及各榀屋架在吊装前的斜向堆放图。

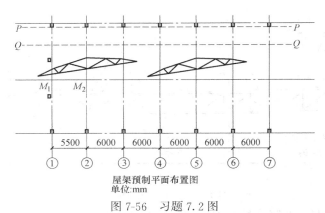

屋架预制平面布置图
单位:mm

图 7-56 习题 7.2 图

第 8 章　防 水 工 程

防水工程按所用材料不同，可分为柔性防水和刚性防水两大类。柔性防水用的是对变形相对不敏感的柔性材料，包括各类卷材和涂膜材料。刚性防水用的是对变形相对敏感的刚性材料，主要是砂浆和混凝土材料。

防水工程按工程部位又可分为地下工程防水和屋面工程防水两大类。

8.1　地下防水工程

8.1.1　地下防水工程的分类

地下工程都不同程度地受到潮湿环境和地下水的作用，包括地下水对地下工程的渗透作用和地下水中的有害化学成分对地下工程的腐蚀和破坏作用。因此地下工程必须选择合理有效的防水技术措施，确保良好的防水效果，满足地下工程的耐久性及使用要求。地下工程的防水方案，一般可分为三类：

（1）防水混凝土结构防水

依靠防水混凝土结构自身的抗渗性和密实性来进行防水，防水混凝土结构既是承重、围护结构，又是防水层，被广泛地采用。

（2）表面防水层防水

即在结构物的外侧增加防水层以达到防水目的。常用的防水层有水泥砂浆、卷材防水层等。可根据不同的工程对象、防水要求及施工条件选用。

（3）渗排水防水层防水

即利用盲沟、渗排水层等措施把地下水排走，以达到防水的目。适用于重要的、面积较大的、地下水为上层滞水且防水要求较高的地下建筑。

8.1.2　表面防水层防水

1. 水泥砂浆防水层

水泥砂浆防水层防水是一种刚性防水，它是用水泥砂浆和素灰（纯水泥浆）交替抹压涂刷在地下工程表面形成水泥砂浆防水层，依靠水泥砂浆防水层的密实性来达到防水要求。这种防水方法取材容易，成本低，施工方便，适用于地下砖石结构的防水层和防水混凝土结构的加强层。但其抵抗变形能力较差，当结构不均匀下沉、受强烈振动荷载或湿度温度变化较大时，易产生裂缝或剥落。为了克服这一缺陷，往往在水泥砂浆中引入聚合物材料进行改性，形成聚合物水泥防水砂浆，极大提高了密实性及抗拉、抗折和粘结强度，降低了砂浆的干缩率，增强了抗裂性能，扩大了水泥砂浆防水的适用范围。

（1）材料及配比要求

水泥砂浆防水层所采用的水泥为强度等级不低于 32.5MPa 的普通硅酸盐水泥、矿渣硅酸盐水泥或火山灰质硅酸盐水泥。砂应选用颗粒坚硬、洁净的粗砂，含泥量不大于 1%。素灰的水灰比宜控制在 0.37～0.4 或 0.55～0.6；水泥砂浆的水灰比宜控制在 0.6～ 0.65，其灰砂比宜为 1：2.5，稠度控制在 7～8cm。如掺外加剂、采用膨胀水泥或采用聚合物水泥砂浆时，其配合比应执行专门的技术规定。

（2）水泥砂浆防水层施工

施工前，对基层进行严格的处理十分重要，这是保证防水层与基层表面结合牢固，不空鼓和密实不透水的关键。基层处理包括清理、浇水、刷洗、补平等工作，使基层表面保持潮湿、清洁、平整、坚实、粗糙。

防水层的第一层素灰层，厚 2mm，在基层表面分两次抹成，抹完后用湿毛刷在素灰层表面涂刷一遍。第二层为水泥砂浆层，厚 4～5mm，在第一层初凝时抹上，以保证粘结性。第三层为素灰层，厚 2mm，在第二层凝固并有一定强度，在表面适当洒水湿润后进行。第四层为水泥砂浆层，厚 4～5mm，同第二层做法。若此层为最后一层，则应在水泥砂浆凝固前水分蒸发过程中，分 2～3 次抹平压光。若用五层防水，则第五层刷水泥浆一遍，随第四层抹平压光。

结构阴阳角处的防水层，均需抹成圆角，阴角直径 50mm，阳角直径 10mm。防水层的施工缝需留斜坡阶梯形槎，槎的搭接要依照层次顺序层层搭接。留槎的位置可在地面或墙面上，所留槎均需离阴阳角 200mm 以上，其接头方法见图 8-1。

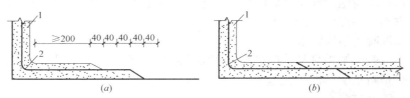

图 8-1　刚性防水层施工缝的处理

（a）留头方法；（b）接头方法

1—砂浆层；2—素灰层

2. 卷材防水层

卷材防水层防水是一种柔性防水，它是用胶结材料将防水卷材粘贴于需防水结构的外侧而形成的防水层。目前地下工程常用的防水卷材为高聚物改性沥青防水卷材和合成高分子防水卷材，具有重量轻、抗拉强度高、延伸率大、耐候性好、使用温度幅度大、寿命长、耐腐蚀性好，以及施工简便、污染小等优点，适用于受侵蚀介质作用，或受振动作用、微小变形作用的地下工程防水。

卷材防水层一般设置在地下结构的外侧，称为外防水，按其与地下防水结构施工的先后顺序分为外防外贴法和外防内贴法两种。

外防外贴法施工是在地下结构墙体做好后，直接将卷材防水层铺贴在外墙外表面上，然后砌筑保护墙，如图 8-2 所示。施工程序如下：待混凝土垫层和砂浆找平层施工完毕后，在垫层上砌筑永久性保护墙，墙下铺一层干油毡，墙高不小于底板厚度再加 100mm；在永久性保护墙上用石灰砂浆接砌筑临时保护墙 300mm 高；永久性保护墙和临时保护墙分别用水泥砂浆、石灰砂浆找平；待找平层基本干燥后，在底板垫层表面和保护墙上按施工要求铺贴卷材，临时保护墙上的卷材为临时贴附，应分层临时固定在其顶端，主要为墙面铺贴接槎用；再进行防水结构的混凝土底板和外墙体等主体结构的施工，并做外墙找平层；主体结构完成后，铺贴立面卷材，现贴留出的接槎部位，再分层接铺到要求的高度；卷材铺贴完毕后及时做好卷材防水层的保护结构。

外防内贴法施工是在地下结构墙体施工前先砌筑保护墙，然后将卷材防水层贴在保护墙上，最后施工地下结构墙体（图 8-3），在地下室墙外侧操作空间很小时多用外防内贴法。施工程序如下：在混凝土垫层和砂浆找平层施工完毕后，在垫层上砌筑永久性保护墙，墙下铺一层干油毡，永久性保护墙用水泥砂浆找平；待找平层基本干燥后，在底板垫层表面和保护墙上按施工要求铺贴卷材；卷材铺贴完毕后及时做好卷材防水层的保护层，立面可抹水泥砂浆、贴塑料板等，平面可抹水泥砂浆；接着可施工混凝土底板和外墙等主体结构。

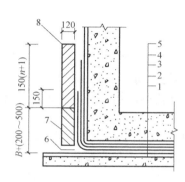

图 8-2 外防外贴法

1—垫层；2—找平层；3—卷材防水层；

4—保护层；5—构筑层；6—油毡；7—永久保护墙；

8—临时性保护墙；n—卷材层数

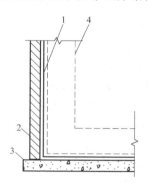

图 8-3 外防内贴法

1—卷材防水层；2—保护墙；

3—垫层；4—尚未施工的建筑物

8.1.3 防水混凝土结构自防水

防水混凝土结构自防水是以结构混凝土自身的密实性来进行防水。它具有密实度高、抗渗性强、耐蚀性好的特点，是目前地下工程防水的一种主要方法。

1. 防水混凝土分类

（1）普通防水混凝土

普通防水混凝土是通过调整混凝土的配合比来提高混凝土的密实度，以达到提高其抗渗能力的一种混凝土。混凝土是非匀质材料，它的渗水是通过孔隙和裂缝进行的。因此，控制其水灰比、水泥用量和砂率来保证混凝土中砂浆的质量和数量，以抑制孔隙的形成，切断混凝土毛细管渗水通路，从而提高混凝土的密实性和抗渗性能。

水泥强度等级不宜低于 32.5 级，要求抗水性好、泌水性小、水化热低，并具有一定的抗腐蚀性。细骨料要求颗粒均匀、圆滑、质地坚实、含泥量不大于 3% 的中粗砂，砂的颗粒级配适宜，平均粒径 0.4mm 左右。粗骨料要求组织密实、形状整齐，含泥量不大于 1%，颗粒的自然级配适宜，粒径 5～30mm，最大不超过 40mm，且吸水率不大于 1.5%。

防水混凝土的配合比应根据设计要求和实际使用材料通过试验选定。且按设计要求的抗渗强度提高 0.2～0.4MPa。混凝土的水泥用量不小于 300kg/m³，但也不宜超过 400kg/m³。含砂率以 35%～45% 为宜，灰砂比应为 1:2～1:2.5，水灰比不大于 0.55，坍落度不大于 50mm。对于预拌混凝土，入泵坍落度宜控制在 100～140mm。若加掺合料，粉煤灰的级别不应低于二级，掺量不宜大于 20%，硅粉掺量不宜大于 3%。

（2）外加剂防水混凝土

外加剂防水混凝土是在混凝土中掺入一定的有机或无机的外加剂，改善混凝土的性能和结构组成，提高混凝土的密实性和抗渗性，从而达到防水目的。常用的外加剂防水混凝土有：三乙醇胺防水混凝土、引气剂防水混凝土、减水剂防水混凝土、氯化铁防水混凝土、补偿收缩混凝土。

（3）新型防水混凝土

防水混凝土作为地下结构的一种主要防水材料，其抗裂性的提高尤为重要。近十多年逐步发展的纤维抗裂防水混凝土、高性能防水混凝土、聚合物水泥防水混凝土分别以其各自的特性，显著提高了混凝土的密实性和抗裂性。

2. 防水混凝土施工

（1）施工要点

保持施工环境干燥，避免带水施工。模板支撑牢固，接缝严密不漏浆，固定模板用的螺栓必须穿过混凝土结构时，应采取止水措施，如可在螺栓中间加焊 10cm 的方形止水环。

迎水面钢筋保护层厚度不应小于 50mm，钢筋及绑扎钢丝均不得接触模板，不得用垫铁或钢筋头充当混凝土保护层垫块。

混凝土材料用量要严格按配合比计量。防水混凝土应用机械搅拌，搅拌时间不应少于 120s。掺外加剂的混凝土，其外加剂应用拌和水稀释均匀，不得直接投入，其搅拌时间按技术要求确定。混凝土应分层连续浇筑，每层厚度不宜大于 300～400mm，相邻层混凝土浇筑的时间间隔不得超过 2h。浇筑混凝土的自落高度不得超过 1.5m，否则应使用串筒、溜槽或溜管等工具进行。防水混凝土进入终凝（浇筑后 4～6h），即应覆盖浇水养护 14d 以上，凡掺早强型外加剂或微膨胀水泥配制的防水混凝土，更应加强早期养护；防水混凝土不宜采用电热法和蒸汽养护，以免抗渗性下降。拆模时，防水混凝土的强度等级必须大于设计强度等级的 70%，结构表面温度与周围气温的温差不得超过 15℃。地下结构应及时回填，不应长期暴露，以避免因干缩和温差产生裂缝。

（2）施工缝

底板混凝土应连续浇灌，不得留施工缝。墙体一般只允许留设水平施工缝。其位置不应留在剪力与弯矩最大处或底板与侧壁交接处，一般宜留在高出底板上表面不小于 200mm 的墙身上，施工缝的形式如图 8-4 所示。工程中比较多用的是金属止水缝。

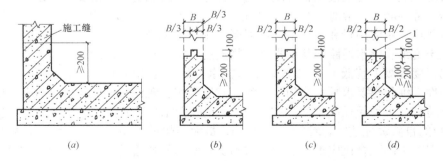

图 8-4 施工缝接缝形式

(a) 平口缝；(b) 凸缝；(c) 高低缝；(d) 金属止水缝

1—金属止水片

为了使接缝严密，继续浇筑混凝土前，应将施工缝处混凝土凿毛，清除浮粒和杂物，用水清洗干净并保持湿润，再铺上一层厚 30～50mm 与混凝土成分相同的水泥砂浆，然后继续浇筑混凝土。

8.2 屋面防水工程

防水屋面按防水材料的不同可分为卷材防水屋面、涂膜防水屋面和混凝土防水屋面，以及瓦屋面、金属板材屋面等，本节主要介绍卷材防水屋面、涂膜防水屋面和混凝土防水屋面的构造和施工方法。

8.2.1 卷材防水屋面

1. 卷材防水材料及构造

卷材防水屋面是指采用粘结胶粘贴卷材或采用带底面粘结胶的卷材进行热熔或冷粘贴于屋面基层进行防水的屋面，其典型构造如图 8-5 所示。防水卷材可分为高聚物改性沥青卷材、合成高分子卷材、沥青卷材等柔性防水材料，目前沥青卷材已渐淘汰。施工方法通常有热施工、冷施工及机械固定等。

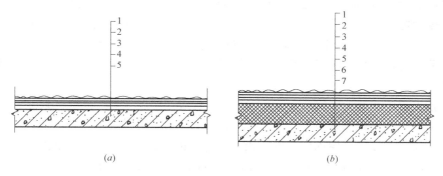

(a)　　　　　　　　　　*(b)*

图 8-5　卷材防水屋面构造示意图

（*a*）无保温层油毡屋面；（*b*）有保温层油毡屋面

1—保护层；2—卷材防水层；3—底油结合层；4—找平层；

5—保温层；6—隔气层；7—结构层

防水卷材应具备以下特性：

（1）水密性：具有一定的抗渗能力，吸水率低，浸泡后防水能力降低少；

（2）大气稳定性好：在日光、温度、臭氧作用下，卷材具有较好的抗老化性能；

（3）温度稳定性好：高温不流淌变形，低温不脆断，保持性能良好；

（4）一定的强度和伸长率：能承受施工及变形条件下产生的荷载；

（5）良好的施工性：便于施工，工艺简单；

（6）污染少：对人身和环境无污染。

2. 卷材防水层施工的一般方法及要求

（1）基层（找平层）处理

防水层的基层是防水层卷材直接依附的一个层次，一般是指结构层上或保温层上的找平层。为了保证防水层受基层变形影响小，基层应有足够的刚度和强度。目前作为防水层基层的找平层有水泥砂浆、细石混凝土或沥青砂浆几种做法。

找平层的厚度与基体种类有关，在整体钢筋混凝土屋面板上直接作找平层，水泥砂浆（体积配合比为1：3）和沥青砂浆（质量配合比为1：8）找平层厚15～20mm；细石混凝土（不低于C20）一般用于松散材料保温层上，厚30～35mm。预制板上作找平层前要做好嵌缝工作。施工时要保证找平层的排水坡度符合设计要求。基层与突出屋面结构（女儿墙、山墙、天窗壁、变形缝、烟囱等）的交接处和基层的转角处，找平层均应做成圆弧形，圆弧半径为高聚物改性沥青卷材50mm、合成高分子卷材20mm、沥青卷材100～150mm。为了避免或减少找平层开裂，找平层宜设分格缝，缝宽5～20mm，并嵌填密封材料；分格缝应留设在板端缝处，其纵横缝的最大间距为：水泥砂浆或细石混凝土找平层不宜大于6m，沥青砂浆找平层不宜大于4m。找平层表面要二次压光，充分养护，使表面平整、坚固、不起砂、不起皮、不酥松、不开裂，并做到表面干净、干燥。

基层处理剂的选用要与卷材的材性相容。基层处理剂可采用喷涂、刷涂施工。喷、涂应均匀，待第一遍干燥后再进行第二遍喷、涂，等最后一遍基层处理剂干燥后，才能铺贴卷材。

（2）卷材铺贴的方向

卷材铺贴方向应根据屋面坡度或屋面是否受振动而确定。当屋面坡度小于3%时，卷材宜平行屋脊铺贴。屋面坡度在3%～15%之间时，卷材可平行或垂直屋脊铺贴。屋面坡度大于15%或屋面受振动时，沥青防水卷材应垂直屋脊铺贴，高聚物改性沥青防水卷材和合成高分子防水卷材可平行或垂直屋脊铺贴。在叠层铺贴油毡时，上下层油毡不得互相垂直铺贴。

（3）施工顺序

防水施工时，应先做好节电、附加层和屋面排水比较集中部位（如屋面与水落口连接处、檐口、天沟、檐沟、屋面转角处、板端缝等）的处理，然后由屋面最低标高处向上施工。铺贴天沟、檐沟卷材时，宜顺天沟、檐口方向，减少搭接。铺贴多跨和有高低跨的屋面时，应先高后低、先远后近的顺序进行。等高的大面积屋面，先铺离上料地点较远的部位，后铺较近部位。划分施工段施工时，其界限宜设在屋脊、天沟、变形缝等处。

（4）搭接方法及宽度要求

铺贴卷材应采用搭接法，平行于屋脊的搭接缝应顺水流方向搭接；垂直于屋脊的搭接缝应顺年最大频率风向（主导风向）搭接。

叠层铺设的各层卷材，在天沟与屋面的连接处应采用叉接法搭接，搭接缝应错开，接缝宜留在屋面或天沟侧面，不宜留在沟底。

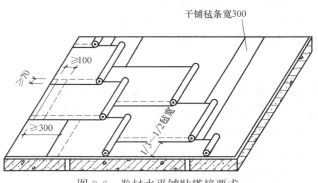

图8-6 卷材水平铺贴搭接要求

上下层及相邻两幅卷材的搭接缝应错开。各种卷材的搭接宽度应符合表8-1的要求。同时相邻两幅卷材的接头还应相互错开300mm以上，以免接头处多层卷材相重叠而粘不实。叠层铺设时，上下两层卷材的搭接应错开 1/3 或 1/2 幅宽（图 8-6）。

卷材搭接宽度 表 8-1

搭接方向		短边搭接宽度(mm)		长边搭接宽度(mm)	
卷材种类		满粘法	空铺法 / 点粘法 / 条粘法	满粘法	空铺法 / 点粘法 / 条粘法
沥青防水卷材		100	150	70	100
高聚物改性沥青防水卷材		80	100	80	100
合成高分子防水卷材	粘结法	80	100	80	100
	焊接法	50			

3. 高聚物改性沥青防水卷材施工

高聚物改性沥青防水卷材一般采用热熔法施工，它用火焰加热器熔化卷材底层的改性沥青熔胶后直接与基层粘贴，铺贴时不需涂刷胶粘剂，其施工工艺流程为：

（1）清理基层

基层要保证平整，无空鼓、起砂，阴阳角应呈圆弧形或钝角，尘土、杂物要清理干净，保持干燥。

（2）涂刷基层处理剂

高聚物改性沥青卷材施工，按产品说明书配套选用基层处理剂，如将氯丁橡胶沥青胶粘剂加入工业汽油稀释，搅拌均匀，用长把滚刷均匀涂刷于基层表面上，常温经过 4h 后，开始铺贴卷材。

（3）附加层施工

一般用热熔法使用改性沥青卷材施工防水层，在管根、阴阳角、檐口等细部要先铺贴改性沥青卷材附加层，附加层的范围应符合设计和技术规范的规定。

（4）铺贴卷材

卷材的层数、厚度应符合设计要求。厚度不应小于 3mm，双层铺贴时，上下两层卷材的搭接缝应错开 1/3～1/2 幅宽。将改性沥青防水卷材剪成相应尺寸，用原卷心卷好备用，铺贴时随放卷随用火焰喷枪加热基层与卷材的交接处。喷枪距加热面 300mm 左右，经往返均匀加热，趁卷材的材面刚刚熔化时，将卷材向前滚铺、粘贴。搭接部位应满粘牢固，搭接宽度满贴法时为 80～100mm。

（5）热熔封边

将卷材搭接处用喷枪加热，趁热使二者粘牢固，以边缘挤出沥青为度；末端收头用密封膏嵌填严密。

（6）防水保护层施工

对于上人屋面可按设计要求做各种刚性防水层屋面保护层。不上人屋面可在防水层表面涂刷氯丁橡胶沥青胶粘剂，随即撒石子，要求铺撒均匀，粘结牢固；也可在防水层表面涂刷银色、反光涂料。

4. 合成高分子防水卷材的施工

合成高分子卷材一般采用冷粘法施工，它需用专用胶粘剂粘贴，将合成高分子卷材粘贴在基层上，其施工工艺程序为：

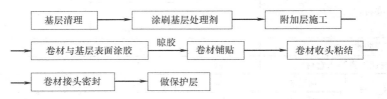

（1）基层清理

基层表面为水泥砂浆找平层，找平层要求表面平整。当基层面有凹坑或不平时，可用108胶水泥砂浆嵌平或抹层缓坡。基层在铺贴前应做到洁净、干燥。

（2）涂刷基层处理剂

在基层涂刷基层处理剂的作用是隔绝基层渗透的水分和提高涂刷基层表面与合成高分子卷材之间的粘结能力，它相当于石油沥青卷材施工时所涂刷的冷底子油，故又称底胶。常用的基层处理剂为聚氨酯底胶，它是由聚氯酯甲乙组份按1∶3（重量比）的比例配合，搅拌均匀而成，也可以由聚氨酯材料按甲∶乙∶二甲本为1∶1.5∶1.5的比例配合搅拌均匀而成。要注意的是，基层处理剂应与卷材胶粘剂材性相容。底胶大面积涂刷前，用油漆刷蘸底胶在阴阳角、管根、水落口等细部复杂部位均匀涂刷一遍，然后用长把滚刷在大面积部位涂刷。涂刷底胶应厚薄一致，不得有漏刷、花白等现象。底胶涂刷后在干燥4～12h后再进行后道工序。

（3）附加层施工

在阴阳角、管根、水落口等部位必须先做附加层，可采用自粘性密封胶或聚氨酯涂膜，也可铺贴一层合成高分子防水卷材处理，铺设范围应根据设计要求和技术规范确定。

（4）卷材与基层表面涂胶

卷材涂胶时，先将卷材铺展在干净平整的基层上，用长把滚刷蘸满搅拌均匀的胶粘剂，涂刷在卷材的表面，涂胶的厚度要均匀且无漏涂，但在沿搭接部位留出100mm宽的无胶带。静置10～20min，当胶膜干燥且手指触摸基本不粘手时，用原卷材筒将刷胶面向外卷起来，卷时要端头平整，直径不得一头大一头小，并要防止卷入砂粒和杂物，保持洁净。

基层表面涂胶应在底胶干燥后进行，用长把滚蘸满胶粘剂涂刷在基层表面，不得在一处反复涂刷，防止粘起底胶或形成凝胶块，细部位置可用毛刷均匀涂刷，静置晾干即可铺贴卷材。

必须指出的是，合成高分子卷材都有其专用配套胶粘剂，不得错用或混用，以免影响防水卷材的粘贴质量，如三元乙丙防水卷材常用CX-404胶。

（5）卷材铺贴

卷材及基层已涂的胶基本干燥后（手触不粘，一般20min左右），即可进行铺贴卷材施工。卷材的铺贴应以流水口下坡开始。先弹出基准线，然后将已涂刷胶粘剂的卷材一端先粘贴固定在预定部位，再逐渐沿基线滚动展开卷材，将卷材粘贴在基层上。

铺贴屋面卷材时，应先从檐口、天沟、排水口等处排水比较集中的部位，按标高由低向高的顺序铺；应将卷材顺长方向铺，并使卷材面与流水坡度垂直，卷材的搭接要顺流水方向，不应铺成逆向。铺贴平面与立面相连的卷材，应由下向上进行，使卷材紧贴阴阳角。铺展时对卷材不可拉得过紧，且不得有皱折、空鼓等现象。注意卷材配制应减少阴阳角接头。

卷材铺贴后，要做好排气、压实工作。可以在铺完一卷卷材后，立即用干净松软的长把滚刷从卷材的一端开始，朝卷材的横向顺序用力滚压一遍，以排除卷材粘结层间的空气。排除空气后，可用外包橡胶的铁辊滚压，使卷材与基层粘结牢固，垂直部位应手持压辊滚压。

（6）卷材收头粘结

为了防止卷材末端剥落，造成渗水，卷材末端收头必须用聚氨酯嵌缝膏或其他密封材料嵌固封闭。

（7）卷材接头粘贴

合成高分子卷材搭接宽度，满贴法 80mm，空铺、点粘、条粘法 100mm。卷材搭接要用专门的卷材接缝胶粘剂，用油漆刷均匀涂刷在翻开的卷材接头的两个粘结面上，静置干燥 20min，即可从一端开始粘合，操作时用手从里向外一边压合，一边排除空气，并用手持小铁压辊压实，边缘用聚氨酯嵌缝膏封闭。

（8）保护层施工

在合成高分子卷材铺贴完成，质量验收合格后，非上人屋面用长把滚刷在卷材表面涂刷着色保护涂料；上人屋面根据设计要求做成块状等刚性保护层。

8.2.2　涂膜防水屋面

1. 涂膜防水材料及构造

涂膜防水屋面是在屋面基层上涂刷防水涂料，经固化后形成一层有一定厚度和弹性的整体涂膜防水层从而达到防水效果的屋面，其典型构造见图 8-7。

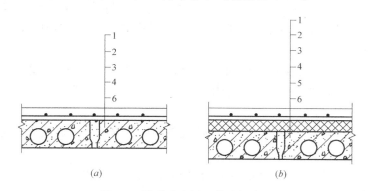

图 8-7　涂膜防水屋面构造示意图
（a）无保温层涂膜屋面；（b）有保温层涂膜屋面
1—保护层；2—涂膜防水层；3—基层处理剂；4—水泥砂浆找平层；5—保温层；6—结构层

新型防水涂料的品种较多，按成膜的成分分类，可以分为合成高分子涂料和高聚物改性沥青涂料。合成高分子涂料包括聚氨酯系列涂料、丙烯酸酯类系列涂料、硅橡胶类系列防水涂料。高聚物改性沥青涂料包括 SBS 改性沥青涂料、水浮型氯丁橡胶沥青等。按涂料的溶剂类型分类，可分为溶剂型涂料、水乳型涂料和反应型涂料。溶剂型涂料是以各种有机质使高分子材料溶解成液态的涂料，涂刷后溶剂挥发而成膜，如氯丁橡胶涂料以甲苯为溶剂。水乳型涂料是以水作为分散介质，使高分子材料及沥青材料等形成乳状液，水分蒸发后成膜，如丙烯酸酯乳液等。反应型涂料是以一个或两个液态组分构成的涂料，涂刷后经化学反应形成涂膜，如聚氨基甲酸酯橡胶类涂料。

防水涂料具有防水卷材所不具有的一些特点，它防水性能好，固化后可形成无接缝的防水层；操作方便，可适应各种形状复杂的防水基面；与基层粘结强度高；有良好的温度适应性，施工速度快，易于维修等。

2. 高聚物改性沥青防水涂料及合成高分子防水涂料的施工

高聚物改性沥青防水涂料及合成高分子防水涂料在使用时其设计总厚度小于 3mm，称为薄质涂料，薄质涂料一般采用涂刷法或喷涂法施工；胎体材料有湿铺法和干铺法两种，一般施工工艺程序为：

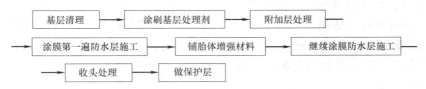

（1）施工准备工作

1）找平层。涂膜防水屋面对找平层的平整度要求较高，否则涂膜防水层的厚度得不到保证，必将造成涂膜防水层的防水可靠性和耐久性降低。涂膜防水层是满粘于找平层的，找平层开裂易引起防水层开裂，因此涂膜防水层的找平层应有足够的强度，尽可能避免开裂，出现裂缝应作修补。涂膜防水层的找平层宜采用掺膨胀剂的细石混凝土，强度等级不低于 C15，厚度不少与 30mm，宜为 40mm。

2）基层清理。涂刷防水层施工前，先将基层表面的杂物、砂浆硬块等清扫干净，基层要平整，无空鼓，无起砂。基层的干燥程度应视涂料特性而定，对高聚物改性沥青涂料，为水乳型时，基层干燥程度可适当放宽；为溶剂型时，基层必须干燥。合成高分子涂料，基层必须干燥。

3）配料和搅拌。采用双组分涂料时，每份涂料在配料前必须先搅匀。配料应根据材料的配合比现场配制，严禁任意改变配比。配料时要求计量准确，主剂和固化剂混合偏差不得大于±5%。

涂料混合时，应先将主剂放入搅拌容器或电动搅拌器内，然后放入固化剂，立即开始搅拌，并搅拌均匀，搅拌时间一般为 3～5min。

搅拌的混合料颜色要均匀一致。如涂料稠度太大而涂布困难时，可掺加稀释剂，切忌任意使用稀释剂，否则会影响涂料性能。

双组分涂料每次配制数量应根据每次涂刷面积计算确定，混合后的材料存放时间不得超过规定的可使用时间，不应一次搅拌过多致使涂料发生凝聚或固化而无法使用。单组分涂料一般有铁桶或塑料桶密闭包装，打开桶盖后即可施工，但由于涂料桶装量大，易沉淀而产生不匀质现象，故使用前还应进行搅拌。

4）涂层厚度及涂刷间隔时间控制。涂层厚度是涂膜防水质量最主要的技术要求。在涂刷防水涂料时，不能一次涂成规定的总厚度，而应分层分遍涂布，而每遍涂膜不能太厚，如果涂膜过厚，会出现涂膜表面已干燥成膜而内部涂料的水分或溶剂却不能蒸发或挥发的现象。但每遍涂膜过薄，又会降低生产效率。因此，在涂膜防水施工前，应根据涂料性质及设计总厚度通过试验确定施工分层厚度及涂刷遍数，一般以每平方米用量来控制。

各种防水涂料都有不同的干燥时间（表干和实干）。薄质防水涂料分层施工时，要求每遍涂刷必须待前遍涂膜实干后才能进行。薄质防水涂料每遍涂层表干时实际上已基本达到了实干。因此，可用表干时间来控制涂刷间隔时间。涂膜的干燥快慢与气候有较大关系，气温高，干燥就快；空气干燥，湿度小且有风时，干燥也快。

（2）涂刷基层处理剂

涂膜防水层施工前，在基层上应涂刷基层处理剂，其作用一是堵塞基层毛细孔，使基层的水蒸气不易向上渗透至防水层，减少防水层鼓泡；二是增加防水层与基层的粘结力。

基层处理剂的种类有以下三种：

水乳型防水涂料，可用掺 0.2%～0.5% 乳化剂的水溶液或软水将涂料稀释，其用量比例一般为防水涂料：乳化剂水溶液（或软水）＝1：0.5～1。如无软水，可用冷开水代替，切忌加入一般天然水或自来水。

溶剂型防水涂料由于其渗透能力比水乳型防水涂料强，可直接用涂料作基层处理，如溶剂型氯丁胶沥青防水涂料或溶剂型再生胶沥青防水涂料等。若涂料较稠，可用相应的溶剂稀释后使用。

高聚物改性沥青防水涂料也可用沥青溶液（冷底子油）作为基层处理剂，或在现场以煤油：30 号石油沥青＝60：40 的比例配制而成的溶液作为基层处理剂。

基层处理剂涂刷时，应用力薄涂，涂刷均匀，覆盖完全，待其干燥后再进入下一道工序施工。

（3）附加涂膜层施工

涂膜防水层施工前，在管根部，水落口，阴阳角等部位必须先做附加涂层，附加涂层的做法是在附加层涂膜中铺设玻璃纤维布，用板刷涂刮驱除气泡，将玻璃纤维布紧密地贴在基层上，不得出现空鼓或折皱，阴阳角部位一般为条形，管根部位应裁成块形布铺设，可多次涂刷涂膜。

（4）涂膜防水层施工

防水涂料的涂布可采用涂刷法或机械喷涂法。

涂刷法一般采用棕刷，长柄刷、圆辊刷蘸防水涂料进行涂刷，也可边倒涂料边用刷子刷匀，涂刷立面应用蘸刷法。倒料应注意控制涂料均匀倒洒，不可在一处倒得太多，否则涂料难以刷开，造成厚薄不匀现象，涂刷时应避免将气泡裹进涂层中，如遇起泡应立即消除。前遍涂层干燥后，应将涂层上的灰尘杂质清理干净后再进行后一遍涂层涂刷。

机械喷涂法是将防水涂料倒入喷涂设备内，通过喷枪将防水涂料均匀地喷涂于基层表面的工艺。其主要用于黏度较小的高聚物改性沥青防水涂料和合成高分子防水涂料的大面积施工。

涂料涂布应分条或按顺序进行。分条进行时，每条宽度应与胎体增强材料宽度相一致，以避免操作人员踩踏刚涂好的涂层。每次涂布前，应严格检查前遍涂层是否有缺陷，如气泡、露底、漏刷、胎体增强材料皱折、翘边、杂物混入等现象，如发现上述问题，应先进行修补再涂布后遍涂层。

应当注意，涂料涂布时，涂刷致密是保证质量的关键，涂刷时应按规定的涂层厚度均匀、仔细地涂刷。各道涂层之间的涂刷方向相互垂直，以提高防水层的整体性和均匀性。涂层间的接槎，在每遍涂刷时应退槎 50～100mm，接槎时也应超过 50～100mm，避免在搭接处发生渗漏。

（5）铺设胎体增强材料

在第二遍涂刷涂料时或第三遍涂刷前，即可加铺胎体增强材料，铺贴方法可采用湿铺法或干铺法。湿铺法是边倒涂料边涂刷、边铺贴的方法；干铺法则是在前一遍涂层干燥后，边干铺胎体增强材料，边在已展平的表面上用橡皮刮板均匀满刮一道涂料。无论采用湿铺法或干铺法，必须使胎体增强材料铺贴平整，不起皱、不翘边、无空鼓。要使胎体材料全部网眼浸满涂料、上下两层涂料能良好结合，确保防水效果。

在层面铺胎体增强材料时，要注意铺设方向，一般平行于屋脊铺设，当屋面坡度大于15％时，为防止胎体增强材料下滑，宜垂直于屋脊铺设。胎体增强材料的搭接应顺流水方向，搭接时，其长边搭接宽度不小于 50mm，短边搭接宽度不小于 70mm，采用二层胎体增强材料时，上下层不得相互垂直铺设，搭接缝应错开，其间距不应小于幅宽的 1/3。

胎体增强材料铺设后，应严格检查表面是否有缺陷，如有缺陷应及时修补完整，使它形成一个完整的防水层，然后才能在其上继续涂刷涂料。面层涂料应至少涂刷两遍以上，以增加涂膜的耐久性。如面层做粒料保护层，可在涂刷最后一遍涂料时，随时铺撒覆盖粒料。

（6）收头处理

为防止收头部位出现翘边现象，所有收头均应用密封材料压边，压边宽度不得小于10mm。收头处的胎体增强材料应剪裁整齐，如有凹槽时，应压入凹槽内而不得出现翘边、皱折、露白等现象，否则应先进行处理，然后再涂密封材料。

（7）保护层施工

屋面保护层可用绿豆砂、云母、蛭石、浅色涂料，也可用水泥砂浆、细石混凝土或块材等刚性保护层，但采用水泥砂浆、细石混凝土或块材保护层时，应在防水涂膜与保护之间设置隔离层，以防止因保护层的伸缩变形，将涂膜防水层破坏而造成渗漏。另外，刚性保护层与女儿墙、山墙之间应预留宽度为 30mm 的缝隙，并用密封材料嵌填严密。

8.2.3 刚性防水屋面

刚性防水屋面是指在屋面结构层上施工一层刚性防水层的防水屋面。其中有细石混凝土防水层、补偿收缩混凝土防水层、预应力混凝土防水层等多种。现就细石混凝土防水施工简述如下。

混凝土水灰比不应大于 0.55；每立方米混凝土水泥最小用量不应小于 330kg；含砂率宜为 35％～40％；灰砂比应为 1：2～1：2.5，混凝土强度等级不应低于 C20。

细石混凝土防水层中的钢筋网片，直径一般为 4～6mm，间距为 100～200mm，施工时应放置在混凝土的上部，保护层不少于 10mm。

分格缝的位置应设在屋面板的支承端、屋面转折处、层面与突出屋面结构的交接处，并应与屋面结构层的板缝对齐。分格缝的间距不应大于 6m。缝宽宜为 20～40mm，缝内用油膏嵌封，上面用卷材作保护层。

细石混凝土防水层的厚度不宜小于 40mm。混凝土中掺入减水剂或防水剂时，应准确计量。混凝土应采用机械搅拌、机械振捣，以提高混凝土的密实度。每个分格板块的混凝土应一次浇筑完成，不得留施工缝。抹压时不得在表面洒水、加水泥浆或撒干水泥。混凝土收水后应进行二次压光。混凝土终凝后应及时进行养护，养护时间不应少于 14d，养护初期屋面不得上人或在上继续施工。

思 考 题

8.1　地下工程的防水方案可分为哪几类？

8.2　地下防水工程中刚性表面防水层和柔性表面防水层各有什么特点？

8.3　地下防水工程中的外防外贴法施工和外防内贴法施工是指什么？

8.4　普通防水混凝土对原材料有何要求？

8.5　外加剂防水混凝土常用的外加剂有哪些？

8.6　结构自防水混凝土的施工缝应如何处理？

8.7　试述卷材防水屋面施工的一般做法和要求。

8.8　试述高聚物改性沥青防水卷材的施工要点。

8.9　试述合成高分子防水卷材的施工要点。

8.10　当前使用的新型建筑防水涂料有哪几类？

8.11　试述防水涂料的施工的要点。

8.12　试述细石混凝土防水屋面施工的一般要求。

第9章　建筑装饰装修工程

建筑装饰装修工程是指为保护建筑物的主体结构、完善建筑物的使用功能和美化建筑物，采用装饰装修材料或饰物，对建筑物的内外表面及空间进行的各种处理过程。由此可知，建筑装饰装修工程的作用，一是保护建筑物的主体结构，包括墙身及其他结构，防止砖墙的风化、混凝土的碳化及其他影响，以保证房屋建筑物的耐久性；二是在声、光及保温隔热等方面完善建筑物的使用功能，满足建筑物使用的功能要求；三是美化建筑物。

建筑装饰装修工程根据装修部位的不同分为室内装饰和室外装饰；《建筑工程施工质量验收统一标准》GB 50300 将建筑装饰装修工程划分为地面、抹灰、门窗、吊顶、轻质隔墙、饰面砖（板）、幕墙、涂饰、裱糊与软包及细部工程等十个子分部工程。本章介绍建筑工程中常用的抹灰工程、饰面工程及涂饰工程。

建筑装饰装修工程施工的工程量大，大量施工都要靠手工操作完成，因此用工量大，施工时间长而且对总工期的影响大。随着我国经济发展及人民生活水平的提高，人们对装饰装修的要求也会越来越高，因而装饰装修的标准随之提高，新型装饰材料不断出现，对装饰装修施工技术和质量的要求也越来越高。此外，建筑装饰装修工程所占工程造价的比重也越来越大。因此，提高装饰装修工程的机械化施工和组织管理水平、改善施工工艺、提高工程质量，对于加快施工速度、缩短工期、降低成本具有积极的意义。

9.1　抹　灰　工　程

抹灰按施工部位的不同，可以分为室内抹灰和室外抹灰。

按使用要求和装饰效果的不同，可以分为一般抹灰、装饰抹灰和特种砂浆抹灰。

属于一般抹灰的有：石灰砂浆、水泥砂浆、水泥混合砂浆、聚合物水泥砂浆、麻刀灰、纸筋石灰、石膏灰等。属于装饰抹灰的有：水刷石、斩假石、干粘石、假面砖等。

特种砂浆抹灰是指采用保温砂浆、防水砂浆、耐酸砂浆等材料进行的有特殊要求的抹灰工程。

9.1.1　一般抹灰工程

1. 主要材料

（1）水泥

抹灰用的水泥宜为硅酸盐水泥、普通硅酸盐水泥，其强度等级不应低于42.5级。水泥应有产品合格证书，进场时应对其凝结时间和安定性进行复验，复验合格才能使用。按规定，水泥的存放期不宜超过3个月，因此，应做到现存现用或先存先用。

（2）石灰

工地上使用的石灰通常是将块状生石灰在化灰池（又称淋灰池）中加水熟化，入池时应先过筛，滤除粗渣。熟化后的石灰浆通过筛网进入贮灰池进行进一步熟化，贮灰池中的石灰浆表面应保留一层水，使石灰浆与空气隔开而防止其表面碳化。石灰膏熟化时间不应少于 15d，用于罩面的石灰膏熟化时间不应少于 30d。如果熟化时间不够，部分未完全熟化的欠火石灰或过大的生石灰颗粒存在于石灰膏中，在使用时将继续熟化，体积膨胀 1～3 倍，导致抹灰层出现爆灰和开裂。

当采用磨细的生石灰粉罩面时，其熟化时间不应少于 3d。

（3）砂

抹灰工程多采用中砂，或中砂与粗砂混合掺用；面层砂浆或勾缝砂浆一般采用细砂，可提高砂浆的和易性；砂子使用前应过筛，不得含有杂质。

2. 一般抹灰工程的组成

抹灰大致由底层、中层和面层三个层次组成，并分层次进行施工操作。分层操作的目的是：保证抹灰表面平整，抹灰层与基层粘结牢固，并避免抹灰层开裂。如果一次抹灰厚度太大，由于内外干燥时间不一致，收缩的时间也不一致，容易导致抹灰层由于受拉而开裂，甚至出现空鼓脱落。

由于各层次的作用不同，所以使用的材料也不一样，施工的要求也不一样。各层次的作用及要求分别是：底层起与基层粘结作用并对基层进行初步找平，由于要求粘结可靠，因此常用水泥砂浆或水泥混合砂浆；中层主要起找平作用，可用施工操作比较方便的混合砂浆或纸筋石灰，根据具体工程的要求，可以一遍抹成，也可以分遍完成；面层为装饰层，主要起装饰作用，所用材料根据使用要求确定，施工的总体要求是大面要平整、无裂痕、颜色均匀。

3. 一般抹灰工程的等级

一般抹灰工程按照质量要求和操作工艺不同，分为普通抹灰和高级抹灰两个等级，见表 9-1，抹灰等级由设计单位按照国家有关规定，根据技术、经济条件和装饰美观的需要确定，并在施工图中注明。

一般抹灰工程的等级   表 9-1

级 别	适 用 范 围	做 法 要 求
高级抹灰	适用于大型公共建筑物、纪念性建筑物（如剧院、礼堂、宾馆、展览馆等和高级住宅）以及有特殊要求的高级建筑等	一层底灰，数层中层和一层面层。阴阳角找方，设置标筋，分层赶平、修整，表面压光。要求表面应光滑、洁净、颜色均匀、线条平直、清晰美观，无抹纹
普通抹灰	适用于一般居住、公用和工业建筑（如住宅、宿舍、教学楼、办公楼）以及建筑物中的附属用房，如汽车库、仓库、锅炉房、地下室、储藏室等	一层底灰，一层中层和一层面层（或一层底层，一层面层）。阳角找方，设置标筋，分层赶平、修整，表面压光。要求表面洁净、线条顺直、清晰，接槎平整

4. 抹灰基层处理

抹灰的基层是指基体的表面，基体可能是建筑物的主体结构，如砖墙、混凝土结构等，也可能是围护结构，如围护墙、轻质隔墙等。对抹灰基层处理的目的主要是提高基层与抹灰层的粘结力，防止抹灰空鼓脱落，同时可以使抹灰层施工得更加平整。

基体为砖砌体时，应铲除凸出墙面的砂浆；将墙面上的施工孔洞、管线沟槽、门窗框缝隙堵塞密实，然后清除墙体表面的尘土、污垢和油渍等。

抹灰前将基体洒水湿润，一般使砖面渗水深度达 8~10mm 左右。洒水的时间应控制好，应根据气温、风力、相对湿度等确定，如果空气干燥、气温高或者风力大的话，洒水时间不宜过早，否则墙体很快干燥，需要重新洒水；洒水时间也不宜过晚，否则墙体表面的水往下流淌，将导致砂浆滑落。一般情况下，120mm 厚的砖砌体，抹灰前一天洒水 1 遍，240mm 厚砖砌体需洒水 2 遍；常温下的外墙砌体也需洒水 2 遍。

基体为混凝土时，表面的处理难度相对大一些，主要的原因是混凝土密实度大，采用泵送混凝土时，由于水泥用量大，加上使用表面光洁的胶合板模板，使得混凝土表面非常平整而且光滑，抹灰层很难与混凝土粘结牢固，容易空鼓脱落，因此，混凝土基层的表面处理主要是解决抹灰层的粘结问题。处理的具体方法有如下三种：第一种方法是凿毛，可以用手工的方法或者机械的方法将混凝土构件凿成凹凸不平的表面，以增强混凝土表面与砂浆的粘结力，由于手工操作时劳动强度大而且效率低，机械操作时容易损伤混凝土构件，所以只是少量构件时采用；第二种方法是在混凝土表面刮或者扫一遍水泥浆或者水泥砂浆，水泥浆和水泥砂浆中可以加胶粘剂以提高其粘结能力；第三种方法是铺钉钢丝网，适用于外墙混凝土表面以及抹灰厚度超过 35mm 的混凝土表面。

当基体为加气混凝土、灰砂砖和煤矸石砖时，由于这些材料的孔隙率很大，因此吸水率也大，处理的方法是在湿润的基体表面刷一遍界面处理剂，同时抹一遍强度不大于 M5 的水泥混合砂浆，从而封闭基体的毛细孔，使底层抹灰不至于早期脱水，以增强基体与底层灰的粘结力。

在不同结构基层的交接处，例如木质隔墙与砖墙的交接处，应先铺钉一层金属网或纤维布，并绷紧牢固（金属网与各基层的搭接宽度不应小于 100mm），以防抹灰层由于两种基层材料胀缩不同而产生裂缝。

各种混凝土基体在抹灰前也应洒水湿润，使水渗入混凝土表面 2~3mm。

5. 一般抹灰施工工艺

（1）内墙面抹灰

1）找规矩，弹准线。即角部找方、横线找平、竖线吊直，弹出顶棚、墙裙及踢脚板线。对普通抹灰，先用托线板全面检查墙面的垂直度和平整度，根据检查的实际情况和抹灰总厚度，决定墙面抹灰厚度（最薄处一般不小于 7mm）。对高级抹灰，先将房间规方，小房间可以一面墙做基线，用方尺规方即可；如房间面积较大，要在地面上先弹出十字线，以作为墙角抹灰准线，在离墙角约 10cm 左右，用线坠吊直，在墙面弹一竖线，再按房间规方地线（十字线）及墙面平整程度向里反弹出墙角抹灰准线，并在准线上下两端挂通线作为抹灰饼、做标筋的基准。

2）贴灰饼。首先用与抹底层灰相同的砂浆在墙面上方两角做墙体上部的两个灰饼（即标志块），其竖向位置距顶棚约 200mm，灰饼大小一般 50mm 左右，灰饼的厚度应根据设计的平均总厚度以及墙面平整垂直决定，灰饼的表面宜为中层砂浆的表面，因此，灰饼的厚度为基层表面至中层砂浆表面的距离。做好上方两个角部的灰饼后，用托线板或线坠挂垂直做墙面下角两个标准灰饼（高低位置一般在踢脚线上方 200~250mm 处），厚度以确保上下灰饼表面在同一垂直线上为准，再在灰饼附近墙缝内钉上钉子，拴上小线挂好通线，并根据通线位置加设中间灰饼，间距 1.2~1.5m（见图 9-1 所示）；遇到门窗洞口时，应在洞口部位加做灰饼。

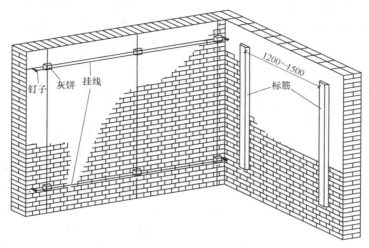

图 9-1 墙面挂线做灰饼及标筋

3）设置标筋（即冲筋）。待灰饼砂浆收水（基本进入终凝）后，在各排上下灰饼之间做标筋，采用的砂浆与灰饼相同，宽度为 100mm 左右，分 2～3 遍完成并略高出灰饼，然后用刮杠将标筋搓抹至与灰饼齐平，同时将标筋的两侧修成斜面（图 9-1），传统的刮杠为木杠，目前大多采用不易变形而且轻便的铝合金方管。当有门窗洞口时，标筋也可以设置成水平方向（图 9-2），以便控制大面与门窗洞口保持平整。

4）阴、阳角找方。普通抹灰要求阳角找方，对于除门窗外还有阳角的房间，则应首先将房间大致规方，其方法是先在阳角一侧做基线，用方尺将阳角先规方，然后在墙角弹出抹灰准线，并在准线上下两端挂通线做灰饼。高级抹灰要求阴阳角都要找方，阴阳角两边都要弹出基线。为了便于做角和保证阴阳角方正，必须在阴阳角两边作灰饼和标筋。

5）做护角。为防止门窗洞口及墙（柱）面阳角部位的抹灰在使用过程中被碰撞损坏，同时也是为保证该处阳角部位的抹灰线条平直，应采用 1∶2 水泥砂浆做护角，以增加阳角部位抹灰层的硬度和强度。护角高度不应低于 2m，每侧宽度不小于 50mm（图 9-3）。

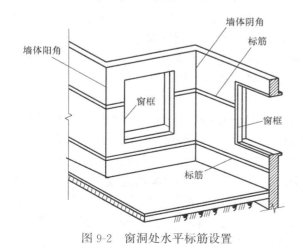

图 9-2 窗洞处水平标筋设置

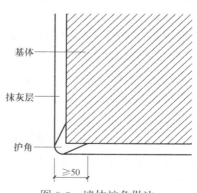

图 9-3 墙体护角做法

6）抹底层灰。在标筋及阳角的护角都已经做好，而且已经凝结或稍干达到一定强度后，即可进行底层和中层抹灰。抹底层灰前，先应对基体表面进行处理（处理方法如前所述），然后开始在标筋间抹底层灰。底层灰不宜太厚，以便底层灰与基层粘结牢固。一般应从上往下操作，在两条标筋间的墙面上抹满砂浆后，用长刮尺两头靠着标筋从上而下进行刮灰将表面刮平，然后用木抹子压实、搓毛。

7）抹中层灰。当底层灰为水泥砂浆或者水泥混合砂浆时，待底层灰凝结后即可抹中层砂浆，当底层灰为石灰砂浆时，待底层灰达到7～8成干后即可抹中层砂浆。

一般来说，底层的抹灰层强度不得低于面层（中层）的抹灰层强度，因此，水泥砂浆不得抹在石灰砂浆层上，这是因为强度较高的抹灰层在凝结过程中将产生较强的收缩应力，使强度较低的基层或抹灰底层受到破坏而产生空鼓、裂缝、脱落等质量问题。

中层灰厚度以填平标筋并略高于标筋为准。抹灰应分层进行，每遍厚度宜为5～7mm，抹石灰砂浆和水泥混合砂浆每遍厚度宜为7～9mm。中层砂浆抹好以后，即用刮杠按标筋整体刮平，待中层抹灰全部刮平后，再用木抹子搓抹一遍，使表面密实、平整。

中层灰抹完后，对墙面的阴角部位，应用方尺上下核对方正，然后用阴角抹子上下抽动抹平。

中层砂浆凝结前，在其表面每隔一定距离交叉划出斜痕，以利于与面层砂浆的粘结。

8）抹面层灰（也称罩面）。当中层灰7～8成干时，即可抹面层灰。在抹面层灰之前，必须将预留孔洞、电器箱、槽、盒等处修整并抹好中层灰后，才能抹面层灰。如中层灰已干透发白，应先适度洒水湿润后，再抹罩面灰。

传统的罩面做法有麻刀灰、纸筋灰，有时也用水泥砂浆面层和石膏面层。麻刀灰和纸筋灰用于室内白灰墙面，抹灰时，用钢皮抹子把灰抹在墙面上，一般由阴角或阳角开始，从左向右进行，最好两人配合，一人在前面竖向抹灰，一人在后面跟着横向抹平、压光。压平后，用排笔蘸水横刷一遍，使表面色泽一致，再用钢皮抹子压实收光，表面达到光滑、色泽一致，不显接槎为好。

石膏灰浆面层是高级抹灰做法，表面要求平整、光滑、洁白、色泽一致，无抹痕和花斑痕。石膏灰面层的底子灰（中层灰或底层灰）一般为石灰砂浆，涂抹面层时要求底子灰充分干燥，为使石膏灰涂抹均匀，可以在底子灰上洒少量清水以便湿润底子灰表面。但是，石膏灰浆面层不得涂抹在水泥砂浆层上，这是因为石膏的凝结速度比较快（要求的初凝时间不少于3～6min，终凝时间不大于30min），而且石膏凝结时体积膨胀1％左右，而水泥砂浆凝结比较慢，凝结硬化时收缩比较大，两者凝结时间不一致、收缩不一致，水泥砂浆收缩时很容易造成已经终凝的石膏灰面层开裂，甚至脱落。

（2）外墙面抹灰

1）找规矩，做标筋。和内墙面抹灰一样，建筑外墙面抹灰也要设置标筋，但因为外墙面自室外地坪或者勒脚一直到檐口整体高度很大而且是不分层的，因此墙面特别是墙角的垂直度要求高；此外，外墙面的面积很大，门窗、雨篷、阳台、腰线、勒脚等都要求横平竖直，而外墙面抹灰却是分层操作的，要求自上而下按照脚手架的高度，一步架一步架地进行，施工控制的难度较大。为此，外墙抹灰找规矩需在外墙的四大角挂好垂直通线，为防止风力作用使通线偏移，一般采用大线坠，由于通线较长，受力较大，因此一般采用钢丝。门窗口角、墙垛及突出的柱角应吊垂直线以保证其垂直度。

234

挂好通线后，在每步架大角两侧选点弹控制线、拉水平通线，再根据抹灰层厚度要求做灰饼，竖向灰饼以每步架不少于一个为宜，横向灰饼以间距 1.2～1.5m 为宜。灰饼做好以后即可以开始做标筋，一般应边做标筋边抹底灰，当天做好标筋当天抹好底灰。

2）贴分格条。外墙大面积抹灰常用水泥砂浆罩面，由于面积较大，为了不显接槎痕迹，避免罩面砂浆收缩后产生裂缝等，同时也是为了立面美观，一般都设计有分格缝。为使分格缝横平竖直、宽窄均匀，抹灰施工时应粘贴分格条。使用分格条时，因木分格条本身水分蒸发而收缩能轻易取出，又能使分格条两侧的灰口棱边整齐。

分格条的粘贴可在中层灰抹完之后进行，粘贴分格条部位的底灰要用刮尺刮平。按照弹好的水平线和分格尺寸弹好水平分格线和竖向分格线，竖向分格线要求用线坠吊垂直线或者经纬仪校正垂直度。

分格条在使用前应放在水中浸透，既便于粘结，又能防止分格条使用时变形。粘贴时，分格条两侧用水泥浆嵌固稳定，其灰浆两侧抹成斜面。水平分格条宜粘贴在水平分格线的下边，竖向分格线宜粘贴在垂直线的左侧，这样易于观察，操作比较方便。当天进行面层抹灰即可起出的分格条，其两侧灰浆斜面可抹呈 45°角（见图9-4a）；当天不进行面层抹灰的分格条（称"隔夜条"），其两侧灰浆斜面应抹得陡一些，呈 60°角为宜（见图9-4b）。

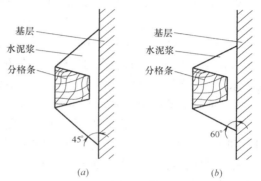

图9-4　分格条粘贴示意图
（a）当日起条时做45°角；（b）"隔夜条"做60°角

3）抹灰。外墙抹灰应与外墙防水同时考虑，一般做法有两种，一种是用水泥砂浆抹灰，不另外做防水构造；另一种是采用水泥混合砂浆抹灰，另外采取防水措施。当采用水泥混合砂浆时，砂浆的配合比一般为水泥：石灰：砂＝1：1：6（体积比），当采用水泥砂浆时，配合比通常为水泥：砂＝1：2.5～3，工程中采用较多的是水泥砂浆。

砌筑墙体的表面抹灰，其底层砂浆应充分压入墙面灰缝；应待底层砂浆具有一定强度后再抹中层，大面刮平并用木抹子搓平压实，若采用水泥砂浆，可用扫帚在底层上扫毛，并应浇水养护。

抹面层灰时要观察底层灰的干硬程度，面层抹灰应待底层和中层水泥砂浆凝结后进行，过干时可以洒水湿润，然后刮一遍水泥浆做粘结层，紧接着分两遍抹至与分格条表面齐平并且盖过标筋，再刮平、搓实，然后将分格条表面的余灰清除干净。

由于大面积抹灰罩面抹纹不易压光，在阳光照射下极易显露而影响墙面美观，故水泥砂浆罩面宜用木抹子抹成毛面。为防止色泽不匀，同一面的砂浆应用同一品种与规格的原材料，由专人配料，采用统一的配合比。

分格条应适时取出，而"隔夜条"不宜当时取出，应在面层砂浆达到强度之后再行取出。分格条取出后分格缝处用水泥砂浆勾缝，分格缝不得有错缝、缺棱、掉角等现象，其缝宽和深度应均匀一致。

水泥砂浆抹灰完成 24h 后开始养护，宜洒水养护 7d 以上。

（3）顶棚抹灰

1) 基层处理。抹灰前，应检查楼板结构体的工程质量，确定其标高与平整度是否符合要求，楼板是否有过大的裂缝。如果是预制板，应检查其板缝是否用细石混凝土灌实。若顶棚结构基体及其表面质量符合抹灰施工要求，则开始进行基层处理。

首先将凸出的混凝土剔平，对表面过于光洁的混凝土顶应凿毛，并用钢丝刷满刷一遍，以刷除表面的隔离剂，并使表面变得毛糙，再浇水湿润。也可用"毛化处理"办法，先将表面尘土、污垢清扫干净，若混凝土表面有油污，用10％的火碱水（氢氧化钠溶液）将顶面的油污刷掉，随之用清水将碱液冲洗干净，晾干。然后用1：1水泥细砂浆（可掺胶粘剂），用机喷或用扫帚将砂浆甩到顶棚上，甩点要均匀，初凝后浇水养护，直至水泥疙瘩全部粘到混凝土光面上并有较高的强度，用手掰不动为止。

2) 找规矩。顶棚抹灰一般不做灰饼和标筋，而是根据＋500mm水平线（在距离楼面约500mm高度处的墙面上弹出的水平线，可以作为楼地面、踢脚及顶棚抹灰的控制基准），在靠近顶棚四周的墙面上弹一条水平线以控制抹灰层厚度，并作为抹灰找平的标准。水平线应从＋500mm水平线用尺杆或钢尺量至距离顶棚板底100mm处，再弹出四周水平线。水平线不可从顶棚往下量，否则容易造成顶棚抹灰不水平。

3) 底、中层抹灰。先抹底层砂浆，厚度控制在2～3mm，手工涂抹方向应与预制楼板接缝方向相垂直，操作时需用力压，以便将底层灰挤入到混凝土顶棚细小孔隙中，用软刮尺刮平，用木抹子搓平搓毛。随后抹中层砂浆，厚度为6mm左右，抹后仍用软刮尺刮抹顺平，再用木抹子搓平，顶棚管道的周围用小抹子顺平。应注意顶棚抹灰不做标筋，平整度由目测和水平控制线确定。

4) 面层抹灰。待中层灰达到6～7成干后，即用手按不软但有指印时，就可以抹面层灰，要防止中层灰过干，否则容易空鼓脱落，如过干可洒水湿润再抹。

罩面灰分二遍进行，厚度控制在2mm为宜。第一遍罩面灰越薄越好，紧跟着抹第二遍。操作时抹子要平，稍干后用塑料抹子顺着抹纹压实压光。

顶棚抹灰宜与内墙面抹灰同时进行，先抹顶棚四周与墙面交接的阴角，然后抹大面，罩面则先做顶棚，后做墙面。

（4）一般抹灰的允许偏差和检验方法

一般抹灰的允许偏差和检验方法应符合表9-2的规定。

一般抹灰的允许偏差和检验方法 表 9-2

项 次	项 目	允许偏差(mm)		检 验 方 法
		普通抹灰	高级抹灰	
1	立面垂直度	4	3	用2m垂直检测尺检查
2	表面平整度	4	3	用2m靠尺和塞尺检查
3	阴阳角方正	4	3	用直角检测尺检查
4	分格条(缝)直线度	4	3	拉5m线,不足5m拉通线,用钢直尺检查
5	墙裙、勒脚上口直线度	4	3	拉5m线,不足5m拉通线,用钢直尺检查

9.1.2 装饰抹灰工程

1. 水刷石

水刷石主要用于室外墙面的装饰抹灰，具有外观稳重、立体感强、耐久性好等优点。

但是，由于水刷石施工采用湿作业，施工只能自上而下进行，因此施工工期长，而且施工用水量大，浪费水资源并对环境造成污染，因此其使用量应受到控制。

（1）底、中层抹灰。水刷石施工的基层处理应按设计要求进行，方法与外墙一般抹灰施工方法相同；找规矩、做标筋的方法也与外墙一般抹灰的方法相同，这里不再重复介绍。

底层和中层抹灰的材料配合比应遵守设计规定，一般多采用1：3水泥砂浆进行底层和中层抹灰，厚度12mm左右。

（2）贴分格条。待中层砂浆凝结硬化后，按设计要求弹分格线并粘贴分格条，做法与一般抹灰相同。

（3）抹水泥石子浆。分格条贴好以后，应根据中层抹灰的干燥程度适当洒水湿润，用铁抹子满刮水灰比为0.37～0.40（内掺适量的胶粘剂）的聚合物水泥浆一道，以提高水泥石子浆与中层灰粘结力，之后即可开始抹水泥石子浆。

面层水泥石子浆（或水泥石灰膏石子浆）的厚度，通常是根据所用石粒的粒径确定，一般为石粒粒径的2.5倍，水泥石子浆的稠度应为50～70mm。操作时应在每一分格内自下而上进行，边抹边拍打边揉平。抹完一个分格以后用直尺检查，不平处及时补好，并把露出表面的石子轻轻拍平。

（4）修整。罩面水泥石子浆层稍干并无水光时，先用铁抹子抹理一遍，将小孔洞压实、挤严，并将石子间隙内水泥浆挤出，然后用软毛刷蘸水刷去表面水泥浆，并用抹子轻轻拍平石粒，再刷一遍再次拍压，如此将水刷石面层分遍拍平压实，使石粒较为紧密且均匀分布。

（5）喷水冲刷。当罩面层凝结达到一定强度，对石子有较好的粘结力（手感稍有柔软但不显指痕），用刷子刷扫石子不掉时，即可开始喷水冲刷。

喷刷分两遍进行，第一遍用软毛刷蘸水刷掉面层水泥浆露出石子，使石子露出约1/3粒径；第二遍随即用喷浆机或喷雾器喷刷，先将墙四周相邻部位喷湿，然后由上往下顺序喷水。喷刷要均匀，喷头距离墙面100～200mm，将面层表面与石子间的水泥浆冲出，使石子露出表面1/3～1/2粒径，达到清晰可见，均匀密布为止。冲刷时应做好排水工作，不应使水直接顺墙面流下。

如果面层错过喷刷的最佳时机而开始硬化，可用3％～5％稀盐酸溶液冲刷，然后用清水冲洗干净，确保盐酸不残留在面层，否则盐酸将继续腐蚀水刷石表面的水泥浆，造成表面粉化、颜色泛黄，严重时石子将脱落。

喷刷完成后即可取出分格条，将分格缝清理干净并刷光，然后用水泥浆勾缝。

水刷石的质量要求是：表面应石粒清晰、分布均匀、紧密平整、色泽一致，应无掉粒和接槎痕迹。

2. 干粘石

干粘石抹灰工艺是水刷石的替代技术，是将彩色石粒直接粘在砂浆层上的一种装饰抹灰做法；其外观效果与水刷石接近，却比水刷石施工简单且速度快，造价较低，施工不用湿作业，但是不如水刷石坚固、耐久。多用于建筑物外墙面、檐口、腰线、窗楣、窗套、门套、柱子、阳台、雨篷等处，由于受碰撞时容易掉粒，故离室外地坪高度1m以下的墙柱表面，不宜采用干粘石。

（1）底、中层抹灰。干粘石的基层处理、找规矩及做标筋的方法与外墙面一般抹灰方法相同。底层和中层砂浆一般采用1∶3水泥砂浆，总厚度10～14mm，底层灰抹完后第二天，底层灰凝结后再洒水湿润抹中层灰，中层抹至与标筋平，再用刮杠横竖刮平，木抹子搓毛，终凝后浇水养护。

（2）粘分格条。按设计要求弹线分格，用水泥浆粘贴分格条，粘贴方法与水刷石分格条粘贴方法相同，分格缝宽度应符合设计要求，一般不小于20mm，小面积抹灰只起线条装饰作用时，缝宽尺寸可适当减小。

（3）抹粘结层砂浆。粘结层砂浆可采用聚合物水泥砂浆，厚度根据所用石粒的粒径而定，一般为4～6mm，粘结层表面应低于分格条1～2mm，粘结层砂浆稠度不大于80mm。要求一个分格一次抹完，避免在分格内接槎，并涂抹平整，不显抹痕。

（4）甩石粒并拍压平整。粘结层抹平后，应立即将按设计配合比调配好的石子甩在粘结层上，并用铁抹子将石子拍入粘结层，拍平压实。石子嵌入砂浆的深度不小于粒径的1/2，但不得拍出灰浆，否则石子表面蒙上水泥浆以后影响美观。如发现饰面上的石子有不匀或过稀现象时，一般不宜补甩，应将石子用抹子或手直接补粘。

抹压石子工序完成后，就要起出分格木条，并用素水泥浆将分格缝修补平直、颜色一致。待砂浆具有一定强度后，应洒水进行养护。

干粘石的施工质量要求是：表面应色泽一致、不露浆、不漏粘，石粒应粘结牢固、分布均匀，阳角处应无明显黑边。

3. 斩假石

又称剁斧石，是仿制天然石料的一种建筑饰面。但由于施工的工效低、造价高，一般只用于小面积的室外装饰工程。

施工时底层与中层表面应划毛，涂抹面层砂浆前，要认真浇水湿润中层抹灰，并满刮水灰比为0.37～0.40的纯水泥浆一道，按设计要求弹线分格，粘分格条。接着将拌好的1∶1.25水泥石屑浆罩面，待收水后再用木抹子打磨压实，并从上向下竖向顺势拉直，不得有砂眼、空隙，并且每分格区水泥石子浆必须一次抹成。

抹完后应采取防晒措施，洒水养护2～3d（其强度应控制在5MPa以内）后开始试斩，如石子不脱落，即可用剁斧将面层剁毛。斩剁前，应先弹顺线，相距约100mm，按线操作，以免剁纹跑斜。斩剁时应由上而下进行，先仔细剁好四周边缘和棱角，再斩中间墙面。在墙角、柱子等处，宜横向剁出边条或留有15～20mm宽的窄小条不剁。剁完后取出分格条，用钢丝刷顺斩纹刷净墙面尘土。

斩假石的质量要求是：表面剁纹应均匀顺直、深浅一致，应无漏剁处；阳角处应横剁并留出宽窄一致的不剁边条，棱角应无损坏。

4. 假面砖

假面砖是指采用彩色砂浆和相应的工艺处理，将抹灰面抹制成陶瓷饰面砖分块形式及其表面效果的装饰抹灰做法。

（1）彩色砂浆配制。配制彩色砂浆的颜料主要是氧化铁红、氧化铁黄、氧化铬绿等，施工前按照设计要求的饰面色调要求，配制出多种颜色的彩色砂浆并做出抹灰样板，由设计者选择合适的颜色，从而确定标准的配合比。

（2）操作工具。主要有刻度靠尺板（在普通靠尺板上划出假面砖尺寸的刻度），铁梳子（用 2mm 厚钢板一端剪成锯齿形），是一种划缝工具，用于划出饰面砖的密缝效果；铁钩子（用 φ6 钢筋砸成扁钩），也是划缝工具，用于划制模仿饰面砖墙面的宽缝效果。

（3）假面砖施工。底层采用 1:3 水泥砂浆，表面达到平整并保持粗糙，厚度为 6～8mm。当底层灰初步凝结后，用 1:1 水泥砂浆抹中层灰，厚度 6～7mm。之后按每步架为一施工高度，弹出上中下三条水平通线，以便控制面层划沟平直度。

待中层砂浆凝结后，洒水湿润，抹面层灰，面层为预先确定好配合比的彩色砂浆，厚度 3～4mm，要求表面压实抹平。

面层灰收水后，先用铁梳子沿木靠尺由上向下划出竖向纹，深度约 2mm，竖向纹划好后，再按假面砖尺寸弹出水平线，将靠尺靠在水平线上，用铁钩子顺着靠尺横向划沟，沟深 3～4mm，深度以露出中层灰为准，随手扫净飞边砂粒。

假面砖的质量要求是：表面平整、沟纹清晰、留缝整齐、色泽一致，应无掉角、脱皮、起砂等缺陷。

5. 装饰抹灰的允许偏差和检验方法

装饰抹灰的允许偏差和检验方法应符合表 9-3 的规定。

装饰抹灰的允许偏差和检验方法　　　　　　　表 9-3

项 次	项 目	允许偏差（mm）				检 验 方 法
		水刷石	斩假石	干粘石	假面砖	
1	立面垂直度	5	4	5	5	用 2m 垂直检测尺检查
2	表面平整度	3	3	5	4	用 2m 靠尺和塞尺检查
3	阳角方正	3	3	4	4	用直角检测尺检查
4	分格条（缝）直线度	3	3	3	3	拉 5m 线，不足 5m 拉通线，用钢直尺检查
5	墙裙、勒脚上口直线度	3	3	—	—	拉 5m 线，不足 5m 拉通线，用钢直尺检查

9.2　饰面板（砖）工程

饰面板（砖）工程包括饰面板安装和和饰面砖粘贴两大类。就施工工艺而言，前者以采用构造连接方式的安装工艺为主，后者以采用直接粘贴的工艺为主。

9.2.1　饰面砖粘贴

1. 内墙饰面砖施工

建筑内墙的饰面砖主要是釉面内墙砖，俗称瓷砖、瓷片，有时也用陶瓷马赛克、玻璃马赛克等。

釉面内墙砖主要用于厨房、厕所、卫浴间、实验室等经常接触水、汽或是对洁净要求较高的室内墙面，可以只装饰墙裙部分，也可以按墙体全高装饰墙面。

釉面内墙砖在建筑物内墙饰面中的应用非常广泛，但是，工程中反映出的产品质量问题与施工质量通病也比较显著，例如釉面砖规格尺寸不符合标准或者不一致、耐撞击性能不够、卫浴类房间的釉面砖在使用中易出现龟裂等问题，尤其是饰面空壳、砖层起鼓和砖块脱落等问题经常出现，已成为施工质量的通病。为此，一方面应严格执行饰面砖产品的材料标准，对釉面砖的质量加以控制，另一方面，在施工工艺上必须采取有效措施，防止施工质量问题出现。

（1）材料要求

1）水泥。粘贴用的水泥质量应符合要求，应对进场水泥的凝结时间、安定性和抗压强度进行复验，复验合格后才能使用。

2）饰面砖。饰面砖的品种、规格、图案、颜色和性能应符合设计要求。饰面砖表面应平整、结晶色泽一致，无裂痕和缺损。

3）粘结料的使用。釉面内墙砖粘贴固定所采用的粘结材料，宜为1∶2水泥砂浆，砂浆厚度为6～10mm。为改善水泥砂浆的和易性，也可掺入不大于水泥重量15％的石灰膏。也可采用胶粘剂或聚合物水泥浆粘贴釉面砖。当采用聚合物水泥浆时，其配合比应由试验确定。当采用胶粘剂粘贴饰面砖时，应按设计规定选用性能可靠的陶瓷砖专用胶粘剂产品。

（2）施工工艺

内墙面釉面砖粘贴的工艺顺序是：基层处理→找规矩、贴灰饼、做标筋→抹底层灰→选砖预排→弹线、贴标准点→垫底尺、贴砖→擦缝。

基层处理、找规矩、贴灰饼、做标筋及抹底层灰的施工方法与抹灰工程的施工方法相同，此处不再重复介绍。

（3）选砖预排

1）现场选砖：对于进场的饰面砖需进行挑选，即根据设计要求选择规格一致，外形平整方正，不缺棱掉角，无开裂和脱釉以及色泽均匀的砖块与配件。将实际尺寸不同的砖分别堆放，以便保证同房间或同一墙面的装饰贴面接缝均匀一致。

2）粘贴形式：饰面砖的粘贴形式和接缝宽度，应符合设计要求。当设计无要求时，可做样板，用以决定粘贴形式及接缝宽度。

3）选砖预排：饰面砖粘贴前应先选砖预排，以使拼缝均匀。在同一墙面上的横竖排列，不宜有一行以上的非整砖；非整砖行应排在次要部位或阴角处。若遇有突出墙面的管线、灯具、卫生设备的支承等，应用整砖套割吻合，不得采用非整砖拼凑粘贴。

（4）弹线、贴标准点

选砖预排后，应在底层砂浆上弹垂直与水平控制线。一般竖向线间距为1m左右，横线根据瓷砖规格尺寸每隔5～10块弹一条水平控制线，作为确定水平及竖向控制的标准。

标准点是在底层砂浆上用废瓷砖粘贴而成，上下标准点吊线或用靠尺找垂直，横向标准点拉通线或用靠尺板校正平整度。粘贴时将砖的棱角伸出，以棱角为粘贴瓷砖表面平整的标准点。粘贴好以后，在标准点的棱角上拉直线，再在直线上拴活动的水平线，用来控制瓷砖的表面平整。标准点用水泥混合砂浆粘贴，以便用完后铲除。

（5）垫底尺、贴砖

1）饰面砖浸水：釉面砖粘贴前先将砖的背面清理干净，然后置于清水中浸泡，浸水时间一般不少于2h，阴干后方可使用。

2）粘贴顺序：砖块粘贴顺序一般是先大面，后阴阳角和凹槽部位，大面粘贴自下而上顺序进行。

3）垫底尺：根据计算好的最下一皮砖的下口标高，垫放好尺板作为第一皮砖下口的标准，底尺可防止饰面砖因自重下移，以保证饰面横平竖直。底尺上皮一般比地面低10mm左右，以使地面砖压住墙面砖。

4）粘贴：釉面砖上墙之前，在其背面满刮粘结浆，上墙就位后用力按压，使之与基层表面紧密粘合。对于有设缝要求的饰面，可按设计规定的砖缝宽度制备小十字架，临时卡在每四块砖相邻的十字形缝间，以保证缝隙精确；单元式的横缝或竖缝，则可采用分格条；一般情况下只需挂线贴砖。

最下一行砖贴好后，用长靠尺横向找平。有高出标志块者，可用铲刀木柄轻敲使之齐平；如有低于标志而亏灰者，应取下砖块刮满刀灰再次到位粘贴，不得采用在砖口塞灰的做法。当粘贴至上口，如无压条（镶边或装饰线脚）或吊顶时，应采用一端圆的配件砖（压顶条）贴成平直线。其他设计要求的收口、转角等部位，以及腰线、组合拼花等，均应采用相应的砖块（条）适时就位粘贴。

（6）擦缝

釉面内墙砖饰面的接缝，对于紧密镶贴的，通常是采用刷具蘸糊状白水泥浆（按设计要求亦可采用彩色水泥浆）进行擦缝，要求均匀密实，不得漏擦或形成虚缝。对于宽缝的饰面，宜用与釉面砖相同颜色的水泥浆嵌缝或按设计要求处理。砖缝处理后，应及时将面层残存的水泥浆清洗干净，并做好成品保护。

（7）内墙饰面砖的允许偏差和检验方法

内墙饰面砖的允许偏差和检验方法见表9-4。

内墙饰面砖的允许偏差及检验方法

表 9-4

序 号	检 验 项 目	允许偏差(mm)	检 验 方 法
1	立面垂直度	2	用2m垂直检测尺检查
2	表面平整度	3	用2m靠尺和塞尺检查
3	阴阳角方正	3	用直角检测尺检查
4	接缝直线度	2	拉5m线,不足5m拉通线,用钢直尺检查
5	接缝高低差	0.5	用钢直尺和塞尺检查
6	接缝宽度	1	用钢直尺检查

2. 外墙饰面砖施工

建筑物外墙饰面砖的使用在我国已经非常普及，是目前多层及高层建筑工程最常用的外墙装饰方法之一。但是，砖层的起鼓、空鼓、脱落等质量问题也经常发生，而外墙饰面砖工程的施工质量问题，不仅影响建筑及环境美观，而且危及人身及财产的安全；由于外墙饰面砖维修和返工的难度比较大，其费用也比较高。因此，应特别重视外墙饰面砖的施工工艺，保证其施工质量。

（1）材料要求

用于外墙饰面工程的陶瓷砖、玻璃马赛克等材料，统称外墙饰面砖。干压陶瓷砖和陶瓷劈离砖简称面砖，面积小于4cm² 的砖和玻璃马赛克简称锦砖。

1）在外墙饰面砖工程施工前，应对饰面砖、水泥、砂、胶粘剂等各种原材料进行复验，合格后方可使用。

2）外墙饰面砖产品的技术性能应符合下列现行标准的规定：《陶瓷砖和卫生陶瓷分类

及术语》GB/T 9195；《干压陶瓷砖》GB/T 4100.1、GB/T 4100.2、GB/T 4100.3、GB/T 4100.4；《陶瓷类劈离砖》JC/T 457；《玻璃马赛克》GB/T 7697。外墙饰面砖宜采用背面有燕尾槽的产品。

外墙饰面砖应具有生产厂的出厂检验报告及产品合格证。进场后应按表9-5所列项目进行复验。复验抽样应按国家标准《陶瓷砖试验方法》GB/3810.1进行，并符合《外墙饰面砖工程施工及验收规程》JGJ 126 的相关规定。

外墙饰面砖复检项目 表 9-5

气候区	采用外墙饰面砖种类及复检项目	
	陶瓷砖	玻璃马赛克
Ⅰ	尺寸、表面质量、吸水率、抗冻性	尺寸、表面质量
Ⅱ	尺寸、表面质量、吸水率、抗冻性	尺寸、表面质量
Ⅲ	尺寸、表面质量、吸水率	尺寸、表面质量
Ⅳ	尺寸、表面质量、吸水率	尺寸、表面质量
Ⅴ	尺寸、表面质量、吸水率	尺寸、表面质量
Ⅵ	尺寸、表面质量、吸水率、抗冻性	尺寸、表面质量
Ⅶ	尺寸、表面质量、吸水率、抗冻性	尺寸、表面质量

注：表中气候区的划分见《外墙饰面砖工程施工及验收规程》JGJ 126—2000 附录 A、附录 B。

3）施工前应对找平层、结合层、粘结层及勾缝、嵌缝所用的材料进行试配，经检验合格后方可使用。

4）在雨量较多的南方地区（气候区为Ⅲ、Ⅳ、Ⅴ区）应采用具有抗渗性的找平材料，例如水泥砂浆、防水砂浆等，以满足找平及防水、抗渗要求。

5）外墙饰面砖粘贴应采用水泥基粘结材料，不得采用有机物作为主要粘结材料，这是因为有机材料长期受外界环境影响，容易老化使性能下降，无法满足外墙饰面的耐久性要求。

所谓水泥基粘结材料是指以水泥为主要原料，配有改性成分，用于外墙饰面砖粘贴的材料。水泥基粘结材料应采用普通硅酸盐水泥或硅酸盐水泥，硅酸盐水泥和普通硅酸盐水泥的强度等级都不应低于 42.5 级。

水泥基粘结材料中的砂含泥量不应大于 3%。

水泥基粘结材料应按《建筑工程饰面砖粘结强度检验标准》JGJ 110 的规定，在试验室进行制样、检验，粘结强度不应小于 0.6MPa。

勾缝应采用具有抗渗性的粘结材料。

（2）施工条件与要求

外墙饰面砖工程施工前应做出样板，经建设、设计和监理等单位根据有关标准确认后方可施工。施工前应合理安排整个工程的施工程序，避免后续工程对饰面造成污染或损坏。

外墙饰面砖的粘贴施工，应具备以下条件：

1）施工基体按设计要求处理完毕；

2）日最低气温在 0℃以上。当低于 0℃时，必须有可靠的防冻措施；当高于 35℃时，

242

应有遮阳设施；

3）基层含水率宜为 15％～25％；

4）施工现场所需的水、电、机具和安全设施齐备；

5）门窗洞、脚手眼、阳台和落水管预埋件等处理完毕。

（3）施工工艺流程

面砖粘贴的施工程序是：处理基体→抹找平层→刷结合层→排砖、分格、弹线→粘贴面砖→勾缝→清理表面。

马赛克粘贴的施工程序是：处理基体→抹找平层→刷结合层→排砖、分格、弹线→粘贴锦砖→揭纸、调缝→清理表面。

（4）找平层施工

找平层的施工应符合下列要求：

1）在基层处理完毕后，进行挂线、贴灰饼、做标筋，其间距不宜超过 2m；

2）抹找平层前，应先湿润基体表面，按设计要求涂刷结合层，所谓结合层是指由聚合物水泥砂浆或其他界面处理剂构成的用于提高界面间粘结力的材料层；

3）找平层如果过厚会导致脱落、开裂，因此，找平层应分层施工，严禁空鼓。每层厚度不应大于 7mm，且应在前一层终凝后再抹后一层。找平层厚度不应大于 20mm，若超过此值必须采取加固措施；

4）找平层的表面应刮平搓毛，并在终凝后浇水养护；

5）找平层的表面平整度允许偏差为 4mm，立面垂直度允许偏差为 5mm。

（5）刷结合层

找平层经检验合格并养护后，宜在表面涂刷结合层，这样做有利于提高粘结强度保证饰面砖粘结质量。

（6）排砖、分格、弹线

按设计要求和施工样板进行排砖、并确定接缝宽度和分格，同时弹出控制线，做出标记。排砖时应尽量使用整砖；对于必须使用非整砖的部位，非整砖宽度不宜小于整砖宽度的 1/3。

（7）面砖粘贴

面砖粘贴应按下列要求进行：

1）粘贴前应对面砖进行挑选，浸水 2h 以上并清洗洁净，目的是防止在粘贴时粘结材料失水过快影响粘结强度；面砖表面晾干后方可粘贴，以防面砖表面浮水产生的水膜影响粘结强度；

2）粘贴面砖时基层含水率宜为 15％～25％；

3）外墙面砖宜自上而下顺序粘贴，粘结层厚度宜为 4～8mm；

4）在粘结层初凝前或允许的时间范围内，可调整面砖的位置和接缝宽度，使之附线并敲实；在粘结层初凝后或超过允许的时间后，严禁振动或移动面砖，否则会严重影响其粘结性能，造成脱落。

（8）马赛克粘贴

马赛克粘贴应按下列要求进行：

1）将马赛克背面的缝隙中刮满粘结材料后，再刮一层厚度为 2～5mm 的粘结材料；

2）从下口粘贴线向上粘贴马赛克，并压实拍平。

（9）面砖勾缝

应按设计要求的勾缝材料和深度进行勾缝；操作时宜先勾水平缝，后勾竖直缝。勾缝应连续、平直、光滑、无裂纹、无空鼓。

（10）马赛克揭纸、调缝

应在粘结材料初凝前，将马赛克纸板刷水润透，并轻轻揭去纸板，及时修补表面缺陷、调整缝隙，并用粘结材料将未填实的缝隙嵌实。

（11）表面清理

外墙饰面砖镶贴后，应及时将表面清理干净。

（12）成品保护

外墙饰面砖粘贴后，对于因油漆、防水等后续工程可能造成污染的部位，应采取临时保护措施。对施工中有可能发生碰损的入口、通道、墙体阳角等部位，也应采取临时保护措施。同时，应合理安排水、电、设备安装等工序，及时配合施工，不应在外墙饰面砖粘贴后再开凿孔洞。

（13）外墙饰面砖粘结强度检验

由于饰面砖粘结强度对外墙饰面的安全影响重大，因此，对外墙饰面砖工程施工质量验收时应进行饰面砖粘结强度检验。其取样数量、检验方法、检验结果判定均应符合行业标准《建筑工程饰面砖粘结强度检验标准》JGJ 110 的规定。

（14）外墙饰面砖工程的尺寸允许偏差

外墙饰面砖工程的尺寸允许偏差及检验方法见表 9-6。

外墙饰面砖工程的尺寸允许偏差及检验方法 表 9-6

序　号	检 验 项 目	允许偏差（mm）	检 验 方 法
1	立面垂直	3	用 2m 托线板检查
2	表面平整	2	用 2m 靠尺、楔形塞尺检查
3	阳角方正	2	用方尺、楔形塞尺检查
4	墙裙上口平直	2	拉 5m 线，(不足 5m 时拉通线)，用尺检查
5	接缝平直	3	
6	接缝深度	1	用尺量
7	接缝宽度	1	用尺量

9.2.2　饰面板安装

1. 湿作业法（锚固灌浆法）

（1）材料要求

采用传统的湿作业法安装天然石材时，由于水泥砂浆在水化过程中会析出大量的氢氧化钙，泛到石板表面而产生花斑（俗称泛碱现象），严重影响建筑物室内外石材饰面的装饰效果。为此，在天然石材安装前，应对石板采用"防碱背涂剂"进行背涂处理。

当室内装饰采用花岗石板材时，应对花岗石的放射性进行复验。

（2）施工工艺

湿作业法施工可以按如下工艺顺序进行：基体处理→选材、弹线、预排→饰面板固

244

定→灌浆→板缝处理。

（3）基体处理

首先剔凿出结构施工时预埋的钢筋环或其他预埋锚固件；当建筑结构基体未设或者漏设预埋锚固件时，可用电钻打孔，采用直径≥10mm、长度≥110mm的金属膨胀螺栓插入固定作为锚固件；也可采用在结构基体上植入锚固件的方法，在基体上钻孔，插入直径6～8mm钢筋段，埋入深度不小于90mm，外露不小于50mm并做成弯钩，在其上焊接或绑扎钢筋网。铁制锚固件须经防锈处理。

将墙面或柱面的长、宽、高尺寸核对准确，清理基层表面的残灰、污渍及油污，并对光滑的基体表面进行凿毛处理。对于几何尺寸不符合要求的结构基体，特别是突出部分，要进行修整，以防止安装饰面板时产生误差。

（4）选材、弹线及预排

天然石材饰面板应按设计要求的规格、品种、色泽进行订货，经验收合格的板材应分类码放备用。每个部位的实际安装尺寸，应按板材的规格尺寸、灌浆厚度和拼接图案要求确定，通过实测实量确定饰面板的块数。需要对板材进行现场切割的部位及其尺寸，必须明确并保证其符合造型要求。

在立面基层上应对照设计图纸弹出垂直线与水平控制线，在地面上也应弹出饰面板外边缘线，作为第一层板材的就位基准线。

对于较为复杂的饰面拼花，应按大样图先在地面上摊摆板块，与墙、柱面的安装部位相对应进行预拼预排，确认合格后将板块逐一按顺序编号。

（5）饰面板的固定

饰面板固定可以采用绑扎固定，也可以采用金属件锚固。

1）绑扎固定法。绑扎固定法先在建筑基体预埋件或后置埋件上固定竖向钢筋，在竖向钢筋上固定横向钢筋，从而组成钢筋网，然后在钢筋网上固定饰面石板，具体做法如下：

① 绑扎钢筋网：在预埋件或后置埋件上绑扎或焊接直径6～8mm的竖向钢筋，钢筋间距按设计规定。横向钢筋必须与饰面板连接孔网的位置一致，第一道横筋绑在第一层板材下口上面约100mm处，此后每道横筋均绑在比该层板块上口低10～20mm处。钢筋网必须绑扎牢固，不得有松动和弯曲。

有的工程不设竖向钢筋，只需在预埋件或金属膨胀螺栓、后置埋件等锚固件外露部分焊接或绑扎横向钢筋后，即可在横向钢筋上绑扎饰面板。

② 钻孔、开槽及剔槽：即在天然石饰面板上开设金属丝绑扎孔或绑扎槽。当采用钻孔做法时，应同时剔凿绑扎孔至板块背面的卧丝槽，以便于绑扎时放入金属丝。石板钻孔形式有直孔或斜孔，如图 9-5（a）、（b）所示。钻孔时，将板块的上、下两边端面用电钻打孔，钻孔的数量、直径、位置及形式应按设计要求，孔位与钢筋网的横向钢筋标高相对应。

对于不易钻孔的较坚硬板材，也可采用开槽套丝绑扎的方式，如图 9-6（a）所示。

③ 绑扎固定饰面石板：把经过钻孔或开槽的板块背面、侧边清洗洁净并自然阴干。将直径为3mm的不锈钢丝或4mm的铜丝截成200～300mm长段，对石板进行穿孔或套槽后与墙体钢筋网上的横向钢筋绑扎固定（见图 9-7）。

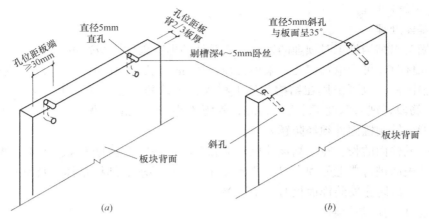

图 9-5 饰面板钻孔示意图

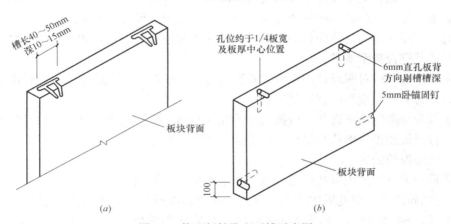

图 9-6 饰面板钻孔和开槽示意图

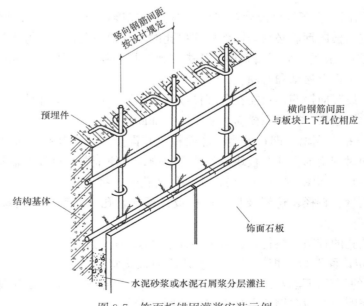

图 9-7 饰面板锚固灌浆安装示例

从最下一层饰面板开始，先将两端用板块找平找直拉水平通线，然后采用从一端向另一段的顺序或从中间向两边进行的顺序固定饰面板。先绑扎饰面板的下口，再绑扎上口，并用托线板及靠尺板吊直靠平，用木楔垫稳，然后在板块横竖接缝处每隔 $100\sim150\text{mm}$ 用石膏掺适量水泥拌制的糊状石膏水泥浆（白色饰面掺白水泥）作临时堵缝固定，其余缝隙均用石膏浆封严；对于设计要求尺寸较宽的饰面接缝，可在缝内填塞 $15\sim20\text{mm}$ 深的麻丝或泡沫塑料条，以防漏浆。待堵缝石膏灰材料凝结硬化后进行灌浆，待灌浆材料凝结硬化后将堵缝材料清除。

2）金属件锚固灌浆法：锚固件形式应根据工程的实际情况及板材的品种、规格等由设计确定；板材的钻孔、开槽及板端开口方式按锚固件与板块的连接方法确定。图 9-6（b）所示为采用不锈钢 U 形销钉钩挂板材的方式，其具体做法如下：

① 板块钻孔及剔槽。如图 9-6（b）所示，在距板两端 1/4 处的板厚中心钻直孔，孔径 6mm，孔深与 U 形钉折弯部分的长度尺寸一致，一般 $40\sim50\text{mm}$。然后在板块两侧边分别各钻直孔 1 个，孔位距板下端 100mm，孔径 6mm，孔深 $40\sim50\text{mm}$。上、下直孔孔口至板背方向剔出深 5mm 的凹槽，以便于固定板块时放入 U 形钉圆杆，而不影响板材饰面的严密接缝。

② 基体打孔。将钻孔剔槽后的石板按基体表面的放线分格位置临时就位，对应于板块上、下孔位，用冲击电钻在建筑基体上钻斜孔，斜孔与基体表面呈 45°，孔径 5mm，孔深 $40\sim50\text{mm}$（见图 9-8）。

③ 固定板材。根据板材与基体之间的灌浆层厚度及 U 形件折弯部分的尺寸，制备好 5mm 直径的不锈钢 U 形钉。板材到位后将 U 形钉一端勾进石板直孔，另一端插入基体上的斜孔，拉线、吊铅锤或用靠尺板等校正板块上下口及板面平整度与水平度，将 U 形件插入部分用小硬木楔塞紧或注入环氧树脂胶固定，同时用大木楔塞稳石板与基体之间的空隙（见图 9-8）。

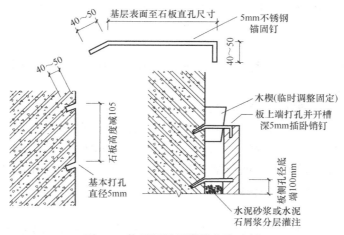

图 9-8　饰面板锚固灌浆安装示例

（6）灌浆

每安装好一层饰面板就要进行该层板灌浆，灌浆方法如下：

先将基体表面及板块背面洒水润湿，即用 1：2.5 水泥砂浆或水泥石子浆分层灌注。

灌注砂浆时不要碰动板材，也不要只从一处灌注，且不得猛灌。第一层灌注高度为150～200mm，并应注意不得超过板块高度尺寸的1/3，及时将灌注的砂浆或石屑浆插捣密实。待砂浆初凝后，检查板面位置，若发现移动错位应立即拆除重新安装。第二层灌浆高度约100mm，即灌至板材的1/2高度。第三层灌浆至板材上口以下80～100mm，所留余量为上排板材继续灌浆时的结合层。每排板材灌浆完毕，应养护24h左右，再进行其上一排板材的绑扎和分层灌浆。

按此分层灌注的方法依次逐层、逐排向上安装并固定板材，直至完成饰面。采用白色或浅色大理石板饰面时，宜采用白水泥和白石子灌浆材料，以免透底影响饰面效果。对于柱体及其他特殊部位的石板灌浆贴面，应在灌浆前采取夹固及其他临时保护措施，防止灌浆时石板位移。

第一排石板灌浆后约1～2h砂浆初凝后，清理饰面上口的残浆污染，用棉丝擦净；对于U形钉锚固灌浆做法的工程，隔日可拔除其临时木楔。

（7）板缝处理

饰面板缝隙处理的材料及处理方法应按照设计要求。一般干接的密缝宜用与石板颜色相同的水泥色浆填抹；宽度较大的缝隙，可以在清除临时填、垫材料后用1：1水泥细砂浆勾缝，也可以在板缝内垫无粘结胶带（浅缝）或填塞聚乙烯塑料发泡条（深缝），然后在缝隙表面加注硅酮耐候密封胶。

2. 干作业法（干挂施工）

采用干挂施工，板材与结构体之间采用金属挂件或金属龙骨进行连接而不灌浆，可以有效减轻建筑物的自重，对结构抗震有利，而且由于现场施工比较简便，所以施工速度比较快；但是，由于采用金属件较多，而且考虑到防锈的问题，需要采用不锈钢作为连接件或对连接件进行防锈处理，因此工程成本比较高。

以下介绍不锈钢连接件干挂石板饰面工程的施工。当采用干挂石板饰面作为较大规模的幕墙工程时，即高度大于24m、抗震设防烈度大于7度的外墙饰面板安装工程，应执行《金属与石材幕墙工程技术规范》JGJ 133的要求。

（1）安装方式

干挂安装石板的方法有多种，主要区别在于所用连接件形式的不同，连接件的形式与尺寸应由设计确定。

1）钢销式：或称销针式。在板材上下端面打孔，插入不锈钢销，以环氧树脂胶固定，同时连接不锈钢连接件，然后通过不锈钢角钢与建筑结构基体固定，不锈钢角钢与连接件之间用螺栓（紧固件）连接，螺栓可以用来调节板材与基体之间的距离（见图9-9）。

2）板销式：在板材上下端面开槽，在槽内插入不锈钢板条插件用环氧树脂胶固定，再用L形不锈钢扣件与建筑结构体固定（见图9-10）。

（2）干挂施工

1）板材钻孔或开槽。按设计尺寸及位置在石板的上、下端面钻孔开槽。孔槽部位的石屑和尘埃应用气动枪清理干净。

2）基面处理及放线。先对结构基体表面的垂直度、平整度进行检查，然后对影响板材安装的凸出部分进行凿削修整。将基面清理干净后进行放线，可以从建筑结构中引出楼面标高和轴线位置，弹出饰面板块就位的水平和垂直控制线；必要时做灰饼以控制板块安

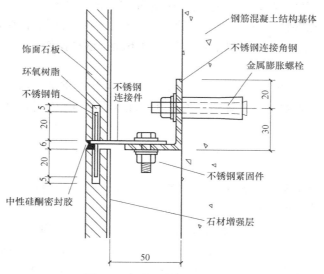

图 9-9　板材干挂钢销式做法

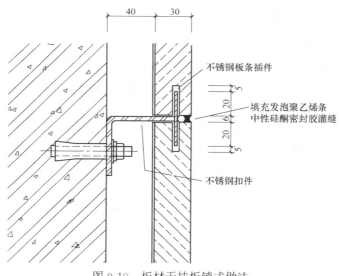

图 9-10　板材干挂板销式做法

装的平整度。当设计要求对结构基体做防水处理时，应按设计要求做防水层或做防水处理。

3）板块补强：饰面板的补强应按设计规定进行，可在其背面涂刷合成树脂胶粘剂，粘贴复合玻璃纤维网格布作补强层，以提高板块力学性能及延长石板的使用寿命。

4）板材安装：板材安装从最下一排的中间或一端开始第一块石板安装，首先利用托架、垫木或其他方法将石板准确就位后作临时固定，然后拉水平通线调整板块上、下边的水平度，再向两边安装其他石板，安装好第一排并经校准后再安装上一排板。平整度以灰饼或垫块控制，垂直度应吊线锤或用仪器检测。

板块安装时，用冲击电钻在基体上打孔，插入并安装好膨胀螺栓，按照设计要求安装好不锈钢角钢和连接件。将环氧树脂胶（胶的种类按设计要求）灌入下排板块上端的孔（槽）中，插入不锈钢销，再向上排板材的下孔（槽）内注入环氧树脂胶后对准不锈钢销将石板套入，然后校正板块，拧紧螺栓。如此自下而上逐排操作，直至完成全部石板干挂饰面施工。

5）接缝处理：完成全部安装后，清理板面，按设计要求进行嵌缝处理。对于较深的缝隙，应先向缝底填入发泡聚乙烯圆棒条，外层注入石材专用的中性耐候硅酮密封胶。

9.3 涂 饰 工 程

涂饰工程施工是指利用建筑涂料进行装饰的施工，又称为建筑涂装，是使涂料在被涂物件表面形成所需涂膜的过程。

《建筑工程施工质量验收统一标准》GB 50300—2001 将涂饰工程分为水性涂料涂饰、溶剂型涂料涂饰和美术涂饰三个分项工程。水性涂料包括合成树脂乳液型涂料、无机涂料和水溶性涂料；溶剂型涂料包括丙烯酸酯涂料、聚氨酯丙烯酸酯涂料、有机硅丙烯酸酯涂料等；美术涂饰主要指套色涂饰、滚花涂饰和仿花纹涂饰等。

9.3.1 涂饰工程的基层处理

基层处理的目的有三个：第一，清除被涂装物件表面的污迹，使涂膜能够很好地附着于基层上；第二，通过修整基层表面，去除各种表面缺陷，使之具有涂装涂料所需要的平整度，使涂料具有良好的附着基础；第三，对基层进行各种化学处理后增强涂料与基层的粘结力。

墙面基层处理的方法是，首先对基层进行检查，确定基层表面有无裂缝、麻面、气孔、空鼓脱落，有无浮浆、硬结不良、粉化，有无隔离剂、油渍等；然后对检查发现的问题和缺陷进行清理；经过检查和清理以后，再对基层的缺陷进行修补，使其满足涂饰的要求。

对新建的混凝土或抹灰基层在涂饰涂料前应涂抗碱封闭底漆；旧墙面在涂饰涂料前应清除疏松的旧装修层，并刷界面剂。

混凝土或抹灰基层涂刷溶剂型涂料时，含水率不得大于 8%；涂刷乳液型涂料时，含水率不得大于 10%；木材基层的含水率不得大于 12%。

基层腻子应平整、坚实、牢固，无粉化、起皮和裂缝；内墙腻子的粘结强度应符合《建筑室内用腻子》JG/T 3049 的规定。厨房、卫生间墙面必须使用耐水腻子。

9.3.2 涂饰工程的施工方法

常用的涂饰方法有三种：喷涂、滚涂和刷涂。

喷涂施工是利用空气压缩机提供的压缩空气，通过喷枪将涂料喷射到建筑基体表面的施工方法。喷涂的优点是涂膜外观质量好，功效高，适宜于大面积施工，并可通过调整涂料黏度、喷嘴大小及喷射压力而获得不同的装饰质感。

滚涂施工是将涂料用纤维毛滚（辊）直接涂装于建筑基体表面，或是先将底层和中层涂料采用喷涂或刷涂的方法进行涂饰，而后使用压花滚筒压出凹凸花纹效果，表面再罩面漆的浮雕式施工做法。

刷涂施工是利用油漆刷、排笔之类的工具用手工的方法将涂料刷涂于建筑基体表面的施工方法。用于面积较小的墙面涂饰工程，特别是装饰造型、美术涂饰或与喷涂、滚涂做法相配合的工序涂层施工。

9.3.3 涂饰工程施工工艺

1. 内墙薄涂料施工工艺

混凝土及抹灰内墙、顶棚表面薄涂料涂饰施工的一般工序是：基层处理→修补腻子→砂纸磨平→第一遍满刮腻子→砂纸磨平→第二遍满刮腻子→砂纸磨平→干性油打底→砂纸磨平→弹分色线→刷涂第一道涂料→补腻子并砂纸磨平→刷涂第二道涂料→砂纸磨平→刷涂第三道涂料→砂纸磨平→刷涂第四道涂料→涂膜养护→交工验收。

以上是溶剂型涂料高级做法的施工工艺过程，如果是水性涂料，则不需要用干性油打底及其砂纸磨平的工序；如果是普通做法，可以不刮第二遍腻子；做完第二道涂料后，如果涂料能够满足遮盖力要求或涂抹颜色要求，则可不必进行第三道和第四道涂料施工；如果涂料不能满足遮盖力要求或因遮盖不好而涂膜仍有发花情况，则进行第三道甚至第四道涂料施工。如果是如果采用机械喷涂，则不受涂刷遍数限制，以达到质量要求为准。

2. 外墙涂料施工工艺

外墙涂料不管是采用薄涂料还是厚涂料，其施工工序基本相同，都可以按照下述施工程序进行施工：表面修补→清扫→填补缝隙局部刮腻子→磨平→涂刷第一遍涂料→涂刷第二遍涂料。

薄涂料施工时，当第二遍涂料施涂后，如果装饰效果不理想，可增加 1～2 遍涂料；如果采用机械喷涂，则不受涂刷遍数限制，以达到质量要求为准。

用于外墙的厚涂料有合成树脂乳液厚涂料、合成树脂乳液砂壁状涂料及无机厚涂料，合成树脂乳液砂壁状涂料必须采用机械喷涂方法施工，否则将影响涂饰效果。

思 考 题

9.1 建筑装饰装修有何作用？

9.2 建筑装饰装修工程施工有何特点？

9.3 抹灰工程如何分类？哪些抹灰属于一般抹灰？哪些抹灰属于装饰抹灰？

9.4 抹灰用的水泥进场后应对哪些性能进行复验？

9.5 对抹灰用的石灰熟化有何要求？

9.6 抹灰为何要分层操作？一般抹灰分哪几个层次？各层次分别起什么作用？

9.7 抹灰前为什么要对基层进行处理？如何处理？

9.8 简述内墙面一般抹灰的工艺过程，并说明设置标筋的目的是什么。

9.9 内墙阳角处为何要做护角？护角如何做？

9.10 墙面抹灰时，为何不能将水泥砂浆抹在石灰砂浆层上？

9.11 外墙一般抹灰（水泥砂浆面层）的分格缝如何施工？对分格木条有何要求？

9.12 墙面一般抹灰的立面垂直度、表面平整度如何检验？

9.13 水刷石水泥石子浆的厚度及稠度如何确定？

9.14 水刷石施工时，喷水刷洗的时间如何确定？

9.15 简述内墙釉面砖粘贴施工的工艺过程，并说明为何要对釉面砖选砖预排？

9.16 外墙饰面砖施工时有哪些措施可以防止面砖空鼓脱落？

9.17 在广州市使用的外墙饰面陶瓷砖应对哪些项目进行复检？

9.18 为什么外墙饰面砖粘贴不得以有机物作为主要粘结材料？

9.19 分别说明面砖粘贴、锦砖粘贴的施工程序。

9.20 简述饰面板安装湿作业法的施工程序。

9.21 分别说明湿作业法和干作业法饰面板安装的板缝处理方法。

9.22 请说明湿作业法饰面板安装的灌浆程序。

9.23 涂饰工程施工前对基层处理的目的是什么？基层如何处理？

9.24 建筑涂料的常用涂饰方法有哪几种？分别适用于什么情况？

9.25 分别说明内墙薄涂料和外墙涂料的施工程序。

第 10 章　路基路面工程

10.1　路基工程施工

10.1.1　概述

路基是按照路线位置和一定技术要求修筑的带状构造物，是路面的基础，承受由路面传递下来的行车荷载，并受各种自然因素的影响，应该具有足够的强度、稳定性和耐久性。

路基工程涉及范围广，影响因素多，土石方工程量大、分布不均匀，不仅与路基工作的相关设施如路基排水、防护与加固等相互制约，而且同公路工程的其他项目如桥涵、隧道、路面及附属设施相互交错。因此，路基施工必须做到严格掌握技术标准，精心施工，以确保工程质量。

1. 路基施工的基本方法

路基施工的基本方法，按其技术特点可分为人工及简易机械化、综合机械化、水力机械化和爆破方法等。

人工施工劳动强度大、效率低、进度慢、工程质量难以保证，仅用于条件受限的地方性公路和辅助性工作；机械化施工和综合机械化施工施工机械数量充足、配套齐全，是保证高等级公路施工质量和施工进度的重要手段，对主机配以辅机，相互协调，共同完成主要工序的综合机械化作业，避免了单机作业时机械与人力难以协调配合、单机效率受限的缺点，功效提高显著；水力机械化施工运用水泵、水枪等水力机械，喷射强力水流，冲散土层并流送到指定地点沉积，例如采集砂料或地基加固等，适用于挖掘比较松散的土质及地下钻孔等；爆破法是石质路基开挖的基本方法，如果采用钻岩机与机械清理，亦是岩石路基机械化施工的必备条件，爆破法还可用于冻土、泥沼等特殊路基施工，以及清除路面、开石取料与石料加工等。

路基施工时应根据工程性质、施工期限、现有条件等因素，因地制宜地综合使用各种方法。

2. 路基施工的一般程序

(1) 施工前的准备工作

路基施工准备大致分为组织准备、技术准备和物质准备。组织准备主要是建立和健全施工队伍和管理机构，明确任务、指定规章制度等。物质准备包括各种材料与机具设备的购置、加工、调运以及生活后勤供应等。技术准备是施工前准备工作的重点，包括以下内容：

1) 开工前，应在全面熟悉设计文件交底的基础上，进行现场核对和施工调查，发现问题应及时根据有关程序提出修改并报请变更设计。

2）编制实施性的施工组织设计，并报监理工程师或业主批准并及时提出开工报告。重要项目应编制路基施工网络计划。

3）协调解决征地拆迁等问题，进行场地清理。

4）修建临时工程。包括施工现场的供电、供水，修建便道、便桥，架设临时通信设施，设置生活和工程用房等。

5）做好施工测量工作。内容包括导线、中线、水准点复测，横断面检查与补测，增设水准点等，测量精度应符合《公路路线勘测规程》的要求。

（2）路基施工基本工作

路基施工基本工作包括路基和小型人工构筑物两部分。路基施工的主要内容为填筑路堤、开挖路堑、路基压实、整平路基表面、整修边坡、修筑排水设施及防护加固设施等。人工小型构筑物包括小桥、涵洞和挡土墙的修筑等。

（3）路基工程的检查与验收

路基工程的检查与验收包括中间检查和完工后的交工验收，主要项目包括各项目的位置、高程、断面尺寸、压实度等，应满足规定的允许误差，不符合时应进行修整。

10.1.2 路基工程施工

路基施工机械包括土石方机械和压实机械两大类，前者包括铲土运输机械（推土机、铲运机、平地机）、挖掘与装载机械（挖掘机、装载机）、工程运输车辆，后者包括各类压路机。

1. 土质路堤填筑

路堤填筑类型包括土质路堤、石质路堤或土石混合路堤，不同路堤的填筑要求及工艺是有区别的，本节主要讲述土质路堤施工的技术要点。

（1）路堤填筑应注意的问题

路堤填筑一般都是利用当地土石作填料，按一定方案在原地面上填筑起来的。填筑前应做好原地面临时排水设施，并与永久性排水相结合，排走的雨水不得流入农田、耕地，亦不得引起水沟淤积和路基冲刷。

1）路堤基底的处理。路堤填料与原地面的接触部分称为基底。为使两者结合紧密，避免路堤沿基底发生滑动或路堤沉陷，需视基底土质、水文、填土高度等采取相应的处理措施。

对于密实稳定的土质基底，地面横坡缓于 1：10～1：5 时，需铲除地面表皮、杂物、除去积水和淤泥后再填筑；当地面横坡为 1：5～1：2.5 时，在清除草皮杂物后，应将原地面挖成台阶，台阶宽度不小于 1m；地面横坡陡于 1：2.5 时，应根据土质情况，进行个别设计，特殊处理。

对于覆盖层不厚的倾斜岩石基底，当地面横坡为 1：5～1：2.5 时，应挖除覆盖层，并将基岩挖成台阶，横坡陡于 1：2.5 时，应进行个别设计。

当基底为松土或耕地时，应先将有机土、种植土清除，压实后再填筑。当路线经过水田、洼地和池塘时，应采取疏干、挖除淤泥、换土、打砂桩、抛石挤淤等措施进行处理后方能填筑。

2）填料的选择。一般的土石都可作为路堤填料，当有多种料源时应选择挖取方便、易压实、强度高、水稳性好的土料。填方材料的强度应符合表10-1的规定。淤泥、沼泽土、冻土、含残余树根和易于腐烂物质的土，不能用作路堤填料。液限大于50%及塑性指数大于26的土，以及含水量超过规定的土，不得直接作为填料，需要时应采取技术措施，检验合格后方可使用。

含盐量超过规定的强盐渍土和过盐渍土不能作为高等级公路的填料，膨胀土除非表层用非膨胀土封闭，一般也不宜作为高等级公路的填料。工业废渣（如粉煤灰、钢渣）是较好的填料。高炉矿渣或钢渣至少应放置一年以上，必要时应予破碎。有些矿渣使用前应检验有害物质含量，以免污染环境。

路基填方材料最小强度和最大粒径表　　　　　表 10-1

项目分类 （路面底面以下深度）		填料最小强度(CBR)(%)		填料最大粒径(cm)
		高速公路及一级公路	二级及二级以下公路	
路 堤	上路床(0～30cm)	8.0	6.0	10
	下路床(30～80cm)	5.0	4.0	10
	上路堤(80～150cm)	4.0	3.0	15
	下路堤(>150cm)	3.0	2.0	15
零填及路堑路床(0～30cm)		8.0	6.0	10

注：1. 二级及二级以下公路作高级路面时，应按高速公路及一级公路的规定；
　　2. 表列强度按《公路土工试验规程》JTGE 40-2007，对试样浸水96h的CBR试验方法测定；
　　3. 黄土、膨胀土及盐渍土填料强度，分别按规定办理。

（2）路堤填筑基本方案

1）水平分层填筑。水平分层填筑，即按照横断面全宽分成水平层次，逐层向上填筑。它可以将不同土质的土，有规则的分层填筑和压实，以获得规定的压实度，是填筑路堤的基本方案。

采用不同土质填筑路堤时，正确的水平分层填筑（图10-1a）应遵循以下规定：不同土质应分层填筑，交替层次应尽量少，每种土质总厚度最好不小于0.5m；透水性差的土填筑在下层时，其表面应做成不小于4%的横坡，以保证上层透水性填土的水分及时排除；为保证水分蒸发和排除，路堤不易被透水性差的土层封闭；强度与稳定性差的土质应填在下层；为防止相邻两段用不同土质填筑的路堤在交接处发生不均匀变形，交接处应做成斜面，并将透水性差的土填在下面（图10-2）。

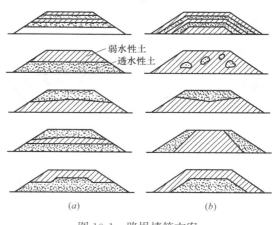
图 10-1　路堤填筑方案
（a）正确方案；（b）错误方案

不正确的填筑方案（图10-1b）指：未水平分层，有反坡积水，夹有大土块和粗大石

255

块，以及有陡坡斜面等，基本特点是强度不均匀和排水不利。

2）竖向填筑。竖向填筑法指沿路中心线方向逐步向前深填的施工方法，当路线跨越深谷陡坡地形，难以分层填筑时使用，见图10-3。竖向填筑由于填土过厚而难以压实，应采用高效能压实机械。

3）混合填筑。受地形限制或堤身较高，不能按前两种方法自始至终填筑时，可采用混合填筑法（图10-4），即路堤下层用竖向填筑，而上层用水平分层填筑，使上部填土经分层压实获得需要的压实度。

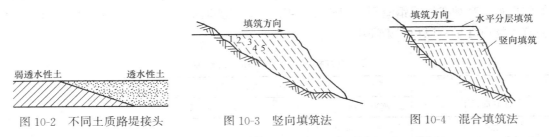

图10-2　不同土质路堤接头　　图10-3　竖向填筑法　　图10-4　混合填筑法

2. 路堑开挖

路堑开挖是根据设计要求，将路基设计范围内高于路基设计标高以上的土石方挖除，挖出的土作为路堤填料或弃土。处于地壳表层的路堑边坡，暴露于大气中，受到自然、人为因素的影响，比路堤边坡更容易破坏和失稳，其稳定性与施工方法关系密切。路堑地段的主要病害是排水不畅，边坡过陡和缺乏支挡结构。因此施工过程和竣工后都必须充分重视路堑地段的排水，设置必要而有效的排水设施。

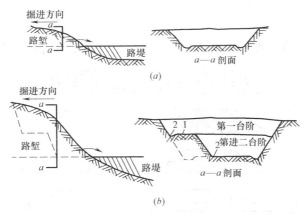

图10-5　横向全宽挖掘法
（a）一层横向全宽挖掘法；（b）多层横向全宽挖掘法
1—第一台阶运土道；2—临时排水沟

（1）土方路堑的开挖

1）横向全宽挖掘法。以路堑整个横断面的宽度和深度，从一端或两端逐渐向前开挖的方式称为横挖法，该法适用于短而深的路堑。路堑深度不大时，可一次挖到设计标高（图10-5a）；路堑深度较大时，可分几个台阶进行开挖（图10-5b），各层要有独立的出土道和临时排水设施，以免相互干扰，影响工效。

2）纵向挖掘法。沿路堑纵向将高度分成不大的层次开挖的方法称为纵挖法，适用于较长的路堑开挖。如果路堑的宽度和深度均不大，可按照横断面全宽纵向分层挖掘，称为分层纵挖法（图10-6a）；如果路堑的宽度和深度均比较大，可沿纵向分层、每层先挖出一条通道，然后开挖两旁，称为通道纵挖法（图10-6b）；如果路堑很长，可在适当位置将路堑一侧横向挖穿，将路堑分为几段，各段再采用上述纵向开挖，称为分段纵挖法（图10-6c），分段纵挖法适用于傍山长路堑。

3）混合法。当路线纵向长度和挖深都很大时，宜采用混合式开挖法，即将横挖法和

256

通道纵挖法混合使用。先沿路堑纵向挖通道，然后沿横向坡面挖掘，以增加开挖坡面，如图 10-7 所示，每一坡面应设一个施工小组或一台机械作业。

选择挖掘方案，除考虑当地的地形条件、采用的机具等因素外，还需考虑土层的分布及利用。如系利用挖方填筑路堤，则应按不同的土层分层挖掘，以满足路堤填筑的要求。

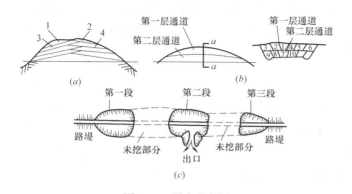

图 10-6　纵向挖掘法
（a）分层纵挖法（图中数字为挖掘顺序）；（b）通道纵挖法
（图中数字为拓宽顺序）；（c）分段纵挖法

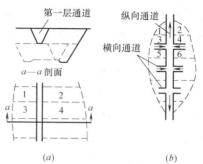

图 10-7　混合挖掘法
（a）横断面和平面；（b）平面纵横
通道示意图（箭头表示运土与排水方向，
数字表示工作面号数）

（2）岩石路堑的开挖

岩石路堑通常采用爆破法开挖，有条件时宜采用松土法开挖，局部情况亦可采用破碎法开挖。

1）爆破法。爆破法开挖利用炸药爆炸时产生的热量和高压，使岩石或周围介质受到破坏或移动，特点是施工速度快，减轻繁重的体力劳动，提高生产率，但必须由经过专业培训并取得爆破证书的施工人员施爆。爆破方法包括表面爆破、浅孔爆破、深孔爆破、光面爆破和预裂爆破。爆破施工主要工序包括炮位选择、凿岩（钻孔）、装药与堵塞、起爆和清方、测定爆破效果。

2）松土法。松土法是充分利用岩体自身存在的各种裂面和结构面，用推土机牵引的松土器将岩体翻碎，再用推土机或装载机与自卸汽车配合，将翻松了的石块搬运出去。松土法避免了爆破法具有的危险性，且有利于开挖边坡的稳定及附近建筑物的安全。其作业效率高，从发展趋势看，能采用松土法施工的场合，应尽量不用爆破法。

3）破碎法。破碎法用破碎机凿碎岩块，凿子装在推土机或挖掘机上。它利用活塞的冲击作用，使凿子产生冲击力，因此破碎能力取决于活塞大小。该法适宜于岩体裂缝较多，岩块体积较小，抗压强度低于 100MPa 的岩石。破碎法工作效率不高，仅用于不能使用爆破法和松土法施工的局部场合。

（3）深挖路堑的施工

深挖路堑边坡的合理坡度与形状是保证边坡稳定的关键，施工前应充分掌握地层土质，作出适宜的边坡坡度。

土质深挖路堑施工，靠近边坡 3m 之内禁止采用爆破法，3m 以外采用爆破法应缜密设计。施工土质边坡时，宜每隔 6～10m 高度设置平台。平台表面横向坡度应向内倾斜，坡度约为 0.5%～1%；纵向坡度宜与路线纵坡平行。平台上的排水设施应与排水系统连通。土质单边坡深挖路堑施工可采用多层横向全宽挖掘法；土质双边坡深挖路堑施工宜采用分层纵挖法和通道纵挖法，若路堑长度较大，一侧边坡的土壁厚度和高度不大时，可采用分段纵挖法。

石质深挖路堑施工，当地形和石质不符合规定时禁止使用大爆破施工。单边坡石质深挖路堑施工宜采用深粗炮眼、分层、多排、多药量、群炮、光面、微差爆破方法；双边坡石质深挖路堑施工可采用纵向挖掘法，在横断面中部每层开挖一条较宽的通道，然后横断面两侧按单边坡石质路堑的方法施工。

10. 1. 3　土质路基压实

路基施工破坏了土体的天然状态，致使其结构松散，颗粒重新组合。路基压实后，土体密实度提高，透水性降低，毛细水上升高度减小，防止了水分集聚和侵蚀而导致的路基软化，或因冻胀而引起的不均匀变形，从而提高了路基的强度和稳定性，足够的压实度是保证路基强度和稳定性的根本技术措施之一，路基压实是路基施工过程中的一个重要工序。

1. 准备工作

（1）确定路基压实最佳方案

土的压实过程和结果受到多种因素的影响，内因包括含水量和土的性质，外因包括压实功能、压实机具和压实方法等。实践证明，这些因素并不是独立起作用，而是在共同起作用，因此应铺筑试验路段，从不同方案中选出最佳方案。具体步骤如下：

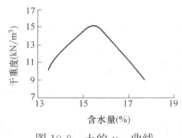

图 10-8　土的 $\gamma\omega$ 曲线

1）确定最佳含水量和最大干重度。取代表性土样，按《公路土工试验规程》JTGE 40—2007 作击实试验，绘制含水量和干重度的关系曲线（图 10-8），曲线峰值处干容重最大，称为最大干重度 γ_0，对应的含水量为最佳含水量 ω_0。

2）确定松铺厚度和碾压遍数。松铺厚度指未经压实的材料层厚度，为松铺系数和达到规定压实度的压实厚度之乘积。可根据压路机械的功能及土质情况确定松铺厚度和碾压次数，高速、一级公路应按松铺厚度 30cm 进行试验，以确保压实层的匀质性。通过试验路及有关数据的检测，写出试验报告，最后确定铺层厚度和碾压遍数以及填土的实际含水量，以便施工中掌握控制。

（2）确定路基压实机具

路基路面施工中，使用压实机械进行压实是施工的关键工序之一，压实效果的好坏，直接关系到工程质量的优劣。压实机械按压力作用原理分静力碾压式（光面碾、羊足碾、气胎碾）、振动式（振动器、振动压路机）和夯击式（夯锤、夯板、风动夯及蛙式夯）；按行走方式分为拖式和自行式碾压机械；按碾轮形状分为光轮、羊脚轮和充气轮胎。

土质不同，有效的压实机械也不同，表 10-2 为几种常用机具的技术特性。正常情况下，碾压砂性土采用振动压路机效果最好，夯击式次之，碾压式压路机最差；碾压黏性土采用碾压式和夯击式最好，振动式较差甚至无效。不同的压实机具，在最佳含水量条件下，适用于最佳压实厚度以及碾压遍数，表 10-3 为各种土质适宜的碾压机械。

压路机的技术性能

表 10-2

机具名称	最大有效压实厚度(m)	碾压行程次数				适宜的土类
		黏性土	粉质黏土	粉砂土	砂质粉土	
人工夯实	0.10	3~4	3~4	2~3	2~3	黏性土与砂性土
牵引式光面碾	0.15	—	—	7	5	黏性土与砂性土
羊足碾(2个)	0.20	10	8	6	—	黏性土
自动式光面碾 5t	0.15	12	10	7	—	黏性土与砂性土
自动式光面碾 10t	0.25	10	8	6	—	黏性土与砂性土
气胎路碾 25t	0.45	5~6	4~5	3~4	2~3	黏性土与砂性土
气胎路碾 50t	0.70	5~6	4~5	3~4	2~3	黏性土与砂性土
夯击机 0.5t	0.40	4	3	2	1	砂性土
夯击机 1.0t	0.60	5	4	3	2	砂性土
夯板 1.5t 落高 2m	0.65	6	5	2	1	砂性土
履带式	0.25	6~8		6~8		黏性土与砂性土
振动式	0.40	—		2~3		砂性土

各种土质适宜的压实机械

表 10-3

机械名称 \ 土的分类	细粒土	砂类土	砾石土	巨粒土	备 注
6~8t 两轮光轮压路机	A	A	A	A	用于预压整平
12~18t 两轮光轮压路机	A	A	A	B	最常使用
25~50t 轮胎压路机	A	A	A	A	最常使用
羊足碾	A	C 或 B	C	C	粉粘土质砂可用
振动压路机	B	A	A	A	最常使用
凸块式振动压路机	A	A	A	A	最宜使用含水量较高的细粒土
手扶式振动压路机	B	A	A	C	用于狭窄地点
振动平板夯	B	A	A	B 或 C	用于狭窄地点,机械质量 800kN 的可用于巨粒土
夯锤(板)	A	A	A	B	用于狭窄地点

注：1. 表中符号：A 代表适用；B 代表无适当机械时可用；C 代表不适用；

2. 土的类别按照《公路土工试验规程》JTGE 40—2007 的规定划分；

3. 特殊土（黄土、膨胀土、盐渍土等）的压实机械可按细粒土考虑；

4. 自行式压路机宜适用于一般路堤路堑基底的换填等的压实，宜采用直线式进退运行；

5. 羊足碾（包括凸块碾、条式碾）应有光轮压路机配合使用。

（3）含水量的检测与控制

只有在有效控制含水量的情况下才能达到压实标准，一般应在该种土的最佳含水量±2%以内压实，当需要对土采用人工加水时，应对达到最佳含水量所需的加水量进行估算。

2. 压实施工

（1）填方地段基底的压实

路堤基底应在填筑前压实。高速公路、一级公路和二级公路路堤基底的压实度不应小于85%；当路堤土高度小于路床厚度（80cm）时，基底的压实度不宜小于路床的压实度标准。

（2）土方路堤的压实

碾压前应对填土层的松铺厚度、平整度和含水量进行检查，符合要求后方可进行碾压。用铲运机、推土机和自卸汽车推运土料填筑时，应平整每层填土，且自中线向两边设置 2%～4% 的横向坡度，并及时碾压，特别注意雨期施工。高速公路、一级公路路基填土压实宜采用振动式压路机或者采用 35～50t 轮胎式压路机。当采用振动压路机碾压时，第一遍应静压，然后先慢后快，先弱振后强振。碾压机械的行驶速度，开始时宜慢速，最大速度不宜超过 4km/h；碾压时直线段由两边向中间，小半径曲线段由内侧向外侧，纵向进退式进行；横向接头的轮迹应有一部分重叠，对振动式压路机一般重叠 0.4～0.5m；对三轮压路机一般重叠后轮宽的 1/2，前后相邻两区段（碾压区段之前的平整预压区段与其后的检验区段）宜纵向重叠 1.0～1.5m。应达到无漏压、无死角，确保碾压均匀。当采用夯锤压实时，首遍各夯位宜紧靠，如有间隙不得大于 15cm，次遍夯位应压在首遍夯位的缝隙上，如此连续夯实直至达到规定的压实度。

（3）路堑路基的压实

零填及路堑路床的压实，应符合表 10-2 的压实度标准。换填超过 30cm 时，按表列数值 90% 的标准执行。

3. 土质路基压实标准

衡量路基的压实程度是工地实际达到的干重度与室内标准击实试验所得的最大干重度的比值，即压实度或称压实系数。路基受到的荷载应力随深度而迅速减小，因此路基填土的压实度，应由下而上逐渐提高标准。

公路等级不同，路基压实度也不同，路面等级越高，对路基强度要求相应增大；自然条件越差，对路基的强度稳定性越不利；路基填挖不同，对路基的强度和稳定性亦有关系。基于上述分析，现行规范对路基压实度的规定见表 10-4，试验方法以《公路土工试验规程》JTGE 40—2007 为准。

路基压实度标准   表 10-4

填挖类别	路床顶面以下深度（m）	路基压实度（%）		
		高速公路、一级公路	二级公路	三级公路、四级公路
零填及挖方	0～0.30	—	—	≥94
	0～0.80	≥96	≥95	—
填方	0～0.80	≥96	≥95	≥94
	0.80～1.50	≥94	≥94	≥93
	＞1.50	≥93	≥92	≥90

注：1. 表列数值以重型击实试验法为准；

2. 特殊干旱或特殊潮湿地区的路基压实度，表列数值可适当降低；

3. 三级公路修筑沥青混凝土或水泥混凝土路面时，其路基压实度采用二级公路标准。

10.1.4 路基排水设施施工

1. 路基地面排水设施

路基地面排水设施的作用是将可能停滞在路基范围内的地面水迅速排除，并防止路基范围外的地面水流入路基内。

（1）边沟

挖方地段和填土高度小于边沟深度的填方地段均应设置边沟，用以汇集和排除少量地面水。边沟断面形式有梯形、三角形和矩形，如图10-9所示。

边沟施工时，为防止边沟漫溢或冲刷，平原区和山岭重丘区，应分段设出水口，多雨地区梯形边沟分段长度不超过300m，三角形边沟不超过200m。平曲线处施工应注意沟底纵坡的前后平顺衔接。土质地段沟底纵坡超过3%时应采用沟底抹面、浆（十）砌片石、混凝土预制块等进行加固。

（2）截水沟

设在路堑坡顶外或山坡路堤上方，用以拦截上方流来的地面水，减轻边沟的负担。断面形式一般为梯形，横坡较陡时可做成石砌矩形。沟底纵坡较大或有防渗要求时，应予加固。堑顶外截水沟，有弃土堆时，设在弃土堆外，无弃土堆时，距堑顶边缘至少

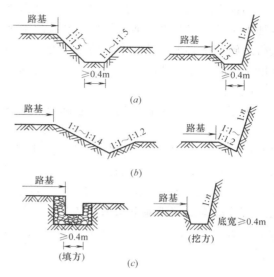

图10-9　边沟断面形式

（a）梯形；（b）三角形；（c）矩形

5m（黄土地区至少10m，并需加固防渗）；山坡路堤上方截水沟离开路堤坡脚至少2m，并用挖截水沟的土填在路堤与截水沟之间，修筑坡度2%的护坡道或土台，如图10-10所示。

（3）排水沟

其作用是将边沟、截水沟、取土坑或路基附近的积水引入就近桥涵或沟谷中去。紧靠路堤护坡道外侧的取土坑，若条件适

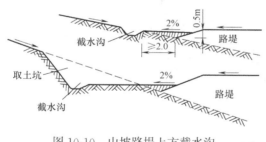

图10-10　山坡路堤上方截水沟

（尺寸单位：m）

宜，可用以排水，此时取土坑底部宜作成自两侧向中部倾斜2%～4%的横坡。出入口应与所连接的排水沟平顺衔接；当出口部分为天然沟谷时，不要使水形成漫流。

（4）跌水和急流槽

在纵坡陡峻地段的截水沟、排水沟可用单级或多级跌水或急流槽连接。跌水和急流槽一般采用矩形，用浆砌片石或混凝土修筑，进口部分始端和出口部分终端的裙墙应埋入冻结线以下。急流槽主体部分应每隔2～5m设一个防滑平台，嵌入地基内，急流槽纵坡不宜陡于1：1.5。

（5）拦水带

为避免高路堤边坡被路面汇集的雨水冲坏，可在路肩上作拦水带，将水流拦截至挖方边坡或在适当地点设急流槽引离路基。设拦水带的内侧路肩应适当加固。

2.路基地下排水设施

（1）明沟和槽沟

当地下水位高，潜水层（含水层）埋藏不深时，可采用明沟和槽沟来截流地下水及降低地下水位，二者都是兼排地面水和浅层地下水的设施。明沟和槽沟开挖采用人工或机械进行，施工中必须注意安全，防止塌方。土质均匀且地下水位低于沟槽地面标高时，开挖深度不大时，挖方边坡可不加支撑。开挖深度较深，土质较差时，必须考虑支撑。

（2）渗沟

为了切断、拦截有害的含水层和降低地下水位，保证路基的稳定和干旱，需修建渗沟排除地下水。渗沟有填石渗沟、管式渗沟和洞式渗沟三种（图 10-11），三种渗沟均应设排水层（或管、洞）、反滤层和封闭层。填石渗沟适用于渗流不长的路段，常为矩形或梯形，底部和中间用较大碎石或卵石填筑，碎石或卵石的两侧和上部，按一定比例分层填中、粗砂或砾石等较细颗粒的粒料，作反滤层，顶部用草皮或土工合成防渗材料作封闭层。管式渗沟适用于地下水引水较长、流量较大的地区，当其长度为 100～300m 时，应设泄水管。洞式渗沟适用于地下水流量较大的地段，洞壁宜采用浆砌片石，洞顶用盖板覆盖。

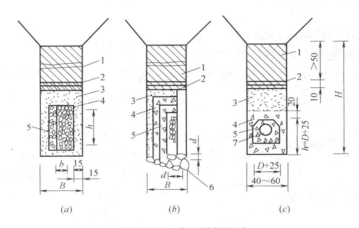

图 10-11　渗沟结构图式

(a) 盲沟式；(b) 洞式；(c) 管式

1—粘土夯实；2—双层反铺草皮；3—粗砂；4—石屑；5—碎石；6—浆砌片石沟洞；7—预制混凝土管

渗沟的开挖宜自下游向上游进行，并应随挖随即支撑和迅速回填，以免塌方。开挖深度超过 6m 时，需选用框架式支撑，开挖时自上而下随挖随加支撑，施工回填时应自下而上逐步拆除支撑。为检查维修渗沟，每隔 30～50m 或在平面转折和坡度由陡变缓处设置检查井。

（3）渗井

当路基附近地面水或浅层地下水无法排除，影响路基稳定时，设置渗井可将地下水经渗井通过不透水层中的钻孔流入下层的透水层中排除。渗井直径 50～60cm，井内填充材料按层次在下层透水范围内填碎石或卵石，上层不透水范围内填砂或砾石，填充料应层次分明，不得粗细材料混杂填塞，井壁和填充料之间设反滤层。

10.1.5　路基防护与加固

易于冲蚀的土质边坡和易于风化的岩石路堑边坡，在风化作用和雨水冲刷的作用下，将会发生冲沟、剥落、掉块、滑坡等坡面变形，因此必须进行防护和加固。

1. 坡面防护施工

坡面防护包括植物防护和工程防护，施工必须适时、稳定，防止水、气温、风砂作用破坏边坡的坡面。施工前岩体表面应冲洗干净，土体表面应平整、密实、湿润。

（1）植物防护

植物防护一般采用种草、铺草、植树（灌木）。种草适于边坡稳定、坡面轻微冲刷的路堤与路堑边坡，撒籽时要均匀，铺种后应养护管理；铺草皮适用于土质边坡，铺设时可平铺、叠铺或方格式铺设，由坡脚向上铺钉，用尖木桩固定于土质边坡上；植树（灌木）适于土边坡，应注意栽种季节，并做好保护措施。

（2）工程防护

工程防护用在不宜于草木生长的陡坡面，采用砂石、水泥、石灰等矿质材料进行防护。防护方法包括灌缝及勾缝、抹面、捶面、喷浆及喷射混凝土（或带锚杆铁丝网）、坡面护墙等。施工前应将杂质、边坡表层风化岩石等清除，有潜水露出时要做引水或截流处理。

灌缝及勾缝施工前应将缝内冲洗干净，岩体节理多而细者宜用勾缝，砂浆嵌入缝中与岩体牢固结合，缝宽较大宜用砂浆灌缝，缝宽而深宜用混凝土灌缝，灌缝时振捣密实，灌满至缝口抹平；使用抹面砂浆和捶面多合土的配合比应经试抹后确定，抹面宜分两次，底层抹全厚的 2/3，面层 1/3，捶面应经拍打使砂浆与坡面紧贴，面积较大时还应设伸缩缝；喷浆和喷射混凝土施工前，坡面应平顺整齐，有裂缝时要补齐，带锚杆铁丝网时冲洗干净锚杆孔，然后插入锚杆，用水泥砂浆固定，铁丝网应与锚杆连接牢固，喷射时力求均匀，喷后养护 7～10d；坡面护墙的墙基应坚固，墙面和坡面应结合紧密，墙顶与边坡间缝隙应封严，砌体石质坚硬，浆砌砌体和干砌咬扣必须紧密、错缝，严禁通缝、叠砌、贴砌和浮塞，每隔 10～15m 设一伸缩缝。

2. 冲刷防护施工

沿河路基受到流水冲刷时，应采取冲刷防护措施，常用形式有以下几种。

（1）直接防护

直接防护是一种加固岸坡的防护措施。常用方法包括植物防护、抛石防护、干（浆）砌片石护坡、石笼防护等。

植物防护同坡面防护所述基本相同；抛石防护应在枯水季节施工，石料性质、粒径以及抛石堆的顶宽、边坡、结构形式及长度应按设计规定执行，如采用嵌固的抛石防护类型，采用打桩嵌固方法效果较好；采用干（浆）砌片石护坡施工时，铺砌自下而上进行，砌块交错嵌紧，严禁浮塞，砂浆在砌体内必须饱满、密实，不得有悬浆，各部位连接紧密，水不得进入坡岸背面，分段施工时每隔 10～15m 设一伸缩缝；石笼防护应注意编笼采用镀锌铁丝，基角部分宜采用箱形笼，边坡宜用圆筒形笼，笼装石块直径应大于笼网孔径，较大石块置于边部，小的在中部，安置石笼应做到位置准确、搭接衔接稳固、紧密，保证整体性。

（2）间接防护

间接防护采用导流结构物改变水流方向，使水流轴线方向偏离路基岸边或减低防护处的流速，甚至促使其淤积，起到对路基的安全保护作用。导流结构物有丁坝、顺坝、潜坝等。施工应按设计要求并符合水工构造物有关规定，严格掌握工程质量标准。

10.2 路面基层施工

基层是位于路面面层之下，主要起承重和扩散荷载应力作用的结构层；底基层则是位于基层之下，辅助基层起承重和扩散荷载应力作用的结构层；垫层则是位于基层或底基层之下，主要起改善路面水温状况作用的结构层。

基层按其刚度大小分为三类：一类是半刚性基层，包括水泥稳定类、石灰稳定类、石灰工业废渣稳定类基层等；第二类是柔性基层，包括级配型粒料基层（如级配碎（砾）石）、嵌锁型粒料基层（如泥结碎石、填隙碎石）以及沥青碎石；第三类是刚性基层，包括水泥混凝土、贫混凝土、碾压混凝土等。我国目前常用的基层有水泥稳定类、石灰稳定类、石灰粉煤灰稳定类基层、级配碎石、级配砾石或砂砾和填隙碎石基层。

10.2.1 半刚性基层施工

在粉碎的或原来松散的土（粗、中、细粒土）中掺入足量的无机结合料（水泥、石灰、工业废渣等）和水，经拌合、压实及养护后当其抗压强度符合规定要求时，称为半刚性基层，也叫做稳定土基层，主要有水泥稳定类、石灰稳定类、石灰工业废渣稳定类，是我国公路路面基层的主要形式。

在粉碎的或原来松散的土（粗、中、细粒土）中掺入足量的水泥和水，经拌合、压实及养护后当其抗压强度符合规定要求时，称为水泥稳定土基层，水泥稳定细粒土时简称水泥土。水泥稳定类基层常用作各级公路路面的基层或底基层，但水泥土不宜作为高速、一级公路的基层，只能作底基层。

在粉碎的或原来松散的土中掺入足量的石灰和水，经拌合、压实及养护后当其抗压强度符合规定要求时，称为石灰稳定土基层，石灰稳定细粒土有时简称石灰土。石灰稳定类材料适用于各级公路路面的底基层，可用作二级和二级以下公路的基层，但石灰土不应用做高等级公路的基层。

将一定数量的石灰和工业废渣与其他集料相配合，加入适量的水，经拌合、压实及养护后得到的混合料，当其抗压强度符合规定要求时，称为石灰工业废渣稳定土基层。工业废渣包括粉煤灰和煤渣、高炉渣和钢渣、电石渣以及煤矸石等。石灰工业废渣稳定土可用于各级公路的基层和底基层，但二灰、二灰土、二灰砂不应用做二级和二级以上公路高级路面的基层。

各种无机结合料稳定土基层施工前，首先检验材料是否满足要求，所用材料均应符合《公路路面基层施工技术规范》JTJ 034—2000 之规定。然后进行混合料组成设计，包括选取合适的土、确定水泥或石灰等结合料剂量、混合料的最佳含水量以及压实度标准等。

半刚性基层施工程序一般是先通过修筑试验路段，进行施工优化组合，找出主要问题加以解决，并由此提出标准施工方法指导大面积施工。施工方法分为路拌法和集中厂拌法。

1. 路拌法施工

路拌法常用的施工机械有粉料撒布机、稳定土拌合机、推土机、平地机、装载机和压

264

路机。路拌法施工包括以下工序。

(1) 准备下承层

施工前应对新完成的底基层或路基按规定进行验收。凡验收不合格的路段，必须采取措施，使其达到压实度和平整度标准后，方可铺筑基层。

(2) 施工放样

在底基层或老路面或土基上恢复中线。直线段每 15～20m 设一桩，平曲线段每 10～15m 设一桩，并在两侧路肩边缘外设指示桩。进行水平测量时，应在两侧指示桩上用明显标记标出稳定土层边缘的设计标高及松铺厚度的位置。

(3) 备料

材料可以利用土基或老路面的上部材料，也可利用料场土。备料阶段应获得到的数据有：各路段的干燥集料数量、每车料的堆放距离、每袋结合料的堆放距离或每种集料的松铺厚度等。

(4) 摊铺土料

应事先通过试验确定集料的松铺系数。人工摊铺时，水泥稳定砂砾的松铺系数为 1.30～1.35，水泥土和石灰土为 1.53～1.58，石灰土稳定砂砾 1.52～1.56。摊铺时应均匀。摊铺土应在摊铺结合料前一天进行，摊铺长度以日进度的需要量控制，满足次日完成掺加结合料、拌合、碾压成型即可。应将土均匀摊铺在预定宽度上，表面应力求平整，并有规定的路拱，如有超尺寸颗粒和其他杂物应及时清除。摊铺一层要检验松铺厚度是否满足预计要求。

(5) 洒水闷料

如已整平的土（含粉碎的老路面）含水量过小，应在土层上洒水闷料，洒水应均匀。细粒土应闷料一夜，中粒土和粗粒土，视其中细土含量多少来确定闷料时间。如为水泥和石灰综合稳定土，应先将石灰和土拌合后一起闷料。

(6) 整平和轻压

将人工摊铺的土层整平，并用 6～8t 两轮压路机碾压 1～2 遍，使表面平整。

(7) 摆放和摊铺结合料

根据备料阶段得到的每袋结合料的纵横间距，在土层上做好安放标记，将结合料于当日卸在标记地点，并用刮板均匀摊开，注意使每袋结合料摊铺面积相等。摊铺完后混合料表面应无空白位置，也没有结合料过分集中地点。

(8) 拌合洒水

二级和二级以上公路，应采用专用稳定土拌合机进行拌合时，其深度应达到稳定层底部并宜侵入下承层 5～10mm，以利于上下层粘结，严禁在拌合层底部留有素土夹层，通常应拌合两遍以上，最后一遍拌合之前，必要时先用多铧犁紧贴底面翻拌一遍。石灰稳定类基层当使用生石灰粉时，宜先用平地机或多铧犁将石灰翻到土层中间，但不能翻到底部。

三、四级公路在没有专用拌合机械的情况下，对稳定细粒土和中粒土可用农用旋转耕作机与多铧犁或平地机配合进行拌合，还可用缺口圆盘耙与多铧犁或平地机配合进行。拌合过程中随时检查调整翻犁的深度，使稳定土层全部翻透，严禁在稳定土层与下承层之间残留一层素土，但也应防止翻犁过深过多而破坏下承层表面。

拌合过程中若混合料含水量较少，应用喷管式洒水车补充加水并湿拌。

(9) 整型

混合料拌合均匀后，立即用平地机初步整型。在直线段，平地机由两侧向路中间进行刮平；平曲线段平地机应由内侧向外侧进行刮平，必要时，再返回刮一遍。在初平的路段上，用拖拉机、平地机或轮胎压路机快速碾压一遍，以暴露潜在的不平整。每次整型时都应按照规定的坡度和路拱进行，但特别注意接缝顺适平整。用人工整型时，应用锹和耙先把混合料摊平，用路拱板初步整型。用拖拉机初压1～2遍后，根据实测的压实系数，确定纵横断面标高，利用锹耙按线整型，并用路拱板校正成型。

(10) 碾压

碾压应在混合料处于或略大于最佳含水量时碾压，直到达到按重型击实试验法确定的要求压实度，见表10-5。

稳定土基层压实度要求 表10-5

压实度 种类	基 层		底 基 层	
	高速公路、一级公路	二级和二级以下公路	高速公路、一级公路	二级和二级以下公路
水泥稳定中粒土和粗粒土	98	97	97	95
水泥稳定细粒土	98	93	95	93
石灰稳定中粒土和粗粒土	—	97	97	95
石灰稳定细粒土	—	93	95	93
石灰工业废渣稳定中粒土和粗粒土	98	97	97	95
石灰工业废渣稳定细粒土	98	93	95	93

各种稳定土结构层应用12t以上压路机碾压。用12～15t三轮压路机碾压时，每层压实厚度不应超过15cm，18～20t的三轮压路机不超过20cm；对于结合料稳定中粒土和粗粒土，采用能量大的振动压路机碾压时，或对于稳定细粒土，采用振动羊足碾与三轮压路机配合时，压实厚度可适当增加；压实厚度超过上述规定，应分层铺筑，每层最小厚度10cm，下层宜稍厚。对于稳定细粒土以及用摊铺机摊铺的混合料，采用先轻型、后重型压路机碾压。

首先根据路宽、压路机的轮宽和轮距制定碾压方案。当混合料含水量在最佳含水量（±1%～±2%）时，立即用轻型压路机并配合12t以上压路机在结构层全宽内进行碾压。直线和不设超高的平曲线段，由两侧路肩向中心碾压；设超高的平曲线段，由内侧路肩向外侧路肩进行碾压。碾压时应重叠1/2轮宽，后轮必须超过两段的接缝处，后轮压完路面全宽时，即为一遍，一般需6～8遍。碾压速度头两遍1.5～1.7km/h为宜，以后宜采用2.0～2.5km/h。人工摊铺的稳定土层，先用拖拉机或6～8t两轮或轮胎压路机碾压1～2遍，再用重型压路机碾压。

碾压结束前用平地机再中平一次，使其纵向顺适，路拱和超高符合设计要求。中平应仔细检查，必须将局部高出部分刮平并扫出路外；对于局部低洼之处，不再进行找补，可留待铺筑面层时处理。

(11) 接缝和调头处的处理

同日施工的两工作段的衔接处，应采用搭接。前一段拌合整形后，留5～8遍不进行碾压，后一段施工时，前段未压部分，应在加部分水泥或石灰重新拌合，与后一段一起碾压。工作缝和纵缝的处理应遵守相应的规定。

（12）养护与交通管理

保湿养护时间不少于7d。水泥稳定类混合料碾压完成后，即刻开始养护，二灰稳定类在碾压完成后第二或第三天开始养护。养护期结束，立即铺筑面层或做下封层。

2. 厂拌法施工

厂拌法常用的机械类型有稳定土拌合设备和稳定土摊铺机。目前高等级公路半刚性基层多采用集中厂拌合摊铺机摊铺，采用厂拌法可提高工程质量，加快工程进度。尤其是用于高等级公路基层的水泥稳定粒料基层、石灰工业废渣稳定粒料基层等应采用厂拌法施工。

厂拌法施工前，应先调试拌合设备。调试的目的在于找出各料斗闸门的开启刻度（简称开度）以确保按设计配合比拌合。先要测定各种原材料的流量——开度曲线。然后按厂拌设备的实际生产率及各种原材料的设计重量比计算各自的要求流量，从流量——开度曲线上可查出各个闸门的刻度。按得出的刻度试拌一次，测定其级配、含水量及结合料剂量，如有误差则个别调整后再试拌。一般试拌一、二次即可达到要求。

厂拌法拌合生产中，含水量应略大于最佳值，使混合料运到现场摊铺后碾压时的含水量不小于最佳值，按照合同或规范要求，在拌合厂抽检混合料的配合比，将拌合好的混合料送到现场，如运距远，车上混合料应覆盖，以防水分损失过多。用平地机、摊铺机、摊铺箱或人工按松铺厚度摊铺均匀，如有粗细颗粒离析现象，应以机械或人工补充拌合，如果采用摊铺机施工，厂拌设备的生产率、运输车辆及摊铺机的生产率应尽可能配套，以保证施工的连续性。

厂拌法其他工序同路拌法。

10.2.2　粒料类基层（底基层）施工

1. 级配碎、砾石基层施工

粗、中、小砾石和砂各占一定比例的混合料，当其颗粒组成符合规定的密实级配要求时，称为级配碎石、级配砾石或砂砾。级配碎石是不用结合料的传统基层中最好的一种，可用作各种等级道路的基层，国外一些国家常采用级配碎石作为半刚性基层与沥青面层间的隔离层或应力消减层。级配砾石一般用作低等级道路路面的基层或高等级路面的底基层，施工工序及要点如下。

（1）准备下承层和施工放样

下承层的平整度和压实度符合要求，要求同前面半刚性基层。

（2）备料

按施工路段长度（与拌合方法有关）分段运备材料。

（3）运输和摊铺集料

碎、砾石可直接堆放在路槽内，砂及粘土可堆放在路肩上。采用不同粒级的碎石和石屑时，碎、砾石铺在下层，中碎石铺在中层，小碎石铺在上层，洒水使碎石湿润后，再铺石屑。

（4）拌合和整形

拌合时应尽量采用稳定土拌合机，拌合两遍以上，拌合深度应达到稳定层底部。无稳定土拌合机时也可采用平地机或多铧犁与缺口圆盘耙进行，此时宜翻拌5～6遍，作业长度每段300～500m。拌合时边拌边洒水，使混合料拌合均匀。然后按松铺厚度摊平并整理成规定的路拱横坡度。

（5）碾压

在最佳含水量时进行碾压，直到达到按重型击实法确定的要求压实度：基层 98%，底基层 96%。级配碎石做中间层时压实度为 100%。应使用 12t 以上三轮压路机碾压，每层压实厚度不应超过 15～18cm，必要时洒水，路面两侧应多压 2～3 遍。用重型振动压路机和轮胎压路机碾压时每层压实厚度可达 20cm。

级配碎石用作半刚性路面的中间层以及用作二级以上公路的基层时，应采用厂拌法，采用拌合机集中拌制并用摊铺机摊铺混合料，其余同路拌法。

2. 填隙碎石施工

填隙碎石用单一尺寸的粗碎石做主骨料，形成嵌锁结构，起承受和传递车轮荷载的作用，用石屑做填隙料，填满碎石间的孔隙，增加密实度和稳定性。可以用作二级以下公路路面的基层，也可用作应力消减层。填隙碎石各工序的施工要点如下：

（1）准备下承层和施工放样。

（2）备料。细集料应保证干燥，按施工路段长度（与拌合方法有关）分段运备材料。

（3）运输和摊铺集料

碎石装车时应控制每车料数量基本相等。同一料厂供料的路段内，由远到近将粗碎石按计算距离卸于下承层上。摊铺应力求表面平整，并有规定的路拱。然后检查松铺厚度是否满足要求。

（4）撒铺填隙料和碾压

分干法施工和湿法施工，干法施工工序如下：

1）初压。用 8t 压路机碾压 3～4 遍，使粗碎石稳定就位。

2）撒铺填隙料。用石屑撒铺机或类似的设备将干填隙料均匀地撒在粗碎石层上，松铺厚度约 2.5～3.0cm。

3）碾压。应采用振动轮每米宽质量不小于 1.8t 的振动压路机进行碾压。填隙料应填满粗碎石层内部的全部孔隙，两侧多压 2～3 遍。碾压后，表面粗碎石内部的全部孔隙应填满，但不得使填隙料覆盖粗集料而自成一层，表面应看得见粗碎石。碾压后基层的固体体积率应不小于 85%，底基层的固体体积率应不小于 83%。

4）再次铺撒填隙料。同第一次，但松铺厚度约 2.0～2.5cm。

5）再次碾压。填隙碎石表面孔隙全部填满后，用 12～15t 压路机碾压 1～2 遍。碾压过程中不应有任何蠕动现象。碾压之前宜在表面先洒少量水。

湿法施工时，初压、撒铺填隙料、碾压、再次铺撒填隙料、再次碾压同干法施工。粗碎石层表面孔隙全部填满后，立即用洒水车洒水，直到饱和。用 12～15t 压路机跟在洒水车后碾压。碾压完成的路段应让水分蒸发一段时间干燥。

10.3 沥青路面面层施工

10.3.1 概述

沥青路面是用沥青作结合料粘结矿料或混合料修筑面层，与各类基层和垫层所组成的路面结构。沥青混合料按强度构成原理，分为密实类（级配类）和嵌挤类两大类；按矿料级配有连续和间断级配两种，连续级配又分为密级配和开级配两种；按施工工艺分为层铺法和拌合法；按技术特征分为沥青混凝土、沥青碎石、乳化沥青碎石、沥青表面处治和沥青贯入式等。

沥青路面的材料包括沥青、矿料、填料及纤维等，原材料必须符合一定的技术要求。

（1）沥青

高速、一级公路的沥青路面，选用符合"重交通道路石油沥青技术要求"的沥青或改性沥青。二级和二级以下公路选用符合"中、轻交通道路石油沥青技术要求"的沥青或改性沥青。乳化沥青应符合"道路乳化沥青技术要求"的规定。煤沥青不宜用于沥青面层，仅作为透层沥青。

（2）矿料

粗、细集料均应洁净、干燥、无风化、无有害杂质，粗集料还应具有一定硬度和强度、良好的颗粒形状。细集料可用天然砂、机制砂和石屑，并有适当的级配。矿料规格和质量应符合《公路沥青路面施工技术规范》JTG F40—2004 之要求。

（3）填料

矿粉必须采用石灰岩或岩浆岩中的强基性岩石等憎水性石料磨细的矿粉，应洁净、干燥，能自由地从矿粉仓流出，质量应符合规范要求。

（4）纤维

在沥青混合料中掺加的纤维稳定剂宜选用木质素纤维、矿物纤维等，其性能指标应符合规定要求。

10.3.2 沥青表面处置路面施工

沥青表面处治是用沥青和细粒矿料铺筑的一种薄层面层，厚度不超过 3cm。由于处置层很薄，一般不起强度作用，主要是用来抵抗行车的磨损，增强防水性，提高平整度，改善路面的行车条件。适用于三级及三级以下公路、城市道路的支路、县镇道路、各级公路的施工便道以及在旧沥青面层上加铺的罩面层或磨耗层。

沥青表面处治施工采用的机械有沥青撒布机、集料撒布机、压路机等。施工前应进行进场材料的质量检验（包括沥青规格等级、矿料性质）、施工机械性能检测以及铺筑试验路段，以便指导施工。

沥青表面处治一般采用层铺法施工。按照洒布沥青和铺撒矿料的层次多少，沥青表处可分为单层式、双层式和三层式三种。单层式为洒布一次沥青，铺撒一次矿料，厚度为 1.0～1.5cm；双层式为洒布两次沥青，铺撒两次矿料，厚度为 2.0～2.5cm；三层式是洒布三次沥青，铺撒三次矿料，厚度为 2.5～3.0cm。三层式沥青表处施工程序为：清扫基层→洒透层或粘层沥青→洒第一层沥青→洒第一层集料→碾压→洒第二层沥青→洒第二层集料→碾压→洒第三层沥青→洒第三层集料→碾压初期养护。各工序要点如下。

（1）下承层准备

沥青表处之前，应将路面基层清扫干净，对有坑槽、不平整的路段应先修补和整平。如基层强度不足，应先予以补强。

（2）洒布第一层沥青

在透层沥青充分渗透，或在已做透层或封层并已开放交通的基层清扫后，就可以洒布沥青。沥青的洒布温度应根据气温及沥青标号选定，一般石油沥青为 130～170℃，煤沥青为 80～120℃，乳化沥青不得超过 60℃。洒布时要均匀，不应有空白或积聚现象。沥青的洒布可以采用汽车洒布机，也可采用手摇洒布机。

（3）铺撒第一层主集料

洒布沥青后，应趁热铺撒矿料，并按规定一次撒足。

（4）碾压

撒布主集料后，不必等全段撒布完，立即用 6～8t 钢筒双轮压路机从路边向路中心碾压 3～4 遍，每次轮迹重叠约 300mm。碾压速度开始不宜超过 2km/h，以后可适当增加。第二层、第三层的施工方法和要求与第一层相同，但可采用 8t 以上的压路机。

（5）初期护养

碾压结束后即可开放交通，但应控制车速不超过 20km/h，并控制车辆行驶的路线。对局部泛油、松散、麻面等现象，应及时休整处理。

10.3.3 沥青贯入式路面

沥青贯入式路面是在初步碾压的矿料层上洒布沥青，分层铺撒嵌缝料、洒布沥青和碾压，并借助于行车压实而成的沥青路面。由于沥青贯入式路面是一种多孔隙结构，为了防止路表水的浸入和增强路面的水稳定性，在面层的最上层必须加铺封层。沥青贯入式路面适用于三级及三级以下公路，也可作为沥青路面的联结层或基层。厚度宜为 4～8cm，但乳化沥青贯入式路面的厚度不宜超过 5cm。

沥青贯入式路面采用的机械有摊铺机、沥青和集料撒布机、压路机。施工宜选择在干燥和较热的季节，并在雨季前及日最高温度低于 15℃ 到来以前半个月结束，使面层通过开放交通压实，成型稳定。层铺法沥青贯入式路面施工工序为：备料→安装路缘石→整修和清扫基层→浇洒透层或粘层沥青→铺撒主层集料→第一次碾压→洒第一次沥青→铺撒第一次嵌缝→第二次碾压→洒第二次沥青→铺撒第二次嵌缝料→第三次碾压→洒第三次沥青→铺撒封面集料→最后碾压→初期养护。

对沥青贯入式路面的施工要求与沥青表面处治路面基本相同。当不采用撒布沥青封层料而加铺沥青混合料拌合层时，应紧跟贯入层施工，使上下成一整体。贯入部分采用乳化沥青时，应待其破乳、水分蒸发且成型稳定后方可铺筑拌合层。乳化沥青贯入式路面施工顺序同上，当路面厚度分别为 4cm（5cm）时，再增加第三（四）遍嵌缝料、碾压和第四（五）遍沥青，然后撒封层料、碾压和初期养护。

10.3.4 热拌热铺沥青混合料路面施工

热拌沥青混合料（HMA）是矿料与沥青在热态下拌合、热态下铺筑施工成型的混合料的总称，适用于各级公路，包括沥青混凝土、沥青碎石、抗滑表层等多种类型。热拌沥青混合料路面的施工主要包括混合料配合比的确定、拌合与运输、摊铺与压实等方面。配合比设计应按照《公路沥青路面施工技术规范》JTG F40—2004 的要求进行。以下主要阐述拌合与运输、摊铺与压实方法。

1. 沥青混合料的拌合与运输

沥青混合料必须在沥青拌合厂（场、站）采用拌合机械拌制。拌合前应做好材料供给、拌合设备运行、试拌等准备工作。热拌沥青混合料可采用间歇强制式拌合机和连续式拌合机拌制。

间歇强制式拌合机的特点是冷矿料的烘干、加热以及与热沥青的拌合，是先后在不同设备中进行的，其中集料的烘干与加热是连续进行的，而混合料的拌制则是间歇进行，由搅拌器强制拌合。间歇强制式拌合设备历史悠久，技术已趋完善，得到了广泛的应用，与连续式拌合机相比，更符合我国国情。其工艺流程见图 10-12 。

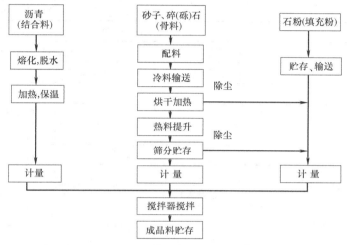

图 10-12　间歇强制式拌合设备工艺流程图

连续滚筒式拌合设备的特点是骨料烘干、加热及沥青的搅拌在同一个滚筒内完成，即骨料烘干与加热后未出滚筒就被沥青裹覆，从而避免了粉尘的飞扬和逸出，其拌合方式是非强制式的，具有结构简单、投资少、能耗低、污染少等优点，但必须确保原材料是均匀一致的，否则很难保证配合比。连续滚筒式拌合设备的工艺流程见图 10-13。近年来双层筛网滚筒式等新型滚筒式拌合设备大量出现，很受青睐。

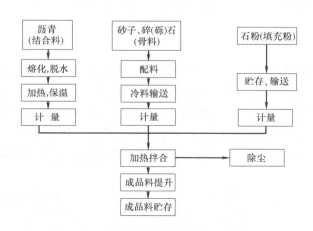

图 10-13　连续滚筒式拌合设备工艺流程图

为保证混合料的质量，沥青与矿料的加热温度应调节到能使拌合的沥青混合料出厂温度符合表 10-6 的要求，改性沥青混合料施工温度在此基础上提高 10～20℃。经拌合后的混合料应均匀，无花白料，无结团成块或严重的粗细料分离现象，不符合要求时不得使用，并应及时调整。

沥青混合料用自卸汽车运至工地，运料车每次使用前后必须清扫干净，在车厢板上涂一薄层防止沥青粘结的隔离剂或防粘剂。运量应较拌合能力或摊铺速度有所富余。

热拌沥青混合料的施工温度（℃） 表 10-6

施 工 工 序		石油沥青的标号			
		50 号	70 号	90 号	110 号
沥青加热温度		160～170	155～165	150～160	145～155
矿料加热温度	间歇式拌合机	集料加热温度比沥青温度高 10～30			
	连续式拌合机	矿料加热温度比沥青温度高 5～10			
沥青混合料出料温度		150～170	145～165	140～160	135～155
混合料贮料仓贮存温度		贮料过程中温度降低不超过 10			
混合料废弃温度 高于		200	195	190	185
运输到现场温度 不低于		150	145	140	135
混合料摊铺温度 不低于	正常施工	140	135	130	125
	低温施工	160	150	140	135
开始碾压的混合料内部温度,不低于	正常施工	135	130	125	120
	低温施工	150	145	135	130
碾压终了的表面温度 不低于	钢轮压路机	80	70	65	60
	轮胎压路机	85	80	75	70
	振动压路机	75	70	60	55
开放交通的路表温度 不高于		50	50	50	45

注：1. 沥青混合料的施工温度采用具有金属探测针的插入式数显温度计测量。表面温度可采用表面接触式温度计测定。当采用红外线温度计测量表面温度时，应进行标定。

2. 表中未列入的 130 号、160 号及 30 号沥青的施工温度由试验确定。

2. 摊铺

（1）准备工作

铺筑前对基层或旧路面的厚度、密实度、平整度各项指标进行检查，为使面层与基层粘结好，在面层铺筑前 4～8h，在粒料类的基层洒布透层沥青，若为旧路面铺筑前应洒布一层粘层沥青。为控制混合料的摊铺厚度，基层准备好后进行测量放样，沿路面中心线和 1/4 路面宽度处设置样桩，标出松铺厚度。采用自动找平摊铺机时还应放出引导摊铺机运行走向和标高的控制基准线，并对摊铺机进行工前检查、调整和选择各种参数。

（2）摊铺作业

热拌沥青混合料应采用沥青摊铺机摊铺。在喷洒有粘层油的路面上铺筑改性沥青混合料或 SMA 时，宜使用履带式摊铺机。摊铺机的受料斗应涂刷薄层隔离剂或防胶粘剂。

1）摊铺机工作过程。沥青混合料的摊铺机主要由基础车（发动机与底盘）、供料设备

（料斗、输送装置和闸门）、工作装置（螺旋摊铺器、振捣器和熨平装置）及控制系统等部分组成。工作过程见图 10-14。

混合料从自卸汽车上卸入摊铺机的料斗中，经由刮板输送到摊铺室，再由螺旋摊铺器横向摊开。随着机械的行驶，被摊开的混合料又被振捣器初步捣实，再由熨平板根据摊铺厚度修成适当的横断面，并加以熨平。为防止热混合料遇到未加热的熨平板底面冷粘在板底，熨平板应提前 0.5～1h 预热，温度不低于 100℃。

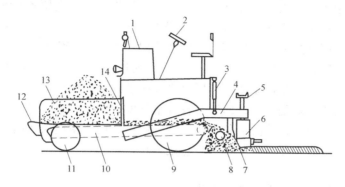

图 10-14　摊铺机工作过程简图

1—控制台；2—方向盘；3—悬挂油缸；4—侧臂；5—熨平器调整螺旋；6—熨平板；7—振捣器；
8—螺旋摊铺器；9—驱动轮；10—刮板输送器；11—方向轮；12—推滚；13—料斗；14—闸门

2）摊铺方式。摊铺机必须缓慢、均匀、连续不间断地摊铺，不得随意变换速度或中途停顿，以提高平整度，减少混合料的离析。摊铺速度宜控制在 2～6m/min 的范围内。对改性沥青混合料及 SMA 混合料宜放慢至 1～3m/min。当发现混合料出现明显的离析、波浪、裂缝、拖痕时，应分析原因，予以消除。

铺筑高速公路、一级公路沥青混合料时，一台摊铺机的铺筑宽度不宜超过 6（双车道）～7.5m（3 车道以上），通常宜采用两台或更多台数的摊铺机前后错开 10～20m 成梯队方式同步摊铺，两幅之间应有 30～60mm 左右宽度的搭接，并躲开车道轮迹带，上下层的搭接位置宜错开 200mm 以上。摊铺温度应符合表 10-4 的要求。

3. 压实

沥青混合料摊铺后，应趁热及时碾压。高速公路铺筑双车道沥青路面的压路机数量不宜少于 5 台的要求，施工气温低、风大、碾压层薄时，压路机数量应适当增加。压路机应以慢而均匀的速度碾压，碾压速度应符合表 10-7 的规定，碾压温度应符合表 10-6 的要求。碾压过程分为初压、复压和终压三个阶段。

压路机碾压速度（km/h）　　　　　　　　　　　　　　　　　　　表 10-7

压路机类型	初　压		复　压		终　压	
	适宜	最大	适宜	最大	适宜	最大
钢筒式压路机	2～3	4	3～5	6	3～6	6
轮胎压路机	2～3	4	3～5	6	4～6	8
振动压路机	2～3 （静压或振动）	3 （静压或振动）	3～4.5 （振动）	5 （振动）	3～6 （静压）	6 （静压）

初压是压实的基础，目的是整平和稳定混合料，同时为复压创造有利条件。初压紧跟摊铺机后碾压，宜采用钢轮压路机静压1~2遍。碾压时应将压路机的驱动轮面向摊铺机，从外侧向中心碾压，在超高路段则由低向高碾压，在坡道上应将驱动轮从低处向高处碾压。

复压是整个压实过程中的关键，目的是使混合料密实、稳定、成型，应紧跟在初压后开始，且不得随意停顿。复压采用什么样的压路机十分重要。密级配沥青混凝土的复压宜优先采用重型的轮胎压路机进行搓揉碾压，对粗集料为主的较大粒径的混合料，尤其是大粒径沥青稳定碎石基层，宜优先采用振动压路机复压。厚度小于30mm的薄沥青层不宜采用振动压路机碾压。当采用三轮钢筒式压路机时，总质量不宜小于12t，相邻碾压带宜重叠后轮的1/2宽度，并不应少于200mm。对路面边缘、加宽及港湾式停车带等大型压路机难于碾压的部位，宜采用小型振动压路机或振动夯板作补充碾压。

终压是消除轮迹、缺陷和保证面层有较好平整度的最后一步，终压应紧接在复压后进行，如经复压后已无明显轮迹时可免去终压。终压可选用双轮钢筒式压路机或关闭振动的振动压路机碾压不宜少于2遍，至无明显轮迹为止。

4. 接缝施工

接缝包括纵向接缝和横向接缝（工作缝）。

纵向接缝有热接缝和冷接缝两种。热接缝施工一般使用两台以上摊铺机成梯队同步摊铺，此时相邻摊铺带的混合料处于压实前的热状态，所以纵向接缝易于处理，且连接强度好。冷接缝指新铺层与经过压实后的冷铺层进行搭接，搭接宽度约为3~5cm，摊铺新铺层时，对已铺层带接缝边缘进行铲修垂直，新铺层与已铺层松铺厚度相同。

横向接缝对路面平整度影响很大。高速公路和一级公路的表面层横向接缝应采用垂直的平接缝，平接缝宜趁尚未冷透时用凿岩机或人工垂直刨除端部层厚不足的部分，使工作缝成直角连接。以下各层可采用自然碾压的斜接缝，沥青层较厚时也可作阶梯形接缝。其他等级公路的各层均可采用斜接缝。

热拌沥青混合料路面应待摊铺层完全自然冷却，混合料表面温度低于50℃后，方可开放交通。需提早开放交通时，可洒水冷却降低混合料温度。

10.4 水泥混凝土面板施工

10.4.1 概述

水泥混凝土路面是一种刚性高级路面，由水泥、水、粗集料（碎石）、细集料（砂）和外加剂按一定级配拌合成水泥混凝土混合料铺筑而成。水泥混凝土路面包括素混凝土、钢筋混凝土、连续配筋混凝土、预应力混凝土、装配式混凝土、钢纤维混凝土、碾压混凝土和混凝土小块铺砌等面层板和基（垫）层所组成的路面，目前应用最广泛的是素水泥混凝土路面。

组成水泥混凝土面板的原材料必须符合一定的技术要求。

（1）水泥

特重、重交通路面宜采用旋窑道路硅酸盐水泥，也可采用旋窑硅酸盐水泥或普通硅酸盐水泥；中、轻交通的路面可采用矿渣硅酸盐水泥；低温天气施工或有快通要求的路段可采用 R 型水泥，此外宜采用普通型水泥。各交通等级路面水泥的抗压、抗折强度应满足施工技术规范的要求。参照国内外对路用水泥的规定，一般水泥强度等级为：特重、重交通不小于 42.5 级；其余交通不小于 32.5 级。

（2）集料

粗集料应选用质地坚硬、耐久、洁净的碎石、碎卵石和卵石，各项指标应符合规定，且有良好的级配，最大粒径不超过 40mm。细集料采用质地坚硬、耐久、洁净的天然砂、机制砂或混合砂，各项指标和级配应符合要求。

（3）水

混凝土搅拌合养护用水应清洁、宜采用饮用水。使用非饮用水硫酸盐含量不超过 2700mg/L，食盐量不超过 5000mg/L，pH 值不得小于 4 且不得含有油污、泥和其他有害杂质。

（4）为改善混凝土的性能，可掺入一定剂量的外加剂，外加剂应经过配合比试验符合规定的要求。

（5）接缝材料有填缝料、接缝板、接缝钢筋三类，具体要求应符合《公路水泥混凝土路面接缝材料》的要求。

10.4.2 混凝土面层铺筑施工方法

目前我国水泥混凝土路面铺筑采用 5 种施工方式：滑模摊铺施工、轨道摊铺施工、小型机具施工、三辊轴机组施工和碾压混凝土施工。

混凝土面板施工前做的准备工作包括选择混凝土拌合场地、进行材料试验和混凝土配合比设计、基层的检查与整修、施工放样及机械准备等。

混凝土的拌合与运输是确保面层摊铺质量的先决条件。拌合时首先确定搅拌楼数量和型号，优先选用间歇式搅拌楼，也可使用连续式搅拌楼，应以强制双卧式或行星立轴为主要机型。拌合时注意配料的精确度，加入外加剂时应注意有关规定，并根据拌合物的黏聚性、均质性及强度稳定性试拌确定最佳拌合时间，并对拌合物进行质量检验与控制。

1. 滑模铺筑施工

滑模铺筑施工是采用滑模摊铺机铺筑混凝土路面的施工工艺，是我国高等级公路混凝土路面施工中广泛采用的工程质量最高、施工速度最快、装备最现代化的高新成熟技术。

滑模摊铺机具有分料、振捣、成型、熨平、打传力杆等功能，同时还设有纵横向自动找平装置。在摊铺运行过程中，能一次完成面层的摊铺、密实、整平等多道工序作业，摊铺机行走作业之后路面即成型。模板安装在摊铺机上，随摊铺机前进而滑动，使路面成型，所以不需要在基层上安装固定模板。滑模摊铺机工作简图见图 10-15。首先由螺旋摊铺器 1 把堆积在基层上的水泥混凝土左右横向摊开，刮平器 2 进行初步刮平，然后振捣器 3 进行捣实，随后刮平板 4 振捣后整平，形成密实而平整的表面，再利用振动式振捣板 5 对混凝土层振实和整平，最后用光面带 6 光面。其他主要配套机械和机具有钢筋加工机具、测量仪器、搅拌装置、运输车、布料设备、振捣器、抗滑构造施工机械、切缝机械、石磨机、灌缝机及洒水车等。

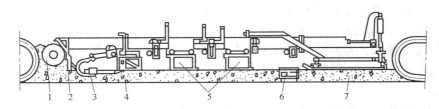

图 10-15 滑模式摊铺机摊铺过程示意图

1—螺旋摊铺器；2—刮平器；3—振捣器；4—刮平板；5—振动振平板；6—光面带；7—混凝土

滑模摊铺施工要点如下：

（1）基准线设置

基准线是为摊铺机上的 4 个水平传感器和 2 个方向传感器提供一个精确的与路面平行的水平（横坡）和直线（转弯）的方向平面参考系，路面摊铺的几何精度和平整度很大程度上取决于基准线的测设精度，因此它是滑模施工的"生命线"，应在基层上准确设置。设置形式有单项坡双线式、单项坡单线式和双向坡双线式，指标应满足《公路水泥混凝土路面施工技术规范》JTG F30—2003 的要求。

（2）摊铺准备

准备工作包括设备和机具调试、基层与封层的表面处理、横向连接摊铺时前次摊铺路面纵缝的处理、板厚检查等。

（3）布料

摊铺机前的正常料位高度应在螺旋布料器叶片最高点以下，亦不得缺料。卸料、布料应与摊铺速度相协调。当坍落度在 10～50mm 时，布料松铺系数宜控制在 1.08～1.15 之间，布料机与摊铺机施工距离应控制在 5～10m；摊铺钢筋混凝土路面桥面和搭板时严禁机械开上钢筋网。

（4）滑模摊铺机的施工参数设定及校准

摊铺前应对摊铺机进行正确的参数设定，这是滑模摊铺技术中最关键的技术环节之一。必须正确设定各项工作参数。

（5）铺筑作业技术要领

摊铺过程中的操作要领来源于振动粘度理论和摊铺机工艺设计原理。最重要的是滑模摊铺机必须一遍铺成，达到振动密实、挤压平整、外观规矩等目的，不可能倒车重铺。为此振捣频率必须与振捣速度和料的稠度达到最优匹配。

操作滑模摊铺机应缓慢、匀速、连续不间断地作业。严禁料多追赶，然后随意停机等待，间歇摊铺。摊铺速度应根据拌合物稠度、供料多少和设备性能控制在 1.5～3.0m/min 之间，一般宜为 1m/min。稠度变化时先调振捣频率，后改变摊铺速度。摊铺过程中应随时调整松方高度板控制进料位置，开始时宜略高些以保证进料。正常摊铺时应保持振捣仓内料位高于振捣棒 100mm 左右，料位高低上下波动宜控制在 ±30mm 之内。正常摊铺时频率可在 6000～11000r/min 之间调整，宜采用 9000r/min 左右，应防止混凝土过振、欠振或漏振，并根据混凝土稠度随时调整振捣速度和频率。摊铺中应经常检查振捣棒。当两侧拌合物稠度不一致时摊铺速度应按偏干一侧设置，并将偏稀一侧振捣频率迅速调小。

276

注意控制和消除控制横向拉裂，遇到问题及时处置。

摊铺中应控制表面砂浆厚度。软拉抗滑构造表面砂浆层厚度宜控制在 4mm 左右，硬刻槽路面宜控制在 2～3mm。养护 5～7d 后，方允许摊铺相邻车道。摊铺过程中采用自动抹平板进行抹面，对少量局部麻面和明显缺料部位，应在挤压板后或搓平梁前补充拌合物，由搓平梁或抹平机修整。一些局部特殊情况也可进行人工修整。

（6）摊铺结束后的工作

摊铺结束后必须及时清洗摊铺机，进行当日保养等。还应制作施工缝、传力杆、抗滑构造等。

2. 轨道式摊铺机施工

轨道摊铺施工主要采用轨道摊铺机，按布料方式不同，可选用刮板式、箱式或螺旋式摊铺机。轨道摊铺机又称"摊铺列车"，它由布料机、振捣机和抹光机组成，在铺设的两根轨道上行驶，这两根轨道同时又是铺筑路面的边模。施工时首先在基层上安装轨道和钢模板，然后用布料机将自卸车倾卸在基层上的水泥混凝土料堆均匀地摊铺在模板范围之内，当摊铺机在轨道上行驶时，通过摊铺器将事先初步均匀的混凝土进一步摊铺整平，在机械自重作用下对路面进行初压，并用振捣梁或振捣板对混凝土表面进行振捣，最后用整平机或抹光机进行整平和表面修整。余下工序如表面修正拉毛、切缝清缝、养生填缝等工序有人工或专用机械设备完成。在混凝土硬化期间保留轨道边模不拆，以防路边塌落。待硬化后再拆模板，作为下一路段再用。由于模板安装、拆卸费工费时且需要大量的模板，其经济效益较滑模摊铺机低。轨道摊铺施工的施工要点包括以下方面：

（1）严格控制基层强度、平整度和高程。

（2）轨道模板必须安装牢固，校对高程，摊铺行驶过程中不能出现错位现象。

（3）摊铺时适宜的坍落度按振捣密实情况宜控制在 20～40mm 之间，并确定松铺系数，计算松铺高度。

（4）轨道摊铺机振捣棒组应配备超高频振捣棒，最高 11000 次/min，工作频率 6000～10000次/min。振捣方式有斜插连续托行及间歇垂直插入两种，面板厚度超过 150mm，坍落度小于 30mm 时必须插入振捣；连续托行振捣时作业速度宜在 0.5～1.0m/min 之间；间歇振捣时，一处密实后缓慢拔出振捣棒移到下一处，移动距离不大于 500mm。且应配备振动板或振动梁进行表面振捣和修整。

3. 小型机具施工

小型机具施工是采用固定模板，人工布料，手持振捣棒、振动板或振捣梁振实、棍杠、修整尺、抹刀整平的路面施工工艺，是最古老而传统的施工方式，实践证明，小型机具应用得好，同样可以造出经久耐用的路面。但随着交通量的增大和轴载增加，它已经不适用于高等级公路，只用于中、轻交通的低等级路面。小型机具施工工序及要点如下：

（1）安装模板

在摊铺混凝土前，应先安装两侧模板，宜选用钢模板。模板的平面位置和高程控制很重要，施工时必须经常校验，严格控制。

（2）装设传力杆

混凝土板连续浇筑时设置胀缝传力杆的做法，常用钢筋支架法。即在嵌缝板上预留圆孔以便传力杆穿过；嵌缝板上面设木制或铁制压缝板条；其旁再放一块胀缝模板，按传力

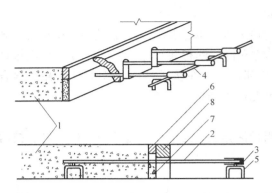

图 10-16　胀缝传力杆的架设（钢筋支架法）
1—先浇的混凝土；2—传力杆；
3—金属套筒；4—钢筋；5—支架；
6—压缝板条；7—嵌缝板；8—胀缝模板

杆位置和间距，在胀缝模板下部挖成倒 U 形槽，使传力杆由此通过，传力杆的两端固定在钢筋支架上，支架脚插入基层内（图 10-16）。

对于混凝土板不连续浇筑，浇筑结束时设置的胀缝，宜用顶头木模固定。即在端模板外侧增设一块定位模板，板上同样按照传力杆间距及杆径钻成孔眼，将传力杆穿过端模板孔眼并直至外侧定位模板孔眼。两模板之间可用按传力杆一半长度的横木固定（图 10-17）。继续浇筑邻板时，拆除挡板、横木及定位模板，设置胀缝板、木制压缝板条和传力杆套管。

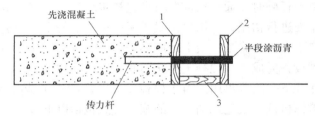

图 10-17　胀缝传力杆的架设（顶头模固方法）
1—端头挡板；2—外侧定位模板；3—固定横木

（3）摊铺和振捣

摊铺前应对模板、传力杆、拉杆等进行全面检查，并洒水湿润基层。经拌合运输到现场后，由专人指挥自卸车准确卸料，人工布料应用铁锹反扣，严禁抛掷和搂耙，以防混凝土离析。人工摊铺混凝土拌合物坍落度应控制在 5～20mm 之间，松铺系数在 1.10～1.25 之间。因故 1h 以上停工或达到 2/3 初凝时间导致无法振实时应设置施工缝。

混合料铺均后用插入式振捣棒、振动板和振动梁配套作业进行振捣。每车道路面使用 2 根振捣棒，组成横向振捣棒组，沿横断面连续振捣密实，注意不得欠振或漏振。在振捣棒已完成振实的部位，可开始用振动板纵横交错两遍全面提浆振实，每车道应配备 1 块振动板。每车道宜使用一根振动梁，垂直路面中线沿纵向拖行，往返 2～3 遍，使表面泛浆均匀平整。

（4）整平饰面

整平包括滚杠提浆整平、抹面机压浆整平饰面、精整饰面三道工序，三者缺一不可。每车道应配备 1 根滚杠，振动梁振实后，应拖动滚杠往返 2～3 遍提浆整平。托滚后的表面宜采用 3m 刮尺，纵横各一遍整平饰面，或用抹面机往返 2～3 遍压实整平饰面，抹面机每车道不宜少于一台，可采用叶片式和圆盘式两种。抹面机完成后，进行清边整缝，清除粘浆，修补缺边掉角，使用抹刀将痕迹抹平，精平饰面后的表面应无抹面印痕，致密均匀，无露骨，平整度达到规定要求。

（5）真空脱水

真空脱水工艺即在路面摊铺后，使用真空泵和真空垫等吸水装置，将混凝土中多余水分吸出，使用真空工艺可提高路表面耐磨性，抗分层和抗干缩开裂作用。小型机具施工三、四级混凝土路面，应优先在拌合物中掺外加剂，不掺外加剂时，应使用真空脱水工艺，掺外加剂时也可使用。最短脱水时间应满足规定要求。真空脱水后应采用振动梁、滚杠或叶片、圆盘式抹面机重新压实精平1～2遍。

余下工序如抗滑构造施工，接缝施工，养生与填缝等由人工或小型机具完成。

4. 三辊轴机组施工

三辊轴机组是一种中型施工设备，比较适用于我国二、三、四级公路及县乡公路混凝土路面的施工，近年来有取代小型机具的趋势。

其施工配套机具包括三辊轴整平机，搅拌设备、振捣机、拉杆插入机、饰面工具、运输车等。其中三辊轴整平机为三辊轴机组的主导设备，其主体部分为一根起振密、摊铺、提浆作用的偏心振动轴和两根起驱动整平作用的圆心轴。振动轴始终向后旋转，而其他两根轴可以前后旋转。三轴机工作时，机械向前运动，振动轴向后旋转，同时通过偏心振动，使拌合物液化，振动轴在自重和动力作用下切入液化的拌合物，并向前推挤甩出拌合物，从而实现摊铺、振密、提浆的功能。振动轴偏心振动引起的波浪及其他原因引起的不平整可通过后面的两根圆心轴在模板上平滚来消除。由于机械向后移动时，振动形成的波浪只能当三轴机掉头时才能消除，因此施工时必须采用前进振动、后退静滚的方式。

三辊轴机组的施工工艺流程为：拌合物拌合与运输→布料机具布料→排式振捣机振捣→拉杆安装→人工找补→三辊轴整平→（真空脱水）→精平饰面→拉毛→切缝→养生→（硬刻槽）→填缝。

其流程与小型机具接近，不同之处有两点：一是使用排式振捣机代替手持式振动棒；二是将振动梁与滚杠两步工序合成为三辊轴整平机一步。施工时推荐使用真空脱水工艺和硬刻槽来保证表面的耐磨性和抗滑性。

5. 碾压混凝土施工

碾压混凝土路面是采用沥青路面的主要施工机械将单位用水量较少的干硬性混凝土摊铺、碾压成型的一种混凝土路面。碾压密实成型工艺是将干硬性混凝土技术与沥青路面摊铺技术结合起来的复合技术。由于该技术尚存在一些没有彻底解决的问题，因此大多数工程人员认为它仅适合做二级以下水泥路面或复合式路面下面层。

碾压混凝土施工机械宜选用预压密度高的沥青摊铺机1～2台，自重10～12t振动压路机1～2台，15～25t轮胎压路机1台，1～2t小型振动压路机1台，其他同小型机具施工。

碾压混凝土施工工艺流程为：碾压混凝土拌合→运输→卸入沥青摊铺机→沥青摊铺机摊铺→打入拉杆→钢轮压路机初压→振动压路机复压→轮胎压路机终压→抗滑构造处理→养生→切缝→填缝。

10.4.3 接缝施工

接缝设计和施工是水泥路面使用性能优劣的关键技术和难点，混凝土路面的很多破坏都与接缝质量有关。

1. 纵缝

一次摊铺宽度小于路面总宽度时采用纵向施工缝，构造采用平缝加拉杆型（图 10-18a），板厚大于 26cm 时可采用企口缝。采用滑模施工时，拉杆可用摊铺机的侧向拉杆装置插入，采用固定模板时应在振实过程中从侧模预留孔中手工插入。

当一次铺筑宽度大于 2 个以上车道时，应设纵向假缩缝，可用机械自动插入，并用切缝法施工。一次摊铺宽度大于 4.5m 时设假缝拉杆形纵缝，即锯切纵向缩缝（图 10-18b）。纵缝位置应按车道宽度设置，并在摊铺过程中以专用的拉杆插入装置插入拉杆。

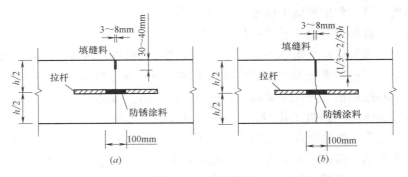

图 10-18　纵缝构造

(a) 纵向施工缝；(b) 纵向缩缝

2. 横向施工缝

每天摊铺结束或摊铺中断时间超过 30min 时，应设置横向施工缝，其位置宜与胀缝或缩缝重合，确有困难不能重合时，施工缝应采用设螺纹传力杆的企口缝形式。横向施工缝应与路中心线垂直。横向施工缝在缩缝处采用平缝加传力杆型，见图 10-19。

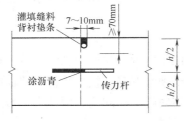

图 10-19　横向施工缝构造示意图

3. 横向缩缝

缩缝应按 5m 板长等间距布置，中、轻交通量的路面可采用不设传力杆的假缝，如图 10-20 (a) 所示，在特重和重交公路、收费广场、临近胀缝或路面自由端的 3 条缩缝应采用假缝加传力杆型，传力杆施工可采用前置钢筋支架法或传力杆插入装置法，支架法构造见图 10-20 (b)。

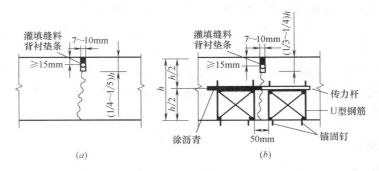

图 10-20　横向缩缝构造

(a) 假缝型；(b) 假缝加传力杆型

280

4. 胀缝

普通混凝土路面的胀缝应设置胀缝补强钢筋支架、胀缝板和传力杆，胀缝构造见图10-21。胀缝应采用前置钢筋支架法施工，也可采用预留一块面板，高温时再封铺。前置法施工应预先加工、安装和固定胀缝钢筋支架，并在使用手持振捣棒振实胀缝板两侧的混凝土后再摊铺。宜在混凝土未硬化时，剔除胀缝板上部的混凝土，嵌入（20～25)mm×20mm的木条，整平表面。胀缝板应连续贯通整个路面板宽度。

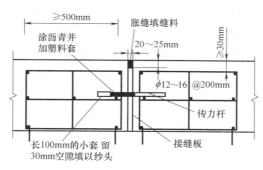

图 10-21 胀缝构造示意图

5. 切缝技术要求

贫混凝土基层、各种混凝土面层、加铺层、桥面和搭板的纵、横向缩缝均应采用切缝法施工。切缝设备有软切缝机、普通切缝机、支架切缝机等，切缝方式有全部硬切缝、软硬结合切缝和全部软切缝三种，应根据路面铺筑完到切缝时昼夜温差确定。

10.4.4 抗滑构造施工

为保证行车安全，混凝土表面应具有粗糙抗滑的表面。摊铺完毕或精平表面后，宜使用钢支架托挂1～3层叠合麻布、帆布或棉布，洒水润湿后做拉毛处理。工程量小时可使用人工齿耙拉槽，工程量较大时宜采用拉毛机施工。特重和重交混凝土路面宜采用硬刻槽，即在完全凝固的面层上用锯缝机锯出横向防滑槽。凡使用圆盘、叶片式抹面机整平后的路面、钢纤维混凝土路面必须采用硬刻槽方式制作抗滑沟槽。年降雨量较小地区也可不作抗滑构造，但要满足规范不设抗滑构造的规定。

10.4.5 养护与填缝

同其他混凝土工程一样，混凝土完工后要进行养护。可湿治养护，至少需14d。也可在混凝土表面均匀喷洒塑料薄膜养护剂，形成不透水的薄膜粘附于表面，从而阻止混凝土中水分的蒸发，保证混凝土的水化作用，养生期一般28d。填缝工作宜在混凝土初步结硬后及时进行。填缝前，首先将缝隙内泥砂杂物清除干净，然后浇灌填缝料。填缝料可用聚氯乙烯类填缝料或沥青玛蹄脂等。

待混凝土强度达到设计强度的90%以上时，方可开放交通。

思 考 题

10.1 路堤填筑方法有哪几种？各种方法的适用条件是什么？

10.2 土质路堑开挖方法有哪几种？各种方法的施工要求是什么？

10.3 土方路堤压实应注意哪些要求？

10.4 试述半刚性基层的施工工序。

10.5 级配碎（砾）石基层的施工工序和要求有哪些？

10.6 沥青混凝土拌合设备有几种类型？各有何缺点？

10.7 沥青混凝土面层压实分为哪几个阶段，各有哪些要求？

10.8 水泥混凝土面层铺筑方法有哪些？适用于什么场合？

10.9 水泥混凝土路面滑模摊铺施工的作业要领有哪些？

10.10 水泥混凝土路面小型机具施工工序包括哪些方面？

第11章　地　下　工　程

11.1　概　　述

凡在岩层或土层中建设的具有一定用途的工程，都称为地下工程。地下工程包括的范围很广，主要包括各类隧道工程、管道工程和各类洞室工程及地上建筑的附建地下工程等，如公路隧道工程、铁路隧道工程、城市地铁工程、穿越街道或穿越障碍的各种地下通道工程、各种地下管线工程、矿山井巷工程、地下电厂工程、地下人防工程等等均属地下工程。

地下工程一般由开挖工程、支护工程、建筑及防排水工程、专业设备安装工程、洞口设施及配套工程等组成。地下工程的施工不同于地面工程，其有着自己的特性，这些特性主要表现在如下几个方面：

（1）隐蔽性大

地下工程是在岩土介质中建设的，属隐蔽工程，地下工程结构物竣工后，我们只能看到地下结构物内表，而其外部及结构物背后的状态是隐蔽的。

（2）作业多，作业的综合性强

地下工程施工是由多种作业构成的，在一般情况下，开挖、支护、出渣运输、通风及除尘、防水及排水、供水、供电、供风等作业缺一不可。每一项作业搞得不好都会影响全局。因此，地下工程施工的综合性很强。

（3）作业的循环性强

诸如隧道、管道等许多地下结构物都是纵长的，施工是严格地按照一定的顺序循环作业的。如钻爆法隧道的开挖就是按照"钻孔—装药—爆破—通风—出渣"的循环，一步一步地进行，直到最后隧道贯通。

（4）施工过程是动态的

地下结构的力学状态及围岩的物理力学性质极为复杂，并且随着地下工程施工的进行不断变化，因此在地下工程施工中必须通过对结构的力学状态的不断认识和了解，利用各种施工手段尽力控制和调整结构的力学状态。

（5）作业空间有限

地下结构物通常都是在地下一定深度修筑的，通常修筑多大尺寸的构筑物就开挖多大的地下空间，人员与机械等只能在这有限的空间内进行各种施工作业。因此，地面工程中使用的大型机械很难在地下工程中发挥作用，必须采用适合地下工程有限空间的施工机械和施工方法。

（6）作业环境恶劣

地下工程施工作业空间小，作业环境差，黑暗、潮湿、粉尘多、空气质量差，在围岩地质条件复杂情况下还有安全问题等。

（7）作业的风险性大

因为地下工程在地下施工，隐蔽性大、作业环境恶劣，加之岩土介质条件的不确定性，所以就决定了地下施工作业具有较大的风险性，特别是在不良和复杂的地质条件下，这种风险性就更大。

地下结构物是多种多样的，构筑地下结构物的地下工程的施工技术也是多种多样的。正是因为地下工程的施工具有如上一些特性，便形成了与地下工程相适应的一些施工方法。这些方法很多，本章主要介绍隧道工程和管线工程的几种常用施工方法。

11.2 矿山法隧道施工

11.2.1 隧道工程设计与施工的两大理论

在实践中人们认识到，隧道工程及地下工程的核心问题，在于开挖和支护两个关键工序。即应如何开挖，才能更有利于围岩的稳定和便于支护；若需要支护时，又如何支护才能更有效地保证坑道稳定和便于开挖。

针对上述核心问题，经过国内外公路（铁路）隧道及地下工程的设计施工实践和研究，人们提出了两大理论体系："松弛荷载理论"与"岩承理论"，每一理论体系都包含和解决（或正在研究解决）了从工程认识（概念认识）、力学原理、工程措施到施工方法（工艺流程）等一系列地下工程建筑问题。

"松弛荷载理论"于20世纪20年代提出，代表人物有太沙基（K. Terazghi）和普罗莫雅科诺夫（М. Промояконов）等专家，该理论核心内容为：稳定的岩体有自稳能力，对隧道不产生荷载；而不稳定的岩体则可能产生坍塌，需要用支护结构予以支撑岩体的荷载。这样，作用在支护结构上的荷载就是围岩在一定范围内由于松弛并可能塌落的岩（土）体的重力。

"岩承理论"于20世纪50年代提出，代表人物有腊布希维兹（K. V. Rabcewicz）、米勒-菲切尔（Miller-Fecher）等学者，该理论的核心内容是：隧道围岩稳定显然是岩体自身有承载能力；不稳定围岩丧失稳定是具有一个过程的，如果在这个过程中提供必要的支护或限制，则围岩仍然能够保持稳定状态。

上述两种理论体系在原理和方法上各自有其不同的特点，它们的详细内容可参阅有关文献。

11.2.2 隧道工程施工的矿山法和新奥法

矿山法是岩体隧道的常规施工方法，是暗挖法的一种，其因最早应用于矿山巷道而得名。由于在矿山法施工中，多数要采用钻眼爆破进行开挖，故又将矿山法称为钻爆法。

与前述隧道施工与设计的两大理论体系相应，矿山法有传统的矿山法和新奥法之分。所谓传统的矿山法，是以木和钢构件作为临时支撑，待隧道开挖成型后，逐步将临时支撑撤换下来，而代之以整体式厚衬砌作为永久支护的施工方法。新奥法（NATM）是新奥地利隧道施工方法（New Austrianlling Method）的简称，它是以既有隧道工程经验和岩体力学的理论为基础，将锚杆和喷射混凝土组合在一起作为主要支护手段，通过监测控制围岩的变形，便于充分发挥围岩的自承能力的施工方法。需要注意的是，不能单纯地将新奥法仅仅看成是一种施工方法或一种支护方法，也不应片面认为仅用锚喷支护就是采用新奥法了，事实上锚喷支护并不能完全表达新奥法的含义，新奥法的内容及范畴相当广泛、深入，它是既包括隧道工程设计、又包括隧道工程施工，还包括隧道和地下工程的科学研究范畴的大系统工程。

通常所说的矿山法是指传统的矿山法（本章下文中如无特殊说明，则矿山法均指传统矿山法），本节重点介绍隧道工程采用此法的基本施工方法和施工基本作业等内容。

11.2.3 传统矿山法施工

1. 矿山法的施工工序及基本施工方法

（1）矿山法施工程序

矿山法施工程序如图 11-1 所示。

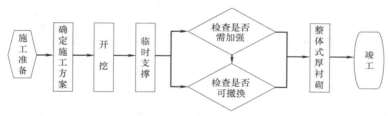

图 11-1　传统矿山法的施工程序

在执行矿山法施工程序时，应遵循"少扰动、早支撑、慎撤换、快衬砌"等基本原则，这些原则是人们通过大量的实践所获得的。少扰动，是指在进行隧道开挖时，要尽量减少对围岩的扰动；早支撑，是指开挖坑道后，及时施作临时构件，对坑壁予以支撑；慎撤换，是指拆除临时支撑而代以永久性模筑混凝土衬砌时应慎重，要防止在撤换过程中围岩坍塌失稳。

（2）矿山法的施工工序

矿山法施工包含凿岩掘进、出渣与运输、支撑架设、支撑撤换、混凝土衬砌施作、混凝土养护等诸多工序，总体上讲主要包括开挖、支撑、衬砌施作三个环节，一条隧道的修建，就是主要靠这三个环节不断的循环来完成的。

矿山法的施工顺序有很多种，常用的几种开挖、支撑、衬砌的施工顺序可参见图 11-2。

从图 11-2 可见，拱部衬砌与边墙混凝土衬砌有时不同时施作，根据两者的先后顺序不同，可将矿山法的施工顺序分为先拱后墙法与先墙后拱法。先拱后墙法是，先将隧道上部开挖成形并施作拱部衬砌后，在拱圈的掩护下再开挖下部，并施作边墙衬砌；先墙后拱法是，在隧道开挖成形后，再由下至上施作模筑混凝土衬砌。先拱后墙法施工衬砌结构的整体性较差，受力状态不好，拱部衬砌结构的沉降量较大，要求的预拱度较大，增加了开挖工作量，该法施工速度较慢，上部施工较困难，但当上部拱圈完成之后，下部施工就较安全和快速；先墙后拱法施工各工序及各工作面之间相互干扰小，施工速度较快，衬砌结构整体性较好，受力状态也比较好。

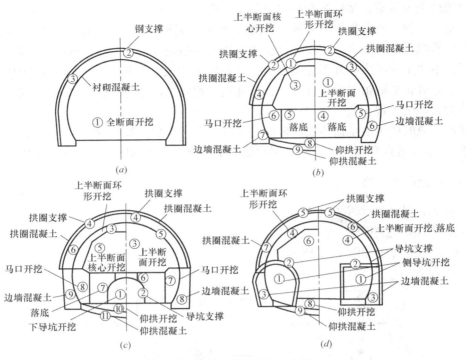

图 11-2 传统的矿山法施工顺序

(a) 全断面法；(b) 上半断面超前法；(c) 下导坑超前上半断面施工法；(d) 侧导坑超前上半断面施工法

采用何种施工顺序主要由隧道围岩条件、施工进度、施工安全、经济条件等等因素综合决定。

2. 矿山法隧道的开挖

隧道开挖按着破岩的方法来分，主要采用两种施工方式：一种是钻爆法，它适用于各类岩石地层；另一种是掘进机法（又称 TBM 法），其主要适用于中硬以下岩石地层（随着掘进机技术的发展，当前也出现了一些可以用于坚硬岩层的 TMB 掘进机）。本书主要介绍钻爆法施工。

（1）隧道常用开挖方法

隧道开挖按着隧道断面不同部位的开挖顺序，主要包括全断面法、台阶法、分部法等几种开挖施工方法。各种开挖方法的开挖与支护顺序如表 11-1 所示。

开挖方法及开挖、支护顺序图   表 11-1

开挖方法名称	图　例	开挖顺序说明
全断面法		1. 全断面开挖 2. 锚喷支护 3. 灌筑衬砌

开挖方法名称	图 例	开挖顺序说明
台阶法		1. 上半部开挖 2. 拱部锚喷支护 3. 拱部衬砌 4. 下半部中央部开挖 5. 边墙部开挖 6. 边墙锚喷支护及衬砌
台阶分部法		1. 上弧形导坑开挖 2. 拱部锚喷支护 3. 拱部衬砌 4. 中核开挖 5. 下部开挖 6. 边墙锚喷支护及衬砌 7. 灌筑仰拱
上下导坑法		1. 下导坑开挖 2. 上弧形导坑开挖 3. 拱部锚喷支护 4. 拱部衬砌 5. 设漏斗,随着推进开挖中核 6. 下半部中部开挖 7. 边墙部开挖 8. 边墙锚喷支护衬砌
上导坑法		1. 上导坑开挖 2. 上半部其他部位开挖 3. 拱部锚喷支护 4. 拱部衬砌 5. 下半部中部开挖 6. 边墙开挖 7. 边墙锚喷支护及衬砌
单侧壁导坑法 (中壁墙法)		1. 先行导坑上部开挖 2. 先行导坑下部开挖 3. 先行导坑锚喷支护钢架支撑等,设置中壁墙临时支撑(含锚喷钢架) 4. 后行洞上部开挖 5. 后行洞下部开挖 6. 后行洞锚喷支护、钢架支撑 7. 灌筑仰拱混凝土 8. 拆除中壁墙 9. 灌筑全周衬砌

开挖方法名称	图　　例	开挖顺序说明
双侧壁导坑法	（图例）	1. 先行导坑上部开挖 2. 先行导坑下部开挖 3. 先行导坑锚喷支护、钢架支撑等，设置临时壁墙支撑 4. 后行导坑上部开挖 5. 后行导坑下部开挖 6. 后行导坑锚喷支护、钢架支撑等，设置临时壁墙支撑 7. 中央部拱顶开挖 8. 中央部拱顶锚喷支护、钢架支撑等 9、10. 中央部其余部开挖 11. 灌筑仰拱混凝土 12. 拆除临时壁墙 13. 灌筑全周衬砌

注：1. 图例中省略了锚杆；
　　2. 图中所列方法为基本开挖方法，根据具体情况可作适当变换。

1) 全断面开挖法

全断面开挖法（见表 11-1），适用于岩石坚固性中等以上、节理裂隙不甚发育、围岩整体性较好，并配有钻孔台车和高效率装运机械的石质隧道；施工时，它将全部设计断面一次开挖成型，然后再修筑衬砌。全断面开挖法的主要工序是：钻孔机械就位，全断面一次钻孔，装药连线，钻孔机械撤离，起爆，出渣，钻孔机械就位，开始下一个钻爆作业循环，同时进行先墙后拱衬砌。

全断面开挖法具有如下优点：作业集中，施工工序少，互相干扰少，便于施工管理；开挖面较大，钻爆施工效率较高，能发挥深孔爆破的优点，加快掘进速度；工作空间较大，易于通风，便于实现综合机械化施工，作业条件好，施工速度快。该法也有缺点，在设备落后，使用小型机械时，凿岩、装药、装岩等比较麻烦，难以提高生产效率。

2) 台阶开挖法

采用该法时，将设计断面分为上半部断面与下半部断面两部分，对这两部分先后开挖成形，若上半部断面开挖超前，则称正台阶开挖法（如表 11-1 与图 11-3 所示）；若下半部断面开挖超前，则称反台阶开挖法（如表 11-1 与图 11-4 所示）。台阶法开挖便于使用轻型凿岩机打眼，而不必使用大型凿岩台车。在装渣运输、衬砌修筑方面，则与全断面法基本相同。

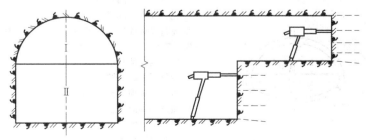

图 11-3　正台阶工作面开挖示意图

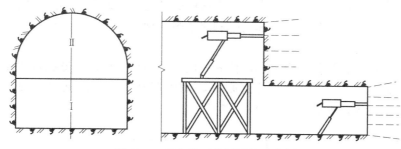

图 11-4　反台阶工作面开挖示意图

台阶开挖法具有如下优点：有利于开挖面的稳定，尤其是上部开挖支护后，下部断面作业就较为安全；工作空间较大，施工速度较快；作业地点集中，施工管理方便；通风条件好，有利于改善劳动条件；等等。台阶开挖法也存在一些缺点，如上下部作业有相互干扰影响，台阶开挖增加了围岩的扰动次数，下部作业可能对上部稳定性产生不良影响，等等。

3）分部开挖法

对于软弱破碎围岩或设计断面较大的隧道施工，一次开挖的范围要小，而且要及时支撑与衬砌，以保持围岩的稳定，此种情况下，可采用分部开挖法。分部开挖法是将隧道断面分部开挖逐步成型，且一般将某一部分超前开挖，故又称为导坑超前开挖法。常用的有上导坑法、上下导坑法、单侧壁导坑法、双侧壁导坑法（如表 11-1 所示）等。

分部开挖法具有如下优点：分部开挖跨度小，可以显著增加坑道围岩的稳定性，且易于进行局部支护；导坑超前开挖，利于探明地质情况，为顺利施工提供信息，等等。分部开挖法的缺点是：分部开挖增加了对围岩的扰动次数，不利于围岩稳定；作业面多，工序间干扰大，既减缓了开挖速度，也增大了施工组织和管理难度。

在当前的传统矿山法施工实践中，采用最多的开挖方法是台阶法，其次是全断面法。在大断面隧道中，单侧壁导坑法和双侧壁导坑法采用较多。由于施工机械的开发和辅助工法的采用，施工方法有向更多地采用全断面法，特别是全断面法与超短台阶法结合的发展趋势。

（2）开挖作业

隧道开挖作业（指钻爆开挖）包括钻眼、装药、爆破等几项工作内容。

钻爆作业必须按照钻爆设计进行。钻爆设计应根据隧道工程地质条件、开挖断面、开挖方法、掘进循环尺寸、钻眼机具、爆破材料和出渣能力等因素综合考虑。钻爆设计内容包括：炮眼（掏槽眼、辅助眼、周边眼）的布置、数目、深度和角度、装药量和装药结构、起爆方法和爆破顺序等。钻爆设计工作应由专门技术人员来完成。钻爆设计的详细知识参见隧道设计与施工的相关文献。

1）钻眼

① 炮眼布置

钻眼前应根据开挖断面中线、水平线和断面轮廓标出炮眼位置，经核查无误后方可钻眼。

隧道爆破通常采用掏槽爆破，即将开挖面上的炮眼

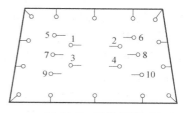

图 11-5　三种炮眼

1~4—掏槽炮眼；5~10—辅助炮眼；其余为周边炮眼

分区布置和分区顺序起爆，逐步扩大形成一次爆破开挖。所处分区不同，炮眼所起的作用不同，据此可将炮眼分为掏槽眼、辅助眼和周边眼三种（如图 11-5 所示）。

a. 掏槽眼

掏槽炮的作用是将开挖面上适当部位先掏出一个小型槽口，以形成新的临空面，为后爆的辅助炮开创更有利的临空面，达到提高爆破效率的作用。掏槽形式一般可分为直眼掏槽和斜眼掏槽两大类，如图 11-6 与图 11-7 所示。

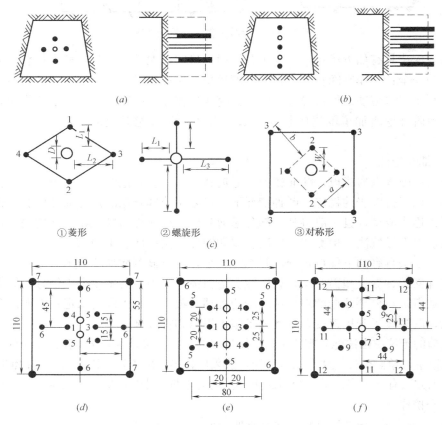

图 11-6　直眼掏槽形式

直眼掏槽具有如下优点：掏槽石渣抛掷距离短，不受断面尺寸对爆破进尺的限制，便于多机同时钻眼，适用于深孔爆破，从而为提高掘进速度提供了有利条件。直眼掏槽的缺点是：炮眼数目较多，炸药单耗量（即爆破单位体积岩石的炸药平均消耗量）也相对较大，炮眼位置和钻眼方向要求具有较高的精度。

斜眼掏槽的优点是：掏槽眼数目少，可按岩层实际情况选择掏槽方式和掏槽角度，容易将石渣抛出槽口；缺点是：炮眼深度受坑道断面尺寸的限制，不便于多机同时钻眼，钻眼方向难于掌握准确。

直眼掏槽和深眼爆破多用于快速掘进的坑道。斜眼掏槽和浅眼爆破，适用于人工施工和机械设备不足的施工条件。

b. 辅助眼

辅助眼爆破的作用是进一步扩大槽口体积和爆破量，并逐步接近开挖断面形状，为周

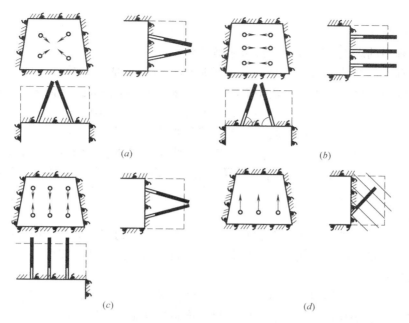

图 11-7　斜眼掏槽布置

边眼创造有利的爆破条件。

c. 周边眼

周边眼也是一种辅助炮眼，其目的是成型作用。周边眼爆破后使坑道断面达到设计的形状和尺寸。

② 钻眼机具

钻爆开挖应先布置炮眼，之后用钻眼机具钻眼。钻爆掘进中常使用的钻孔机具有：风动凿岩机和液压凿岩机，其工作原理均为利用镶嵌在钻头体前端的凿刃反复冲击并转动破碎岩石而成孔。

a. 风动凿岩机

风动凿岩机又称风钻，其驱动力为压缩空气。风动凿岩机的优点是：结构简单，维修方便，操作容易，使用安全等；缺点是：压缩空气的供应设备较复杂，机械效率低、耗能大、噪声大、凿岩速度比液压凿岩机低。

b. 液压凿岩机

液压凿岩机是以电力带动高压油泵，通过改变油路，使活塞往复运动，实现冲击作用。液压凿岩机具有以下主要优点：凿岩速度快；动力耗能较少，能量利用率高；能通过液压系统自动调解冲击频率、扭矩、钻速和推力等，适应不同性质的岩石以提高凿岩功效；各种零件寿命长；环境保护较好，噪声比风钻低，不用像风钻那样排气。但液压凿岩机构造较复杂，造价较高，重量较大，附属装置较多，因此多安装在台车上使用。

c. 凿岩台车

将多台液压凿岩机安装在一个专门的移动设备上，实现多机同时作业，称为凿岩台车。凿岩台车按其行走方式可分为轨道走行、轮胎走行及履带走行式；按其结构形式可分为实腹式和门架式两种。工程中应用较多的为实腹结构轮胎走行式的全液压凿岩机。

291

2）装药

① 爆破材料

隧道工程中的爆破材料包括炸药和起爆材料。

隧道工程常用炸药一般以某种或几种单质炸药为主要成分，另加一些外加剂混合而成。目前，在隧道爆破施工中，使用最广的是硝铵炸药。硝铵炸药品种很多，但其主要成分是硝酸铵，占60％以上，其次是TNT或硝酸钠（钾），占10％～15％左右。

在爆破过程中，需设置传爆起爆系统，其目的是在装药（药卷或药包）以外安全距离处，通过发爆（点火、通电或激发枪）和传递，使安装在药卷或药包中的雷管起爆，达到爆破岩石的效果。常用的起爆材料包括导火索、火雷管、电雷管、塑料导爆管、非电雷管、导爆索、继爆管等。

② 装药结构

所谓装药结构是指继爆药药卷和起爆药药卷在炮眼中的布置形式。按起爆药卷在炮眼中的位置和其中雷管的聚能穴的方向可分为正向装药和反向装药；按其连续性可分为连续装药和间隔装药。

正向装药时，每一炮眼内从眼底向眼口的装药顺序为：先装普通药卷→次装引爆药卷→后用炮眼泥堵塞眼口；反向装药时，每一炮眼内从眼底向眼口的装药顺序为：先装引爆药卷次装普通药卷。

掏槽眼和辅助眼多采用大直径药卷在孔底连续装药。周边眼可采用小直径药卷连续装药或用大直径药卷间隔装药。

3）爆破

隧道爆破常采用光面爆破与预裂爆破等爆破方法。

光面爆破又称缓冲爆破法，它是通过调整周边眼的各爆破参数，使爆炸先沿各孔的中心连线形成贯通的破裂缝，然后内围岩体裂解并向临空面方向抛掷。光面爆破的分区起爆顺序是：掏槽眼→辅助眼（由里向外）→周边眼→底板眼。在完整的硬岩岩层中宜采用光面爆破法。

预裂爆破法是以预先爆破周边炮的办法，沿设计轮廓线炸出一个贯通缝，从而把开挖部分的主体岩石与其外部围岩分割开，紧随其后爆破掏槽炮和辅助炮；由于预裂面的存在，可更有效地减少后续爆破冲击波对围岩的扰动。预裂爆破法的分区起爆顺序为：周边眼→掏槽眼→辅助眼→底板眼。对于软岩或破碎岩层宜采用预裂爆破法。

（3）出渣与运输

除了导坑开挖作业外，出渣与运输是影响隧道掘进速度另一项重要作业。出渣作业包括装渣、运渣与卸渣三个环节；运输（洞内运输）工作除了包含从洞外运进混凝土拌合料、支撑、拱架、模板和轨道材料等工作外，还包括出渣任务，即在开挖面上装渣并运出洞外弃土场卸掉。出渣作业在整个隧道施工作业循环中所占时间约为40％～60％，因此出渣作业能力的强弱在很大程度上影响着隧道施工速度。

1）装渣

装渣工作由装渣机械来完成，装渣能力应与每次开挖土石方量（开挖后的松散渣体积）及运输的容量相适应。装渣机械类型，按其扒渣机构形式可分为：铲斗式、蟹爪式、立爪式、耙斗式、挖斗式等几种，按走行方式分为：轨道式、轮胎式和履带式等几种方式。

2）运输

隧道施工的洞内运输主要包括出渣和进料两项工作。运输方式分为有轨和无轨两种，具体选用何种方式应根据隧道长度、开挖方法、机具设备、运量大小等确定。

无轨式运输是采用无轨运输车出渣和进料。其特点是机动灵活，不需要铺设轨道，适用于弃渣离洞口较远和道路纵坡度较大的场合。缺点是由于大多采用内燃驱动车辆，作业时在整个洞中排出废气污染洞内空气，故适用于大断面开挖和中等长度的隧道施工中。

有轨式运输是铺设小型钢轨轨道，用轨道式运输车辆出渣和进料。有轨运输大多采用电瓶车或内燃机车牵引，有少量为人力推运，采用斗车或梭式矿车运石渣，是一种适应性较强的及较为经济的运输方式。

3）卸渣

应事先安排好卸渣场地、卸渣线路和卸渣机具等，以便洞内渣石（土）出洞后安全、有效、快速地被卸掉。

3. 支撑

所谓支撑，是指为防止坑道开挖后因围岩松动引起坑臂坍塌而及时架设的临时支护，隧道支撑也称为临时支撑。支撑架设应严格按照临时支撑的设计进行；按规定，临时支撑的设计工作由施工方负责完成。支撑应满足如下基本要求：能及时架设、适用可靠、构造简单、便于拆装、运输方便，能防止突然失效，便于修筑永久支护，经济安全，能多次周转使用等。木支撑、钢支撑、锚杆支撑、喷射混凝土支撑是几种主要的支撑类型。根据开挖与支撑之间的顺序关系，支撑包括了先支后挖（适用于Ⅰ、Ⅱ类围岩）、随挖随支（适用于Ⅱ、Ⅲ类围岩）及先挖后支（适用于Ⅳ类以上围岩）等几种方式。

4. 衬砌

在开挖坑道进行临时支撑后，为防止围岩不致因暴露时间过长而引起风化、松动和塌落的发展，降低围岩的稳定性，需要尽快修筑衬砌。衬砌兼起长期防护和支撑作用，故其又称永久支撑。

衬砌按衬砌材料分类有：石砌衬砌、模筑混凝土衬砌、喷射混凝土衬砌和锚喷衬砌等；按隧道断面形状分类有：直墙式衬砌、曲墙式衬砌和带仰拱封闭的曲墙衬砌。

隧道工程及地下工程中常用的支护衬砌形式主要有：整体式衬砌、复合式衬砌及锚喷衬砌。复合式衬砌是由初期支护和二期支护所组成，初期支护的作用是帮助围岩达成施工期间的初步稳定，二期支护作用则是提供安全储备或承受后期围岩压力，复合衬砌常用于新奥法施工。整体式衬砌即为永久性的隧道模筑混凝土衬砌，其常用于传统的矿山法施工。本书主要介绍整体式衬砌施工。

（1）隧道衬砌施工一般规定

1）隧道衬砌施工时，其中线、标高、断面尺寸和净空大小均应符合隧道设计要求；

2）模筑衬砌的模板放样时，允许将设计的衬砌轮廓线按允许值扩大，确保衬砌不侵入隧道建筑限界；

3）整体式衬砌施工中，发现围岩对衬砌有不良影响的硬软岩分界处，应设置沉降缝；在严寒地区，整体式衬砌、复合衬砌或锚喷衬砌，均应在易受冻害地段设置伸缩缝；衬砌的施工缝应与设计的沉降缝、伸缩缝结合布置，在有地下水的隧道中，所有施工缝、沉降缝和伸缩缝均应进行防水处理；

4）施工中发现工程地质及水文地质情况与设计文件不符、需进行变更设计时，应履行正式变更设计手续；

5）凡属隐蔽工程，经质量检查验收合格后，方可进行隐蔽工程作业。

（2）模筑混凝土衬砌施工

隧道模筑混凝土衬砌施工主要工序有：模筑前的准备工作、拱（墙）架与模板架设、混凝土制备与运输、混凝土灌注、混凝土养护与拆模等。

1）模筑衬砌施工前的准备工作

包括场地清理、中线和水平施工测量、开挖断面检查、欠挖部位修凿工作以及衬砌材料、机具准备、劳动力组织安排等工作。

2）拱（墙）架与模板施工

模筑衬砌所用的拱架、墙架和模板，应式样简单、装拆方便、表面光滑、接缝严密、有足够的刚度和稳定性。拱架一般多采用钢拱架，用废旧钢轨加工制成；模板也逐渐用钢模代替木模。

拱（墙）架的间距，应根据衬砌地段的围岩情况、隧道宽度、衬砌厚度及模板长度确定，一般可取1m。当围岩压力较大时，拱（墙）架应增设支撑或缩小间距，拱架脚应铺木板或方木块。

架设拱架、墙架和模板，应位置准确，连接牢固，严防走动。

3）混凝土制备与运送

隧道模筑衬砌混凝土的配合比应满足设计要求。混凝土拌合后，应尽快浇筑。混凝土的运送时间不能超过规定的时间限制。

4）模筑衬砌混凝土的浇筑工艺要求

隧道模筑衬砌混凝土的浇筑应分节段进行，为保证拱圈和边墙的整体性，避免产生施工工作缝，每节段拱圈或边墙经连续进行混凝土衬砌。隧道各部位模筑衬砌混凝土施工工艺要求如下：

① 拱圈混凝土衬砌

a. 拱圈浇筑顺序应从两侧拱脚向拱顶对称进行，间歇及封顶的层面应成辐射状；

b. 分段施工的拱圈合拢宜选在围岩较好处；

c. 先拱后墙法施工的拱圈，混凝土浇筑前应将拱脚支承面找平；

d. 与辅助坑道交汇处的拱圈应置于坑道两侧基岩上；

e. 钢筋混凝土衬砌先做拱圈时，应在拱脚下预留钢筋接头，使拱墙连成整体；

f. 拱圈浇筑时，应使混凝土充满所有角落，并应充分进行捣固密实。

② 边墙衬砌混凝土

a. 浇筑混凝土前，必须将基底石渣、污物和基坑内积水排除干净，严禁向有积水的基坑内倾倒混凝土干拌合物。墙基松软时，应做加固处理；

b. 边墙扩大基础的扩大部分及仰拱的拱座，应结合边墙施工一次完成；

c. 采用先拱后墙法施工时，边墙混凝土应尽平浇筑，以避免对拱圈产生不良影响。墙顶刹尖混凝土亦应捣固密实。

③ 拱圈封顶

拱圈封顶应随拱圈的浇筑及时进行。墙顶封口应留适当缝隙，在完成边墙灌注一定时间后进行封口，封口前必须将拱脚的浮渣清除干净，用于拱圈封顶的混凝土应适当降低水灰比，并捣固密实，不得漏水。

④ 仰拱施工

a. 应结合拱圈和边墙施工抓紧进行，使结构尽快封闭；

b. 仰拱浇筑前应清除积水、杂物、虚渣；

c. 应使用拱架模扳浇筑仰拱混凝土。

⑤ 拱墙背后回填

拱墙背后的空隙必须按要求回填密实。

⑥ 具有侵蚀性地下水采取的措施

隧道通过含有侵蚀性地下水时，应对地下水作水质分析，衬砌应采用抗侵蚀性混凝土。

5）衬砌混凝土养护与拆模

衬砌混凝土灌注后应进行养护，养护时间应根据衬砌施工地段的气温、空气相对湿度和使用水泥品种确定。当衬砌混凝土硬化后的强度达到施工技术规范规定的强度值时，可以对拱架、边墙支架和模板予以拆除。

11.2.4 新奥法的基本原理

新奥法是矿山法（指广义矿山法）中的一种，它既不是独立的设计方法，也不是独立的施工方法，而是以新发展的施工技术（喷射混凝土、锚杆等）为依托，将设计、施工和量侧融为一体的技术方法。关于新奥法，现还有不同的认识，有人认为它是基于岩承理论的一种修筑隧道的施工方法，也有人认为它是一种概念、理念或原则，但不管如何，新奥法的出现都为隧道设计与施工技术带来了新的内含。

新奥法的基本原理可以归纳为以下几点：

（1）充分利用围岩自身的承载能力，把围岩当作支护结构的基本组成部分，施作的支护将同围岩共同工作，形成承载环或承载拱，为此，在洞室开挖、爆破和施作支护时，均应采取措施尽量减少施工对围岩的破坏程度，保持围岩强度。

（2）根据岩体具有的弹塑性性质，研究洞室围岩的应力—应变状态，并将其变形发展控制在允许的变形压力范围内，及时施作支护，以保证围岩的稳定。

（3）施作的支护结构应与围岩紧密结合，既要具有一定的刚度，以限制围岩变形自由发展，防止围岩松散破坏；又要具有一定柔性，以适应围岩适当的变形，让围岩自身承担一部分变形压力，以使作用在支护结构上的变形压力不致过大。当需要补强支护时，宜采用锚杆、钢筋网以致钢拱架等加固，而不宜大幅度加厚喷层。当围岩变形趋于稳定后，必要时可施作二次衬砌，以满足洞室工作要求和增加总的安全度。

（4）施工时设置固定的观测系统，监测围岩的位移及其变形速率，并进行必要的反馈分析，正确估计围岩特性及随时间的变化，以确定施作初期支护的有利时机和是否需要加强支护等，进行动态设计与动态施工。

在修筑隧道时，对钻爆法而言，新奥法要求采用光面爆破的开挖方法，支护手段主要是锚杆加喷射混凝土，支护时机则根据现存量侧的围岩变形结果来确定。光面爆破、锚喷支护和现场量侧被称为新奥法的"三大支柱"。

11.3 盾构法隧道施工

11.3.1 概述

盾构又称潜盾，它是一种集施工开挖、支护、推进、衬砌、出土等多种作业于一体的大型暗挖隧道施工机械。利用盾构机在地面下暗挖隧道的施工方法，称为盾构法，又称掩护筒法。盾构法施工的概貌如图 11-8 所示。盾构法的施工时：先在隧道某段的一端建造竖井或基坑（工作井），以供盾构安装就位；盾构从工作井的壁墙开孔（出洞口）处出发，在地层中沿着设计轴线，向另一竖井或基坑（接收井）的设计孔洞（进洞口）推进，隧道衬砌也随着盾构推进在盾尾随之形成，当盾构进洞后，此段隧道亦随之形成。

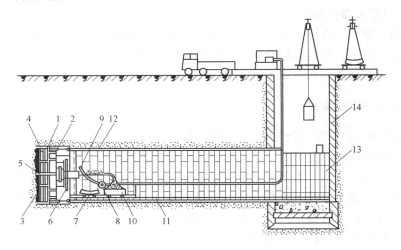

图 11-8 盾构法施工示意图

1—盾构；2—千斤顶；3—盾构头部；4—出土转盘；5—出土带运输机；6—管片拼装器；7—管片；8—压浆泵；9—压浆孔；10—出土机；11—管片衬砌；12—盾尾空隙中的压浆；13—后盾管片；14—竖井

盾构法施工有如下一些优点：

（1）隧道施工作业在地下进行，具有良好的隐蔽性，既不影响人们的正常生活生产秩序，又可减少噪声、振动引起的公害；

（2）机械化和自动化程度高，劳动强度低，施工人员少，施工易于管理；

（3）施工人员作业尽在盾构设备掩护下进行，施工安全；

（4）采用暗挖方式，土方量少，不影响地面的交通或行道通行及地面建筑的正常使用；

（5）施工不受气候条件的影响；

（6）隧道埋深对施工费用的影响小；

（7）适宜在不同颗粒土层中施工；等等。

由如上优点可见，在城市中，利用盾构法施工可解决许多其他方法无法解决的工程问题，例如在城市中心修建地铁时，可免拆大量的地面建筑而且不影响地面交通；在修建江底隧道时，可不受水文、气候、航运等条件的限制；等等。目前，盾构法施工已在世界范围内得到广泛应用。

11. 3. 2　盾构的构造与分类

1. 盾构的基本构造

盾构以圆筒形居多，也有双圆、三圆、矩形、马蹄形或半圆形等特殊形状外形（如图11-9）。盾构机械的基本构造如图11-10所示，主要由盾壳（盾体）、推进系统、拼装机构等部分组成，另外还有支护结构、出土系统及附属设备等，对于机械挖掘式盾构还有挖掘机构。

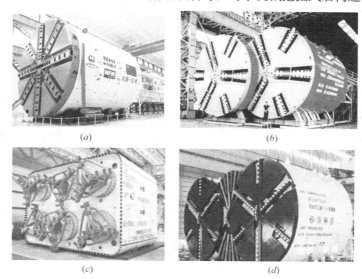

图 11-9　盾构机断面形态
(a) 单圆；(b) 双圆；(c) 矩形；(d) 三圆

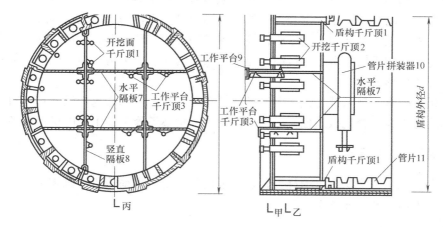

图 11-10　盾构构造
甲-甲—切口环；乙-乙—支撑环；丙-丙—纵剖面

盾构的各种主要系统与主要机构均置身于盾壳之内，而后配套设备及附属设备等则通常布置在盾尾后的隧道之中。盾壳一般为钢制圆筒体，由前到后分为切口环、支撑环和盾尾等三个部分，如图11-10与图11-11所示。

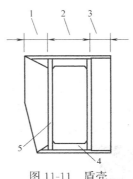

图 11-11　盾壳
1—切口环；2—支撑环；
3—盾尾；4—纵向加强肋；
5—环状加强肋

（1）切口环部分（前盾）

切口环部分位于盾构的最前端，施工时切入地层并掩护开挖作业环前端制成刃口，以减少切土阻力和对地层的扰动。切口环的长度决定于工作面的支撑、开挖方法以及挖土机具和操作人员的工作空间等。大部分手掘式盾构切口环的顶部较下部长，以增加掩护长度。机械式盾构的切口环中设置有各种挖土机构。在泥水加压式和土压平衡式盾构中，由于切口环部分的压力高于常压，故切口环与支撑环之间需用密闭隔板分开，称为敞胸式盾构。

（2）支撑环部分（中盾）

支承环紧接于切口环后，位于盾构中部。支承环为一具有较强刚性的圆环结构。作用于盾构上的各种主要力，包括地层土压力、千斤顶的顶力以及切口、盾尾、衬砌拼装时传来的施工荷载均由支承环承担。支承环的外沿布置盾构推进千斤顶。大型盾构的所有液压、动力设备、操纵控制系统、衬砌拼装机等均集中布置于支承环位置。中、小盾构则可把部分设备移到盾构后部的车架上。盾构的推进是由千斤顶来完成的。

（3）盾尾部分

盾尾由盾构外壳钢板延长或接长构成，主要用于掩护隧道衬砌的安装操作。衬砌的拼装操作由衬砌拼装系统来完成，衬砌拼装器的举重臂位于盾尾。为防止水土及压浆材料从盾尾与衬砌之间进入盾构内，盾尾末端设有密封装置。

2. 盾构分类

盾构的类型很多，按盾构开挖形式不同可分为：手掘式、半机械挖掘式和全机械挖掘式；按盾构前部构造不同可分为：闭胸式和敞胸式；按盾构断面形状不同可分为：圆形、拱形、矩形和马蹄形等；按稳定开挖面的方式不同可分为：局部气压盾构或全气压盾构及泥水加压平衡、土压平衡的无气压盾构等。各类型盾构有其各自的适用条件，此方面的知识可参阅有关盾构机械的文献。目前，泥水加压盾构与土压平衡盾构是世界上最常用、最先进的二种盾构形式。

随着机械技术的越来越先进，全机械式挖掘盾构机应用越来越广泛。目前对于规模较大的盾构隧道工程，全机械式挖掘盾构机已成为盾构隧道施工最主要的机械设备。

11.3.3　盾构机工作原理

鉴于全机械式盾构挖掘机的种类繁多，下面仅以土压平衡式盾构机施工为例，简要介绍盾构机的工作原理（如图 11-12）。

1. 盾构机的掘进

液压马达驱动刀盘①旋转，同时开启盾构机推进油缸④，将盾构机向前推进（推进油缸杆上安有塑料撑靴，撑靴顶推在后面已安装好的管片⑦上，通过控制油缸杆向后伸出可以提供给盾构机向前的掘进力），随着推进油缸的向前推进，刀盘持续旋转，被切削下来的渣土充满泥土仓②，此时开动螺旋输送机⑤将切削下来的渣土排送到皮带输送机上，后由皮带输送机运输至渣土车上，渣土靠渣土车运至竖井，再通过竖井运至地面。

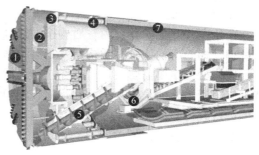

图 11-12　土压平衡式盾构盾构机的构造及工作原理

2. 掘进中控制排土量与排土速度

当泥土仓和螺旋输送机中的渣土积累到一定数量时，开挖面被切下的渣土经刀盘上刀槽进入泥土仓的阻力增大，当泥土仓的土压与开挖面的土压力和地下水的水压力相平衡时，开挖面就能保持稳定，开挖面对应的地面部分也不致坍塌或隆起，这时只要保持从螺旋输送机和泥土仓中输送出去的渣土量与切削下来的流入泥土仓中的渣土量相平衡，开挖工作就能顺利进行。

3. 管片拼装

盾构机掘进一环的距离后，拼装机操作手操作拼装机拼装单层衬砌管片，使隧道一次成型。

11.3.4　盾构施工

盾构法施工由工作井和接收井建造、盾构机拼装、盾构始发、盾构推进、盾构到达及盾构机回收等几部分组成。

1. 盾构工作井建造与盾构机拼装

盾构工作井（拼装井）设置于盾构施工段的始端，它是盾构机始发的场所，也是施工机械、人员、材料及出土的垂直通道。盾构机是个很大又非常复杂的施工机械，如果将其整体吊入井内是很困难的甚至是不可能的，因此在盾构隧道施工前，通常先要在井内进行盾构的拼装与调试，然后通过工作井的预留孔口，让盾构按设计要求进入土层。

盾构工作井内通常要设置基座和后靠墙，基座上设有轨道，盾构下到井内时在轨道上完成拼装和调试工作。盾构前进的推力由盾构千斤顶提供，在盾构出洞阶段，千斤顶的反作用力主要由后靠墙提供，并由后靠墙将力传至井壁后的土体。

盾构工作井的结构形式较多地采用沉井和地下连续墙。在井深较浅、远离建筑物的情况下应尽量采用沉井结构工作井。沉井结构工作井的特点是：单体工程较为经济、施工设备简易与施工周期较短，缺点是：在下沉过程中对外侧土体的扰动较大，相邻范围的地表沉降量大，盾构进出洞常会因沉井下沉时土体中夹带的石块的存在而导致盾构进出洞的困难，当沉井下沉深度很大时，下沉困难等。采用地下连续墙结构是解决大型隧道工作井和地铁车站深基坑常用的方法之一，它可作为工作井的挡土结构，又可作为工作井永久结构的一部分，其优点是：深度大、地表沉降小、适应性强、便于逆作做法施工、适于地铁车站施工、能兼作深基础等。地下连续墙的缺点是工程造价较高，在施工时存在废弃泥浆的处理，施工设备较昂贵、技术要求高等。

2. 盾构始发

在始发井（工作井）内，盾构按设计高程、坡度及方位推出预留孔口，进入正常土层的过程，即为盾构始发。盾构始发是盾构施工的重要环节之一。

盾构始发主要需解决两个问题：一是洞口的密封，不能让水土涌入工作井内；二是保持洞口附近土体的稳定性。为此，需在洞口设置密封胀圈，并对预留孔洞外侧一定范围的土体进行改良。改良土体的方法有冻结法、深层搅拌法、高压喷射注浆法、注浆法等等。不同的盾构始发形式见图 11-13。

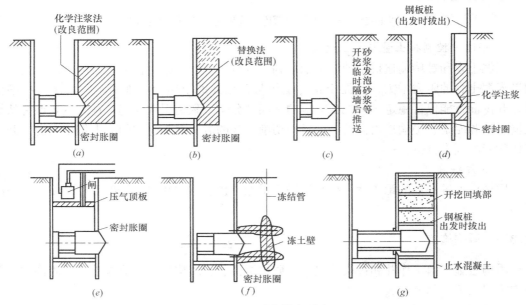

图 11-13 盾构始发形式

3. 盾构推进

盾构推进主要包括切入土层、土体开挖、衬砌拼装和衬砌背后压浆四个工序，这四个工序的循环过程也就是盾构推进的过程，随之隧道逐渐形成。

（1）切入土层

盾构向前推进的动力是由千斤顶提供的。开启千斤顶将切口环或切削刀盘向前推进，此时切口环或切削刀盘上的切削刀便切入土层。盾构施工中，盾构的方向、位置及盾构的纵坡，均根据盾构测量系统对盾构现状的量测结果，依靠调整千斤顶的编组及辅助措施加以控制。

（2）土体开挖

土体开挖方式主要有敞开式开挖、挤压式开挖、网格式开挖和机械切削式开挖等几种，具体开挖形式由土层条件和据此选用的盾构类型确定。用手掘式及半机械式盾构时，均为敞开式开挖，这类形式开挖要求土层地质条件好、开挖面在掘进中能维持稳定或采取措施后能维持稳定，开挖程序一般是从顶部开始逐层向下挖掘。挤压式开挖，一般不出土或只部分出土，对地层有较大的扰动，施工中应精心控制出土量，以减小地表变形。对于网格式开挖盾构，开挖面由盾构的网格梁与隔板分成许多格子，盾构推进时，土体从格子里呈条状挤出，应根据土质条件调节网格开孔面积。这种网格对工作面还起到支撑作用，这种出土方式效率高，是我国大、中型盾构常用的方式。机械切削开挖，主要是指与盾构直径相当的全断面旋转切削刀盘开挖方式。大刀盘切削开挖配合运土机械可使土方从开挖到装车运输均实现机械化。

（3）衬砌拼装

盾构法修建隧道常用的衬砌施工方法有：预制管片衬砌拼装、挤压混凝土衬砌、现浇混凝土衬砌和先安装预制管片外衬后，再现浇混凝土内衬的复合式衬砌，其中以管片衬砌采用得最多。隧道管片衬砌是采用预制管片，随着盾构推进，在盾构尾部盾壳保护下的空间内进行管片衬砌拼装，即在盾尾依次拼装衬砌环，由衬砌环纵向依次连接而成隧道的衬砌结构。管片在预制时，管片上预留能够插入螺栓的孔洞，相邻管片的这种孔洞是配对相应的，管片间的连接就是利用螺栓完成的。预制管片或砌块的种类和形式很多，图 11-14 与图 11-15 所示是两种常见结构形式的管片。

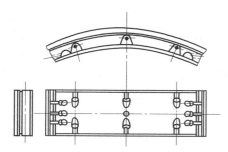
图 11-14　平板管片（钢筋混凝土）

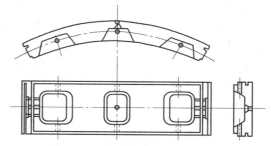
图 11-15　箱形管片（钢筋混凝土）

（4）衬砌背后压浆

在衬砌形成后，应及时将一定配合比的水泥砂浆注入衬砌层与围岩壁面之间的空隙。衬砌背后压浆可起到如下几方面的作用：改善隧道衬砌结构的受力性状，使衬砌与周围土层共同变形；防止隧道周围变形，防止地表沉降与地层压力增长；增强衬砌的防水性能。向衬砌背后压浆，可采用在盾壳外表上设置注浆管随盾构推进进行同步压浆的形式，也可采用由管片上的预留注浆孔进行压浆的形式。压浆要左右对称、从下向上逐步进行，并尽量避免单点超压注浆，而且在衬砌背后空隙未被完全充填饱满之前，不允许中途停止压浆工作。压浆设备由注浆泵、软管、连管片压浆孔的旋塞注浆嘴等几部分组成。

4. 盾构到达及盾构机回收

盾构推进至现行隧道段的末端时，将由土层进入到盾构接收井中，此过程称为盾构到达。盾构接收井的建造与工作井相似，但不必设后靠墙。为保证盾构能安全到达之目的，通常需对到达区附近的土层进行改良。

待盾构到达后，将盾构解体，并从接收井吊出至地面，至此完成本隧道段的施工。

11.4　顶管法施工

11.4.1　概述

按以往常规方法，敷设地下管道，多采用开槽（明挖）技术，施工时要挖大量的土方，并要有临时存放土方的场地，以便安好管道后进行回填。这种施工方法污染环境、阻断交通，给人们生产和日常生活带来极大的不便。而顶管施工技术可以避免以上问题。

顶管施工技术是继盾构施工技术之后而发展起来的一种敷设地下管道的施工技术，它不需要开挖面层，并且能够穿越公路、铁路、河川、地面建筑物以及地下管线等。它最早始于1896年美国的太平洋铁路铺设工程的施工中。日本最早的一次顶管施工是在1948年。我国于1953年开始采用该技术。因为理论与技术上的不成熟，早期的顶管技术是作为一种特殊的施工手段而使用的，不到万不得已，一般不轻易采用。因此，顶管常被当作穿越铁路、公路、河川的特殊施工手段，顶进距离一般也很短，大多在20~30m左右。随着理论与技术的发展，近一二十年来顶管技术逐渐成为一种常规的施工工艺。目前，顶管一次连续顶进百米已是司空见惯的事了，而一次连续顶进几公里也已成为现实；顶管的口径最小只有75mm，而最大可达5m。

顶管施工操作程序是：先在欲敷设管道的一端挖工作坑（或称顶压坑、工作井等），在另一端挖接收坑（或称接受坑、接收井等）；在工作坑内，按管道设计位置，根据管道外径尺寸，利用掘进机或人工向土层内挖土，边挖土、边用千斤顶将掘进机或工具管及其随后的一节节管节逐节顶入土层，直到顶至位于设计长度的另一端的接收坑为止，将工具管或掘进机从工作坑吊起，这样就将管道埋设在工作坑与接收坑之间的土层中了（如图11-16）。

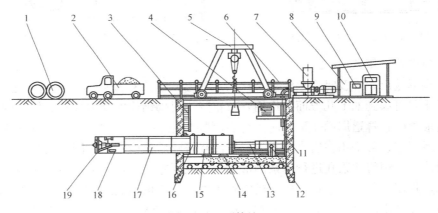

图 11-16 顶管施工

1—混凝土管；2—运输车；3—扶梯；4—主顶油泵；5—行车；6—安全扶栏；
7—润滑注浆系统；8—操纵房；9—配电房；10—操纵系统；11—后座；12—测量系统；
3—主顶油缸；14—导轨；15—弧形顶铁；16—环行顶铁；17—混凝土管；18—运土车；19—机头

顶管工程与盾构工程既有相似的地方，也有不同的地方，其区别主要表现在两个方面：首先，机械的推进反力的提供载体不同，盾构机除在推进的初始阶段（进洞阶段）推进反力主要由工作井背后土层提供外，在隧道的掘进中，盾构推进反力由盾尾后一定范围内的衬砌管片与土层间的摩擦力提供，盾构的推进装置是随盾构的推进而前行的；而顶管工程的顶进反力是由工作井壁后土层提供或由中继间后的管道与土层所提供，在顶进过程中顶进装置并不随管道的前进而前行；其次，盾构隧道衬砌随开挖随形成，而顶管管道的管节是一节接一节地被顶入土层中的。可见顶管技术是有别于盾构技术的另外一种非开挖的敷设地下管道的施工方法。由于在管道顶进时需要克服管道周围的土层阻力，因此管径越大顶进就越困难，通常隧道内径大于4m，使用顶管法没有用盾构法施工经济合理，但对内径小于4m或更小的管道，特别是用于城市市政工程的管道，使用顶管法有其独特的优越性。

11.4.2　顶管工程的组成

顶管工程主要由工作井与接收井、掘进机或工具管、主顶装置及中继间、管节、输土系统、测量系统、注浆系统、供电及照明系统、通风与换气系统等设备与设施组成。

（1）工作井与接收井

工作井是顶管掘进机的始发场所，也是安放所有顶进设备、垂直运输材料、设备、人员及运土的场所，还是承受主顶油缸推力的反作用力的构筑物（如图11-17）。工作井内设置进洞洞口、后座墙与基座导轨等设施，井上设提升系统。在一开始顶进时，顶管掘进机或工具管由进洞洞口进入土层，为避免地下水和泥砂流入工作井，需在洞口安设止水圈。基座导轨起管道推进入洞的导向作用与顶铁工作时的托架作用。后座墙是把主顶油缸推力的反力传递到工作井后部土体中去的墙体。

图 11-17　顶管工作井

接收井是接收掘进机的场所。通常管子从工作井中一节节推进，到接收井中把掘进机吊起，再把第一节管子推入接收井一定长度后，整个顶管工程基本结束。接收井内设置出洞洞口，洞口上安设止水圈。

（2）掘进机或工具管

顶管掘进机是安放在所顶管道最前端的顶管用的机械。如果在顶进中不用挖掘机，而仅在推进管前有一个钢制的带刃口的管子，则称其为工具管。工具管主要有手掘式和挤压式两种：人在工具管内挖土，则为手掘式工具管；如果工具管内的土是被挤出来再作处理的，则为挤压式工具管。顶管掘进机有半机械与机械之分，在钢制壳体内设有反铲之类机械手进行挖土的则称为半机械式。机械式掘进机可分为泥水式、泥浆式、土压式和岩石掘进机等几种，其中以泥水式和土压式使用得最为普遍，掘进机的结构形式也最为普遍。不论何种掘进机或工具管，都应具有挖土保护和纠偏功能。

不同的顶管掘进机或工具管有着不同的适用性。挤压式工具管适用于软黏土中，而且覆土深度要求比较深。手掘式工具管一般只适用于能自立的土层中，如果条件变得复杂些，则需要采用辅助施工措施。手掘式工具管的最大的特点是在地下障碍较多且较大的条件下，排除障碍的可能性最大、最好。半机械式挖掘机的适用范围与手掘式工具管差不多。泥水式掘进机适用范围更广一些，而且在许多条件下不需要采用辅助施工措施。土压式掘进机适用范围最广，尤其是加泥式土压平衡掘进机的适用范围最为广泛，从淤泥质土到沙砾层它都能适应，而且通常也不用辅助施工措施。

（3）主顶装置与中继间

管道的顶进力通常由主顶装置提供。主顶装置由主顶油缸、主顶油泵和操纵台及油管等四部分组成。主顶油缸的压力由主顶油泵通过高压油管供给，油缸的推进与回缩通过操纵台控制。为了将主顶油缸的推力较均匀地分布在所顶管子的端面上以及弥补主顶油缸行程与管节程度之间的不足，一般需在主顶油缸与管节间架设环形和弧形或马蹄形顶铁。

在长距离顶管施工中，主顶装置可能无法提供所需的强大的推力，此时可以在管道中途设置中继站（即中继间），其内均匀地安装许多台油缸，采用中继间接力的形式完成长距离顶管工程。

（4）管节

顶进用管分为多管节和单一管节两大类。多管节管子多为钢筋混凝土材料制成，管节长度2～3m不等，为保证顶进施工中及以后使用中不渗漏，各管节两端都必须设置可靠的管接口。单一管节基本上都是用钢材制成的，其接口都是焊接的。

（5）输土系统

输土系统会因不同的推进方式而不同。在手掘式顶管中，大多采用人力劳动车出土；在土压平衡式顶管中，常采用螺旋推进器将工作面挖掘下来的土排出，并蓄电池拖车在管道中的运输，也有采用土砂泵方式出土的；在泥水平衡式顶管中，都采用泥浆泵和管道输送泥水。

（6）测量系统

为保证顶管按设计的高程和方位顶进，必须时时对顶进方向偏差情况进行测量。测量装置有经纬仪、水准仪或激光经纬仪等。

（7）注浆系统

为了减少顶进过程中管壁与土体间的摩阻力，应在顶进时利用注浆系统不断地向管壁外周压注触变泥浆。注浆系统由拌浆机、注浆泵、输浆管道和注浆孔等组成。输浆管道分为总管和支管，总管安装在顶进管道内侧，支管则把总管输送过来的浆液输送到每个注浆孔去。

（8）供电及照明系统

顶管施工中常采用的供电方式由两种：一种是先将高压电（如1000V）输送至掘进机后的管子中，然后由管子中的变压器进行降压，然后将降压后的电输送至掘进机的电源箱中去，这种供电方式，一般用于口径比较大而且顶进距离又比较长的情况下；另一种是直接供电，如动力电用380V，则由电缆直接把380V电输送到掘进机的电源箱中，此种供电方式一般用于顶进距离较短和口径较小的顶管中以及用电量不大的手掘式顶管中。

照明通常也有低压和高压两种：手掘式顶管施工中的行灯应选用12～24V低压电源；若管径大的，照明灯固定的，则可采用220V电源。

（9）通风与换气系统

在顶管特别是长距离顶管中，可能发生气体中毒或缺氧现象，因此通风与换气是顶管中不可缺少的一环。顶管中的换气应采用专用的抽风机或者采用鼓风机。通风管道一直通到掘进机内，把浑浊的空气抽离工作井，然后让新鲜空气自然地补充。或者使用鼓风机，使工作井空间的空气强制流通。

11.4.3 顶管施工方法

不同的顶管机械施工的工艺原理及工艺与流程有所差异，下面仅对最常用的土压平衡顶管施工及泥水加压平衡顶管施工加以介绍。

1. 土压平衡顶管施工

（1）主要施工机械

土压平衡顶管施工其主要机械为土压平衡式顶管掘进机，该类掘进机的形式很多，中心螺旋式顶管掘进机为其中的一种，其结构与构造如图 11-18 所示。

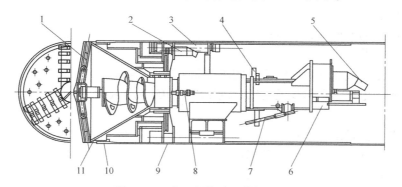

图 11-18　中心螺旋式顶管掘进机

1—刀盘；2—液压马达；3—油缸；4—螺旋输送机；5—排土斗；6—排土门；
7—排土油缸；8—伸缩油缸；9—壳体；10—刃口；11—锥体

（2）工艺原理

土压平衡顶管是根据土压平衡的基本原理，利用顶管机的刀盘切削和支承机内土压舱的正面土体，抵抗开挖面的水土压力以达到土体稳定的目的。以顶管机的顶速即切削量为常量，螺旋输送机转速即排土量为变量进行控制，待到土压舱内的水土压力与切削面的水土压力保持平衡，由此减少对正面土体的扰动，减小地表的沉降与隆起。

（3）施工工艺与流程

1）施工准备

① 工作井的清理、测量及轴线放样；

② 安装和布置地面顶进辅助设施；

③ 设置与安装井口龙门吊车；

④ 安装主顶设备后靠背；

⑤ 安装与调整主顶设备导向机架、主顶千斤顶；

⑥ 安装与布置工作井内的工作平台、辅助设备、控制操作台；

⑦ 实施出洞辅助技术措施如井点降水、地基加固等；

⑧ 安装调试顶管机准备出洞。

2）顶管顶进

① 安放管接口扣密封环、传力衬垫；

② 下吊管节，调整管口中心，连接就位；

③ 电缆穿管道，接通总电源、轨道、注浆管及其他管线；

④ 启动顶管机主机土压平衡控制器，地面注浆机头顶进注水系统等；

⑤ 启动螺旋输送机排土；

⑥ 随着管节的推进，测量轴线偏差，调整顶进速度，直至一节管节推进结束；

⑦ 主顶千斤顶回缩后位后，主顶进装置停机，关闭所有顶进设备，拆除各种电缆与管线，清理现场；

⑧ 重复以上步骤继续顶进。

3）顶进到位

① 顶进即将到位时，放慢顶进速度，准确测量出机头位置，当机头到达接收井洞口封门时停止顶进；

② 在接收井内安放好引导轨；

③ 拆除接收井洞口封门；

④ 将机头送入接收井，此时刀盘的进排泥泵均不运转；

⑤ 拆除动力电缆、摄像仪及连线、进排泥管和压浆管路等；

⑥ 分离机头与管节，吊出机头；

⑦ 将管节顶到预定位置；

⑧ 按顺序拆除中继环并将管节靠拢；

⑨ 拆除主顶油缸、油泵、后座及导轨；

⑩ 清场。

2. 泥水加压平衡顶管施工

（1）主要施工机械

在顶管施工的分类中，把用水力切削泥土以及虽然采用机械切削泥土而采用水力输送弃土，同时利用泥水压力来平衡地下水压力和土压力的这一类顶管形式都称为泥水式顶管施工。这样从有无平衡的角度出发，又可把它们细分为具有泥水平衡功能的和不具有泥水平衡功能的两大类。现在生产的比较先进泥水式顶管掘进机大多具备泥水平衡功能。

泥水加压平衡顶管施工其主要机械为泥水加压平衡式顶管掘进机，其结构与构造如图 11-19 所示。

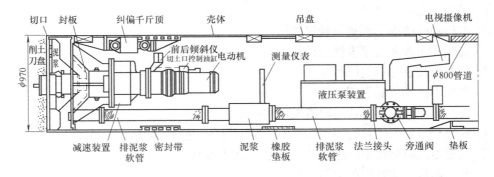

图 11-19　泥水平衡式顶管掘进机

（2）工艺原理

泥水加压平衡顶管机机头设有可调整推力的浮动大刀盘进行切削和支承土体。推力设定后，刀盘随土压力大小变化前后浮动，始终保持对主体的稳定支撑力使土体保持稳定。刀盘的顶推力与正面土压力保持平衡。机头密封舱中接人有一定含泥量的泥水，泥水亦保持一定的压力，一方面对切削面的地下水起平衡作用，一方面又起运走刀盘切削下来的泥土的作用。进泥泵将泥水通过旁通阀送入密封舱内，排泥泵将密封舱内的泥浆抽排至地面的泥浆池或泥水分离装置内，通过调整进泥泵和排泥泵的流量来调整密封舱的泥水压力。

（3）施工工艺与流程

1）准备工作

准备工作与泥水加压平衡顶管相似。

2）顶进

① 拆除洞口封门；

② 推进机头，机头进入土体时开动大刀盘和进排泥泵；

③ 推进至能卸管节时停止推进，拆开动力电缆、进排泥管、控制电缆线和摄像仪连线，缩回推进油缸；

④ 将事先安放好密封环的管节吊下，对准插入就位；

⑤ 接上动力电缆、控制电缆、摄像仪连线、进排泥管，接通压浆管路；

⑥ 启动顶管机、进排泥泵、压浆泵、主顶油缸，推进管节；

⑦ 随着管节的推进，不断观察轴线位置和各种指示仪表，纠正管道轴线方位并根据土压力大小调整顶进速度；

⑧ 当一节管节推进结束后，重复以上②～⑦，继续推进；

⑨ 长距离顶管时，在规定位置设置中继环。

3）顶进到位

顶进到位后的施工流程与泥水加压平衡顶管相似。

11.5 沉管法隧道施工

11.5.1 概述

当道路穿越水路时，通常有渡轮、桥梁与水下隧道三种方法，由于渡轮受其自身交通运输量小的限制，故对于现代化交通而言，一般选用桥梁或水下隧道方法。通常情况下，桥梁方案可能会更经济并更容易实现，但当航运繁忙，并需要通过大型船只时，桥梁需要架得很高才行，此时水底隧道则可能成为较为经济、合理、可行的渡越水路的方式了。

水底隧道有五种主要施工方法：矿山法、盾构法、围堤明挖法、气压沉箱法和沉管法。矿山法适用于岩石地层；盾构法一般适用于软土地层；气压沉箱法仅适用于水面较窄、深度较小的河道水底隧道；围堤明挖法是一种较经济的施工方法，但其施工对水路交通干扰很大，常常难以实施；沉管法施工是修建水底隧道的最主要的施工方法。

沉管法亦称沉埋法或沉放法，该法施工时，先在隧址以外的预制场（船厂与干坞）制作沉放管段，管段两端用临时封墙密封，待混凝土达到设计强度后拖运到隧址位置（此时设计位置上已预先进行了基槽开挖，设置了临时支座），然后沉放管段。待沉放完毕后，进行管段水下连接，处理管段接头及基础，然后覆土回填，再进行内部装修及设备安装，以完成隧道。

利用沉管法修建隧道始于 1910 年美国的底特律河隧道，迄今为止，世界上已修建了 100 多条沉管隧道。我国修建沉管隧道起步相对较晚，现已建成的有：上海金山供水隧道、宁波涌江隧道、香港地铁隧道、香港东钢跨港隧道以及中国台湾的高雄港隧道等，其中，广州珠江隧道是中国内地的第一条沉管隧道，其于 1993 年建成通车。

沉管法隧道施工具有如下优点：

（1）施工质量有保证

隧道结构的主要部分是在船台或干坞中浇筑，因此就没有必要像普通隧道工程那样在遭受到土压力或水压力荷载作用下的有限空间内进行衬砌作业，从而可制作出质量较好的隧道结构；由于需要在现场施工的隧道管段接缝非常少，并且由于在管段连接时采用了水力压接法后，隧道漏水的可能性大大地减少，几乎到了滴水不漏的程度。

（2）对地质水文条件适应性强

因为沉管法在隧址的基槽开挖较浅，基槽开挖与基础处理的施工技术较简单，又因沉管受到水的浮力，作用于地基的恒载较小，因而对各种地质条件适应性较强。

（3）工程造价低

沉管隧道挖水底基槽比地下挖土单价低，且土方量较少；每管段长 100m 左右，整体制作、浇筑、养护后从水面上整体托运，所需的制作和运输费用，比盾构隧道管片分块制作及用汽车运输所需的费用要低得多；管段接缝数量少，费用相应减少，沉管隧道可浅埋，比相对深埋的盾构隧道要短很多，所以工程造价可大幅度降低。

（4）施工工期短

因为管段制作采用的是预制方式，且浮运与沉放的机械装置大型化了，这样对施工安全与大断面施工都较为有利，管段浮运沉放速度很快，且管道预制和水底基槽开挖可同时进行，这就使得沉管隧道施工的工期比其他施工方法的工期要短得多。

（5）施工作业条件比较好

基本没有地下作业，完全不用气压作业，水下作业也极少（除少数潜水员在水下作业外，工人们都在水上作业），施工较安全。

（6）可建成大断面多车道隧道

因为采用先预制后浮运沉放就位连接的施工程序，可以较隧道横向尺寸做得很大。

沉管隧道的缺点如下：

（1）当隧道截面较大时，在波浪较大或水的流速较快的情况下，可能会对沉管法施工带来一系列的问题，如管段的稳定、航道的影响等。

（2）如果沉放管段底面与基础密贴的施工方法存在欠缺，则可能产生隧道沉陷与不均匀沉降。

（3）对于有些地质条件所带来的不均匀沉降和防水问题需进一步研究。

11.5.2 沉管法隧道施工

用沉管法修建隧道主要包括：基槽开挖与航道疏浚、管段制作、管段防水、管段的浮运沉放、管段水下连接、地基处理等施工工序。

1. 沉管基槽开挖与航道疏浚

在沉管隧道施工中，在隧址处的水底沉埋管段范围，需在水底开挖沉管基槽，沉管基槽开挖的基本要求如下：

(1) 槽底纵坡应与管段设计纵坡相同；

(2) 沉管基槽的断面尺寸，根据管段断面尺寸和地质条件确定（如图 11-20）。

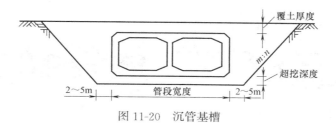

图 11-20　沉管基槽

挖浚基槽最常用的挖泥船有：①吸扬式挖泥船；②抓扬式挖泥船；③链斗式挖泥船；④铲扬式挖泥船。吸扬式挖泥船靠铰刀和泥耙把基槽的土体搅拌成泥浆，然后再由泥浆泵排泥管卸泥于水下或输送到陆地上。另外三种方法则靠铲斗、抓斗、链头把泥块挖起，装入驳船运走。

对于泥质基槽，一般分粗挖和精挖两个阶段用挖泥船进行挖泥；对于岩石基槽可采用水下爆破法挖槽。

2. 管段的制作

混凝土管段一般是在干船坞内或专门建造的内水湾中预先制作（图 11-21）。钢筋混凝土管段通常为矩形，每节长 60～140m，多数为 100m 左右。箱形管节宽应能保证通行车辆的净空，还必须能容纳通风和水电等服务性空间。目前管段最宽的隧道是比利时的亚玻尔隧道，宽达 53.1m。预制大体积的混凝土箱涵，必须合理地组织施工，特别注意纵横向施工缝处理、混凝土的养护，防止因为混凝土的质量引起渗漏。此外箱涵的模板尺寸要准确，混凝土砂石骨料要均匀，以保证沉管管节各部分重力协调平衡。混凝土箱涵的底模通常为钢板，在侧墙和顶板外侧，视工程质量状况，可增加外贴的刚性或柔性防水层。

美国和日本大多数采用钢壳管段修建海湾隧道，海湾水深深于内河，用圆形钢壳从受力角度考虑比矩形有利，故钢壳管段多为圆形。钢壳管段由结构钢壳和混凝土环组成的薄壁复合结构，钢壳提供防水屏障，混凝土起到镇载作用，镇载的混凝土被浇筑在结构隔板之间形成的空间内。先在造船台、干船坞或临时性船坞预制部分钢壳，再在结构内添加浇筑一些龙骨混凝土以增加其稳定性和刚度，然后可让这一钢结构下水。钢结构的其余部分便可浮在水上安装。最后浇筑剩余的混凝土。沉放前安装临时性挡头板，接缝的结构和其他水上作业特殊需要的装置，最后铺设附加镇载——混凝土和砾石。

3. 管段的浮运与沉放

在干坞内预制管段完成后，可向干坞内灌水，使预制管道逐渐浮起，并利用绞车将管段牵引出坞（图 11-22）。管段出坞后，一般采用拖船或者岸上绞车向隧址拖运。当拖运距离较长，水面较宽时，一般采用拖轮拖运管段。拖轮的大小和数量可根据管段的尺寸、拖拉航速及拖运条件（航道形状、水深、流速等），通过力学计算分析选定。当水面较窄时，可采用岸上设置绞车拖运或者拖轮顶推浮运管段。对于海上及某些近海的江上，管段的整个拖运过程可能都与潮汐有关，通常根据潮汐的周期性变化确定最佳拖运时间，特别是拖运的困难阶段，保证在潮汐上有利时刻通过。

图 11-21　管段制作现场

图 11-22　管段浮运前现场

4. 管段沉放

管段的沉放在整个沉管隧道施工过程是比较重要的一个工序，也是最危险最困难的工序，沉放过程的成功与否直接影响到整个沉管隧道的质量。成功的沉放作业需要有各种环境条件的信息，还需要作业的技能和经验，为设备准备足够的后援设施。

（1）沉放作业

沉放作业全过程可按三个阶段进行：

1）做好沉放前的各种准备工作，如管段基槽的清理、沉放现场封锁区的布置、管段定位设施的设置等；拖运管段至沉放现场；

2）用缆绳定位管段，使管段的中心线与隧道轴线基本重合；

3）施加镇重物（如灌注压载水），使管段下沉。

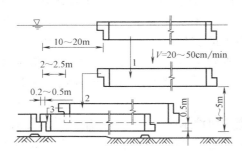

图 11-23　管段下沉作业步骤
1—初步下沉；2—靠拢下沉；3—着地下沉

管段下沉作业，一般按初步下沉、靠拢下沉和着地下沉三个步骤进行，如图 11-23 所示。

（2）管段沉放作业的主要设备

管段沉放作业（以浮箱法与杠沉法为例）的主要机具设备有：起重船、水上作业平台、浮箱、铁驳等大型吊沉机具设备及其配套机具与构件，如索具、钢桁架及钢梁等，拉合千斤顶、定位塔、地锚、超声波测距仪、倾斜仪、缆索测力计、压载水容量指示器、指挥通信器材等。

（3）管段沉放方法

到目前为止，常用的管段沉放方法有两类。一类吊沉法，另一类为拉沉法。吊沉法又分为：以起重船或浮箱为主要机具的分吊法（如图 11-24 与图 11-26）；以利用方驳船及架设其上的"杠棒"（所谓"杠棒"，一般是型钢梁或钢梁板）为主的杠吊法（如图 11-27）和以水上作业平台为主的骑吊法（如图 11-25）。拉沉法利用预先设置在沟槽中的地垄，通过架设在管段上面的钢桁架顶上的卷扬机牵拉扣在地垄上的钢索，将具有一定浮力的管段缓缓地拉下水（如图 11-28）。

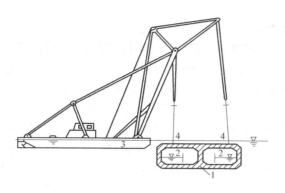

图 11-24　起重船吊沉法
1—沉管；2—压载水箱；3—起重船；4—吊点

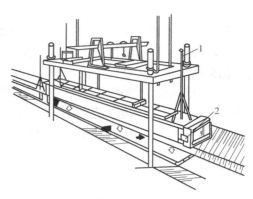

图 11-25　骑吊法
1—定位杆；2—拉合千斤顶

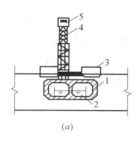

(a)

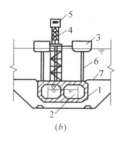

(b)

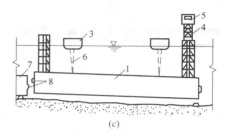

(c)

图 11-26　浮箱吊沉法
1—就位前；2—加载下沉；3—沉放定位；4—定位塔；5—指挥塔；6—定位素；7—现设管段；8—鼻式拖座

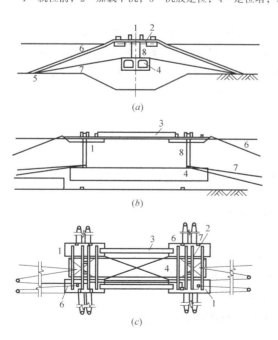

(a)

(b)

(c)

图 11-27　四驳杠吊法
1—方驳；2—"扛棒"；3—纵向联系桁架；4—管段；
5—地锚；6—方驳定位索；7—管段定位索；8—吊索

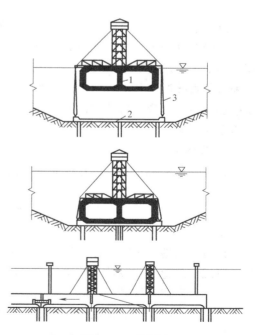

图 11-28　拉沉法
1—沉管；2—桩墩；3—拉索

311

5. 管段水下连接

管段水下连接方法有水下混凝土法与水力压接法两种。水下混凝土法是在管段接头处用水下混凝土加以固结使接头与外部水隔绝，早期船台型圆形工作井沉管隧道管段间的接头，都采用这种方法进行连接，现已极少采用。水下压接法是利用作用在管段上的巨大水压力使安装在管段端部周边上的橡胶垫圈发生压缩变形，而形成一个水密性良好而又可靠的管段接头。水力压接法产生于20世纪50年代末，60年代得到完善，自此以后，几乎所有的沉管隧道都采用这种简单而又可靠的管段连接方法。水力压接法的主要工序为对位、拉合、压接、拆除隔墙。当管段沉放到临时支承上后，首先进行初步定位，而后用临时支承上的垂直和水平千斤顶进行精确定位。对位之后，在已设管段和新铺设管段之间还留有间隙。拉合工序就是用一个较小的机械力量，将刚沉放的管段拉向前节已设管段，使橡胶垫圈的尖肋部被挤压而产生初步变形，使两节管段初步密贴（如图11-29）。拉合作业除了可采用拉合千斤顶以外，也可

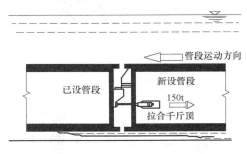

图 11-29　管段之拉合

采用定位卷扬机进行。拉合作业完成之后，抽掉在管段临时隔墙内的水，在排完水之后，作用在新设管段自由端的巨大静水压力就将管段压向已设管段，橡胶垫圈再一次被压缩，接头完全封住。压接完毕后即可拆除隔墙，这样新设管段即可与各已设管段相通，并与岸上相连，辅助工程与内部装饰工程即可开始。

6. 地基处理

沉管隧道的地基所承受的荷载通常较低，一般情况下地基承载力都能满足，但为了避免有害的沉降产生，保证隧道的安全正常使用，需要对地基进行处理。沉管隧道的地基处理，早期多采用先铺法（又称刮铺法），即在管段沉放之前用刮砂法或刮石法将基槽整平，将来管段直接沉于其上。此法比较费时，而且整平密实度也不高，难以适应隧道宽度的不断增加。后来出现了后填法，即在管段沉放后，再将管段与基槽之间的空隙灌砂、喷砂或者压砂和压浆。

7. 基槽回填

一旦管段的沉放和连接作业完毕，需在沉放管段的外围进行砂土回填。

思　考　题

11.1　与地面工程相比，地下工程施工有哪些特性？

11.2　隧道工程设计与施工的两大理论的核心思想是什么？

11.3　简述传统矿山法隧道施工的工序和基本施工方法。

11.4　矿山法隧道常用开挖的方法有哪些？各有哪些优缺点？

11.5　试述新奥法的基本原理。

11.6　什么是隧道施工盾构法？盾构法施工有什么优点？

11.7　简述盾构的基本构造。

11.8 简述土压平衡式盾构机的工作原理。

11.9 简述盾构法施工的步骤和过程。

11.10 顶管施工操作程序是怎样的？

11.11 顶管工程与盾构工程有哪些相似地方和不同的地方？

11.12 简述顶管工程的组成。

11.13 简述土压平衡式顶管的工艺原理、施工工艺与流程。

11.14 简述泥水平衡式顶管的工艺原理、施工工艺与流程。

11.15 什么是隧道施工沉管法？沉管法隧道施工的优缺点有哪些？

11.16 沉管法隧道施工工序有哪些？

第12章 桥梁工程

桥梁是跨越河谷等障碍的通道，在交通土建工程项目中占据着重要的地位。根据上部结构主要承重构件的受力特点，桥梁分为梁桥、拱桥、刚架桥、悬索桥及组合体系桥（如斜拉桥）。梁桥是国内外建造数量最多、应用最为广泛的桥型，本章主要介绍梁桥常用的施工方法及技术要点。

12.1 桥梁墩台施工

桥梁墩（台）是支承桥梁上部结构的建筑物。桥台位于桥梁两端，并与路堤相接，兼有挡土作用；桥墩位于两桥台之间。桥梁墩台施工是桥梁工程施工中的一个重要环节，其施工质量的优劣，不仅关系到桥梁上部结构的制作与安装质量，而且对桥梁的使用功能、使用安全也有着重大关系。

桥梁墩（台）施工通常分为两类：一类是现场就地浇筑或砌筑施工；一类是预制拼装施工。多数工程采用前一类施工方法，这种施工方法的特点是工序简单、机具较少，技术操作难度小、施工工期长，耗费较多的劳力物力。第二类施工方法多用于桥梁墩台施工环境比较恶劣的桥址。

12.1.1 现场就地浇筑与砌筑墩台施工

1. 石砌墩台施工

石砌墩台系用片石、块石及粗料石以及水泥砂浆砌筑的墩台，多应用在石料丰富的地区。砌筑时应采用均匀、不易风化、无裂纹的石料，其强度不得低于设计要求，石料精凿加工。砌筑用砂浆应采用水泥砂浆，其配料所用水泥、砂、水等材料均应符合施工规范和设计要求。

墩台砌筑前应按设计图放出大样，按大样图用挤浆法挂线砌筑。砌筑基础的第一层砌块时，如基底为土质，可直接坐浆砌筑；如基底为岩层或混凝土基础，应先将基底表面清洗、湿润，再坐浆砌筑。墩台为斜面时，斜面应逐层放坡，保证规定的坡度。砌块之间用砂浆粘结并保证一定的缝隙厚，所有砌缝要求砂浆饱满、粘结牢固、不得直接贴靠或脱空。形状比较复杂的工程，应先作出配料设计图（图12-1），注明块石尺寸。形状比较简单的，也要根据砌体高度、尺寸、错缝等，现行放样配好料石再砌。

砌筑时应计算砌筑层数，选好石料，严格控制平面位置和高度。镶面石一顺一丁排列，砌缝横平竖直，缝宽不大于2cm，上下层竖缝错开距离不小于10cm。里面可按块石砌筑，其平缝宽度不大于3cm，竖缝宽度不大于6cm，上下层竖缝应错开。

同一层石料及水平灰缝的厚度要均匀一致，每层接水平砌筑，丁顺相间，砌石灰缝要互相垂直，灰缝宽度和错缝要求可按现行《公路桥涵施工技术规范》JTG T F50—2011有

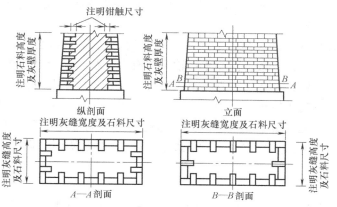

图 12-1　桥墩配料大样图

关规定办理。砌石顺序为先角石，再镶面，后填腹。填腹石的分层高度应与镶面相同；圆端、尖端及转角形砌体的砌石顺序，应自顶点开始，按丁顺排列接砌镶面石。以图 12-2 所示的桥墩砌筑为例，圆端形桥墩的圆端顶点不得有垂直灰缝，砌石应从顶端开始先砌石块 1（图 12-2a），然后按丁顺相间排列，安砌四周镶面石；尖端桥墩的尖端及转角处不得有垂直缝隙，砌石应从两端开始，先砌五块 1（图 12-2b），再砌侧面转角 2，然后按丁顺相间排列，接砌四周的镶面石。

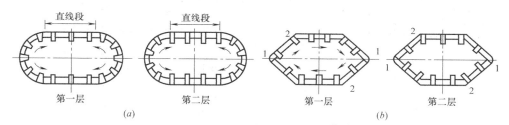

图 12-2　桥墩砌筑

(a) 圆短形桥墩的砌筑；(b) 尖端形桥墩的砌筑

砌石时所采用的施工脚手架应环绕墩台搭设，以便堆放材料、支撑施工人员砌镶面定位行列及勾缝。脚手架的类型根据墩台高度的不同选用，6m 以下墩台一般采用固定式轻型脚手架，25m 以下墩台选用简易活动脚手架，墩台较高时则多采用悬吊脚手架。

石砌墩台施工应注意以下事项：

(1) 墩台砌筑前将基础顶面冲刷干净。

(2) 墩台表层常用块石砌筑，内部用片石填腹。

(3) 同一层砌筑顺序是：桥墩先砌上下游圆头石或分水尖，桥台先砌四个转角，然后挂线砌筑中部表层，最后填砌腹部。

(4) 挤浆法砌筑时，横向缝和竖缝的砂浆均应布满。

(5) 石料砌前应洗净湿润，砌筑表面应勾缝砌完后按自然法进行养护。

2. 混凝土墩台

混凝土墩台的施工与混凝土构件施工方法相似，它对混凝土结构的模板要求也与其他钢筋混凝土构件的模板要求相同。根据施工经验，当墩台高度小于 30m 时采用固定模板施工；当高度大于等于 30m 时采用滑升模板、翻转模板或爬升模板施工。

（1）混凝土的运输

由于桥墩具有垂直高度较高、平面尺寸较小的特点，其混凝土的浇筑方法有别于大坝、房屋等混凝土的浇筑。墩台混凝土运输不仅有水平距离，而且存在施工较为困难的垂直距离。混凝土的运输常常运用到卷扬机、升降电梯送手推车上平台。利用塔式吊机吊斗输送混凝土；利用混凝土输送泵将混凝土送至高空吊斗等。如果混凝土数量大、浇筑振捣速度快，可采用混凝土皮带运输机或混凝土输送泵。运输带速度不应大于 1.2m/s，最大倾角与混凝土坍落度有关。混凝土的浇筑层的厚度可根据使用的振捣方法按规定的数值采用。

（2）滑模施工

滑动模板结构如图 12-3 所示，该模板的提升设备主要有提升千斤顶、支承顶杆及液压控制。施工工艺主要有两种。

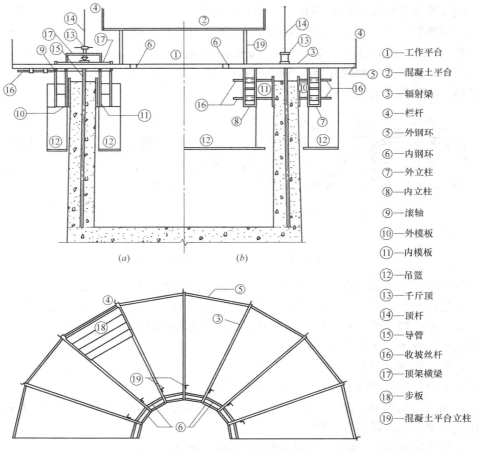

①—工作平台
②—混凝土平台
③—辐射梁
④—栏杆
⑤—外钢环
⑥—内钢环
⑦—外立柱
⑧—内立柱
⑨—滚轴
⑩—外模板
⑪—内模板
⑫—吊篮
⑬—千斤顶
⑭—顶杆
⑮—导管
⑯—收坡丝杆
⑰—顶架横梁
⑱—步板
⑲—混凝土平台立柱

图 12-3　滑动模板结构图

1）螺旋千斤顶提升步骤（图 12-4）。

a. 转动手轮②使螺杆③旋转，使千斤顶顶座④及顶架上横梁⑤带动整个滑模徐徐上升。此时，上卡头⑥、卡瓦⑦、卡板⑧卡住顶杆，而下卡头⑨、卡瓦⑦、卡板⑧则沿顶杆向上滑行，当滑至与上下卡瓦接触或螺杆不能再旋转时，则完成一个行程的提升。

b. 向相反方向转动手轮，此时，下卡头、卡瓦、卡板卡住顶杆①，整个滑膜处于静止状态。仅上卡头、卡瓦、卡板连同螺杆、手轮沿顶杆向上滑行，至上卡头与顶架上横梁接触或螺杆不能再旋转为止，即完成整个循环。

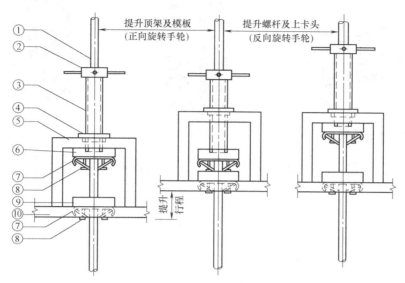

图 12-4　螺旋千斤顶提升示意图

①—顶杆；②—手轮；③—螺杆；④—顶座；⑤—顶架上横梁；⑥—上卡头；
⑦—卡瓦；⑧—卡板；⑨—下卡头；⑩—顶架下横梁

2）液压千斤顶提升步骤（图 12-5）。

a. 进油提升。利用油泵将油压入缸盖③与活塞⑤之间，在油压作用时，上卡头⑥立即卡紧顶杆①，使活塞固定于顶杆上（图 12-5a）。随着缸盖与活塞间进油量的增加，使缸盖连同钢筒④、底座⑨及整个滑模结构一起上升，直至上、下卡头⑧顶紧时（图 12-5b），提升暂停。此时，钢筒内排油弹簧完全处于压缩状态。

b. 排油归位。开通回油管路，解除油压，利用排油弹簧⑦推动下卡头使其与顶杆卡紧，同时推动上卡头将油排出缸筒，在千斤顶及整个滑模位置不变的情况下，使活塞回到进油前为止。至此，完成一个提升循环（图 12-5c）的工作，应将油泵与各千斤顶用高油压管连通，由操纵台统一集中控制。

提升时，滑模与平台上临时荷载全由支撑顶杆承受。顶杆多用 A3 与 A5 圆钢制作，直径 25mm，A5 圆钢的承载能力约为 12.5kN（A3 则为 10kN）。顶杆一端埋置于墩、台结构的混凝土中，一端穿过千斤顶芯孔，每节长 2.0～4.0m，用工具式或焊接连接。为了节省钢材，使支撑顶杆能重复使用，可在顶杆外安上套管，套管随同整个滑模一起上升，待施工完毕后可拔出支撑顶杆。

滑模施工的关键是控制混凝土的凝结时间。滑模太早则混凝土易粘结在模板上，外观不佳；太迟侧模板不易滑动。

3）采用滑升模板浇筑桥墩混凝土的注意事项

a. 宜采用低流动度或半干硬性混凝土。

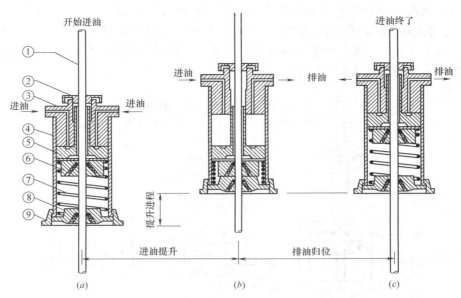

图 12-5　液压千斤顶提升示意图

①—顶杆；②—行程调整帽；③—缸盖；④—缸筒；⑤—活塞；
⑥—上卡头；⑦—排油弹簧；⑧—下卡头；⑨—底座

b. 浇筑应分层分段进行，各段应浇筑到距模板上口不小于 $100 \sim 150 mm$ 的位置为止。若为排柱式墩台，各立柱应保持进度一致。

c. 应采用插入式振动器振捣。

d. 为加快模板提升时间，可掺入一定数量的早强剂。

e. 在滑升中须防止千斤顶或油管接头在混凝土或钢筋材料上漏油。

f. 每一整体结构的浇筑应连续进行，若因故中途停工，应按施工缝处理。

g. 混凝土脱模时的强度宜为 $0.2 \sim 0.5 MPa$，脱模后如表面有缺陷时，应及时予以修补。

（3）爬模施工

爬模施工配置两层大模板或组合钢模，按一循环一节模板施工。当上一节模板灌注完毕，经过 10 个小时作用养护，便可开始爬升，爬升就位后拆除下部一节模板，同时进行钢筋绑扎，并把拆下来的模板立在上一节模板之上，在进行混凝土灌注、养护、爬模爬升等工序。按此循环，两节模板连续倒用，直至浇筑完墩身。

爬模施工根据有无爬架分为有爬架爬模施工和无爬架爬模施工，有爬架施工根据动力设备的不同又分为液压爬模、电动爬模、倒链爬模。

无爬架爬模法仅靠模板系统本身不能完成提升作业，要求用塔吊等起重设备进行提升。该法所用模板制造简单，构件种类少，可根据起重能力和主塔造型确定模板分块大小。一般均为多节模板交替提升，并保持在已浇混凝土主塔上有一节模板不拆动，以便于与下一节模板连接。具有施工缝易于处理，外表美观，施工速度快的特点。

有爬架爬模法是依靠附着在已浇阶段上的模板提升爬架，依靠爬架提升模板。其显著特点是利用爬架作为施工平台，施工时具有可靠的安全围护，无需另外搭设脚手架，特别适合高墩、高塔施工。

（4）翻模法

翻模法所用模板内外均为面板，中间为型钢骨架。每节模板长 1.5～2.5m，太短则接头多，影响美观；太长则翻转困难，高空作业安全性差。模板上下两边安装铰，各块模板之间以铰轴连接，以支撑模板进行翻转作业。

由于主塔为高空作业，且对工期和美观要求较高，而翻模法每次只能浇筑 1.5～2.5m 混凝土，施工速度慢；模板的接缝不好处理，加上高空作业的安全性差，翻模法在大型高墩施工中已很少采用。

（5）混凝土浇筑注意事项

1）墩台特别是实体墩台的混凝土均为大体积混凝土，为了避免水化热过高而导致混凝土因内外温差过大引起裂缝，常用的控制措施有：①改善集料级配、降低水灰比、掺加混合材料与外加剂、掺入片石等方法较少水泥用量；②采用水化热低的大坝水泥、矿渣水泥、粉煤灰水泥、低强度等级水泥等；③减小浇筑层厚度、加快混凝土散热速度；④混凝土用料应避免日光曝晒、降低初始温度；⑤在混凝土内埋设冷却管通水冷却。

2）灌注混凝土之前，应对模板、支架、钢筋及预埋构件进行详细检查，并作完整的记录。同时对模板浇水润湿、嵌缝，并在贴混凝土面上刷一层肥皂水，以防漏浆和便于拆模；钢模板内表面涂上润滑油，使拆模方便。混凝土浇筑过程中也应经常检查模板形状、尺寸，如有问题应及时修理。

3）当浇筑的平面面积过大，不能在前层混凝土初凝或重塑前浇筑完成次层混凝土时，为了保证结构的整体性，宜分段浇筑。其分段原则如下：①段与段的竖向接缝方向应与墩台宽度，即与截面尺寸较短的方向平行。②为加强段与段之间的连接，上下相邻层中的竖直接缝应相互错开，并在水平横缝上和竖直缝上均用片石或钢筋做成适当的接茬。③墩台横截面分段的数目应尽量减少，横截面小于 200m² 时易分为两段，300m² 以内的不宜超过三段，在任何情况下每段面积不得小于 50m²。④每段高度应为 1.5～2.0m。

4）为了节省水泥，墩台大体积坞工中可采用片石混凝土。其填放石块的数量，不应超过混凝土体积的 25%；石块的最大尺寸不应超过填放石块处最小结构尺寸的 1/4；石块的最小尺寸不宜小于 15cm。石块应选用无裂缝、无夹层和未煅烧过的石块，其抗压强度不得低于 3000kN/m²，且应具有混凝土内外粗骨料要求的耐久性。石块填放前应用水冲刷干净，不得有泥浆和其他污物。石块应均匀分布，安放稳妥，两石块的间距应允许内部插入式振捣器进行振捣操作，一般应大于混凝土中粗骨料的最大粒径，并不小于 10cm。石块与模板的间距应不小于 25cm，且不得与钢筋接触，在最上层石块的顶面应覆盖有不小于 25cm 的混凝土层。为了加强混凝土灌注层间的结合和灌注工作中断时，在前层接缝面上应埋入接茬石块，应使其体积露出混凝土外一半左右。混凝土中埋放石块时应满足《公路桥涵施工技术规范》JTGT F50—2011 有关块石的规定。

12.1.2 预制拼装墩台施工

装配式墩台适用于山谷架桥、跨越平坦无漂流物的河沟、河滩等的桥梁，特别是在工地干扰多、施工场地狭窄、缺水与砂石供应困难的地区，其效果更为显著。装配式墩台有砌块式、柱式和管节式或环圈式墩台等。

1. 砌块式墩台施工

砌块式墩台的施工大体上与石砌墩台相同，只是预制砌块的形式因墩台形状不同有很多变化。预制砌块墩身施工见图12-6。

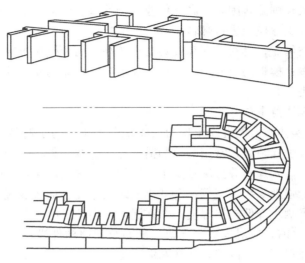

图 12-6　预制砌块墩身施工

这种施工方法可节省混凝土数量，节省木材和大量铁件，施工进度快，且砌缝整齐美观。1975 年建成的兰溪大桥的主桥墩身系采用预制的素混凝土壳块分层砌筑而成。

2. 柱式拼装墩施工

装配式柱式墩即将桥墩分解为若干轻型部件，在工厂、工地集中预制，再运送到现场装配，其形式有双柱式、排架式、板凳式和钢架式等。图12-7 为排架式柱式墩构造示意。

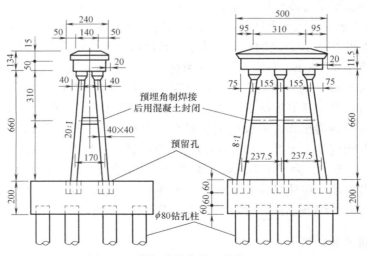

图 12-7　排架式拼装墩（单位：cm）

（1）装配式墩施工顺序

施工顺序为预制构件、安装连接与混凝土填缝养护等。其中拼装街头是关键工序，常

320

用的拼装接头有：

1）承插式接头：将预制构件插入相应的预留孔中，插入长度一般为 1.2～1.5 倍的构件宽度，底部铺设 2cm 砂浆，四周以半干硬性混凝土填充，常用于柱与基础的接头连接。

2）钢筋锚固接头：构件上预留钢筋或型钢，插入另一构件的预留槽中，或将钢筋相互焊接，再灌注半干硬性混凝土。多用立柱与顶帽处的连接。

3）焊接接头：将预埋在构件中的铁件与另一构件的预埋铁件用电焊连接，外部再用混凝土封闭。这种接头易于调整误差，多用于水平连接杆与立柱的连接。

4）扣环式接头：相互连接的构件按预定位置预埋环式钢筋，安装时柱脚先放置在承台的柱芯上，上下环式钢筋互相错接，扣环间插入 U 形短钢筋焊牢，四周再绑扎钢筋一圈，立模浇筑外围混凝土，要求上下扣环预埋位置正确，施工较为复杂。

5）法兰盘接头：在相连接构件两端安装法兰盘，连接时用法兰盘连接，要求法兰盘预埋位置必须与构件垂直，接头处可不用混凝土封闭。

6）预应力钢束连接：通过张拉冷拉 HRB500 级粗钢筋、高强钢丝或钢绞线来连接预制节段构件。张拉位置可以设在墩顶（图 12-8a）、也可以设在墩台底的实体部位（图 12-8b）。张拉后从下而上压浆；构件的水平拼接缝采用环氧树脂或厚度为 1.5cm 的 C35 水泥砂浆，从而避免因渗水影响预制构件的连接质量。

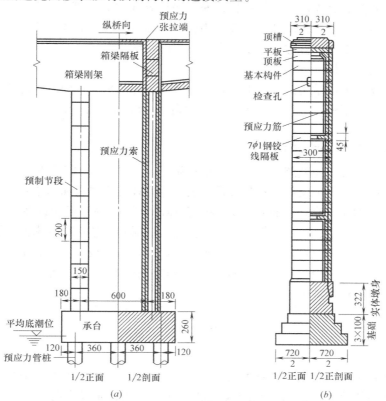

图 12-8 装配式预应力混凝土桥墩（尺寸单位：cm）

（a）张拉端在墩帽；（b）张拉端在墩底

（2）装配式柱式墩台施工注意要点

1）柱构件与基础顶面预留杯形基作为编号，并检查各个墩台高度和基座标高是否满足设计要求；基杯口四周与柱边的空隙不得小于 2cm。

2）柱吊入基杯内就位时，应在纵横方向测量，使柱身竖直度或倾斜度以及平面位置均符合设计要求；对重大、细长的墩柱，需用风缆或撑木固定，方可摘除吊钩。

3）墩台柱顶安装盖梁前，应先检查盖梁口预留槽眼位置是否符合设计要求，否则应先修凿。

4）墩身与盖梁安装完毕并检查符合要求后，可在基杯空隙与盖梁槽眼处灌注稀砂浆，待其硬化后，撤除楔子、支撑或风缆，再在楔子孔中灌填砂浆。

12.1.3 桥梁墩台帽施工

墩台是用以支承桥跨结构的，一般用混凝土或钢筋混凝土灌注。支撑垫石位置、标高和帽栓孔眼的位置都应特别注意，其偏差必须满足施工规范要求，以避免桥跨结构安装困难，或出现压碎或裂缝，影响墩台的正常使用功能与耐久性。

墩台帽施工的主要工序如下。

（1）墩、台帽放样

墩台混凝土（或砌石）浇筑至离墩、台帽底下约 30～50cm 高度时，即需测出墩台纵横中心轴线，并开始竖立墩、台帽模板，安装锚栓孔或安装预埋支座垫板、绑扎钢筋等。台帽放样时，应注意不要以基础中心线作为台帽背墙线，浇筑前应反复核实，以确保墩、台帽中心、支座垫石等位置方向与水平高程等不出差错。

（2）墩、台帽模板

墩台帽是支承上部结构的重要部分，其尺寸位置和水平高程的准确度要求较严，浇筑混凝土应从墩台帽下约 25～30cm 处至墩台帽顶面一次浇筑，以保证墩、台帽底有足够厚度的紧密混凝土。

（3）钢筋和支座垫板的制作安装

墩、台帽钢筋绑扎应遵照现行《公路桥涵施工技术规范》JTGT F50—2011 有关钢筋工程的规定。墩、台帽上支座垫板的安设一般采用预埋支座垫板和预留锚栓孔的方法。前者须在绑扎墩台帽和支座垫石钢筋时，将焊有锚固钢筋的钢垫板安设在支座的准确位置上，即将锚固钢筋和墩、台帽骨架钢筋焊接固定，同时将钢垫板作一木架，固定在墩、台帽模板上。此法在施工时垫板位置不易准确，应经常检查与校正。后者须在安装墩台帽模板时，安装好预留孔模板，在绑扎钢筋时注意将锚栓孔位置留出。此法优点是支座安装施工方便，支座垫板位置准确。

12.2 简支梁桥施工

简支梁桥最常用的施工方法是预制拼装法。预制装配施工是将在预制厂或桥梁施工现场预制的梁运至桥位处，使用一定的起重设备进行安装和完成横向连接组成桥梁的施工方法。

预制装配施工的优点是可以实现构件的形式和尺寸可向标准化发展，有利于大规模工业化生产；在预制厂（场）集中生产，可充分利用先进设备，提高施工机械化和自动化的程度，可提高工程质量、降低劳动强度、降低工程造价、提高生产效率；能节省大量支架和模板材料，多跨桥梁施工只需一套施工设备，能多次周转使用；构件预制不受季节的限制，上、下部构造可同时施工，预制梁安装速度快，缺点是需要有一定起吊能力的吊装设备，施工时高空作业多；预制梁安装后需进行横向连接，增加了施工工序。

12.2.1 预制梁的运输

从预制厂运至施工现场称场外运输，常用大型平板车、驳船或火车运至桥位现场。从施工现场内的运输称为场内运输，可以采用平车或滚筒拖曳法，也可采用运输轨道平板车运输，或轨道龙门架运输等方法。

对于小跨径梁或规模不大的工程，可设置木板便道，利用钢管或硬圆木作滚子，使梁靠两端支承在几根滚子上用绞车拖拽，边前进边换滚子运至桥头。如采用水上浮吊架梁而需要使预制梁上船时，运梁便道应延伸至河边能使驳船靠拢的地方，为此就需要修筑一段装船用的临时栈桥（码头）。

拖曳法常采用绞车牵引，滚筒拖曳可用厚木板或枕木铺一条1.5m左右的便道，在预制梁的两端底部设木垫板，垫板与便道间各放若干根钢管，随梁向前拖曳而不断在前方垫进钢管，使梁与便道保持滚动状态。使用时滚筒间距不得小于2.5D（D为滚筒直径），且不宜小于0.1m。采用平车运输时，平车上装有专门的转向装置，以适应平车在弯道上行驶的需要。

采用两台吊机同时吊运一根梁时，必须要运行平稳、同步。对预应力混凝土梁的吊点选择必须保证梁的自重起作用。在牵引运输时钢丝绳应与梁的行走方向一致，滚筒放置的方向与梁长方向垂直。运输转向时，梁的走向应由牵引的钢丝绳通过导向轮借滚筒的偏斜来改变。梁在牵引向前时，它的后面应设有制动索，以控制速度。运输平车要装有制动装置。长距离运输梁，车辆转弯时要保证梁在车上自由转动，梁上应设置整体式斜撑，并用绳索将梁、斜撑和车架三者结成整体，使梁在运输过程中有足够的稳定性，以防倾覆，发生意外。

12.2.2 预制梁的安装

预制梁的安装是装配式桥梁施工中的关键工序。简支梁、板构件的架设，包括起吊、纵移、横移、落梁等工序。从架梁的工艺类别来分，有陆地架设、浮吊架设和利用安装导梁或塔架、缆索的高空架设等。每一类架设工艺中，按起重、吊装等机具的不同，又可分成各种独具特色的架设方法。

1. 安装机具

预制梁的安装设备依据起吊重量的要求选择使用，通常以选用常备式构件组拼的机具设备和现成的多功能机具设备为宜。常用的吊装设备有门式吊机（或称龙门架）、扒杆、导梁、浮吊、履带式或轮胎式吊机、千斤顶及其他吊装辅助设备。

龙门架可由万能杆件或贝雷梁组拼，依靠行走系统和轨道可以移动、行驶。在龙门架的横梁上安装电动卷扬机，通过滑轮组起吊重物。

扒杆是一种简易的起吊机具，常用圆木或钢管组装，通过滑轮组和电动卷扬机起重。

小型预制梁的安装可选用人字扒杆和摇头扒杆，人字扒杆用两根圆木交叉构成，四面用缆风绳保持稳定。摇头扒杆的起重杆可以倾斜，有的也可回转，使用方便。

浮吊即是船上吊机，简易浮吊是在平板驳船上安装木扒杆；大型浮吊由钢构件组装，起重能力可达 5000kN。国外有的浮吊，其起重能力更高。

履带式或轮胎式吊机由机械厂定型生产，根据预制梁的起吊重量选择使用。

千斤顶在预制梁的安装中用来完成顶升落梁或横移等工作。

工地自行制造的起吊设备，均需经过结构设计计算和机械动力计算，确定机具的尺寸和规格。起重所用的卷扬机、千斤顶、卡环等机具都必须有足够的安全储备。

2. 安装方法

(1) 陆地架梁法

1) 自行式吊车安装

在桥不高，场内又可设置行车便道的情况下，用自行式吊车（汽车吊车或履带吊车）架设小跨径的桥梁十分方便（见图 12-9a）。此法视吊装重量不同，还可采用单吊（一台吊车）或双吊（两台吊车）或履带吊机直接将梁片吊起就位的方法。其特点是机动性好，不需要动力设备，架梁速度快。一般吊装能力为 150～1000kN，国外已出现 4100kN 的轮式吊车。

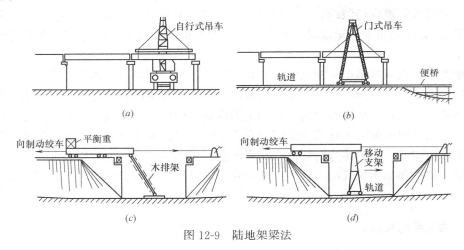

图 12-9 陆地架梁法

2) 跨墩门式吊车架梁

对于桥不太高，架桥孔数又多，沿桥墩两侧铺设轨道不困难的情况，可以采用一台或两台跨墩门式吊车来架梁（见图 12-9b）。此时，除了吊车行走轨道外，在其内侧尚应铺设运梁轨道，或者设便道用拖车运梁。梁运到后，就用门式吊车起吊、横移，并安装在预订位置。当一孔架完后，吊车前移，再架设下一孔。

当水深不超过 5m、水流平缓、不通航的中小河流上，也可以搭设便桥并铺轨后用门式吊车架设。

3) 摆动排架架设

用木排架或钢排架作为承力的摆动支点，由牵引绞车和制动绞车控制摆动速度。当预制梁就位后，在用千斤顶落梁就位。此法适用于小跨径桥梁（见图 12-9c）。

4) 移动支架架设

对于高度不大的中小跨径桥梁，当桥下地基良好能设置简易轨道时，可采用木制或钢制的移动支架来架设（见图 12-9d）。随着牵引索前拉，移动支架带梁沿轨道前进，到位后用千斤顶落梁，再横移就位。

（2）浮吊架设法

1）浮吊船架梁

在海上和深水大河上修建桥梁时，用可回转的伸臂式浮吊架梁比较方便（见图 12-10a）。这种架梁方法，高空作业少，施工比较安全，吊装能力也大，工效也高，但需要大型浮吊。鉴于浮吊船来回运梁航行时间长，要增加费用，故一般采取用装梁船贮梁后成批一起架设的方法。

浮吊架梁时需在岸边设置临时码头来移运预制梁。

架梁时，浮吊要认真锚固。如流速不大时，则可用预先抛入河中的混凝土锚来作为锚固点。

2）固定式浮吊架设

在缺乏大型伸臂式浮吊时，也可用钢制万能杆件或贝雷钢架拼装固定式的悬臂浮吊进行架梁（图 12-10b）。

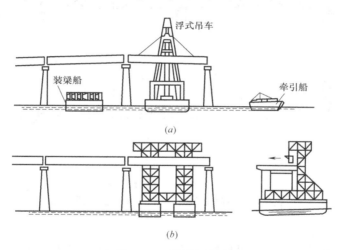

图 12-10　浮吊架设法

架梁前，先从存梁场吊运至下河栈桥，再由固定式悬臂浮吊接运并安放稳妥，然后用托轮将重载的浮吊托运至待架桥孔处，并使浮吊初步就位。将船上的定位钢丝绳锚系在桥墩上，慢慢调整定位，在对准梁位后就落梁就位。

不足之处是每一片梁浮吊都要托至河边栈桥处去取梁，这样不但影响架设的速度，而且也增加了浮吊来回托运的经济耗费。

（3）高空架设法

1）联合架桥机架设

此法适合于架设中、小跨径的多跨简支梁桥，其优点是不受水深和墩高的影响，并且在作业过程中不阻塞通航。

联合架桥机由一根总长大于两倍桥跨的钢导梁，两套门式吊机和一个托架（又称蝴蝶架）三部分组成（见图 12-11）。导梁顶面铺设轨道供运梁平车和托架行走，门式吊机顶横梁上设有吊梁用的行走小车，为了不影响架梁的净空位置，其立柱底部还可做成在横向内倾斜的小斜腿，这样的吊车俗称拐脚龙门架。

架梁操作步骤如下：

① 在桥头拼装钢导梁，铺设钢轨，并用绞车纵向拖拉就位。

② 拼装托架和门式吊机，用托架将两个门式吊机移运至架梁孔的桥墩（台）上。

③ 由平车轨道运送预制梁至架梁孔位，将导梁两侧可以安装的预制梁用两个门式吊机起吊、横移并落梁就位（见图 12-11a）。

④ 将导梁所占位置的预制梁临时安放在已架设的梁上。

⑤ 用绞车纵向拖拉导梁至下一孔后，将临时安装的梁架设完毕。

⑥ 在已架设的梁上铺接钢轨后，用托架顺次将两个门式吊车托起并运至前一孔的桥墩上（见图 12-11b）。

如此反复，直至将各孔梁全部架设好为止。

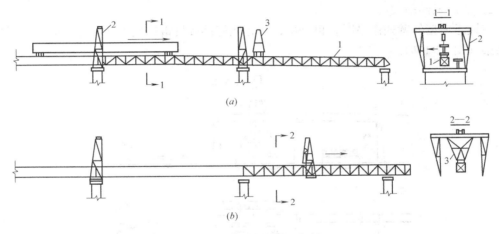

图 12-11　联合架桥机架梁
1—钢导梁；2—门式吊机；3—托架（运送门式吊车用）

2）闸门式架桥机架梁

在桥高、水深的情况下，也可用闸门式架桥机（或称穿巷式吊机）来架设多孔中、小跨径的装配式梁桥。架桥机主要由两根分离布置的安装梁、两根起重横梁和可伸缩的钢支腿三部分组成（见图 12-12）。安装梁用四片钢桁架或贝雷桁架拼组而成，其下设可沿铺在已架设梁顶面轨道上行走的移梁平车。两根型钢组成的起重横梁支承在能沿安装梁顶面轨道行走的平车上，横梁上设有带复式滑车的起重小车。

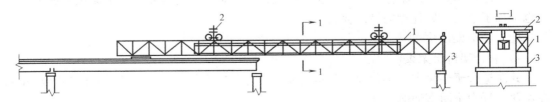

图 12-12　闸门式架桥机架梁
1—安装梁；2—起重横梁；3—可伸缩支腿

采用闸门式架桥机架梁步骤如下：

① 将拼装好的安装梁用绞车纵向拖拉就位，使可伸缩支腿支撑在架梁孔的前墩上（安装梁不够长时可在其尾部用前方起重横梁吊起预制梁作为平衡压重）。

② 前方起重横梁运梁前进，当预制梁尾端进入安装梁巷道时，用后方起重横梁将梁吊起，继续运梁前进至安装位之后，固定起重横梁。

③ 借起重小车落梁安放在滑道垫板上，并接墩顶横移将梁（除一片中梁外）安装就位。

④ 用以上步骤并直接用起重小车架设中梁，整孔梁架完后即铺设移运安装梁的轨道。

重复上述步骤，直至全桥架梁完毕。这种架设方法适合于架设比较重的梁。

3）宽穿巷式架桥机架梁

宽穿巷式架桥机的吊机支点处用强大的倒 U 形支承横梁来支承间距放大布置的两根导梁，见图 12-13，这种情况下，横截面内所有主梁都可由起重横梁上的起重小车横移就位，而不需要墩顶梁体的横移就位。

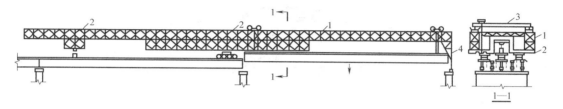

图 12-13　宽穿巷式架桥机架梁
1—安装梁；2—支撑横梁；3—起重横梁；4—可伸缩支腿

4）自行式吊车桥上架梁

在梁的跨径不大、重量较轻、且预制梁能运到桥头引道上时，直接用自行式伸臂吊车（汽车吊或履带吊）来架梁甚为方便（见图 12-14a）。

此法架梁时，横向尚未连成主体时，必须核算吊车通行和架梁工作时的承载能力。

5）"钓鱼法"架梁

利用设在一岸的扒杆或塔柱用绞车牵引预制梁前端，扒杆上设复式滑车。梁的后端用制动绞车控制，就位后用千斤顶落梁（见图 12-14b）。此法适于架设小跨径梁。

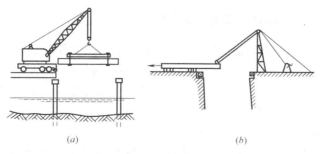

(a)　　　　　　　　　　　　(b)

图 12-14　小跨径梁的架设

6）扒杆架设

桥跨两墩上各设置一套扒杆，预制梁的两端系在扒杆的起吊钢索上，后端设制动索以控制速度，使预制梁平稳地进入安装桥孔就位，其施工程序见图12-15。

此法宜用于起吊高度不大和水平移动范围较小的中、小跨径的桥梁。

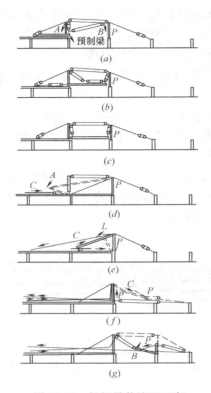

图 12-15　扒杆吊装施工工序

(a) 吊着预制梁前端，使其前移；(b) 预制梁前移至中间桥墩；(c) 预制梁就位；(d) 后扒杆倒向后方；
(e) 扒杆底部固定、立直，拉紧控制索；(f) 从前面第二个桥墩将钢索拉到扒杆底部；将
扒杆吊至前方桥墩；(g) 扒杆顶不固定、立直，拉紧控制索

12.3　悬臂体系梁桥和连续体系梁桥施工

12.3.1　钢筋混凝土悬臂体系和连续体系梁桥施工

普通钢筋混凝土悬臂梁桥和连续梁桥，由于主梁的长度和重量大，一般很难能像简支梁那样将整根梁一次架设。施工方法可采用分段预制，再浇筑接头，但受力截面的主钢筋都被截断，接头工作复杂，强度也不易保证。目前主要还是采用搭设支架模板、绑钢筋、浇混凝土的就地浇筑施工方法。

就地浇筑施工的工序如图12-16所示。

鉴于悬臂梁和连续梁在中墩处是连续的，而桥墩的刚性远比临时支架的刚性大得多，因此在施工中必须设法消除由于支架沉降不均匀而导致梁体在支架处的裂缝，一般在墩台处留出工作缝，工作缝宽应不小于0.8～1.0m，由于工作缝处的端板上有钢筋通过，故制作安装都很困难，而且在浇筑混凝土前还要对已浇端面进行凿毛和清洗等工作。有时为了

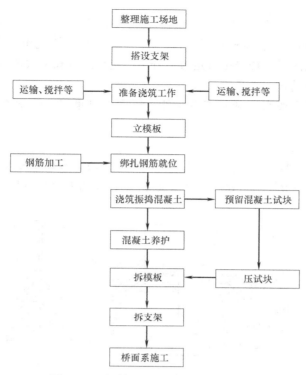

图 12-16　钢筋混凝土就地浇筑施工工序

避免设置工作缝的麻烦，也可以采取不设工作缝的分段浇筑方法。

拆除支架时，应从梁最大挠度处的支架节点开始，逐步卸落相邻两侧的节点，并要求对称、均匀、有顺序的进行；同时要求各节点应分多次进行卸落，以使梁的沉落曲线逐步加大。通常连续梁从跨中向两端进行，悬臂体系梁从挂梁及悬臂部分开始卸落，然后卸落主跨部分。

12.3.2　预应力混凝土悬臂体系梁桥施工

预应力混凝土悬臂体系梁桥的施工通常采用悬臂施工法，施工时不需要在河中搭设支架，而直接从已建墩台顶部逐段向跨径方向延伸施工，每延伸一段就施加预应力使其与已成部分连接成整体。悬臂施工方法最早主要用于修建预应力 T 形刚构桥，后来被推广用于预应力混凝土悬臂梁桥、连续梁桥、斜腿刚构桥，桁架桥，拱桥及斜拉桥等。按照梁体的制作方式，悬臂施工法又可分为悬臂浇筑和悬臂拼装两类。

1. 悬臂浇筑

悬臂浇筑采用移动式挂篮作为主要施工设备，以桥墩为中心，对称向两岸利用挂篮逐段浇筑梁段混凝土，每浇筑完一对梁段，待混凝土达到要求强度后，张拉预应力束并锚固，然后向前移动挂篮，进行下一节段的施工，直至悬臂端为止。

（1）挂篮

挂篮由主桁架、底模板、悬吊系统、平衡重及锚固系统、行走系统、工作平台等组成。纵向主桁架是挂篮的主要受力结构。一般是由若干桁片构成两组。可用贝雷钢架、万能杆件或大型型钢等拼成。

挂篮按构造形式可分为桁架式（包括平弦无平衡重式、菱形、弓弦式等）、斜拉式（包括三角斜拉式和预应力斜拉式）、型钢式及混合式；挂篮按抗倾覆方式又分为压重式、锚固式及半压重半锚固式；挂篮按行走方式分一次走行到位和两次走行到位；按其移动方式可分为滚动式、滑动式和组合式。

挂篮要求能承受梁段自重和施工荷载外，还要求自重轻、刚度大、变形小、稳定性好、行走方便等。

（2）墩顶梁段浇筑

悬臂浇筑和悬臂拼装均需要在墩顶托架上浇筑 0 号块（墩顶梁段）。施工托架可根据墩身高度、承台形式和地形情况，分别支撑在墩身、承台和经过架固的地基上（见图 12-17）。

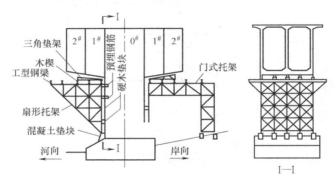

图 12-17　悬臂根部梁段现浇施工的支架

（3）墩侧梁段浇筑

用挂篮浇筑墩侧第一对梁段时，由于墩顶位置受限，往往需要将两侧挂篮的承重结构连在一起（图 12-18a），待浇筑到一定长度后再将两侧承重结构分开。如果墩顶位置过小，开始用挂拉篮浇筑发生困难时，可以设立局部支架来浇筑墩侧的头几对两段（图 12-18b），然后再安装挂篮。

悬臂浇筑每个节段长度一般 2～6m，节段过长，将增加混凝土自重及挂篮结构重力，而且要增加平衡重及挂篮后锚设施；节段过短，影响施工进度。所以施工时应根据设备情况及工期，选择合适的节段长度。

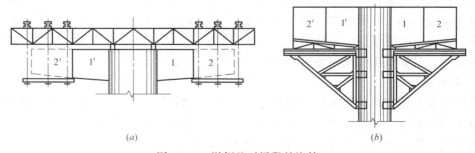

(a)　　　　　　　　　　　　　(b)

图 12-18　墩侧几对梁段的浇筑

（4）临时固接措施

连续梁桥在合拢以前，应采取墩、梁临时固结的约束措施，具体方法有以下几种：

330

1）利用悬浇时梁与墩的双排预应力锚杆和临时支座固结，即将锚杆的下端预埋在墩顶，浇筑梁部混凝土时，将其引申至梁顶，混凝土达到设计强度等级后，张拉锚固，形成约束。

2）三角形承架与沙筒临时固接。桥墩较高时，在桥墩上部围建三角形承架来敷设梁段的临时支撑，采用沙筒作为悬臂拼装完毕后转换体系的卸架设备。

3）搭设临时支架。在墩的顺桥向两侧搭设支架支撑梁重，靠梁段的自重来平衡施工中的不平衡力矩。

4）利用临时立柱和预应力筋锚固。在墩的顺桥向两侧设立柱，用预应力筋的下端锚固在基础承台内，上端在箱梁底板上张拉并锚固，以此来使立柱在施工过程中保持受压，维持稳定。

5）活动支座的顶板、底板在顺桥向的两侧用钢板临时焊接，形成固结。

2. 悬臂拼装

悬臂拼装法施工是在工厂或桥位附近将梁体沿轴线划分成适当长度的块件进行预制，然后用船或平车从水上或从已建成部分桥上运至架设地点，用活动吊机向墩柱两侧对称均衡地拼装就位，张拉预应力筋并锚固。重复上述工序直至拼装完悬臂梁全部块件为止。图12-19为采用吊机拼装悬臂梁挂孔的程序示意。

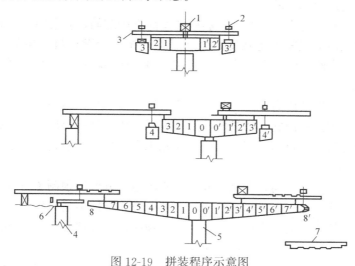

图 12-19　拼装程序示意图

1—绞车；2—吊机；3—导梁；4—岸墩；5—中墩；6—滚轴；7—挂梁

（1）预制块件要求

预制块件的长度取决于运输、吊装设备的能力，实践中已采用的块件长度为 1.4～6.0m，块件重量为 140～1700kN。但从桥跨结构和安装设备统一来考虑，块件的最佳尺寸应使重量在 350～600kN 范围内。

预制块件要求尺寸准确，拼装接缝密贴，预留孔道的对接要顺畅。为此，通常采用间隔浇筑法（见图12-20），块件的端面成为浇筑相邻块件时的端模。

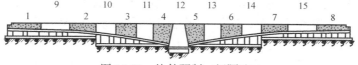

图 12-20　块件预制（间隔法）

（2）预制块件的拼装

根据现场布置和设备条件不同，预制块件的拼装可以采用不同的方法来实现。当靠岸边的桥墩不高且可以在陆地或便桥上施工时，可采用自行式吊车、门式吊车来拼装；对于河中桥孔，可采用水上浮吊安装；如果桥墩很高或水流湍急不便在陆地上、水上施工时，就可利用各种吊机进行高空悬拼施工。

（3）悬臂拼装接缝

悬臂拼装接缝有湿接缝和胶接缝两大类，湿接缝隙采用高强混凝土或高强度等级水泥砂浆完成；胶接缝采用环氧树胶为接缝材料。不同的施工阶段和不同部位，交叉采用不同的接缝形式。

12.3.3 预应力混凝土连续体系梁桥施工

1. 简支—整体施工

简支—整体施工是将整根连续梁按起吊安装能力先分段预制，然后用各种安装方法将预制构件安装到墩台或轻型临时支架上，再现浇接头混凝土，最后通过张拉部分预应力钢筋使得梁体集整成连续体系的施工方法。

目前较常采用的是简支变连续。预制构件按简支梁配筋，安装时支撑在墩顶两侧的临时支座上。待浇筑接头混凝土达到规定强度后就张拉承受墩顶负弯矩的预应力筋并锚固好，最后卸除临时支座，使永久支座开始工作，整个体系转化成连续体系。

2. 悬臂施工

与悬臂施工法建造预应力混凝土悬臂梁桥的施工方法基本相同。在浇筑过程中，也要采取使上、下临时固接的措施，待悬臂施工结束后、相邻悬臂端连成整体并张拉了承受正弯矩的下缘预应力筋后，再卸除固接措施，使施工中的悬臂体系转化为连续体系。

3. 顶推法施工

顶推法施工是沿桥轴方向，在台后开辟预制场地，分节段预制梁身并用纵向预应力钢筋将各节段连成整体，然后通过水平液压千斤顶施力，借助不锈钢板与聚四氟乙烯模压板组成的滑动装置，将梁段向对岸推进。这样分段预制，逐段顶推，待全部顶推就位后，落梁、更换正式支座，完成桥梁施工的一种施工方法。

顶推法施工可以省去大量脚手架，不中断桥下交通，可集中管理指挥，高空作业少，施工安全可靠，可以使用简单的设备建造多跨长桥。特别适合于水深、桥高以及高架道路的中等跨径、等截面的直桥或曲线桥梁施工。

根据顶推设备的不同，顶推施工分以下几种：

（1）水平-竖直千斤顶顶推

水平-竖直千斤顶顶推的顶推力是由水平千斤顶和竖直千斤顶交替使用而产生的，是将顶推装置集中安置在梁段预制场附近的桥台或桥墩上，前方各墩顶只设置滑移装置。水平-竖直千斤顶顶推分单点顶推和多点顶推。其施工程序见图12-21。

单点水平-竖直千斤顶顶推需要梁套顶推设备，前桥的顶推水平力由墩台的顶推设备承担，而各墩顶只设置滑移装置，这样，所需顶推设备能力较大不需要解决各墩的顶推设备同步进行，而墩顶将承受较大的水平摩擦力。

多点水平-竖直千斤顶顶推在每个墩台上设置一对小吨位水平千斤顶，将单点顶推的

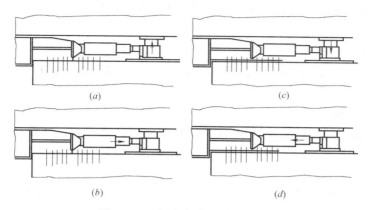

图 12-21　水平-竖直千斤顶顶推

(a) 升梁；(b) 梁向前滑移；(c) 落梁；(d) 退回滑块

顶推力分散到各墩上，并在各墩及临时墩上设置滑移支撑。顶推时，所有千斤顶通过滑移控制室控制千斤顶的出力等级，并同时启动，同时前进。由于利用水平千斤顶传给墩台的反力来平衡梁体滑移时在桥墩上产生的摩阻力，从而使桥墩在顶推过程中承受较小的水平力，因此可以在柔性墩上采用多点顶推施工。

（2）拉杆千斤顶顶推

拉杆千斤顶顶推的顶推力是由固定在墩台上的千斤顶通过锚固在主梁上的拉杆使主梁前进的（见图 12-22），也可分单点顶推和多点拉杆千斤顶顶推。

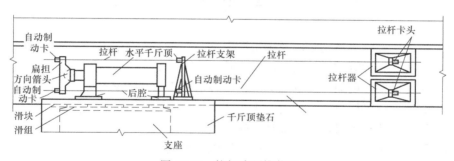

图 12-22　拉杆式顶推装置

单点拉杆千斤顶顶推是将顶推装置集中设置在梁段预制附近的桥墩台上，其余墩只设置滑移装置，其顶推程序与水平-竖直千斤顶顶推相同，只是不需要将梁顶起。

多点拉杆千斤顶顶推是将水平拉杆千斤顶分散于各个桥墩上，免去了在每一循环顶推中，用竖向千斤顶顶升梁段，使水平千斤顶顶回位，简化了工艺流程。

（3）设置滑动支座顶推

设置滑动支座顶推法有设置临时滑动支承和与永久支座合一的滑动支承顶推两种。

采用临时滑动支承顶推法时，施工过程中所用的滑道是临时设置的，用于滑移梁段和支承梁段，在主梁就位后，拆除墩上顶推设备，同时张拉后期力筋和孔导灌浆，然后用数只大吨位千斤顶同步将一连主梁顶升，拆除滑道和滑到底座混凝土垫块并安放正式支座。

使用与永久支座合一的滑动支承顶推法又叫 RS 法。是将竣工后的永久支座安置在墩顶设计位置上，通过改造，作为施工时的顶推滑道，主梁就位后，稍加改造即可恢复原支座状态的一种顶推方法。这种方法不需要拆除临时滑动之称，也不需要大吨位竖向千斤顶顶升梁段。

（4）单向顶推法

单向顶推时，预制场设置在桥梁一端，从一端逐段预制，逐段顶推，直至对岸的方法。

（5）双向顶推法

双向顶推时，预制场在桥梁两端设置，并在两端分段预制，分段顶推，直至在跨中合拢。

4. 支架就地浇筑施工

预应力混凝土连续梁桥的支架就地浇筑施工与混凝土悬臂体系和连续体系梁桥的施工方法比较，主要多出两道工序。

（1）准备阶段多出的检查工作

在准备工作阶段多一个预应力钢束位置的检查工作，包括是否按照设计图纸预留预应力钢束孔道，预留孔导管端部、连接部分与锚具处注意防止漏浆，检查锚具位置、压浆孔和排气孔是否可靠。

（2）预应力钢筋的张拉

当混凝土强度达到设计要求后才能张拉，在无规定的时候，一般要在混凝土强度大到设计强度等级的 70% 以上才能进行张拉。

思 考 题

12.1 简述石砌墩台适用范围及砌筑顺序。

12.2 混凝土高桥墩的施工的方法有哪些？

12.3 简支梁桥常用的架设方法有哪些？各适用于什么情况？

12.4 试述连续梁桥悬臂施工的施工工艺。

12.5 悬臂拼装施工时，接缝处理有哪些方法？

12.6 悬臂浇筑施工时，墩梁临时固结措施有哪些？

12.7 预应力混凝土连续梁桥的施工方法有哪些？

12.8 什么是顶推法施工？顶推法分为哪几种类型？

第 13 章　施工组织概论

13.1　工程建设及其工作程序

13.1.1　工程建设概念

工程建设又称基本建设，是指横贯于国民经济各部门、各单位之中，并为其形成新的固定资产的综合性经济活动过程。简单讲，形成新增固定资产的经济活动即为基本建设。

固定资产是指使用时间在一年以上、单体价值在规定金额以上的物质资料，包括各种建筑物、构筑物、机电设备、工具用具等。

13.1.2　工程建设项目分类

1. 按照建设项目的用途划分

按用途划分可分为生产性建设项目和非生产性建设项目两大类，主要反映固定资产投资在各种不同用途的建设工程中的分配情况，以便于研究各类用途的固定资产投资的比例关系。

生产性建设项目，是指直接用于物质生产或为满足物质生产需要而进行的建设项目，包括工业建设、建筑业建设、农林水利气象建设、交通运输邮电建设、商业和物资供应建设、地质资源勘探建设等。

非生产性建设项目，是指用于满足人民的物质和文化生活福利需要而建设的项目。包括住宅建设、文教卫生建设（学校、体育场馆、文化馆、俱乐部、出版社、广播电视台站、医院、疗养院等）、公用和生活服务事业建设（城市的供水、排水、燃气工程、防洪工程、环境保护、路桥工程和电、汽车、宾馆、浴室等）、科学研究和综合技术服务事业建设、金融保险建设以及各级行政管理机关和团体的建设等。

2. 按照建设项目的性质划分

按建设性质划分，基本建设可分为新建、扩建、改建、恢复和迁建项目，主要反映投资的使用方向，研究投资效果。

（1）新建项目，是指从无到有，"平地起家"新开始建设的项目。

（2）扩建项目，是指在原有规模上增加生产能力或建筑面积而新建主要车间或工程的项目。按照制度规定，分期进行建设的项目，在一期工程建成之后的续建项目，属于扩建项目，原有基础很小而经扩大建设规模后，其新增固定资产价值超过原有固定资产价值（原值）三倍以上的也算新建项目。

（3）改建项目，是指为改变产品方向、改进产品质量或现有设施的功能而对原有固定资产进行整体性技术改造的项目。

(4) 恢复项目，专指因自然灾害、战争或人为的灾害等，造成原固定资产全部或部分报废，而后又按原来规模重建恢复的项目。

(5) 迁建项目，是指原有企业、事业单位，由于各种原因迁移到另地而进行建设的项目。在搬迁另地建设过程中，不论其建设规模是维持原来规模还是扩大建设规模的都按迁建项目。

3. 按照建设项目的规模划分

按照建设项目的规模划分，基本建设可分大型、中型和小型建设项目。

4. 按照建设阶段与过程划分

按照建设阶段与过程划分基本建设可分为筹建项目、在建项目、竣工项目和投产使用项目。

5. 按建设项目的资金来源和投资渠道划分

按建设项目的资金来源和投资渠道划分，基本建设可分为政府投资和自筹资金。

13.1.3 工程建设程序

工程建设程序是指项目建设全过程中各项工作必须遵守的先后次序。工程建设程序主要由项目建议书、可行性研究、编制设计文件、建设准备、施工安装、竣工验收等六个阶段组成（见图 13-1）。每个阶段又包含着若干环节，各有不同的工作内容。

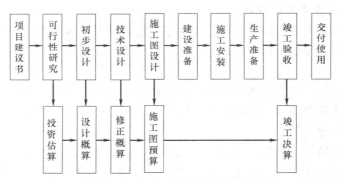

图 13-1　我国工程建设程序简图

13.2　施工程序及施工组织研究的对象和任务

13.2.1　施工程序

施工程序是指拟建工程项目在整个施工阶段必须遵守的先后工作程序。它主要包括承接施工任务及签订施工合同、施工准备、组织施工、竣工验收、保修服务五个环节或阶段。

(1) 承接施工任务，签订施工合同

承接施工任务的主要渠道是参加投标并中标后得到的；除此之外，还有一些特殊项目由上级主管部门直接下达给施工单位或者直接受建设单位委托而承建。无论通过何种方式接受工程任务，施工单位与建设单位都必须按照《合同法》和"建设施工合同示范文本"

的有关规定，结合具体工程的特点签订施工合同，以明确双方的权利和义务。

（2）施工准备

施工准备是保证工程施工和安装按计划顺利完成的关键和前提。其基本任务是为工程建设创造必要的组织、技术和物质条件。

（3）组织施工

组织施工是实施施工组织设计，完成整个施工任务的实践活动过程。其目的是把投入施工过程中的各项资源（人、材、机、方法、环境、资金、时间与空间等）有机地结合起来，有计划、有组织、有节奏地均衡施工，以期达到工期短、质量高、成本低的最佳效果。一般要做好以下四个方面的工作：

1）做好技术管理工作。

2）按施工组织设计，优化组织施工。

3）抓好施工过程中的跟踪控制。

4）加强施工现场管理，搞好文明施工。

（4）竣工验收、交付使用

竣工验收是工程建设的最后阶段，是工程建设向生产、使用转移的必要环节，也是全面考核工程建设是否符合设计要求和施工质量的重要环节。正式验收前，施工单位内部先进行预验收，内部预验收是顺利通过正式验收的可靠保证。通过预验收对技术资料和实体质量进行全面彻底地清查和评定，对不符合要求的项目及时处理。然后提交验收申请报告，经监理工程师审验后，由建设单位组织设计单位、施工单位和监理单位正式验收，验收合格后，才能交付使用。

（5）保修服务

在建设工程正式移交使用后，施工单位应按施工合同和有关法规的规定，在保修期内，主动对建设单位或用户进行质量回访，做好保修服务工作。

施工程序受制于工程建设程序，必须服从于工程建设程序的安排，但也影响着工程建设程序。它们之间是全局与局部的关系。

13.2.2 土木工程产品及其生产的特点

1. 土木工程产品的特点

（1）产品的固定性

任何土木工程产品（如建筑物、构筑物、公路等）都是在建设单位所选定的地点上建造和使用，它与所选定地点的土地是不可分割的。因此，土木工程产品的建造和使用地点在空间上是固定的。这是土木工程产品最显著的特点，土木工程生产的特点都是由此引出的。

（2）产品的多样性

土木工程产品种类繁多，用途各异；每一产品不但需要满足用户对其使用功能和质量的要求，而且还要按照当地特定的社会环境、自然条件来设计和建造，因此没有完全相同的土木工程产品。

（3）产品体形庞大

土木工程产品比起一般工业产品，需消耗大量的物质资源，为了满足特定的使用功能，必然占据广阔的地面与空间，因而土木工程产品的体形庞大。

（4）产品的综合性

土木工程产品由各种材料、构配件和设备组装而成，形成一个庞大的实物体系。

2. 土木工程施工的特点

（1）施工的流动性

土木工程产品的固定性，决定了产品生产的流动性。即施工所需的大量劳动力、材料、机械设备必须围绕其固定性产品开展活动，而且在完成一个固定性产品以后，又要流动到另一个固定性产品上去。因此，在进行施工前必须事先做好科学的分析和决策、合理的安排和组织。

（2）施工的单件性

土木工程产品的固定性和多样性决定了产品生产的单件性。一般工业产品都是按照试制好的同一设计图纸，在一定的时期内进行批量的重复生产。而每一个土木工程产品则必须按照当地的规划和用户的需要，在选定的地点上单独设计和单独施工。因此，必须做好施工准备，编好施工组织设计，以便工程施工能因时制宜、因地制宜地进行。

（3）施工的地区性

由于土木工程产品的固定性，从而引起生产的地区性。因为要在使用的固定地点建造，就必然受到该建设地区的自然、技术、经济和社会条件的限制，因此，就必须对该地区的建设条件进行深入的调查分析，因地制宜做好各种施工安排。

（4）施工的周期长、露天作业多、高空作业多、安全性差

（5）施工的复杂性

由于土木工程产品的固定性、多样性和综合性以及施工的流动性、地区性、露天作业多、高空作业多等特点，再加上要在不同的时期、地点、产品上组织多专业、多工种的人员综合作业，这使土木工程施工变得更加复杂。

13.2.3 施工对象分析

为了便于科学地制定施工组织设计和进行工程管理，将施工对象进行科学的分解与分析是十分必要的。其施工承包对象可划分为以下层次：

（1）建设项目

建设项目是指在一个场地或多个场地上，按一个总体设计进行施工的各个工程项目的总和，建成后具有设计所规定的生产能力或效益。它一般由一个或几个单项工程组成。对于每一个建设项目都编有可行性研究报告或设计任务书和独立的总体设计。如在工业建设中，建设一座工厂就是一个建设项目；在民用建设中，一个住宅小区或是一所学校就是一个建设项目。

（2）单项工程

单项工程是指在一个建设项目中具有独立而完整的设计文件，建成后可以独立发挥生产能力或效益的工程。它是建设项目的组成部分。生产性建设项目的单项工程一般是指能独立生产的车间；非生产性建设项目的单项工程，如一所学校的办公楼、图书馆等。一个单项工程有一个或多个单位工程构成。

（3）单位工程

单位工程是指具有专业独立设计、可以独立组织施工，建成后能形成独立使用功能的工程。它是单项工程的组成部分。如一个车间的建造可分为厂房建造和生产设备的安装等单位工程。一个单位工程有多个分部工程构成。

（4）分部工程

分部工程一般是按专业性质、所在单位工程的部位确定，它是单位工程的组成部分。如一个建筑工程可划分为地基与基础、主体结构、建筑装饰装修、建筑屋面、建筑给水排水及采暖、建筑电气、智能建筑、通风与空调、电梯九个分部；其他土木工程也有相应的划分要求。

（5）分项工程

分项工程一般是按主要工种、材料、施工工艺、设备类别等进行划分。它是分部工程的组成部分。如混凝土结构工程中按主要工种分为模板工程、钢筋工程、混凝土工程等分项工程。

13.2.4　土木工程施工组织的性质、对象和任务

土木工程施工组织就是针对工程施工的复杂性，讨论与研究土木工程施工过程为达到最优效果，寻求最合理的统筹安排与系统管理客观规律的一门科学。

施工组织的任务就是根据土木工程施工的技术经济的特点，国家的建设方针政策和法规，业主的计划与要求，对耗用的大量人力、资金、材料、机械和施工方法等进行合理的安排，协调各种关系，使之在一定的时间和空间内，得以实现有组织、有计划、有秩序的施工，以期在整个工程施工上达到最优效果，即进度上耗工少，工期短；质量上精度高，功能好；经济上资金省，成本低。

13.2.5　组织施工的基本原则

（1）贯彻执行建设工程的相关法规，坚持建设程序；
（2）保证重点、统筹安排、信守合同期；
（3）合理安排施工顺序；
（4）组织流水施工，合理使用人力、物力和财力；
（5）尽量采用先进的科学技术，提高建筑工业化程度；
（6）注重工程质量，确保施工安全；
（7）合理布置施工现场，尽量减少暂设工程，努力提高文明施工的水平。

13.3　施工组织设计概述

13.3.1　施工组织设计的概念

施工组织设计是规划和指导拟建工程从施工准备和竣工验收的全面性的技术经济文件。它是整个施工活动实施科学管理的有力手段和统筹规划设计。

施工组织设计的基本任务是根据国家和政府的有关技术规定、业主对建设项目的各项要求、设计图纸和施工组织的基本原则，选择经济、合理、有效的施工方案；确定紧凑、

均衡、可行的施工进度；拟定有效的技术组织措施；采用最佳的布署和组织，确定施工中的劳动力、材料、机械设备等需要量；合理利用施工现场的空间，以确保全面高效优质地完成最终建筑产品。

13.3.2 施工组织设计的分类

1. 按编制的对象和范围分类

按编制对象和范围不同可分为施工组织总设计、单位工程施工组织设计、分部分项工程组织设计等三种类别和层次。

施工组织总设计是以整个建设项目或民用建筑群为对象编制的，是对整个建设工程的施工全过程和施工活动进行全面规划、统筹安排和战略部署，是指导全局性施工的技术经济性文件。

单位工程施工组织设计是以一个单位工程（如一个建筑物或构筑物）为对象，用于直接指导单位工程施工全过程的各项施工活动的技术经济性文件。

分部分项工程施工组织设计或作业设计是针对某些较重要的、技术复杂、施工难度大，或采用新工艺、新技术施工的分部分项工程，如深基础，无粘结预应力混凝土，大型结构安装等为对象编制的，其内容具体、详细、可操作性强，是直接指导分部（分项）工程施工的依据。

施工组织总设计是整个建设项目的全局性战略部署，其内容和范围大而概括，属规划和控制型；单位工程施工组织设计是在施工组织总设计的控制下，针对具体的单位工程所编制的指导施工各项活动的技术经济性文件，它是施工组织总设计内容的具体化、详细化，属实施指导型；分部分项工程施工组织设计必须在单位工程施工组织设计控制下，针对特殊的分部分项工程进行编制，属具体实施操作型。因此，它们之间是同一建设项目不同广度、深度与被控制的关系。

它们不同点是：编制的对象和范围不同；编制的依据不同；参与编制的人员不同；编制的时间不同；所起的作用有所不同。

它们相同点是：目标是一致的，编制原则是一致的，主要内容是相通的。

2. 按中标前后分类

按中标前后的不同分为投标施工组织设计（简称"标前设计"）和中标后施工组织设计（简称"标后设计"）两种。

投标施工组织设计是在投标之前编制的施工项目管理规划和各项目标实现的组织与技术的保证，是对招标的响应与承诺，是投标文件的基本要素和技术保证，是评标、签订合同的依据。标后施工组织设计是中标以后依据投标施工组织设计和施工合同及后续补充条件，所编制的详细的实施性施工组织设计，以保证要约和承诺的落实。因此，它们之间具有先后次序关系、单项制约关系。

它们的区别是：编制依据和编制条件不同；编制时间不同；参与的人员及范围不同；编制的目的和立脚点不同；作用及特点不同；编制的深度不同；审核的人员不同；编制的内容也有所不同。

3. 按设计阶段的不同分类

大中型项目的施工组织设计的编制是随着项目设计的深入而深入，因此，施工组织设计要与设计阶段相配合，按设计阶段编制不同广度、深度和作用的施工组织设计。

（1）当项目设计按两个阶段进行时，施工组织设计分为施工组织总设计（扩大初步施工组织设计）和单位工程施工组织设计两种。

（2）当项目设计按三个阶段进行时，施工组织设计分为施工组织设计大纲（初步施工组织条件设计）、施工组织总设计和单位工程施工组织设计三种。

此时，设计阶段与施工组织设计的关系是：初步设计完成，可编制施工组织设计大纲；技术设计之后，可编制施工总设计；施工图设计完成后，可编制单位工程施工组织设计。

4. 按编制内容的繁简程度的不同分类

施工组织设计按编制内容的繁简程度不同，可分为完整的施工组织设计和简明的施工组织设计两种。

（1）完整的施工组织设计。对于重点工程，规模大、结构复杂、技术要求高，采用新结构、新技术、新工艺的拟建工程项目，必须编制内容详尽的完整的施工组织设计。

（2）简明的施工组织设计（或施工简要）。对于非重点的工程，规模小、结构又简单，技术不复杂而且以常规施工为主的拟建工程项目，通常可以编制仅包括施工方案、施工进度计划和施工平面图（简称一案、一表、一图）等内容的简明施工组织设计。

13.3.3 施工组织设计的内容

施工组织设计的内容，是由其应回答和解决的问题组成的。无论是群体工程还是单位工程，其基本内容如下：

1. 工程概况及特点分析

施工组织设计应首先对拟建工程的概况及特点进行分析并加以简述，目的在于搞清工程任务的基本情况是怎样的。这样做可使编制者掌握工程概况，以便"对症下药"；对使用者来说，也可做到心中有数；对审批者来说，可使其对工程有概略认识。因此，这部分是多方面的作用，不可忽视。

工程概况包括：拟建工程的建筑、结构特点，工程规模及用途，建设地点的特征，施工条件，施工力量，施工期限，技术复杂程度，资源供应情况，上级建设单位提供的条件及要求等各种情况的分析。

2. 施工部署和施工方案

施工部署是对整个建设项目施工安装的总体规划和安排，包括施工任务的组织与分工，工期规划，各期应完成的内容，施工段的划分，施工场地的划分与安排，全场性的技术组织措施等。施工方案的选择是根据上述情况的分析，结合人力、材料、机械、资金和可采用的施工方法等可变因素与时空优化组合，全面布置任务，安排施工顺序和施工流向，确定施工方法和施工机械。对承建工程可能采用的几个方案进行分析，通过技术经济比较、评价，选择出最佳方案。

3. 施工准备工作计划

施工准备工作计划主要是明确施工前应完成的施工准备工作的内容、起止期限、质量要求等，主要包括：施工项目部的建立，技术资料的准备，现场"三通一平"，临建设施，测量控制网准备，材料、构件、机械的组织与进场，劳动组织等。

4. 施工进度计划

施工进度计划是施工组织设计在时间上的体现。进度计划是组织与控制整个工程进展的依据，是施工组织设计中关键的内容。因此，施工进度计划的编制要采用先进的组织方法（如立体交叉流水施工）和计划理论（如网络计划、横道计划等）以及计算方法（如各项参数、资源量、评价指标计算等），综合平衡进度计划，合理规定施工的步骤和时间，以期达到各项资源在时、空的科学合理利用，满足既定目标。

施工进度计划的编制包括划分施工过程，计算工程量，计算工程劳动量，确定工作天数和人数或机械台班数，编制进度计划表及检查与调整等项工作。

5. 各项资源需要量计划

各项资源的需要量计划是提供资源（劳力、材料、机械）保证的依据和前提。为确保进度计划的实现，必须编制与进度计划相适应的各项资源需要量计划，以落实劳动力、材料、机械等资源的需要量和进场时间。

6. 施工（总）平面图

施工现场（总）平面布置图是施工组织设计在空间上的体现。它是以合理利用可供施工使用的现场空间，本着方便生产、有利生活、文明安全施工为目的，把投入的各项资源（材料、构件、机械、运输、动力等）和工人的生产、生活活动场地，做出合理的现场施工平面布置。

7. 技术措施和主要技术经济指标

一项工程的完成，除了施工方案选择的合理，进度计划安排的科学之外，还应充分的注意采取各项措施，确保质量、工期、文明安全以及降低成本。所以，在施工组织设计中，应加强各项措施的制定，并以文字、图表的形式加以阐明，以便在贯彻施工组织设计时，目标明确，措施得当。

主要技术经济指标是在施工组织设计的最后反映的，用以对确定的施工方案、施工进度计划及施工（总）平面图的技术经济效益进行全面的评价，用以衡量组织施工的水平。一般用施工工期、全员劳动生产率、资源利用系数、质量、成本、安全、节约材料及机械化程度等指标表示。

13.3.4 施工组织设计的作用

施工组织设计是规划和指导拟建工程从施工准备到竣工验收的一个综合性的技术经济文件，是用以规划部署施工生产活动，制定先进合理的施工方案和技术组织措施的依据，它的主要作用有：

（1）施工组织设计既是施工准备工作的一项重要内容，又是整个施工准备工作的核心。

（2）是沟通工程设计和施工之间的桥梁。

（3）具有重要的规划、组织和指导作用。

（4）是检查工程施工进度、质量、成本三大目标的依据。

（5）是建设单位与施工单位之间履行合同的主要依据。

13.3.5 施工组织设计的编制

我国从第一个"五年计划"开始，就在一些重点工程上采用了施工组织设计，并取得了不可磨灭的功绩，但也经历了几次起伏波折。现在，随着我国建设事业的发展和经验的总结，施工组织设计已得到建设有关部门和单位的普遍重视和发展。为了使施工组织设计更好地起到组织和指导作用，必须精心编制，认真贯彻执行。

(1) 在广泛的调查基础上编制初稿。

(2) 中标后，分阶段编制详尽的标后施工组织设计。

(3) 特殊施工项目，必须进行专题研究。

(4) 发挥各方面的才能进行编制。

(5) 认真修改，形成正式文件。

13.3.6　施工组织设计的贯彻、检查和调整

1. 施工组织设计的贯彻

编制施工组织设计，是为了给实施过程提供一个指导性文件，但如何将此纸上的施工意图变为客观实践？施工组织设计的经济效果如何？这些必须通过实践验证。为了更好地指导施工实践活动，必须重视施工组织设计的贯彻与执行。在贯彻中要做好以下几个方面的工作：

(1) 做好施工组织设计的交底；

(2) 制定各项管理制度；

(3) 实行技术经济承包责任制；

(4) 搞好统筹安排的综合平衡，组织连续施工。

2. 施工组织设计执行情况的检查

对施工组织设计的检查，应着重从以下几个方面进行的检查：

(1) 任务落实及准备工作情况的检查；

(2) 完成各项主要指标情况的检查；

(3) 施工现场布置合理性的检查。

3. 施工组织设计的调整

施工组织设计的调整就是针对检查中发现的问题，通过分析其原因，拟订其改进措施或修订方案；对实际进度偏离计划进度的情况，在分析其影响工期和后续工作的基础上，调整原计划以保证工期；对施工（总）平面图中的不合理地方进行修改。通过调整，使施工组织设计更切合实际，更趋合理，以实现在新的施工条件下，达到施工组织设计的目标。

应当指出，施工组织设计的贯彻、检查和调整是贯穿工程施工全过程始终的经常性工作，又是全面完成施工任务的控制系统。

13.4　施工准备工作

13.4.1　施工准备工作的含义、任务及重要性

施工准备工作是指施工前为了整个工程能够按计划顺利的施工，在事先必须作好各项准备工作。它是施工程序中的重要环节。

施工准备工作的基本任务是调查研究各种有关施工的原始资料、施工条件以及业主要求，全面合理地部署施工力量，从组织、计划、技术、物质、资金、劳力、设备、现场以及外部施工环境等方面为拟建工程的顺利施工建立一切必要的条件，并对施工中可能发生的各种变化做好应变准备。

由于建筑施工是在各种各样的环境条件下进行，投入的生产要素多且易变，影响因素又很多，在施工过程中可能会遇到各式各样的技术问题、协作配合问题。如果对于这样一项复杂而庞大的系统工程，事先缺乏充分的统筹考虑与安排，必然使施工过程陷于被动，使工程无法正常进行。因此，事先进行全面细致的施工准备工作，对调动各方面的积极因素，合理组织人力、物力，加快施工进度，提高工程质量，节约资金和材料，提高企业的经济效益，都起着重要的作用。

13.4.2 施工准备工作的分类

1. 按规模范围分类

按规模范围分类，施工准备可以分为施工总准备、单位工程施工条件准备和分部（分项）工程作业条件准备等三种内容。

施工总准备：它是以整个建设项目为对象而进行的需统一部署的各项施工准备。其目的和内容是为全场性的施工做好准备，同时也兼顾了单位工程施工条件的准备。

单位工程施工条件准备：它是以建设一栋建筑物或构筑物为对象而进行的施工条件准备工作，它既为该单位工程在开工前做好一切准备，同时也兼顾了各分部分项工程施工条件的准备。

分部分项工程作业条件的准备：它是以一个分部（或分项）工程为对象而进行的作业条件准备。

2. 按施工阶段分类

按施工阶段分类，施工准备可分为开工前的施工准备和各施工阶段施工前的准备。

开工前施工准备：它是在拟建工程正式开工之前所进行的一切施工准备工作。其目的是为拟建工程正式开工创造必要的施工条件。它包括施工总准备和单位工程施工条件准备。

各施工阶段施工前的准备：它是拟建工程正式开工之后，在每一个施工阶段施工之前所进行的一切施工准备工作，其目的是为各施工阶段的顺利施工创造必要的施工条件，因此，又称为施工期间的经常性施工准备工作，也称为作业条件的施工准备。它带有局部性和短期性，又带有经常性。

由上可知，施工准备工作不仅要在正式开工前的准备期进行，而且还应贯穿于整个施工过程中。

13.4.3 施工准备的工作内容

1. 原始资料的调查分析

（1）原始资料的含义和调查目的

为了获得符合实际情况、切实可行的最佳施工组织设计方案，在进行建设项目施工准备工作过程中必须进行自然条件和技术经济调查，以获得必要的自然条件和技术经济条件资料。这些资料即称为原始资料。对这些资料的收集分析过程就称为原始资料的调查分析。

施工单位进行自然条件与技术经济条件调查的目的是：

1）为投标提供依据；

2）为签订承包合同提供依据；

3）为编制施工组织设计提供依据。

（2）调查收集原始资料的主要内容

1）建设地区的自然条件调查，调查的内容和目的见表 13-1。

建设地区自然条件调查内容和目的表　　　　　　　　　　　表 13-1

序号	项目		调查内容	调查目的
1	气象	气温	1. 年平均最高、最低、最冷、最热月的逐月平均温度,结冰期,解冻期 2. 冬、夏季室外计算温度 3. ≤—3℃,0℃,5℃ 的天数,起止时间	1. 防暑降温 2. 冬期施工 3. 估计混凝土、砂浆强度的增长情况
		雨	1. 雨季起止时间 2. 全年降水量、一日最大降水量 3. 年雷暴日数	1. 雨期施工 2. 工地排水、防涝 3. 防雷
		风	1. 主导风向及频率(风玫瑰图) 2. ≤8 级风全年天数、时间	1. 布置临时设施 2. 高空作业及吊装措施
2	工程地质、地形	地形	1. 区域地形图 2. 工程位置地形图 3. 该区域的城市规划 4. 控制桩、水准点的位置	1. 选择施工用地 2. 布置施工总平面图 3. 计算现场平整土方量 4. 掌握障碍物及数量
		地质	1. 通过地质勘察报告,搞清地质剖面图、各层土类别及厚度、地基土强度等 2. 地下各种障碍物及问题坑井等	1. 选择土方施工方法 2. 确定地基处理方法 3. 基础施工 4. 障碍物拆除和问题土处理
		地震	地震级别及历史记载情况	施工方案
3	工程水文地质	地下水	1. 最高、最低水位及时间 2. 流向、流速及流量 3. 水质分析	1. 基础施工方案的选择 2. 确定是否降低地下水位即降水方法 3. 水侵蚀性及施工注意事项
		地面水	1. 附近江河湖泊及距离 2. 洪水、枯水时期 3. 水质分析	1. 临时给水 2. 施工防洪措施

2）建设地区的技术经济条件。

① 地方建材生产企业情况，如钢筋混凝土构件、钢结构、门窗、水泥制品的加工条件。

② 地方资源情况，如地方材料，砖、砂、石灰等供应情况。

③ 三大材料、特殊材料、装饰材料的调查。

④ 地区交通运输条件，包括铁路、公路、水路、空运等运输条件。

⑤ 机械设备的供应情况。

⑥ 市政公共服务设施。

⑦ 社会劳动力和生活设施情况。

⑧ 环境保护与防治公害的标准。

⑨ 参加施工的各单位能力调查。

3）施工现场情况：包括施工用地范围，有否周转用地、现场用地，可利用的建筑物及设施，交通道路情况，附近建筑物的情况，水与电源情况等。

4）设计进度、设计概算、投资计划和工期计划以及引进项目等。

2. 技术准备

技术准备工作，即通常所说的"内业"工作，它为施工生产提供了各种指导性的技术经济文件，它是整个施工准备工作的基础和核心。技术准备主要包括五方面内容。

（1）熟悉和审查施工图及有关设计技术资料。只有在充分了解设计意图和设计技术要求的基础上，才能做出切合实际的施工组织设计和预算；通过审查，发现施工图存在的问题和错误并得以及时纠正，为今后施工提供准确完整的施工图纸。

（2）熟悉技术规范、规程和有关规定，建立质量检验和技术管理工作流程。

（3）学习建筑法规，签订工程承包合同。

（4）编制施工组织设计。

（5）编制施工图预算和施工预算。

3. 施工物资准备

施工物资准备是指施工中必须的劳动手段（施工机械、工具、临时设施）和劳动对象（材料、构配件、制品）等的准备，它是保证施工顺利进行的物质基础。物资准备必须在开工之前，根据各种物资计划，分别落实货源，组织运输和安排储备，使其保证连续施工的需要。物资准备的主要内容有：

（1）建筑材料准备

1）按工程进度合理确定分期分批进场的时间和数量。

2）合理确定现场材料的堆放。

3）做好现场的抽检与保管工作。

（2）各种预制构件和配件准备

包括各种预制混凝土和钢筋混凝土构件、门窗、金属构件、水泥制品及卫生洁具等，均应在图纸会审之后立即提出预制加工单，并确定加工方案和供应渠道以及进场后的储存地点和方式。大型构件在现场预制时，应做好场地规划与底座施工，并提前加工预制。

（3）施工机具准备

包括施工中确定选用的各种土方机械，混凝土、砂浆搅拌机械，垂直及水平运输机械，吊装机械，动力机具，钢筋加工机械，木工机械，焊接机械，打夯机，抽水设备，等等。其中大型机械应提前订出计划，以便平衡落实。有的机械如需租赁时，也应提前签约准备。

（4）模板及架设工具准备

模板和架设工具，是施工现场使用量大、堆放占地面积大的周转材料。目前模板多数采用组合式钢模板、支撑采用钢管脚手，各种周转材料堆放时，应分规格型号按指定的平面位置堆放整齐，以便使用和维修。扣件等零件还应防雨，以免锈蚀。

（5）安装设备的准备

按照拟建工程生产工艺流程及工艺设备的布置图，提出工艺设备的名称、型号、生产能力和需要量，按照设备安装计划，确定分期分批进场时间和保管方式。

4. 施工现场准备

施工现场准备应按施工组织设计的要求和安排进行，主要应完成以下工作：

（1）现场"三通一平"

1）平整施工场地。施工现场场地的平整工作，是按建筑总平面图中确定的标高进行的。首先通过测量，计算出挖土及回填土的数量，设计土方调配方案，组织人力或机械进行平整工作。

如拟建场地内有旧建筑物构筑物，则须拆迁。同时要清理地面上的各种障碍物，如树根、废基等；还要注意地下管道、电缆等情况，应采取必要的保护或迁移措施。

2）修通道路。施工现场的道路，是组织大量物资进场的运输动脉。为了保证建筑材料、机械、设备和构件的早日进场，必须先修通主要干道，为了节省工程费用，应尽可能利用已有的道路或规划的永久性道路。为使施工时不损坏路面，规划的永久性道路可以先做路基，建筑施工完毕后再做路面。

3）水通。施工现场的水通，包括给水和排水两个方面，其布置均应按施工总平面图的规划进行。施工用水包括生产与生活用水，施工给水设施，应尽量利用永久性给水线路。临时管道线的铺设，既要满足生产用水点的需要，也要尽量缩短管线。施工现场的排水同样十分重要的，尤其在雨期，排水不畅，会影响运输和施工。

4）电通。根据各种施工机械的用电量及照明用电量，计算选择配电变压器，并与供电部门联系，按施工组织设计的要求，架设好连接电力干线的工地内外临时供电及通信线路，应注意对建筑红线内及现场周围不准拆迁的电缆、电线加以妥善保护。此外，还应考虑到因供电系统供电不足或不能供电时，备用发电机的准备。

除了以上"三通"外，有些建设项目，还要求有"热通"（供蒸汽或热水）、"气通"（煤气、天然气）、"通话"（通电话）等。

（2）现场测量放线

测量放线，就是将图纸上所设计的建筑物、构筑物及管线等测设到地面上或实物上，并用各种标志表现出来，以作为施工的依据。它是确定整个工程平面位置和高程的关键环节，必须保证精度，杜绝错误。开工前的测量放线是在土方开挖之前，在施工场地内设置坐标控制网和高程控制点来实现的。施工时，则以此为标准，反复引测和控制各层各点的位置。每次测量放线经自检合格后，还须经甲方或监理人员和有关技术部门验线确认，以保证其准确性。

（3）搭建临时设施

为了施工方便和安全，对于指定的施工用地的周界，应用围栏挡起来，围挡的形式和材料应符合市容管理的要求。在主要出入口处应设标志牌，标明工程名称、施工单位、工地负责人等。

各种生产、生活需用的临时设施，包括各种仓库、混凝土搅拌站、预制构件场、机修站、各种生产作业棚、办公用房、宿舍、食堂、文化生活设施等等，均应按批准的施工组织设计规定的数量、标准、面积、位置等要求组织修建。此外，在考虑施工现场临时设施的搭设时，应尽可能减少临时设施的数量，以便节约用地和节省投资。

（4）做好施工现场的补充勘探

对施工现场补充勘探的目的是为了进一步寻找枯井、防空洞、古墓、地下管道、暗沟和枯树根以及其他问题等。以便准确地探清其位置，及时地拟定处理方案。

（5）做好建筑材料构（配）件的现场储存和堆放

应按照材料及构（配）件的需要量计划组织进场，并应按施工平面图规定的地点和范围进行储存和堆放。

（6）组织施工机具进场安装和调试

（7）做好冬期施工的现场准备设置消防保安设施

（8）做好新技术新材料的试制试用和有关人员的培训工作

5. 管理机构与劳动组织准备

施工的一切结果都是靠人创造的，选好人、用好人是整个工程的关键。

（1）施工项目管理机构的建立

建立一个精干、高效、高素质的项目班子，是搞好施工的前提和首要任务。

施工组织机构的建立应遵循以下原则：根据工程的规模、结构特点和复杂程度，确定管理机构名额和人选；坚持合理分工与密切协作相结合；认真执行因事设职，因职选人的原则；将富有经验、有工作效率、有创新意识的人选入管理机构。

（2）建立、健全各项管理制度

施工现场的各项管理制度的建立健全与执行的好坏，直接影响着各项施工活动的顺利进行和效果。无章可循就无从管理，其后果是危险的。有章不循其效果必然很差。因此，必须建立健全现场管理的各项规章制度并认真执行。制度通常包括施工交底制度，工程技术档案管理制度，材料、主要构配件和制品检查验收制度，材料出入库制度，机具使用保养制度，职工考勤考核制度，安全操作制度，工程质量检查与验收制度，工程项目及班组经济核算制度等。

（3）建立精干的基本施工队组

施工队组的建立，应根据工程的特点、劳动力需要量计划确定，并应认真考虑专业工种合理的配合、技工和普工的比例等。建筑施工队组要坚持合理、精干的原则。按不同结构类型和组织施工方式的要求，确定建立混合施工队组还是专业施工队组以及他们的数量。

（4）施工队伍的教育和技术交底

施工前，项目部要对施工队伍进行劳动纪律、施工质量和安全教育，要求职工和外包施工队人员必须做到遵守劳动时间、坚守工作岗位、遵守操作规程、保证产品质量、保证施工工期、保证安全生产、服从调动、爱护公物。同时，企业还应做好职工、技术人员的培训和技术更新工作。

技术交底应在每一分部分项工程开工之前及时进行，应把拟建工程的设计内容、施工方法、施工计划和施工技术要求以及安全操作规程等，详尽的向施工班组工人讲述清楚。可采用书面、口头和现场示范等多种形式进行技术交底。

（5）做好施工人员的生活后勤保障准备

对施工人员的衣、食、住、行、医、文化生活等，应在施工队伍集结前做好充分的准备。这是稳定职工队伍、保障生活供给、调动职工生活和工作积极性，使他们劳动好、休息好的一项极为重要的准备工作。

6. 施工场外准备

施工准备除了要进行施工现场内技术经济、物资和环境的准备外，还要做好施工现场外部的准备工作，主要内容有：

（1）做好分包工作和签订分包合同

由于施工单位本身的力量有限，有些专业工程的施工、安装和运输等均需要向外单位委托。因此，应选择好分包单位。根据工程量、完成日期、工程质量和工程造价等内容，与其分包单位签订分包合同，并控制其保质保量按时完成。

（2）创造良好的施工外部环境

施工是在固定的地点进行的，必然要与当地部门和单位打交道，并应服从当地政府部门的管理。因此，应积极与有关部门和单位取得联系，办好有关手续，为正常施工创造良好的外部环境。

（3）做好外购材料及构配件的加工和订货

建筑材料、构配件和建筑制品大部分均需外购，工艺设备更是如此。因此，应及早与供应单位签订供货合同，并督促按时供货，另外，还需做大量的调查、看样、取证、洽谈等有关工作。

（4）向主管部门或监理部门提交开工申请报告

在各项施工准备达到开工条件时，应及时填写开工申请报告，报上级和监理方审查批准。

13.4.4 施工准备工作的基本要求

1. 编好施工准备工作计划

为了有步骤、有安排、全面地搞好施工准备，在施工准备前，应首先编制施工准备工作计划，施工准备工作计划可按表 13-2 的形式编制。

施工准备工作计划表 表 13-2

序号	项目	施工准备工作内容	要求	负责单位	负责人	起 止 时 间		备注
						年 月 日	年 月 日	

施工准备工作计划既是对施工前各项施工准备工作的统筹安排，也是施工组织设计的重要内容，施工准备工作计划应该依据施工方案、施工进度计划和资源需要量计划进行编制。

施工准备工作计划除了用上述表格的形象计划编制外，亦可采用网络计划进行编制，以明确各项施工准备工作之间的关系并找出关键工作，并且可在网络计划上进行施工准备期的调整，尽量缩短时间。

2. 建立严格的施工准备工作责任制

施工准备工作必须要有严格的责任制，按施工准备工作计划将责任落实到有关部门和具体人员，同时应明确各自在施工准备工作中所负的责任，项目负责人应对整个项目的施工准备工作统一部署和安排，并协调建设、设计、监理、施工各方的关系，组织各单位、各部门及队组协作配合，督促检查各项施工准备工作的实施，以便及早完成施工准备的各项工作。

3. 协调配合做好各项准备工作

为了有效地实施施工准备工作，应认真处理好室内准备与室外准备、前期与后期、土建工程与安装工程、现场准备与场外准备、班组准备与总体准备之间的关系。它们之间必须相互结合，在统一部署的前提下，协调配合进行施工准备。

4. 严格遵守建设程序，执行开工报告

必须坚持没有做好施工准备不许开工的原则。只有在各项施工准备达到下列条件时，才能提出开工报告，经上级和监理审查批准后方能开工。

(1) 施工图纸已经会审，图纸中存在的问题和错误已经得到纠正；

(2) 施工组织设计或施工方案已经得到批准并进行了交底；

(3) 场区内场地平整工作和障碍物的清除已基本完成；

(4) 场内外交通道路、施工用水、用电、排水已满足施工的要求；

(5) 材料、半成品和工艺设计等，均能满足连续施工的要求；

(6) 生产和生活所需临建设施，已搭建完毕；

(7) 施工机械、设备已进场，并经过检验能保证正常运转；

(8) 施工图预算和施工预算已经编审，并已签订工程合同或协议；

(9) 劳动组织机构已经建立，施工人员已经进行了必要的技术安全和防火教育，安全消防措施已经落实；

(10) 已办理了施工许可证。

思 考 题

13.1 何谓施工程序？分为哪几个环节？

13.2 何谓施工组织？组织施工的原则有哪些？

13.3 何谓施工组织设计？其基本任务是什么？

13.4 施工组织设计分为哪些类别？

13.5 施工组织设计的基本内容有哪些？

13.6 施工组织设计的编制应注意那些问题？

13.7 何谓施工准备工作？其基本任务是什么？

13.8 施工准备工作分为哪些内容？

13.9 为什么说施工准备工作应贯穿于施工的始终？

13.10 何谓技术准备？它应完成哪些主要工作？

第 14 章　流水施工原理

14.1　流水施工基本概念

流水施工来源于工业生产的流水作业。现代工业企业大量采用"流水线"，原材料、半成品或成品在"流水线"上"流动"，而生产工人则在固定的工位上使用相同的机器或工具，进行重复的生产活动；当原材料、半成品或者产品"流动"到某一工位时，该工位的工人则完成规定由其完成的操作，该操作可能是一道工序，例如某一个零件的加工，也可能只是一个简单的动作，例如在产品上贴上一个标签。

由于每一个工人都只是完成某一道工序的操作，即所谓的专业化操作，经过长时间的操作实践以后，工人操作的熟练程度大大提高，操作的速度大大加快，即工效大大提高，而且操作的准确性、加工的精确度都大大提高，即生产质量大大提高；同时，流水线的设计，使得每个工人都能够连续作业，因此，流水作业可以大大提高生产效率及产品质量。

由于工程产品具有固定性，即固定在地基之上，所以原材料和半成品一旦经过加工和安装就不能"流动"，因此，工程施工不能像工业生产一样实现流水作业。不过，我们可以利用流水作业的基本做法，即组织工人和施工队实行专业化生产，经过精心设计使得每个专业施工队的工作连续，也能达到提高生产效率和施工质量的效果，这就是流水施工的原理。

流水施工与工业生产的流水作业之间最大的不同是，流水作业中"流动"的是原材料、半成品或者产品，而流水施工过程中，产品是固定的，"流动"的是生产工人及其使用的机器设备。

14.1.1　施工进度计划表示方法

1. 横道图

横道图又称甘特图，它以横轴方向表示时间，纵轴方向表示施工过程，横道表示施工过程的开始和完成时间，横道的长度表示施工过程的持续时间（如图 14-5），必要时可以在横道上加注施工段及计划产量等内容。

横道图计划具有如下特点：

（1）简明，容易绘制，容易看懂。

（2）可以表达施工过程之间的先后顺序关系，但是难以清楚的表达施工过程之间复杂的逻辑关系，特别是施工过程数较多的时候。

（3）没法通过时间参数计算确定出影响施工工期的关键施工过程和关键线路。

（4）难以应用计算机进行管理。

2. 斜线图

斜线图以横轴方向表示时间，纵轴方向表示施工段，每一条斜线表示一个施工过程的进度计划，每一个施工段的进度斜线为从该施工段开始施工的左下角到该施工段施工结束的右上角的对角线（如图 14-1）。

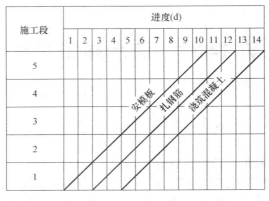

图 14-1　斜线图

3. 网络图

见第 15 章。

14.1.2　施工组织的基本方式

1. 依次施工

依次施工组织方式是按照一定的施工顺序，完成前一个施工对象的全部施工过程以后才开始后一个施工对象的施工，或者是完成所有施工对象上的某一施工过程以后才开始其下一施工过程的施工。

以某楼盖结构施工为例，施工由安模板、扎钢筋及浇筑混凝土三个施工过程组成，如果将楼盖分为三个施工段，则依次施工的组织方式如图 14-2 和图 14-3 所示。

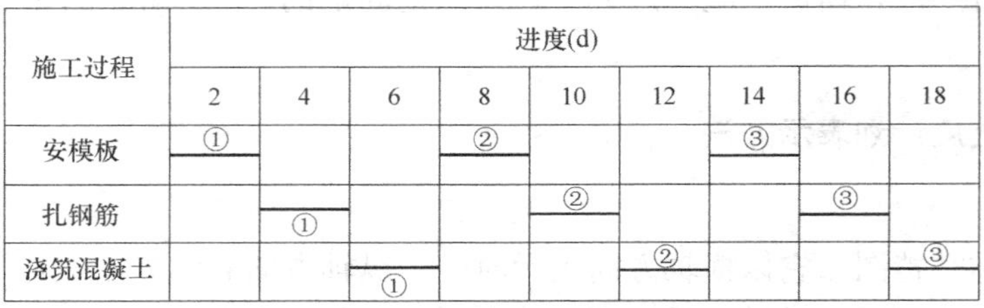

施工过程	进度(d)								
	2	4	6	8	10	12	14	16	18
安模板	①			②			③		
扎钢筋		①			②			③	
浇筑混凝土			①			②			③

图中①、②、③分别表示第1、2、3个施工段。

图 14-2　依次施工之一

施工过程	进度(d)								
	2	4	6	8	10	12	14	16	18
安模板	①	②	③						
扎钢筋				①	②	③			
浇筑混凝土							①	②	③

图中①、②、③分别表示第1、2、3个施工段。

图 14-3　依次施工之二

由图 14-2 和图 14-3 可以看出，依次施工具有如下特点：

（1）单位时间内劳动力、材料及设备等资源需要量比较小，但是，资源的供应是间歇性的。

（2）由于工作面闲置较多，所以施工工期较长。

（3）如果实行专业化施工（即每个施工队只做其专业工作），则施工队的工作是间歇性的；如果要求每个施工队都连续工作，则无法实现施工队的专业化操作。

2. 平行施工

平行施工组织方式是指若干个施工对象同时开始施工，有时候还可能同时完成工程施工。仍然以楼盖施工为例，平行施工的组织方式如图 14-4 所示。

由图 14-4 可以看出，平行施工具有如下特点：

（1）单位时间内资源需要量大，而且是间歇性的，因此，资源供应难度大。

施工段	进度(d)		
	2	4	6
1	安模板	扎钢筋	浇筑混凝土
2	安模板	扎钢筋	浇筑混凝土
3	安模板	扎钢筋	浇筑混凝土

图 14-4　平行施工

（2）由于工作面得到了充分利用，所以施工工期短。

（3）与依次施工一样，如果实行专业化施工，则施工队的工作是间歇性的；如果要求施工队连续施工，则无法实现施工队的专业化操作。

3. 流水施工

流水施工组织方式是将若干个施工对象陆续开工，陆续完工，各施工过程之间保持一定的搭接，以保持施工及资源供应的均衡以及施工队工作的连续。流水施工的组织方式如图 14-5 所示。

施工过程	进度(d)				
	2	4	6	8	10
安模板	①	②	③		
扎钢筋		①	②	③	
浇筑混凝土			①	②	③

图 14-5　流水施工

流水施工的特点是：

（1）在保证施工队专业化操作及连续施工的条件下，充分利用了工作面，因此，施工工期较短。虽然流水施工工期比平行施工的工期长，但是这是在实现以下两方面优点的前提下的合理工期。

（2）可以在实行施工队的专业化施工的同时，实现施工队的连续作业。专业化施工有利于提高劳动生产率及施工质量，也有利于保证施工安全。

（3）资源需要量比较均衡，有利于劳动力及材料资源的供应，有利于充分发挥机械设备的作用；劳动力的需要量比较均衡有利于减少施工现场的临时设施工程量。

14.1.3 流水施工参数

流水施工参数可以分为工艺参数、时间参数和空间参数三大类。

1. 工艺参数

与施工工艺有关的参数有两个，分别是施工过程（数）和流水强度。

（1）施工过程数 n

① 施工过程分类

按照施工过程的工艺性质可以将施工过程分为制备类、运输类和砌筑安装类三类施工过程；按照施工过程对工程施工工期的影响大小可以将施工过程分为主导施工过程和穿插施工过程。

制备类施工过程是指生产建筑制品或半成品的施工过程，例如砂浆制备、混凝土拌合物制备、钢筋加工成型、预制构件制作等施工过程。制备类施工过程不在施工对象上进行，不占用施工对象的空间，可以提供充足的资源在施工对象以外的空间进行加工制作，也就是不受施工现场场地条件的限制，因而一般不会影响工程施工的总工期，通常不列入施工进度计划，只有在它占用施工对象上的空间并对施工工期造成影响时，才列入施工进度计划。

运输类施工过程是指将建筑材料与设备、半成品、成品与构配件运到工地仓库或施工现场使用地点的过程。同样，运输类施工过程也不占用施工对象的空间，一般情况下不影响施工总工期，因此，一般不列入施工进度计划。

砌筑安装类施工过程是指在施工对象的空间上直接进行加工而形成建筑产品的施工过程，例如墙体砌筑、混凝土浇筑、钢筋绑扎、脚手架搭设等。由于该类施工过程在施工对象上完成，受施工现场空间大小的限制，其施工的时间长短决定工程施工的工期，因此必须列入施工进度计划。

主导施工过程是指对整个工程施工工期起决定性作用的施工过程（即网络计划中的关键工作），例如主体结构工程的施工及其分解的施工过程是主导施工过程，在编制施工进度计划时应优先考虑主导施工过程的安排，合理确定其流水节拍。

穿插施工过程是指与主导施工过程搭接或平行进行并受主导施工过程制约的施工过程，如门窗框安装、脚手架搭设等施工过程，它对施工工期不起控制作用，其时间安排在一定范围内相对灵活。

② 施工过程的划分与施工过程数 n

施工过程的划分可大可小，相应的施工过程数可少可多。所谓施工过程的大与小，是指施工过程所包含的施工内容的多与少，施工过程大，则其包含的施工内容多，工程量及其施工的工作量（劳动量）也大，所需要的施工时间也长。

施工过程的划分应考虑施工进度计划的性质与作用、施工对象的大小以及施工工艺的难易程度后确定。一般来说，控制性进度计划中的施工过程相对较大，施工过程数较少，例如，房屋建筑工程施工的控制性进度计划中，可以划分为地基基础工程施工、主体结构工程施工、屋面工程施工、装饰装修工程施工、设备安装工程施工等施工过程；实施性进度计划的施工过程往往由一个专业队完成施工，所以只是一个分项工程甚至是一个分项工程中的部分工序，其施工过程比较小，而施工过程数则较多，每一个施工过程的施工时间也很短。例如，在实施性进度计划中，可以将地基与基础工程施工进一步细分为基坑开挖、混凝土垫层浇筑、基础砌筑、基坑回填等施工过程。

（2）流水强度 V

流水强度是指一个施工过程在单位时间内完成的工程量，例如，混凝土浇筑强度 $30\text{m}^3/\text{h}$，基础砌筑强度 $1\text{m}^3/\text{d}$。

① 采用手工操作施工时

$$V = RS \tag{14-1}$$

式中　R——施工队的工人人数；

　　　S——人工产量定额。

② 采用机械施工时

$$V = \sum_{i=1}^{x} R_i S_i \tag{14-2}$$

式中　R_i——第 i 种施工机械的台数；

　　　S_i——第 i 种施工机械的产量定额；

　　　x——施工机械种类数。

当需要多种机械配合施工时，应该分别按上式计算后取其最小值作为流水强度，例如混凝土浇筑，需要用到搅拌机、混凝土泵，应该分别计算搅拌机和混凝土泵的施工强度，然后取其最小值作为混凝土浇筑的流水强度。

2. 空间参数

空间参数是指用以表达流水施工在空间布置上所处状态的参数，包括工作面（大小）、施工段（数）及施工层（数）。

（1）工作面及最小工作面

工作面是指施工对象上供施工操作的活动空间。根据施工过程及施工操作空间的性质不同，工作面的大小有不同的计量单位，例如，砌墙的工作面以墙体的长度单位作为计量单位，楼盖的钢筋绑扎的工作面以模板的面积单位作为工作面的计量单位。

最小工作面是指施工队为保证安全生产和充分发挥劳动效率，在正常施工条件下每个技术工人所必须的工作面，最小工作面的确定应考虑工人或机械施工时必须的操作空间、材料的临时堆放场地、人与人之间以及机械与机械之间必要的安全距离等等。工作面大小用 A 表示。

（2）施工段数 m

工业企业采用流水作业方式一般是进行"批量"生产，即某一型号的产品生产成千上万件甚至更多件。而工程产品的生产具有单件性，即每次只能生产一件产品，没有两件及两件以上相同的建筑物及其他工程产品，为了实行流水施工，必须将单件的工程产品划分为假象的"批量"产品，即将工程划分为若干个施工段，以便满足各专业施工队进行"批量"生产，进而组织流水施工的需要。

施工段是指将施工对象在平面上所划分的独立区段。划分施工段以及确定施工段的数量时，应尽量满足以下要求。

① 专业施工队在各施工段上的劳动量尽可能相等，以便各施工段的流水节拍相等。对手工操作为主的施工过程，劳动量为完成施工所需的工日数，以机械施工为主的施工过

程，劳动量为完成施工所需的机械台班量。

② 施工段的分界应尽可能与结构界线（变形缝和建筑单元等）相一致，当无法一致时，应将分界设置在对结构的整体性影响较小的部位。这是因为不同施工段的施工是先后完成的，中间有时间间歇，施工段分界处的混凝土将出现施工缝，砖墙将出现接槎，施工缝和接槎将不同程度地影响结构的整体性。

③ 施工段的划分主要考虑主导施工过程的需要。

④ 施工段数要适当，既要避免因施工段数不够导致施工队出现窝工现象，又要保证各专业施工队都有足够的工作面。施工段数越少，则每一段的工作面越大，可以安排的工人人数也越多，因而能加快施工进度，缩短施工工期；但是，施工段数过少，则可能造成某些施工队窝工，反过来使得工期延长；分层又分段时，每层施工段数不得少于施工队数，在有技术间歇的情况下，还需要考虑增加必要的施工段供间隙使用。相反，施工段数越多，则每一施工段可以安排施工的工人人数越少，在不增加施工队的情况下，施工人数少则施工工期长；而且，施工队频繁变换施工段，施工管理的难度较大；当施工段过多时，每一个施工段的工作面很小，每一施工段上施工的工人人数有可能少于该专业施工队的合理劳动力组合数，这将造成生产效率下降，甚至导致安全事故发生，这是不容许出现的，因此，每一施工段都应保证各施工队都有足够的工作面。

所谓合理的劳动力组合数，是指若干工人（包括技术工人和普工）相互配合完成某一施工过程的合理人数。例如砖墙砌筑这一施工过程，需要分别安排工人搅拌砂浆、运输砂浆、砌筑墙体，还需要普工做好一系列辅助性工作，他们相互配合完成砖墙砌筑工作，人数过少，则某些工序的速度受影响，其他所有施工工序的效率也随之下降；人数过多，则某些工人工作太少，造成劳动力的浪费。

⑤ 当工程施工对象有层间关系时，各层的施工段数宜相等，上下层的段间分界最好在同一竖直线上。

（3）施工层数 j

施工层的划分应根据建筑物的层高及施工过程的特点来确定，一般施工过程可按楼层划分施工层，即一楼层为一施工层；某些施工过程应考虑施工的特点，例如砌筑工程，如果砌筑高度太大，则工人操作不方便，而且一次砌筑太高砂浆尚未硬化时容易"滑灰"，使墙体变形甚至倒塌，因此，砌筑工程的施工层高度一般不超过 1.4m，而不是一个房屋层高。

3. 时间参数

（1）流水节拍 t

流水节拍是指一个专业施工队在一个施工段上完成该段施工任务的持续时间。流水节拍的大小反映一个施工段上流水施工速度的快慢以及流水施工的节奏特征。

影响流水节拍大小的主要因素有：各施工段工程量的多少，流水施工采用的施工方案，每个施工段上施工的工人人数或机械台数以及每天工作班数。

为使各施工队在施工段之间转移方便，流水节拍一般以一天为计量单位并取整数，必要时可以取 0.5d 的整倍数。

流水节拍可以按以下公式计算：

$$t_{ij} = \frac{Q_{ij}}{V_{ij}Z_{ij}} = \frac{Q_{ij}}{R_{ij}S_iZ_{ij}} = \frac{P_{ij}}{R_{ij}Z_{ij}} \tag{14-3}$$

式中 t_{ij}——第 i 个施工过程在第 j 个施工段上的流水节拍（施工持续时间）；

Q_{ij}——第 i 个施工过程在第 j 个施工段上的工程量；

V_{ij}——第 i 个施工过程在第 j 个施工段上的流水强度；

Z_{ij}——第 i 个施工过程在第 j 个施工段上的每天工作班数；

S_i——第 i 个施工过程的人工或机械产量定额；

P_{ij}——第 i 个施工过程在第 j 个施工段上的劳动量；

R_{ij}——第 i 个施工过程在第 j 个施工段上的施工队（班组）的工人数或机械台数。

施工队的工人数一般按照该工种的合理劳动力组合数或其倍数确定。人数不宜过少，否则生产效率下降，甚至不能正常施工；人数也不能过多，否则由于部分工人工作量不够而使得生产效率下降，还有可能不能满足最小工作面要求。

正常情况下每天安排工作一班，即采用一班制；当采用大型施工机械时，为充分发挥机械的作用，可以采用二班制；只有当某些施工过程在施工技术上必须连续施工时（例如大体积的地下室底板的混凝土浇筑）才采用三班制。

当不能准确计算各施工段的工程量或者没有可供使用的施工定额时，可以采用经验估计法确定流水节拍；当施工工期受合同工期限制时，也可以根据合同工期及分解的施工过程，初步确定各个施工过程的施工持续时间，经检查调整以后最后确定各施工过程的流水节拍。

（2）流水步距 B

流水步距是指相邻两个施工过程的专业施工队（班组）先后进入流水施工的时间间隔（不包含施工过程中的间歇时间和搭接时间）。例如楼盖施工中，木工队在第一个施工段工作 2d 完成该施工段的模板安装施工后，钢筋施工队进入该施工段进行钢筋安装施工，则木工队和钢筋施工队之间的流水步距为 2d。

确定流水步距的基本原则是：要始终保证所有施工过程之间工艺上的合理顺序；保证各施工过程（即各专业施工队）施工的连续性；使工艺上相邻的两个施工过程之间的施工时间实现最大限度的搭接，以缩短工期。

流水步距的大小对工期的影响很大，在施工段数不变的情况下，流水步距小则相邻施工过程之间的搭接时间长，因而工期短，反之，则工期长。流水步距应与流水节拍采用相同的计量单位。

（3）间歇时间 Z

由于施工技术或施工组织上的原因，前一施工过程完成以后，后一施工过程不能马上开始，而必须停歇一段时间才能继续进行，该停歇的时间称为间歇时间。间歇时间分为技术间歇时间和组织间歇时间。

技术间歇时间 Z_1 是指因施工工艺或施工技术上要求停歇的时间。例如楼盖混凝土浇筑以后需要养护一段时间才能上人进行下一施工过程的施工；屋面找平层施工完成后，需要一段时间使其干燥到符合要求以后，才能进行屋面防水层施工。

组织间歇时间 Z_2 是指由于施工组织的原因，要求两相邻施工过程之间在流水步距之外增加的必要的停歇时间。例如楼盖施工时，钢筋安装完毕以后，要求留出时间对钢筋和模板两个分项工程进行隐蔽工程验收，该验收时间即为组织间歇时间。

上述两种间歇时间是两个不同的概念，设置的目的也不相同，但是，在组织施工时，既可以将两种间歇时间分开设置也可合并后统一考虑。

（4）搭接时间 D

为保证施工安全和施工的效率，一般情况下一个施工段上只安排一个专业施工队施工，即前一施工过程完成后，下一施工过程才开始施工，各施工过程的关系为先后顺序关系。有时候为了缩短工期，在工作面能满足要求的前提下，也可以在该施工段上前一施工过程尚未全部完成时，后一施工过程即开始施工，这种情况下，前后两个施工过程有一段时间同时施工，由于同时施工的时间在横道图上表现为两条横道的"搭接"，这种组织方式称为搭接施工，"搭接"时间的长度称为搭接时间。

14.1.4 流水施工分类

根据流水节拍的特征，流水施工过程可以分为有节奏流水施工和无节奏流水施工两类，有节奏流水施工又分为等节奏流水施工和异节奏流水施工两种。

1. 等节奏流水施工

又称为全等节拍流水施工，其主要特征是，每一个施工过程在各流水施工段上的流水节拍都相等，并且各个施工过程相互之间流水节拍也相等，即流水节拍是一个常数，如表14-1所示。

2. 异节奏流水施工

异节奏流水施工的主要特征是，每一个施工过程本身在每一个流水施工段上的流水节拍都相等，但是不同施工过程之间的流水节拍不完全相等，如表14-2所示。

<table>
<tr><th colspan="4" style="text-align:center">等节奏流水施工　　　表 14-1</th></tr>
<tr><th rowspan="2">施 工 过 程</th><th colspan="3">流水节拍(d)</th></tr>
<tr><th>第 1 段</th><th>第 2 段</th><th>第 3 段</th></tr>
<tr><td>安模板</td><td>4</td><td>4</td><td>4</td></tr>
<tr><td>扎钢筋</td><td>4</td><td>4</td><td>4</td></tr>
<tr><td>浇筑混凝土</td><td>4</td><td>4</td><td>4</td></tr>
</table>

<table>
<tr><th colspan="4" style="text-align:center">异节奏流水施工　　　表 14-2</th></tr>
<tr><th rowspan="2">施 工 过 程</th><th colspan="3">流水节拍(d)</th></tr>
<tr><th>第 1 段</th><th>第 2 段</th><th>第 3 段</th></tr>
<tr><td>安模板</td><td>4</td><td>4</td><td>4</td></tr>
<tr><td>扎钢筋</td><td>4</td><td>4</td><td>4</td></tr>
<tr><td>浇筑混凝土</td><td>2</td><td>2</td><td>2</td></tr>
</table>

3. 无节奏流水施工

无节奏流水施工的主要特征是，各施工过程在各流水施工段上的流水节拍不完全相等，也无规律可循，如表14-3所示。

<table>
<tr><th colspan="4" style="text-align:center">无节奏流水施工　　　表 14-3</th></tr>
<tr><th rowspan="2">施 工 过 程</th><th colspan="3">流水节拍(d)</th></tr>
<tr><th>第 1 段</th><th>第 2 段</th><th>第 3 段</th></tr>
<tr><td>安模板</td><td>3</td><td>4</td><td>3</td></tr>
<tr><td>扎钢筋</td><td>3</td><td>2</td><td>4</td></tr>
<tr><td>浇筑混凝土</td><td>3</td><td>3</td><td>3</td></tr>
</table>

14.2　流水施工组织方式

不管组织哪一种类型的流水施工，都必须满足两个最基本的要求：第一，所有施工队都应实现专业化操作，即每个专业施工队都只做本专业工种的施工；第二，每个施工队一旦进入流水施工，就必须连续工作，中间不停歇，直到流水施工对象的全部施工任务完成。

14.2.1 等节奏流水施工

如前所述，当组织等节奏流水施工时，每一个施工过程在各流水施工段上的流水节拍都相等，即流水节拍为常数 t。很显然，当相邻的两个施工过程之间的施工时间实现最大限度的搭接时，流水步距就等于流水节拍，即：

$$B_{i,i+1}=B=t_i=t \tag{14-4}$$

在没有间歇时间和搭接时间的情况下，等节奏流水施工工期为（如图 14-6）：

$$T=(m+n-1)t=(m+n-1)B \tag{14-5}$$

式中　T——流水施工工期；

　　　m——施工段数，当分层又分段时，公式中的 m 取各层施工段数之和；

　　　n——施工过程数；

　　　t_i——第 i 个施工过程的流水节拍；

$B_{i,i+1}$——第 i 个施工过程与第 $i+1$ 个施工过程之间的流水步距。

当施工过程之间有间歇时间时，等节奏流水施工工期为（如图 14-6）：

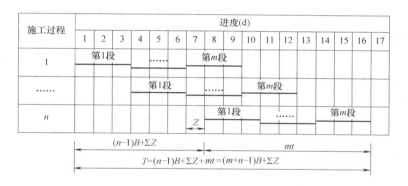

图 14-6　等节奏流水施工工期计算

$$T=(m+n-1)t+\sum Z=(m+n-1)B+\sum Z \tag{14-6}$$

式中　$\sum Z$——各施工过程之间的间歇时间之和；

分层又分段时，每层施工段数 m 不得少于施工队数，在有间歇的情况下，还需要考虑增加必要的施工段，以保证不窝工，即要求：

$$m\geqslant n+\sum Z/B \tag{14-7}$$

这是因为当 $m<n+\sum Z/B$ 时，施工段太少，将造成部分施工队不能连续作业（即窝工），这是不可取的，除非能将施工队转移到其他工地组织施工（即工地间大流水）。

但是，当 $m>n+\sum Z/B$ 时，施工段过多，虽然施工队的工作是连续的，但是由于出现部分施工段闲置（既没有施工队在其上施工）将使工期延长，也不合理。而当 $m=n+\sum Z/B$ 时，每个施工队都有施工段供施工，施工队能够实现连续作业，而且每个施工段都有施工队在施工（处于间歇状态的除外），工期较短，因此，这是相对理想的状态。

【例 14-1】　某住宅工程采用条形砖基础，该住宅地基与基础工程的分项工程及其劳动量见表 14-4 所示，垫层混凝土和基础砌筑完毕后需分别养护 1d 和 2d 后方可进行下一道工序施工，如果将该地基基础工程划分为 3 个施工段组织施工，试组织该地基基础工程的全等节拍流水施工。

基础工程劳动量一览表 表 14-4

序　号	分　项　工　程	劳动量(工日)	施工班组人数
1	基槽土方开挖	276	35
2	垫层混凝土浇筑	42	
3	砖基础墙砌筑	270	30
4	基槽回填土	69	15
5	室内地坪回填土	60	

【解】 (1) 确定施工过程。划分施工过程时，应将各分项工程做适当的归并，一般情况下，可以将工艺上密切相关、施工时间相近的分项工程合并成一个施工过程，若干个劳动量较小的而且同时施工的分项工程也可以合并成一个施工过程，劳动量很小的分项工程可以合并到同时施工的其他分项工程中作为一个施工过程。

本例中，由于垫层混凝土的劳动量较小，故将其与相邻的基槽挖土合并为一个施工过程"基槽开挖、垫层浇筑"；基槽回填土与室内地坪回填土具有相同施工工艺，而且施工的时间接近，故合并为一个施工过程"回填土"，砖基础砌筑单独作为一个施工过程。

(2) 确定主导施工过程的施工人数与流水节拍。本工程中，"基槽开挖、垫层浇筑"与"砖基础砌筑"两个施工过程劳动量最大，所以是主导施工过程。根据工作面、劳动组合和资源情况，将"基槽开挖、垫层浇筑"施工人数确定为 35 人，将其填入表 14-4。流水节拍根据式 (14-3) 计算如下：

$$t = \frac{276 + 42}{3 \times 35} \approx 3\mathrm{d}$$

(3) 确定其他施工过程的施工人数。因为是全等节拍流水施工，即各个施工过程的流水节拍均为 3d，所以可由式 (14-3) 计算其他施工过程的施工人数，计算后还应验证是否满足工作面、劳动组合和资源情况的要求。经计算分别为 30 人和 15 人，将它们也填入表 14-4。

(4) 计算工期。根据式 (14-5) 计算工期如下：

$$T = (3 + 3 - 1) \times 3 + (1 + 2) = 18\mathrm{d}$$

(5) 绘制施工进度计划表。该工程施工进度计划表如图 14-7 所示。

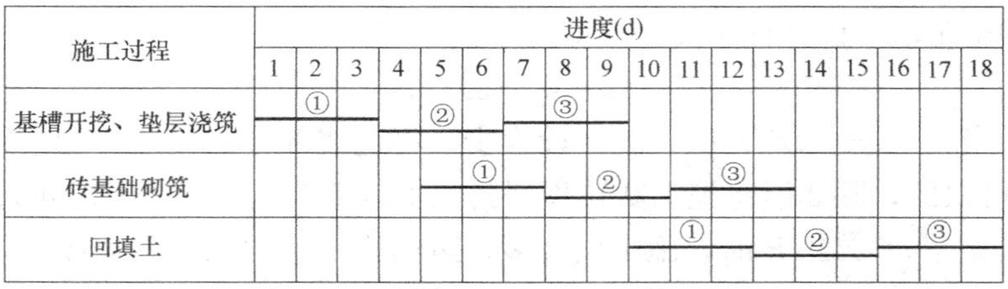

施工过程	进度(d)																	
	1	2	3	4	5	6	7	8	9	10	11	12	13	14	15	16	17	18
基槽开挖、垫层浇筑		①			②			③										
砖基础砌筑					①				②			③						
回填土											①			②			③	

图 14-7 某住宅工程地基与基础工程施工进度计划

14. 2. 2 异节奏流水施工

在进行等节奏流水施工时，要求各施工过程的流水节拍均相等。实际工程施工中，由于各施工过程的性质和复杂程度不同，如果要保持各施工过程的流水节拍相等，可能会出现某些施工过程所需的工人数或机械台数超出施工段上工作面所容纳数量等情况；或者某些施工过程人数太多或太少，不能满足合理组合的要求。对这些施工过程只能按施工段的实际情况来确定流水节拍，因而各个施工过程的流水节拍不完全相等，成为不等节拍流水。

异节奏流水施工的组织可以采用如下两种方式：第一，采用无节奏流水施工组织方式（将在14.2.3介绍），一般情况下都可以采用；第二，采用成倍节拍流水的组织方式，当同一施工过程在各个施工段上的流水节拍相等，不同的施工过程的流水节拍不完全相同，但各个施工过程的流水节拍均为其中最小流水节拍的整数倍时采用。

组织成倍节拍流水施工时，需增加流水节拍大的施工过程的施工队数，将不等节奏流水变成类似等节奏流水的形式，以保证各施工过程的连续性和工作面不闲置，从而缩短施工工期。其方法如下：

（1）确定流水步距 B。流水步距为各施工过程流水节拍 t_i 的最大公约数，各施工队之间的流水步距全相等。

（2）计算各施工过程的施工队数 D_i。

$$D_i = \frac{t_i}{B} \tag{14-8}$$

（3）计算施工段数 m。当分层又分段时，每层施工段数为：

$$m \geqslant \sum D_i + \frac{\sum Z}{B} \tag{14-9}$$

（4）计算流水施工工期。

$$T = (m + \sum D_i - 1)B + \sum Z \tag{14-10}$$

当分层又分段时，公式（14-10）中的 m 取各层施工段数之和。

【例 14-2】 某分部工程划分为 A、B、C、D 四个施工过程，分三段组织施工，各施工过程的流水节拍分别为 2d、4d、2d、4d，且施工过程 B 完成后需有 1d 的技术间歇时间，试组织其流水施工。

【解】 按成倍节拍流水方式组织流水施工，步骤如下：

（1）确定流水步距。因为流水节拍的最大公约数为 2，所以取 $B = 2d$。

（2）按式（14-7）计算各施工过程的施工队数，并求出 $\sum D_i$。

$$D_A = t_A/B = 2/2 = 1 \text{ 队}$$
$$D_B = t_B/B = 4/2 = 2 \text{ 队}$$
$$D_C = t_C/B = 2/2 = 1 \text{ 队}$$
$$D_D = t_D/B = 4/2 = 2 \text{ 队}$$
$$\sum D_i = 1 + 2 + 1 + 2 = 6 \text{ 队}$$

（3）计算工期。

$$T = (m + \sum D_i - 1)B + \sum Z = (3 + 6 - 1) \times 2 + 1 = 17d$$

（4）绘制施工进度计划表。施工进度计划表如图 14-8 所示。

【例 14-3】 已知某 3 层房屋的某分部工程划分为三个施工过程，其流水节拍分别为 2d、4d、2d，第 2 个施工过程和第 3 个施工过程之间有 2d 的间歇时间，第 3 个施工过程后需要 1d 的间歇时间，试按成倍节拍流水方式组织该分部工程的施工。

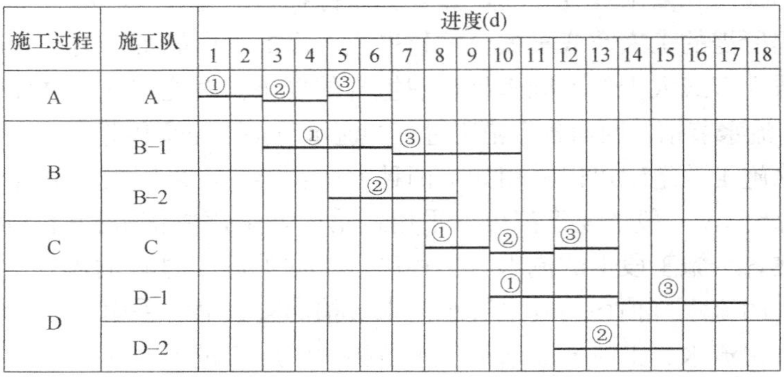

图 14-8 成倍节拍流水施工进度计划

【解】 (1) 确定流水步距。取流水节拍的最大公约数，即 $B=2d$。

(2) 计算各施工过程的施工队数，并求出施工队总数。

$$D_A = t_A/B = 2/2 = 1 \text{ 队}$$
$$D_B = t_B/B = 4/2 = 2 \text{ 队}$$
$$D_C = t_C/B = 2/2 = 1 \text{ 队}$$
$$\sum D_i = 1+2+1 = 4 \text{ 队}$$

(3) 确定施工段数。

$$m = \sum D_i + \sum Z/B = 4 + (2+1)/2 = 5.5, \text{取} m=6 \text{段}$$

(4) 计算工期。

$$T = (mj + \sum D_i - 1)B + \sum t_{j1} = (6 \times 3 + 4 - 1) \times 2 + 2 + 1 = 45d$$

(5) 绘制施工进度计划表。该工程施工进度计划表如图 14-9 所示。

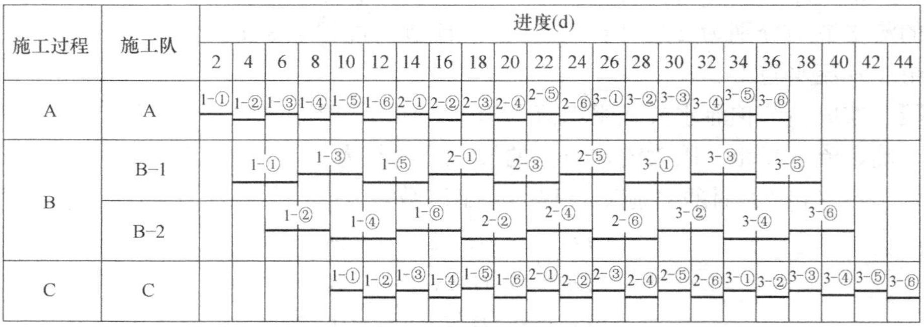

说明:进度计划中工期为44d,是因为第三层第六段完成施工过程C后还有1d间隙时间未画出。

图 14-9 某分部工程流水施工进度计划

14.2.3 无节奏流水施工

由于无节奏流水施工的流水节拍没有规律，因此无法组织等节奏的流水施工，各施工过程之间的流水步距也不相等。组织无节奏流水施工的基本要求是在保证各施工过程在同一施工段中工艺顺序合理的前提下，各施工队一旦进入流水施工即连续施工，直到完成施工任务。因此，组织无节奏流水施工的关键问题是确定各施工过程之间的流水步距。

1. 流水步距的确定

无节奏流水施工流水步距的计算采用"大差法"，其基本方法可以归纳为"累加数列错位相减取大差"，分三个步骤完成：

（1）累加数列。分别将两相邻施工过程在各施工段的流水节拍逐项累加，得到两组数列。

（2）错位相减。将后一施工过程的累加数列向右移一位与前一施工过程的累加数列错位对齐，并逐列上下相减，得到第三列差值数列。

（3）取大差。从差值数列中取数值最大的数作为两个施工过程之间的流水步距。

2. 无节奏流水施工的工期计算

$$T = \sum_{i=1}^{n-1} B_{i,i+1} + t_{\mathrm{n}} + \sum Z = \sum_{i=1}^{n-1} B_{i,i+1} + \sum_{j=1}^{m} t_{\mathrm{n}j} + \sum Z \qquad (14\text{-}11)$$

式中　T——流水施工工期；

　$B_{i,i+1}$——第 i 个施工过程与第 $i+1$ 个施工过程之间的流水步距；

　t_{n}——最后一个（第 n 个）施工过程的总持续时间；

　$t_{\mathrm{n}j}$——最后一个（第 n 个）施工过程在第 j 个施工段上的流水节拍；

　$\sum Z$——各个施工过程间的间歇时间之和。

【例 14-4】 某分部工程划分为 A、B、C、D 四个施工过程，分三段组织施工，各施工过程的流水节拍见表 14-5，施工过程 B 完成后需有 1d 的技术间歇时间，试组织该分部工程的无节奏流水施工。

某分部工程的流水节拍 表 14-5

施工段 施工过程	1	2	3
A	2	2	3
B	3	3	4
C	3	2	2
D	3	4	3

【解】 （1）计算流水步距。

① 求累加数列。施工过程 A 的累加数列为：2，2+2，2+2+3，即：2，4，7。同理，施工过程 B、C、D 的累加数列分别为：3，6，10；3，5，9；3，7，10。

② 求 $B_{\mathrm{A,B}}$。

$$
\begin{array}{r}
2 \quad 4 \quad 7 \quad\quad \\
-) \quad\quad 3 \quad 6 \quad 10 \\
\hline
2 \quad 1 \quad 1 \quad -10
\end{array}
$$

所以，$B_{\mathrm{A,B}} = 2\mathrm{d}$。

③ 求 $B_{\mathrm{B,C}}$。

$$
\begin{array}{r}
3 \quad 6 \quad 10 \quad\quad \\
-) \quad\quad 3 \quad 5 \quad 9 \\
\hline
3 \quad 3 \quad 5 \quad -9
\end{array}
$$

所以，$B_{B,C}=5d$。

④ 求 $B_{C,D}$。

$$
\begin{array}{rrrr}
3 & 5 & 9 & \\
-)\quad & 3 & 7 & 10 \\
\hline
3 & 2 & 2 & -10
\end{array}
$$

所以，$B_{C,D}=3d$。

（2）计算工期。

$$T=\sum B_{i,i+1}+t_n+\sum Z=(2+5+3)+10+1=21d$$

（3）绘制施工进度计划表。施工进度计划表如图 14-10 所示。

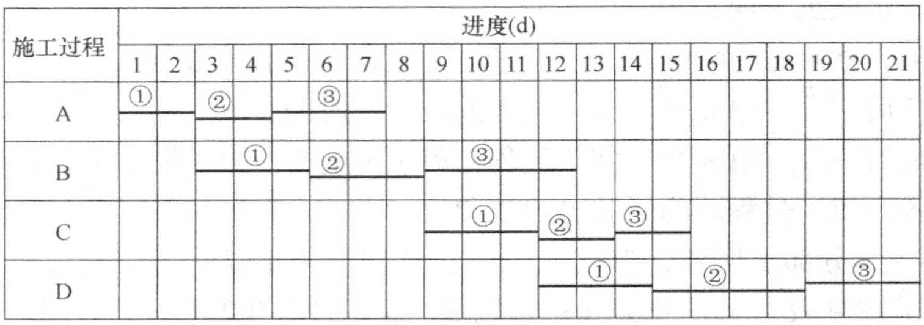

图 14-10　无节奏流水施工进度计划

思　考　题

14.1　依次说明平行施工、依次施工和流水施工的特征与特点。

14.2　流水施工按照其节奏特征分为哪几类？它们有何特征？

14.3　流水施工分为哪几类？每一类中有哪几个参数？

14.4　试述流水节拍、流水步距的含义。

14.5　试述流水步距确定的原则。

14.6　确定合理的施工过程数应考虑哪些因素？

14.7　什么是"最小工作面"？

14.8　试述如何划分施工段，如何确定施工段数？

习　题

14.1　某工程划分为 5 各施工段，其中某分部工程由四个施工过程组成，各施工过程的流水节拍均为 2d，第 1 个施工过程和第 2 个施工过程之间有 1d 的技术间歇时间，试组织其流水施工。

14.2　某单层厂房现浇钢筋混凝土屋盖施工分为模板安装、钢筋安装、混凝土浇筑共三个施工过程，由于屋盖长度比较大，所以一共分为 6 个施工段，模板安装及钢筋安装在各施工段上的持续时间都为 4d，而混凝土浇筑在各施工段上的持续时间为 2d。要求：

（1）按加快成倍节拍流水施工的方式组织流水施工；

（2）按无节奏流水施工方式组织流水施工；

（3）对以上两种组织方式进行比较，分析有哪些不同。

14.3　某装饰工程公司承接了一共5栋别墅的装饰工程施工任务，每栋别墅的面积相等，装修内容相同，都是吊顶、内墙面装饰、地面铺装和细部工程共四个分项工程，通过对该公司的技术工人数量及施工机械数量等条件分析，确定每一栋别墅每个分项工程的施工时间均为5d。请组织该工程的流水施工，确定该装饰工程流水施工的工期，并绘制出该装饰工程流水施工的进度计划横道图。

14.4　在习题14.3中的装饰工程中，由于建设单位要求加快施工进度，施工单位对各分项工程的施工工艺进行分析后，将各分项工程在各栋别墅的施工时间进行了优化，优化后的施工时间见表14-6。

某分部工程的流水节拍　　　　　　　　　　　　表 14-6

栋　号 分项工程	第 1 栋	第 2 栋	第 3 栋	第 4 栋	第 5 栋
吊顶工程	5	5	4	4	5
内墙面装饰	4	5	5	4	3
地面铺装	3	3	5	3	4
细部工程	5	5	3	5	3

要求：（1）按照1-2-3-4-5的栋号顺序，组织该工程的流水施工，计算流水施工工期，绘制流水施工进度计划；

（2）如果改变栋号施工顺序，按照每一项分项工程施工都按照1-3-2-4-5的顺序进行，请组织该工程的流水施工，计算流水施工工期，绘制流水施工进度计划；

（3）分析以上两种流水施工的组织情况，比较流水施工工期的变化。

14.5　某3层现浇钢筋混凝土结构房屋主体工程，每层划分为4个施工段组织流水施工，已知 $t_模$ =2d，$t_筋$ =4d，$t_砼$ =2d，层间技术间歇（混凝土浇筑后的养护时间）为1d，试组织其流水施工。

14.6　某分部工程划分为 A、B、C 三个施工过程，分四段组织施工，其流水节拍见表14-7所示，且施工过程 A 完成后需有 1d 的技术间歇时间，试组织其流水施工。

某分部工程的流水节拍　　　　　　　　　　　　表 14-7

施工段 施工过程	1	2	3	4
A	3	2	3	2
B	3	3	4	4
C	4	4	3	3

14.7　某集体宿舍装饰装修工程，划分为四个施工过程五个施工段施工，施工过程及其各段的劳动量以及施工队的工人人数见表14-8。要求：

某装饰工程的劳动量及施工队人数			表 14-8
施工过程	每段劳动量（工日）	施工队人数	
顶棚、内墙面抹灰	86	25	
地面面层、踢脚线施工	46	15	
窗台、勒脚、明沟、散水	39	10	
刷白、油漆、玻璃	40	10	

（1）确定各施工过程的流水节拍，组织该工程的等节奏流水施工，并确定该工程的流水施工工期；

（2）为赶工期，施工组织者决定在"窗台、勒脚、明沟、散水"还需 2d 才能完成时，即开始"刷白、油漆、玻璃"施工，施工顺序不变，试组织该工程的等节奏流水施工。

第 15 章　网络计划技术

15.1　概　　述

15.1.1　定义

网络图（network diagram）——由箭线（arrow）和节点组成的、用来表示工作流程的有向、有序网状图形，如图 15-1 所示。

网络计划（network planning）——用网络图表达任务构成、工作顺序并加注时间参数的进度计划。

节点（node）——网络图中箭线端部的圆圈或其他形状的封闭图形，其他形状的封闭图形包括矩形、三角形等，但

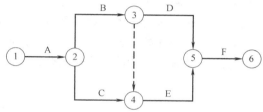

图 15-1　双代号网络图

是在工程网络计划中一般只用圆圈和矩形两种封闭图形。

起点节点（start node）——网络图的第一个节点，表示一项任务的开始，例如图 15-1 中的 1 号节点。

终点节点（end node）——网络图的最后一个节点，表示一项任务的完成，例如图 15-1 中的 6 号节点。

工作（activity）——计划任务按需要粗细程度划分而成的、消耗时间或同时也消耗资源的一个子项目或子任务。

紧前工作（front closely activity）——紧排在本工作之前的工作，例如图 15-2 中，C 工作的紧前工作是 B 工作，而不是 A 工作。

紧后工作（back closely activity）——紧排在本工作之后的工作，例如图 15-2 中 A 工作的紧后工作是 B 工作，而不是 C 工作。

内向箭线（inter arrow）——指向某个节点的箭线称为该节点的内向箭线。

外向箭线（outer arrow）——从某个节点引出的箭线成为该节点的外向箭线。

图 15-2　紧前工作与紧后工作

线路（path）——网络图中从起点节点开始，沿箭头方向顺序通过一系列箭线与节点，最后达到终点节点的通路，称为线路。例如图 15-1 中的线路 1—A—2—B—3—D—5—F—6。

虚工作（dummy activity）——双代号网络计划中，用来表示前后相邻工作之间的逻

辑关系，既不占用时间、也不耗用资源的虚拟工作，例如图 15-1 中的工作 3—4。

逻辑关系（logical relation）——工作之间相互制约或依赖的关系。在网络图中，工作之间的逻辑关系一般表现为工作之间的先后顺序。逻辑关系包括工艺关系和组织关系；工艺关系是指生产工艺上客观存在的先后顺序；组织关系是指在不违反工艺关系的前提下，人为安排的工作的先后顺序。

双代号网络图（activity-on-arrow network）——以箭线及其两端节点的编号表示工作的网络图（如图 15-4 所示）。

单代号网络图（activity-on-node network）——以节点及其编号表示工作，以箭线表示工作之间逻辑关系的网络图（如图 15-22 所示）。

15.1.2 网络计划的特点

与横道图表示的进度计划比较，网络计划具有如下特点：

(1) 能够正确表达各项工作（施工过程）之间的逻辑关系；

(2) 可以通过时间参数计算，确定关键线路和关键工作，从而确定进度控制的重点；

(3) 可以利用计算机进行分析计算，以便对施工进度进行动态控制；

(4) 绘图及时间参数计算比较复杂，手工绘图与计算难度比较大，工作量也比较大。

15.2　双代号网络图

15.2.1 双代号网络图的表示方法

在双代号网络图中，每一条箭线表示一项工作；箭线可画成水平直线、折线或斜线；箭线水平投影的方向应自左向右，表示工作的进行方向；一项工作应只有唯一的一条箭线和相应的一对节点编号。

双代号网络图的节点应用圆圈表示；箭尾结点表示该工作的开始，箭头节点表示该工作的结束；节点必须编号且标注在节点内，编号可不连续，但严禁重复，且箭尾节点编号应小于箭头节点编号。

双代号网络图中，工作的基本表示方法如图 15-3 所示。

图 15-3　双代号网络图
工作的表示方法

双代号网络图中的虚箭线，表示一项虚工作；其表示形式可垂直方向向上或向下，也可水平方向向右，还可画成折线形式；虚工作实际上是不存在的，设置虚工作的唯一作用是利用其正确表达相关工作之间的逻辑关系，如图 15-4 所示网络图中，虚工作 3—4 将 B 工作和 E 连接起来，表示 B 工作有紧后工作 E，由于虚工作的箭头朝下，所以 D 工作不是 C 工作的紧后工作。

网络图中各条线路的名称应用该线路上节点的编号自小到大依次表示，例如，图 15-4 中，一共有三条线路，分别可以表示为：线路一，1—2—3—5—6；线路二，1—2—3—4—5—6；线路三，1—2—4—5—6；线路的名称也可以用工作代号按顺序排列表示，例如图 15-4 中，线路一还可以表示为线路 A—B—D—G，线路二还可以表示为线路 A—B—E—G，线路三还可以表示为线路 A—C—E—G。

15.2.2 双代号网络图的绘制

1. 绘图规则

（1）双代号网络图必须正确表达已定的逻辑关系。

（2）双代号网络图中，严禁出现循环回路。如图 15-5 中，网络图中出现了 2—3—4—2—……的循环回路，当出现循环回路时，网络计划总是在该回路的各项工作中循环，反复地进行循环回路上的工作，网络计划永远都不能完成，没有结束的时候，与实际情况不相符合，这是因为绘图错误而造成的。

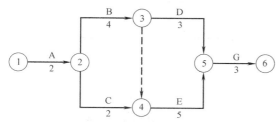

图 15-4　双代号网络图

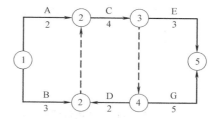

图 15-5　双代号网络图中的循环回路

（3）双代号网络图中，在节点之间严禁出现带双向箭头或无箭头的连线（如图 15-6 所示），因为箭头是用来表示工作的进行方向以及工作之间的先后顺序的，双向箭头和无箭头的连线都无法准确表达该工作与其他工作之间的先后顺序关系。

（4）双代号网络图中，严禁出现没有箭头节点或没有箭尾节点的箭线（如图 15-7 所示），因为节点是用来表示工作的开始和结束的，所以每项工作都必须有箭尾节点和箭头节点分别表示该工作的开始和结束。

图 15-6　双向箭头和无箭头的连线

图 15-7　无箭头节点和无箭尾节点的连线

（5）绘制网络图时，箭线不宜交叉，当交叉不可避免时，可用过桥法（如图 15-8 所示）或指向法（如图 15-9 所示）。过桥法表达清楚，但是当箭线交叉过多时，使用过多的"桥梁"绘图比较麻烦，图面也将显得比较凌乱和复杂，这时可以使用指向法。指向法宜在网络图的节点已编号后使用，否则容易出现指向错误。

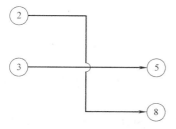

图 15-8　箭线交叉时的过桥法

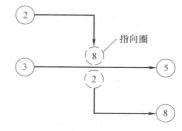

图 15-9　箭线交叉时的指向法

（6）当双代号网络图的某些节点有多条外向箭线或多条内向箭线时，在不违反"一项工作应只有唯一的一条箭线和相应的一对节点编号"的前提下，可使用母线法绘图；

当箭线线型不同时，可在从母线上引出的支线上标出（如图 15-10 中的工作 1—9，图 15-11 中的工作 19—22）。图 15-10 及图 15-11 中，(a) 为原图，(b) 为用母线法绘制的网络图。

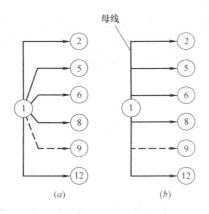

图 15-10　使用母线法绘图

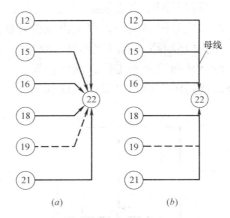

图 15-11　使用母线法绘图

（7）双代号网络图中应只有一个起点节点，在不分期完成任务的网络图中，应只有一个终点节点，而其他所有节点均应是中间节点。在图 15-12 中，1 号节点是起点节点，而 2 号节点因为没有内向箭线，也是起点节点；15 号节点是终点节点，而 12 号节点因为没有外向箭线，也是终点节点，因此，该网络图有两个起点节点和两个终点节点，是错误的。

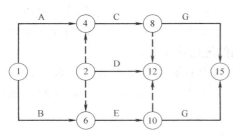

图 15-12　有多个起点节点和多个终点节点的网络图

2. 绘图步骤

双代号网络图的绘制可以按下列步骤进行：

（1）确定工作之间的逻辑关系，要求确定每项工作的紧前工作和紧后工作，一般列表表示全部工作及其紧前工作、紧后工作；

（2）确定各工作的开始节点位置号和结束节点位置号；

（3）根据节点位置号和逻辑关系绘出网络图。

计算节点位置号的目的是避免网络图中出现逆向箭线和竖向实箭线，双代号网络图工作的节点位置号计算规则如下：

（1）无紧前工作的工作的开始节点位置号为零；

（2）有紧前工作的工作的开始节点位置号，等于其紧前工作的开始节点的位置号的最大值加 1；

（3）有紧后工作的工作的结束节点位置号，等于其紧后工作的开始节点位置号的最小值；

（4）无紧后工作的工作的结束节点位置号，等于网络图其他各工作的结束节点位置号最大值加 1。

【例 15-1】　已知某网络计划各项工作之间的逻辑关系如表 15-1 所示，要求绘制该计划的双代号网络图。

370

工作	A	B	C	D	E	G	H
紧前工作	—	—	A	A、B	B	C	C、D、E

【解】 （1）由已知的紧前工作确定每项工作的紧后工作，见表 15-2。

（2）计算各项工作的开始节点位置号及结束节点位置号，见表 15-2。

工作之间的逻辑关系及节点位置号　　　　　　　　　　　　表 15-2

工作	A	B	C	D	E	G	H
紧前工作	—	—	A	A、B	B	C	C、D、E
紧后工作	C、D	D、E	G、H	H	H	—	—
开始节点位置号	0	0	1	1	1	2	2
结束节点位置号	1	1	2	2	2	3	3

（3）根据工作的逻辑关系及节点位置号，绘制网络图，具体步骤和方法如下：

1）沿水平方向绘制坐标轴，以便确定各项工作的节点位置，坐标的最大值为所有工作的结束节点位置号的最大值。

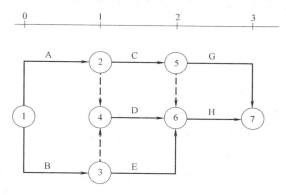

2）绘制无紧前工作的工作 A 和 B，开始节点定位在坐标为零处，结束节点在水平方向的位置为该工作的结束节点位置号，A 和 B 的结束节点位置号均为 1。由于双代号网络图只容许有一个起点节点，所以，当有一项以上的工作无紧前工作时，应将这些工作的开始节点合并为一个节点，即网络图的起点节点，

图 15-13　例 15-1 双代号网络图

节点编号定为 1，本例中，工作 A 和 B 的开始节点即为网络图的起点节点。

3）依次选择结束节点在最左边的工作绘制其紧后工作，当出现多余的联系（即多余的紧后工作）时，利用虚工作进行断路处理，以便正确表达工作之间的逻辑关系，直到绘制出所有工作。

4）将没有紧后工作的工作的结束节点合并，即终点节点。

5）整理网络图，使其符合绘图规则，并适当注意图面美观，最后给节点编号。

本例网络图见图 15-13。

在上例中，虚工作断路处理的步骤和方法如下（见图 15-14 所示）：

（1）绘制出 A、B 两项工作以后，先绘制 A 工作的紧后工作 C 和 D。

（2）绘制 B 工作的紧后工作 D 和 E，由于 D 工作已经绘制，因此，以虚工作连接 B 工作的结束节点和 D 工作的开始节点，表示 B 工作结束以后 D 工作开始，但是，这时 B 工作出现了多余的紧后工作 C，需要断路。

（3）将需要断开的两项工作 B 和 C 之间的节点，即图中的 2 号节点一分为二，拆分后的两个节点之间以虚箭线相连，虚箭线的箭头指向与需要断开的紧后关系方向相反，应注意 D 工作是 C 工作的紧后工作，应随拆分后的节点向 B 工作方向移动。

D、E 工作与 G 工作之间的断路方法与上述方法相同。

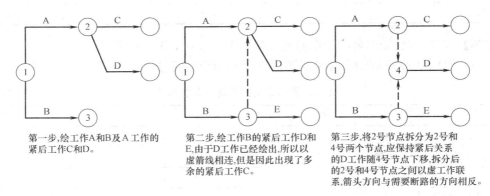

第一步，绘工作A和B及A工作的 紧后工作C和D。

第二步，绘工作B的紧后工作D和 E，由于D工作已经绘出，所以以 虚箭线相连，但是因此出现了多 余的紧后工作C。

第三步，将2号节点拆分为2号和 4号两个节点，应保持紧后关系 的D工作随4号节点下移，拆分后 的2号和4号节点之间以虚工作联 系，箭头方向与需要断路的方向相反。

图 15-14　利用虚工作正确表达工作之间的逻辑关系

15.2.3　双代号网络计划时间参数计算

1. 定义

工作持续时间（duration）——一项工作从开始到完成的时间。若采用流水施工，则为流水施工过程的流水节拍。

最早开始时间（earliest start time）——各紧前工作全部完成后，本工作有可能开始的最早时刻。这是该工作最早的可能开始时刻，实际上不一定在这个时刻开始。

最早完成时间（earliest finish time）——各紧前工作全部完成后，本工作有可能完成的最早时刻。

最迟开始时间（latest start time）——在不影响整个任务按期完成的前提下，工作必须开始的最迟时刻。如果该工作在最迟开始时间还不开始，则将影响整个任务的按期完成，在施工项目中表现为该项目的工期被拖延。

最迟完成时间（latest finish time）——在不影响整个任务按期完成的前提下，工作必须完成的最迟时刻。

计算工期（calculated project duration）——根据时间参数计算所得到的工期。一般初步安排进度计划以后，绘制出网络图，计算出来的工期为计算工期，但是，该工期不一定能满足要求，如果不满足要求则需要调整，调整以后的即为计划工期。

要求工期（required project duration）——任务委托人所提出的指令性工期。在施工项目中，承发包双方一般在施工合同中约定施工的工期，该合同工期即为要求工期。

计划工期（planned project duration）——根据要求工期和计算工期所确定的作为实施目标的工期。

自由时差（free float）——在不影响其紧后工作最早开始时间的前提下，本工作可以利用的机动时间。

总时差（total float）——在不影响总工期的前提下，本工作可以利用的机动时间。

节点最早时间（earliest event time）——双代号网络计划中，以该节点为开始节点的各项工作的最早开始时间。

节点最迟时间（latest event time）——双代号网络计划中，以该节点为完成节点的各项工作的最迟完成时间。

工作计算法（calculation method on activities）——在双代号网络计划中直接计算各项工作的时间参数的方法。

节点计算法（calculation method on node）——在双代号网络计划中先计算节点时间参数，再据以计算各项工作的时间参数的方法。

2. 双代号网络计划时间参数计算方法

（1）按工作计算法计算时间参数

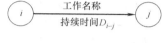

工作计算法是直接进行网络计划的各项工作时间参数计算，而不通过其他中间环节进行。按工作计算法计算时间参数应在确定各项工作的持续时间后进行，计算结果应标注在箭线之上（如图 15-15 所示）。虚工作应视同工作进行计算，其持续时间为零。

图 15-15　工作计算法时间参数的标注方法

以下以图 15-16 所示的双代号网络计划为例，介绍双代号网络计划时间参数计算的程序和方法。

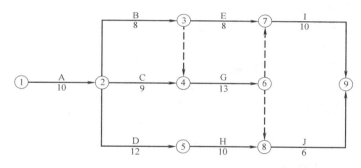

图 15-16　双代号网络计划

1）工作最早开始时间及最早完成时间计算

工作的最早开始时间及最早完成时间应从网络计划的起点节点开始顺着箭线方向依次逐项计算。

以起点节点 i（节点标号为 1）为箭尾节点的工作 $i-j$，当未规定其最早开始时间 ES_{i-j} 时，其值等于零，即：

$$ES_{i-j} = 0 \quad (i=1) \tag{15-1}$$

当工作 $i-j$ 只有一项紧前工作 $h-i$ 时，其最早开始时间应为：

$$ES_{i-j} = ES_{h-i} + D_{h-i} \tag{15-2}$$

当工作 $i-j$ 有多个紧前工作时，其最早开始时间 ES_{i-j} 应为：

$$ES_{i-j} = \max\{ES_{h-i} + D_{h-i}\} \tag{15-3}$$

式中　ES_{i-j}——工作 $i-j$ 的最早开始时间；

　　　ES_{h-i}——工作 $h-i$ 的最早开始时间，工作 $h-i$ 为工作 $i-j$ 的紧前工作；

　　　D_{h-i}——工作 $h-i$ 的持续时间。

工作 $i-j$ 的最早完成时间应按下式计算：

$$EF_{i-j} = ES_{i-j} + D_{i-j} \qquad (15\text{-}4)$$

式中 EF_{i-j}——工作 $i-j$ 的最早完成时间。

式（15-2）、式（15-3）可以变成如下形式：

$$ES_{i-j} = EF_{h-i} \qquad (15\text{-}5)$$

$$ES_{i-j} = \max\{EF_{h-i}\} \qquad (15\text{-}6)$$

图 15-16 所示网络计划中，各项工作的最早开始时间及最早完成时间为：

$ES_{1-2}=0, EF_{1-2}=0+10=10$；

$ES_{2-3}=ES_{2-4}=ES_{2-5}=EF_{1-2}=10$；

$EF_{2-3}=ES_{2-3}+D_{2-3}=10+8=18, EF_{2-4}=ES_{2-4}+D_{2-4}=10+9=19$，

$EF_{2-5}=ES_{2-5}+D_{2-5}=10+12=22$；

$ES_{3-4}=ES_{3-7}=EF_{2-3}=18$；

$EF_{3-4}=ES_{3-4}+D_{3-4}=18+0=18, EF_{3-7}=ES_{3-7}+D_{3-7}=18+8=26$；

$ES_{4-6}=\max\{EF_{2-4};EF_{3-4}\}=\max\{19;18\}=19, EF_{4-6}=ES_{4-6}+D_{4-6}=19+13=32$；

$ES_{5-8}=EF_{2-5}=22, EF_{5-8}=ES_{5-8}+D_{5-8}=22+10=32$；

$ES_{6-7}=ES_{6-8}=EF_{4-6}=32, EF_{6-7}=EF_{6-8}=ES_{6-7}+D_{6-7}=32+0=32$；

$ES_{7-9}=\max\{EF_{3-7};EF_{6-7}\}=\max\{26;32\}=32, EF_{7-9}=ES_{7-9}+D_{7-9}=32+10=42$；

$ES_{8-9}=\max\{EF_{5-8};EF_{6-8}\}=\max\{32;32\}=32, EF_{8-9}=ES_{8-9}+D_{8-9}=32+6=38$

2）确定计划工期

网络计划的计算工期按下式计算：

$$T_c = \max\{EF_{i-n}\} \qquad (15\text{-}7)$$

网络计划的计划工期 T_P 应按下列情况分别确定：

一般情况下，当未规定要求工期时：

$$T_P = T_c \qquad (15\text{-}8)$$

当规定了要求工期 T_r 时：

$$T_P \leqslant T_r \qquad (15\text{-}9)$$

式中 T_c——网络计划的计算工期；

T_P——网络计划的计划工期；

T_r——要求工期；

EF_{i-n}——以终点节点 n 为箭头节点的工作 $i-n$ 的最早完成时间。

图 15-16 中网络计划的计划工期确定如下：

$$T_c=\max\{EF_{i-n}\}=\max\{EF_{7-9};EF_{8-9}\}=\{42;38\}=42$$

因为没有规定要求工期，因此：$T_P=T_c=42$。

3）计算工作的最迟时间

工作的最迟完成时间和最迟开始时间应从网络计划的终点节点开始，逆箭线方向依次逐项计算。

① 以终点节点（$j=n$）为箭头节点的工作最迟完成时间 LF_{i-n}，应按网络计划的计划工期确定，即：

$$LF_{i-n} = T_P \qquad (15\text{-}10)$$

② 其他工作 $i-j$ 的最迟完成时间 LF_{i-j} 应为：

$$LF_{i-j} = \min\{LF_{j-k} - D_{j-k}\} \tag{15-11}$$

③ 工作 $i-j$ 的最迟开始时间按下式计算：

$$LS_{i-j} = LF_{i-j} - D_{i-j} \tag{15-12}$$

故式（15-11）可以变为如下形式：

$$LF_{i-j} = \min\{LS_{j-k}\} \tag{15-13}$$

式中　LF_{i-j}——工作 $i-j$ 的最迟完成时间；

　　　LS_{i-j}——工作 $i-j$ 的最迟开始时间。

图 15-16 中网络计划的最迟完成时间及最迟开始时间，计算如下：

$LF_{7-9} = LF_{8-9} = T_P = 42, LS_{7-9} = LF_{7-9} - D_{7-9} = 42 - 10 = 32, LS_{8-9} = LF_{8-9} - D_{8-9} = 42 - 6 = 36;$

$LF_{3-7} = LF_{6-7} = LS_{7-9} = 32, LS_{3-7} = LF_{3-7} - D_{3-7} = 32 - 8 = 24, LS_{6-7} = LF_{6-7} - D_{6-7} = 32 - 0 = 32;$

$LF_{5-8} = LF_{6-8} = LS_{8-9} = 36, LS_{6-8} = LF_{6-8} - D_{6-8} = 36 - 0 = 36, LS_{5-8} = LF_{5-8} - D_{5-8} = 36 - 10 = 26;$

$LF_{4-6} = \min\{LS_{6-7}; LS_{6-8}\} = \min\{32; 36\} = 32, LS_{4-6} = LF_{4-6} - D_{4-6} = 32 - 13 = 19;$

$LF_{3-4} = LF_{2-4} = LS_{4-6} = 19, LS_{3-4} = LF_{3-4} - D_{3-4} = 19 - 0 = 19, LS_{2-4} = LF_{2-4} - D_{2-4} = 19 - 9 = 10;$

$LF_{2-5} = LS_{5-8} = 26, LS_{2-5} = LF_{2-5} - D_{2-5} = 26 - 12 = 14;$

$LF_{2-3} = \min\{LS_{3-4}; LS_{3-7}\} = \{19; 24\} = 19, LS_{2-3} = LF_{2-3} - D_{2-3} = 19 - 8 = 11;$

$LF_{1-2} = \{LS_{2-3}; LS_{2-4}; LS_{2-5}\} = \{11; 10; 14\} = 10, LS_{1-2} = LF_{1-2} - D_{1-2} = 10 - 10 = 0$

4）计算工作的总时差

工作 $i-j$ 的总时差 TF_{i-j} 应按下式计算（两个公式取一个即可）：

$$TF_{i-j} = LS_{i-j} - ES_{i-j} \tag{15-14}$$

$$TF_{i-j} = LF_{i-j} - EF_{i-j} \tag{15-15}$$

图 15-16 中网络计划各项工作的总时差计算如下：

$TF_{1-2} = LF_{1-2} - EF_{1-2} = 10 - 10 = 0;$

$TF_{2-3} = LF_{2-3} - EF_{2-3} = 19 - 18 = 1;$

$TF_{2-4} = LF_{2-4} - EF_{2-4} = 19 - 19 = 0;$

$TF_{3-4} = LF_{3-4} - EF_{3-4} = 19 - 18 = 1;$

$TF_{3-7} = LF_{3-7} - EF_{3-7} = 32 - 26 = 6;$

$TF_{2-5} = LF_{2-5} - EF_{2-5} = 26 - 22 = 4;$

$TF_{4-=} = LF_{4-6} - EF_{4-6} = 32 - 32 = 0;$

$TF_{5-8} = LF_{5-8} - EF_{5-8} = 36 - 32 = 4;$

$TF_{6-7} = LF_{6-7} - EF_{6-7} = 32 - 32 = 0;$

$TF_{6-8} = LF_{6-8} - EF_{6-8} = 36 - 32 = 4;$

$TF_{7-9} = LF_{7-9} - EF_{7-9} = 42 - 42 = 0;$

$TF_{8-9} = LF_{8-9} - EF_{8-9} = 42 - 38 = 4$

5）计算工作的自由时差

工作 $i-j$ 的自由时差 FF_{i-j} 的计算应符合下列规定：

当工作 $i-j$ 有紧后工作 $j-k$ 时，其自由时差应为：

$$FF_{i-j} = \min\{ES_{j-k} - ES_{i-j} - D_{i-j}\} \tag{15-16}$$

或
$$FF_{i-j} = \min\{ES_{j-k} - EF_{i-j}\} \tag{15-17}$$

以终点节点（$j=n$）为箭头节点的工作，其自由时差 FF_{i-n} 应按网络计划的计划工期 T_P 确定，即：

$$FF_{i-n} = T_P - ES_{i-n} - D_{i-n} \tag{15-18}$$

或
$$FF_{i-n} = T_P - EF_{i-n} \tag{15-19}$$

$FF_{1-2} = \min\{ES_{2-3} - EF_{1-2}; ES_{2-4} - EF_{1-2}; ES_{2-5} - EF_{1-2}\} = \min\{10-10; 10-10; 10-10\} = 0$；

$FF_{2-3} = \min\{ES_{3-4} - EF_{2-3}; ES_{3-7} - EF_{2-3}\} = \min\{18-18; 18-18\} = 0$；

$FF_{2-4} = ES_{4-6} - EF_{2-4} = 19-19 = 0$；

$FF_{3-4} = ES_{4-6} - EF_{3-4} = 19-18 = 1$；

$FF_{2-5} = ES_{5-8} - EF_{2-5} = 22-22 = 0$；

$FF_{3-7} = ES_{7-9} - EF_{3-7} = 32-26 = 6$；

$FF_{4-6} = \min\{ES_{6-7} - EF_{4-6}; ES_{6-8} - EF_{4-6}\} = \min\{32-32; 32-32\} = 0$；

$FF_{5-8} = ES_{8-9} - EF_{5-8} = 32-32 = 0$；

$FF_{6-7} = ES_{7-9} - EF_{7-9} = 32-32 = 0$；

$FF_{6-8} = ES_{8-9} - EF_{6-8} = 32-32 = 0$；

$FF_{7-9} = T_P - EF_{7-9} = 42-38 = 4$；

$FF_{8-9} = T_P - EF_{8-9} = 42-38 = 4$

6）确定关键工作和关键线路

网络计划中，总时差最小的工作为关键工作（critical activity）。应注意，关键工作的定义是"总时差最小的工作"，而不是总时差为零的工作。只有当计划工期 T_P 等于计算工期 T_c 时，最小总时差才为零；而当计划工期 T_P 大于计算工期 T_c 时，最小总时差大于零；计划工期 T_P 小于计算工期 T_c 时，最小总时差小于零。

双代号网络计划中，自始至终全部由关键工作组成的线路为关键线路（critical path），关键线路在网络图上应用粗线、双线或彩色线标注。

由于关键工作的总时差最小，所以，关键线路总的工作持续时间（即关键线路上各项关键工作的持续时间之和）是该网络图中所有线路总的持续时间最长的，在没有计算网络计划的时间参数并确定关键工作时，可以以此条件来判断关键线路，即总的持续时间最长的线路为关键线路。

网络计划中，至少有一条关键线路，也可能有多条关键线路；当某些工作的持续时间发生变化，或者某些工作的开始时间、完成时间提前或者推迟时，关键线路可能发生转移；所谓关键线路转移，是指原来的关键线路变成了非关键线路，而原来的非关键线路变成了关键线路。

由上述计算可知，图 15-16 的网络计划中的最小总时差为零，因此，工作 1—2、2—4、4—6、6—7、7—9 为关键工作，将上述五项关键工作以粗线表示，所有关键工作组成了一条线路，即为该网络计划的关键线路，如图 15-17 所示。

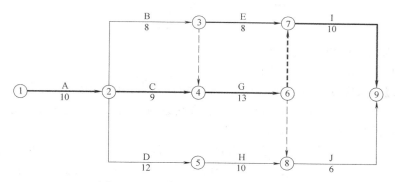

图 15-17　双代号网络计划的关键线路

（2）图上计算法

图上计算法的时间参数计算直接在网络图上进行，各项工作的时间参数的计算结果也直接标注在网络图上，标注方法如图 15-15 所示。

图上计算法的基础是工作计算法，图上计算法的计算步骤如下：

第一步，从起点节点开始，自左向右顺箭头方向计算各项工作的最早时间，包括最早开始时间和最早完成时间。

① 计算以网络计划起点节点为箭尾节点的工作的最早开始时间：

$$ES_{i-j} = 0 \quad (i=1) \tag{15-20}$$

② 计算该工作的最早完成时间：

$$EF_{i-j} = 0 + D_{i-j}(i=1) \tag{15-21}$$

③ 计算其他工作的最早开始和最早完成时间：

$$EF_{i-j} = ES_{i-j} + D_{i-j} \tag{15-22}$$

$$ES_{i-j} = \max\{EF_{h-i}\} \tag{15-23}$$

第二步，确定网络计划的计划工期。

④ 计算网络计划的计算工期：

$$T_c = \max\{EF_{i-n}\} \tag{15-24}$$

⑤ 确定网络计划的计划工期 T_P，方法如下：

$$T_P = T_c \tag{15-25}$$

$$T_P \leqslant T_r \tag{15-26}$$

第三步，从终点节点开始，逆箭线方向计算各项工作的最迟时间，包括最迟开始时间和最迟完成时间。

⑥ 确定以网络计划的终点节点为箭头节点的工作的最迟完成时间：

$$LF_{i-n} = T_P \tag{15-27}$$

⑦ 计算其他工作的最迟开始时间和最迟完成时间：

$$LS_{i-j} = LF_{i-j} - D_i \tag{15-28}$$

$$LF_{i-j} = \min\{LS_{j-k}\} \tag{15-29}$$

⑧ 计算工作的总时差和自由时差：

$$TF_{i-j} = LS_{i-j} - ES_{i-j} \tag{15-30}$$

或

$$TF_{i-j} = LF_{i-j} - EF_{i-j} \tag{15-31}$$

$$FF_{i-j} = \min\{ES_{j-k} - EF_{i-j}\} \tag{15-32}$$

$$FF_{i-n} = T_P - EF_{i-n} \tag{15-33}$$

⑨ 确定关键工作和关键线路。

方法与工作计算法的方法相同。

【例 15-2】 双代号网络计划见图 15-16 所示，要求：（1）用图上计算法计算网络计划的时间参数；（2）该计划实施过程中，由于某些原因造成工作 B 拖延 2d 完成，试分析其对总工期及紧后工作最早开始时间的影响。

【解】 （1）图上计算法计算结果如图 15-18 所示，图中粗线表示的线路为关键线路。

（2）若工作 B 拖延 2d 完成，由于该工作的总时差为 1，因此，总工期被拖延 2-1=1d。

（3）若工作 B 拖延 2d 完成，由于该工作的自由时差为零，因此，紧后工作 E 的最早开始时间将往后推 2d；紧后工作 3—4 的最早开始时间也将推后 2d，但是工作 3—4 为虚工作，工作 B 的实际紧后工作为工作 G，由于工作 3—4 有 1d 自由时差，因此，工作 E 的最早开始时间将后推 1d。

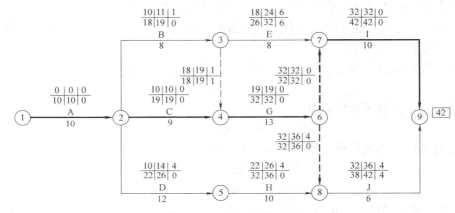

图 15-18　图上计算法示例

图 15-19　节点计算法时间参数标注方法

（4）按节点计算法计算时间参数

① 按节点法计算时间参数，其计算结果应标注在节点之上（如图 15-19 所示）。

② 节点最早时间计算：

$$ET_i = 0 \quad (i=1) \tag{15-34}$$

$$ET_j = ET_i + D_{i-j} \text{（当节点 } j \text{ 只有一条内向箭线时）} \tag{15-35}$$

$$ET_j = \max\{ET_i + D_{i-j}\} \text{（当节点 } j \text{ 有多条内向箭线时）} \tag{15-36}$$

③ 计算网络计划的计算工期：

$$T_c = ET_n \tag{15-37}$$

④ 确定网络计划的计划工期，方法同前。

⑤ 节点最迟时间计算：

$$LT_n = T_P \tag{15-38}$$

$$LT_i = \min\{LT_j - D_{i-j}\} \tag{15-39}$$

⑥ 工作的最早开始时间计算：

$$ES_{i-j} = ET_i \tag{15-40}$$

⑦ 工作的最早完成时间计算：

$$EF_{i-j} = ET_i + D_{i-j} \tag{15-41}$$

⑧ 工作的最迟完成时间计算：

$$LF_{i-j} = LT_j \tag{15-42}$$

⑨ 工作的最迟开始时间计算：

$$LS_{i-j} = LT_j - D_{i-j} \tag{15-43}$$

⑩ 工作的总时差及自由时差计算：

$$TF_{i-j} = LT_j - ET_i - D_{i-j} \tag{15-44}$$

$$FF_{i-j} = ET_j - ET_i - D_{i-j} \tag{15-45}$$

关键工作及关键线路的确定方法与工作计算法相同。

【例 15-3】 计算图 15-16 所示网络计划中工作 C 的总时差。

【解】 因为只需要计算一项时间参数，若以工作计算法或图上计算法进行计算，则计算工作量比较大，因此，采用节点计算法进行，先计算出节点时间参数，然后按要求计算指定工作 C 的总时差。

节点时间参数计算如图 15-20 所示。

工作 C 的总时差为 $TF_{2-4} = LT_4 - ET_2 - D_{2-4} = 19 - 10 - 9 = 0$。

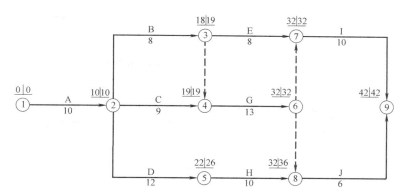

图 15-20 双代号网络计划节点时间参数计算

15.3 单代号网络图

15.3.1 单代号网络图的表示方法

单代号网络图中，每一个节点表示一项工作，其工作名称、持续时间和工作代号等应标注在节点内，一项工作必须有唯一的一个节点及相应的一个节点编号；节点宜用圆圈或矩形表示，节点必须编号且标注在节点内，编号可不连续，但严禁重复，且箭尾节点编号应小于箭头节点编号。

单代号网络图中，箭线表示紧邻工作之间的逻辑关系，箭线可画成水平直线、折线或斜线；箭线水平投影的方向应自左向右。

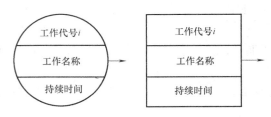

图 15-21　单代号网络图工作的表示方法

单代号网络图中，工作的表示方法如图 15-21 所示。

单代号网络图作图方便，图面简洁，不必增加虚箭线，因此逻辑关系表达非常清楚，产生逻辑错误的可能性较小。而且单代号网络图具有便于说明，容易被非专业人员所理解和易于修改的优点，所以被广泛应用。

15.3.2　单代号网络图的绘制

1. 绘图规则

单代号网络图绘图规则的①～⑤条与双代号网络图规则①～⑤条相同，此处不再重复。

⑥单代号网络图只应有一个起点节点和一个终点节点；当网络图中有多项起点节点或多项终点节点时，应在网络图的两端分别设置一项虚拟工作，作为该网络图的起点节点（S_t）和终点节点（F_{in}），如图 15-22 所示。

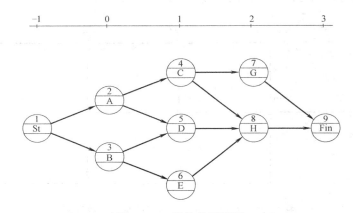

图 15-22　单代号网络图

2. 绘图步骤

① 确定工作之间的逻辑关系，要求确定每项工作的紧前工作和紧后工作，一般列表表示。

② 确定出各工作的节点位置号。

节点位置号的计算规则与步骤是：令无紧前工作的工作的节点位置号为零，其他工作的节点位置号等于其紧前工作的节点位置号的最大值加 1。

③ 根据节点位置号和逻辑关系绘出网络图。

【例 15-4】　网络计划资料同例 15-1，要求绘制该网络计划的单代号网络图。

【解】　（1）由已知的紧前工作确定每项工作的紧后工作，见表 15-3。

（2）计算各项工作的开始节点位置号及结束节点位置号，见表 15-3。

工 作	A	B	C	D	E	G	H
紧前工作	—	—	A	A、B	B	C	C、D、E
紧后工作	C、D	D、E	G、H	H	H	—	—
节点位置号	0	0	1	1	1	2	2

（3）根据工作的逻辑关系及节点位置号，绘制网络图，具体步骤和方法如下：

1）沿水平方向绘制坐标轴，坐标的最大值为所有工作的结束节点位置号的最大值。

2）绘制无紧前工作的工作，定位在节点位置号为零处。

3）自左向右绘制各项工作的紧后工作，每项工作的节点位置应按计算的位置号确定，每项工作与其紧后工作之间以箭线自左向右连接。

4）当有多项没有内向箭线的工作时，应在这些工作前面增加一项虚拟的工作 S_t，虚拟工作与没有内向箭线的工作之间以箭线连接；当有多项没有外向箭线的工作时，在其后面增加一项虚拟的工作 F_{in}，没有外向箭线的工作与虚拟工作之间以箭线连接。

5）检查整理网络图，按节点编号规则给节点编号，最后的结果如图 15-22 所示。

15.3.3 单代号网络计划时间参数计算

1. 单代号网络计划的时间参数形式

单代号网络计划的时间参数基本内容和形式应按图 15-23 所示形式标注。

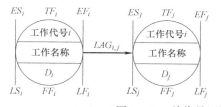

图 15-23 单代号网络计划时间参数的标注形式

2. 计算方法

以图 15-24 所示的单代号网络计划为例，介绍单代号网络计划时间参数计算的程序和方法。

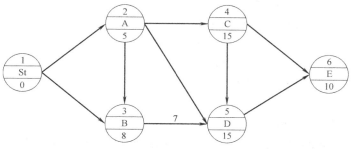

图 15-24 单代号网络计划

（1）工作最早开始时间及最早完成时间计算

工作的最早开始时间和最早完成时间，应从网络计划的起点节点开始，顺着箭线方向自左至右依次逐项进行计算，到终点节点为止。

1）起点节点的最早开始时间

当未规定其最早开始时间时，不论起点节点代表的是实工作还是虚拟的开始节点，其值均应等于零，即：

$$ES_i=0(i=1) \tag{15-46}$$

2）其他工作

当工作 i 只有一项紧前工作 h 时，其最早开始时间应为：

$$ES_i=ES_h+D_h \tag{15-47}$$

当工作 i 有多项紧前工作 h 时，其最早开始时间应为：

$$ES_i=\max\{ES_h+D_h\} \tag{15-48}$$

3）工作 i 的最早完成时间应按下式计算：

$$EF_i=ES_i+D_i \tag{15-49}$$

故 ES_i 的计算式可变为如下形式：

$$ES_i=EF_h \tag{15-50}$$

$$ES_i=\max\{EF_h\} \tag{15-51}$$

式中　ES_i——工作 i 的最早开始时间；

　　　EF_i——工作 i 的最早完成时间；

　　　ES_h——工作 i 的紧前工作 h 的最早开始时间；

　　　EF_h——工作 i 的紧前工作 h 的最早完成时间；

　　　D_i——工作 i 的持续时间；

　　　D_h——工作 i 的紧前工作 h 的持续时间。

按以上公式计算图 15-24 中各工作的最早开始时间和最早完成时间：

$ES_1=0,EF_1=ES_1+D_1=0+0=0$；

$ES_2=EF_1=0,EF_2=ES_2+D_2=0+5=5$；

$ES_3=\max\{EF_1,EF_2\}=\max\{0,5\}=5,EF_3=ES_3+D_3=5+8=13$；

$ES_4=EF_2=5,EF_4=ES_4+D_4=5+15=20$；

$ES_5=\max\{EF_2;EF_3;EF_4\}=\{5;13;20\}=20,EF_5=ES_5+D_5=20+15=35$；

$ES_6=\max\{EF_4;EF_5\}=\max\{20;35\}=35;EF_6=ES_6+D_6=35+10=45$。

（2）网络计划计算工期计算

网络计划的计算工期应按下式计算：

$$T_c=EF_n \tag{15-52}$$

式中　EF_n——终点节点 n 的最早完成时间。

图 15-24 中网络计划的计算工期为：

$$T_c=EF_6=45$$

（3）网络计划计划工期的确定

单代号网络计划计划工期的确定与双代号网络计划的确定方法相同，即：

1）当未规定要求工期时，

$$T_p=T_c \tag{15-53}$$

2）当已规定了要求工期 T_r 时，

$$T_p \leqslant T_r \tag{15-54}$$

图 15-24 所示网络计划未规定要求工期，则其计划工期取其计算工期：

$$T_p = T_c = 45$$

（4）相邻工作的时间间隔计算

相邻两项工作 i 和 j 之间的时间间隔 $LAG_{i,j}$ 的计算应符合下列规定：

1）当终点节点为虚拟节点时，其时间间隔应为：

$$LAG_{i,n} = T_P - EF_i \tag{15-55}$$

2）其他节点之间的时间间隔应为：

$$LAG_{i,j} = ES_j - EF_i \tag{15-56}$$

按以上公式计算图 15-24 中相邻工作之间的时间间隔：

$LAG_{5,6} = ES_6 - EF_5 = 35 - 35 = 0$；

$LAG_{4,6} = ES_6 - EF_4 = 35 - 20 = 15$；

$LAG_{4,5} = ES_5 - EF_4 = 20 - 20 = 0$；

$LAG_{3,5} = ES_5 - EF_3 = 20 - 5 = 15$；

$LAG_{2,5} = ES_5 - EF_2 = 20 - 13 = 7$；

$LAG_{2,4} = ES_4 - EF_2 = 5 - 5 = 0$；

$LAG_{2,3} = ES_3 - EF_2 = 5 - 5 = 0$；

$LAG_{1,3} = ES_3 - EF_1 = 5 - 0 = 5$；

$LAG_{1,2} = ES_2 - EF_1 = 0 - 0 = 0$

（5）工作的总时差计算

工作的总时差 TF_i 可按下式计算：

$$TF_i = LS_i - ES_i = LF_i - EF_i \tag{15-57}$$

也可从网络计划的终点节点开始，逆着箭线方向依次按下列公式计算：

$$TF_n = T_P - EF_n \tag{15-58}$$

$$TF_i = \min\{TF_j + LAG_{i,j}\} \tag{15-59}$$

按以上公式计算图 15-24 中各工作的总时差：

$TF_6 = T_P - ES_6 = 45 - 45 = 0$；

$TF_5 = \min\{TF_6 + LAG_{5,6}\} = 0 + 0 = 0$；

$TF_4 = \min\{TF_6 + LAG_{4,6}; TF_5 + LAG_{4,5}\} = \min\{0 + 15; 0 + 0\} = 0$；

$TF_3 = \min\{TF_5 + LAG_{3,5}\} = 0 + 7 = 7$；

$TF_2 = \min\{TF_5 + LAG_{2,5}; TF_4 + LAG_{2,4}; TF_3 + LAG_{2,3}\} = \min\{0 + 7; 0 + 0; 7 + 0\} = 0$；

$TF_1 = \min\{TF_3 + LAG_{1,3}; TF_2 + LAG_{1,2}\} = \min\{7 + 5; 0 + 0\} = 0$

（6）工作的自由时差计算

1）终点节点 n 所代表工作的自由时差

$$FF_n = T_P - EF_n \tag{15-60}$$

2）其他工作 i 的自由时差

当工作 i 只有一项紧后工作时：

$$FF_i = ES_j - EF_i = LAG_{i,j} \tag{15-61}$$

当工作 i 有多项紧后工作时：

$$FF_i = \min\{ES_j - EF_i\} = \min\{LAG_{i,j}\} \qquad (15\text{-}62)$$

按上述公式计算图 15-24 中各工作的自由时差：

$FF_6 = T_P - EF_6 = 45 - 45 = 0$；

$FF_5 = LAG_{5,6} = 0$；

$FF_4 = \min\{LAG_{4,5}, LAG_{4,6}\} = \min\{0,15\} = 0$；

$FF_3 = LAG_{3,5} = 7$；

$FF_2 = \min\{LAG_{2,3}, LAG_{2,4}, LAG_{2,5}\} = \min\{0;0;15\} = 0$；

$FF_1 = \min\{LAG_{1,2}, LAG_{1,3}\} = \min\{0;5\} = 0$

（7）工作的最迟完成时间及最迟开始时间计算

工作的最迟完成时间及最迟开始时间，应从网络计划的终点节点开始，逆着箭线方向依次逐项计算，直至起点节点。

工作的最迟完成时间按以下公式计算：

$$LF_n = T_P \qquad (15\text{-}63)$$

$$LF_i = EF_i + TF_i \qquad (15\text{-}64)$$

工作的最迟开始时间按以下公式计算：

$$LS_i = LF_i - D_i \qquad (15\text{-}65)$$

或
$$LS_i = ES_i + TF_i \qquad (15\text{-}66)$$

式中　　LF_n——终点节点 n 所代表工作的最迟完成时间；

　　　　LF_i——工作 i 的最迟完成时间；

　　　　LS_i——工作 i 的最迟开始时间；

　　　　D_i——工作 i 的持续时间。

按上述公式计算图 15-24 中各工作的最迟完成时间及最迟开始时间：

$LF_6 = T_P = 45, LS_6 = LF_6 - D_6 = 45 - 10 = 35$；

$LF_5 = EF_5 + TF_5 = 35 + 0 = 35, LS_5 = LF_5 - D_5 = 35 - 15 = 20$；

$LF_4 = EF_4 + TF_4 = 20 + 0 = 20, LS_4 = LF_4 - D_4 = 20 - 15 = 5$；

$LF_3 = EF_3 + TF_3 = 13 + 7 = 20, LS_3 = LF_3 - D_3 = 20 - 8 = 12$；

$LF_2 = EF_2 + TF_2 = 5 + 0 = 5, LS_2 = LF_2 - D_2 = 5 - 5 = 0$；

$LF_1 = EF_1 + TF_1 = 0 + 0 = 0, LS_1 = LF_1 - D_1 = 0 - 0 = 0$

（8）关键工作与关键线路确定

单代号网络计划关键工作的确定方法与双代号网络计划相同，总时差最小的工作为关键工作。

由此判断图 15-24 中的关键工作是编号为 1、2、4、5、6 的工作，共 5 项。

在单代号网络计划中，从起点节点开始到终点节点均为关键工作，且所有工作的时间间隔均为零的线路应为关键线路。由此判断图 15-24 中的关键线路为：1—2—4—5—6，图 15-25 中用双箭线标出关键线路。

用图上计算法计算图 15-24 所示网络计划的时间参数，如图 15-26 所示。

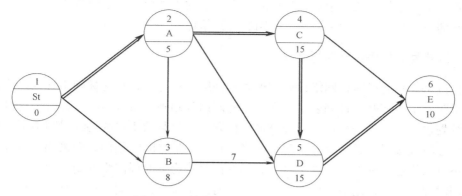

图 15-25　单代号网络计划的关键线路

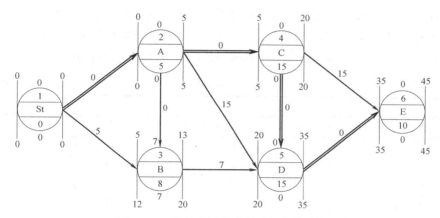

图 15-26　单代号网络计划时间参数计算

15.4　双代号时标网络计划

15.4.1　概念及一般规定

时标网络计划（time-coordinate network）是以时间坐标（time-coordinate）为尺度编制的网络计划。

双代号时标网络计划综合利用了横道图和网络图的优点，首先，时标网络计划采用了横道图中的时间坐标，使进度计划更加直观易懂，便于基层施工单位使用；其次，时标网络计划采用了网络计划的表达方式，使得各项工作之间的逻辑关系表达得更加清楚，同时可以通过时间参数计算，对进度计划进行分析和优化，对实际进度进行检查和调整。

双代号时标网络计划以水平时间坐标为尺度表示工作时间，以实箭线表示工作，以虚箭线表示虚工作，以波形线表示工作的自由时差。

时标网络计划中所有符号在时间坐标上的水平投影位置，都必须与其时间参数相对应。节点中心必须对准相应的时标位置。虚工作必须以垂直方向的虚箭线表示，有自由时差时加波形线表示。

节点无论大小均看成一个点，它在时间坐标上的水平投影长度应看成为零，确定与某节点相连的箭线长度时，应从该节点的圆心处开始计算。

15.4.2 双代号时标网络计划的绘制

时标网络计划有早时标网络计划和迟时标网络计划之分，早时标网络计划是将各项工作按最早时间定位在时标计划表中，而迟时标网络计划则是将各项工作按其最迟时间定位在时标计划表中。如果按最迟时间安排进度计划，一旦某项工作的持续时间拖延，则将造成整个任务不能按时完成，因此，时标网络计划宜按最早时间编制，即采用早时标网络计划，而不宜采用迟时标网络计划。以下介绍的内容均为早时标网络计划。

编制时标网络计划之前，应先按已确定的时间单位（天、周、旬、月等）绘出时标计划表（见表 15-4 的格式）。时标计划表中的刻度线宜为细线，为使图面清晰，刻度线也可少画或不画，时间坐标的刻度代表的时间可以是一个时间单位，也可以是一个时间单位的整倍数，根据具体情况而定，时标可标注在时标计划表的顶部或底部，也可以顶部和底部同时标注，必要时可在顶部时标之上或底部时标之下加注对应的日历时间。

时标计划表   表 15-4

日 历												
（时间单位）	1	2	3	4	5	6	7	8	9	10	11	12
网络计划												
（时间单位）	1	2	3	4	5	6	7	8	9	10	11	12

编制时标网络计划应先绘制无时标网络计划草图，再按以下两种方法之一进行：

（1）先计算网络计划的时间参数，再根据时间参数按草图在时标计划上绘制；

（2）不计算网络计划的时间参数，直接按草图在时标计划表上绘制。

用先计算后绘制的方法时，应先将所有节点按其最早时间定位在时标计划表上，再用规定线型绘出工作及其自由时差，形成时标网络计划图。

不经计算直接按草图绘制时标网络计划，应按下列方法逐步进行：

（1）将起点节点定位在时标计划表的起始刻度线上；

（2）按工作持续时间在时标计划表上绘制起点节点的外向箭线；

（3）除起点节点以外的其他节点必须在其所有内向箭线绘出以后，定位在这些内向箭线中最早完成时间最迟的箭线末端。其他内向箭线长度不足以到达该节点时，用波形线补足；

（4）用上述方法自左至右依次确定其他节点位置，直至终点节点定位绘完。

【例 15-5】 网络计划资料见表 15-5，试绘制其按最早时间编制的时标网络计划。

工 作	A	B	C	D	E	G	H	I
紧前工作	—	—	A	A、B	B	C、D	D、E	G、H
紧后工作	C、D	D、E	G	G、H	H	I	I	—
持续时间	2	4	10	4	6	3	4	2

网络计划资料　　　　　　　　　　　　　　　表 15-5

【解】 本例采用不计算时间参数的方法绘制时标网络计划。

（1）绘制无时标的网络计划草图（即双代号网络图），如图 15-27 所示。

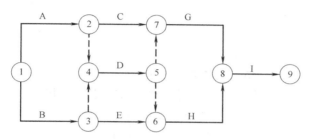

图 15-27　无时标网络计划草图

（2）按照上述方法绘制时标网络计划，如图 15-28 所示。

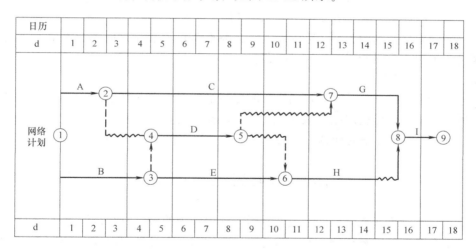

图 15-28　时标网络计划

15.4.3　双代号时标网络计划时间参数的确定

（1）按最早时间绘制的时标网络计划，每条箭线箭尾对应的时标值为该工作的最早开始时间，箭线实线段右端对应的时标值为该工作的最早完成时间。

例如，图 15-28 中工作 H 的最早开始时间 ES_{6-8} 为 10，最早完成时间 EF_{6-8} 为 14。

（2）时标网络计划中，代表各项工作的箭线中波形线部分在坐标轴上的水平投影长度为该工作的自由时差值。

图 15-28 中工作 H 的自由时差为 1。

（3）时标网络计划中工作的总时差计算。

时标网络计划的总时差从终点节点开始，首先计算以终点节点为结束节点的工作的总时差：

$$TF_{i-n} = T_P - EF_{i-n} \qquad (15\text{-}67)$$

然后自左向右逐项计算其他工作的总时差：

$$TF_{i-j} = \min\{T_{j-k} + FF_{i-j}\} \qquad (15\text{-}68)$$

图 15-28 中，部分工作的总时差计算如下：

$TF_{8-9} = 17 - 17 = 0;$

$TF_{6-8} = TF_{8-9} + FF_{6-8} = 0 + 1 = 1;$

$TF_{7-8} = TF_{8-9} + FF_{7-8} = 0 + 0 = 0;$

$TF_{5-6} = TF_{6-8} + FF_{5-6} = 1 + 2 = 3;$

$TF_{5-7} = TF_{7-8} + FF_{5-7} = 0 + 4 = 4;$

$TF_{4-5} = \min\{TF_{5-7} + FF_{4-5} + TF_{5-6} + FF_{4-5}\} = \{4 + 0; 3 + 0\} = 3$

（4）时标网络计划中工作最迟开始时间和最迟完成时间计算：

$$LS_{i-j} = ES_{i-j} + TF_{i-j} \qquad (15\text{-}69)$$

$$LF_{i-j} = EF_{i-j} + TF_{i-j} \qquad (15\text{-}70)$$

例如，图 15-28 中，工作 H 最迟时间为：

$$LS_{6-8} = ES_{6-8} + TF_{6-8} = 10 + 1 = 11$$

$$LF_{6-8} = EF_{6-8} + TF_{6-8} = 14 + 1 = 15$$

（5）时标网络计划中关键线路的确定：自终点节点逆箭线方向朝起点节点方向观察，自始至终不出现波形线的线路为关键线路。

图 15-28 中关键线路为 1-2-7-8-9。

（6）时标网络计划的计算工期确定。时标网络计划中终点节点所在位置的时标值与起点节点所在位置的时标值之差为该网络计划的计算工期 T_c。

图 15-28 中网络计划的计算工期为 17-0=17。

15.5 网络计划的优化

网络计划编制完毕并经时间参数计算后，得出计划的最初方案，但它只是一种可行方案，不一定是合理的或最优的方案。为此，还必须对网络计划的初步方案进行优化处理或调整。

网络计划的优化，是指按照某一既定的目标对网络计划进行调整，以寻求一个最优的计划方案。既定的目标包括：工期目标，例如使计划工期满足合同工期的要求；费用目标，例如降低施工成本；资源目标，例如使资源的供应更加平衡。

按照网络计划优化的目标不同，网络计划的优化可以分为如下三种：工期优化、资源优化、费用优化。

15.5.1 工期优化

当计算工期大于要求工期（例如合同工期）时，可通过压缩关键工作的持续时间满足工期要求；当计算工期小于要求工期时，若有必要，则可以通过延长关键工作的持续时间以满足工期目标的要求。

1. 工期优化的步骤

以缩短工期为例，工期优化的步骤是：

（1）计算并找出网络计划的计算工期、关键线路；

（2）按要求工期计算应缩短的时间 ΔT：

$$\Delta T = T_c - T_r \tag{15-71}$$

（3）确定各关键工作能缩短的时间；

（4）选择关键工作，压缩其持续时间，并重新计算网络计划的计算工期；

（5）当计算工期仍超过要求工期时，则重复以上步骤，直到满足工期要求或工期已不能再压缩为止；

（6）当所有关键工作的持续时间都已达到其能缩短的极限而工期仍不能满足要求时，应对原计划的技术方案、组织方案进行调整或对要求工期重新审定。

2. 关键工作的选择

选择应缩短持续时间的关键工作时，宜考虑下列因素：

（1）缩短持续时间对质量和安全影响不大的工作；

（2）有充足备用资源的工作；

（3）缩短持续时间所需增加的费用最少的工作。

3. 关键线路及计算工期的确定

关键线路及计算工期的确定，可以采用此前介绍的方法，即通过时间参数计算确定；但是时间参数计算比较复杂，需要计算的时间参数很多，而有些参数是对工期优化没有作用的，计算这些参数则浪费时间，而且容易出错。因此，可以采用简单的方法确定计算工期和关键线路，标号法就是一种简易的方法。

标号法的做法是：首先对每个节点用源节点和标号值进行标号，然后从网络计划终点节点开始，从后向前按源节点的指引"追索"出关键线路，终点节点标号值即为网络计划的计算工期。标号值计算方法：

（1）设网络计划起点节点标号值为零：

$$b_i = 0 \qquad (i=1) \tag{15-72}$$

（2）其他节点标号值按下式计算：

$$b_j = \max\{b_i + D_{i-j}\} \tag{15-73}$$

4. 工期优化实例

【例 15-6】 某工程施工进度计划网络图如图 15-29 所示，箭线下方括号内数字为该工作最短持续时间及每压缩一天持续时间所需增加的费用。合同规定工期不得超过 61d，试对该计划进行优化，使其满足合同要求。

【解】 （1）用标号法确定网络计划的关键线路和计算工期

计算结果见图 15-30 所示。

由计算结果可知，计算工期为 66d，应缩短的工期为：

$$\Delta T = T_c - T_r = 66 - 61 = 5d$$

关键线路为 1—2—3—6—7，关键工作为 A、B、D、F。

（2）由于压缩工作 A 所需增加的费用最少，所以首先选择工作 A 将其持续时间压缩

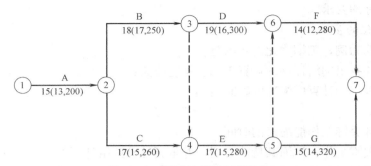

图 15-29　网络计划的工期优化

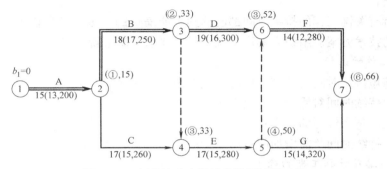

图 15-30　标号法确定关键线路及计算工期

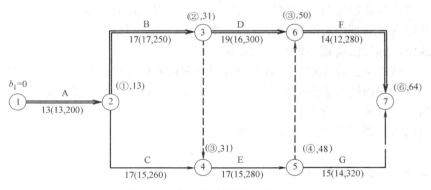

图 15-31　第一次调整后的网络计划

到其最短持续时间，压缩后用标号法重新确定关键线路及计算工期，结果见图 15-31 所示。

（3）由于计算工期仍然大于要求工期，所以还需继续压缩关键工作的持续时间，工作 B、D、F 中，压缩工作 B 增加的费用最少，因此选择工作 B 将其持续时间压缩至其最短持续时间，压缩后的结果见图 15-32 所示。

（4）计算工期仍然大于要求工期，很显然在余下可以压缩持续时间的关键工作中，应该压缩工作 F 的持续时间，但是若将其持续时间压缩 2d，总工期只能缩短 1d，这是因为关键工作发生了转移，因此，暂时将工作 F 的持续时间压缩 1d，压缩后的结果见图 15-33 所示。

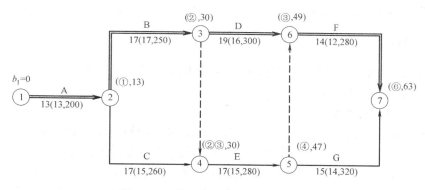

图 15-32　第二次调整后的网络计划

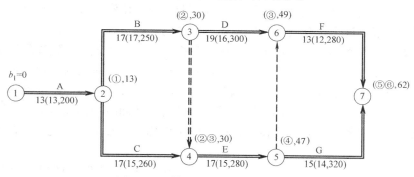

图 15-33　第三次调整后的网络计划

（5）计算工期仍然比要求工期大一天，仍需继续压缩。

由图 15-33 可知，网络计划中一共有三条关键线路，分别是：1—2—3—6—7、1—2—3—4—5—7 和 1—2—4—5—7（关键线路在工作 A、B、C、E、G 上有重合）；要缩短总工期，必须同时压缩这三条线路上的关键工作；由于工作 A、B 已经被压缩到最短持续时间，所以不能再压缩，而且由于工作 C 与工作 B 平行，所以压缩工作 C 不能缩短总工期；因此，可行的压缩方案有两个，第一个方案是同时压缩关键工作 D 和 E，第二种方案是同时压缩关键工作 F 和 G；第一种方案每压缩一天增加的费用为 300＋280＝580 元，第二种方案每压缩一天增加的费用为 280＋320 元，因此选择第一种方案，即同时将工作 D 和 E 的持续时间压缩一天，压缩后的结果见图 15-34 所示。

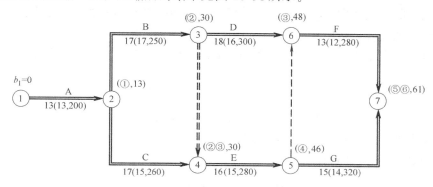

图 15-34　最后调整的网络计划

经压缩后的计算工期为 61d，符合要求工期的要求，工期优化达到预定目标要求。

15.5.2 费用优化

费用优化又称成本优化，其优化是寻求最低成本时的最短工期安排，或按要求工期寻求最低成本的计划安排过程。

1. 工期与费用的关系

工程施工中发生在工程上的总费用可以分为直接费用和间接费用两种。

直接费用是指工程施工过程中直接消耗在工程项目上的费用，包括人工费、材料费、机械使用费以及冬雨期施工增加费、夜间施工费等。间接费用是与整个工程有关的、不能或不宜直接分摊给每道工序的费用，它包括与工程有关的管理费用、全工地性设施、设备的租赁费、现场临时办公设施费、公用和福利事业费及占用资金应付的利息等。

直接费用一般情况下是随着工期的缩短而增加的，这是因为工期缩短导致占用的施工机械设备和周转材料增加，人员增多以后生产效率下降，夜间施工导致夜班津贴、夜宵费用和夜间照明费用的支出等。每一项工作（即施工过程）持续时间的缩短受技术条件及工作面大小等限制，不可能无限制缩短，因此，每一项工作都有其最短持续时间，工程施工有其最短工期。反之，若延长时间，则可减少直接费；然而时间延长至某一极限，则无论将工期延至多长，也不能再减少直接费，此时的工期称为正常工期，此时的费用称为正常时间直接费。

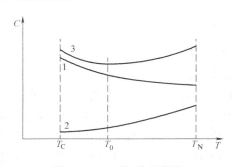

图 15-35　工期-费用曲线
1—直接费；2—间接费；3—总费用
（T_C—最短工期；T_0—优化工期；T_N—正常工期）

间接费用一般与工程工期成正比关系，即工期越长，间接费用越多，工期越短，间接费用越低。

如果把直接费用和间接费用加在一起，必有一个总费用最少的工期，即最优工期。上述关系可用图 15-35 所示的工期费用曲线表示。

2. 费用优化的方法

费用优化的基本方法是不断地从能够缩短持续时间的关键工作中，找出因缩短持续时间而增加的费用最少的工作，并缩短其持续时间，求出其因缩短持续时间而增加的费用，同时计算因工期缩短而减少的间接费用，将增加的直接费与减少的间接费相叠加，便可求出费用最低相对应的最优工期及其总费用。

当要求的工期小于最优工期 T_0 时，应取工期为要求工期 T_r，此时费用大于最优工期时的总费用。

3. 费用优化的步骤

（1）按工作正常持续时间找出关键工作及关键线路；

（2）按下列公式计算各项工作的费用率：

1）对双代号网络计划：

$$\Delta C_{i-j} = \frac{CC_{i-j} - CN_{i-j}}{DN_{i-j} - DC_{i-j}} \tag{15-74}$$

式中 ΔC_{i-j} ——工作 $i-j$ 的费用率；

  CC_{i-j} ——将工作 $i-j$ 持续时间缩短为最短持续时间后，完成该工作所需的直接费用；

  CN_{i-j} ——在正常条件下完成工作 $i-j$ 所需的直接费用；

  DN_{i-j} ——工作 $i-j$ 的正常持续时间；

  DC_{i-j} ——工作 $i-j$ 的最短持续时间。

2）对单代号网络计划：

$$\Delta C_i = \frac{CC_i - CN_i}{DN_i - DC_i} \tag{15-75}$$

式中 ΔC_i ——工作 i 的费用率；

  CC_i ——将工作 i 持续时间缩短为最短持续时间后，完成该工作所需的直接费用；

  CN_i ——在正常条件下完成工作 i 所需的直接费用；

  DN_i ——工作 i 的正常持续时间；

  DC_i ——工作 i 的最短持续时间。

（3）在网络计划中找出费用率（或组合费用率）最低的一项关键工作或一组关键工作，作为缩短持续时间的对象；

（4）缩短找出的关键工作或一组关键工作的持续时间，其缩短值必须符合不能压缩成非关键工作和缩短后其持续时间不小于最短持续时间的原则；

（5）计算相应增加的直接费用 C_i；

（6）考虑工期变化带来的间接费及其他损益，在此基础上计算总费用；

（7）重复（3）～（6）款的步骤，一直计算到总费用最低为止。

4. 费用优化实例

已知网络计划如图 15-36 所示，图中箭线上方括号外数字为工作的正常直接费用，括号内数字为最短时间的直接费用（单位：万元），箭线下方括号外为工作的正常持续时间，括号内数字为工作的最短持续时间（单位：周）。试对该网络计划进行费用优化（已知间接费率为 1.5 万元/周）。

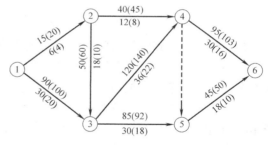

图 15-36 某网络计划

（1）按工作正常持续时间用节点法计算各项工作的总时差和计算工期，找出关键工作及关键线路，见图 15-37。

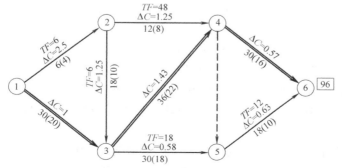

图 15-37 关键线路及费用率

393

（2）按式（15-74）计算各项工作的费用率，标注于相应工作箭线上方，见图15-37，工程总直接费用为：

$$S_0 = \sum CN_{i-j} = 540 万元$$

（3）在网络计划中，费用率 ΔC 最低的关键工作为4-6，因此选择工作4-6作为缩短持续时间的对象，该工作可缩短持续时间为 $30-16=14$ 周，但是，与其平行的工作5-6的总时差只有12周，当工作4-6缩短持续时间超过12周时，关键线路将转移到工作5-6上而不能缩短总工期，因此，工作4-6的持续时间只能缩短12周，取 $\Delta t_1 = 12$ 周，其增加的直接费用为：

$$\Delta S_1 = \Delta C_{4-6} \cdot \Delta t_1 = 0.57 \times 12 = 6.84 万元$$

调整后的工程总直接费用为：

$$S_1 = S_0 + \Delta S_1 = 540 + 6.84 = 546.84 万元$$

第一次缩短持续时间后的网络计划变为图15-38所示。

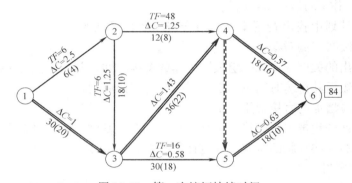

图15-38　第一次缩短持续时间

（4）第一次缩短持续时间后，网络图中出现了两条关键线路，分别是1—3—4—6和1—3—4—5—6，若要缩短总工期，则应平行缩短两条关键线路的持续时间，因此，缩短的方案有三个，第一是缩短工作1—3的持续时间（因为两条关键线路再次重合，所以只需要缩短这一项工作的持续时间），费用率为 $\Delta C_{1-3} = 1 万元/周$；第二是缩短工作3—4，费用率为 $\Delta C_{3-4} = 1.43 万元/周$，第三种方案是同时缩短工作4—6和5—6的持续时间，费用率为 $\Delta C = \Delta C_{4-6} + \Delta C_{5-6} = 0.57 + 0.63 = 1.2 万元/周$，选择费用率最低的方案，即缩短工作1—3的持续时间，由于预期平行的工作1—2总时差为6周，所以取 $\Delta t_2 = 6$ 周，增加的直接费用为：

$$\Delta S_2 = \Delta C_{1-3} \cdot \Delta t_2 = 1 \times 6 = 6 万元$$

调整后的工程总直接费用为：

$$S_2 = S_1 + \Delta S_2 = 546.84 + 6 = 552.84 万元$$

第二次缩短持续时间后的网络计划变为图15-39所示。

（5）经第二次调整以后，关键线路变为四条，即1—2—3—4—6，1—2—3—4—5—6，1—3—4—6，1—3—4—5—6；此时缩短持续时间的方案有四种，这四种方案及其费率是：

方案一：工作1—2和1—3，$\Delta C = 2.5 + 1 = 3.5 万元/周$

方案二：工作1—3和2—3，$\Delta C = 1.25 + 1 = 2.25 万元/周$

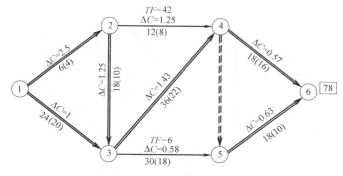

图 15-39　第二次缩短持续时间

方案三：工作 3—4，$\Delta C = 1.43$ 万元/周

方案四：工作 4—6 和 5—6，$\Delta C = 0.57 + 0.63 = 1.2$ 万元/周

选择费率最低的方案四，$\Delta t_3 = 2$（周），增加的直接费用为：

$$\Delta S_3 = (\Delta C_{4-6} + \Delta C_{4-6}) \cdot \Delta t_3 = 1.2 \times 2 = 2.4 \text{万元}$$

调整后的工程总直接费用为：

$$S_2 = S_2 + \Delta S_3 = 552.84 + 2.4 = 555.24 \text{万元}$$

第三次缩短持续时间后的网络计划变为图 15-40 所示。

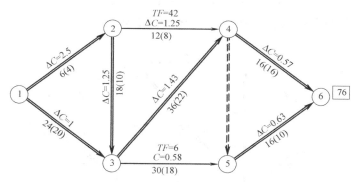

图 15-40　第三次缩短持续时间

（6）经第三次缩短持续时间后，关键线路没有变化，缩短持续时间的方案只剩下三种，由上一步的分析可知，应选择方案三，即缩短工作 3—4 的持续时间，该工作可以缩短持续时间 14 周，但是与其平行的工作 3—5 总时差只有 6 周，故取 $\Delta t_4 = 6$ 周，增加的直接费用为：

$$\Delta S_4 = \Delta C_{3-4} \cdot \Delta t_4 = 1.43 \times 6 = 8.58 \text{万元}$$

调整后的工程总直接费用为：

$$S_4 = S_3 + \Delta S_4 = 555.24 + 8.58 = 563.82 \text{万元}$$

第四次缩短持续时间后的网络计划变为图 15-41 所示。

（7）经上一次缩短持续时间以后，又增加了两条关键线路，即线路 1—2—3—5—6 和 1—3—5—6，由于工作 4—6 的持续时间已经缩短到最短持续时间而不能缩短，因此，缩短持续时间的方案有三个，这三个方案及其费率是：

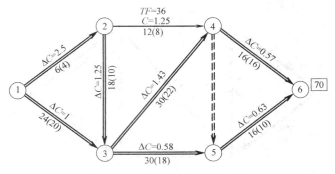

图 15-41　第四次缩短持续时间

方案一：缩短工作 1—2 和 1—3，$\Delta C = 2.5 + 1 = 3.5$ 万元/周

方案二：缩短工作 1—3 和 2—3，$\Delta C = 1 + 1.25 = 2.25$ 万元/周

方案三：缩短工作 3—4 和 3—5，$\Delta C = 1.43 + 0.58 = 2.01$ 万元/周

选择方案三，即同时缩短工作 3—4 和 3—5 的持续时间，取

$$\Delta t_5 = \min\{30 - 22; 30 - 18\} = 8 \text{周}$$

$$\Delta S_5 = (\Delta C_{3-4} + \Delta C_{3-5}) \cdot \Delta t_5 = 2.01 \times 8 = 16.08 \text{万元}$$

调整后的工程总直接费用为：

$$S_5 = S_4 + \Delta S_5 = 563.82 + 16.08 = 579.9 \text{万元}$$

第五次缩短持续时间后的网络计划变为图 15-42 所示。

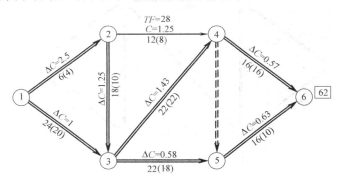

图 15-42　第五次缩短持续时间

（8）经上一次缩短持续时间后，关键线路没有变化，因此，选择上一步的方案二进一步缩短持续时间，取：

$$\Delta t_6 = \min\{18 - 10; 24 - 20\} = 4 \text{周}$$

$$\Delta S_6 = (\Delta C_{1-3} + \Delta C_{2-3}) \cdot \Delta t_6 = 2.25 \times 4 = 9 \text{万元}$$

调整后的工程总直接费用为：

$$S_6 = S_5 + \Delta S_6 = 579.9 + 9 = 588.9 \text{万元}$$

经六次缩短持续时间后的网络图见图 15-43，该网络计划中的所有工作均不宜继续缩短持续时间，因为缩短持续时间不仅不能缩短总工期，反而造成直接费用的增加，因此该计划是最低直接费用下的最短工期。

（9）将优化结果及相应的间接费汇总列于表 15-6 中。

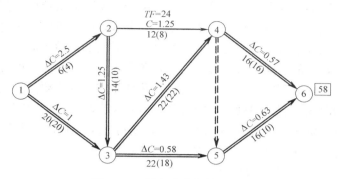

图 15-43　第六次缩短持续时间

工期-费用表　　　　　　　　　　　　　　　　　　　表 15-6

工期(周)	直接费(万元)	间接费(万元)	总费用(万元)
96	540	200	740
84	546.84	182.00	728.84
78	552.84	173.00	725.84
76	555.24	170.00	722.24
70	563.82	161.00	724.82
62	579.90	149.00	728.90
58	588.90	143.00	731.90

　　由表 15-6 的结果可知，最优工期为 76 周，相应的工程总费用 722.24 万元为最小工程总费用。

　　如果不经过费用优化，将各工作均按最短持续时间进行安排，则进度计划及其相应的工程直接费用如图 15-44 所示（图中箭线上方数字为最短持续时间下的直接费用），此时的总工期 58 周，为最短总工期，其结果与上述优化结果一致，但是，工程总直接费用为：

$$S=20+100+60+45+140+92+103+50=610 \text{ 万元}$$

　　与费用优化后最短总工期下的工程总直接费用相比，增加了 $610-588.90=21.10$ 万元，由此可见费用优化的效果。

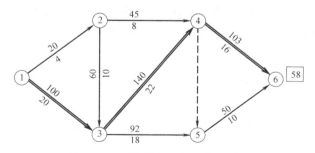

图 15-44　不经优化缩短工期的效果

15.5.3　资源优化

　　资源（人力、材料、机械设备和资金等）优化有如下两种情况：

第一种情况，网络计划实施中的某一时段，由于资源强度（单位时间内所需的某种资源数量）太大，导致资源供应不足，不能满足计划要求，此时可以通过将某些工作的开始时间推后的办法，减轻该时段的资源强度，但是开始时间的推后可能导致工期延长，优化的目的就是尽量使延长的工期最短，称之为"资源有限—工期最短"的优化。

第二种情况，在工期固定的情况下，通过优化使得资源的需要量均衡，所谓资源均衡是指资源需要量随时间的变化幅度小，资源均衡可减少高峰期的资源需要量，从而减少资源占用量，同时避免资源需要量过小的"低谷"，使得施工现场的资源特别是大型设备都得到充分利用，这种优化称之为"工期固定—资源均衡"的优化。

1. 资源有限——工期最短的优化

资源有限——工期最短的优化是通过调整计划安排，以满足资源限制条件，并使工期拖延最少的过程。

（1）优化的前提条件

1）优化过程中，原网络计划的逻辑关系不改变。

2）优化过程中，网络计划的各工作持续时间不改变，也就是只能将某些工作的开始时间在最早开始时间的基础上推迟。

3）除规定可中断的工作外，一般不允许中断工作，应保持其连续性。

4）各工作每天的资源需要量是均衡、合理的，在优化过程中不予变更。

（2）优化步骤

1）计算网络计划每"时间单位"的资源需用量 R_t，例如，混凝土拌合物的需要量 $20m^3/h$，方法是将该时段内同时进行的工作所需单位时间资源量相加，为了计算单位时间的资源需要量，宜采用时标网络计划。

2）从计划开始日期起，逐个检查每个"时间单位"资源需用量是否超过资源限量 R_a，如果在整个工期内都是 $R_t \leqslant R_a$，则可行优化方案就编制完成。若发现 $R_t > R_a$，则必须进行计划调整。

3）分析超过资源限量的时段（每"时间单位"资源需用量相同的时间区段），计算工期增量，确定新的安排顺序，即将该时段内某一项或几项工作的开始时间推迟到某项工作完成之后，以减小该时段的单位时间的资源需要量。

调整计划时，选择不同的工作推迟其开始时间，对工期的延长可能是不相同的，应选择使工期延长时间最短的工作进行调整，其值应按下列公式计算：

① 对双代号网络计划：

$$\Delta D_{m'-n',i'-j'} = \min\{\Delta D_{m-n,i-j}\} \tag{15-76}$$

$$\Delta D_{m-n,i-j} = EF_{m-n} - LS_{i-j} \tag{15-77}$$

式中　$\Delta D_{m'-n',i'-j'}$——在各种顺序安排中，最佳顺序安排所对应的工期延长时间的最小值；

$\Delta D_{m-n,i-j}$——在资源冲突时段内的所有工作中，将工作 $i-j$ 安排到工作 $m-n$ 之后进行，工期延长的时间。

② 对单代号网络计划：

$$\Delta D_{m',i'} = \min\{\Delta D_{m,i}\} \tag{15-78}$$

$$\Delta D_{m.i} = EF_m - LS_i \qquad (15\text{-}79)$$

式中 $\Delta D_{m'.i'}$——在各种顺序安排中，最佳顺序安排所对应的工期延长时间的最小值；

         $\Delta D_{m.i}$——在资源冲突时段内的所有工作中，将工作 i 安排到工作 m 之后进行，工期延长的时间。

4）当最早完成时间 $EF_{m'-n'}$ 或 $EF_{m'}$ 最小值和最迟开始时间 $LS_{i'-j'}$ 或 $LS_{i'}$ 最大值同属一个工作时，应找出最早完成时间为次小，最迟开始时间为次大的工作，分别组成两个顺序方案，再从中选取较小者进行调整。

5）绘制调整后的网络计划，重复以上步骤，直到满足要求。

2. 工期固定——资源均衡的优化

"工期固定——资源均衡"优化，可利用"削高峰法"（调整工作的时间安排降低资源高峰值），获得资源消耗量尽可能均衡的优化方案，优化步骤如下：

（1）计算网络计划每"单位时间"资源需要量，可以利用双代号时标网络计划，在时标表下绘出单位时间资源需要量动态曲线。

（2）将高峰期资源需要量的最大值减小一个单位量以确定高峰时段，找出高峰时段进行的工作及其最早开始时间 ES_{i-j} 和总时差 TF_{i-j}，并确定高峰时段的最后时间 T_h。

（3）按以下公式计算高峰时段各工作的时间差值：

$$\Delta T_{i-j} = TF_{i-j} - (T_h - ES_{i-j}) \qquad (15\text{-}80)$$

优先以时间差值最大的工作 $i'-j'$ 为调整对象，令

$$ES_{i'-j'} = T_h \qquad (15\text{-}81)$$

（4）重复以上步骤，直到峰值不能再减小时，即得到最优方案。

思 考 题

15.1   什么是网络图？什么是网络计划技术？

15.2   网络图与横道图比较有哪些优点和缺点？

15.3   在双代号网络计划中，虚工作起什么作用？

15.4   简述绘制双代号网络图的基本规则。

15.5   双代号网络图的节点编号有何要求？

15.6   双代号网络计划时间参数有哪些？

15.7   双代号网络计划的最早时间按照什么顺序进行计算？最迟时间按照什么顺序进行计算？

15.8   什么是工作的自由时差？什么是工作的总时差？

15.9   什么是关键工作和关键线路？关键工作如何确定？双代号网络计划和单代号网络计划的关键线路分别如何确定？

15.10   单代号网络计划中工作如何表示？节点内一般标注哪些内容？

15.11   单代号网络图与双代号网络图的区别是什么？

15.12   与双代号网络计划比较，双代号时间坐标网络计划有什么优点？双代号时标网络计划如何绘制？

15.13　双代号时标网络计划的时间参数如何确定？关键线路如何确定？

15.14　什么是网络计划优化？优化内容包括哪些？

15.15　工期优化时，如何选择压缩持续时间的关键工作？

15.16　网络计划资源优化的目的是什么？

15.17　某工作的持续时间为 15d，自由时差为 2d，总时差为 4d。

(1) 若该工作拖延 1d 完成，对网络计划是否造成影响，有何影响？

(2) 若该工作拖延 3d 完成，对网络计划是否造成影响？有何影响？

(3) 若该工作拖延 5d 完成，对网络计划是否造成影响？有何影响？

习　题

15.1　某工程施工进度计划中工作之间的逻辑关系见表 15-7，请分别绘制出该计划的双代号网络图和单代号网络图。

网络计划逻辑关系表　　　　　　　　表 15-7

工作	A	B	C	D	E	F	G
紧前工作	—	—	A、B	B	—	C、D	E

15.2　某钢筋混凝土楼盖施工，分为三个施工过程：安模板、扎钢筋、浇筑混凝土，现将楼盖划分为三个施工段组织流水施工，请绘制该流水施工的双代号网络图。（提示：第 1 段安模板可以用"安模板 1"表示，第 2 段安模板用"安模板 2"表示，其他施工过程的表示方法依此类推。）

15.3　某工程施工进度计划中，工作之间的逻辑关系见表 15-8，请分别绘制出该计划的双代号网络图和单代号网络图。

工作之间的逻辑关系表　　　　　　　　表 15-8

工作	A	B	C	D	E	F	G	H	I	J
紧前工作	—	—	—	A	A、B	B、C	C	D、E	E、F	F、G

15.4　某工程网络计划个工作之间的逻辑关系见表 15-9，请绘制该计划的双代号及单代号网络图。

工作之间的逻辑关系表　　　　　　　　表 15-9

工作	A	B	C	D	E	F	G	H	I	J
紧前工作	—	—	A、B	A、B	B	D、E	E	E	F	G、H

15.5　某施工单位承包了三栋完全相同的住宅施工任务，住宅的土建工程划分为四个分部（子分部）工程：地基与基础工程、主体结构工程、室外装饰工程、室内装饰工程。各分部（子分部）工程的持续时间依次为：地基与基础工程 20d，主体结构工程 30d，室外装饰工程 26d，室内装饰工程 35d，拟采用流水施工方式组织施工，为加快施工进度，室外装饰工程与室内装饰工程同时进行。要求：

（1）绘制该工程施工进度计划的双代号网络图；

（2）用图上计算法计算该计划的时间参数；

（3）在图上标出关键线路，并确定该工程的总工期；

（4）由于甲方提供的材料没能及时到货导致室内装饰工程持续时间拖延了 10d，试分析其对总工期的影响。

15.6　用图上计算法计算图 15-45 所示双代号网络计划的时间参数，并用双线标出该网络计划的关键线路。

15.7　图 15-46 所示为某分部工程施工的网络计划。要求：

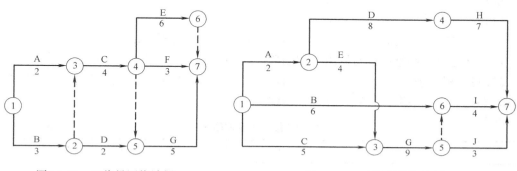

图 15-45　双代号网络计划　　　　　　　图 15-46　双代号网络计划

（1）用图上计算法计算该网络计划各项工作的时间参数；

（2）如果工作 E 由于天气原因拖延 4d 才完成，试分析其对总工期的影响以及对其紧后工作施工时间的影响；

（3）将此双代号网络计划改用单代号网络图表示。

15.8　用节点法计算图 15-46 所示双代号网络计划中工作 G 的六个时间参数。

15.9　请用图上计算法计算图 15-47 所示单代号网络计划的时间参数，并用双线表示该网络计划的关键线路。

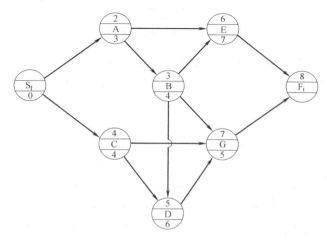

图 15-47　单代号网络计划

15.10 试绘制图 15-45 所示双代号网络计划的时标网络计划，并根据时标网络图确定各项工作的自由时差和总时差。

15.11 某工程网络计划各项工作之间的逻辑关系及持续时间见表 15-10。

工作的持续时间及逻辑关系   表 15-10

工作	A	B	C	D	E	F	G	H	I
紧前工作	—	—	A	A	B	C	C、E	D、F	D、G
持续时间	3	2	5	3	6	2	7	3	7

要求：

（1）绘制该计划的双代号网络图；

（2）不计算工作的时间参数，绘制出该计划的双代号时标网络图；

（3）通过时标网络图确定网络计划的关键线路、总工期及各项工作的总时差。

15.12 根据表 15-11 中各工作之间的逻辑关系，按最早时间绘制双代号时间坐标网络图，并进行时间参数的计算，标出关键线路。

工作的持续时间及逻辑关系   表 15-11

工作	A	B	C	D	E	F	G	H	I
紧前工作	—	—	A	B	B	A、D	E	C、E、F	G
持续时间	2	5	3	5	2	5	4	5	2

15.13 某工程施工初始双代号网络计划见图 15-48（时间单位：周），施工合同约定施工工期为 33 周，现要求：

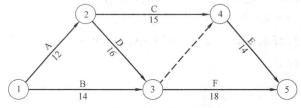

图 15-48　双代号网络计划

（1）用标号法确定网络计划的关键线路及计算工期；

（2）若计算工期不满足合同工期的要求，则对工期进行优化，工作的最短持续时间以及缩短持续时间增加的费用见表 15-12。

工作的最短持续时间及费用率   表 15-12

工作	A	B	C	D	E	F
最短持续时间(周)	12	8	12	12	11	12
缩短持续时间增加的费用(万元/周)	1.4	1.3	0.9	1.1	1.8	1.0

15.14 已知网络计划如图 15-49 所示，图中箭线上方为工作的正常费用和最短时间的费用（以千元为单位），箭线下方为工作的正常持续时间和最短的持续时间。试对其进

行费用优化（已知间接费率为 150 元/d）。

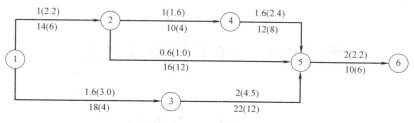

图 15-49　双代号网络计划

第16章　施工组织总设计

16.1　编制程序和依据

施工组织总设计是以整个建设项目为对象编制的，是指导整个建设项目施工活动的全局性的技术经济文件。

16.1.1　施工组织总设计的编制程序

施工组织总设计的编制程序如图16-1所示。由编制程序可知：

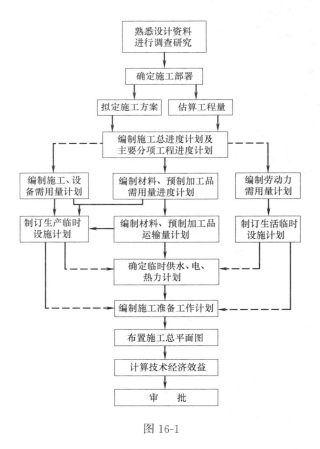

图 16-1

（1）编制施工组织总设计时，首先要从全局出发，熟悉原始工程资料，对建设地区的自然条件、技术经济状况以及工程特点、施工要求等进行系统地研究分析，找出影响施工的主要矛盾，薄弱环节，以便制定对策加以解决。

（2）根据工程情况和施工队伍的现状，合理进行施工部署，并对重要单位工程和主要工种工程的施工方案进行技术经济比较，合理地加以确定。

（3）根据生产工艺流程和工程特点，合理安排施工总进度计划，以确保工程能分期分批地展开，且按照工期要求均衡连续地进行施工，以便使建设项目分期投入生产或交付使用，充分发挥投资效益。

（4）根据施工总进度计划，编制劳动力、材料、构件、成品、半成品、机械、运输工具等资源需要量计划。

（5）进行运输业务、仓库业务、附属企业业务、临时房屋业务和临时供水、供电、供热、供气业务的组织，编制施工准备工作计划和设计施工总平面图。

16.1.2 施工组织总设计的编制依据

（1）计划文件，包括可行性研究报告、国家批准的基本建设计划、单位工程项目一览表、分期分批投资的期限、投资指标、管理部门的批件及施工任务书等；

（2）建设文件，包括批准的初步设计或技术设计、已批准概算文件等；

（3）合同文件，建设单位与施工单位签订的工程承包合同；

（4）建设地区的工程勘察和技术经济资料，如地质、地形、气象、地下水位、地区条件等；

（5）有关的政策法规、国家现行的技术规范和规程，定额等。

16.2 施工部署和施工方案

16.2.1 施工部署

施工部署是对整个建设项目的施工活动进行总体安排，并确定重要问题的解决方案，其内容主要包括以下几个方面：

（1）建立工程的组织系统，明确施工任务划分

应根据工程的规模和特点，建立有效的组织机构和管理模式，划分各施工单位的施工任务和施工区段，提出施工管理的目标及要求。确定分期分批施工的主要项目和辅助项目，确定土建工程、设备安装及其他专业工程之间的相互配合关系。

（2）做好施工准备工作规划

做好全场性的施工准备工作，如场地清理与平整，场内外施工运输的安排，施工用水用电的组织方案，测量控制网的建立，生产、生活基地的规划，材料、设备、构件的加工订货及供应，材料堆场、仓库、加工厂的布置，全场性的排水、防洪、消防、环保、安全规划，新材料和新技术的试制和试验等。

（3）确定各主要单位工程的施工展开程序

在保证工期的前提下，根据投产或投入使用的要求，实行分期分批建设，有利于施工的统筹安排，降低工程成本，充分发挥投资效益。同时也要遵循一般的施工程序，按照先地下后地上；先深后浅；先主体后围护；先结构后设备；先干线后支线的原则进行施工。特殊情况也可根据实际情况另行安排。

16.2.2 拟订主要项目的施工方案

对整个建设项目中起重要作用的单位工程，要通过技术经济比较确定其关键分部工程的施工方案，如深基坑支护结构、地下水处理、模板选型、大型物件吊装等。

确定工程量大施工技术复杂的重要工种工程（如土方、桩基础、混凝土、砌体、结构安装、预应力混凝土工程等）的施工方法，提出针对本工程的技术措施，做到提高生产效率，保证工程质量与施工安全，降低造价。

16.3 施工总进度计划

16.3.1 施工总进度计划的编制

施工总进度计划是全部施工活动在时间上的安排，根据施工部署和合同工期的要求，合理确定工程项目的计划总工期及各单位工程施工的先后顺序，开工和竣工日期和它们之间的搭接关系。进而可确定劳动力、材料、成品、半成品、机具等资源需要量及其供应计划；确定各附属企业的生产能力，临时房屋、堆场和仓库的面积，临时供水、供电、供热、供气的要求等。

施工总进度计划编制的粗细程度应根据工程规模、编制条件及适用场合而定。一般施工总进度计划主要起控制总工期的作用，作为控制性的计划，项目划分不宜过细，一般可编制得较粗略。施工总进度计划可用横线图表达，亦可用网络图表达。

施工总进度计划的一般编制步骤如下：

计算工程量→确定各单位工程的施工工期→确定各单位工程的开、竣工时间和相互搭接关系→编制施工总进度计划。

（1）计算工程量

根据工程项目一览表，分别计算所划分的主要项目的实际工程量，据此选择施工方案和施工机械，规划流水施工，确定项目施工工期，确定资源需要量计划。计算工程量可根据初步或扩初设计图，采用有关定额、资料计算，如万元、十万元投资工程量、劳动力及材料消耗扩大指标，概算指标和扩大结构定额，已建类似工程的资料等进行计算。

（2）确定各单位工程的施工工期

单位工程的施工工期可参考有关工期定额，综合考虑影响工期的各种因素来确定。影响单位工程施工工期的主要因素包括工程类型、施工技术、施工方法、施工管理、各种资源的供应情况、现场的地形和地质条件、气候条件等。

（3）确定各单位工程的开、竣工时间和相互搭接关系

在确定各单位工程的开、竣工时间和相互搭接关系时，要根据施工部署的安排，考虑各单位工程的施工工期要求，正确处理好重点项目和一般项目的关系，季节性施工与全年均衡施工的关系，土建施工与设备安装的关系，临时设施与永久性建筑的关系，对各单位工程的开竣工时间和相互搭接关系进行合理安排和调整。

（4）编制施工总进度计划

编制施工总进度计划时，将所有项目的开竣工时间和搭接关系用横道图或网络图表示

出来，并综合考虑总工期、均衡施工的要求加以调整。

在工程施工后期，要确保在规定的时间内配套工程及相应的设备安装同步进入施工，要使土建施工、设备安装和试车运转相互配合。要合理安排人力、物力，尽早使工程项目投产或使用，发挥投资效益。

16.3.2 资源需要量计划的编制

施工总进度计划编制完后，可以据此编制各种资源需要量计划，主要包括劳动力需要量计划、各种物资需要量计划和主要施工机械需要量计划，见表16-1、表16-2、表16-3。

劳动力汇总表　　　　　　　　　　　　　　　　　　表 16-1

工程项目 工种	总计（工日）	其中包括					居住建筑		工地内部临时性建筑物及机械化装置	总　计						
		铁路支线和运输建筑物	外部工程	电气工程	工业建筑		永久性	临时		××年				××年	××年
					主要	辅助				季度				…	…
										一	二	三	四	…	…
钢筋工 混凝土工 砖石工 起重工 …															

构件、成品、半成品与主要建筑材料需要量汇总表　　　　　　　表 16-2

工程项目 工程	量度单位	总计	其中包括					居住建筑		工地内部临时性建筑物及机械化装置	总　计					
			铁路支线和运输建筑物	外部工程	电气工程	工业建筑		永久性	临时		××年				××年	
						主要	辅助				季度				…	
											一	二	三	四	…	
构件及其半成品	钢筋 混凝土梁 楼板、屋面 钢结构 模板 灰浆 木制品 …	t m³ m³ m² m² m³ m²														
主要材料	石灰 块石及圆砾石 圆木 锯木 …	t t m³ m³														

主要施工及运输机械需要量汇总表　　　　　　　　　　　　　表 16-3

主要施工及运输机械名称	型 号	生产率	数 量	电动机功率	需 求 量					
					××年					××年
					季度					…
					一	二	三	四		…
…										
…										
…										

16.4　暂 设 工 程

为了顺利完成施工任务，在工程正式开工前，因按施工准备工作计划，本着有利施工、方便生活、勤俭节约和安全使用的原则，统筹规划，合理布局，及时完成施工现场的暂设工程。工地的暂设工程包括工地临时房屋、临时道路、临时供水和供电设施等。

16.4.1　工地临时房屋

1. 搭设要求

工地临时房屋包括生产性临时设施、工地仓库和行政生活福利临时设施，布置时应将施工生产区和生活区分开，考虑施工、交通和职工生活的需要；根据场地地形，注意防洪水、泥石流、滑坡等自然灾害，尽量少占和不占农田，充分利用山地、荒地、空地或劣地。临时房屋要尽量利用施工现场及其附近原有的和拟建的永久建筑物，对必须搭设的临时建筑应因地制宜，尽量降低费用；尽可能使用新型建筑材料来搭设临时设施，如活动房屋、彩钢板、铝合金板、集装箱等，其重复利用率高，周转次数多，搭拆方便，保温防潮，维修费用低，施工现场文明程度高；临时房屋的搭设还必须符合防火安全的要求。

2. 临时房屋搭设

（1）生产性临时设施

生产性临时设施是指工地上常设的临时加工厂、现场作业棚、检修间等。表 16-4 及表 16-5 列出了部分生产性设施所需面积的参考指标。

临时加工厂所需面积参考指标　　　　　　　　　　　　表 16-4

序号	加工厂名称	年 产 量		单位产量所需建筑面积	占地总面积(m²)	备 注
		单位	数量			
1	混凝土搅拌站	m³	3200	0.022	按砂石堆场考虑	400L 搅拌机 2 台
			4800	0.021　(m²/m³)		400L 搅拌机 3 台
			6400	0.020		400L 搅拌机 4 台
2	临时性混凝土预制场	m³	1000	0.25	2000	生产屋面板和中小型梁柱板等，配有蒸养设施
			2000	0.20　(m²/m³)	3000	
			3000	0.15	4000	
			5000	0.125	<6000	

序号	加工厂名称	年产量 单位	年产量 数量	单位产量所需建筑面积	占地总面积(m²)	备注
3	钢筋加工厂	t	200 500 1000 2000	0.35 0.25　(m²/t) 0.20 0.15	280～560 380～750 400～800 450～900	加工、成型、焊接

序号	加工厂名称	所需场地(m²/台)		备注
4	金属结构加工 (包括一般铁件)	10	年产500t	按一批加工数量计算
		8	年产1000t	
		6	年产2000t	
		5	年产3000t	
5	石灰消化 贮灰池 淋灰池 淋灰槽	5×3=15(m²) 4×3=12(m²) 3×2=6(m²)		每600kg石灰 可消化1m³石灰膏 每2个贮灰池 配1套淋灰池和淋灰槽

现场作业棚所需面积参指标　　　　　　　　　　　　表 16-5

序　号	名　　称	单　位	面　积(m²)
1	木工作业棚	m²/人	2
2	钢筋作业棚	m²/人	3
3	搅拌棚	m²/台	10～18
4	卷扬机棚	m²/台	6～12
5	电工房	m²	15
6	白铁工房	m²	20
7	油漆工房	m²	20
8	机、钳工修理房	m²	20

（2）工地仓库临时设施

工地仓库按材料保管方式分为封闭式仓库、库棚和露天仓库。工地仓库的材料储备量要做到在保证施工正常需要的情况下，不宜贮存过多，以免加大仓库面积、积压资金或过期变质。仓库面积的参考指标见表16-6。

仓库面积计算数据参考指标　　　　　　　　　　　　表 16-6

序号	材料名称	储备天数	每m²储存量	单位	堆限制高度(m)	仓库类型
1	钢材 工字钢、槽钢 角钢 钢筋(直筋) 钢筋(箍筋) 钢板	40～50	1.5 0.8～0.9 1.2～1.8 1.8～2.4 0.8～1.2 2.4～2.7	t	1.0 0.5 1.2 1.2 1.0 1.0	露天 露天 露天 露天 棚或库约占20% 露天

序号	材料名称	储备天数	每 m² 储存量	单 位	堆限制高度 (m)	仓库类型
2	五金	20~30	1.0		2.2	库
3	水泥	30~40	1.4		1.5	库
4	生石灰(块)	20~30	1~1.5	t	1.5	棚
	生石灰(袋装)	10~20	1~1.3		1.5	棚
	石膏	10~20	1.2~1.7		2.0	棚
5	砂、石子(机械堆置)	10~30	2.4	m³	3.0	露天
6	木材	40~50	0.8		2.0	露天
7	红砖	10~30	0.5	千块	1.5	露天
8	玻璃	20~30	6~10	箱	0.8	棚或库
9	卷材	20~30	15~24	卷	2.0	库
10	沥青	20~30	0.8		1.2	露天
11	钢筋骨架	3~7	0.12~0.18			露天
12	金属结构	3~7	0.16~0.24	t		露天
13	铁件	10~20	0.9~1.5		1.5	露天或棚
14	铁门窗	10~20	0.65		2	棚
15	水、电及卫生设备	20~30	0.35		1	棚、库各 1/2
16	模板	3~7	0.7	m³		露天
17	轻质混凝土制品	3~7	1.1		2	露天

（3）行政生活福利临时设施

行政生活福利临时设施包括办公室、宿舍、食堂、医务室、活动室等，其搭设面积可参考表 16-7。

行政生活福利临时设施面积参考指标　　　　　表 16-7

临时房屋名称		参考指标(m²/人)	说　明
办公室		3~4	按管理人员人数
宿舍	双层床	2.0~2.5	按高峰年(季)平均职工人数
	单层床	3.5~4.5	(扣除不在工地住宿人数)
食堂		3.5~4	
浴室		0.5~0.8	按高峰年平均职工人数
活动室		0.07~0.1	
现场小型设施	开水房	10~40	
	厕所	0.020~0.07	

16.4.2　工地临时道路

工地临时道路可按简易公路进行修筑，有关技术指标可参见表 16-8。

简易公路技术要求表

表 16-8

指 标 名 称	单 位	技 术 标 准
设计车速	km/h	≤20
路基宽度	m	双车道 6～6.5；单车道 4.4～5；困难路段 3.5
路面宽度	m	双车道 5～5.5；单车道 3～3.5
平面曲线最小半径	m	平原、丘陵地区 20；山区 15；回头弯道 12
最大纵坡	%	平原地区 6；丘陵地区 8；山区 9
纵坡最短长度	m	平原地区 100；山区 50
桥面宽度	m	木桥 4～4.5
桥涵载重等级	t	木桥涵 7.8～10.4

16.4.3 工地临时供水

工地临时供水要满足生产、生活和消防用水的需要，其设计一般包括以下几个内容：决定需水量、选择水源、设计配水管网（必要时并设计取水、净水和储水构筑物）。

1. 工地临时需水量的计算

（1）生产用水

生产用水（Q_1）包括施工用水、施工机械。

生产用水的需要量可按式（16-1）来确定：

$$Q_1 = \frac{K}{3600}\left(\frac{K_1 \sum Q_{施}}{8} + \frac{K_2 \sum Q_{机}}{8}\right) \quad (\text{m}^3/\text{s}) \tag{16-1}$$

式中 K——未考虑到的生产用水系统，取 1.1；

     $Q_{施}$——现场施工的需水量（m^3/班），它是根据施工进度计划中最大需水时期的有关工程的工程量乘以相应工程的施工用水定额获得；

     $Q_{机}$——施工机械和运输机械和动力设备需水量（m^3/班），它是根据工地上所采用的机械和动力设备的数量乘以每台机械或动力设备的每班耗水量求得；

     K_1——施工用水不均匀系数，取 1.25～1.5；

     K_2——机械和动力设备用水不均匀系数，取 1.1～2。

（2）生活用水

生活用水（Q_2）是指施工现场生活用水（Q_2'）和生活区的用水（Q_2''），其需水量应分别计算：

$$Q_2' = \frac{K'}{3600} \times \frac{N'q'}{8} \quad (\text{m}^3/\text{s}) \tag{16-2}$$

式中 K'——施工现场生活用水不均匀系数，取 2.7；

     N'——施工现场最高峰的职工人数；

     q'——每个职工每班的耗水量，通常采用为 0.01m^3/（人·班）。

生活区的需水量（Q_2''）按下式计算：

$$Q_2'' = \frac{K''}{3600} \times \frac{N''q''}{24} \quad (\text{m}^3/\text{s}) \tag{16-3}$$

式中 K''——生活区用水不均匀系数，取 2.0；

411

N''——生活区居民人数；

q''——每个居民昼夜的耗水量，通常采用为 0.04m³/（人·昼夜）。

生活用水总量为：

$$Q_2 = Q_2' + Q_2'' \tag{16-4}$$

（3）消防用水

工地消防需水量（Q_3）包括施工现场消防用水和生活区消防用水。

当工地面积在 250000m² 以下者，一般采用 0.01～0.015m³/s 计算；当面积在 250000m² 以上时，按每增加 250000m² 需水量增加 0.005m³/s 计算。

生活区消防用水量则根据居民人数确定。当人数在 5000 人以下时，消防用水量取 0.01m³/s；当人数在 5000～10000 人时，取 0.01～0.015m³/s。

（4）工地总需水量 Q

当 $Q_1 + Q_2 \leqslant Q_3$ 时：

$$Q = \frac{1}{2}(Q_1 + Q_2) + Q_3 \tag{16-5}$$

当 $Q_1 + Q_2 > Q_3$ 时：

$$Q = Q_1 + Q_2 \tag{16-6}$$

但 Q 应大于 $\frac{1}{2}(Q_1 + Q_2) + Q_3$。

当工地面积小于 50000m² 且 $Q_1 + Q_2 < Q_3$ 时，取：

$$Q = Q_3 \tag{16-7}$$

最后计算出的总需水量，还应增加 10%，以补偿管网漏水损失。

2. 临时供水水源的选择、管网布置及管径的计算

临时供水的水源，可用已有的给水管道、地下水（如井水）及地面水（如河水、湖水等）三种，优先考虑采用已有的给水管道系统供水。在选择水源时，应该注意水量能满足最大需水量的需要，水质应符合规范规定的要求。

配水管网布置的原则是在保证连续供水和满足施工使用要求的情况下，管道铺设尽可能短。

水管管径根据计算用水量按下式确定：

$$D = \sqrt{\frac{4Q}{QV}} \tag{16-8}$$

式中　D——给水管网的内径（m）；

Q——计算用水量（m³/s）；

V——管网中的水流速度（一般采用 1.3～2m/s，消防供水情况可采用 2.5～3m/s）。

16.4.4　临时供电

临时供电业务的组成包括以下内容：计算用电量、选择电源、确定变压器、布置配电线路和确定电线断面。

1. 工地用电量的计算

工地上临时供电，包括施工用电和照明用电两类。

（1）施工用电

施工用电量可按下式计算：

$$P_施 = K_1 \sum P_机 + \sum P_直 \tag{16-9}$$

式中　$P_机$——各种机械设备的用电量（kW），它以整个施工阶段内的最大负荷为准（一般以土建和设备安装施工搭接阶段的电力负荷为最大）；

　　　$P_直$——直接用于施工的用电量（kW），如电热混凝土等；

　　　K_1——综合用电系数（包括设备效率、同时工作率、设备负荷），通常电动机在10台以下，取 0.75；10～30 台，取 0.70；30 台以上，取 0.60。

（2）照明用电

照明用电是指施工现场和生活区的室内外照明用电。

照明用电量可按下式计算：

$$Q_照 = 0.001(K_2 \sum P_内 + K_3 \sum P_外)(\text{kW}) \tag{16-10}$$

式中　$P_内$ 与 $P_外$——室内与室外照明用电量（W）；

　　　K_2 与 K_3——综合用电系数，分别取 0.8 和 1.0。

由于照明用电量远小于施工用电量，也可以按施工用电量的 10% 来估算照明用电量。

最大用电负荷量，是按施工用电量与照明用电量之和计算的。当单班制工作时，则不考虑照明用电，此时最大电力负荷量等于施工用电量。

2. 选择电源和确定变压器

土木工程施工的电力来源，可以利用施工现场附近已有的电网和变压器，或新建变压器，调配电力后使用。如附近无电网，或供电不足时，则需自备发电设备。

临时变压器的设置地点，取决于负荷中心的位置和工地的大小与形状。当分区设置时，应按区计算用电量。一般应尽量设在用电负荷最集中及输电距离最短的地方。

变压器的功率可按下式计算：

$$P = \frac{1.10}{\cos\varphi}(\sum P_{\max})\quad(\text{kW}) \tag{16-11}$$

式中　$\cos\varphi$——用电设备的平均功率因数，一般用 0.75；

　　　1.10——线路上的电力损失系数；

　　　$P_{\max}$——各施工区的最大计算负荷（kW）。

根据计算所得容量，可从变压器产品目录中选用相近的变压器。

3. 布置配电线路和确定导线截面

工地配电线路的布置可采用枝式、环式及混合式三种。一般情况，3～10kV 的高压线路采用环式，380/220V 的低压线采用枝式。导线截面的选择，应满足机械强度、安全电流强度及允许电压损失的要求，可先根据电流强度选择，然后再以机械强度和电压损失的允许值校核。安全电流是指导线本身温度不超过规定值的最大负荷电流。

16.5　施工总平面图

施工总平面图是对拟建项目施工现场的总体布置图，它具体指导现场施工的平面布置，对于有组织、有计划地进行文明和安全施工有重大意义。它是按照施工部署、施工方案和施工总进度计划的要求，在确定了各项施工准备工作之后，对各项生产、生活设施做出合理规划。有些大型建设项目，当施工工期较长或受场地所限，施工场地需几次周转使用时，可分阶段分别设计施工总平面图。

16.5.1 施工总平面图的内容

(1) 施工用地范围及规划红线；

(2) 场地测量基准点的位置、坐标或标高，地形等高线等；

(3) 地上和地下的已有和拟建的建筑物、构筑物以及其他设施的平面位置和尺寸；

(4) 所有为施工服务的临时设施的布置，其中包括：工地上各种运输业务用的建筑物和运输道路；各种加工厂、半成品制备站和机械化装置等；各种材料、半成品及制品的仓库和堆场；行政管理及文化、生活、福利用的临时建筑物；临时给排水管线、供电及动力线路等；安全及消防设施。

16.5.2 施工总平面图的设计原则

(1) 平面布置紧凑合理，在保证施工顺利进行的前提下，尽量少占、不占农田；

(2) 在满足施工需要的条件下，尽量减少临时工程的费用，充分利用已有设施或拟建永久性工程为施工服务；

(3) 在满足施工要求的条件下，最大限度地降低工地的运输费。合理布置工地仓库、混凝土搅拌站、附属加工厂、起重设备等临时设施，合理组织运输业务，使工程总运输量或运输费用达到最小；

(4) 临时性建筑业务设施一般不占拟建永久性建（构）筑物和设施的位置；

(5) 工地上各项设施的布置应有利于生产、生活和管理，并应遵守防火、安全、消防、环保、卫生、劳动保护和文明施工等方面的法规与技术要求。

施工总平面图的设计应根据上述原则并结合具体工程情况编制，宜设计若干个可能的方案并进行比较优化，最后选择合理的方案。

16.5.3 施工总平面图的设计步骤

1. 确定大宗材料、成品和半成品进入工地的运输方式

工程中大宗材料、成品和半成品运输量大而面广，施工中必须合理确定运输方式及附属设施的布置，以减少重复搬运，降低工程费用。主要材料的运输方式有铁路、水路和公路三种。

当主要材料由铁路运入工地时，一般应先解决铁路引入及卸货的方案，要考虑和永久性铁路的关系，以及铁路的转弯半径和坡度限制等问题，铁路线一般布置在工地或独立施工区的周边；当主要材料由水路运入工地时，应考虑码头的吞吐能力，码头的数量一般不少于两个，在码头附近可布置生产企业或转运仓库。当主要材料由公路运入工地时，因其运输灵活，可先解决仓库及附属生产企业的位置，使其布置在最经济合理的地方，然后再布置道路路线。

2. 确定仓库、堆场及附属生产企业的位置

仓库、堆场位置应尽量接近使用地点。由铁路线运输时，仓库、堆场位置可以沿着铁

路线布置，但应有足够的装卸前线，其位置最好设在靠工地一侧，以免内部运输跨越铁路线；必要时可设转运仓库或转运站，以便临时卸下材料再转运到工程仓库中去；装卸作业频繁的材料仓库，应该布置在支线尽头或专用线上，以免妨碍其他工作。由公路运输时，材料仓库、堆场的布置比较灵活，中心仓库、堆场最好布置在工地中央或靠近使用的地方，在没有条件时，可将仓库、堆场布置在外围，靠近与外部交通线的连接处；直接为施工对象所用的材料和构件，可以直接放在施工对象附近，以免二次搬运，如砂石堆场和水泥库在搅拌站附近，砖、预制构件堆场在垂直运输设备工作范围内，钢筋、木材等在加工厂附近。

工地附属生产企业在布置时，应要求材料运入方便，由附属企业生产的加工品运至使用地点的运输费用少，附属企业有最好的生产条件，且生产与施工互不干扰，并要考虑其将来的发展或拆除等。附属生产企业可以视条件集中设置在工地边缘，并将相关的加工厂集中在一个地区，以便于管理和简化供应工作，且能降低铺设道路、动力管网及给排水管道等费用。例如混凝土搅拌厂、预制构件厂、钢筋模板加工厂等可以布置在一个区，机械修理工场、电气工场、锻工工场、电焊工场以及金属结构加工场等可以布置在同一地区，原木加工厂的各个车间可以集中布置在一个地区。在生产企业区域内布置各加工厂位置时，要注意各加工厂之间的生产流程，并预留一定的空地。

3. 布置场内运输道路

根据各附属生产企业、仓库以及各施工对象的相对位置，货物周转情况，进行场内道路规划，区分主要道路与次要道路。临时道路布置时要保证附属生产企业、仓库以及各施工对象间的贯通，保证运输通畅和车辆的行驶安全，避免交通断绝或阻塞。

可以提前修建永久性道路或其路基为施工服务；主要道路采用双车道，宽度不小于6m，次要道路可采用单车道，宽度不小于 3.5m；在规划道路时，还应尽量考虑避免穿越池塘河滨，以减少土方工程量。

4. 确定行政管理及文化生活福利房屋的位置

全工地行政管理办公室宜设在工地入口处，以便于接待外来人员，而施工人员办公室尽可能靠近施工对象。为工人服务的文化生活福利设施，如商店、小卖部、活动室等应设在工人较集中的地方。食堂可以布置在工地内部，也可以布置在宿舍区内，可视具体情况而定。职工宿舍应布置在生活区。如有条件，行政管理及文化生活福利房屋可尽量利用已有或先建的永久性建筑。

5. 布置临时水电管网以及其他动力线路

尽量利用已有水源、电源，这时管线应从外面接入工地，沿主要干道布置干管、主线，然后与各用户接通。当无法利用现有供水网和供电网时，则要进行供水设施、发电站、管线网的设计。主要水、电管网应环状布置；水池、水塔等储水设施应设在地势较高处；总变电站设在高压电线引入处；消防站、消火栓的布置要满足消防规定。

6. 布置消防、保安及文明施工设施

按照防火要求，工地应在易燃建（构）筑物附近设立消防站，并须有畅通的出入口和消防通道（应在布置运输道路时同时考虑），其宽度不得小于 6m，与拟建房屋的距离不得大于 25 m，也不得小于 5m。沿着道路应设置消火栓，其间距不得大于 100m，消火栓与邻近道路边的距离不得大于 2m。

在工地出入口处设立保安门岗，必要时可在工地四周设立若干瞭望台。

施工场地应有畅通的排水系统，并结合竖向布置设立道路边沟涵洞、排水管（沟）等，场地排水坡度应不小于 0.3%。在城区施工，还应设置污水沉淀池，保证排水达到城市污水排放标准。

应当指出，按以上步骤进行施工总平面图的设计，并不是截然分割各自孤立进行的，应全面分析，系统考虑，正确处理各项设计内容间的相互联系和相互制约关系，多方案比较，反复修正，最后才能得出合理可行的方案。

思 考 题

16.1 试述施工组织总设计的编制程序和依据。

16.2 施工组织总设计中的施工部署和施工方案包括哪些内容？

16.3 施工总进度计划应如何编制？

16.4 暂设工程包括哪些内容？应如何确定？

16.5 施工总平面图包括哪些内容？

16.6 施工总平面图的设计原则是什么？

16.7 试述施工总平面图的设计步骤和方法。

第17章 单位工程施工组织设计

单位工程施工组织设计是以单项工程或单位工程为对象编制的（通常也称单位工程施工设计），是用以直接指导土木工程施工的技术经济文件。它在施工组织总设计和施工单位总的施工部署的指导下，具体地确定施工方案，安排人力、物力、财力和管理水平，是编制作业计划和进行现场布置的重要依据，也是指导现场施工的纲领性的技术经济文件。

1. 单位工程施工组织设计的任务

我们把"材料、机械、资金、劳动力和施工方法"称为施工组织设计的五要素，较好地结合和应用这五要素，是单位工程施工组织设计的关键。

单位工程施工组织设计的任务就是根据编制施工组织设计的基本原则，施工组织总设计和有关原始资料，对建筑产品生产的全过程全面规划，包括时间规划、资源规划和空间规划，并相互结合使用，为建筑产品生产的节奏性、均衡性和连续性提供最优化方案，从而以最少的资源消耗以取得最大的经济效益，并使最终产品的生产在时间上达到速度快、工期短；在质量上达到精度高和功能好；在经济上达到消耗少、成本低和利润高的目的。

2. 单位工程施工组织设计的内容

单位工程施工组织设计的内容，根据工程的性质、规模、结构特点、技术复杂程度和施工条件的不同，对其内容和深广度要求也不同。

单位工程施工组织设计的内容一般包括：

（1）工程概况

主要包括工程特点、建设地点特征和施工条件等内容。

（2）施工方案的设计

主要包括施工程序及施工流向、施工顺序的确定，施工机械与施工方法的选择，技术组织措施的制定等内容。

（3）单位工程施工进度计划

主要包括各分部（分项）工程的工程量、劳动量或机械台班量、施工班组人数、每天工作班数、工作持续时间及施工进度等内容。

（4）单位工程施工准备工作及各项资源需要量计划

主要包括施工准备工作计划及劳动力、施工机具、主要材料、构件和半成品需要量计划。

（5）单位工程施工平面图

主要包括起重运输机械位置的确定，搅拌站、加工棚、仓库及材料堆放场地的布置，道路的布置，临时设施及供水、供电管线的布置等内容。

（6）质量、安全、节约及季节施工的技术组织保证措施

主要包括在单位工程施工中，质量的保障体系，安全的保障措施，三材的节约方式和

季节施工的技术组织保证措施等内容。

（7）主要技术经济指标分析

主要包括工期指标，质量和安全指标，实物量消耗指标，成本指标和投资额等指标。

17.1 编制依据和程序

17.1.1 编制依据

单位工程施工组织设计的编制依据主要有以下几个方面的内容：

（1）施工合同和任务。

包括工程范围和内容，工程开、竣工日期，工程质量保修期及保修条件，工程造价，工程价款的支付、结算及交工验收办法，设计文件及概预算和技术资料的提供日期，材料和设备的供应和进场期限等。

（2）经过会审的施工图。

包括单位工程的全部施工图纸、会审记录和标准图等有关设计资料。对于较复杂的工业厂房，还要有设备图纸，并了解设备安装对土建施工的要求及设计建设等单位对新结构、新材料、新技术和新工艺的要求。

（3）施工组织总设计。

本工程若为整个建设项目中的一个项目，应把施工组织总设计中的总体施工部署及对本工程施工的有关规定和要求作为编制依据。

（4）建设单位可能提供的条件。

包括建设单位可能提供的临时房屋数量，水、电供应量，水压、电压能否满足施工要求等。

（5）工程预算文件及有关定额。

应有详细的分部、分项工程量和相关定额，必要时应有分层、分段或分部位的工程量及预算定额和施工定额。

（6）本工程的资源配备情况。

包括施工中需要的劳动力情况，材料、预制构件和加工品来源及其供应情况，施工机具和设备的配备及其生产能力等。

（7）施工现场的勘察资料。

包括施工现场的地形、地貌，地上与地下障碍物，工程地质和水文地质，气象资料，交通运输道路及场地面积等。

（8）有关的国家规定和标准。

（9）有关技术新成果和类似工程的施工经验资料。

（10）其他技术经济要求。

17.1.2 编制程序

单位工程施工组织设计的编制程序，是指对其各组成部分形成的先后次序及相互之间的制约关系的处理。单位工程施工组织设计的编制程序如图 17-1 所示，从中可进一步了解单位工程施工组织设计的内容。

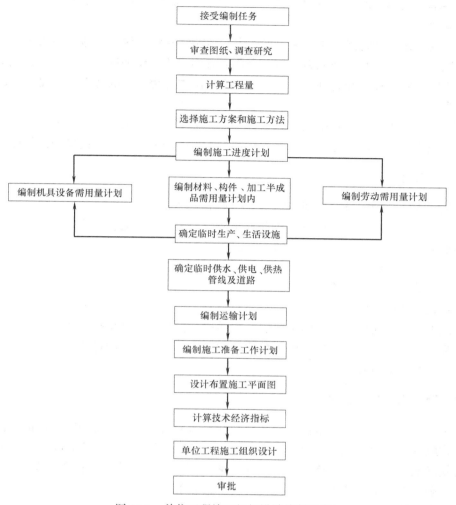

图 17-1 单位工程施工组织设计编制程序

17.2 施工方案的设计

单位工程施工方案设计是施工组织设计的核心问题。它是在对工程概况和施工特点分析研究的基础上，确定施工程序和顺序，施工起点流向，主要分部分项工程的施工方法和选择施工机械。

单位工程施工组织设计中首先应说明工程概况，工程概况是对拟建工程特点、地点特征和施工条件等作一个简要、突出的介绍。主要说明：拟建工程的建设单位、工程名称、性质、用途作用；资金来源及工程投资额、开竣工日期、设计单位、施工单位、施工图纸情况等有关文件要求。其具体内容为：

（1）建筑、结构特点。包括平立面的组成、层数、层高、总高、建筑面积、结构形式、特殊结构部位、抗震设防及室内外装饰装修情况等。

（2）建设地点特征。包括拟建工程所在位置、地形、工程与水文地质条件、土壤结构分析，冬季冻结起止时间和冻结深度，地下水位、水质、气温、雨季起止时间、主导风向、风力等。

（3）施工条件和特点。主要说明水、电、道路、特种能源、场地平整情况，建筑场地四周环境，资源来源和保证能力；施工企业拥有的建筑机械和运输工具对保证该工程使用的可供程度，施工技术和管理水平。通过分析找出本工程施工的特点和主要矛盾，相应提出解决主要矛盾的对策。

在分析研究工程概况基础上的施工方案设计主要包括施工程序及施工流向、施工顺序的确定，施工机械与施工方法的选择，技术组织措施的制定和确定技术经济指标等内容。

17.2.1 施工程序

单位工程施工中应遵循"四先四后"的施工程序如下：

（1）先地下后地上；先地下后地上主要是指首先完成管道、管线等地下设施，土方工程的基础工程，然后开始地上工程的施工；

（2）先主体后围护；

（3）先结构后装饰装修；

（4）先土建后设备。

单位工程施工完成以后，施工单位应内部预先验收，严格检查工程质量，整理各项技术经济资料。然后经建设单位、施工单位和质检站交工验收，经检查合格后，双方办理交工验收手续及有关事宜。

17.2.2 确定施工起点流向

施工起点确定就是确定单位工程在平面和竖向上施工开始的部位和开展的方向。对单层建筑物应分区分段地确定平面上的施工流向；对多层建筑物除确定每一平面上的流向外，还须确定竖向的流向。施工流向涉及一系列施工活动的展开和进程，是组织施工的重要环节。确定单位工程施工起点流向时，应考虑以下因素。

（1）满足使用上的需要；

（2）生产性房屋应首先注意生产工艺流程；

（3）单位工程中技术复杂而且对工期有影响的关键部位；

（4）施工技术和施工组织的要求：当基础埋深不一致时，应按先深后浅的顺序施工；当有高低层或高低跨并列时，应先从并列处开始施工；对装配式房屋，结构吊装与构件运输不能相互抵触等。

每一建筑的施工可以有多种施工流向，图 17-2 为一幢六层三单元多层建筑主体施工的一种流向示意图，施工从一层一单元开始，然后进行一层二单元、一层三单元的施工，再到二层一单元，二层二单元和三单元，以此类推，最后完成六层三单元的施工。

多层或高层建筑的装饰施工流向就有多种方式：（1）室外装饰工程有自上而下，自中而下再自上而中的两种流水施工方案；（2）室内装饰工程有自上而下，自下而上以及自中而下再自上而中几种流水施工方案，其中自上而下或自下而上等方案又可分为水平和竖直两种情况。

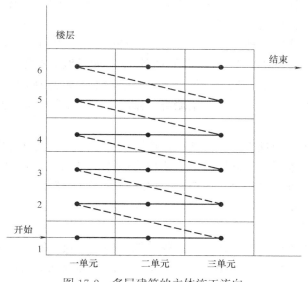

图 17-2　多层建筑的主体施工流向

　　各种施工流向方案有不同的特点，如何确定，要根据工程的具体特点，工期的要求及相关具体要求来定。

17.2.3　确定施工顺序

　　施工顺序是指分部分项工程施工先后次序。确定施工顺序是为了按照客观规律组织施工，解决工程之间在时间上的搭接问题，保证质量和安全的前提下，以期做到充分利用空间，争取时间，实现缩短工期的目的。确定施工顺序时，一般应考虑以下因素：

　　（1）遵循施工程序；

　　（2）符合施工技术，施工工艺的要求；

　　（3）满足施工组织的要求，使施工顺序与选择的施工方法和施工机械相互协调；

　　（4）必须确保工程质量和安全施工要求；

　　（5）必须适应工程建设地点气候变化规律的要求。

　　不同结构形式的建筑工程施工顺序也不相同。

　　多层砖混结构住宅楼的施工，按照房屋各部位的特点，可分为基础工程、主体结构工程、屋面及装饰工程三个施工段，常见的多层砖混结构宅楼的施工顺序如图 17-3 所示。

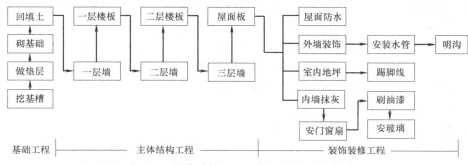

图 17-3　混合结构三层居住房屋施工顺序图

水、暖、电、卫工程应与土建工程中有关分部分项工程密切配合，交叉施工。

（1）基础工程阶段的施工顺序

基础工程阶段是指室内地坪（±0.000）以下的所有工程施工阶段。其施工顺序一般是：挖土→做垫层→砌基础→铺设防潮层→回填土。如果地下有障碍物，洞穴和软弱地基等，需先进行处理，如有桩基础，应先进行桩基础施工；如有地下室，则在基础砌完后或完成一部分后，砌筑（或浇筑）地下室墙身，做防水（潮）层，安装地下室顶板，最后回填土。

需注意，垫层施工与挖土搭接要紧凑，槽、坑检验合格后应立即做垫层，以防下雨后基槽积水，影响地基承载力。垫层施工后要留有技术间歇时间，使其具有一定的强度后，再进行下道工序，各处管沟的挖土、管道铺设等应尽可能与基础施工配合，平行搭接进行。一般回填土在基础完工后一次分层夯实，为后续施工创造条件。

（2）主体结构工程的施工顺序

主体结构工程施工阶段的工作有：搭脚手架、墙体砌筑、安门窗框、安预制过梁、安预制楼板、现浇卫生间楼板、雨篷和圈梁、安装预制楼梯或现浇楼梯、安屋面板、浇灌檐口等分项工程。其中墙体砌筑及楼板安装是主导工程，应使其在主体结构施工期间保持不间断地连续施工，其他各项工作则应在此期间内完成，这是利用空间，争取时间，保证工期的关键。

（3）屋面和装饰工程的施工阶段

屋面工程应在主体结构工程完工后紧接着进行，以便尽快地为房屋内、外装饰工程创造条件。对于刚性防水屋面的现浇钢筋混凝土防水层，分格缝施工应在主体结构完成后开始并尽快完成；对于整体柔性防水屋面施工还须考虑天气情况，基层必须干燥才能做防水施工。屋面工程的施工顺序一般为找平层→隔气层→保温层→找平层→防水层。

装饰工程可分为室外装饰（外墙抹灰、勒脚、散水、台阶、明沟、水落管等）和室内装饰（顶棚、墙面、地面、楼梯抹灰、门窗安玻璃、油墙裙、做踢脚等）。室内外装饰工程的施工顺序通常有先内后外、先外后内和内外同时进行三种顺序，具体确定哪种顺序应视施工条件和工期要求而定。

室外装饰通常应避开雨期或冬期，并由上而下逐层进行，并随即拆除该层的脚手架。

室内装饰其同一层的室内抹灰施工顺序有地面（含踢脚步线）→顶棚→墙面和顶棚→墙面→地面两种。前者清理简便，地面质量易于保证，且便于收集墙和顶棚的落地灰，节约材料。但地面有技术间歇，使顶棚、墙面抹灰时间推迟，影响工期。后一种顺序可连续施工，但做地面前须将楼面上的落地灰和其他垃圾清扫洗净后再做面层，否则会影响地面面层同预制楼层间的粘结，引起地面起鼓。底层地面就大楼层抹灰完毕后进行。楼梯间和踏步因施工期间易遭损坏，常在整个抹灰完毕后自上而下地进行，并使其封闭养护到规定强度。门窗扇和玻璃、油漆的施工一般应在抹灰工程完工后安排。

屋面和装饰的施工阶段内容多，劳动消耗量大，且手工操作多，需要时间长，常需采用平行与交叉相结合的方法进行施工。

（4）水、暖、电、卫等工程施工顺序

水、暖、电、卫工程不同于土建工程，可以分成几个明显的施工阶段，它一般与土建工程中有关分部分项工程之间进行交叉施工，紧密配合。配合的顺序和完成的工作内容如下：

　　① 在基础工程施工时，应将相应的上下水管沟等垫层、管沟墙做好，然后回填土。

　　② 在主体工程施工时，在砌墙或浇筑混凝土时，应按设计图预留管道孔、电线孔槽和预埋木砖、暗管、暗盒或其他预埋件。

　　③ 在装饰工程施工前，安设相应的各种管道和电气照明用的附墙暗管、接线盒等。水暖电卫安装一般在楼地面和墙面抹灰前后穿插进行施工。若电线采用明线，应在室内粉刷后进行。

17.2.4　施工方法和施工机械的选择

　　正确地拟定施工方法和选择施工机械是施工组织设计的关键，它直接影响施工进度，施工质量和安全，以及工程成本。一个工程的施工过程，施工方法和建筑机械均可采用多种形式。施工组织设计的任务是在若干个可行方案中选取适合客观实际的较先进合理又最经济的施工方案。

　　施工方法的选择，应着重考虑影响整个单位工程的分部分项工程如工程量大、施工技术复杂或采用新技术、新工艺及对工程质量起关键作用的分部分项工程，对常规做法和工人熟悉的项目，则不必详细拟定，只可提具体要求。

　　选择施工方法必然涉及施工机械的选择。机械化施工是改变建筑工业生产落后面貌，实现建筑工业化的基础，因此施工机械的选择是施工方法选择的中心环节，在选择时应注意以下几点：

　　(1) 首先选择主导工程的施工机械，如地下工程的土方机械，主体结构工程的垂直、水平运输机械、结构吊装工程的起重机械等；

　　(2) 各种辅助机械或运输工具应与主导机械的生产能力协调配套，以充分发挥主导机械效率。如土方工程在采用汽车运土时，汽车的载重量应为挖土机斗容量的整倍数，汽车的数量应保证挖土机连续工作；

　　(3) 在同一工地上，应力求建筑机械的种类和型号尽可能少一些，以利于机械管理；尽量使机械少，而配件多，一机多能，提高机械使用效率；

　　(4) 机械选择应考虑充分发挥施工单位现有机械的能力，当本单位的机械能力不能满足工程需要时，则应购置或租赁所需新型机械或多用机械。

17.3　施工进度计划和资源计划

　　单位工程施工进度和计划资源计划是在确定了施工方案的基础上，根据规定工期和各种资源供应条件，按照施工过程的合理施工顺序及组织施工的原则，确定单位工程的各个施工过程的施工顺序，施工持续时间，相互配合的衔接关系及反映各种资源的需求情况的技术经济文件，通常用图表的形式（横道图或网络图）来表达。对一个工程从开始施工到工程全部竣工的各个项目，确定其在时间上的安排和相互间的搭接关系。在此基础上，方可编制月、季计划及各项资源需要量计划。施工进度计划和资源计划是单位工程施工组织设计中的一项非常重要的内容。

17.3.1 施工进度计划的作用及分类

1. 施工进度计划的作用

单位工程施工进度计划的作用是：

(1) 控制单位工程的施工进度，保证在规定工期内完成符合质量要求的工程任务；

(2) 确定单位工程的各个施工过程的施工顺序、施工持续时间及相互衔接和合理配合关系；

(3) 为编制季度、月度生产作业计划提供依据；

(4) 是制定各项资源需要量计划和编制施工准备工作计划的依据。

2. 施工进度计划的分类

单位工程施工进度计划根据施工项目划分的粗细程度，可分为控制性与指导性施工进度计划两类。控制性施工进度计划按分部工程来划分施工项目，控制分部工程的施工时间及其相互搭接配合关系。它主要适用于工程结构较复杂、规模较大、工期较长而且跨年度施工的工程（如体育场、火车站等公共建筑以及大型工业厂房等），还适用于工程规模不大或结构不复杂但各种资源（劳动力、机械、材料等）不落实的情况，以及建筑结构、建筑规模等可能变化的情况。编制控制性施工进度计划的单位工程，当各分部工程的施工条件基本落实之后，在施工之前还应编制各分部工程的指导性施工进度计划。指导性施工进度计划按分项工程或施工过程来划分施工项目，具体确定各分项工程或施工过程的施工时间及其相互搭接配合关系。它适用于施工任务具体而明确、施工条件基本落实、各种资源供应正常、施工工期不太长的工程。

17.3.2 施工进度计划的编制依据和程序

1. 施工进度计划的编制依据

编制单位工程施工进度计划，主要依据下列资料：

(1) 经过审批的建筑总平面图及单位工程全套施工图及其基础图，以及地质、地形图、工艺设计图、设备及基础图，采用的各种标准图等图纸及技术资料；

(2) 施工组织总设计对本单位工程的有关规定；

(3) 施工工期要求及开、竣工日期；

(4) 施工条件、劳动力、材料、构件及机械的供应条件、分包单位的情况等；

(5) 主要分部分项工程的施工方案，包括施工程序、施工段划分、施工流向、施工顺序、施工方法、技术及组织措施和质量安全措施等；

(6) 劳动定额及机械台班定额；

(7) 其他有关要求和资料，如工程合同等。

2. 施工进度计划的编制程序

单位工程施工进度计划的编制程序见图 17-4 所示。

3. 施工进度计划的形式

施工进度计划一般采用横道图、垂直图和网络图三种形式。其各有特点，通常用横道图和网络图综合使用。在此主要阐述横道图编制施工进度计划的方法和步骤。横道图的格式如表 17-1 所示。表由左右两大部分组成，表的左面列出各分部分项工程的名称及相应

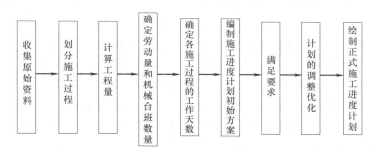

图 17-4　进度计划编制程序

的工程量、劳动量和机械台班数，每天施工的工人数和施工的天数等，右边部分是从规定的开工之日起到竣工之日止的日历表，用左面的数据算得的各施工工序的时间，通过设计计算后，用横线条形式形象地反映出各施工过程的施工进度以及各分部分项工程间的配合关系和总工期，还常在其下面汇总每天的资源需要量，绘出资源需要量的动态曲线。

单位工程施工进度横道图表　　　　　　　　　　　　　表 17-1

序号	分部分项工程名称	工程量		时间定额	劳动量		需用机械		每天工作班次	每班工人数	工作天数	施 工 进 度								
		单位	数量		工种	工日数	机械名称	台班数				月					月			
												5	10	15	20	25	5	10	15	

17.3.3　编制施工进度计划的一般步骤

根据施工进度计划的编制程序，编制的施工进度计划主要步骤和方法如下：

1. 划分施工项目

编制施工进度计划时，首先应按照图纸和施工顺序将拟建单位工程的各个施工过程列出，并结合施工方法、施工条件、劳动组织等因素，加以适当调整，使之成为编制施工进度计划所需的施工项目。施工项目是包括一定工作内容的施工过程，它是施工进度计划的基本组成单元。

单位工程施工进度计划的施工项目仅是包括现场直接在建筑物上施工的施工过程，如砌筑、安装等，而对于构件制作和运输等施工过程，则不包括在内，但对现场就地预制的钢筋混凝土构件的制作，不仅单独占有工期而对其他施工过程的施工有影响；或构件的运输需与其他施工过程的施工密切配合，如楼板随运随吊时，仍需将这些制作和运输过程列入施工进度计划。

在确定施工项目时，注意以下几个问题：

（1）施工项目划分的粗细程度，应根据进度计划的需要来决定。对控制性施工进度计划，项目可以划分得粗一些，通常只列出分部工程，如混合结构居住房屋的控制性施工进度计划只列出基础工程、主体工程、屋面工程和装饰工程四个施工过程；而对实施性施工进度计划、项目划分要细一些，应明确到分项工程或更具体，以满足指导施工作业的要求，如屋面工程应划分为找平层、隔热层、保温层、防水层等分项工程。

（2）施工过程的划分要结合所选择的施工方案。如结构安装工程，若采用分件吊装方法，则施工过程的名称、数量和内容及其用装顺序应按构件来确定；若采用综合吊装方法，则施工过程应按施工单元（节间或区段）来确定。

（3）适当简化施工进度计划的内容，进行施工过程的合并，避免施工项目划分过细、重点不突出。因此，可考虑将某些穿插性分项工程合并到主要分项工程中去，如门窗框安装可并入砌筑工程；而对于在同一时间内由同一施工班组施工的过程可以合并，如工业厂房中的钢窗油漆、钢门油漆、钢支撑油漆等可合并为钢构件油漆一个施工过程；对于次要的零星的分项工程，可合并为"其他工程"一项列入。

（4）水、暖、电、卫和设备安装等专业工程不必细分具体内容，由各专业施工队自行编制计划并负责组织施工，而在单位工程施工进度计划中只要反映出这些工程与土建工程的配合关系即可。

（5）所有施工项目应大致按施工顺序列成表格，编排序号，避免遗漏或重复，其名称可参考现行的施工定额手册上的项目名称。

2. 计算工程量 Q

工程量计算是一项十分繁琐的工作，应根据施工图纸、有关计算规则及相应的施工方法进行，计算工程量应注意以下几个问题：

（1）各分部分项工程的工程量计算单位应与采用的施工定额中相应项目的单位相一致，以便计算劳动量及材料需要量时可直接套用定额，不再进行换算。

（2）工程量计算应结合选定的施工方法和安全技术要求，使计算所得工程量与施工实际情况相符合。例如，挖土时是否放坡，是否加工作面，坡度大小与工作面尺寸是多少，是否使用支撑加固，开挖方式是单独开挖、条形开挖或整片开挖，这些都直接影响到基础土方工程量的计算。

（3）结合施工组织要求，分区、分段、分层计算工程量，以便组织流水作业。若每层、每段上的工程量相等或相差不大时，可根据工程量总数分别除以层数、段数，可得每层、每段上的工程量。

（4）如已编制预算文件，应合理利用预算文件中的工程量，以免重复计算。施工进度计划中的施工项目大多可直接采用预算文件中的工程量，可按施工过程的划分情况将预算文件中有关项目的工程量汇总。如"砌筑砖墙"一项的工程量，可首先分析它包括哪些内容，然后按其所包含的内容从预算的工程量中抄出并汇总求得。施工进度计划中的有些施工项目与预算文件中的项目完全不同或局部有出入时（如计量单位、计算规则、采用定额不同），则应根据施工中的实际情况加以修改、调整或重新计算。

如设计概算、施工图预算、施工预算等文件中均需计算工程量，故在单位工程施工进度计划中一般不再重复计算，只需直接套用施工预算的工程量，或根据施工预算中的工程量总数，按各施工层和施工段在施工图中所占的比例加以划分即可。

3. 确定劳动量和机械台班数量 P

劳动量和机械台班数量 P 是根据各分部分项工程的工程量、施工方法和现行的施工定额并结合当地的具体情况加以确定。一般按下式计算：

$$P = Q/S(工日、台班) \tag{17-1}$$

或

$$P = Q \cdot H(工日、台班) \tag{17-2}$$

式中　P——完成某施工过程所需的劳动量（工日）或机械台班数量（台班）；

　　　Q——该施工过程的工程量；

S、H——分别为该分项工程的产量定额和时间定额。

经常还会遇到施工进度计划所列项目与施工定额所列项目的工作内容不一致的情况，具体处理方法如下：

（1）若施工项目是由两个或两个以上的同一工种，但材料、做法或构造都不同的施工过程合并而成时，或需要适当减少施工过程项目，使控制性单位工程进度计划简洁一些，可用其产量定额的加权平均值来确定合并后的劳动量或机械台班量。加权平均产量定额的计算可按下式进行：

$$S_1 = \frac{\sum_{i=1}^{n} Q_n}{\sum_{i=1}^{n} P_i} \tag{17-3}$$

式中　　　　　S_1——某施工项目加权平均产量定额；

$\sum_{i=1}^{n} Q_n = Q_1 + Q_2 + Q_3 + \cdots + Q_n$（总工程量）；

$\sum_{i=1}^{n} P_i = \dfrac{Q_1}{S_1} + \dfrac{Q_2}{S_2} + \dfrac{Q_3}{S_3} + \cdots + \dfrac{Q_n}{S_n}$（总劳动量）；

Q_1，Q_2，Q_3，$\cdots$，Q_n——同一工种但施工做法、材料或构造不同的各个施工过程的工程量；

S_1，S_2，S_3，$\cdots$，S_n——与上述施工过程相对应的产量定额。

（2）对于有些采用新技术、新材料、新工艺或特殊施工方法的施工项目，其定额在施工定额手册中未列入，则可参考类似项目或实测确定。也可采用三时估算法计算。三时估算法求平均产量定额的参考公式：

$$S = \frac{1}{6}(A + 4M + B) \tag{17-4}$$

式中　S——平均产量定额；

　　　A——最乐观估计的产量定额；

　　　B——最悲观估计的产量定额；

　　　M——最可能的产量定额。

（3）对于"其他工程"项目所需劳动员，可根据其内容和数量，并结合施工现场的具体情况，以占总劳动量的百分比（一般为 10%～20%）计算；

（4）水、暖、电、卫设备安装等工程项目，一般不计算劳动量和机械台班需要量，仅安排与一般土建单位工程配合的进度。

4. 确定各施工过程的天数 T

确定各施工过程的天数 T 和完成此施工过程所需要的工人人数或机械台数有着密切

的关系，在劳动量和机械台班数量 P 一定的前提下，两者成反比例关系。

计算各分项工程施工天数的方法有以下两种：

(1) 根据合同规定的总工期和施工单位的施工经验，确定各分部分项工程的施工时间，然后按各分部分项工程需要的劳动量或机械台班数量，确定每一分部分项工程每个工作班所需要的工人数或机械台班数。这是市场经济发展的今天常采用的方法。此时可根据所安排的作业时间来确定所需要的工人人数或机械台数：

$$N=P/TB \tag{17-5}$$

式中　T——完成某分部分项工程的施工天数；

　　　N——某分部分项工程所配置的工人人数或机械台数；

　　　B——每天工作班次。八小时为一班，此时 $B=1$；当组织每天两班或三班工作时，$B=2$、3。

(2) 按计划配备在各分部分项工程上的各专业工人数和施工机械数量确定，即：

$$T=P/NB \tag{17-6}$$

在安排每班工人数和机械台数时，应综合考虑各分项工程各班组的每个工人都应有足够的工作面，以发挥高效率并保证施工安全；在安排班次时宜采用一班制；如工期要求紧时，可采用二班制或三班制；以加快施工速度，充分利用施工机械。

式 (17-6) 是组织流水施工时，确定每个施工段的流水节拍所用公式。为了正确确定施工项目的持续时间，必须选择合理的工作班制及配备每班合理的劳动力人数和机械台数。

1) 选择合理的工作班制。根据现场施工条件、进度要求和施工需要，确定一天采用一班制或两班制或三班制。在通常情况下，多采用一班制。特殊情况下，如要赶工期、抢进度、可选择两班制。对要求必须连续作业的施工项目．如大体积混凝土浇筑，可选择三班制。两班制、三班制选择固引起技术、组织、安全、照明等费用增加应慎重选用。

2) 在配备每班劳动力人数时应注意：

① 最小劳动组合，即某一施工过程进行正常施工所必需的最低限度的班组劳动力人数及其合理组合。加砌墙，只有技工还不行，必须有普工配合，并且技工和普工还必须有一个合理的比例组成施工班组，人数过少、过多或比例不当，都将引起劳动效率的下降。最小劳动组合，要求每班作业人数不能少于这一人数相比例。

② 最小工作面。工作面又叫工作前线，与工作地不同，工作地是指施工对象能提供出安排工人和布置机械作业的地段，而工作面是指供给工人或工人班组操作对象的数量，如混凝土以立方米为单位．钢筋以 t 为单位，抹灰以被抹墙面的面积，以平方米为单位（不是指工人站的地面面积），以反映施工过程在空间布局的可能性。最小工作面是指某一施工过程的施工班组为保证安全生产和有效操作所必需的工作面，某一施工项目在组织施工时，安排人数的多少受到工作面的限制、不能为了缩短工期，而无限制地增加工人的人数，否则将造成工作面的不足而引起窝工，从而将降低劳动效益，有时甚至引发安全事故。所以，最小工作面决定了安排劳动力人数的最高限度。

③ 可能安排的人数，指施工企业所能配备的人数。一般根据现场实际情况，在最低限度和最高限度的范围内，安排劳动力人数即可。有时为了抢进度，可在保证足够工作面的情况下即不突破最高限度要求组织人员支援。如果在最小工作面的情况下，安排了最高限度的劳动人数仍不能满足工期要求时，可组织两班制或三班制施工。

3）机械台数的确定。机械台数的确定与施工班组劳动力人数确定情况相似，也应考虑机械生产效率，施工工作面，可能配备机械台数及工期，机械维修保养时间等因素来确定。

5. 编制施工进度计划的初步方案

各分部分项工程的施工顺序和施工天数确定后，应按照流水施工的原则，力求主导工程连续施工；在满足工艺和工期要求的前提下，尽可能使最大多数工作能平行进行，使各个工作队的工作最大可能地搭接起来，其方法步骤如下：

（1）首先划分主要施工阶段，组织流水施工。主要安排其中主导施工过程的施工进度，使其尽可能连续施工，然后安排其余分部工程，并使其与主导分部工作最大可能平行进行或最大限度搭接施工；

（2）按照工艺的合理性和工序之间尽量穿插、搭接或平行作业方法，将各施工阶段流水作业用横线在表的右边最大限度地搭接起来，即得单位工程施工进度计划的初始方案。

6. 施工进度计划的检查与调整

初步编制的施工进度计划要进行全面检查，对各个施工过程的施工顺序，平行搭接和技术间歇是否合理；编制的工期能否满足合同规定的工期要求；劳动力及物资资源方面是否能连续、均衡施工等方面进行检查并初步调整，使不满足变为满足，使一般满足变成优化满足。

施工进度计划检查与调整的目的在于使施工进度计划的初始方案满足规定的目标，一般从以下几方面进行检查与调整：

（1）各施工过程的施工顺序是否正确，流水施工的组织方法应用得是否正确，技术间歇是否合理；

（2）工期方面，初始方案的总工期是否满足合同工期；

（3）劳动力方面，主要工种工人是否连续施工。劳动力消耗是否均衡。劳动力消耗的均衡性是针对整个单位工程或各个工种而言，应力求每天出勤的工人人数不发生过大变动。

为了反映劳动力消耗的均衡情况，通常采用劳动力消耗动态图来表示。对于单位工程的劳动力消耗动态图，一般绘制在施工进度计划表右边表格部分的下方。劳动力消耗动态图如图 17-5 所示。

劳动力消耗可以反映劳动力消耗的均衡性。

劳动力消耗的均衡性指标可以采用劳动力不均衡系数（K）来评估：

$$K = 出工人数高峰值/平均出工人数 \tag{17-7}$$

式中的平均出工人数为每天出工人数之和除以总工期而得。

劳动力不均衡系数接近于 1 为理想化，但实际上不可能。劳动力不均衡系数在 2 以内可以满足基本施工要求，通常把劳动力不均衡系数控制在 1.5 以内。

（4）资源方面，主要检查机械、设备、材料等的利用是否均衡，施工机械是否充分利用。

主要机械通常是指混凝土搅拌机、灰浆搅拌机、起重机和挖土机等。机械的利用情况是通过机械的利用程度来反映的。

初始方案经过检查，对不符合要求的部分需进行调整。调整的方法一般有：增加或缩短

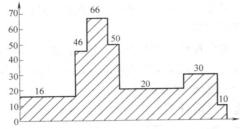

施工过程	班组人数	施工进度(d)
		1 2 3 4 5 6 7 8 9 10 11 12 13 14 15 16 17 18 19
基坑挖土	16	
混凝土垫层	30	
砖砌基础	20	
基槽回填土	10	

图 17-5　劳动力消耗动态图

某些分项工程的施工时间；在施工顺序允许的条件下将某些分项工程的施工时间向前或向后移动；必要时可以改变施工方法或施工组织。总之，通过调整，在工期能满足要求的条件下，使劳动力、材料、设备需要趋于均衡，主要施工机械利用率比较合理，资源均衡。

编制单位工程施工进度计划的步骤不是孤立的，而是互相依赖、互相联系的，有的可以同时进行，由于土木工程施工是一个复杂的生产过程，受周围客观条件影响的因素很多，在施工过程中，由于劳动力和机械、材料等物资的供应及自然条件等因素的影响，使其经常不符合原计划的要求，因而在工程进展中应随时掌握施工动态、经常检查，不断调整计划。

17.3.4　各项资源需要量计划的编制

单位工程施工进度计划确定以后，根据施工图纸、工程量计算资料、施工方案、施工进度计划等有关技术资料，着手编制劳动力需要量计划、各种主要材料、构件和半成品需要量计划及各种施工机械的需要量计划。它们不仅是为了明确各种技术工人和各种技术物资的需要量，还是做好劳动力与物资的供应、平衡、调度、落实的依据，是施工单位编制月、季生产作业计划的主要依据之一。它们是保证施工进度计划顺利执行的关键。

各工序每天及持续期间内所需资源量编制的材料、劳动力、构件、加工品、施工机具等资源需要量计划，以及工地临时设施的确定是有关职能部门按计划调配供应资源的依据。

1. 劳动力需要量计划

劳动力需要量计划，主要是按工种进行汇总而成，是作为安排劳动力的平衡、调配和衡量劳动力耗用指标、安排生活福利设施的依据。其编制方法是将施工进度计划表内所列各施工过程每天（或旬、月）所需工人人数、技工种类汇总而得。其表格形式如表 17-2 所示。

劳动力需要量计划 表 17-2

序号	工种名称	工种等级	需要量（工日）	需要时间						备注
				×月			×月			
				上旬	中旬	下旬	上旬	中旬	下旬	

2. 主要材料需要量计划

它是单位工程进度计划表中各个施工过程的工程量按组成材料的名称、规格、使用时间和消耗、贮备分别进行汇总而成。以用于掌握材料的使用、贮备动态，确定仓库堆场面积和组织材料运输。其编制方法是将施工进度计划表中各施工过程的工程量，按材料名称、规格、数量、使用时间计算汇总而得。其表格形式如表 17-3 所示。

对于某分部分项工程是由多种材料组成时，应按各种材料分类计算，如混凝土工程应换算成水泥、砂、石、外加剂和水的数量列入表格。

主要材料需要量计划 表 17-3

序号	材料名称	规格	需要量		供应时间	备注
			单位	数量		

3. 构件、半成品需要量计划

它是根据施工图和进度计划进行编制。主要是为了构件制作单位签订供货合同，确定堆场和组织运输等。其格式如表 17-4 所示。

构件和半成品需要量计划 表 17-4

序号	构件半成品名称	规格	图号型号	需要量		使用部位	加工单位	供应日期	备注
				单位	数量				

4. 施工机械需要量计划

是根据施工方案和进度计划所确定施工机具类型、数量、进场时间将其汇总而成，以供设备部门调配和现场道路场地布置之用。其编制方法为：将单位工程施工进度计划表中的每一个施工过程每天所需的机械类型、数量和施工日期进行汇总，即得施工机械需要量计划。其表格形式如表 17-5 所示。

施工机械需要量计划							表 17-5
序号	机械名称	类型、型号	需要量		货源	使用起止时间	备　注
			单位	数量			

5. 施工准备计划

施工准备计划详见第 13 章。

17.4　单位工程施工平面图设计

施工平面图是单位工程施工组织设计的组成部分，是对一个建筑物或构筑物的施工现场的平面规划和空间布置图。它是根据工程规模、特点和施工现场的条件，按照一定的设计原则，来正确地解决施工期间所需的各种暂设工程和其他业务设施等同永久性建筑物和拟建工程之间的合理位置关系。它布置的是否合理，执行管理的好坏，对施工现场组织正常生产、文明施工，以及对施工进度、工程成本、工程质量和安全都将产生重要的影响。因此在施工组织设计中应对施工现场布置进行仔细地研究和周密的规划。

单位工程施工平面图的绘制比例一般为 1：100～1：500。

17.4.1　单位工程施工平面图设计的内容，依据和原则

1. 设计内容

(1) 拟建工程在建筑总平面图上的位置尺寸及其与相邻建筑物或构筑物的位置尺寸关系；

(2) 测量放线标桩位置、地形等高线和土方弃取场地；

(3) 移动式（或轨道）起重机械开行路线及固定垂直运输设备位置；

(4) 生产和生活性福利设施的布置；

(5) 各种加工场地、搅拌站、材料、加工半成品、构件、机具的仓库或堆场；

(6) 临时给排水管线，供气供暖管道及通讯线路布置；

(7) 安全及防火设施的位置。

2. 设计依据

(1) 建筑设计资料，包括：建筑总平面图，用以决定临时建筑与设施的空间位置；各种管道管线平面布置图，用以决定原有管道的利用或拆除以及新管线的敷设与其他工程关系；建筑区域的竖向设计和土方平稳图及拟建工程的有关施工图设计资料。

(2) 建筑、结构设计和施工组织设计时所依据的有关拟建工程的当地原始资料。包括自然条件调查资料，如气象、地形、水文及工程地质资料等，主要用于布置地表水、地下水的排水沟，安排冬雨期施工期间所需设施的地点；技术经济调查资料：如交通运输、水源、电源、物资资源、生产和生活基地情况等，它对布置水、电管线和道路等具有重要作用。

(3) 施工资料：包括施工方案、施工进度计划及资源计划等，用以决定各种施工机械

位置，吊装方案与构件预制、堆放的布置，分阶段布置的内容；各处临时设施的形式，面积尺寸及相互关系等。

3. 设计原则

（1）在保证施工顺利进行的前提下，平面布置力求紧凑；

（2）尽量减少场地内二次搬运，最大限度缩短工地内部运距；各种材料、构件、半成品应按进度计划分批进场，尽量布置在使用点附近，或随运随吊；

（3）力争减少临时设施的数量，并采用技术措施使临时设施拆卸方便、能重复使用，省时并能降低临时设施费用；

（4）符合环保、安全和防火要求。

17.4.2 单位工程施工平面图设计步骤

单位工程施工平面图设计的一般步骤如图 17-6 所示。

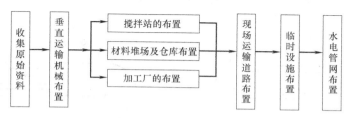

图 17-6 平面图设计步骤

1. 确定垂直运输机械的布置

建筑产品是由各种材料、构件、半成品构成的空间结构物，它的生产离不开垂直、水平运输。因此，垂直运输机械的位置直接影响仓库、搅拌站，各种材料和构件等位置及道路和水、电线路的布置等，所以必须首先确定起重机械的类型及其位置的布置。

（1）轨道式起重机（塔吊）的布置

有轨式起重机是集起重、垂直提升、水平输送三种功能为一身的机械设备。其布置主要取决于工程的平面形状、尺寸、场地条件和起重机的起重半径，应使材料和构件可直接送至建筑物的任何施工地点而不出现死角。通常轨道布置方式有：单侧布置、双侧布置或环形布置、跨内单行布置和跨内环形布置四种方式，见图 17-7。

轨道布置完成后，应绘制出塔式起重机的服务范围。它是以轨道两端有效端点的轨道中点为圆心，以最大回转半径为半径画出两个半圆，连接两个半圆，即为塔式起重机服务范围，如图 17-8 所示。

在确定塔式起重机服务范围时，一方面要考虑将建筑物平面最好包括在塔式起重机务范围之内，以确保各种材料和构件直接吊运到建筑物的设计部位上去，尽可能避免死角。如果确实难以避免，则要求死角范围越小越好，同时死角上不出现吊装最重、最高的构件，并且在确定吊装方案时，提出具体的安全技术措施，以保证死角范围内的构件顺利安装。为了解决这一问题，有时还将塔吊与井架或龙门架同时使用，如图 17-9 所示，但要确保塔吊回转时无碰撞的可能、以保证施工安全。另一方面，在确定塔式起重机服务范围时，还应考虑有较宽敞的施工用地，以便安排构件堆放及搅拌出料进入料斗后能直接挂钩起吊。主要临时道路也宜安排在塔吊的服务范围之内。

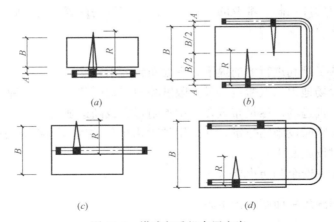

图 17-7 塔式起重机布置方案

(a) 单侧布置；(b) 双侧布置；(c) 跨内单行布置；(d) 跨内环形布置

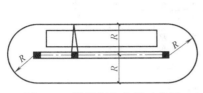

图 17-8 塔吊服务范围示意图

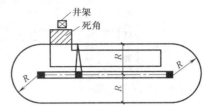

图 17-9 塔吊、龙门架示意固

（2）固定式垂直机械

井架、龙门架、桅杆式等固定式运输设备的布置，主要是根据机械性能，建筑物的平面形状和大小，施工段的划分，材料的来向和已有道路以及每班需运送的材料数量等而定。布置的原则是充分发挥起重机械的能力，并使地面和楼面的水平运输距离最小，使用方便、安全。当建筑物各部位的高度相同时，应布置在施工段的分界线附近；当高度不一致时，应布置在高低分界线较高部位的一方；井架、龙门架的位置宜布置在窗口处，以避免砌墙留槎和减少井架拆除后的修补工作，另外，固定式起重机械的卷扬机和起重架有一定的距离要求，以便司机的视线能够看到整个升降过程，一般要求此距离大于建筑物的高度，水平距外脚平架 3m 以上。

（3）混凝土输送泵及管道

混凝土输送泵的布置应按照供料方便、管线短的原则。当采用搅拌运输车供料时，混凝土输送泵宜布置在大门附近，且周围最好能停放两辆以上的运输车，以保证混凝土连续供应。当采用现场搅拌供应方式时，混凝土输送泵宜靠近搅拌机，以便直接供料。

泵位直接影响配管长度、输送阻力和效率。输送管线宜直、转弯宜缓、少用弯管、固定牢靠、接头严密，并要预防管线堵塞。

2. 确定搅拌站、仓库、材料和构件堆场以及加工厂的位置

搅拌站、各种材料、构件的堆场或仓库的位置应尽量靠近使用地点或在塔式起重机服务范围之内，并考虑到运输和装卸的方便。

（1）当起重机布置位置确定后，再布置材料、构件的堆场及搅拌站。材料堆放应尽量

靠近使用地点，减少或避免二次搬运，并考虑运输及卸料方便。基础施工时使用的各种材料可堆放在基础四周，但不宜距基坑（格）边缘太近，以防碰塌土壁。

（2）当采用固定式垂直运输设备，则材料、构件堆场应尽量靠近垂直运输设备，以缩短地面水平运距；当采用轨道式塔式起重机时，材料、构件堆场以及搅拌站出料口等均应布置在塔式起重机有效起吊服务范围之内；当采用无轨自行式起重机时，材料、构件堆场及搅拌站的位置，应沿着起重机的开行路线布置，且应在起重臂的最大起重半径范围之内。材料和构件堆场面积通过计算而定。

（3）预制构件的堆放位置要考虑到吊装顺序。先吊的放在上面，后吊的放在下面，预制构件的进场时间应与吊装就位密切配合，力求直接卸到其就位位置，避免二次搬运。

（4）搅拌站的位置应尽量靠近使用地点或靠近垂直运输设备。有时在浇筑大型混凝土基础时，为了减少混凝土运输，可将混凝土搅拌站直接设在基础边缘，待基础混凝土浇完后再转移。砂、石堆场及水泥仓库应紧靠搅拌站布置。同时、搅拌站的位置还应考虑到使这些大宗材料的运输和装卸较为方便。

（5）加工厂（如木工棚、钢筋加工棚）的位置，宜布置在建筑物四周稍远位置，且应有一定的材料、成品的堆放场地；石灰仓库、淋灰池的位置应靠近搅拌站，并设在下风向；沥青堆放场及熬制锅的位置应远离易燃物品，应设在下风向。

（6）混凝土搅拌机每台需有 25m² 左右的面积，冬期施工时，面积为 30m² 左右；砂浆机每台 15m² 左右，冬期施工 30m² 左右；其他可查阅有关手册。

搅拌站、仓库、材料和构件堆场占地面积的确定详见第 16 章。

3. 运输道路布置

现场主要道路应尽可能利用永久性道路，或先选好永久性道路的路基，在土建工程结束之前再铺路面。主要道路应布置成环形，次要道路可布置成单行线，但应有回车场，现场内临时道路技术要求和临时路面种类厚度如表 17-6、表 17-7 所示。道路两侧一般应根据地形设排水沟，沟深不小于 0.4m，底宽不小于 0.3m。

临时道路种类和厚度   表 17-6

路面种类	特点及其使用条件	路基土壤	路面厚度（cm）	材 料 配 合 比
级配砾石路面	雨天照常通车,可通行较多车辆,但材料级配要求严格	砂质土	10～5	体积比:黏土:砂:石子=1:0.7:3.5 重量比:1. 面层:黏土 13%～15%,砂石料 85%～87% 2. 底层:黏土 10%,砂石混合料 90%
		黏质土或黄土	14～18	
碎（砾）石路面	雨天照常通车,碎(砾)石本身含土较多,不加砂	砂质土	10～18	碎(砾)石>65%,当地土含量≤35%
		砂质土或黄土	15～20	
碎砖路面	可维持雨天通车,通行车辆较少	砂质土	13～15	垫层:砂或炉渣 4～5cm 底层:7～10cm 面层:2～5cm 碎砖
		黏质土或黄土	15～18	
炉渣或矿渣路面	可维持雨天通车,通行车辆较少,当附近有此项材料可利用时	一般土	10～15	炉渣或矿渣 75%,当地土 25%
		较松软时	15～30	

路面种类	特点及其使用条件	路基土壤	路面厚度 (cm)	材 料 配 合 比
砂土路面	雨天停车,通行车辆较少,附近不产石料面只有砂时	砂质土	15~20	粗砂 50%,细砂、粉砂和黏质土 50%
		黏质土	15~30	
风化石屑路面	雨天不通车,通行车辆较少,附近有石屑可利用	一般土	10~15	石屑 90%,黏土 10%
石灰土路面	雨天停车,通行车辆少,附近产石灰时	一般土	10~13	石灰 10%,当地土 90%

简易道路技术要求表 表 17-7

指标名称	单 位	技 术 标 准
设计车速	km/h	≤20
路基宽度	m	双车道 6~6.5,单车道 4.4~5,困难地段 3.5
路面宽度	m	双车道 5~5.5,单车道 3~3.5
平面曲线最小半径	m	平原、丘陵地区 20;山区 15;回头弯道 12
最大纵坡	%	平原地区 6;,丘陵地区 8;山区 11
纵坡最短长度	m	平均地区 100;山区 50
桥面宽度	m	木桥 4~4.5
桥涵载重等级	t	木桥涵 7.8~10.4(汽—6~汽—8)

4. 行政管理及文化生活福利临时设施的布置

对于单位工程,这类临时设施一般包括工地办公室、会议室、宿舍、传达室、工具库、食堂、厕所洗浴间等。布置时应考虑使用方便、不妨碍施工,并符合有关防火、卫生、安全的有关规定。

临时房屋应避开塔吊作业范围和高压线路,距离运输道路 1m 以上;应采用不燃或难燃材料搭建,否则应距高压线水平距离不小于 6m,距易燃物库房或用火生产区不小于 30m,且各栋间的距离不小于 5m。锅炉房、厨房等用明火的设施应设在下风向处。活动房屋的高度不超过 3 层。

5. 临时水电设施的布置

(1) 施工用的临时给水管,一般由建设单位的干管和总管平面设计的干管接到用水地点。场地布置应力求管网总长度最短,管径的大小和水龙头数目视工程规模大小通过计算确定。管道可埋置于地下,也可铺设在地面,视使用期限长短和气温而定。工地内要设消防栓,且距建筑物外墙不小于 5m,也不应大于 25m,一般消防栓沿道路布置,距道路边不大于 2m。

为防止水的意外中断,常在拟建工程附近设置简易水池,储存一定数量的生产和消防用水。

(2) 排水管。为了排除地面水和地下水,应及时修通永久性下水道,并结合现场地形在建筑四周开挖排除地面水和地下水的沟渠。

(3) 供气管道,包括暖气和燃气两种,要注意安全事项。

（4）施工供电布置：单位工程施工临时用电应在全工地施工总平面图中统筹考虑，独立的单位工程施工时，应根据计算的用电量和建设单位或供电量决定是否选用变压器，变压器的设置最好把施工期与以后长期使用结合考虑；现场线路应尽量架设在道路一侧，且尽量保持线路水平，在低压线路中，电杆间距应为25～40m，现场架空线与施工建筑水平距离不小于10m，线与地面距离不小于6m，跨越建筑物或临时设施时，垂直距离不小于2.5m。

17.4.3　单位工程施工平面图的分阶段布置

建筑施工是一个复杂多变的生产过程，各种施工机械、材料、构件等是随着工程的进展而逐渐进场的，而且又随着工程的进展而逐渐变动、消耗。因此，在整个施工过程中，它们在工地上的实际布置情况是随时在改变着的。为此，对于大型建筑工程、施工期限较长或施工场地较为狭小的工程，就需要按不同施工阶段分别设计几张施工平面图。以便能把不同施工阶段工地上的合理布置具体地反映出来。在布置各阶段的施工平面图时，对整个施工时期使用的主要道路、水电管线和临时房屋等，不要轻易变动，以节省费用。对较小的建筑物，一般按主要施工阶段的要求来布置施工平面图，同时考虑其他施工阶段如何周转使用施工场地。布置重型工业厂房的施工平面图，还应该考虑到一般土建工程同其他设备安装等专业工程的配合问题，一般以土建施工单位为主，会同各专业施工单位，共同编制综合施工平面图。在综合施工平面图中，根据各专业工程在各施工阶段中的要求将现场平面合理划分，使专业工程各得其所，更好地组织施工

17.5　施　工　措　施

技术组织措施是指在技术组织方面对保证工程质量、安全、节约和文明施工所采用的方法。制定这些方法是施工组织设计编制者带有创造性的工作。

17.5.1　保证工程质量措施

保证工程质量的关键是对施工组织设计的工程对象经常发生的质量通病制订防治措施，可以按照各主要分部分项工程提出质量要求．也可以按照各工种工程提出质量要求。保证工程质量的措施可以从以下各方面考虑：

（1）确保拟建工程定位、放线、轴线尺寸、标高测量等准确无误的措施；

（2）为了确保地基土壤承载能力符合设计规定的要求而应采取的有关技术组织措施；

（3）各种基础、地下结构、地下防水施工的质量措施；

（4）确保主体承重结构各主要施工过程的质量要求；各种预制承重构件检查验收的措施；各种材料、半成品、砂浆、混凝土等检验及使用要求；

（5）对新结构、新工艺、新材料、新技术的施工操作提出质量措施或要求；

（6）冬、雨期施工的质量措施；

（7）屋面防水施工、各种抹灰及装饰操作中，确保施工质量的技术措施；

（8）解决质量通病措施；

（9）执行施工质量的检查、验收制度；

（10）提出各分部工程的质量评定的目标计划等。

17.5.2 安全施工措施

安全施工措施应贯彻安全操作规程，施工中可能发生的安全问题进行预测地提出预防措施，以杜绝施工中伤亡事故的发生。安全施工措施主要包括：

（1）提出安全施工宣传、教育的具体措施；对新工人进场上岗前必须作安全教育及安全操作的培训；

（2）针对拟建工程地形、环境、自然气候、气象等情况提出可能突然发生自然灾害时有关施工安全方面的若干措施及其具体的办法，以便减少损失、避免伤亡；

（3）提出易燃、易爆品严格管理及使用的安全技术措施；

（4）防火、消防措施；高温、有毒、有尘、有害气体环境下操作人员的安全要求和措施；

（5）土方、深坑施工，高空、高架操作，结构吊装、上下垂直平行施工时的安全要求和措施；

（6）各种机械、机具安全操作要求；交通、车辆的安全管理；

（7）各处电器设备的安全管理及安全使用措施；

（8）狂风、暴雨、雷电等各种特殊天气过程发生前后的安全检查措施及安全维护制度。

17.5.3 降低成本措施

降低成本措施的制定应以施工预算为尺度，以企业（或基层施工单位）年度、季度降低成本计划和技术组织措施计划为依据进行编制。要针对工程施工中降低成本潜力大的（工程量大、有采取措施的可能性及有条件的）项目，充分开动脑筋，把措施提出来，并计算出经济效益和指标，加以评价、决策。这些措施必须是不影响质量且能保证安全的，它应考虑以下几方面：

（1）生产力水平是先进的；

（2）能有精心施工的领导班子来合理组织施工生产活动；

（3）有合理的劳动组织，以保证劳动生产率的提高，减少总的用工数；

（4）物资管理的计划性，采购、运输、现场管理及竣工材料回收等方面，材料、成品和半成品的成本；

（5）采用新技术、新工艺，以提高工效，降低材料耗用量，节约施工总费用；

（6）保证工程质量、减少返工损失；

（7）保证安全生产，减少事故灾害，避免意外工伤事故带来的损失；

（8）提高机械利用率，减少机械费用的开支；

（9）增收节支，减少施工管理费的支出；

（10）工程建设提前完工，以节省各项费用开支。

降低成本措施应包括节约劳动力、材料费、机械设备费用、工具费、间接费及临时设施费等措施。一定要正确处理降低成本、提高质量和缩短工期三者的关系，对措施要计算经济效果。

17.5.4 现场文明施工措施

现场场容管理措施主要包括以下几个方面：

（1）施工现场的围挡与标牌，出入口与交通安全，道路畅通，场地平整；

（2）暂设工程的规划与搭设，办公室、更衣室、食堂、厕所的安排与环境卫生；

（3）各种材料、半成品、构件的堆放与管理；

（4）散碎材料、施工垃圾运输，以及其他各种环境污染：如搅拌机冲洗废水，油漆废液、灰浆水等施工废水污染，运输土方与垃圾、白灰堆放、散装材料运输等粉尘污染，熬制沥青、熟化石灰等废气污染，打桩、搅拌混凝土、展捣混凝土等噪声污染；

（5）成品保护；

（6）施工机械保养与安全使用；

（7）安全与消防。

17.6 单位工程施工组织设计的技术经济分析

17.6.1 技术经济分析的目的

技术经济分析的目的是，论证施工组织设计在技术上是否可行，在经济上是否合算，通过科学的计算和分析比较、选择技术经济效果最佳的方案，为不断改进和提高施工组织设计水平提供依据，为寻求增产节约途径和提高经济效益提供信息。技术经济分析既是单位工程施工组织设计的内容之一，也是必要的设计手段。

17.6.2 技术经济分析的基本要求

（1）全面分析。要对施工的技术方法、组织方法及经济效果进行分析，对需要与可能进行分析，对施工的具体环节及全过程进行分析。

（2）作技术经济分析时应抓住施工方案、施工进度计划和施工平面图三大重点，并据此建立技术经济分析指标体系。

（3）在作技术经济分析时，要灵活运用定性方法和有针对性地应用定量方法。在作定量分析时，应对主要指标、辅助指标和综合指标区别对待。

（4）技术经济分析应以设计方案的要求、有关的国家规定及工程的实际需要为依据。

17.6.3 施工方案的技术经济评价

同一个工程其施工方案不同，会产生不同的经济效果。因此需同时设计多种施工方案进行择优选择。其依据是要进行技术经济比较。它分定性比较和定量比较两种方式。定性比较是结合施工实际经验，对若干个施工方案的优缺点进行比较，如技术上是否可行、施工复杂程序和安全可行性如何、劳动力和机械设备能否满足需要、是否能充分发挥现有机械的作用、保证质量的措施是否完善可靠、季节施工情况如何等。定量比较一般是计算不同施工方案所消耗的人力、物力、财力和工期等指标进行数量比较。

评价施工方案优劣的指标有：施工持续时间（工期）、成本、劳动消耗量、投资额等。

应当指出，在计算这些指标时，不应采用施工图预算中的有关数据，而应按施工预算或方案可能达到的数据计算。事实上，正是各种方案与施工图预算之间的差异，才反映出不同方案的优劣。在进行评价时，同一方案的各项指标一般不可能都达到最优，不同方案之间不仅有差异，且可能有矛盾，这时应根据当时、当地的具体情况和预期的主要目标来确定方案的取舍。

(1) 施工持续时间（工期）

在确保工程质量和施工安全的条件下，以国家有关规定及建设地区类似建筑物的平均工期为参考，以合同工期为目标来满足工期指标或尽量缩短工期。

施工过程的施工持续时间 T 按下式计算：

$$T = Q/V \tag{17-8}$$

式中　Q——工程量；

　　　V——单位时间内计划完成的工程量（如采用流水施工，V 即流水强度）。

(2) 成本和单位建筑面积造价

降低成本指标可以综合反映采用不同施工方案时的经济效果，一般可用降低成本率 r_c 来表示：

$$r_c = (C_0 - C)/C_0 \tag{17-9}$$

式中　C_0——预算成本；

　　　C——所采用施工方案的计划成本。

$$单位建筑面积造价 = 施工实际费用/建筑总面积(元/m^2) \tag{17-10}$$

(3) 劳动消耗量

劳动消耗量反映施工机械化程度与劳动生产率水平，劳动消耗量 N 包括主要工种用工 n_1、辅助用工 n_2 以及准备工作用工 n_3，即

$$N = n_1 + n_2 + n_3 \tag{17-11}$$

劳动消耗量的单位为工日，有时也可用单位产品劳动消耗量（工日$/m^3$，工日$/t$ 等）来计算。主要材料消耗指标，反映若干施工方案的主要材料节约情况。

(4) 投资额

选择的施工方案如需增加新的投资，则应考虑增加的投资额并进行投资效益比较（如相对投资回收期、年度费用、投资增额收益率等）。有关这方面的知识，可参考工程经济学方面的专著。

17.6.4　进度计划技术经济评价

评价单位工程施工进度计划的质量，通常采用下列指标：

(1) 工期

(2) 资源消耗的均衡性，对于单位工程或各个施工过程来说，每日资源（劳动力、材料、机具等）消耗力求不发生过大的变化，即资源消耗力求均衡。

为了反映资源消耗的均衡情况，应画出资源消耗动态图。在资源消耗动态图上，一般应避免出现短时期的高峰或长时期的低谷情况。图 17-10 （a）、（b）是劳动资源消耗的动态图，分别出现了短时期的高峰人数及长时间的低谷人数。

在第一种情况下，短时期工人人数增加，这就相应地增加了为工人服务的各种临时设

施，在第二种情况下，如果工人不调出，则将发生窝工现象，如果工人调出，则临时设施不能充分利用。

至于在劳动量消耗动态图上出现短时期的、甚至是很大的低谷（图 17-10c），则是可以允许的，因为这种情况不会发生什么显著的影响，而且只要把少数工人的工作重新安排，窝工情况就可以消除。

某资源消耗的均衡性指标可以采用资源不均衡系数（K）加以评价：

$$K = N_{max}/N \qquad (17\text{-}12)$$

式中　N_{max}——某资源日最大消耗量；
　　　N——某资源日平均消耗量。

最理想的情况是资源不均衡系数 K 接近于 1。在组织流水施工（特别是许多建筑物的流水施工）的情况下，不均衡系数可以大大降低并趋近于 1。

（3）主要施工机械的利用程度，所谓主要施工机械通常是指混凝土搅拌机、砂浆机、起重机、挖土机等。

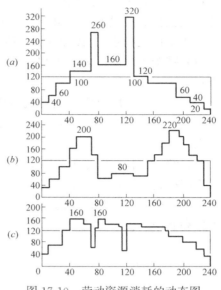

图 17-10　劳动资源消耗的动态图

机械设备的利用程度用机械利用率以 γ_m 表示，它由下式确定：

$$\gamma_m = m_1/m_2 (\%) \qquad (17\text{-}13)$$

式中　m_1——机械设备的作业台日（或台时）；
　　　m_2——机械设备的制度台日（或台时），由 $m_2 = nd$ 求得，其中，n 为机械设备台数，d 为制度时间，即日历天数减去节假天数。

17.6.5　施工平面图的评价

评价施工平面图设计的优劣，可参考以下技术经济指标：

（1）施工用地面积，在满足施工的条件下，要紧凑布置，不占和少占场地；

（2）场内运输的距离，应最大限度地缩短工地内的运输距离，特别要尽可能避免场内两次搬动；

（3）临时设施数量，包括临时生活、生产用房的面积，临时道路及各种管线的长度等。为了降低临时工程费用，应尽量利用已有或拟建的房屋、设施和管线为施工服务；

（4）安全、防火的可靠性；

（5）安全、防火的可靠性；

（6）文明施工工地施工的文明化程度。

17.6.6　单位工程施工组织设计技术经济分析的重点

单位工程施工组织设计中技术经济指标应包括：工期指标、劳动生产率指标、质量指标、安全指标、成本率、主要工程工种机械化程度、三大材料节约指标等。这些指标应在单位工程施工组织设计基本完成后进行计算，并反映在施工组织设计文件中，作为考核的依据。

技术经济分析应围绕质量、工期、成本三个主要方面。选用某一方案的原则是，在质量能达到优良的前提下，工期合理，成本节约。

对于单位工程施工组织设计，不同的设计内容，应有不同的技术经济分析重点：

（1）基础工程应以土方工程、现浇混凝土、打桩、排水和防水，运输进度与工期为重点；

（2）结构工程应以垂直运输机械选择、流水段划分、劳动组织、现浇钢筋混凝土支模、绑筋、混凝土浇筑与运输、脚手架选择、特殊分项工程施工方案和各项技术组织措施为重点；

（3）装饰工程应以施工顺序、质量保证措施、劳动组织、分工协作配合、节约材料及技术组织措施为重点。

单位工程施工组织设计的技术经济分析重点是：工期、质量、成本，劳动力使用，场地占用和利用，临时设施，协作配合，材料节约，新技术、新设备、新材料、新工艺的采用。

思 考 题

17.1 何谓单位工程施工组织设计？

17.2 单位工程施工组织编制程序是什么？

17.3 编制施工组织设计时工程量如何计算？

17.4 如何选择施工方案？

17.5 什么是施工顺序和施工流向？

17.6 确定施工顺序时，应遵循哪些原则？

17.7 如何划分和合并施工过程？

17.8 如何编制施工进度计划？

17.9 怎样进行施工平面图设计？

17.10 施工措施主要包括哪几方面？

参 考 文 献

[1] 应惠清. 土木工程施工（上、下册）[M]. 上海：同济大学出版社，2003.

[2] 赵志缙. 建筑施工 [M]. 上海：同济大学出版社，1998.

[3] 郭正兴. 建筑施工 [M]. 南京：东南大学出版社，1996.

[4] 卢循. 建筑施工技术 [M]. 上海：同济大学出版社，1999.

[5] 宁仁岐. 建筑施工技术 [M]. 哈尔滨：黑龙江科学技术出版社，1995.

[6] 朱燕. 建筑施工技术 [M]. 北京：清华大学出版社，1994.

[7] 徐伟. 土木工程施工手册（上、下册）[M]. 北京：中国计划出版社，2003.

[8] 徐伟. 模板与脚手架工程 [M]. 北京：中国建筑工业出版社，2002.

[9] 蔡雪峰. 建筑施工组织 [M]. 武汉：武汉工业大学出版社，1997.

[10] 毛鹤琴. 土木工程施工 [M]. 武汉：武汉工业大学出版社，2000.

[11] 编写组. 建筑施工手册（第四版）[M]. 北京：中国建筑工业出版社，2004.

[12] 杨天佑. 建筑装饰工程施工 [M]. 北京：中国建筑工业出版社，2003.

[13] 徐峰，邹侯招. 建筑涂装技术 [M]. 北京：中国建筑工业出版社，2005.

[14] 张登良. 沥青路面工程手册 [M]. 北京：人民交通出版社，2003.

[15] 胡长顺，黄辉华. 高等级公路路基路面施工技术 [M]. 北京：人民交通出版社，1994.

[16] 何挺继，胡永彪. 水泥与水泥混凝土路面施工与施工机械 [M]. 北京：人民交通出版社，2000.

[17] 殷岳川. 公路沥青路面施工 [M]. 北京：人民交通出版社，2000.

[18] 高速公路丛书编委会. 高速公路路基设计与施工 [M]. 北京：人民交通出版社，1998.

[19] 高速公路丛书编委会. 高速公路路面设计与施工 [M]. 北京：人民交通出版社，2001.

[20] 重庆大学，同济大学，哈尔滨工业大学. 土木工程施工 [M]. 北京：中国建筑工业出版社，2003.

[21] 马尔立. 公路桥梁墩台设计与施工 [M]. 北京：人民交通出版社，1999.

[22] 姚玲森. 桥梁工程 [M]. 北京：人民交通出版社，2008.

[23] 刘吉士，阎洪河，李文琪. 公路桥涵施工技术规范实施手册 [M]. 北京：人民交通出版社，2003.

[24] 范立础. 桥梁工程（上、下册）[M]. 北京：人民交通出版社，1996.

[25] 范立础. 桥梁工程（上册）[M]. 北京：人民交通出版社，2003.

[26] 邵旭东. 桥梁工程 [M]. 北京：人民交通出版社，2004.

[27] 李自光. 桥梁施工成套机械设备 [M]. 北京：人民交通出版社，2003.

[28] 杨文渊，徐犇. 桥梁施工工程师手册 [M]. 北京：人民交通出版社，2001.

[29] 交通部第一公路工程总公司. 公路施工手册—《桥涵》（下册）[M]. 北京：人民交通出版社，2000.

[30] 刘建航，侯学渊. 盾构法隧道 [M]. 北京：中国铁道出版社，1991.

[31] 陈建平，吴立. 地下建筑工程设计与施工 [M]. 武汉：中国地质大学出版社，2000.

[32] 余彬泉，陈传灿. 顶管施工技术 [M]. 北京：人民交通出版社，1998.

[33] 夏明耀，曾进伦等. 地下工程设计施工手册 [M]. 北京：中国建筑工业出版社，1999.

[34] 黄成光等. 公路隧道施工 [M]. 北京：人民交通出版社，2001.

[35] 关宝树. 隧道工程施工要点集 [M]. 北京：人民交通出版社，2003.

[36] 张庆贺，朱合华. 土木工程专业毕业设计指南，隧道及地下工程分册 [M]. 北京：中国水利水电出版社，1999.

[37] 夏明耀，增进伦. 地下工程设计与施工 [M]. 北京：中国建筑工业出版社，2002.

[38] 高大钊，赵春风，徐斌. 桩基础设计方法与施工技术 [M]. 北京：机械工业出版社，1999.

[39] 徐至钧，张国栋. 新型挤括支盘灌注桩设计与工程应用 [M]. 北京：机械工业出版社，2003.

[40] 关宝树，杨其新. 地下工程概论 [M]. 成都：西南交通大学出版社，2001.

[41] 童华炜. 土木工程施工 [M]. 北京：科学出版社，2006.